JN440517

놀이시설 안전관리

이론과 실무

대표저자 송 창 영

(재)한국재난안전기술원

기문당

머리말

놀이시설의 주 이용자인 어린이들은 발달 특성상, 주변의 사물이나 환경에 대한 호기심이 많고 탐구하려는 충동이 강한 특성을 갖고 있는 반면 신체기능의 발달이 미숙하여 신체의 균형유지 능력이나 운동기능이 충분히 발달되어 있지 않고, 판단능력과 자기조정 및 상황에 대한 인식능력이 부족하여 그 어느 시기보다도 안전사고의 위험성이 높은 시기이다. 이와 더불어 문물의 발달과 급속한 도심화로 인해 어린이가 마음껏 뛰어놀 수 있는 환경이 점차 줄어들고 있다. 물론 제도적으로 놀이시설에서의 안전을 담보하기 위한 노력들이 강화되고 있기는 하지만 놀이시설에서 아동의 안전사고는 증가하는 추세에 있어 매번 반복되는 어린이 놀이시설의 안전사고에 대해서는 항구적인 해결방안을 강구하는 일을 더 이상 미룰 수 없게 되었다.

본서는 이러한 시대적 요구에 부응하여 어린이 놀이에 대한 개념과 그 가치를 정립하고 대책 마련을 위한 실무적 논의들을 다루기 위해 기획되었다. 따라서 어린이놀이시설 안전관리 분야에 종사하는 실무자는 물론 관련 정책을 세우거나 집행할 전문가, 놀이시설 관리자, 더 나아가서는 일반인들도 쉽게 접근하고 활용될 수 있도록 다음과 같이 구성하였다.

본서의 구성

1. 초보자도 쉽게 이해할 수 있도록 많은 예시와 사진, 그림을 활용하였다.
2. 놀이시설의 설치와 안전관리 등을 다음과 같이 일목요연하게 정리하였다.
   - 어린이 놀이의 이해
   - 놀이와 안전의 관계
   - 놀이터 디자인과 설치
   - 놀이시설 유지관리 (안전기준과 체크리스트)

최선의 노력을 기울였으나 미흡한 부분이 없지 않다. 선후배 제현의 애정 어린 관심과 충고를 통해 더욱 온전한 교재로 개정 증보되기를 기대하면서, 일단 첫걸음을 뗀 것에 대한 기쁨으로 아쉬움을 달래며, 부디 이 책이 놀이시설 실무자들을 위한 좋은 참고자료가 되기를 바란다. 이 책이 출판되기까지 수많은 분들의 도움을 받았다. 안전행정부, 재난안전실, 서울도시안전본부, 영국왕립사고예방기구(RoSPA)의 여러 선후배님들의 아낌없는 격려와 자료제공에 감사드리고, 한국재난안전기술원의 임직원들, 특히 김선혜 전문위원, 임용택 선임연구원, 배송수 선임연구원, 조인우 선임연구원, 민병준 연구원과 출간의 기쁨을 함께 나누고 싶다.

끝으로 출판을 맡아주신 도서출판 기문당 그리고 부족한 아빠의 큰 기쁨이자 미래인 사랑하는 보민, 태호, 지호 그리고 아내 최운형에게 조그마한 결실이지만 이 책으로 용서(?)를 구한다.

2012. 1월 여의도에서

들어가며

유엔의 아동권리협약 제31조에는 아동발달에 있어 놀이의 중요성과 전 세계적으로 주장되어 온 놀이를 위한 기회를 제공할 것을 언급하고 있다. 이 협약에서 아동의 놀이에 대해 언급한 것은 아동 삶의 구성에 있어 단순히 놀이의 중요성을 인식한 것뿐만 아니라 놀이를 하나의 권리로 채택할 필요성에 대한 변화와 요구를 나타내는 것이다.

아동의 놀이와 안전에 대한 권리를 촉진하는 우리의 임무는 논란의 여지는 있어도 그 어느 때보다 더욱 중요해지고 있다. 자유로운 놀이에 대한 장애물은 놀이터와 관련 종사자의 질적인 부분과 양적인 부분에 아직까지도 존재하고 있지만, 오늘날에는 안전 문제뿐만 아니라 형식적인 학습, 아이들의 고립, 장애아동의 놀이기회에 대한 접근성 부재, 과다한 게임물과 지속적인 놀이를 위한 시간의 감소에 대한 지나친 강조와 같은 다양한 다른 이슈들에도 존재하고 있다.

따라서 놀이터에 설치하고 관리함에 있어서도 이러한 세계적 가치를 추구함으로써 근본적으로 아동을 둘러싼 신체적 · 사회적 세계를 발견하고 탐구할 수 있는 자유를 누릴 아동의 권리를 보호하고 촉진하는 데 최선을 다해야 할 것이다.

또한 아동의 놀이터를 접근하면서 안전성을 이유로 획일적이고 비문화적인 아동의 놀이공간을 추구하는 것이 아니라 아동의 신체적 · 정서적 · 정신적 발달을 촉진하고 아동의 상상력과 창의성을 자극할 수 있는 최상의 놀이환경을 추구하고자 한다.

제31조

1. 모든 아동은 휴식과 여가를 즐길 권리, 자신의 연령에 적합한 놀이와 오락활동에 참여할 권리 그리고 문화생활과 예술에 자유롭게 참여할 권리를 가진다.
2. 회원 당사국은 문화적 · 예술적 생활에 완전하게 참여할 수 있는 아동의 권리를 존중하고 촉진하며, 문화, 예술, 오락 및 여가활동을 위한 적절하고 균등한 기회의 제공을 장려하여야 한다.

유엔의 아동권리협약

Contents

CHAPTER 5 놀이시설 유지관리 139

CHAPTER 1

놀이의 이해

1. 어린이와 놀이
2. 어린이 놀이의 정의
3. 놀이와 아동발달
4. 성장단계별 놀이의 특성
5. 놀이가치
6. 놀이 기회
7. 놀이가치와 안전의 균형
8. 놀이터 구성요소

놀이의 이해

1 어린이와 놀이

유아교육과 관련된 학술분야에서 이루어진 연구들에 의하면 어린이들은 놀이를 통하여 외부 세계를 탐색하며, 그들의 생각과 느낌을 표현하고, 다른 사람의 사고나 감정을 이해할 뿐만 아니라 서로 나누고 도움을 주고받는 사회적 기술을 습득하게 된다고 한다.

> 어린이들은 놀이를 통해 그들 자신과 그들이 살고 있는 세상에 대해서 배우게 된다. 친숙한 상황을 익히고 새로운 환경에 대해 적응하는 법을 배우는 과정에서 그들의 신체뿐만 아니라 지적 능력과 성격이 성장하게 된다. 따라서 놀이를 위한 환경은 풍부한 기회를 제공해야 하며, 각 어린이들에게 선택의 기회를 제공하면서도 안전하게 성장할 수 있는 환경이어야만 한다.(Dattner, 1969)

아동발달 심리학에서는 일반적으로 아동의 발달영역을 신체발달, 인지발달, 사회·정서발달 3가지 주요 측면으로 구별하고 있다. 즉, 아동의 발달은 어린이의 적극적인 탐색, 발견, 공상, 시험, 모방을 통해서 이루어지는데, 그 대부분은 바로 놀이활동에 의해서 일어난다. 따라서 어린이의 발달을 촉진하고 그들의 삶을 풍요롭게 하기 위해 어린이들이 마음껏 뛰어놀 수 있는 안전한 놀이환경을 마련해 주는 것은 매우 중요한 일이다.

또한 전 세계 많은 나라에서 어린이의 놀 권리를 보호하고 촉진하는 조직적인 활동을 벌이고 있는 국제놀이협회(International Play Association)는 다음과 같이 놀이의 의미를 다음과 같이 언급하고 있다.

- 놀이는 아동발달에 기본적 필요인 영양, 건강, 가정, 교육과 함께 잠재능력 개발에 중요한 요소이다.
- 놀이는 대화이자 표현이며 생각과 행동의 결합이다. 또한 만족감과 성취감을 준다.
- 놀이는 본능적이고 자발적이며 무의식적인 것이다.
- 놀이는 사람들을 신체 · 정신 · 감정 · 사회적으로 발달할 수 있도록 도와준다.
- 놀이는 단지 시간을 허비하는 것이 아니라 살아가는 데 필요한 것을 배우는 방법인 것이다.

대부분의 어린이들은 실내에서보다 실외에서 노는 것을 더 즐기며, 실외에서의 놀이가 유아의 인지, 사회, 정서, 창의성 및 신체발달에 중요한 역할을 한다고 한다. 이러한 측면에서 어린이들의 절대적인 놀이를 위한 공간으로써 제공된 실외 어린이놀이터는 매우 중요한 역할을 하고 있다고 할 수 있다. 어린이놀이터의 주 이용자인 어린이들은 발달 특성상, 주변의 사물이나 환경에 대한 호기심이 많고 탐구하려는 충동이 강한 특성을 갖고 있다. 또한 이 시기에는 신체기능의 발달이 미숙하여 신체의 균형유지 능력이나 운동기능이 충분히 발달되어 있지 않고, 판단능력과 자기조정 및 상황에 대한 인식능력이 부족하여 그 어느 시기보다도 안전사고의 위험성이 높은 시기인 것이다. 그러므로 어린이놀이터에 있어서 무엇보다도 안전이 가장 중요하게 요구된다.

또한 놀이터에서 안전만큼 중요한 것이 어린이가 즐거워야 하며 성취감을 맛볼 수 있어야 한다는 것이다. 우리는 아동의 놀이터를 접근하면서 안전성을 이유로 획일적이

고 비문화적인 아동의 놀이공간을 추구할 것이 아니라, 아동의 신체적·정서적·정신적 발달을 촉진하고 아동의 상상력과 창의성을 자극할 수 있는 최상의 놀이환경을 추구해야 한다. 이렇게 안전하면서도 어린이가 즐겁고 성취감을 맛볼 수 있는 놀이환경을 만들기 위해 다음과 같은 고민이 필요하다.

첫째, 놀이터는 아동에게 인지, 사회, 정서, 창의성 및 신체적 발달의 기회를 제공해야 한다.

둘째, 어린이의 호기심과 상상의 나래를 펼칠 수 있도록 자극해주어야 한다.

셋째, 놀이터에서 미소 짓거나 웃는 어린이들이 많아지도록 고민해야 한다. 특히, 어린들에게 사람과 사람 사이의 긍정적인 상호작용을 할 수 있도록 하는 놀이환경을 제공해야 하며, 다른 능력을 가진 아이들, 특히 장애아동들과 다른 인종과 성별 그리고 어른과 함께 어울릴 수 있는 환경을 제공해야 한다.

즉, 우리가 유념할 것은 "모든 어린이는 놀이가 필요하고 안전하게 놀 권리를 가지고 있다."라는 것이다.

2 어린이 놀이의 정의

어린이 놀이의 정의에 관련된 선행연구를 살펴보면 놀이는 어린이의 최초 작업이며, 어린이는 그 놀이의 주체(player)이다. 또한 어린이 놀이는 즐거움, 오락, 재미를 제공하는 자연스럽고 조직화된 활동이며, 어린이에게 있어서 발달능력의 하나이고 목적적인 활동의 근본이다.

우리 성인들에게도 놀이는 오락과 휴식이며 의무적인 일 또는 작업에서의 탈출이다. 특히 어린이에게 있어 놀이 그 자체는 어린이가 경험과 지식을 얻는 수단으로써 이를 통해 사회성 및 가치형성, 창의력, 안정된 정서, 신체발달 등의 경험적인 습득을 얻을 수 있는 것이다. 이처럼 어린이에게 있어 놀이란 "그 자체가 생활이자 교육이며 즐거움"이라 정의할 수 있겠다.

피아제(Piaget)는 어린이들에게 놀이는 지각적·신체적·사회적·감정적 발달에 있어 중요한 부분이며, 놀이를 통하여 어린이들은 자신과 자신이 속한 세계에 대해 배우게 된다고 주장하였다. 따라서 어린이에게 있어 놀이란 그 자체가 즐거움이며 목적인 동시에 놀이의 결과가 지식과 경험의 축적으로 나타나는 발달과정이라고 할 수 있다.

물론 이러한 놀이활동을 통해 어린이는 근육발달은 물론 신체적 균형이나 운동기술이 발달하면서 성장하게 된다. 그리고 놀이를 통하여 타인의 관점을 이해할 수 있게 되어 보다 나은 인간관계 및 사회관계를 형성하게 한다. 뿐만 아니라 놀이활동을 통해 다른 아동에 적응하는 것과 협동적으로 놀이하는 것을 학습하게 해줌으로써 사회적 기술의 발달에도 도움을 준다고 한다.

이에 더 나아가 프로이드(Freud)는 놀이가 정서발달에 기본이 될 뿐 아니라 치료효과로서의 가치가 있다고 하였다. 또한 어린이 놀이는 인지적·언어적 발달에 중요한 영향을 주는 교육적 가치를 갖는 것으로 알려지고 있다.

흔히 우리가 알고 있듯이, 놀이는 아동의 신체적·사회적·정서적·인지적 발달에 가치를 가질 뿐 아니라 아동의 기본 생활습관의 기반을 형성하는 데 도움을 주는 것이라는 어린이 놀이 연구결과를 얻게 된 것이다.

그러므로 어린이에게 있어 놀이공간은 단순한 놀이와 오락을 할 수 있는 기회만이 아닌 아동의 건강한 지적·신체적 발육을 위한 놀이공간과 대인접촉을 통한 사회화 학습의 장소, 즉 교육과 같은 목적으로 제공되고 있는 것이다.

표 1-1에서 보는 것처럼 놀이는 바라보는 관점에 따라 매우 다양하다. 그러나 이를 종합해 보면 어린이 놀이는 모든 자유로운 활동 그 자체이자 호기심과 발산적 사고 촉진과 창의성과 어린이의 발달적 측면에서 큰 도움을 준다는 큰 틀을 가지고 있다.

이처럼 아동발달학과 관련하여 놀이에 대한 수많은 정의가 있지만 종합하여 세부적으로 살펴보면 다음처럼 놀이를 정의할 수 있겠다.

① 놀이는 모든 아동의 삶에 있어 꼭 필요한 부분이자 우리의 성장과정에서 가장 중요한 요소이다.

② 놀이는 세상을 탐색하는 과정이며 아동의 활동능력을 발전시킬 수 있는 수단이다.

표 1-1 | 놀이의 이론 및 학설(오재룡, 1991)

학 자	이론 및 학설
F. W. A. Forobel	• 놀이는 교육의 강력한 수단이다.
E. H. Erikson	• 놀이는 자아의 기능인데 자아와 더불어 현실세계와 본능적 욕망의 세계화를 조화시키는 한 과정이고 놀이는 강한 목적의식과 그에 따른 불안을 제거한다. • 놀이란 아동의 자아를 연구하기 위한 중요한 소개의 하나이며 아동은 놀이를 통해 자신의 내부세계 의식과 외부세계와의 관계를 반복하고 습득하여 놀이를 익혀 새로운 것을 시도해 봄으로써 생활의 경험을 얻는다.
A. F. Arey	• 놀이는 즐거움이며 만족이 따른 활동이고 내부로부터 강박과 강제가 없고 활동 자체가 자발적이고 자유스러우며 놀이 자체가 목적이며 자신이 환경을 즐기므로 다른 동기유발이 불필요하다.
B. Biber	• 놀이는 강렬하고도 흥미 깊은 체험적인 성질을 가지며, 거기에는 놀람과 매혹과 극적 상태를 가지고 있으며 또는 시간을 보낼 목적이 아닌 특별한 행동성이다.
A. Aaron	• 놀이는 추상적 단계에서 시행착오에 의해 자신을 해결하는 것으로, 어른의 놀이가 책임을 회피하고 휴식을 취하는 보상을 받고 긴장을 해소하는 가상적인 것임에 반해 아동의 놀이는 성장과정의 한 일환으로 진실한 면에서 이루어진다.
H. Kepher	• 아동의 놀이는 배우고 발달하는 즐거운 교육과정으로 감각 적응 지식, 환경, 자기표현, 성취감, 동정심, 정서함양 등을 학습할 수 있다.
G. S Hall	• 개체발생과 발달의 과정에서 계통발생에서 경험된 것이 놀이의 형식으로 반복해서 나타난다.
E. B. Hurlock	• 놀이란 결과를 고려함 없이 그것이 가져다주는 즐거움을 얻기 위해서 하는 모든 활동이다.
J. Dewey	• 놀이에 있어서는 흥미가 직접적이고, 활동 그 자체가 목적이다.
Jean Piaget	• 일은 어떤 강제성을 띠고 있는 반면 놀이는 자발적인 활동이다. • 일은 재미를 떠나서 그 결과의 유용성을 목적으로 하는 활동이지만 놀이는 재미를 얻기 위한 활동이다. • 일은 잘 조직된 활동인 데 비해 놀이는 비교적 덜 조직된 활동이다.
B. S. Smith	• 놀이란 자발적 사회학습의 연습이다.
D. E. Berlyne	• 모든 유기체는 놀이를 통해 환경과의 접촉양상을 확장시키고 따라서 환경의 여러 정보를 받아들이게 되므로, 놀이는 유기적 성장발달뿐 아니라 그 생존에 있어서 가장 기본적인 것이다.
J. Brown	• 아동들로 하여금 생존경쟁에 참여하는 데 대비한 준비과정의 자연적 활동이다.

③ 놀이는 신체, 인지, 정서, 사회적 발달에 반드시 필요하며 사회적 행동양식의 능력 습득에도 필요한 것이다.

④ 놀이는 아동 스스로 만족하는 활동이며 창조적 활동인 동시에 자유롭게 선택하는 다양한 활동을 총칭한다.

놀이는 놀이용 시설(장비)을 포함할 수도 그렇지 않을 수도 있다. 명랑하고 활기차거나 조용하고 묵상하는 것일 수도 있으며, 다른 친구와 함께 하거나 혼자만의 활동일 수도 있다. 따라서 놀이는 어린이들이 놀 수 있는 기회를 가능하게 하면서 제공하고 창조해주는 수단인 것이다.

어린이 놀이와 관련하여 언론을 통한 국내의 실정을 살펴보면, 초등학교 어린이들이 주로 선호하는 놀이가 컴퓨터하기, TV 보기, 만화책 보기, 축구 순으로 나타났으며, 혼자 하는 놀이가 대부분이었다. 이와 같은 결과는 사회환경적 요인도 있겠지만 대부분 아동의 놀이시간과 놀이공간의 제약에 의한 것으로 파악된다. 보통 국내의 높은 교육열의에 의해 학령기 어린이들은 학업에 대부분의 시간을 쏟고 있다. 전체 초등학교 재학생 중 한 군데 이상의 학원을 다니지 않는 어린이는 거의 찾아보기 힘들 정도이다. 또한 컴퓨터 게임 등을 포함한 초등학생의 하루 평균 놀이시간은 약 3시간이 채 안 되는 것으로 집계되고 있다. 이는 평상시에 어린이가 충분히 놀이할 시간을 갖지 못하며 학교, 학원, 집에서 대부분의 시간을 보내고 있다는 것을 알 수 있다.

따라서 우리는 유엔의 아동권리협약에 따른 어린이에게 좀 더 많은 놀이와 휴식을 즐길 수 있는 환경조성이 필요하다고 할 수 있겠다. 제한된 공간과 시간 속에 가두어 놓고 어린이의 올바른 성장을 기대하기란 어려운 것이다. 어린이가 마음 놓고 야외놀이 환경에서 친구들과 어울림을 통하여 학자들이 언급한 신체, 인지, 정서, 사회적 발달을 이룰 수 있도록 노력해야 할 것이다. 어린이에게 있어 놀이의 필요성과 가치는 "놀이의 가치"부분에서 좀 더 자세히 살펴보도록 하겠다.

일반적으로 아동발달 측면에 따른 전형적인 놀이는 다음과 같이 구분된다.

① 신체적 또는 활동적 놀이 : 오르기, 균형잡기, 매달리기, 달리기, 돌기와 흔들기를 포함하는 모든 종류의 신체적 움직임과 동작 등이다.

② 상상놀이 : 어떤 것을 만들거나 건설하기 위해 상상력을 이용하여 배치 및 분류하고 조정하는 것이며, 감각적 경험이자 문제를 해결하는 것이 포함된다.

③ 사회적 놀이 : 다른 아이 또는 한 무리의 아이들과 연관된 경험, 상상력이 동원된 관련 게임, 연극 같은 역할놀이, 법칙 그리고 창조적이거나 신체적인 활동 등이다.

일반적으로 어린이는 놀이를 통하여 학습을 하게 된다. 어린이는 신체적 능력을 발달시키면서 주변 환경에 대하여 배우게 되고 세상에 대하여 생각하는 방법을 배우게 되는 것이다. 놀이활동을 하면 할수록 우리 어린이는 더 많이 발달하게 되는 것이다.

3 놀이와 아동발달

아동의 놀이에 대한 연구를 진행한 모든 학자들이 주장한 것처럼 아동은 아주 어렸을 때부터 놀이를 통해 그들의 능력을 발달시키고 새로운 경험을 위한 도전과 극한의 탐구를 위해 위험에 노선하려고 하며 이러한 위험을 필요로 한다. 어린이는 손상위험을 비롯한 도전을 하고 싶어 하는 강한 동기부여가 되지 않는 한 결코 걸음마를 배우지 않으며 자전거나 계단을 오르지 않게 된다.

아동은 놀이터에서 연령 집단별로 반드시 분리되어 놀 필요는 없다. 어린 아동은 보다 나이가 있는 아동과 다른 놀이를 하지만 두 집단이 협동적으로 놀고 놀이에서 상호관계가 이루어질 가능성이 많다. 또한 나이가 많은 아동들과의 놀이를 통해 어린 아동에게 전통적인 놀이가 전수되며, 그 과정에서 사회적 가치를 터득하고 협동과 중재의 기술을 배우게 된다. 아동은 자기들끼리 서로 배우고 놀이터의 문화를 형성하므로 어른들은 아동의 놀이문화를 이해하고 존중해 주어야 한다.

일반적으로 놀이공간 및 놀이기구를 계획할 때 유아놀이터는 나이가 있는 아동의 놀이터와 분리하여 설계되지만, 놀이를 지도하는 교사가 계획만 잘한다면 큰 아동이 어린 아동을 데리고 놀기도 하며 도움을 줄 수도 있는 기회를 만들어 줄 수 있다.

일반적으로 2~3세까지의 영아놀이는 단순해 보이지만 아동발달에 미치는 영향 면에서는 상당히 큰 영향을 미친다. 영아는 손에 잡은 것을 맛보고, 느끼고, 소리를 듣고 하는 움직임을 반복하는데, '감각운동 놀이'라는 명칭이 이를 잘 반영한다. 영아의 놀이터는 비교적 작고 깨끗해야 하며, 감각운동적 자극에 적합하고 안전한 장난감을 구비해 주어야 한다. 영아는 걸음마 단계로 성장함에 따라 단순한 운동과 반복놀이를 주로 하며 인접한 환경 내의 모든 물건을 활발하게 탐색한다. 따라서 손에 쥐고 노는 각종 장난감, 블록, 밀고 끄는 장난감 등 다른 촉감과 소리를 경험할 수 있는 장난감을 제공하는 것이 좋다. 어른의 도움을 받으며 작은 그네, 미끄럼, 탈 것 등을 사용할 수도 있다.

만 2세가 지나 5세 정도의 유아는 상상놀이를 가장 많이 하고 실외 놀이시설을 혼자 사용하기 시작한다. 그리고 대근육 운동과 반복적인 놀이와 구성놀이에 몰두하게 된다. 유아기의 놀이터는 걸음마기에 비해 더 커야 하고 다양하고 복합적인 놀이시설을 갖추는 것이 좋다. 유아들이 좋아하는 상상놀이에 필요한 놀이재료와 시설에는 놀이집, 탈 것, 탈 것이 다닐 길, 물놀이대와 물, 모래놀이터와 모래 그리고 각종 소도구들이 있다. 구성놀이에 필요한 자료는 연장, 나뭇조각, 블록, 모래, 물 등이다. 4세부터는 규칙이 있는 게임에 흥미를 보이는데, 구기종목이나 달리기를 할 잔디 덮은 마당과 공놀이 골대 및 단단한 흙바닥이 필요하다.

학령기(5~12세) 아동의 놀이는 상상놀이에서 점차 벗어나 규칙 있는 게임과 스포츠 시설을 통한 운동에 집중하게 된다. 따라서 이 단계의 아동을 위한 놀이터에는 질서와 구조가 생기며, 목공놀이 연장과 미술활동, 정원이나 밭 가꾸기 등 일과 놀이가 병행하는 특징을 지원해 주어야 한다. 즉, 실외놀이터는 놀이터를 사용하는 아동의 발달에 따른 놀이 욕구를 충족시킬 수 있어야 한다.

다음은 에릭 에릭슨(Erik Erikson, 1963, 1982)의 어린이의 정서적인 발달에 대한 8단계를 나타내고 있다. 1단계에서 4단계까지 영아기의 신뢰감 대 불신감, 걸음마기의 자율성 대 수치심 및 회의감, 유치원 시기의 주도성 대 죄책감, 학령기의 근면성 대 열등감에 대한 기술을 설명하고 있다.

아이들의 나이와 아동발달적 단계에 따라 어린이들은 다르게 놀기 때문에 나이가 다른 아동은 다른 타입의 놀이기구가 필요하다.

표 1-2 | 에릭슨의 정서적인 발달에 대한 8단계

단 계	적절한 연령	기 술
신뢰감 vs 불신감	출생~18개월	아동은 기본적인 욕구가 양육자에 의해 충족되고 이 세상은 예측이 가능하고 안전한 곳이라는 신뢰감을 가져야 한다. 그렇지 않을 경우 다른 사람에 대하여 불신감을 느끼고 세상이 지배적이라고 느끼게 된다.
자율성 vs 수치심, 회의심	18개월 ~3세 6개월	아동은 부모로부터 독립하여 자기 스스로 할 수 있다는 믿음을 획득해야 한다. 이러한 독립심을 보이기 시작하는 시기에 아동을 지나치게 제지한다면 아동은 자신의 독립심에 대해 수치심이나 회의감을 갖게 된다.
주도성 vs 죄책감	3세 6개월 ~6세	아동은 스스로 행동하고 무엇인가를 만들며, 자신을 창의적으로 표현하고 모험하려고 한다. 이러한 주도적인 활동들을 제지당하면 아동은 죄책감에 시달리게 된다.
근명성 vs 열등감	6세~12세	아동은 사회에서 인정하는 능력에서 유능하다고 느껴야 한다. 또래 관계와 중요한 성인의 관점에서 성취감을 느낄 필요가 있다. 아동이 너무 자주 실패를 경험할 경우 열등감을 느끼게 된다.
정체감 vs 정체감 혼미	사춘기	청소년은 자아에 대한 분명한 느낌을 발달시켜야 한다. 청소년은 자신만의 독특한 역할이나 가치, 사회에서의 위치 등을 획득해야 한다. 만일 이러한 요소들이 자아에 대한 일치된 관점으로 통합되지 않는다면 역할 혼돈이 일어날 수 있다.
친밀감 vs 고립감	초기 성인기	초기 성인기에 속한 사람들은 다른 사람을 위해 기꺼이 자신을 바칠 수 있어야 한다. 다른 사람에게 줄 수 있는 능력이 없는 경우 고립감을 느끼게 된다.
생산성 vs 침체성	성인기	성인은 지속적인 방식으로 세상에 대한 기여를 하고 있다는 생각을 가져야 한다. 아동 양육, 시민으로서의 행동, 직업 등을 통해 어떤 방식으로 다른 사람에게 기여했다는 느낌을 갖지 못하는 사람들은 자신의 삶이 어떤 방향이나 목표가 없다는 침체감으로 고통을 겪게 된다.
통정성 vs 절망감	노인기	노인은 자신의 삶에 대해 만족감을 가져야 한다. 노인은 자신감을 가지고 자신의 과거를 뒤돌아볼 수 있어야 한다. 삶에서 이러한 만족감을 느끼지 못하는 사람들은 커다란 절망을 느낀다.

다음은 놀이터 디자인과 관련하여 아동의 발달적 특성을 정리한 것이다.

표 1-3 | 아동의 발달적 특성

연령별	아동의 발달적 특성
18개월 ~5세 아동	• 작고 약하며 5~12세 아동보다는 다른 아이들과 잘 어울리지 못한다. • 다른 어린이들과 함께 협력하는 것과 노는 것에 대해 배운다. • 혼자 노는 것을 선호한다. • 기어오르고, 포복하고, 미끄러지고, 그네 타고 흔들어 움직이는 것을 좋아한다. • 도전하기를 좋아하며 활동이 다양하다. • 나이가 들면서 점점 도전적이 되어간다. • 상상력이 필요한 역할놀이 활동을 즐긴다. • 자기만의 장난감을 놀이터에 가져 오거나 돌이나 막대기 같은 재료를 사용하기도 한다. • 이 연령대에 맞는 적정한 놀이기구는 오르기 쉬운 오름대, 계단, 낮은 상판(플랫폼), 작은 미끄럼틀과 터널, 놀이집 또는 숨을 만한 공간 등이다.
5세 ~12세 아동	• 활동적이고 힘이 넘치며 친구들과 함께 논다. • 협력하며 경쟁하는 것을 즐긴다. • 신체적 도전을 즐기며 위험을 즐기려고 한다.(놀이기구를 위험하게 사용하거나 도전 또는 위험의 정도를 높여가며 이용함) • 기어오르기, 미끄러지기, 균형 잡기, 매달리기, 글라이딩, 그네 타기, 흔들어 움직이기, 바운싱, 돌기 등을 좋아한다. • 역할놀이를 즐긴다. • 축구 같은 놀이게임을 자주하며 놀이기구를 이용하는 대신에 쫓거나 술래잡기 등을 한다. • 놀이기구의 위 또는 아래에 매달리는 것을 자주 즐긴다. • 이 연령대에 맞는 적정한 놀이기구는 그네, 스케이트보드용 활주판, 미끄럼 기둥, 구름사다리, 체인과 그물망으로 된 오름대, 나선형 미끄럼틀, 역할극과 역할놀이공간 등이다.

특히 취학 전 어린이들(3세~5세)의 놀이에는 주의가 더욱 필요하다고 할 수 있다. 이 시기의 어린이들은 강화된 근육조정과 운동발달 성장이 계속 되어 높은 곳을 오를 수 있고 더 빨리 뛸 수도 있다.

또한 부모나 친구의 행동을 본받아 그 속에서 흥미를 찾기 때문에 자신의 능력을 넘어선 행동 때문에 위험에 빠지곤 한다. 아이들은 여전히 자기중심적이어서 상해가 일어날 수 있다는 것을 인식하지 못한다. 예를 들어 구름사다리를 건너갈 때 다음 손잡이가 멀다는 것을 알아차리지 못한 채 떨어진다거나 물깊이를 알지 못한 채 호수에 들어가 갑자기 넘어져 버린다.

그리고 취학 전 아이들이 상상해서 노는 놀이는 신체 일정 부위의 얽매임이나 질식사 같은 것을 일으키기도 한다. 상해는 물건 사용의 상상 속에서 발생한다. 예를 들어 장난감 박스는 집이 될 수도 있다. 작은 아이는 그 집에 오를 수 있지만 나오려고 할 때 무거운 뚜껑이 아이 위로 떨어질지도 모를 위험을 가진다. 취학 전 아이들은 행동과 놀이의 모험이 계속되기에 여전히 잠재된 위험에 취약하다고 할 수 있다.

그러므로 취학 전 어린이들의 놀이에는 부모님이나 보호자의 동반이 필요하다고 할 수 있다. 특히 많은 아이들이 이용하는 놀이터를 이용할 때는 안전한 이용수칙 등을 사전에 알려주고 또래 아이들을 무턱대고 따라가거나 똑같이 행동하는 것에 주의를 주는 것이 좋다.

다음은 아동의 신체발달 측면에서 살펴본 운동기능 및 발달과정을 정리한 것이다.

표 1-4 | 놀이에 따른 아동발달 과정

	기 술	발달과정
대근육 발달	균형 잡기	유아기와 초등학교 저학년 시기에는 아동의 무게중심이 낮지만 점차 균형 잡는 능력을 습득하게 된다. 유아기 아동은 직선으로 걸을 수 있고 보다 연령이 높은 아동은 원으로 걸을 수 있다. 취학 전 아동은 평균대 위에서 균형 잡기가 어려우며 종종 발이 어긋나게 된다.
	걷기	아동은 유아기 초기에는 좀 더 빠르고 능숙하게 걸을 수 있다. 더 이상 걸음마 시기는 아니다. 다양한 종류의 바닥(높낮이가 다른 언덕, 눈이나 모래 등)을 걷는 것은 아직 어렵다.
	계단 오르기	유아 초기는 '기어오르기'시기라고 표현된다. 계단을 올라갈 때 처음에는 한발과 그 다음을 모아서 오르고 다음에는 한 발씩 번갈아 올라간다. 그 다음에는 사다리에 오르기를 시도한다. 계단을 올라가기보다는 내려오기가 더 어렵다. 4~5세 아동은 '엉덩이로 내려오기'를 하거나 좀 더 조심스러운 방법을 사용한다.
	뛰기	두 발이 땅에서 떨어지는 진정한 뛰기가 유아기에 가능해진다. 아동의 연령이 높아지면 방향을 재빨리 바꾸거나 시작과 멈춤을 더 잘 조절하게 된다. 또래가 움직이는 방향으로 조절하는 능력은 (특히 잡기 놀이에서의) 초등학교 저학년 시기까지 불완전하다.
	두 발 모아 뛰기/앙감질하기	유아기의 아동이 높이 있거나 멀리 있는 것에 닿기 위해 팔을 움직이는 모습(팔을 앞으로 기울이거나 휘젓기)이 처음에는 잘 나타나지 않음에도 불구하고 두 발 모아 뛰기는 유아기에 나타난다. 어린 아동은 종종 한 발이 먼저 땅에 떨어진다. 좀 더 연령이 높은 아동은 몸의 움직임을 세련되게 하고 두 발을 동시에 착지한다. 4~5세 아동은 발로 앙감질하여 꽤 멀리 갈 수 있다. 그러나 앙감질을 사용하는 게임은 초등학교 연령이 될 때까지 능숙하지 못한다.
	스카핑하기	아동이 6세 이전에 스카핑을 할 때에는 대체로(한 발로 리드하면서 리듬감 있게 앞으로 나아가는 동작) 4분의 2박자로 움직이는 것이다. 대부분의 아동이 양발로 번갈아 하는 진정한 스카핑을 하게 된다.
	던지기	아동은 손에서 물건을 놓는 순간을 조절하기가 어렵기 때문에 초기의 던지기는 부정확하다. 유아후기에는 아동이 던지기를 할 때 발의 스텝이 잘못되거나 몸의 움직임이 부적절하기도 하지만, 대체로 위로 던지기는 더 정확해진다. 초등학교 시기에는 좀 더 멀리, 정확히 던질 수 있다.
	잡기	걸음마와 유아 전기에 잡기를 시도할 때에는 거의 움직이지 않는 물건을 잡으려고 한다. 아동이 충격을 줄이기 위해 팔을 구부리거나 몸을 뒤로 움직이지 못하므로 공은 종종 아동의 몸에서 떨어진다. 초등학교 시기에 이르러서야 좀 더 정확하게 잡게 된다.
	자전거 타기	걸음마기 아동은 "발로 밀면서 타기"를 좋아한다. 대부분의 3세 아동은 세발자전거나 바퀴자전거를 탈 수 있다. 어떤 아동은 페달을 밟기 위한 보조장치를 필요로 한다. 5세가 되면 아동은 페달 돌리기, 멈추기, 출발하기를 매우 유능하게 할 수 있다. 초등학생이 될 때까지 두발자전거를 잘 못타는 아동도 있다.
소근육 발달	옷 입기/자조기술	걸음마기 아동은 찍찍이를 조작할 수 있다. 옷 입기보다는 벗는 것을 더 잘한다. 2세까지 세수하거나 용변 보는 것과 같은 자조기술들이 숙달된다. 유아기 후기가 되면 아동은 지퍼나 단추를 조작할 수 있고, 어떤 아동은 묶을 수도 있다. 그러나 어떤 아동은 여전히 지퍼나 운동화 끈을 묶을 때 도움을 필요로 한다. 초등학생이 되면 대부분 자조기술을 획득하게 된다.
	그리기/쓰기	그리기와 쓰기는 단계적으로 발달한다. 작문은 좀 더 복합적인데 인지 발달은 수반한다. 처음에는 손바닥으로 잡기 시작하여 이후에는 손가락으로 잡게 되고 결국 종이에 팔을 놓고 그리거나 쓰기 시작한다.

(계속)

	기 술	발달과정
소근육발달	가위질하기	유아 초기에는 가위를 가지고 노는 것을 즐긴다. 그러나 가위를 능숙하게 사용하는 것은 어렵다. 대부분의 아동은 가위를 일정하게 잡는 것이 어려워서 종이가 찢어진다. 유아기에는 가위를 조작하는 방법을 학습하는데 초등학교 시기까지 정확하게 선을 따라 자르기가 불가능하다.
	구성하기	블록 쌓기와 구성놀이는 유아 전기라도 매우 복합적이다. 3세에는 정교한 블록 구조물이나 '레고탑'보다 창의적으로 구성하는 것이 관찰된다. 유아 후기와 초등학교 시기가 되면 블록 구조물이 좀 더 실물처럼 되어 종종 실제 건물이나 이웃을 정확하게 재현한다.
	움직이는 물건 조작하기	유아기 놀이환경에서는 큰 장난감이 대부분이기는 하지만 어린 유아는 작은 장난감을 조작하면서도 많을 것을 배울 수 있다. 아동은 더 이상 구강기가 아니기 때문에 작은 장난감을 수 · 과학 영역에 비치할 수 있다. 아동은 매우 작은 물건을 다루면서 즐거워한다.
	눈과 손의 협응	유아기에 점차 정교해지는 눈과 손의 협응 기술 없이는 위의 기술들을 숙달할 수 없다. 아동의 지각과 동작을 협응하는 능력이 점차 증가된다. 퍼즐 맞추기, 자르기, 풀로 붙이기 능력의 발달이 이러한 것을 입증한다.

출처 : Cratty(1970), Elkind & Weiner(1978), Schickedanz, Schickedanz &Forsyth(1982) Williams(1983)로부터 인용됨.

4 성장단계별 놀이의 특성

어린이들은 놀이에서의 동화와 환경적응을 통해 스스로 점진적으로 단계적으로 발전시켜 나가게 된다. 그 단계는 특징적으로 일어나는데 리차드 다트너(Richard Dattner)는 그의 저서에서 출생에서부터 16세까지를 5단계로 나누어 살펴보았다. 그 내용의 일부를 살펴보면 다음과 같다.

1) 출생 후 18~24개월 (감각기관 발동단계)

유아는 본능적인 반사신경을 가지고 태어난다. 단순히 바라보는 소극적 상태에서 적극적으로 더듬거려 물건을 찾는 것으로 변한다. 유아의 분리된 행동들이 이 시기에 통합되면 깊이와 공간을 자각하기 시작하며 공간 내에서 거동하는 것을 배운다. 또한 자기의 환경 내에서 자기 행위가 변화를 일으키는 것을 알고 우연성을 배운다. 다른 사람들의 행위를 관찰하기 시작하고 그들의 행동을 흉내 내려고 하며 동시에 수단과 목적이 있음을 배우게 됨에 따라 원하는 결과를 얻기 위해서 일련의 간단한 단계를 밟을 줄 알게 된다. 또한 이 단계는 피아제가 '연습놀이'라고 부른 말로 표시할 수 있다. 연습놀이의 특징은 반복적이라는 것이며, 외적 사건의 원인 속에 존재하는 즐거움을 들 수 있다. 예를 들어 어떤 물건을 움직이게 했더니 바닥에 떨어진다는 것을 알게 되면, 그것을 확신하고 만족할 때까지 즐거워하며 계속 반복하게 된다. 그리고 일단 만족하

게 되면 다른 과제로 바꾸게 된다. 사건의 원인 속에 있다는 즐거움은 자기 자신과 환경을 어느 정도 조종할 수 있는 능력과 자신에 대해 어린이가 만족감을 표현하는 것이다.

2) 18~24개월에서 4세 (예비개념 단계)

이 단계에서 어린이는 상징을 창조하고 다른 사람들의 행동을 모방하며 말을 배우는 능력을 발달시킨다. 피아제는 상징의 창조(내적으로 창조된 상징에 의해서 행위나 사물을 외적으로 표현하는 것)가 어린이에게 있어서 언어를 발달시키는 것에 선행하며 사실상 언어발달 조건의 필요조건이라 밝혔다. 어린이는 자기가 직면하고 있는 환경만이 자기 세계의 범위가 아니며 상상 속에서 상징을 사용하여 새로운 상황을 창조할 수 있다.

이 시기에는 '상징놀이'가 어린이 활동의 필수적인 부분이다. 연습놀이가 새로 배운 신체기술에 동화하는 수단을 제공하는 것처럼 상징놀이는 사물을 표현하는(상징하는) 새로 나타난 기술에 동화하는 방법을 갖게 해준다.

아이들은 흔히 어떤 물건을 동일시하며 놀이를 하는데 소꿉장난은 무엇을 상징하는 가장 대표적인 놀이이다. 상징놀이의 내용은 어린이의 경험에서 이끌어지며 가장 깊은 곳에서 나온 욕구를 구체화한 것이다. 상징놀이는 대부분 어른들이 가져보는 공상과 같은 기능을 어린이에게 주는 것이다.

공상이란 우리의 욕구가 성취되고 불쾌한 현실도 바꾸는 기분 좋은 상황 속에 우리를 집어넣는 것이다. 상징놀이는 일종의 성취이다. 4살까지의 어린이는 자신의 일에 몰두하기 때문에 다른 아이의 활동에 거의 신경을 쓰지 않는다. 그들은 함께 놀기는 하지만 그 아이들의 존재를 즐기면서 각자 자기가 창조한 환상세계에 빠져들며 가끔씩 상대 행위도 일어난다. 이렇게 다른 아이들에게 노출시키는 일은 보다 높은 수준의 사회활동이 일어날 장래에 대비해서 중요한 과정이다.

3) 4~6세 (직관단계)

이 단계의 어린이는 자신의 경험을 늘어나는 논리적 개념으로 조직하는 개념화의 능력이 성장한다. 진정한 논리는 부족하나 부모에게 질문을 해가면서 장래의 논리적 기능을 위한 기초를 마련한다.

어린이의 사회적 세계가 이 시기에 자라나기 시작하고 다른 아이들을 의식하기 시작

하면서 그들의 행위도 모방하려고 한다. 이는 순수한 개인과 완전한 사회적인 활동을 중개하는 하나의 사회적인 행동방식이다. 그러므로 이 시기는 하나의 전이단계이다. 환상세계와 현실세계 사이에 있으며 직관의 세계와 논리적 사고의 세계 사이에 있고, 고독한 놀이의 세계와 사회적 협동 및 상호이해의 세계 사이에 있는 전이단계이다.

4) 7~8세에서 11~12세 (구체적 기능단계)

사고가 지각이나 행동으로부터 점차 분리되며 경험을 분류하고 그 관계와 수효를 조직하기 시작한다. 그리고 사물의 보존(흙덩어리 같이 형태가 변해도 사물의 양을 증감시키지는 않는다는 사실)과 역전(앞으로 향하던 걸음을 뒤로 하면 다시 원위치로 돌아가게 된다는 사실) 같은 개념도 알게 된다.

이 단계는 규칙에 맞추어 놀이하는 것에 강한 관심을 보이며 다른 사람의 관점도 이해하게 되어 여러 사람의 협동심을 요구하는 작업이 가능해지고 또한 그것이 중요한 역할을 하게 되는 단계이다.

이 시기는 어린이가 구체적인 사물의 세계에 관심을 갖기 시작하는 단계이기도 하다. 호기심은 그 어느 때보다도 구체적이며 또 그것을 직접 경험에 의해서 해결하려고 한다.

5) 11~12세에서 15~16세 (형식 기능단계)

소년기에는 발달하는 개인으로서 성인의 사고과정이 두드러지게 나타난다. 논리적 체계에 관심이 있으며 형이상학에도 관심을 보인다. 지각과 사고를 분리시켜 이론과 가설을 구체화 할 수도 있다.

놀이에 관해서는 사고와 사건에 대한 관심이 놀이 규칙에 전념하는 것에서 나타난다. 이전과는 다르게 놀이의 규칙에만 몰두하지 않으면 놀이에서 일어나는 모든 가능한 상황을 예상하게 되고 스스로의 논리체계를 창조하면서 어른이 접한 상황의 복잡성과 경쟁적인 상황을 창조하는데서 기쁨을 얻는다.

5 놀이가치

놀이터가 왜 필요한가? 집에서 텔레비전이나 컴퓨터, 비디오, 책 등을 통해 어린이들이 실내에서 가지는 놀이는 이차원적인 경험을 제공하는 데 비해, 실외에서의 놀이 경험은 실제 어린이가 사물을 직접적으로 만져보고 느껴보는 살아있는 경험을 제공하기 때문에 어린이에게 꼭 필요한 활동영역인 것으로 학자들은 밝히고 있다. 또한 일반적으로 어린이는 놀이를 통하여 사회성 및 도덕적 가치형성, 창의성 증진, 안정된 정서발달, 신체기능 발달 등의 여러 가지 다양한 경험을 하게 되는 것으로 널리 알려져 있다.

어린이는 놀이를 통하여 학습을 하게 된다고 한다. 어린이는 신체적 능력을 발달시키면서 주변 환경에 대하여 배우게 되고 세상에 대하여 생각하는 방법을 배우게 되는 것이다. 놀이활동을 하면 할수록 아동은 더 많이 발달하게 되는 것이라고 아동발달 전문가들이 주장을 하고 있지만, 불행하게도 어린이의 놀이활동을 위한 모든 기회들이 이들 전문가들이 권장하는 대로 디자인되고 있지 않다는 것이 문제이다.

이것에 대하여 명확한 설명을 해주는 곳 중의 하나가 바로 놀이터이다. 어린이의 아동발달과 학습에 기여해야 할 놀이가치의 부재는 물론 기본적인 안전성마저 갖추지 못하고 있는 것이다. 최근의 몇몇 놀이터는 어른들에게는 상당히 매력적으로 보일지도 모르지만 아동의 지속적 발달과 교육적 경험을 가지게 하는 놀이가치가 부족한 놀이터도 있다.

점점 더 복잡해지고 증가하는 도심환경에서 자유롭게 놀기 위한 어린이들의 공간이 점점 줄어들고 있다. 어린이 놀이가 인간발달을 위한 성장과 학습에 필수적이므로 어린이에게 적절한 놀이터를 제공하는 것은 어린이들이 스스로 자신의 잠재력을 실현시키도록 도와주는 것이며 우리의 책임인 것이다.

어린이 놀이의 중요성은 어린이가 가지는 이익과 사회적 이익이라는 2가지 관점에서 묘사될 수 있다. 놀이를 통해서 어린이가 얻게 되는 이익은 아동발달 측면에서 살펴볼 수 있다.

[놀이를 통해 어린이가 가지는 이익]

- 놀이는 아동에게 자유롭게 즐기고 운동을 선택하고 행동을 조절하는 기회를 제공한다.
- 놀이는 경계를 실험하고 위험을 탐험하는 기회를 제공한다.
- 놀이는 아동을 위해 매우 폭넓은 신체, 사회, 지적 경험을 제공한다.
- 놀이는 아동의 독립심과 자부심을 키워준다.
- 놀이는 다른 친구에 대한 관계를 발달시켜주며 사회적 상호작용을 위한 기회를 제공한다.
- 놀이는 아동의 웰빙(well-being), 건강한 성장과 발달을 지원한다.
- 놀이는 아동의 지식과 이해를 증가시킨다.
- 놀이는 아동의 창의력과 학습능력을 촉진한다.

[어린이 놀이의 사회적 이익]

이미 여러 연구에서 밝혀진 것처럼 놀이는 아동에게 개성, 자부심, 그리고 다른 친구의 상황에 대한 공감 그리고 일련의 그들 행동에 관한 인식의 증가에 대한 감각을 발달시키는 기회를 제공한다.

또한 어린이들이 스스로 알아서 즐기고 활동적이 되며 동시에 배우기도 하기 때문에 놀이활동은 부모와 보호자에게도 이익이 된다. 특히 집 밖에서의 놀이는 가족에게도 득이 되는데, 보통 집안에서 놀 때보다 더 어린이들의 시끄럽거나 활동적인 놀이가 가능하기 때문이다.

따라서 어린이의 좋은 놀이 경험은 강력한 개성과 함께 넓은 범위의 다른 역할 안에서 부모, 직업인, 정보가 풍부한 소비자, 활동적인 시민으로서 사회에서 영향을 발휘할 수 있는 자율적인 성인이 될 수 있는 발달을 지원한다.

또한 놀이는 사회 · 문화적으로 긍정적인 태도를 쌓는 데에도 중요한 기여를 하며 적지 않은 사회적 역할을 담당하기도 한다. 가정환경이 좋지 않은 아이나 쉽게 어울리기 힘든 외국 어린이들의 경우 놀이터에서 다른 아이들과 차별 없이 맘껏 놀 수 있다는 것은 이들에게 큰 도움이 되는 것이다. 좋은 놀이는 아이들이 좀 더 평등한 상태에서 사회적 욕구를 달성할 수 있는 기회를 제공하는 것이다. 즉, 놀이터는 아이들 간의 문화적 동일성과 차이점을 탐험하고 배려할 수 있는 기회를 제공하는 것이다.

6 놀이 기회

지금까지 기술한 대로 놀이는 건강한 아동발달을 위해 필수적이라는 데는 이견이 없을 것이다. 이러한 놀이활동의 주요공간인 놀이터는 어린이끼리 그리고 어린이와 가족 간에 다양한 종류의 놀이의 기회를 제공할 수 있는 환경을 만들어 주는 공간인 것이다.

선행 연구결과를 살펴보면 잘 디자인되고 관리되는 놀이터는 어린이에세 다음과 같은 발달적 기회를 제공해야 한다. 놀이터의 기획 및 설계단계에서 다음의 사항들이 검토될 수 있도록 한다.

1) 운동근육 발달을 위한 기회

놀이시설물은 크고 좋은 근육발달, 눈·손·발의 협응능력 그리고 균형감각과 운동기술을 지원해야 한다. 이러한 능력들을 시험할 수 있는 광범위한 기회와 공간이 제공되어야 한다. 또한 아동이 놀이를 즐길 수 있는 능력여부와 상관없이 어린이가 어떠한 능력을 가졌든지 간에 그들의 능력을 실천해보고 도전해볼 수 있는 기회를 가져야만 한다. 놀이터에는 항상 도달해야 할 무엇인가가 있어야 한다. 어린이가 한 가지 기술을 습득하게 되면 그들은 새로운 방식으로 자신을 실험하게 된다.

2) 의사결정의 기회 (Moore, 1989)

아동이 생활하는 모든 환경은 아동이 스스로 자신의 활동을 결정할 수 있는 환경이어야 한다.

① 아동은 모든 환경의 통제를 받거나 약간의 통제를 받아야 한다.

② 환경이 주는 경험은 발전성이 없어서는 안 된다. 아동은 의사결정할 수 있는 포인트를 가져야만 한다. 즉, 현재의 활동을 계속할지, 마무리할지, 새로운 것을 시작할 지를 선택할 수 있어야 한다.

③ 의사결정할 수 있는 포인트는 연령대별로 그리고 난이도에 따라 적절해야 하며, 반복되는 선택이 되지 않도록 충분한 범위를 제공해야 한다.

3) 학습 기회

놀이터 구성과 배치에 있어서 자연물체, 공간 그리고 자기 자신에 대한 속성과 관계가 잘 반영되어야 한다. 적절한 보호가 있다면 아동은 외부 세계를 배우기 위해 문제를 해결할 것이며, 적극적으로 환경을 다룰 것이며, 그것들을 변형 또는 분해하며 재창조할 것이다.

아동은 세상에 대한 그들의 관계를 변화시켜서 새로운 관점(높고 낮은 장소에서, 힘과 행동의 변화를 통해서, 시간과 공간에서)에서 볼 수 있는 기회가 필요한 것이다.

놀이활동을 통해서 어린이가 만물의 자연적인 질서와 관계 그리고 서로 다른 환경 속에서 평화롭게 공존해야 하는 필요성을 올바르게 인식할 수 있도록 도와줄 수 있어야 한다.

4) 역할놀이의 기회 (Moore, 1989)

놀이환경은 공상적인 그리고 협력적인 놀이를 위한 도구인 셈이다. 역할놀이를 위한 소도구와 무대를 제공해주고 있는 것이다. 서로 다른 것과의 관계와 놀이터에서 물리적 요소의 풍부함은 어린이의 호기심과 상상의 나래를 펼칠 수 있도록 자극해주어야 한다.

5) 사회적 발달 기회

어린들에게 인간 사이의 긍정적인 상호작용을 할 수 있도록 놀이환경을 제공해야 하며, 다른 능력을 가진 아이들과 다른 인종과 성별 그리고 어른과 함께 어울릴 수 있는 환경을 제공해야 한다.

6) 놀이는 흥미로워야 한다

놀이터에서 미소 짓거나 웃는 아이들이 있다는 것은 분명 성공적인 놀이환경을 제공하고 있다는 사실을 보여준다. 놀이터는 다양한 도전레벨을 제공하는 놀이기구를 갖추도록 설계하는 것이 좋으며, 특히 어린이의 오감(촉감, 청각, 시각, 후각, 언어(말))을 자극하는 활동을 촉진시킬 수 있는 기구를 고려한다.

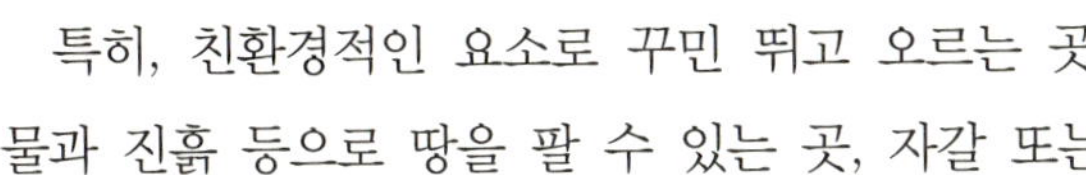

특히, 친환경적인 요소로 꾸민 뛰고 오르는 곳, 물과 진흙 등으로 땅을 팔 수 있는 곳, 자갈 또는 조개껍질 등의 자연물을 모을 수 있는 곳, 숨는 것을 좋아하므로 비밀스런 장소에서 막사(캠프) 같은 것을 만들 수 있는 공간, 비탈을 굴러서 내려오거나 돌 또는 선을 밟을 수 있는 공간, 차량 같은 것을 밀거나 당길 수 있는 공간, 자연물을 키우고 수확할 수 있는 곳 등 다양한 경험과 놀이활동을 할 수 있는 기회를 제공해줄 수 있도록 고민해야 할 것이다.

7 놀이가치와 안전의 균형

아직까지도 많은 지역사회의 공원과 보육시설의 놀이터는 안전하지 못하며, 아동의 발달을 촉진시켜 줄 잘 디자인된 놀이터가 부족한 것이 현실이다. 또한 이제 막 도시의 재개발이 한창인 어떤 지역사회는 놀이터가 모자라기도 한다.

실질적으로 모든 지역사회에서 놀이터는 놀이가치 외에 놀이터 전반의 안전성을 평가받아야 하며, 국내 대부분의 놀이시설 관리주체들이 한 번의 법적 의무인 놀이시설 설치검사의 합격여부로 모든 안전성이 확보된 것으로 오해하는 경향이 있다. 우리가 지키고 있는 어린이놀이시설 안전기준과 「어린이놀이시설 안전관리법」은 어린이놀이터에서 준수해야 할 최소한의 안전장치임을 인지하고, 놀이터에서 아동의 손상을 막기 위하여 놀이터의 관리와 개선활동은 지속되어야 한다.

놀이터의 안전과 관련하여 다행히도 우리나라는 2008년 1월부터 시행된 「어린이놀이시설 안전관리법」에서 4년 이내에 모든 놀이터는 안전검사를 받도록 되어 있다. 또한 설치검사 기한을 3년 더 연장하여 국내에 있는 거의 모든 놀이터가 교체되거나 개선되

도록 유도하고 하고 있다.

놀이터를 교체하거나 새로 설치하는 것은 상당히 많은 것들이 필요하다. 대부분의 사람들은 놀이터가 없는 지역사회에서 살고 있거나, 있다 해도 어린이가 이용하기에는 거리가 먼 곳도 있다. 도심지의 새로 생겨난 많은 아파트단지들은 놀이터에 부적합한 공간과 놀이기구를 설치하고 있다. 어떤 낡은 놀이터는 아예 관리조차 되고 있지 않으며 심지어는 당장에 전면 교체해야 할 필요가 있는 아파트 및 학교도 있다. 최근 들어 서울시의 상상놀이터 등 어린이에게 더 많은 놀이의 기회를 주기 위한 창의적인 놀이터가 많은 단체와 기업의 노력으로 도입되고는 있으나, 최근 새롭게 설치되는 대부분의 놀랍고 흥미로운 놀이터들이 아동의 발달권과 안전성을 충분히 확보하고 있지 못한다는 사실이다.

아동을 위해 새로운 놀이터를 짓는 것은 지역사회, 특히 어린이와의 돈독한 협력관계를 가져야만 완성할 수 있는 중요한 임무인 것이다. 독일의 유명한 놀이터 디자이너이자 수년간 놀이터 안전분야에 관한 유럽연합 표준기구(European Standards Organisation)의 기술위원회 회장을 역임한 Julian Richter는 "어른들에게 중요하다 여겨지는 많은 것들이 사실 어린이에겐 전혀 아무것도 아닐 수 있다. '중요하다거나 중요하지 않다'라는 이 느낌의 차이는 어린이놀이터가 바르게 만들어지기 위한 발전과 고민을 어렵게 한다. 예를 들어 "청결하게", "제 시간에", "모두 제 자리에" 이것은 어른들에게나 중요하지 어린이에게는 정말 아무것도 아님을 의미할 수 있다."라고 말한다.

놀이터 안전관련 활동을 하다보면 어른들의 입장 위주로 너무 많은 안전을 거론하고 부탁받곤 한다. 그러나 이 같은 안전을 부탁하면 할수록 어린이는 다른 장소에서의 더 높은 위험성에 처할 수 있는 어린이들을 우리는 간과하게 될 것이다. 그러므로 어린이의 입장에서, 즉 이용자 입장을 고려해야 한다.

어린이를 위한 일을 함에 있어 그들의 의견을 존중하지 않은 채 자주 우리 자신의 바람대로 나아가기도 한다. 이론상 발생되는 사고로 자주 활동에 제약을 주기도 하지만, 안전상 요구되어지는 강한 규제는 어린이 안전에 최대의 함정이 되기도 한다. 놀이터에서 계속적으로 안전사고가 발생하고, 무언가 잘못된 일이 발생되면 거기에 집중하느라 어린이를 위한 소중한 진실을 금방 잊어버리기도 한다. 예를 들어 어린이는 나이가 먹고 성장해 나가면서 스스로 자신을 보호할 수 있는 힘이 생긴다는 사실이다.

어린이놀이터에서 안전성만을 중요시하다 보면 정작 놀이터의 존재 목적인 어린이의 즐거움과 아동발달을 저해할 뿐만 아니라 단순 미관시설로 전락할 수 있다. 따라서 어린이놀이터를 새롭게 설치하거나 변경할 때에는 이 두 가지 놀이가치(Play Value)와 안전(Safety)의 적절한 균형을 유지하는 것이 필요하다.

8 놀이터 구성요소

놀이터에 놀이를 위한 기구 또는 구성요소를 설계할 때에는 반드시 놀이터에서 필요한 아동발달적 기능을 고려해야 한다. 멋진 놀이기구를 설치하는 것보다 이용자인 어린이의 연령대를 파악하여 이용자에게 필요한 놀이 구성요소를 제공해야 한다. 또한 취학 전 어린이와 학령기 어린이의 활동공간을 구분해 줄 필요가 있다.

놀이이 구성요소로서 일반인 대다수는 놀이기구만을 생각하고, 여러 놀이기구 설치업자가 제안한 견적만을 비교하여 놀이터를 설치하는 것이 현 실태이다. 놀이기구만으로 구성된 놀이터는 어린이들에겐 의미 없는 공간이 되기 십상이다.

몇몇 선행연구 결과 10분에서 15분이 지나면 어린이들은 이들 놀이기구를 지루하게 느낀다고 밝히고 있다. 한발 더 나아가 상당부분 아동의 상상놀이의 상당 부분이 인공적인 놀이기구보다는 다른 구성요소에서 발생한다고 한다.

예전에 우리 어른들이 흔히 접했던 나무와 개울 같은 친환경적 요소들은 최근 들어 도심에서 사는 우리 어린이들에게 점점 접할 수 없는 것이 되어 가고 있다. 예를 들면 놀이터 또는 놀이터 주변에 오밀조밀하게 심어진 화단은, 이렇게 우리가 잃어가고 있는 것과 어린이에게 필요한 것을 제공할 수 있을 것이다. 또한 관리자가 아닌 부모님들이 놀이터를 가꾸게 할 수 있는 동기 부여가 될 수도 있을 것이다. 따라서 놀이터를 새롭게 교체할 때에는 가능한 한 자연적 환경을 제공하고 창조하는 데 노력해야 한다.

예를 들어 한두 개의 복합놀이대와 인공매트만으로 놀이터를 구성하기보다는 잔디 또는 모래바닥과 통나무 몇 개만으로도 우리 어린이들에게는 훌륭한 장난감이 되며, 특히 학령기 이전 어린이들에게는 상상놀이와 사회적 놀이를 할 수 있는 신나는 놀이터가 될 수가 있는 것이다. 이와 더불어 설치비용도 대폭 경감되며 법적 검사인 설치검사도 받을 의무가 사라지는 것이다.

어린이놀이터를 구성하는 요소로는 다음과 같은 것이 있다.

1) 어린이놀이기구

그네, 시소, 미끄럼틀 및 복합놀이대와 같이 우리가 일반적으로 알고 있는 놀이기구이다. 보다 자세한 어린이놀이기구에 관한 사항은 제4장 “놀이시설 설치”를 참고하길 바란다.

어린이놀이기구는 우리나라 대부분의 놀이터에 들어가는 놀이의 구성요소이다. 지금은 국내 모든 놀이기구가 안전검사를 받은 제품만 설치하도록 법제화되어 있기 때문에 안전성에는 문제가 없지만 놀이가치 및 놀이기회가 부족한 제품이 많다. 전문가와 상담하여 놀이기구가 가지는 놀이기능과 가치를 살펴볼 필요가 있다. 또는 제품에 대한 관련 지침서 및 설명 서류와 함께 설치업자에게 요구할 수도 있다.

2) 식물

상상게임, 비밀장소, 특별한 공간-이런 것들은 우리의 어린 시절 놀이에 대한 기억을 떠올리게 하는 것들이다. 우리의 어린 시절에 따뜻한 감정을 담아내고 특별하게 떠올리는 환경이나 특별한 것은 신기한 그네나 시소가 아니다. 어린 시절 우리들에게 필요한 환경이었고 놀이공간에 즐거움을 가져다준 것은 바로 나무와 식물들이었다. 아동놀이환경에 가상적으로 나무를 심는 것은 불가능하다.

다양한 나무, 관목 그리고 바닥재료는 놀이터를 계획할 때 필수적인 것이다. 적절하게 그리고 상상력을 동원할 수 있게 놓여 쌓인 나뭇잎은 상상놀이와 창의적 놀이를 위한 인프라를 제공해 준다. 여러 가지 그리고 다양한 나무와 관목을 심는 것과 같은 간단하고 값싸고 손쉬운 유지관리와 거의 책임질 일이 없는 결정은 수세대에 걸쳐 유산을 남기는 것과 같은 것이다.

3) 자연재료

감각적으로 배치된 바위(크고 평평한 또는 둥글고 부드러운)와 통나무(크고 고정되고 날카로운 부분이 없는)는 넓은 범위의 활동에 이용될 수 있는 추상적 아이템을 포함하는 훌륭한 방법인 것이다.

4) 물놀이

개울, 연못, 댐 등은 아동에게 있어 천연의 매혹적 재료이다. 또는 인공적으로 조그마한 분수대를 설치하여 맨발로 철퍼덕 거릴 수 있는 신나는 물놀이 공간을 구성해 볼 수도 있다. 아이들은 물과 관련된 놀이와 물놀이가 가능한 곳에서 즐거워한다. 배수시설은 필수적이다. 물론 안전을 고려해야 한다. 만약 물이 자유롭게 흐르고 얕다면 유일한 문제는 진흙투성이와 젖은 옷뿐이다. 이 문제는 아이들의 웃는 얼굴로 답을 얻을 수 있다.

5) 오감자극 및 과학시설

6) 놀이 소품 등

CHAPTER 2

놀이와 안전

놀이와 안전

1 놀이와 안전

"부모님은 그 자녀가 놀러 나갈 때 그 상태로 온전히 집에 돌아오기를 원한다."

어린이들은 아주 어렸을 때부터 놀이를 통해 그들의 능력을 발달시키고 새로운 경험을 위한 도전, 극한의 탐구를 위해 위험을 감수하고 싶어 하며 그리고 필요로 한다는 것은 이제 우리 모두 아는 사실이다. 즉, 아동의 능력을 발달시키고 탐험을 위한 환경에 도전하게 하고 아동을 자극하기 위하여 놀이터는 존재하는 것이다.

따라서 어린이의 놀이활동과 놀이공간의 위험을 평가하고 관리하는 것은 우리의 책임이다. 어린이가 용납할 수 없는 심각한 위험에 노출되지 않으면서도 어린이의 능력을 맘껏 펼치고 시험하고 발달시킬 수 있도록 기회를 주어야 하는 것이다.

이것은 어린이에 대한 넓은 의미의 어른의 사회적 책임이며, 만약 우리 어른들이 위험을 관리하고 접할 수 있는 통제된 기회를 제공하지 않는다면 어린이들은 이러한 위험대처능력을 배울 기회를 거부하게 될 수도 있으며, 어린이들은 어쩌면 더 많은 위험을 가지면서도 통제되지 않은 환경인 위험한 도로나 주차장 또는 공사장 같은 위험한 곳에서 놀이를 즐길 수 있도록 내몰릴 수도 있다. 그러므로 치명적인 위험에 노출되지 않으면서 아동의 능력을 맘껏 펼치고 시험하고 발달시킬 수 있도록 기회를 주어야 하는 것이다.

모든 종류의 손상은 아이들과 부모에게는 고통이 되지만 손상의 위험에 노출되거나

실제적으로 최소한의 손상을 경험하는 것은 우리들 대부분의 어린 시절 활동이다. 또한 이러한 경험은 아동발달에 있어 긍정적인 역할을 하고 있다.

사실 아동발달적 측면에서 좋다고 널리 알려진 축구와 같은 스포츠를 즐기는 것은 실제적으로 놀이터에서 노는 것보다 더 많은 손상위험을 내포하고 있다. 그렇지만 다칠 수 있는 가능성과 심각성을 알고 있지만 축구를 통한 이득은 이러한 위험으로 인한 손실을 뛰어넘기에 어린이들은 축구나 수영 등을 즐기는 것이다. 어린이들은 어느 정도의 신체적 적성과 능력을 가지고 있으며, 우리 어른들이 과소평가하는 경향이 있는 위험에 대하여 평가하고 관리할 능력도 발전시키고 있는 것이다. 그래서 위험에 대해서 인지하고 배울 수 있도록 적절하게 통제된 환경을 만들어 주어야 한다. 어린이들은 우리가 일반적으로 접하는 넓은 범위의 위험보다는 적은 경험을 하게 되지만 위험을 접하는 것은 놀이 목적에 있어서 반드시 필요한 특징인 것이다. 그래서 위험에 대해서 인지하고 배울 수 있도록 적절하고도 통제된 환경을 만들어 주어야 하는 것이다.

중요한 것은 위험을 접하는 것이 어린이의 놀이 목적에 있어서 반드시 필요한 특징이라는 것이다. 아동에게 있어 놀이터는 환경을 배우고, 도전하고, 자극받을 수 있는 부분으로서 용납할 수 있는 위험을 접할 기회를 제공하는 것과 같은 것이다. 즉, 놀이터에서 어린이는 어느 정도 감수할 수 있는 정도의 위험 및 도전요소(관리되고 있는 위험요소)를 통해 위험에 대한 학습과 인지, 사회, 정서, 창의성 및 신체적 발달을 이루게 된다. 따라서 놀이터의 진정한 안전관리는 위험을 제공해야 할 필요성과 위험으로부터 아동을 안전하게 보호할 필요성 사이의 균형을 관리하는 것을 목표로 해야만 한다.

놀이에 있어 약간의 위험에 노출되는 것은 실제적으로 아동에게 이익이 된다. 그것은 기본적인 인간의 욕구를 충족하는 것이며, 실질적으로 계속해서 위험을 접하면서 배울 수 있는 기회를 가지는 것과 같은 것이다.

그러므로 놀이에 있어 아이들이 타박상, 찰과상, 삠 등과 같은 쉽게 치료할 수 있는 손상의 위험에 노출되는 놀이는 어느 정도 감수할 수 있는 것이다. 이와 반대로 생명에 위협을 주거나 또는 평생 장애를 일으킬 수 있는 치명적인 손상에 어린이를 방치하거나 노출시켜서는 안 된다. 예를 들어 그네줄의 마모로 인해 아동이 추락하여 머리에 손상을 입는 경우 또는 놀이기구에서 떨어질 수 있는 충격구역 내에 유리조각이 방치된 상태에서 어린이가 추락하는 경우 등은 절대로 일어나서는 안 되는 일인 것이다. 그래서 우리는 놀이터에 대한 안전점검을 정기적으로 실시해야 하는 이유가 여기에 있는 것이다.

어린이가 위험을 감수하는 활동 그 자체는 어린이가 더 많은 이득(즐거움 혹은 아동발달)을 가지는 것으로, 이것은 창의성을 포함하여 바람직한 인간의 기질을 발달시키는데 기여하는 것이다 라고 학자들은 밝히고 있다.

안전하다고 또는 반대로 위험하다고 느끼는 것은 매우 주관적이다. 사람들은 위해한 것에 대해 매우 다르게 반응한다. 비록 어린이에게 신체적으로 많이 위험할 수도 있시만 부모들은 어린이를 위험에 빠트릴 수 있는 바람직하지 않은 행동과 사회적 위험도 알고 있다. 또한 어떤 어린이에게는 새로운 것을 접하거나 새로운 사람과 함께 하는 것이 상당히 힘든 도전이 될 수도 있다. 그러나 어린이 놀이에 있어서 도전은 중요한 요소이므로 위험부담을 제거하는 것은 바람직하지 않은 것이다.

이미 아는 바와 같이 어린이에게 있어 그들의 능력을 시험하고, 새로운 기술을 배우고 모험에 대한 감각을 경험하기 위해 위험과 도전은 필수적인 것이다. 어린이는 손상위험을 비롯한 도전을 하고 싶어 하는 강한 동기부여가 되지 않는 한 결코 걸음마를 배우지 않으며 자전거나 계단을 오르지 않게 된다. 놀이에 있어 어린이가 위험가능성을 인지하고 도전해보는 것은 정신건강에 중요한 2가지 예방요소인 자신감과 적응력을 쌓는 것을 도와준다.

놀이터는 위험가능성과 도전을 가지고 있어야 하며 갑자기 맞닥뜨릴 수 있는 새로운 것이 설치될 수 있어야 한다. 이것으로 어린이는 모험을 하게 되며, 적응력과 회복력을 포함한 새로운 기술들을 배우게 되는 것이다.

위험은 어린이의 발달연령 및 능력과 특별한 관계에 있기 때문에 일부 구역 및 놀이 시설은 특별한 연령대의 아동을 위해 디자인될 수도 있다. 어떠한 지역이라도 어린이의 능력치가 매우 다양하므로 등급별 도전이 제공되어야 하며, 그 도전은 어린이가 안전함을 느끼는 단계별로 시도할 수 있게끔 되어 있는 것이 좋다.

다양한 연령과 능력을 가지고 있는 어린이에게는 놀이터라는 물리적 환경에서 적정한 수준의 도전해볼만한 것이 제공되어야 한다. 그러나 어린이가 감당할 수 없는 과도한 위험에 노출되도록 해서는 안 된다.

위험(danger)은 아동의 신체적 및 직관적 능력 밖에 존재하기 때문에 학습에 의해 또는 실험을 통해서 극복될 수 있는 리스크(risk)인 것이다. 아이들은 사전에 위험스러운 것(hazard)을 인식할 수 없기 때문에 '숨겨진' 위험은 아동의 부상을 유발할 리스크를 안고 있는 것이다.

인식적 · 신체적 그리고 지각능력의 다양함은 부상을 예방할 수 있는 아동의 능력에 영향을 준다. 어린 아이들은 종종 위험에 노출되는데, 그 이유는 그들이 본래 가지고 있는 호기심과 모험심으로 인해 기어오르고 달리고 탐험하면서 위험에 노출되기 때문이다.

우리 성인들이 분명히 과소평가하는 경향이 있는 위험을 평가하고 관리하는 능력을 개발시키는 것을 포함하여 어린이는 어느 정도의 신체적 기능과 능력을 가지고 있다. 그렇지만 어린이들은 보통 우리 성인들이 접하는 넓은 범위의 위험과 위해요인을 평가하는 어른보다는 적은 경험을 가지고 있어서 위험에 대해서 인지하고 배울 수 있도록 적절하게 관리된 환경을 만들어 주는 것이 중요하다.

2 놀이터와 안전사고

그렇다면 놀이터는 과연 우리 아이들이 뛰어 놀기에 안전한가?

어린이들이 어떠한 놀이공간보다 더 많은 시간을 보내는 실외 놀이시설물인 어린이 놀이터는 어린이들의 신체뿐만 아니라 인지, 정서, 창의력 발달을 위해 필수적 시설인데도 불구하고 어린이 놀이시설에 관한 정확한 안전기준과 관리가 제대로 이루어지지 못했다. 그래서 최근까지 놀이터에서의 사망사고 등 크고 작은 안전사고가 빈번하게 발생하면서 사회적 문제로 대두됨으로써 마침내 어린이 놀이시설물 안전관리법이 제정

되어 2008년 1월 30일부터 시행되기에 이르렀다.

그러나 모든 놀이터가 관리담당자가 있는 학교 공터, 교회 부지 또는 공원, 호텔, 리조트, 보육시설에 있다하더라도 때로는 평생 지울 수 없는 사고를 일으킬 수 있는 숨겨진 위험이 있다는 것을 알아야 한다. 미끄럼틀은 우리 자녀가 타기에는 너무 위험할 수 있으며, 그네는 그네줄이 끊어져 있을 수 있다. 놀이터 바닥은 너무 딱딱하고 오르는 기구는 너무 높을 수 있다. 한국생활안전연합이 2005년 서울 25개구 아파트 중 300채 이내 아파트단지에 위치한 어린이놀이터 151곳, 149명의 어린이를 대상으로 조사한 바에 따르면 서울시 내 어린이놀이터의 91.6%가 위험요소를 지니고 있다고 한다.

또한 조사한 결과 절반 이상(57.8%)의 어린이가 "다친 경험이 있다"고 말했다. 45%의 어린이는 "떨어져 다쳤다"고 말했고 나머지는 긁히거나(18%) 부딪혀서(17%), 미끄러지고(15%) 끼이거나 빠져서(5%) 다쳤다고 응답했다. 어린이놀이터의 놀이기구로 인한 안전사고가 지속적으로 발생하고 있어 문제점으로 지적됐다.

대표적인 놀이시설 안전사고를 살펴보면, 2005년 부산에서 그네를 타고 놀던 한 초등학생이 그네에 깔려 숨졌을 뿐 아니라 2006년에도 경북 영주에서도 아동이 숨지는 사고가 발생하였다. 이미 주민들이 안전문제를 논의해 왔지만 말만 무성했을 뿐 실질적인 점검과 대책 없이 방치해 둔 결과였다.

최근 놀이시설 안전사고 추세를 살펴보면 한국소비자원에서 2008년부터 올해 3월까지 소비자위해감시시스템(CISS)에 접수된 어린이 놀이시설 관련 위해사례 2063건을 분석한 결과, 2008년 328건, 2009년 686건(↑209%), 2010년 903(↑132%)건으로 해마다 증가했다고 밝혔다. 이 중 어린이들이 미끄럼틀(44.9%)에서 놀다가 발생한 사고가 가장 많았고, 위해내용은 추락(36.2%)이, 위해부위는 얼굴(30.3%)이 가장 많았다.

국내뿐만 아니라 미국의 경우 해마다 120,000명의 어린이가 놀이터에서 사고를 당한 것으로 보고되었고, 평균 17명이 목숨을 잃으며 그중 60% 정도가 6살 이하의 어린이인 것으로 나타났다(Leonard, 1995).

이처럼 어린이놀이터는 어린이들의 신체, 정서, 창의력 발달을 위해 필수적인 시설임

에도 불구하고 적절한 놀이터 관리가 이루어지지 못하고 있으며, 이용자의 잘못된 이용으로 이에 따른 안전사고가 끊이지 않고 일어나고 있는 실정이다.

지금까지의 놀이터 실태조사를 통하여 드러난 주요한 문제점을 분석한 결과 어린이놀이터 안전사고에 영향을 미치는 요소는 아래와 같이 크게 시설적인 측면, 관리적 측면, 사용자 측면으로 나누어 살펴볼 수 있다.

표 2-1 | 어린이놀이터 안전사고에 영향을 미치는 요소

구 분	요 소
시설적 측면	• 잘못된 디자인과 설계 • 부적합한 놀이시설 • 비전문가에 의한 잘못된 설치
관리적 측면	• 형식적인 관리와 계획 • 적절치 못한 점검과 보수 유지 과정 • 놀이터 안전지식과 안전관리 경험부족
사용자 측면	• 어른들의 부족한 보호관찰 • 놀이시설에 대한 적절치 못한 이용 • 아동의 적절치 못한 옷차림과 이용습관

3 놀이터의 위생

최근까지 어린이 놀이시설물에서 안전사고 문제뿐만 아니라 국내 놀이터의 바닥재료인 모래의 관리가 제대로 이루어지지 않아 기생충류의 검출 등 위생관리가 사회적 문제로 대두되고 있는 실정이다.

지방자치단체나 각 지역 보건환경연구원의 조사에 의하면 애완동물이나 조류의 배설물 등으로 인하여 어린이놀이시설의 모래 속에서 각종 균류가 발견되었고, 자연함유량을 초과하는 중금속이 검출되기도 하는 등 일부 어린이놀이시설의 위생상태가 불량한 것으로 나타나 어린이놀이시설을 이용하는 어린이들의 건강이 위협받고 있는 것으로 드러났기 때문이다.

한 예로, 천안시가 2007년 45곳(도심 25곳, 농촌 20곳)의 놀이터 모래를 조사한 결과 도심 9곳과 농촌 8곳에서 장티푸스 질환을 유발하는 살모넬라균이 검출되었고, 도심 7곳과 농촌 4곳에서 식중독을 유발할 수 있는 병원성 리스테리아균이 발견되었으며, 1곳에서 식중독균인 황색포도상구균이 검출된 것으로 조사되었다.

또한 인천시 보건환경연구원이 2007년 360개의 놀이터에 대해 어린이 건강 보호를 위한 놀이터 오염도를 조사한 결과 총 30건(사자회충 2건, 개, 고양이 회충 28건)의 충란이 검출되었다. 인천시 보건환경연구원의 2007년 조사결과에 의하면 중금속의 자연함유량(논토양 기준 카드뮴 0.135mg/kg, 구리 3.995mg/kg, 납 5.375mg/kg)을 과도하게 초과하여 카드뮴 0.405mg/kg, 구리 43.792mg/kg, 납 56.978mg/kg까지 검출되는 놀이터도 있었다.

따라서 관리주체는 의무적으로 실시하도록 하고 있는 어린이놀이시설에 대한 안전점검 외의 놀이터 바닥부분에 오물제거 및 정기소독 등의 위생관리에 철저히 함으로써 어린이를 오염물질로부터 보호하도록 힘써야 한다.

※ 모래의 검사내용은 '어린이놀이시설물 시설기준 및 기술기준'에 자세히 소개되어 있으며 본서의 부록 편을 참조하도록 한다.

4 놀이터와 위험관리

그 어떤 인간의 활동이라도 위험요소는 항상 따라다닌다. 어린이놀이터에서의 위험관리는 "놀이터에서 아동의 놀이활동에 부정적인 영향을 끼칠 수 있는 사건"으로 정의할 수 있으며, 놀이터의 위험관리는 이러한 위험들이 문제로 전이되기 이전에 아동의 놀이활동에 끼치는 영향력이나 위험의 발생가능성을 최소화하기 위한 활동을 의미한다.

2008년 1월 "어린이놀이시설 안전관리법"이 제정되기 전부터 아동의 놀이에 있어 얼마나 안전한가가 중요한 관심사로 대두되어 왔다. 특히 어린이놀이시설 관리법을 살펴보면, 놀이터의 시설적 측면의 안전만을 다루고 있어서 문제가 되고 있다.

이러한 시설적 측면의 안전만을 다루는 접근은 결국에는 아동이 건강하고 즐겁게 놀 권리를 막게 되는 것이며, 아이들의 즐거움을 제한하는 것이고 아동의 발달에 있어 잠재적인 위협이 되고 있는 것이다. 놀이터의 안전은 시설적 측면뿐만 아니라 환경적 측면과 이용자 측면의 안전까지 확보되어야 진정한 놀이터의 안전이 구현된다고 할 수 있겠다.

이미 유럽 등에서 어린이 놀이시설의 안전관리 증진을 위해서 이러한 위험평가를 실시하고 있다. 국내 안전기준과 달리 유럽의 안전기준은 자율기준이고 오히려 어린이 놀이시설의 위험평가 실시를 의무규정으로 하여 안전관리를 강화하고 있다.

국내에서는 아직 적용되고 있지 않은 이러한 어린이놀이터의 위험평가(Risk Assessment)는 놀이터에서 발생할 위험에 대한 일반적인 부분을 다루며, 알고 있는 위험이 일어날 가능성에 대해 확인할 수 있도록 고안된 시스템이다.

해외 놀이시설 안전관리제도에 있어 앞서가고 있는 나라에서 밝히는 위험평가(Risk Assessment)의 주요 목표는 다음과 같다.

- 잠재적 안전문제를 밝힌다.
- 현재의 예방조치와 절차가 적절하도록 한다.
- 조치가 이루어진 이후의 사고를 줄이도록 한다.
- 관리자가 앞으로의 조치와 예산을 짤 수 있도록 도와준다.
- 관리자가 새로운 놀이기구를 선택하는 부분을 도와준다.
- 놀이의 중요성에 대해 똑같이 중시하면서 놀이기구 설계자가 발달적으로 적절하고 안전하게 놀이기구를 설계할 수 있도록 도와준다.
- 놀이터를 관리하는 데 있어 전문적 자문을 해준다.
- 중요한 사고가 발생할 경우 공인 안전검사자의 위험평가를 실시한다.

놀이시설의 위험평가 항목은 다음과 같다.

- 안전성 (Safety) : 안전기준 및 환경부분
- 놀이가치 (Play Value) : 아동발달적 요구와 기능부분
- 접근성 (Accessibility) : 장애인 등에 대한 배려
- 유지관리에 대한 부분

놀이시설 위험평가의 목적은 어린이들이 즐길 수 있는 놀이가치를 늘리거나 어린이들이 감수할 수 있는 정도의 위험 또는 치명적 위험을 평가하는 것이다. 다음의 3가지 요소가 위험 정도를 받아들일 수 있는 것인지를 결정하는 중요요소라고 할 수 있겠다.

- 위해를 일으킬 가능성
- 위해의 심각성
- 그 활동의 이익, 보상(결과) 또는 위험을 제거하는 비용(돈, 시간, 고생) 등

이러한 위험에 관한 판단은 보통 위험평가를 통해 판가름 된다. 위험평가와 관리는 기계론적인 과정이 아니며, 이것은 위험과 이익 사이의 균형을 이해하는 기반 위에서 수용 가능한 위험에 대한 판단을 심각하게 고려하는 것이다.

"아동의 성장에 있어 위험이란 요소는 필수적인 부분이다"라는 것처럼 놀이터에서 어린이가 입을 손상의 정도와 어린이가 즐기게 되는 이득(흥미와 즐거움 그리고 아동발달)을 정확히 이해하는 것은 중요하다.

아동에게 놀이터에서 어느 정도의 위험은 필요하다는 것은 일반적 원리이다. 이러한 어느 정도의 위험은 아동의 건강한 성장과 발달에 있어 필수적인 것이다. 어린이는 위험에 대처하는 자신의 능력에 대하여 보다 더 도전 또는 모험을 기꺼이 즐기려고 한다. 그리고 관리되는 안전한 환경(놀이터)에서 그것을 다루는 기법을 발달시키고 싶어 하기 마련이다.

안전관리의 똑같은 원칙이 일반적으로 작업장과 놀이터에 적용될 수 있는 반면에 안전과 이득 사이의 균형은 이 두 환경에서 달라진다. 놀이터에서 약간의 위험에 노출되는 것은 실제적으로 아동에게 이익이 된다. 그것은 기본적인 인간 욕구를 충족하는 것이며, 실질적으로 계속해서 위험을 접하면서 배울 수 있는 기회를 제공하는 것이다.

위험평가에 있어서 사회·심리적 요인 또한 중요한 요소이다. 어느 하나의 지역사회에서 용인되는 위험이 타 지역에서는 절대 불허하는 것일 수도 있다.

그렇지만 심각한 손상 또는 치명적인 사망까지 이를 수 있는 위험에 노출되어서는 안 된다. 놀이터에서 어린이들이 감수할 수 있는 위험의 정도는 다음과 같은 경우에만 허용되어야 할 것이다.

- 발생가능성이 상당히 낮은 경우
- 위해요인이 이용자에게 분명하게 인지되는 경우
- 분명한 이득이 존재할 경우
- 위험을 제거할수록 이득이 줄어드는 경우
- 위험을 관리할 수 있는 합리적인 실제 적용방법이 없는 경우

예를 들어 강에서 보트를 타는 것은 물이 얕더라도 익사사고의 치명적 위험을 내포하고 있지만 일반적으로 받아들일 수 있는 위험수준을 가지는 즐거운 놀이인 것이다. 이처럼 위해요인의 식별이 뚜렷하게 인지되고 위험의 발생 가능성은 상당히 적지만 어

린이에게는 물놀이 경험과 즐거움을 주는 놀이는 일반적으로 허용되고 있다. 또한 이처럼 어린이가 얻을 수 있는 이득부분을 제거하지 않고는 해당 위험을 줄이는 것은 비현실적인 것이다.

특히 놀이시설 공급자들은 위험과 그 이득 사이의 균형을 유지해야 하며 이것은 위험평가의 기반 위에서 평가되어야 한다.

결정적으로 이러한 위험평가는 안전(Safety)과 다른 목표 사이에서 위험-이득(risk-benefit)의 균형을 포함해야 하며 이것은 회사정책에 명시되어야 한다. 이미 언급했듯이 어린이들은 자신의 능력을 개발하고 위험을 감수할 만한 욕구가 있기 때문에, 만약 놀이터에 충분히 호기심 또는 도전할만한 거리가 충분치 않다면 아이들이 도전할 만한 위험한 다른 장소를 찾을 가능성은 고려되어야 할 중요한 또 하나의 요소인 것이다.

또 다른 중요한 요소는 어린이들이 환경적 위해요인을 접하게 되고, 그것을 다루면서 배워야 하는 학습이다. 놀이터는 어린이를 위한 갖가지 목적에 따라 설계된 환경 안에서 위험을 배우는 기회를 제공하는 특별한 곳이다. 따라서 어린이가 스스로 좀 더 넓은 세계에서 비슷한 위해요인을 다루면서 위험을 인지하고 배울 수 있도록 도와주어야 하는 곳이 놀이터인 것이다.

우리가 생활하는 거의 모든 환경은 위해요소 또는 위험요인을 안고 있다. 많은 여가 및 놀이활동 사례에서도 위험요인의 존재는 당연하듯이 존재하는데, 아마도 그 위험요인을 제거할 수 없거나 너무 많은 비용이 발생 또는 제거하는 것이 바람직하지 않을 수도 있기 때문이다.

위험요인이 존재한다면 그것을 관리하는 조치를 취해야 한다. 작업장 또는 놀이터와 같이 관리되는 환경에서는 법에서도 분명하게 밝히고 있듯이 관리의 책임이 존재한다. 그리고 위험요인을 가지는 시설물의 이용자에게 그 위험요인에 대해 알려야 한다.

관리자는 그 시설이 주는 잠재적 이득이 있는 동안에 합리적으로 실행할 수 있을 때까지 이러한 위험을 관리해야 한다.

놀이시설의 위험관리에 있어 하나의 효율적인 접근방안 중 하나는 어린이들에게 그 위험을 가능한 한 분명하게 인지할 수 있도록 하는 것이다. 이것은 공간설계를 통해서 위해요인을 어린이들이 쉽게 인식하도록 하고, 어린이들이 인식하기 어려운 위해요인(놀이기구의 얽매임 현상)은 없애도록 하는 것이다.

놀이터에서 안전만이 절대적인 것은 아니며 고립되어 정의되어서는 안 된다. 놀이터는 가장 우선적으로 어린이를 위한 것이어야 하며 만약 어린이들이 놀이터에 대해 매력을 느끼지 못하고 즐거워하지 않는다면 아무리 안전하다 할지라도 소용없는 일이 될 것이다.

5 안전한 놀이터 설계

"좋은 놀이터 설계는 위험을 줄이는 가치 있는 전략이다"라고 말할 수 있다. 흥미도가 떨어지는 놀이터에서는 부적절한 놀이기구의 사용이 종종 발생한다. 어린이는 위험에 대한 도전 및 탐험의 욕구로 신이 나게 되므로 신중하게 설계된 위험부분은 아동에게 보다 도전적인 동기와 기회를 제공하도록 해야 하고, 잘못 이용하여 발생하는 안전사고를 줄일 수 있도록 한다. 그 외에 놀이터에서 발생하는 다른 안전사고는 잘못 설치된 놀이기구와 부적절한 배치 때문에 발생하고 있는 것이다.

안전사고를 줄이기 위해 놀이터 설계는 다음 사항을 고려한다.

- 아동뿐만 아니라 어른들에게도 편안하고 이용하기 편한 장소로 만들어 아동의 보호관찰이 항상 이루어질 수 있도록 한다.
- 미리 위험요인을 염두에 둔다. 예를 들어 기구의 지붕과 기구의 끝부분에 접근을 어렵게 한다.
- 아동이 각 연령대별로 다를 수밖에 없는 능력수준들을 수용할 수 있도록 아동이 다양한 선택을 할 수 있도록 설계되어야 한다.
- 놀이터가 따분하여 아동이 위험적인 것을 찾을 수밖에 없는 놀이터는 피한다.

다양한 능력을 가지고 있는 다양한 연령대의 어린이들이 물리적 환경에서 적정한 수준의 도전을 해볼 만한 것이 제공되어야 한다. 그렇지만 아동이 감당할 수 없는 과도한 위험에 노출되도록 해서는 안 된다.

놀이터에서 위험(danger)은 아동의 신체적 및 직관적 능력 밖에 존재하기 때문에 학습에 의해 또는 실험을 통해서 극복될 수 있는 리스크(risk)인 것이다. 아이들은 사전에 위험스러운 것을 인식할 수 없기 때문에 '숨겨진' 위험은 아동의 부상을 유발할 리스크를 안고 있는 것이다.

인식적 · 신체적 그리고 지각능력의 다양함은 부상을 예방할 수 있는 아동의 능력에 영향을 준다. 어린 아이들은 종종 위험에 노출되는데, 그 이유는 그들이 본래 가지고 있는 호기심과 모험심으로 인해 기어오르고 달리고 탐험하면서 위험에 노출되기 때문

이다. 어린이는 이러한 경험과 시행착오를 거쳐 위험을 예방할 수 있는 능력을 키우게 되며, 놀이터 안에서의 재미있는 놀이와 함께 일어나는 다양한 위험의 경험으로 인해 건강한 아동발전을 도모할 수 있는 것이다.

아동의 발달 및 학습에 또는 놀이에 기여하지 못하는 놀이터에는 다른 타입의 위험요인이나 위험이 존재하기도 한다. 이것은 갈라지거나 날카롭게 튀어나온 곳, 접지 포인트, 얽매임, 위험한 바닥과 넘어지게 만드는 놀이기구가 있을 수 있으며, 안전인증을 마친 안전한 놀이기구임에도 불구하고 잘못 설치된 그네가 아이들의 이동경로와 충돌하는 것과 같은 위험요인을 가질 수도 있는 것이다.

다행스럽게도 대부분의 이러한 용인할 수 없는 위험요인은 잘 알려져 있고 예방하기도 쉽다. 어린이놀이시설 안전관리법에 따르면 놀이기구의 설치 이후에도 법적 설치검사를 받도록 하고 있다.

6 놀이시설 안전사고 관련 중요 고려사항

첫째, 놀이터 내에서 가장 중요하게 다루어야 될 사안은 충격을 흡수할 수 있는 바닥이다. 대부분의 놀이터는 모래 위에 설치되어 오랫동안 방치되어서 단단한 흙바닥이거나 딱딱한 콘크리트 또는 오래되어 딱딱하게 굳은 고무매트로 이루어졌다는 것이다. 놀이터 사고에서 가장 많이 일어난 사고는 추락으로 인해 발생하였다. 현재도 놀이터가 관심이 대상이 되어 개선되고는 있지만, 아직까지도 우리나라에 있는 놀이터 대부분이 아동의 추락을 보호해 줄 수 있는 바닥처리가 잘되지 않고 있다는 것이다.

우리나라의 경우 놀이터 바닥재료는 주로 모래와 최근에 많이 설치를 하고 있는 고무매트, 고무칩 등 2종류이다. 외국의 경우는 다양한 바닥처리(나무껍질 및 조각, 타이어 조각, 작은 크기의 콩자갈 등)를 하고 있다. 각각의 놀이터 바닥재료는 장점과 단점을 가지고 있다.

타이어 조각은 불결하고 불에 약하지만 관리가 편하고 겨울에 얼지 않으며 주변에 날아다니지 않는다. 모래는 훌륭한 어린이 놀이도구이지만 적절한 관리가 필요하다. 일상적인 육안점검과 위생상 문제를 방지하기 위해 울타리를 설치하는 등의 대책이 필요하다. 요즈음 흔히 볼 수 있는 네모 모양의 고무매트(50×50)는 좀 더 튼튼하면서도 안전검사를 통과한 제품은 적절한 충격보호를 해주는 기능을 가지고 있다. 바닥 선택 시 가장 큰 애로점은 역시 비용이며, 인공 합성고무바닥은 파괴의 대상이 되기도 한다는 사실을 염두에 두기 바란다.

둘째, 놀이기구의 높이와 공간을 고려하여 놀이터를 설치한다. 어린이가 추락하는 높이가 높을수록 손상의 정도도 더욱 심각해진다. 높이에 대한 기준은 나라마다 다르지만 고려해야 되는 것은 추락의 빈도, 바닥의 종류와 깊이, 놀이기구에 대한 관리이며, 놀이기구의 하강높이에 대한 가장 강력한 외국의 기준(2.5미터)이다. 더욱이 600mm 이상 되는 높이에 설치되는 모든 상판은 아동이 오를 수 없도록 설계된 울타리를 설치한다.

놀이터에 놀이기구의 배치를 고려할 때 놀이시설물을 이용하는 아동의 안전을 가장 먼저 고려해야만 한다. 놀이시설물 안전기준에 하강공간 개념이 정의되어 있지만 자유공간과 하강공간이 어떻게 적용되는지 많은 혼동이 발생하고 있다.

하강공간은 어린이가 놀이기구에서 떨어질 때 차지하는 놀이기구의 안쪽, 위쪽 또는 어린이 주위의 공간이다. 하강공간은 하강하는 높이부위에서부터 시작된다. 하강공간은 최대 자유하강높이에 근거한 충격구역을 포함하고 있다. 즉, 충격구역은 하강공간

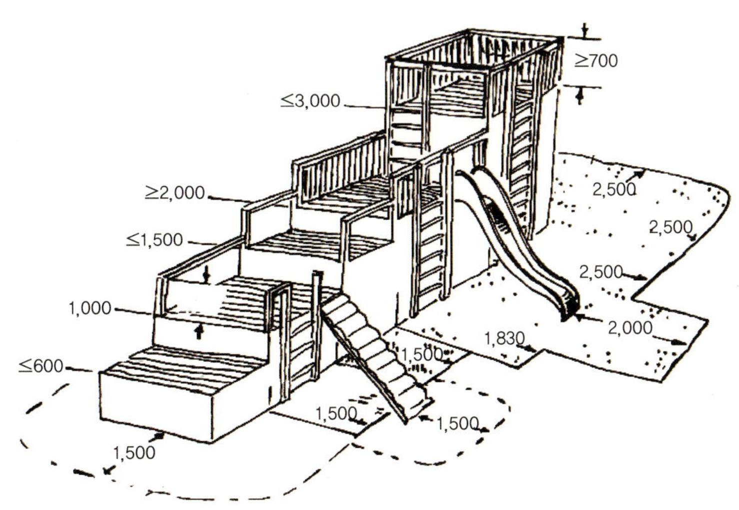

으로 하강했을 때 사용자가 부딪칠 수 있는 구역인 것이다. 하강공간은 중첩될 수도 있다.

예를 들어 국내 안전기준에 따르면 소방용 기둥 또는 그네, 미끄럼틀 같은 이용자의 움직임을 부추기는 놀이기구에서 자유공간은 하강구역과 겹치지 않도록 한다. 유럽의 안전기준에 따르면 강제적이지는 않지만 놀이터의 안전성 평가 측면에서는 상당한 위험요인을 가지고 있다고 보고 있다.

예를 들어 울타리로부터 2m 떨어진 회전놀이기구는 안전기준에 부합하지만 안전한 것이 아니며 더 높은 위험성을 가지고 있다고 말할 수 있다.

셋째, 놀이터 안전에 있어 머리의 얽매임 또한 중요하다. 모든 개구부는 89mm보다 작아야 하며, 아동의 머리가 걸리지 않도록 250mm보다 커야 한다. 놀이터 안전에서 얽매임이 중요한 것은 가장 치명적인 손상을 가져올 수 있기 때문이다. 국내 대부분의 놀이터는 안전기준을 벗어나 안전사고를 일으킬 수 있는 공간, 즉 얽매임이 발생할 수 있는 놀이기구가 대부분을 차지하고 있다.

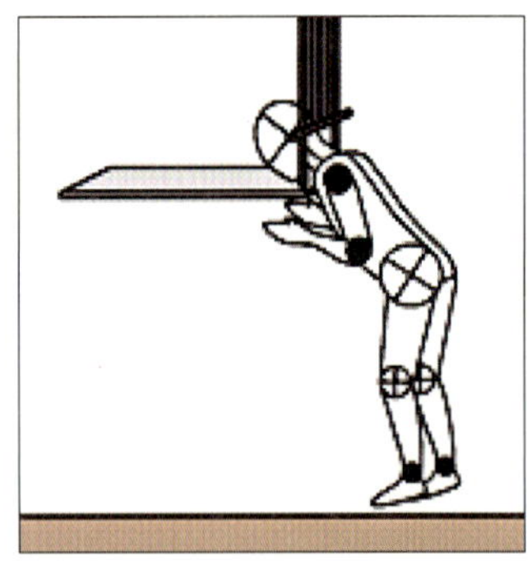

네 번째, 놀이기구 내에 끼거나 눌릴 수 있는 부분에 대한 점검도 중요하다. 움직이는 놀이기구나 착륙지점 또는 연결구간 등은 아동의 팔다리에 손상을 입힐 수 있거나 생명까지도 위협할 수 있는 부분이 있다. 그것은 회전놀이기구, 도르래가 있는 놀이기구, 시소, 활강그네 등이며 다른 비슷한 놀이기구들 또한 이런 위험에 대한 검사를 실

시해야만 한다.

다섯 번째, 마지막으로 놀이터 안전에 있어서 중요한 것은 모든 놀이기구는 돌출된 부분이나 날카로운 곳이 없는지 살펴야 한다는 것이다. 볼트나 나사 끝부분과 튀어나온 못 등은 아동의 옷이 걸릴 위험 등을 가지고 있어 어린이에게 상해를 입힐 수 있으며, 미끄럼틀 등의 날카로운 금속부분은 손이 찔리거나 베는 위험을 가지고 있는 것이다. 이러한 조각난 부분이나 튀어나온 못, 날카로운 가장자리 그리고 비슷한 위험한 부분들은 반드시 제거되어야 한다. 볼트나 나사 등은 안전기준에 적합하도록 캡(cap) 등으로 처리한다.

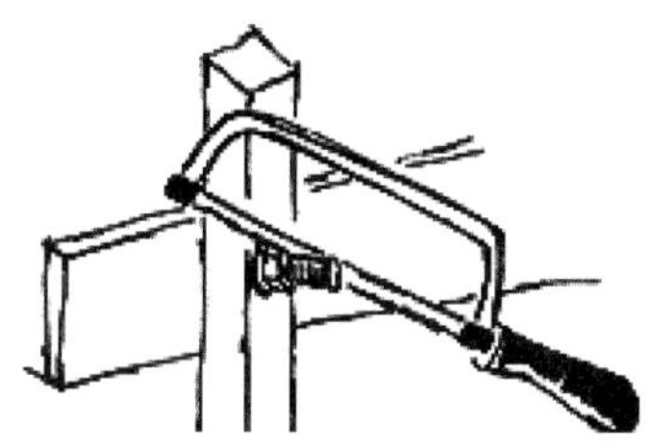

CHAPTER 3

놀이터 디자인

Playground

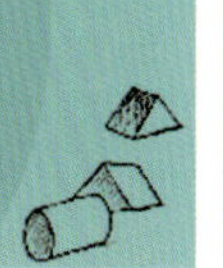

Chapter 3 놀이터 디자인

1 놀이터의 유형과 선택

어린이들은 성장하면서 그들의 행동영역이 집안에서 집밖으로, 학교운동장으로 공원으로, 시각적 · 공간적으로 그 범위를 확대해 가는 것이 일반적이다. 어린이놀이터는 그들의 신체적 · 인지적 · 언어적 · 사회적 · 정서적 욕구를 만족시키는 생활의 중심체이자 배움의 장소로서 의미를 갖는다. 제1장에서 살펴본 것과 같이 어린이가 발달하면서 절대적 상관관계를 갖는 놀이행위가 이루어지는 장(場)이 바로 어린이놀이터인 것이다.

어린이놀이터는 어린이에게 있어서 생활의 본질이며, 성장발달에 도움을 주는 놀이행위와 다양한 체험을 위한 기회를 보다 안전하고 쾌적하게 제공해 줄 수 있는 공간이다. 하지만 급격한 자동차의 증가와 함께 예전의 놀이터 역할을 하던 광장, 거리 등이 더 이상 안전한 공간이 되지 못하는 도심지 현실 속에서 어린이놀이터의 중요성은 더욱 크게 부각되고 있다.

산업화 이후 마을공동체가 점점 사라지고, 우리는 놀이터를 잊고 살아왔다. 아파트 단지마다 하나 둘씩 놀이터를 만들어 놓았지만 닫힌 공간으로 전락해 버린 지 오래고, 상업시설들이 그 기능을 부분적으로 대체하고 있을 뿐이다. 뛰어놀 공간과 환경조차 빼앗긴 아이들의 얼굴에는 어느새 근심이 그득하다.

또한 놀이터를 100%로 인공 고무매트와 인공 놀이기구로 채우는 것이 전부라고 생각하는 사회적 분위기가 만연되고 있다. 이에 우리 어린이들에게 꿈과 희망을 찾아주고 설치비용도 줄일 수 있는 놀이터 유형을 소개하고자 한다.

새로운 놀이터를 적절하게 기획 및 설계하는 것은 전문가와의 조사와 상담을 통해서

진행할 필요가 있다. 우선 놀이터 교체 및 새로 설치하려는 주체는 처음 기획단계에서 제일 먼저 어떤 형태의 놀이터를 지을 것인가에 대한 고민과 이용자인 어린이 요구도에 대한 조사를 할 필요가 있다.

1) 일반적 유형 분류

다음은 놀이터에 관한 주요 연구학자인 조 프로스트(Joe Frost)가 제안하는 일반적인 4가지 형태의 놀이터와 최근 많이 도입되고 있는 친환경 놀이터에 대한 소개이다.

(1) 전통 놀이터

오래전부터 설치되어 온 형태로서 대부분 금속과 목재로 만들어진 그네, 미끄럼틀, 시소, 오름대, 회전놀이기구를 보통 일렬로 설치한 놀이터이다. 대부분의 사람들이 자라오면서 학교 등에서 봐왔던 놀이터가 그 예이다.

놀이기구가 가지는 아동의 놀이활동에 대한 가치수준은 매우 낮으며, 더욱 중요한 것은 놀이터가 위험하다는 것이다. 이렇게 부적절하게 고안된 놀이기구와 의미 없이 디자인된 놀이터는 아동의 몸이 낄 수 있는 부분과 튀어나온 볼트, 위험한 그네 좌석, 한여름에 화상을 입을 수 있는 강철 표면 등의 이용자 손상을 일으킬 수 있는 위험요소를 안고 있다. 이러한 전통적 놀이터는 일반적으로 세심한 관리가 필요한데, 파손된 나무, 녹슨 조임부분, 헐거워진 계단, 빡빡한 연결부분 그리고 구부러진 체인 연결부분, 플랫폼 등의 울타리 등 일상적인 점검과 철저한 관리가 필요하다. 그리고 포장된 바닥 위나 단단한 흙바닥 위에 설치된 놀이터는 아동이 어느 높이에서 떨어지든 추락으로부터의 손상위험을 항상 가지고 있다.

(2) 현대 놀이터

보통은 설치업자 또는 건축가에 의해 설계된 현대적 놀이터는 어른들에게는 매력적으로 보일 수 있다. 이런 놀이터는 종종 계단식 단으로 이루어져 있고 대개의 경우 목재로 만들어진 놀이기구들로 이루어져 있다. 잘 설계된 현대 놀이터는 상당한 놀이활동의 가치수준을 가지고 있으며 전통놀이터보다는 좀 더 안전하다.

이들 놀이터는 놀이기구 아래에는 충격을 흡수할 수 있는 바닥처리를 하였으며 난간이나 울타리를 적절히 설치하였고 놀이공간들은 서로 연관되어 있으며 움직이는 놀이기구는 구분되어 있으며 볼트 등의 마감처리가 좋다. 반면에 각각의 놀이터는 주의 깊게 검사한다. 그것은 외관상으로는 현대적이지만 일부 놀이터는 전통놀이터가 가지는 위험을 여전히 상당 부분 가지고 있기 때문이다.

(3) 모험 놀이터

형식 또는 격식이 없는 놀이터는 어른들에게는 어지럽고 비조직적으로 보인다. 이들 놀이터에는 아동이 가지고 놀 수 있는 쌓기 놀이조각, 도구, 주방기구, 동물 등이 있으며 일반적으로 아동의 놀이를 보조할 수 있는 놀이 지도 선생님 등이 함께 있다.

외국의 조사결과 이러한 모험 놀이터는 아동에게 가장 많은 놀이활동에 대한 가치를 제공하며 일반적으로 다른 형태의 놀이터보다 더 안전하다고 한다.

(4) 창조적 놀이터

다른 형태의 놀이터 특징들을 결합하고 보통 지역사회의 필요와 흥미를 위해 디자인된 놀이터인데 종종 그 지역에만 설치된 놀이기구를 종종 볼 수 있다. 대다수의 보육시설들이 이런 종류의 놀이터를 선호하는데, 이유는 취학 전 아동의 발달적 단계상 필요한 특별한 것들을 선생님들이 원하고 있기 때문이다.

(5) 친환경 놀이터

구성재료만 다를 뿐 프로스트가 분류한 상기 놀이터 범주에 들어갈 것이다. 그러나 이렇게 별도로 분류해 놓은 것은 현재의 사회적 문제로 여겨지는 획일화된 놀이터에

대한 대안 제시와 친환경 놀이터의 좋은 점을 강조하기 위해서이다. 작금의 놀이터 설치형태는 놀이터에 100% 놀이기구로만 채우려고 열심히 노력하는 것으로 비춰지고 있다. 또한 대도시 내 인구의 급속한 증가에 따른 주거환경의 악화로 어린이들에게 필요한 자연친화적인 놀이공간이 부족해지고 있다는 사실이다.

외관상 화려하고 기능이 많다고 소개된 비싼 놀이기구로 채워놓을수록 비용은 증가하고 법적 안전관리의 대상을 스스로 키우고 있는 것이다. 솔직하게 말해서 놀이기구 공급업자에 의해 우리는 자주 우리 어린이의 놀이에 대한 요구보다 우리(관리자, 어른)의 요구를 우선시하고 있다는 것을 알게 된다. 어린이들에게 필요한 기능과 재료보다는 외관상 화려하고 관리가 편한 놀이기구를 들여놓고 있는 것이 현실이다. 다시 말해 관리 편의주의형의 천편일률적인 놀이터가 양산되고 있어 아동발달권 침해 및 아동의 놀이기회 박탈이라는 새로운 사회적 문제가 대두될 가능성이 증대되고 있는 것이다.

요새는 도심지 어디를 가더라도 짧은 시간 동안 모험심을 키우며 즐겁게 놀 수 있는 최신의 어린이놀이기구를 흔히 발견할 수 있다. 그러나 몇몇 해외연구 결과는 어린이들은 10분에서 15분이 지나면 이들 인공적인 놀이기구에 대해 지루함을 느낀다고 밝히고 있다. 한발 더 나아가 아동의 상상놀이의 대부분이 놀이기구보다는 다른 구성요소에서 발생한다고 한다.

우리의 깨끗하게 관리된 아파트 및 도심공원 안의 놀이기구보다는 개울, 나무, 관목과 바위 같은 자연적(친환경) 요소가 어린이에게 더욱 동기를 부여하는 재료이며 환경이라는 것은 누구나 다 공감하고 있다.

굳이 전문가와 상담할 필요도 없이 정성과 열정만 가진다면 적은 비용으로도 놀이터를 꾸미는 것은 의외로 쉽게 만들 수 있다.

다양한 나무, 관목 그리고 모래와 같은 바닥재료는 놀이터를 계획할 때 필수적인 친환경 재료이다. 예를 들어 적절하게 그리고 상상력을 동원할 수 있게 놓인 쌓인 나뭇잎은 상상놀이와 창의적 놀이를 위한 인프라를 제공해 준다. 여러 가지 그리고 다양한 나무와 관목을 심는 것과 같은 간단하고 값싸고 손쉬운 유지관리와 거의 책임질 일이 없는 결정은 수세대에 걸쳐 유산을 남기는 것과 같은 것이다.

자연환경은 아동에게 더 많은 것을 제공하며 훌륭한 놀이 제공자임을 우리는 주지해야 한다. 최근 들어 자연적 환경은 점점 우리 도심 아이들에게 접할 수 없는 것이 되어가고 있다. 오밀조밀하게 심어진 화단은 이미 우리들이 잃어버린 또는 잃어가는 것에 대한 것을 제공할 수 있을 것이다.

따라서 놀이터를 「어린이놀이시설 안전관리법」에 의해 교체하거나 의도적으로 개발할 때에는 우리는 가능한 한 자연적 환경을 창조하는 데 노력해야 할 것이다.

2) 이용목적에 따른 분류

어린이놀이터는 많은 다양성과 특성을 가지고 있으나 그곳에 담는 기능들이 중복되어 있어서 이름에 의해 유형을 나누는 것은 어려우나 이용 연령층, 설치위치, 목적 등에 따라 분류할 수 있다.

어린이놀이터의 이용목적에 따른 분류로 나누어 살펴보면 다음과 같다.

표 3-1 | 어린이놀이터 사용목적에 따른 분류

명 칭	내 용
전통적 놀이터 (Traditional Playground)	과거에 설치되어 오던 놀이터의 형식으로 대지 전체가 어린이의 신체 발달을 위한 놀이시설이 설치된 놀이터
근린 놀이터 (Neighborhood Playground)	주거지역 내 어린이들에게 놀이의 흥미나 욕구를 충족시켜 주기 위해 설치된 놀이터
창조 놀이터 (Creation Playground)	어린이의 신체적 발달과 창조성, 사회성, 정적·지적의 총체적 발달을 위해 설치된 놀이터
모험 놀이터 (Adventure Playground)	폐품, 조각 등을 이용하여 자유롭게 쌓고 허물고 하면서 놀 수 있도록 설치한 놀이터
교통시설 놀이터 (Traffic Playground)	어린이들이 교통법규를 쉽게 익히도록 신호등, 신호표지, 도로 등을 설치하여 만든 놀이터
실물 놀이터 (Reality Playground)	어린이들에게 산 경험을 제공하기 위해 실물 크기의 비행기, 기차, 배 등을 설치한 놀이터
종합 놀이터 (Synthesis Playground)	이용 연령층에 따라 놀이지역과 시설을 계층화한 놀이터
성벽 놀이터 (Frotress Playground)	콘크리트, 석조 등으로 견고하게 요새화 하여 어린이들에게 호기심과 흥미를 유발시키는 놀이터
탁아 놀이터 (Nursery Playground)	상가, 백화점, 시장, 직장 주위에 설치하여 부모가 주위에 없는 동안 어린이가 놀 수 있도록 한 놀이터
자연 놀이터 (Natural Playground)	자연적인 요소를 놀이터에 끌어들인 형태로서 어린이에게 자연과 접할 수 있는 기회를 부여한 놀이터

3) 연령에 따른 분류

현재 우리나라는 면적을 중심으로 한 설치규제를 하고 있다. 한국토지주택공사의 단지계획 기준에 의한 분류는 다음과 같으며, 어린이 연령에 따라 놀이터의 유형을 세 가지로 분류하고 면적, 유치거리, 위치, 세대수에 대해 구분하고 있다.

표 3-2 | 단지계획 기준에 의한 놀이터 분류

	대상연령	면적(㎡)	유치거리	위치	세대수
유아 놀이터	0~4세	100내외	보호자 가시거리 이내	주거동 사이 주변녹지	80~120호
유년 놀이터	5~8세 9~11세 일부	330~660	반경 150m 이내	보행자 전용도로변	300~400호
소년 놀이터	9~11세부터 12세 이상	660~1000	반경 250m 이내	단지내부	1,500~2,000호

표 3-3 | 미국의 놀이터 설치기준에 의한 유형 분류

	대상연령	위 치	면 적
Play Lot	6세 이하	100~200m	1인당 16.5㎡, 1세대당 2㎡ / 최소한 100세대당 180㎡
Play Ground	6~16세	400~800m	24,280~32,370㎡(1,000~15,00세대) 최소 200세대일 경우 1200㎡ 증가되는 매 50세대당 800~1,200㎡ 씩 증가

2 놀이터의 기본요소

로빈 무어(Robin C. Moore)는 모든 아동에게 다음의 목표로 놀이환경이 제공되어야 한다고 제안하였다.

- 폭넓은 여러 유형의 프로그램 활동들에 대한 광범위한 외부환경이 지원 가능해야 한다.
- 다른 연령대와 능력단계의 아동들이 동시에 할 수 있는 폭넓은 활동범위여야 한다.
- 모든 아동들에게 스포츠 대신에 지역사회 문화 속의 예술적 기반들을 제공해야 한다.
- 드라마틱한 놀이를 통해 아동들이 같이 작업을 할 수 있는 구조를 제공하고, 숙련된 놀이 지도자와의 조화 속에서 워크숍 활동이 이루어져야 한다. 또한 그 가치를 이해시키는 데 연계된 긍정적 프로그램들을 성인들이 제공해야 한다.
- 놀이환경의 놀이가치는 특히 장애아동과 일반아동의 상호 작용에 있어 그들이 어떻게 학습하고 관리하는지에 달려 있다.

무어의 가이드라인을 살펴보면 어린이에게 다양한 놀이경험은 아주 중요하다고 주장하고 있다. 따라서 아동 놀이환경의 구성원리는 얼마나 많은 다양성을 제공하느냐 하는 것으로 요약된다.

무어의 주장대로 놀이터를 구성하는 다양한 재료와 구조 그리고 환경의 이용을 통하여 어린이는 더 많은 가치를 얻게 될 것이다. 따라서 어린이놀이터의 일반적인 목표는 아동의 적극적인 놀이와 상호작용에 의한 발달 및 지속적인 성장을 자극하는 다양한 환경을 창조하는 것이라는 것을 염두에 둘 필요가 있다.

일반적으로 어린이놀이터를 디자인할 때 기본적으로 다음 항목을 제공하는 것이 필요하다.

1) 기본적 필요기능

- 놀이활동의 선택에 있어 다양한 신체적 움직임
- 모든 아이들이 다른 아이와 함께 어울릴 수 있는 기회
- 다음과 같은 다양한 놀이활동과 아이들의 선택을 최대화 할 수 있는 시설
  - ▷ 다양한 움직임의 선택
  - ▷ 연령별 구분보다도 놀이기구(활동) 내에 다른 수준의 도전과 크기
  - ▷ 아이들이 흥미를 가질 수 있는 새롭고 감각적인 놀이
  - ▷ 함께 만나서 사회적 놀이와 상상놀이를 할 수 있는 기회
  - ▷ 예술적이고 자연적인 요소
  - ▷ 환경을 다룰 수 있는 기회

2) 폭넓은 필요기능

접근성과 안전을 고려한 아동이 마음껏 뛰어놀기 좋은 놀이터는 다음 사항을 제공해야 한다.

- 놀이터와 편의시설 및 조경시설은 각각 이용을 극대화하도록 하고, 각 시설물의 관계 속에서 이용자가 최상의 가치를 얻을 수 있도록 총괄적으로 디자인되어야 한다.
- 놀이터는 보호자 및 외부인의 관찰이 용이하도록 시야를 확보한 공간에 위치해야 하며 누구나 접근 가능하도록 설계한다.
- 놀이터는 별도의 사적인 울타리 또는 차량이동이 많은 도로와 근접하지 않도록 설계한다.
- 놀이기구와 기구 주변 바닥처리는 안전기준을 충족해야 한다.
- 놀이터에 장애인 아동의 접근이 가능하도록 설계하고 장애인도 함께 할 수 있는 놀이활동 또는 기구를 넓은 공간에 제공하는 것이 바람직하다.

- 놀이기구가 없는 별도의 놀이공간을 제공하는 것이 바람직하다.
- 아동의 놀이활동공간 근처에 편안한 쉼터 역할을 하는 공간 및 부대 편의시설을 제공한다.
- 빠름과 느림 사이의 균형, 빛과 응달, 푹신한 재료와 고정된 시설물, 시끄러운 공간과 조용한 공간, 매끄러움과 질감, 밀폐공간과 탁 트인 공간, 위아래로 움직일 수 있는 기회 등을 가능한 제공할 수 있도록 한다.

3) 놀이터의 핵심요소

국내외 자료를 살펴보면 성공적인 놀이터를 위한 3가지 핵심요인에는 놀이가치, 접근성, 안전이 있다. 위에서 언급한 놀이터에 필요한 기능을 담아낼 수 있도록 디자인하는 것이 좋으며, 이와 더불어 훌륭한 놀이터를 위해서는 놀이터의 핵심인 3가지 요인을 고려하여 다음의 내용을 제공하도록 노력한다.

- 어우름과 참여를 지원하는 접근 가능한 환경
- 각 연령대별 어린이들이 관심을 가지는 활동 타입
- 신체활동 놀이뿐만 아니라 인지 및 상상놀이의 기회
- 만나서 함께 놀 수 있는 기회
- 아이들이 흥미를 가질 수 있는 감각적인 특성
- 신체적으로 편안한 환경(쉼터가 될 수도 있는 그늘공간 및 겨울 태양)
- 법적인 수준의 안전뿐만 아니라 위험과 도전
- 인공적인 구조물과 친환경 요소의 조화 그리고 활동을 향상시킬 수 있는 공간
- 이용하기 쉽고 편안한 편의시설

어떠한 환경에 있든지 어린이놀이터는 창의력과 발견의 가능성, 이 두 가지 부분이 수치 또는 종류와 형태로 직접 나타낼 수 있어야 한다. 어린이는 수많은 다른 방식으로 그들의 물리적 환경과 어울림으로써 기쁨과 만족을 얻게 된다. 놀이를 촉진하는 것 중에는 특별한 놀이를 할 수 있도록 해주거나 구르고 숨고 달리기와 같은 활동을 해보도록 하는 흥미 넘치는 공간이나 바닥이 될 수 있다. 또는 식물과 모래 등으로 쌓기, 모으기 또는 창조(상상)적인 놀이를 할 수 있는 부드러운 재료를 가지고도 놀이가 가능하다.

놀이를 구성하는 것에 대한 선택의 다양성이 클수록 어린이가 즐길 수 있는 놀이터에서 어린이가 무엇인가를 찾을 가능성은 더욱 높아진다.

대부분의 놀이터가 가지고 있는 것은

- 신체적 요소 : 아동의 신체적 놀이, 이것을 위한 장소, 신체놀이에 도움을 주는 것 등
- 상징적 요소 : 어린이들의 상상 속에서 실제로 놀이를 즐기는 행동
- 사회적 요소 : 혼자가 아닌 함께 놀이를 할 수 있는 것 등

국내에 있는 법과 제도는 보통은 물리적 환경에만 영향을 끼치고 통제하고 있다. 우리가 놀이터를 다룰 때 가장 핵심적으로 다루어야 할 부분은 물리적 놀이터와 그 안에서 발생되는 놀이 사이의 연결이며, 어떻게 하면 어린이의 놀이가치가 최대화될 수 있는가이다.

또한 성숙되고 안전한 지역사회는 모든 사람이 평등하게 대우받으며, 무엇이든 참여할 수 있는 기회를 똑같이 가질 수 있도록 해준다. 우리의 어린이놀이터 환경은 장애아동을 포함한 모든 어린이가 어린이의 기술과 관심 그리고 능력을 발달시킬 기회를 안겨주어야 하고, 그들의 잠재성을 충분히 발휘할 수 있도록 해주어야 하는 것이다.

놀이터의 디자인은 어린이놀이터를 이용하기 쉽게 그리고 나이와 능력에 상관없이 모두가 즐길 수 있고 삶의 질을 개선할 수 있도록 설계되어야 한다. 또한 어린이만을

위한 놀이공간이 아닌 휴식공간, 이웃과의 만남과 대화공간, 산책공간으로 이용되도록 하는 것이 바람직하다.

4) 놀이시설의 구성요소

놀이터를 구성하는 시설적 요소로는 다음과 같이 나누어 요약할 수 있다.

표 3-4 | 일반 놀이시설 구성요소

구 분	종 류
놀이기구	그네, 시소, 흔들놀이기구, 미끄럼틀, 구름사다리, 징검다리, 공중놀이기구, 놀이집, 복합놀이대, 놀이집, 모래밭, 동물 및 차량 모형 놀이시설 등
	오감 자극 시설받침용 사다리, 받침대, 널빤지, 사다리, 흔들배, 평균대, 트램폴린, 링터널, 모래놀이대, 물놀이대, 자전거, 손수레, 축구골대, 농구골대, 운전대, 자동차
놀이재료	친환경 요소(물, 흙, 모래, 나무, 호박돌, 잎, 식재 등), 각종 인공블록, 각종 공구류, 화초 재배용 연장류, 줄, 고리, 막대, 기타 놀이재료
놀이공간	일반 놀이공간, 음지 또는 쉼터, 인공 또는 자연공간, 기타 연령별 구분 공간
부대시설	음수대, 쓰레기통, 관리인실, 게시판, 수도, 화장실, 창고, 의자, 기타

3 놀이터 디자인 일반

놀이터 안전과 관련하여 사회적 관리시스템이 가장 잘되어 있는 영국의 조사사료에 따르면 놀이터와 관련하여 5가지 중요한 소망들을 밝혀냈다. ① 건강해야 함, ② 안전하게 머무를 수 있어야 함, ③ 즐길 수 있고 성취감을 가질 수 있을 것, ④ 긍정적인 기여를 할 수 있을 것, ⑤ 경제적 웰빙(well-being)을 달성할 수 있을 것 등이다.

놀이터의 설치 또는 관리 주체가 이러한 사회적 요구에 대해 충분히 검토한다면 각각의 현장에 맞는 놀이터를 가꿀 수 있을 것이다.

국내의 경우는 어린이놀이터 설계와 관련하여 「어린이놀이시설 안전관리법」의 "어린이놀이시설의 시설기준 및 기술기준"은 실제적인 놀이시설 설계의 중요한 기준이 된다. 장소별 설치근거 법률인 「주택법」의 「주택건설기준 등에 관한 규정」, 「도시공원 및 녹지 등에 관한 법률」, 「영유아보육법」의 "[별표 1] 보육시설의 설치기준"에서는 어린이놀이시설과 관련된 설계기준을 규정하고 있다. 그러나 "어린이놀이시설의 시설기준 및 기술기준"은 놀이시설 위주의 안전관리에 초점을 두고 있으므로 어린이놀이터가 창의적이고 매력적인 다양한 설계가 될 수 있도록 위에서 언급한 놀이터의 중요 요소를 고려하여 설계하도록 한다.

어떤 종류이든 간에 어린이놀이터에 고려해야 할 중요하면서도 필수적인 디자인 요소가 있다. 놀이터가 심도 있게 또는 효율적으로 디자인 되었다면 학습과 아동발달을 위한 잠재성은 극대화 되고, 연령대 및 장애 구분 없이 모든 아동의 참여를 위한 기회도 증가하면서도 아동의 손상위험은 최소화 될 것이다. 우리가 놀이공간을 설계할 때에는 기본적인 의사결정은 어린이들에게 선택하게 해주어야 한다. 어린이들에게 더 넓은 선택이 주어질수록 어린이는 놀이터 안에서 즐길 수 있는 더 많은 것을 찾아낼 것이기 때문이다.

중요한 디자인적 구성요소와 이슈는 다음의 5가지로 요약할 수 있다.

- 놀이가치(Play Value)
- 장애아동 접근성과 포용성(Accessibility and Inclusion)
- 안전(Safety)
- 심미 특성(Aesthetic Quality)
- 공간 특성(Spatial Quality)

4 이용자 요구 조사

어린이놀이터의 변경 및 설치 시에 우리가 쉽게 간과하는 것이 놀이터 이용자인 어린이를 제쳐두고 어른들의 판단만으로 놀이터를 설치하는 것을 쉽게 볼 수 있다. 흔히 놀이기구 설치업자의 일방적인 정보에 의해 우리는 자주 우리 아동의 놀이에 대한 요구보다 우리(관리자, 어른)의 요구를 우선시하고 있다는 것을 알게 된다.

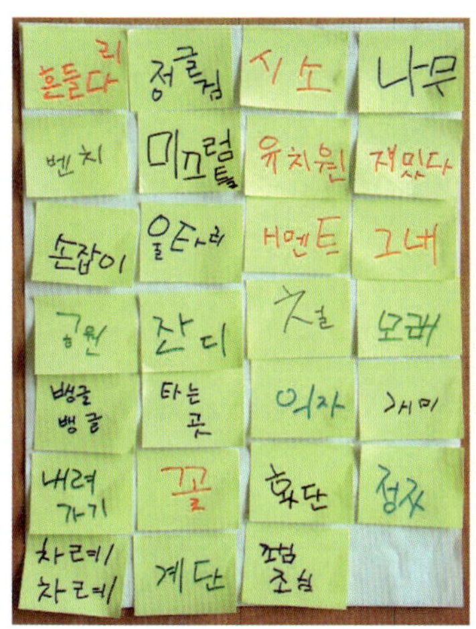

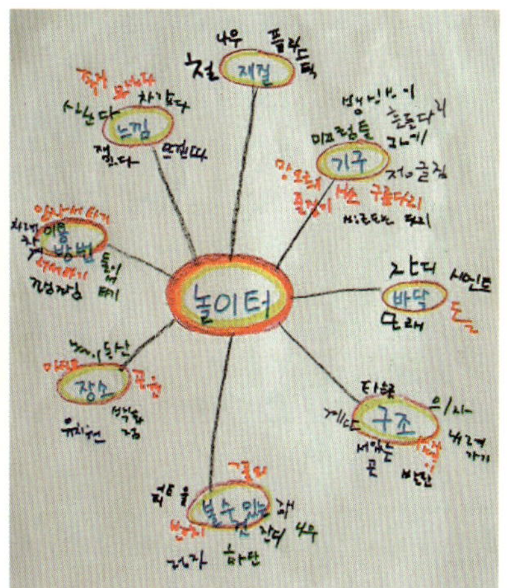

우리의 깨끗하게 관리된 도심내 공원 안의 그것보다는 개울, 나무, 관목과 바위 같은 자연적 요소가 아동에게 더욱 동기를 부여하는 환경이라는 것은 널리 알려진 사실이다.

즉, 놀이터는 아동의 발달과 놀이 기회를 제공하기 위해 존재하는 것이다. 그러므로 놀이터를 주로 이용하는 어린이의 연령을 살피고 어린이들의 놀이활동을 유심히 살펴보길 바란다. 또한 직접적이든 간접적이든 아이들이 희망하는 놀이 기회를 조사해 보기를 권유한다. 손쉽게 이용자 요구를 조사하는 방법은 아파트의 경우 사전공고 게시판을 통해 아이들로 하여금 직접 희망하는 놀이기능이나 구성요소를 제안하게 할 수 있다.

어린이들이 좋아하는 또는 희망하는 놀이기구를 구체적으로 파악하기보다는 어린이들이 좋아하는 주요 놀이활동, 놀이기능 중심으로 파악하고 이것을 놀이터 설계에 어떻게 반영할 것인지 컨설팅 전문가나 설치업자와 상담하는 것이 좋다.

5 놀이가치의 제공

어린이의 놀이가치(play value)는 놀이터에서 가능한 놀이 기회의 특성뿐만 아니라 가능한 놀이 체험적 특성을 고려한다. 예를 들면 멋지고 매력적인 환경에서 어린이의 신체, 인지, 창의 및 사회적 놀이를 위한 기회를 말한다. 놀이공간에서 놀이가치의 평가는 놀이의 다양성의 범위 또는 놀이종류를 고려하며, 이용할 수 있는 연령대, 공간의

접근성, 물리적 조건과 놀이공간의 매력, 놀이공간의 독특한 또는 본래 특성과 놀이를 위한 주변 환경이 가지는 가치 등을 고려한다.

또한 어린이놀이시설에서 놀이가치를 다룰 때 대두되는 것이 안전(safety)이다. 어린이가 놀이를 즐길 수 있도록 안전한 환경을 제공하는 데 있어 놀이터는 필요한 만큼의 안전을 필요로 하는 것이지 최대한의 안전을 필요로 하지 않는다는 것을 우리 모두 인지하는 것이 필요하다. 즉, 어린이놀이터는 위험을 감수하는 놀이 기회와 도전을 포함해야 한다.

위험은 선택을 수반하며 어린이의 운동기술 발달과 학습체험 그리고 놀이환경에 필수불가결한 부분이라고 할 수 있다. 위험을 통해 어린이는 위험스런 것을 밝혀내고 도전수준을 평가하고 난 후 어떻게 극복해야 할지를 결정한다고 알려져 있다. 위해요인은 이용자가 예견하지 못하고 평가할 수 없고, 따라서 잠재적 부상위험이 숨어있는 위험인 것이다.

좋은 계획과 디자인을 통해서 놀이환경의 위해요인(예를 들어 날카로운 부분, 얽매임 발생지점, 잘못 설치된 그네와 미끄럼대)은 없애거나 피할 수 있지만, 반면에 아동의 새로운 기술학습에 확실한 기여를 하는 긍정적인 도전과 위험요소를 완전히 제거하는 것은 아니다.

어린이들의 긍정적인 도전을 유도하는 놀이가치(play value)가 높은 놀이터의 좋은 사례는 놀이시설의 높이부분을 고려한 놀이터이다. 어린이는 여러 놀이시설의 특징을 파악하거나 단지 커다란 존재감을 느끼기 위해 그리고 어디에 다른 친구들이 숨었는지 놀이터 전체를 둘러보기 위해 높은 곳에 오르기를 좋아한다. 놀이터 내의 인기 있는 놀이시설은 다른 높이를 가진 똑같은 시설을 설치할 수도 있다. 이것은 더 어리고 경험이 적은 어린이들을 위해 다른 연령에 해당되는 놀이시설을 안전하게 이용할 수 있도록 만들어 주는 것이다.

어린이의 놀이가치를 높이기 위한 또 하나의 예를 들어보면, 활동적인 놀이를 목적으로 한 놀이기구 및 놀이공간 외에 뚜렷한 목적이 없는 수동적인 놀이를 위한 공간도 제공하는 것이 좋다. 이유는 어린이의 놀이는 불분명하고 하나의 개념으로 정의되기 어려운 특성이 있기 때문이라고 할 수 있다. 즉, 어린이가 잠시 또는 그냥 이유 없이 편하게 앉아 휴식을 취할 수 있는 공간, 즉 어린이들이 공상도 하고 다음 활동을 생각할 수 있는 장소, 다시 말하면 어린이가 기존 형태의 놀이에서 벗어나서 조용히 혼자 또는 함께 쉴 수 있고, 자신의 느낌이나 감정을 조절할 수 있으며, 잠시 동안 혼자 있을 수 있는 장소가 제공되는 것이 좋다. 또한 이와 동시에 어린이는 주변환경과도 접촉하면서 머물 수 있어야 하는데, 가령 다른 친구들의 놀이활동을 관망할 수 있는 장소를 제공해 주는 것이 좋으며, 놀이가치를 높이는 놀이터 디자인이라고 할 수 있겠다.

6 접근성과 포용성 (Accessibility and Inclusion)

세상의 모든 어린이가 다 똑같지는 않다. 놀이터 설계에 있어 점차 "playability"(놀이공간에서 함께 배우고 성장하기 위한 모든 능력을 가진 사람들을 위한 기회를 제공하고 늘리면서, 경계를 제거하자는 철학) 방향으로 가고 있다. 여기서 말하는 접근성과 포용성은 놀이터에 설치된 시설, 정보, 자원 등을 이용하는 데 있어 어린이의 신체 및 정신적 차별 없이 누구나 쉽게 이용할 수 있어야 한다는 의미를 가지고 있다.

어린이놀이터는 더 많은 사람들이 접근 가능한 놀이터가 좋은 공간이 될 수 있으며,

안전한 공간이 될 수 있다. 즉, 산책하는 사람, 유모차, 휠체어, 목발 또는 지팡이가 필요한 사람들 등이 놀이터에 접근할 수 있도록 놀이터 바닥과 공간을 구성하고 출입구는 놀이터 이용자에게 환영하는 느낌을 주어야 하며 다양한 이용자가 찾을 수 있도록 설계되어야 한다. 또한 놀이터는 주변 보행동선 또는 이용시설물과 연결되어 있어야 더 많은 어린이에게 놀 수 있는 기회를 제공한다. 하지만 보행동선 외에 주차공간 또는 차량동선은 가급적 피하는 것이 좋으며, 특히 주출입구는 어린이의 안전과 관련하여 차량동선을 피해야 한다.

접근성이 좋은 놀이터 환경은 환영하는 공간과 어린이들이 함께 모여 놀 수 있는 기회가 있는 장소에 함께 하는 것을 가능하게 해준다. 장애아동 및 장애인들은 다양한 이유로 인해 근처 놀이터를 대부분 이용할 수 없다. 따라서 어떻게 어린이놀이터가 일부 아동과 부모들의 접근을 막고 있는지를 이해 및 인정해야 하고 장애차별 없이 모든 아동의 참여를 늘릴 수 있는 실질적 개선책을 찾아내야 한다.

일부 접근성 개선에 대한 해결책은 기술적·물리적 접근에서 개선이 되겠지만 놀이를 할 수 있도록 북돋아주는 것만으로도 가능하다. 놀이터를 계획할 때 처음부터 장애아동의 접근성과 포용성을 고려하여 나중에 놀이터 설계를 재고려하거나 비싼 추가비용이 들어가는 일이 없도록 하는 것이 바람직하다.

어린이 놀이터의 접근성을 좋게 하기 위한 정해진 규칙이 있는 것은 아니다. 몇몇 일부 사람들은 매우 특별한 요구를 하지만 이런 요구를 항상 전부 충족할 수는 없으며, 특히 놀이공간이 작거나 외딴 지역인 경우는 더욱 그러하다.

국내에 있는 모든 놀이터를 모든 장애인들이 이용할 수 있도록 하는 것은 힘든 일이겠지만, 모든 장애인들이 용기를 가지고 환영받으며 함께 놀 수 있도록 하는 일정 범위의 디자인적 요소를 고려하는 것이 중요하다.

즉, 접근성과 포용성을 고려한다는 것은 사회적, 경제적, 문화적으로 불리한 위치에 있는 사람들을 고려해야 한다는 것이다. 빈곤층, 다문화, 장애인 등 문화적으로 또는 언어적으로 다양한 배경을 가진 사람들을 위한 특정한 놀이활동의 기회와 경험이 마련

될 수 있도록 고려하는 것이다.

신기하고 특이한 놀이기구와 놀이터 디자인으로 설치된 놀이시설도 어린이가 접근하지 못하면 이용하지도 못한다. 놀이터 내에 설치된 시설 및 자원 등을 장애구분 없이 모든 아동이 쉽게 이용할 수 있도록 한다.

장애아동의 접근성과 포용성을 고려한 놀이터 범주는 다음과 같다.

▷ 일정한 신체장애가 있는 아동을 위한 고려해야 할 디자인 요소로는 다음과 같다.

- 이용할 수 있는 활동의 선택이 용이하도록 놀이터 내에서 완벽한 접근성을 가진다.
- 단계적인 도전시설을 제공한다.(예를 들어 구름사다리, 높이가 다른 평균대)
- 다양한 직경과 길이를 가지는 터널은 아동이 다양한 느낌을 가질 수 있도록 기어가기, 앉기, 숨기, 대화, 걷기, 달리기 또는 심지어는 휠체어가 이용할 수 있도록 해준다.
- 휠체어 정면에서 이용할 수 있는 활동이 있다.
- 의자등받이, 발판, 넓은 좌석, 나란히 놓인 좌석 또는 성인뿐만 아니라 더 많은 사람들이 이용할 수 있으며 깊숙이 앉을 수 있는 좌석이 있는 흔들놀이기구가 있다.
- 그물망 그네와 휠체어용 그네를 포함한 그네가 있다.

다양한 감각적 장애가 있는 아동을 위한 고려해야 할 디자인 요소로는 다음과 같다.

- 다양한 질감의 표면을 가진다.
- 정도의 변화가 있는 강력한 시각적 단서
- 다른 활동공간 사이로 이동할 수 있는 통로가 있다.

▷ 일정한 지적장애가 있는 아동을 위해 고려해야 할 디자인 요소로는 다음과 같다.

- 어린 아동을 위해 전형적으로 제공되는 몇몇 활동 등에 큼직한 의자를 제공한다(예를 들어 노인용 등받이와 함께 넓고 큰 안전띠가 달린 그네)
- 모든 어린이가 다른 아이들과 함께 놀면서 사회적 놀이를 할 수 있는 것이 있도록 한다.
- 장애아동과 함께하는 보호자가 자신의 아이와 함께 놀이를 할 수 있도록 한다.

또한 영국 왕립재해예방기구(Royal Society for the Prevention of Accidents)에서 놀이터의 접근성(accessibility)을 평가할 때 쓰이는 검토항목은 다음과 같다.

• 놀이터 안내문(명칭과 주소, 알아보기 쉬운 글씨, 그림, 심벌, 지도, 긴급 연락처)
• 장애인을 위해 디자인된 주차공간
• 주변과 놀이공간을 연결하는 통로
• 동선을 따라 앉아 쉴 수 있는 공간
• 다양한 도전레벨을 제공하는 놀이시설(촉감, 청각, 시각, 후각, 언어 등 오감 자극시설 포함)
• 장애인이 기구에 접근할 수 있는 바닥
• 씻는 곳, 쓰레기통 그리고 화장실 등
• 적절한 조명과 색 대비

 7 안전성 (Safety)

어린이놀이시설 안전에 관하여는 「어린이놀이시설 안전관리법」에 의무사항으로 되어 있기 때문에 놀이시설의 설치업자에 의한 제조 및 설치단계에서부터 지정기관의 안전검사를 반드시 거치도록 되어있으므로 기본적인 놀이시설의 안전성은 확보할 수 있게 되었다. 그러나 중요한 것은 관리주체가 이러한 안전성에 관한 내용을 알아야 하고 놀이시설의 안전을 위해 유지관리를 해야 한다는 사실이다. 그러므로 이 책에서 기술하고 있는 놀이시설의 안전에 관한 내용은 숙지하는 것이 바람직하다고 할 수 있다.

우선 놀이시설의 설치 및 변경 또는 보수 시에 참고할 수 있는 놀이시설의 안전과 관련한 고려사항을 알아보도록 하겠다. 그동안의 놀이터 안전사고 상담과 놀이터 실태조사결과는 지역사회가 놀이터의 안전을 어떻게 조사하고 관리해야 하는지를 명확하게 보여주고 있다. 연구 및 조사결과는 다음 7가지의 일반적 주의사항을 보여주고 있으며, 새로운 놀이터의 디자인을 할 때 참조해야 할 것이다.

「어린이 놀이시설의 안전관리법」과 어린이놀이기구의 안전기준에 따라 준수해야 할 안전기준은 제5장에서 별도로 다루고 있으므로 참조하기 바란다. 이 장에서는 놀이터의 설계 시에 포괄적으로 검토해야 할 안전에 관한 사항을 살펴보고자 한다.

1) 놀이터 입지

가장 우선적으로 살펴야 하는 것은 놀이터 입지이다. 대개의 경우 이미 많은 놀이터가 기존 부지에 설치되어 있으며, 법적이든 사용자의 요구에 의해 교체를 하기도 하지

만 새로 설치하는 경우는 드물다. 하지만 새롭게 설치해야 하는 경우는 다음 사항을 꼼꼼히 체크하는 것이 좋다.

- 머리 위로 지나는 전신선 및 변전소
- 주요 접근로
- 감추어진 공간
- 도로 및 주차장
- 배수로

또한 놀이터 내에 사고의 위험이 예상되거나 기존에 경미한 사고라도 있었다면 예방 조치를 취해야 하고 안내문을 통하여 주의를 환기시킬 필요가 있다.

우리나라 아파트에 있는 놀이터의 경우 좋은 위치에 아파트를 배치하고 남은 자투리 땅에 놀이터를 배치한 곳이 대부분이다. 이들 놀이터는 주차한 차량들로 둘러싸여 외진 곳이 많고 햇빛과 바람막이가 잘되지 않아 모양새만 갖추었지 이용률이 현저히 떨어지는 아파트 놀이터가 대부분인 실정이다. 놀이터는 우리 자녀들의 성장무대인 것이다. 학교에서 배울 수 없는 아동발달적 기능들을 놀이터에서 배우는 곳이기에 가장 안전하고 밝은 무대 한가운데 위치해야 한다. 모든 놀이터는 언제 발생할지 모르는 안전사고 시에도 놀이터의 동서남북 어디에서도 외부인이 볼 수 있는 시야를 확보해야 한다.

새로운 놀이터 입지를 선택할 때에는 다음 요인들을 중요하게 고려한다.

표 3-5 | 놀이터 입지관련 고려사항

입지 요인	고려사항	방 안
놀이터의 출입에 대한 어린이들의 이동패턴	이동동선에 위해요인이 없는지?	위해요인 제거
놀이터 주변에 호수, 연못, 냇가, 급경사/절벽 등 차량이 다니는 도로와 같은 접할 수 있는 위해요인	어린이가 무심결에 근처 위험요인에 노출될 수 있는지? 더 어린 아이가 쉽게 위해요인에 대해 헤매게 되지 않는지?	놀이터 내에서 어린이가 머물 수 있는 조치(예를 들어 촘촘한 울타리)를 마련한다. 이 조치는 관리자에 의해 보호관찰 되어져야 한다.
햇빛 노출	햇빛에 노출된 철제 미끄럼틀, 플랫폼, 계단, 바닥이 어린이가 손상을 입을 정도로 달구어지지 않았는지?	철제 미끄럼틀, 플랫폼, 계단은 햇빛을 차단하거나 태양에 직접 노출되지 않도록 배치한다.
	어린이가 한낮에 뜨거운 태양에 노출되지 않는지?	햇빛을 피할 수 있는 놀이터 또는 근처에 응달공간을 마련하는 것을 고려한다.
경사 및 배수	장마기간 동안 모래 같은 바닥재료가 유실되지 않는지?	유실되지 않도록 적절한 배수조치를 고려한다.

새로운 놀이터를 구상할 때 놀이터에서 어린이들에게 있을 수 있는 위험이나 장애물을 고려한다. 놀이터의 장소 선정과 관련하여 정리해 보면 다음과 같다.

- 놀이터는 모든 거주지로부터 적당하고 안전한 도보거리를 확보한다.
- 놀이공간은 안전하고 공개되어야 하며 관리가 가능한 곳에 위치해야 한다. 그리고 관리자 또는 보호자가 관찰가능한 곳이어야 한다.
- 안전에 관한 고려를 해야 하며 놀이공간은 통행량이 많은 도로와 분리되어야 한다.

어린이들이 무심코 찻길로 뛰어들 수도 있으므로 놀이터 주변에 울타리를 두는 것이 바람직하다. 이런 울타리는 관리자 또는 보호자의 관찰이 방해받지 않도록 설계되어야 한다. 울타리를 경계벽으로 할 경우는 각 지자체별 현지 건축규정에 맞추는 것이 바람직하다.

놀이터의 경사 및 배수와 관련하여 모래와 같은 충격흡수 바닥재를 설치할 경우에는 장소 선정에서 경사와 배수를 고려한다. 특히, 우리나라와 같이 여름철 강수량이 많은 기후환경에서는 더욱 세심한 고려가 필요하다고 할 수 있다. 완만한 경사는 배수를 돕지만 가파른 경사에서는 비가 심하게 오면 충격흡수 재료들이 물에 씻겨 내려갈 수도 있다. 이런 장소는 경사를 다시 조정해야 하므로 놀이터 설계 시에 고려하도록 한다.

햇빛과 관련해서 살펴보면, 어린이들은 놀이터에서의 놀이가 아무리 재미있어도 건강을 생각하지 않고 즐겨서는 안 된다. 심각한 일광 화상으로 고생할 수 있기 때문이다. 특히 여름철 강한 햇빛으로부터 피부를 보호하는 법을 알아두는 것은 이제 선택이

아니라 필수다.

태양광선은 살균, 조명, 식물의 광합성 등 우리 일상생활에 꼭 필요한 일을 하지만 반드시 이롭기만 한 것은 아니다. 여름에는 햇빛에 의한 일광 화상이나 기미·잡티, 햇빛 알레르기로 병원을 찾는 환자들이 늘어난다. 따라서 이러한 문제가 나타나지 않도록 예방하고 사전조치를 마련한다.

태양광선은 오전 10시부터 오후 2시(길게는 오후 4시)까지가 가장 강하기 때문에 이 시간대에는 가능한 한 햇빛 노출을 피하는 것이 좋다. 흐린 날에도 80% 정도의 자외선이 구름을 뚫고 나와 우리 피부에 직접 영향을 미칠 수 있으므로 주의한다. 또한 자외선은 모래나 물 위에서 잘 반사되고 얇은 옷이나 수영복은 투과할 수 있다고 한다.

따라서 어린이의 놀이는 가급적 햇빛이 강한 시간대를 피하게 하거나 놀이터 내에 응달이 있는 공간 또는 놀이기구를 고려한다. 또는 놀이터 내에 나무와 같은 자연적인 응달공간을 마련하거나 놀이기구의 다양한 플랫폼의 높이 변화를 통해서나 인공구조물의 배치를 통해서도 어린이에게 뜨거운 태양광선을 피할 수 있다. 태양을 피할 수 있는 나무를 이용한다면 추가적인 관리문제(나무 잔해 청소 및 잔가지 손질 등)가 대두되기도 한다.

2) 시설물 배치

놀이터는 어린이들이 활동 중에 일어날 수 있는 사고를 방지하기 위해 놀이시설의 기능과 어린이의 활동성에 따라 분리해서 배치해야 한다. 능동적이고 육체적 활동을 요구하는 놀이시설은 보다 수동적이고 조용한 활동의 놀이기구와 따로 떨어진 곳에 배치해야 한다. 놀이터에서 놀이기구, 운동장, 모래영역은 각각 서로 다른 지역에 배치한다.

또한 많이 이용하는 인기 있는 놀이시설들은 번잡함을 피하도록 다른 곳에 분산시켜야 한다. 놀이기구의 배치에서 보호관찰을 돕기 위해 놀이터의 모든 곳을 명확히 볼 수 있도록 시야를 차단하는 울타리는 없어야 한다.

또한 어린이놀이시설 관련 안전기준에 맞도록 설치되어야 한다. 시설물 배치와 관련하여 가장 중요한 것은 놀이시설의 최소공간이다. 안전기준상의 최소공간은 기구를 안전하게 사용하기 위해서 필요한 공간이다. 최소공간은 3개의 공간, 즉 기구가 차지하는 공간과 이용자가 추락할 수 있는 하강공간 그리고 이용자가 자유롭게 움직일 수 있는 자유공간을 합친 공간이다. 그네나 회전놀이기구처럼 움직이는 놀이기구는 제6장의 안전기준에 언급한 하강공간을 충분히 확보한 상태에서 놀이터 구석이나 가장자리, 옆에 배치해야 한다. 미끄럼틀의 내려오는 부분은 놀이터에서 붐비지 않는 곳에 배치해야 한다. 그네나 회전놀이기구 같은 움직이는 놀이기구와 미끄럼틀 출구의 하강공간은 높이에 관계없이 다른 놀이기구의 하강공간과 겹쳐서는 안 되며, 어린이 간에 충돌 등을 방지하기 위해 가능한 한 놀이터의 입구에서 가장 멀리 배치하는 것이 좋다.

놀이터에 복합놀이기구가 점점 늘어나고 있다. 복합놀이기구에서는 인접한 놀이요소를 이용하는 어린이들의 놀이패턴에도 충분히 주의를 기울여야 한다.

3) 연령별 구분

우선적으로 놀이터를 기획 및 설계단계에서 고려해야 할 사항은 이용자인 어린이의 연령대를 사전에 살펴두는 것이다. 5세 미만의 어린이에게 필요한 기능들이 학교를 다니는 아이들에게는 불필요할 것이고 오히려 흥미를 반감시키는 요인이 될 수가 있다. 따라서 어떤 연령대의 어린이들이 놀이터를 이용하는지를 면밀히 살피고 특정 연령대에 필요한 기능들을 가지고 있는 놀이기구를 디자인해야 할 것이다.

따라서 놀이시설의 디자인과 규모 계획단계에서부터 대상 이용자 연령대를 명확히 해야 한다. 전 연령의 어린이를 대상으로 하는 놀이터에서는 통로의 배치와 놀이터 조경에서 연령별 그룹에 따라 공간구분을 명확히 한다. 좀 더 어린 아동을 위한 놀이공간에는 발달 정도에 맞춰 적당한 크기의 놀이기구와 놀이재료들을 따로 배치하는 것이 바람직하다. 이러한 연령별 구분은 작은 나무나 벤치 같은 완충지대에 의해 분리되어야 한다. 놀이터에 안내판을 두어 어른들에게 연령에 맞는 놀이기구에 대한 기준을 제시할 수도 있다.

4) 이용자 수와 활동동선

아무리 좋은 디자인의 놀이터라 할지라도 아동이 쉽고 빠르게 그리고 안전하게 이용할 수 없다면 쓸모없는 것이다. 그래서 각각의 놀이기구 간에 직접적인 이동경로와 동선을 제공하여 이용자 간 충돌을 방지할 수 있는 여유로운 이동경로를 계획해주는 것이 대단히 중요하다. 그렇지 않으면 위험한 우회경로를 아이들이 스스로 개척할 것이고 예상치 않은 안전사고가 발생할 수 있기 때문이다.

놀이터 설계 시에 현장(입지)조사 및 지역요구도 조사 등을 통해 파악된 놀이터 예상 이용자 수와 활동동선에 대한 고려가 반드시 필요하다. 넓은 의미로는 놀이터에서 어린이의 순환경로는 2가지로 나누어질 수 있다.

일반적으로 1개의 놀이기구에서 다른 놀이기구로 옮겨가는 어린이를 볼 수 있을 것이다. 이것과 관련하여 이러한 어린이의 활동동선과 관련하여 해당 놀이기구를 동시에 이용하는 어린이의 수를 고려할 필요가 있다. 그러므로 한적한 외곽 놀이터보다 이용률이 높은 도심 내 놀이터는 좀 더 여유 있는 이동공간에 대한 고려가 필요하다.

예를 들어 일반적으로 고정된 놀이기구 간에는 최소한 2.5m를 이격하도록 되어 있다. 그네 좌석과 고정된 다른 놀이기구가 나란히 놓여 있을 때의 사이간격은 최소 2.5m 이상이어야 하며 나란히 놓인 2개의 경우는 최소한 1.5m를 이격시켜야 한다.

이와 더불어 고려해야 할 것이 이용자의 희망동선이다. 희망동선은 이용자가 놀이터에서 움직이고 싶어 하는 길목이다. 어린이에게 이것은 무척이나 간단하며 이용자들이 놀기 원하는 2개의 놀이기구 간의 직선라인이 될 것이다. 보호자나 관리자의 희망 동선은 놀이터에서 아이를 지켜볼 수 있는 의자 같은 것에서부터 아이들이 놀고 있는 장소까지가 될 것이다.

이것은 하나의 놀이기구부터 다른 기구까지의 자연스러운 이동동선이 움직이는 놀이

기구를 관통할 수도 있다. 예를 들어 2개의 오름대 사이에 그네가 놓여 있는 것은 이용자가 움직이는 그네의 반경으로 자기도 모르게 달려들게 되는 위험성을 안고 있으므로 놀이기구의 재배치가 필요한 것이다.

이러한 놀이터 내의 주요 길목 또는 이동동선은 관리자, 휠체어 등도 쉽게 접근할 수 있도록 고려되어야 한다. 다른 무엇보다 놀이터에서의 희망동선은 출입구와 벤치 그리고 각각의 놀이기구 간에 연결라인에 의해서 만들어진다. 동선의 추가는 아이들이 따르게 되는 새로운 법칙을 만드는 데 영향을 끼친다. 즉, 아이들이 각각의 놀이기구 아이템 사이를 이동하는 데 새로운 동선이 이용되도록 할 수도 있는 것이다.

이러한 일반적 고려사항 외에 우리는 놀이기구 각각에 대한 특별한 위험이 없는지를 검사해야 한다. 예를 들면 나무나 쇠로 만들어진 그네의 좌석은 지나가는 아이의 머리를 칠 위험을 가지고 있는 것이다. 이러한 일반적인 손상은 가벼운 소재의 재료로 설치함으로써 쉽게 예방할 수 있다.

5) 보호 및 관찰

국내 어린이 놀이시설 안전기준에 따라 설계, 설치, 유지되는 놀이터라 할지라도 관계자의 적절한 보호 및 관찰이 없다면 아직 위험이 일어날 여지가 남아있다고 할 수 있다. 놀이터에서 일어나는 안전사고는 놀이시설에 의한 사고가 전부가 아니라는 사실이다. 이용자인 어린이들의 부주의한 이용과 행동에 의해서도 안전사고가 발생하며, 놀이터 외부요인에 의한 손상이 발생할 수도 있기 때문이다.

놀이터의 장소와 성격에 따라 보호자는 전문적인 관리자나 자원봉사자 또는 놀이터에서 놀고 있는 어린이의 부모가 될 수도 있다. 놀이터에서 어린이의 안전사고 예방을 위한 보호 및 관찰의 수준은 안전한 놀이행동에 대한 보호자의 인식에 의해 좌우된다. 그러므로 보호자는 기본적으로 놀이시설 안전에 대해 잘 알고 있어야 한다.

놀이터 보호자는 해당 놀이터에 있는 모든 놀이기구가 놀이를 즐기고 있는 모든 어린이에게 적합한 것은 아니라는 것을 인식해야 한다. 보호자는 놀이기구의 적정 이용연령을 알려주고 올바른 안전수칙을 지도해주어야 한다. 놀이터의 보호자는 이 책의 부록에 나와 있는 정보를 참조한다.

초등학생과 달리 미취학 연령 아동은 나이 든 아동에 비해 놀이터에서 좀 더 세심한 보호가 필요하다는 것을 확실히 인식해야 한다. 특히 어린 아동의 발달을 위한 기본적인 조건 중의 하나가 바로 안전감과 친밀감이라고 한다. 놀이터에서 미취학 어린이는 안전하다고 느낄 때에만 세상을 좀 더 적극적으로 탐색할 수 있게 된다고 한다. 그러기 위해서는 놀이터에는 항상 보호자나 어른이 함께 있어 주는 것이 중요하다. 따라서 놀이터에서의 어린이의 안전과 아동발달을 위해 보호자 또는 어른의 보호 및 관찰이 중요하다고 할 수 있다.

8 심미적 특성(Aesthetic Quality)

놀이터에서 심미적 요소의 공급은 흥분, 휴식, 고요, 상쾌함 등을 일으킬 수 있고, 놀이활동이나 환경 분위기를 쾌적하고 어린이 놀이에 보다 능률적이고 집중할 수 있도록 만들기 위해 색이 지니는 특성을 이용하는 것이다.

놀이터 디자인에 있어 자주 간과되거나 제한된 예산으로 인해 제일 먼저 무시되는 중요한 요소는 바로 미적 가치 또는 특징이다. 심미적 특성은 어린이놀이터를 독특하고 흥미롭고 매력 있게 만들어준다.

인간은 정보의 70%를 시각을 통해서 받아들인다. 특히 어린 시기에 색에 대한 정보는 평생 기억 속에 남아서 그들의 일생에 중요한 역할을 하게 되며 어린이들은 색을

자연스럽게 사랑하고 표현하게 된다.

색채 학자들의 주장에 의하면 "색채는 그림으로 나타나는 어떤 단순한 양상보다도 어린이의 정서적 생활의 본질과 그 정도에 대한 실마리를 제공하는 데 있어서 특별한 가치를 지니고 있다."라고 하였다. 특히 어린이들이 처음으로 얻는 정보는 형태보다는 색채에 더 민감해서 순수한 즐거움으로 색을 즐긴다. 어린이의 그림 속에서 그들의 정서생활의 성질이나 그 표출의 심리가 특히 잘 반영되는 것이 색채이다.

어린이에게 색채가 주는 반응이 성격에 따라 매우 민감하게 나타난다는 것은 이미 여러 연구에서 증명되었으며, 색채들이 아이들에게 연상을 주거나 정서적인 면을 조성하는 것은 놀이환경에서도 매우 중요하다. 따라서 어린이들이 접하는 색채는 정서적인 고양도 중요하지만 놀이환경계획과 주변 공원 전반에 걸친 다각적인 면에서 계획되어야 한다.

어린이는 놀이터에서 연령에 상관없이 환영받고, 보호받고, 양성되고 또한 흥미진진한 느낌을 필요로 할 것이다. 마찬가지로 디자인도 어린이의 놀이활동과 안전상 필요한 것의 균형을 유지해야 한다. 예를 들어 놀이터 출입구의 경우, 기본적으로 어린이 안전과 접근성을 고려해야 하지만 미적으로도 어린이들이 환영받는 듯한 친밀감을 가질 수 있도록 하고, 시각적 요소 이외에도 어린이의 오감을 이용하여 어린이를 반겨주는 환경을 만들어준다면 더욱 예쁜 놀이터를 가꿀 수 있을 것이다.

색상은 심리적으로 우리들에게 영향을 끼치는데 우리를 행복하게 하거나 슬프게, 화나거나 편안하게 해준다. 특히, 놀이터에서의 색상은 특정한 방법으로 주의 깊게 사용되어질 때 정서적인 상징들을 상상의 세계로 일깨워 불러낼 수 있다.

색채는 그 사람의 개성과 환경, 기억 등에 따라 서로 다른 감정을 일으키며 성별이나 나이에 따라 다소 다르게 반응한다. 또한 색채의 특성을 결정짓기란 실질적으로 어렵다. 예를 들면 같은 빨강이 각각 흰색, 노랑 그리고 녹색에 둘러싸여 있을 때, 이 빨

강은 각각 다른 느낌과 특성을 지닌다. 즉, 빨강이라는 색채의 감성이 경우에 따라 달라진다는 의미이다. 색체에 의한 인상은 시각형성 과정에서 매우 강력한 감성적 부분이다.

색은 느낌의 언어로서 강하고 직접적인 호소력을 가지고 있다. 또한 색채는 감정을 나타내는 수단으로 쓰이기도 하고, 동시에 그것을 떠나 색상 그 자체의 아름다움을 나타내기도 한다. 따라서 어린이들이 놀이터에서 다양한 색채를 처음 대하였을 때의 물리적 인상은 정신적인 동요로 이어져 심성에 직접적인 영향을 미치게 되며 미적 체험을 느끼게 한다. 또한 선행연구에 따르면, 색채는 더 많이 관찰하고 경험할수록 그 감각이 예민해지는 특성을 지니고 있다고 한다.

어떠한 색이든 색 자체에는 좋고 나쁨이 없으며, 중요한 것은 색의 적절한 배색에 의한 조화로움을 추구하는 것이다. 배색은 두 가지 이상의 색을 서로 섞어서 하나의 색으로만 얻을 수 없는 효과를 일으키게 하는 것을 말한다. 즉, 다양한 색을 조합하여 디자인 전체의 효과를 높이는 것이다.

1975년 뮌헨의 논리 심리학자 에텔(Henne Ertel)은 아동에게 인기 있는 색상은 민첩성과 창조성에도 자극을 주었으며, 흰색 · 검정 · 갈색의 방은 어린이의 행동을 둔하게 만들었다고 한다. 특히 아동에게 인기 있는 색 중 주황은 사회적 행동을 개선시키고 기분을 즐겁게 하며 적개심과 성급한 성질을 줄이는 효과가 있는 것으로 나타났다.

다음 표는 어린이들이 색채를 통해서 받을 수 있는 심리적 영향을 분석한 것이다. 색채는 미적 측면을 포함하여 의식적, 무의식적으로 어린이의 지각이나 감정을 지배한다고 한다.

표 3-6 | 색채가 아동에게 미치는 심리적 영향

색채	영향과 효과
빨강	심리학적으로 빨강은 자극적이고 불안한 감정을 유발시킴 선명한 빨강은 시선을 강하게 유인하는 색 장미색, 적갈색, 분홍색 등은 아름답고 표현력이 풍부한 색으로 감정에 활력을 줌
주황	주황색과 파랑색이 결합되면 안정감, 고요함, 침착함 등의 감각이 발달 주황색의 경우 순색보다는 여린 색, 짙은 색을 선호함
노랑	가장 구별력이 좋음 스트레스를 받는 상황에서 어린이들은 노란색에 순간적인 반응을 하며, 나쁜 행동이나 싸움을 준비하도록 하고 스트레스를 증가시킴
초록	마음을 평온하게 해주는 색 심리적으로 거의 자극을 주지 않아 어린이들이 오래하는 작업, 주의를 집중해야 하는 일, 깊이 생각하는 일 등과 관계된 장소에 효과적
파랑	진정의 효과가 가장 뛰어난 색으로 나쁜 행동 또는 싸움의 반응을 감소시킴 밝은 곳보다 어두운 곳에 조명과 함께 쓰면 안락하고 편안한 느낌을 줌 원색보다는 변색을 많이 사용함 어린이들이 애호하는 색으로 넓은 공간보다는 작은 공간에 사용하는 것이 효과적임
보라	뇌질환과 강박, 성격파탄과 같은 신경질환에 효과적임 어린이의 감수성을 조절함
갈색	정상적인 신진대사 작용을 수행하기에 좋은, 환경적으로 건강한 색으로 여겨짐 안정감을 주어 정신적 고통을 없애주며 불안감을 감소시키고 피로감을 약화시킴 많이 사용하면 지루하거나 게으름을 유발시킬 수 있음(다른 색과의 조화가 요구됨)
회색	차분하고 집중력이 강한 이미지를 줌
흰색	경쾌하고 맑고 고상한 분위기를 만듦
검정	정서적인 행동이 결여되고 자유로운 감정의 흐름이 없는 색

주) 홍윤미(2009)[색채 이미지 선호에 의한 실내 놀이공간 색채계획에 관한 연구]에서 발췌함

놀이터의 경우, 예를 들어 양지바른 곳에 진노랑은 따뜻한 감정을 북돋울 것이고, 심지어 춥고 우울한 날에도 그럴 것이다. 오렌지는 명랑한 느낌의 노란색을 함께 배열하면 부드러운 느낌을 주며 쇼크성 장애로부터 회복하는 데 도움을 준다고 알려져 있다. 오렌지는 양지바름과 자연사랑을 상징한다.

어린이놀이터의 색상은 주로 빨강, 주황, 노랑, 초록, 파랑, 파스텔 계통의 색으로 이루어져 있다. 일반적으로 놀이터에서 주로 볼 수 있는 색상은 단색 위주로 고명도, 고채도의 색이 많고 재미있는 색상의 배치를 통하여 역동적이거나 귀여운 표현을 하고 있다.

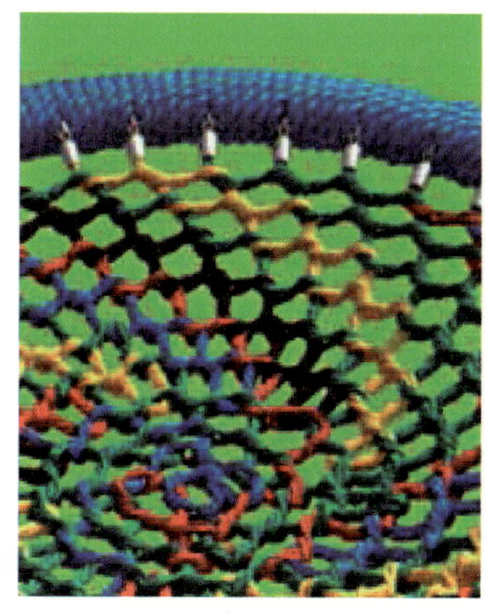

놀이터를 만들 때 우리가 특별한 색깔에 대하여 생각하기 전에 얼마나 자연스러운 빛깔이 가능한지를 우선적으로 고려하는 것이 중요하다. 놀이터에서 작고 이상한 구역들을 확인하고 각각의 공간들의 기능에 대하여 분석한 다음 어떠한 분위기가 좋을지를 구상한다. 예를 들어 차가우면서도 조화로운 분위기 또는 따뜻하면서도 환영해주는, 그러면서 편안한 분위기를 연출해야 한다. 다양한 색상의 선택과 변화를 줌으로써 놀이터를 더욱 흥미롭고 창의적인 공간으로 연출할 수 있는 것이다.

색은 명랑하면서도 차분한 분위기의 균형감을 가지도록 신중하게 선택할 필요가 있다. 다양한 공간에서 이루어지는 놀이활동은 서로 다른 색상계획을 필요로 한다. 그러면서도 주된 색상계획을 부드럽게 유지함으로써 경계선 부분에는 강한 색상을 사용할 수가 있는 것이다. 예를 들어 문, 창문, 주름, 장식틀 같은 곳이다. 나이가 어릴수록 빨강과 주황의 따뜻한 색을 좋아하고 성장할수록 차가운 색을 선호하게 된다. 따뜻한 계통의 색상은 운동에너지와 역동적인 힘의 이미지를 가지고 있으며, 차가운 계통의 배색에 하얀색을 사용하면 스포티한 이미지를 높이는 효과가 있다

놀이터의 색상은 고명도, 고채도의 밝고 명랑한 색으로 디자인하도록 하되, 균형감을 적절히 유지하며 단순하면서도 흥미로운 색상을 연출하는 가장 좋은 방법으로는 두세 가지 또는 그 이상의 색상을 사용하는 것이다. 즉, 각각의 색상 옆에는 복숭아 빛(연분홍빛), 분홍색, 살구색, 오렌지색, 녹색, 청록색, 남청색과 같이 색을 순환시키는 형태이다.

이러한 색상계획의 연출을 혼합 또는 조화라고 한다. 왜냐하면 모든 컬러가 편안하게 연결되어 있고 다른 종의 2가지 색이 충돌 없이 자연스럽게 균형을 유지하기 때문이다.

만약 시원하면서도 차분한 분위기가 필요하다면 녹색부터 선택하면 될 것이고, 따뜻

한 분위기는 빨강, 분홍, 오렌지와 노랑으로 연출될 수 있다.

놀이시설의 교체나 보수를 생각할 경우, 가능하다면 색상이 칠해져 있는 제조업체의 놀이기구를 선택하기보다는 색깔만 바꾸어도 색다른 놀이터가 만들어질 수 있으며, 색상 전문가의 도움을 받을 수만 있다면 어린이들이 더욱 환영하는 놀이터를 가꿀 수 있다.

또한 훌륭한 미적 특성을 가지는 놀이터 디자인은 지역사회의 특징을 담은 예술작품, 조화로운 친환경 요소, 멋진 풍경을 가진 놀이터 경계 그리고 목재의 사용 등을 고려하고 있다.

예를 들어 해당 지역사회 고유의 문화를 담아낸 예술작품의 경우, 어린이놀이터에 그 지역의 문화와 가치 그리고 지역사회 사람들의 일상적인 경험이 담겨진 것을 나타낸 것을 추가함으로써 지역만의 예술을 담아낼 수 있을 것이다. 지역사회 사람들이 다양한 이유로 즐기는 유명한 지역장소와 공간이 통합되어질 때 지역예술은 큰 효과를 가져 올 것이다.

놀이터에서 지역예술은 장식하거나 바라볼 수 있는 간단한 어떤 것을 말하는 것이 아니다. 그것은 놀이터에서 이루어지는 신체 및 인지놀이 경험에 잠재성을 가지며 쌍방향이며 필수불가결한 것이어야 한다. 지역예술은 놀이터의 의미를 더해주고 지역사회에 더 많은 즐거움을 가져다주는 독특한 특징을 가진다. 놀이터에 예술작품의 추가는 놀이가치뿐만 아니라 전체 환경의 디자인도 개선이 될 것이므로 놀이터를 디자인할 때 반드시 고려해야 할 것으로 보인다.

9 공간적 특성(Spatial Quality)

놀이터 설계 시 참조할 만한 놀이공간에 대한 선행 연구결과를 살펴보면 다음과 같다.

미츠루 센다(Mitsuru Senda, 1992)는 어린이 놀이공간이 아동의 놀이행태에 따라 다른 특성이 나타난다고 정의하면서, 놀이환경의 공간구조를 자연공간(Nature Spaces), 오픈공간(Open Spaces), 길(Road Spaces), 모험놀이공간(Adventure Spaces), 아지트(Hideout Space), 놀이구조공간(Play Structure Spaces)의 6개 영역으로 분류하였고,

파울러(Fowler, 1980)는 실외 놀이영역을 다음과 같이 구별하였다.

① 개방된 영역으로 아무 시설도 되어 있지 않은 넓은 공간을 뜻한다. 게임, 공놀이, 술래잡기, 뛰어놀기, 달리기 등과 같은 자유로운 활동을 할 수 있게 한다.

② 휴식영역으로 기온이 올라가서 햇볕이 뜨거워질 때 쉴 수 있는 나무그늘과 자연의 아름다움을 즐기고 쉴 수 있는 풀밭, 숲, 연못을 만든다. 자연과의 접촉이 제한된 도시의 유아들에게 특히 필요한 휴식공간이다.

③ 자연생태 관찰영역으로 도시에 사는 유아들은 식물과 곤충, 새 등의 동물이 땅, 물 등의 자연환경 속에서 어떻게 살고 있는가를 관찰할 기회가 적다. 그러므로 식물 재배장, 화단, 동물 사육장 등을 만들어 관찰해 보게 한다.

④ 모래놀이 영역으로 유아는 모래를 통해 여러 가지 창의적인 표현을 할 수 있다. 모래밭과 모래상자 등을 마련해 주도록 한다.

⑤ 물놀이 영역으로 따뜻한 날 콘크리트나 잔디에서 할 수 있는데 기다란 양동이를 사용하거나 플라스틱으로 만든 커다란 풀을 이용하여 유아들이 물놀이하는 것을 돕게 하도록 한다.

⑥ 목공놀이 및 작업대로 이 장소는 유아가 무언가를 만들어 보면서 자신감과 성취감을 갖게 해준다.

이와 비슷하게 에스벤젠(Esbensen)도 실외 놀이공간을 활동영역에 따라 9구역으로 제시하였다. 즉, 평평하고 개방된 공간과 신체활동구역, 극적활동구역, 탐구활동(자연학습)구역, 작업활동구역 그리고 물·모래 활동구역 그리고 부수적인 구역으로 이동구역(실내에서 실외로 이동하는 구역)과 보관구역(창고) 등이다.

이상으로 여러 학자들의 실외 놀이공간의

분류를 알아보았는데 아동의 놀이터 설계 시 가장 중요하게 고려할 것은 환경과 소통하는 아동의 현실적인 요구이다. 모래 또는 흙바닥을 파내거나 성이나 요새를 짓고 풀밭과 둔덕을 왔다 갔다 하며 나뒹굴고 미끄러지고 나무를 오르고 하는 것 등은 우리가 어린 시절 가질 수 있었던 기쁨인 것이다.

어린이나 유아는 호기심이 많아 개방적인 장소에서는 가만히 앉아있기보다 여러 가지 발견을 할 수 있도록 사회적 놀이의 자원이 되는 주변의 나무, 풀, 돌, 모래, 자갈길, 풍차, 간단한 놀이기구 등의 공유공간이 어린이들의 놀이행동과 연결되도록 설계하는 것이 바람직하다.

우리들 대부분은 자연적인 환경에서 뭔가를 찾아내고 놀았던 좋은 기억을 가지고 있고, 지금은 대부분 지역에서 인공으로 만들어진 놀이터가 아이들이 뛰어놀 수 있는 유일한 공간이 되어가고 있다. 그러므로 아동발달적 요구를 충족할 수 있는 상상력을 충분히 발휘할 수 있는 공간을 아동에게 제공해주는 것이 점점 더 중요해지고 있다.

자연적 환경과의 소통과 자연재료를 조작하고 쉽게 재료들을 모으고 서로 구성해보는 것은 어린이들에게는 가장 보람 있는 놀이가 될 수 있다. 설계단계에서 해당지역 아동의 발달단계를 세심히 살펴서 모든 아동의 요구를 충족하는 폭넓은 놀이의 기회를 보장할 수 있도록 노력해야 한다.

다음은 국내외에서 일반적으로 어린이놀이터를 특별하게 설계할 때 필요한 아동발달적 기본적인 요소들을 충족하기 위해 발전시켜 온 모델이다. 아동발달 기능에 필요한 4가지 주요공간은 시설 위주의 활동공간, 시설 없는 활동공간, 상상력이 발휘되는 (창의적인)공간, 쉼터 및 보호자 공간 등이다.

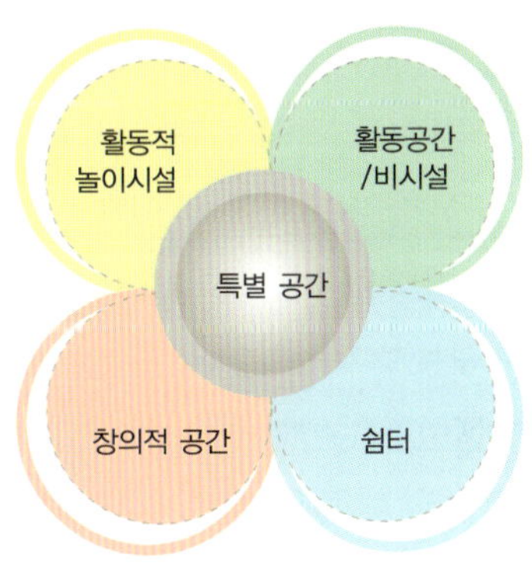

(1) 활동적 놀이공간

놀이기구는 오래전부터 놀이터의 주요구성물이었지만 놀이터에서 단지 놀이를 특징짓는 것이라기보다는 놀이의 환경으로서 보완해주는 것이어야 한다. 놀이기구는 균형 및 오르기, 뛰기, 회전하기를 할 수 있도록 의도적으로 디자인된 구조물을 제공해줌으로써 아동발달을 돕고 있는 것이다. 이러한 시설물의 이용은 공유하고 협력하는 사회적 능력의 발달도 가능하게 해준다.

(2) 활동공간(비시설)

이것은 정식 스포츠에 필요한 것으로 혼동해서는 안 되는 열린 공간이다. 이런 필수적인 공간은 당시에 아이들끼리 자발적으로 발달시킬 수 있는 활동을 가능하게 만들어

줄 수 있다. 이 공간은 특히 연령이 높은 아동들이 좋아하는 공간이며, 이 공간은 자유분방한 공놀이를 위한 미팅장소 또는 함께 활동할 수 있는 공간으로 종종 활용된다. 농구대 같은 아동이 야외에서 간단히 즐길 수 있는 거리 스포츠용 시설은 주변환경과의 영향을 고려하여 놀이터의 (비시설)활동공간 근처에 설치하도록 한다.

(3) 창의적 공간

이것은 놀이터에서 종종 가장 무시되고 있는 부분이기도 하면서 설계자는 이러한 공간을 위한 가능성을 발전시킬 수 있는 감각을 필요로 한다. 그렇지만 일부 놀이터는 간단하게 기존의 상태로 남겨둘 필요가 있다. 이 공간을 만드는 것은 일반적으로 별로 비용이 들어가지 않으면서도 단지 열정과 시간과 노력만 있으면 가능한 부분이다. 자연환경은 특히 그 자체로도 놀이터의 이러한 요소를 잘 반영해줄 수 있다. 이것은 보통의 놀이기구보다 어린이들에게 어필할 수 있고 어른들이 모일 수 있는 매력적인 환경을 만들 수 있으며, 이 공간은 안전기준에도 특별히 예외가 될 수 있기도 하다.

(4) 쉼터

아동을 동반한 보호자들도 쉴 수 있는 공간이자 아동의 활동을 지켜볼 수 있는 공간이다. 놀이터에 이러한 쉼터를 함께 설치하는 것은 가족 또는 보호자와 함께 더 오랫

동안 놀이터를 이용할 수 있게 해주는 역할도 한다. 보호자가 놀이터에 있음으로써 놀이터의 안전사고를 포함해 중요한 위험요인인 기물파괴와 같은 문제들도 줄이는 역할을 할 수 있다.

어린이가 잠시 또는 그냥 이유 없이 편하게 앉아 휴식을 취할 수 있는 공간, 즉 어린이들이 공상도 하고 다음 활동을 생각할 수 있는 장소, 다시 말하면 어린이가 기존 형태의 놀이에서 벗어나서 조용히 혼자 또는 함께 쉴 수 있고, 자신의 느낌이나 감정을 조절할 수 있으며, 잠시 동안 혼자 있을 수 있는 장소가 제공되는 것이 좋다. 해당 놀이시설 이용 연령대가 아닌 아동의 사용 자제와 외부자의 이용을 금지하고 울타리를 치는 것이 좋다.

또한 휴식용 벤치를 설치하되 키가 작은 사람에서부터 큰 사람까지 이용하도록 높이가 다양할 필요가 있으며, 휠체어를 탄 사람도 옆에서 같이 쉴 수 있도록 휠체어가 머무를 장소를 마련해 준다. 어린이가 앉아 쉴 수 있는 곳은 아동의 사회적 놀이를 도모하는 데에 꼭 필요한 것이며 부모가 놀이터에 머무르고 아이들과 함께 할 수 있는 공간인 것이다. 유아용 놀이공간에는 작은 규모의 의자와 테이블을, 취학 전 아동에게는 사회적 놀이를 위한 함께 앉을 수 있는 의자(소풍용 벤치)를, 성인에게는 날씨에 영향을 받지 않는 튼튼한 의자를 설치해주는 것이 좋다. 모든 편안한 좌석은 남녀노소 모두에게 도움이 될 것이다. 간단한 음수대나 손 씻는 곳도 어린이부터 청장년, 휠체어 사용자까지 이용할 수 있도록 디자인한다.

또한 시각장애인과 청각장애인을 배려한 공간을 계획하고 후각이나 청각을 자극하는 요소를 적절히 배치하여 휴식공간의 위치를 확인시켜 줄 수 있도록 하고 장애인들이 쉴 수 있는 벤치 주변에는 장애물을 두지 않아야 한다.

(5) 특별 공간

놀이터에 포함될 수 있는 선택적인 공간이다. 롤러나 BMX 또는 스케이트보드장 같은 시설이다. 놀이터에서 이와 같은 공간은 어린 아동의 놀이활동을 위축시킬 수도 있으므로 확실한 공간구분이 필요하다.

(6) 휴식공간

놀이터 하면 대부분은 네모난 공간에 놀이기구 몇 개의 배치만으로 끝이라고 생각하는 사람이 의외로 많이 있다. 어린이는 놀이터에 신나게 놀러오기도 하지만 휴식하기 위해서 오기도 한다. 아무도 방해받지 않고 혼자 앉아서 다른 아이들이 노는 모습을 즐기는 어린이도 있다는 것을 알아야 한다. 따라서 놀이터 내에 이동동선을 따라 앉아 쉴 수 있는 공간이 필요하며, 햇빛과 바람 그리고 비를 피하는 공간은 아이들끼리의 긴밀한 사회성과 교감을 늘려주는 공간이 된다. 특히 응달이 지는 곳과 같은 자연적인 공간이 어린이들의 정서에 도움을 준다.

또한 어머니, 청소년, 성인 장년층 등 다양한 이용자가 함께 앉아서 쉬거나, 서로 이야기하거나, 아이들이 노는 것을 볼 수 있는 공간이 되도록 하는 것이 좋다.

(7) 편의시설

어린이의 놀이활동이 보통 한 구역 안에서 이루어지기 때문에 좋은 놀이터인지 아닌지는 각종 편의시설이 지원되는 정도에 따라 달라지게 된다. 아파트놀이터와 달리 지방자치단체에서 운영하는 어린이공원 안에 있는 놀이터는 음수대와 쓰레기통 그리고 화장실 등을 갖춘 곳이 있다. 그러나 이러한 편의시설을 설치하더라도 놀이터와는 별도로 설치하는 것이 좋다. 어린이들에게는 쓰레기통 안의 쓰레기도 좋은 놀이도구가 되기도 하기 때문이다. 또한 놀이터의 위생문제와 관련하여 울타리는 가급적 설치하는 것이 좋으며, 애완동물의 출입을 막을 수 있도록 설계하는 것이 좋다.

또한 잘 설치된 벤치와 테이블은 보호자가 아동보호를 위해 편하고 용이하도록 하는데 위치는 아동의 놀이활동이 확실하게 보이는 곳이어야 한다. 벤치를 배치하는 것은 어른들의 놀이터 방문도 더욱 용이하게 하여 사회적 교류를 촉진하는 역할도 하게 된다. 등받이와 팔걸이가 있는 의자를 제공하면 노인들이 쉽게 놀이터를 방문하게 만들

수 있다. 또한 휠체어를 탄 사람도 옆에서 같이 쉴 수 있도록 휠체어가 머무를 환경을 마련해주는 것이 좋다. 벤치는 어린이가 손으로 만지고 몸이 닿는 곳이므로 따뜻한 소재이면서 유해(방부제, 납, 페인트 등)하지 않은 재료를 사용한 시설을 고려하도록 한다.

몇몇 놀이터는 햇빛을 피할 수 있는 곳, 화장실, 소풍용 테이블, 의자, 주차장, 음수대, 통로, 쓰레기통, 안내판, 피난소 등과 같은 편의시설을 제공한다. 이러한 시설은 놀이터의 특성과 기능을 개선하기 위해 적절한 장소에 제공되어야 한다.

그리고 놀이터에는 자전거의 출입을 자제하도록 하는 것이 좋지만, 근래 자전거 붐에 편승해 많은 아이들이 자전거를 타고 놀이터를 찾는 경우도 많아졌으므로 입구 근처에 자전거주차대를 설치하도록 한다.

(8) 인접시설 또는 활동

놀이터 주변에 추가 활동과 노인들을 위한 여유공간을 두는 것은 중요하다. 공놀이와 연날리기 같은 활동은 평평하고 잔디가 있는 곳에서도 가능할 것이다. 산악자전거, 인라인스케이트, 테니스장, 길거리 농구대 또는 벽 등이 추가로 설치된다면 놀이터에 좋은 놀이가치(play value)를 추가하는 것과 같으며 남녀노소를 불문하고 가족들이 좀 더 자주 방문할 수 있도록 기회를 만들어 주는 것이다.

(9) 울타리와 출입구

이상적인 놀이터는 위험요소가 없는 공간에 위치해야 하며 그곳에는 울타리가 필요 없을 수도 있다. 그렇지만 위험요소가 주변에 있다면 놀이터와 위험요소 간의 경계을

타리는 필요하다. 그렇다고 울타리 내에 조그맣게 울타리가 쳐진 조합놀이기구는 바람직하지 않다. 좀 더 적당한 위치를 찾아야 할 것이다.

또한 어린이의 안전관리와 위생을 위해서 놀이터에 울타리를 설치한다. 울타리를 설치함으로써 위험한 외부환경(애완동물 등)이나 시설로부터 어린이를 보호할 수 있다. 놀이시설에 울타리를 설치할 때에는 울타리의 높이와 형태를 잘 결정해야 한다. 울타리는 어린이에게 안전한 놀이공간을 조성해주는 기능 이외에 분위기 조성 및 외부와의 연결기능을 하도록 설치되어야 하기 때문이다. Frost와 Klein(1979)에 의하면 울타리의 적절한 높이는 1미터20센티미터 정도이다.

울타리를 설치한 놀이터는 출입구를 가지게 되는데, 외국의 사례를 살펴보면 90도로 열려 있는 문이 닫히는 데 4~8초의 시간 내에 닫히도록 권고하고 있다. 또한 애완동물의 접근을 막기 위해서는 출입문은 바깥으로 열리도록 한다. 출입문이 어린이의 안전과 놀이터 안전에 도움을 줄 것이다. 출입구는 아이들이 매달려도 견딜 만큼 충분히 튼튼해야 하며, 아동의 손가락이 다치는 일이 없도록 문이 쾅 닫히는 구조는 피해야 한다. 놀이터에서 주의력이 부족한 어린이의 손가락 부상은 자주 일어나는 일이기 때문이다.

10 대상 연령별 고려사항

아동의 신체적 능력과 관심 그리고 놀이행동은 연령에 따라 변한다. 적절한 능력수준과 발달적 단계를 고려한 놀이의 기회가 주어졌을 때 비로소 어린이들은 최고의 놀이가치를 즐길 수 있는 것이다.

취학 전 아동에게 있어 안전감과 친밀감은 특히 어린 아동의 발달을 위한 기본적인 조건 중 하나이다. 따라서 어린이는 안전하다고 느낄 때에만 세상을 보다 더 용감하고

도 집중력을 가지고 탐색할 수 있게 되는 것이다. 그러기 위해서는 가족 또는 보호자가 함께 하는 것이 중요하다. 하지만 아동의 놀이활동 공간은 보호자의 시야로부터 너무 멀거나 차단되어서는 안 된다. 따라서 놀이터 내에 보호자 및 노약자를 위한 휴식의자 등을 배치함으로써 놀이터의 안전성과 어린이의 놀이활동을 극대화 할 수 있을 것이다.

1) 3세 이하 아동

이 연령대의 아이는 모래, 진흙, 물과 흙에서 감각적 놀이활동을 즐기며 낙엽과 같은 주위 환경에서 얻은 부드러운 것을 만드는는 것을 즐긴다.(여러 색깔, 질, 모양, 촉감, 예측 불가능성, 약간의 위험, 움직임 등을 경험할 수 있도록 한다)

자신의 신체적 능력 한도 내에서 여러 가지 다양한 실험을 시도할 것이고 다양한 동기에 노출됨으로써 최상의 이점을 가지게 된다.

계단 오르기, 올라가기, 달리기, 돌기, 흔들기, 회전하기, 구르기, 밀기, 잡아당기기, 위아래로 움직이기와 같은 직은 규모의 신제적 활동과 인과관계의 경험을 통한 활농을 즐긴다.

놀이기구와 아동의 활동 크기와 높이에 대한 고려가 이루어져야 한다. 예를 들어 유이는 취학 진 연령대의 아동보다 너 작은 식성의 손잡이가 필요하다.

올라타는 놀이기구와 길을 따라 놓여있는 바퀴가 달린 작은 장난감은 인기가 많다.

이 연령대 아이는 자기가 볼 수 있는 활동에만 참여하는 습성이 있다. 그러므로 유아용 놀이기구와 활동은 그들이 확실히 볼 수 있는 곳에 놓여야 한다.

3세 이하 아이는 자신의 행동에 대한 의미를 인지할 수 없을 지도 모르기 때문에 위험한 부분은 미리 알 수 있도록 설계되어야 한다. 예를 들어 아이는 너무 높이 올라가면 무서워하게 되고 내려오기 위해서는 보호자가 필요하다.

놀이기구는 보호자의 접근이 가능하도록 설계도록 한다.

독일의 벨하우젠(Wellhousen, 2002)은 영아기를 위한 실외 놀이터에 다음의 4가지 영역을 구성할 것을 제안했다.

- 운동놀이 영역 : 미끄럼, 계단 오르기, 다리 건너기, 핸들 또는 다이얼 돌리기 등의 복합놀이대 또는 이동놀이기구로 손수레, 탈 수 있는 자동차, 큰 공, 훌라후프 등
- 역할놀이 영역 : 영아기는 주변의 성인 역할을 모방하는 놀이를 주로 하므로 작은 놀이집 설치하고 친숙한 장난감(유모차, 인형, 각종 부엌용품)을 제공하고 영아들은 장난감을 함께 나누어 사용하는 능력이 부족하므로 충분한 양을 준비
- 감각놀이 영역 : 영아가 자유롭게 물, 모래, 물감, 밀가루 반죽 등을 가지고 놀면서 다양한 감각경험을 하도록 한다. 물놀이대, 모래밭이나 모래놀이대, 탁자, 플라스틱 컵, 작은 양동이, 스펀지, 삽, 모양찍기 틀, 체, 이젤, 물감과 붓, 밀가루 반죽, 손가락 그림물감 등 제공
- 정적놀이 영역 : 쉬거나 책보기, 퍼즐 맞추기 등 동선이 아닌 곳에 테라스, 천막 등을 활용하여 햇빛을 가려주고 돗자리나 매트, 탁자와 의자를 준비하고 동화책, 퍼즐, 조용한 음악을 제공

2) 3~5세 아동

이 연령대의 아이는 보다 민첩하게 기어오르기를 하게 되고 균형잡기와 조화기능을 잘 발달시키게 된다.

언어능력이 발달되는 시기이므로 더 많은 사회적 놀이를 하게 된다. 안락한 공간, 보트와 기차 같이 단체놀이가 가능한 놀이기구 또는 공간이 인기가 많다.

상상놀이와 역할극 놀이를 가장 많이 하고 놀이기구를 혼자 사용하기 시작하기 때문에 놀이집, 모형보트와 소방차, 물놀이대와 물, 모래박스 및 각종 소도구를 포함해서 상상놀이를 할 수 있도록 구성해주어야 한다.

이 연령대의 아이들은 회전하기, 흔들기, 오르기, 균형잡기와 돌기 같은 다양한 신체적인 도전 대상물을 즐기면서 대근육 운동에 몰두하게 된다.

이들은 나뭇조각, 모래, 물, 낙엽 등과 같은 것으로 자신의 환경 내에서 주변 물체를 조작 및 구성하는 것을 즐기게 된다. 이들이 갖는 호기심을 자극하는 데 필요한 것은 원하는 대로 재구성할 수 있는 구성품이나 여러 가지 실험 및 구성해 볼 수 있는 재료이다. 이러한 재료를 가지고 노는 놀이공간은 많은 아이들이 이용하는 공간을 피하고 보다 더 활동적인 놀이에 의해 방해받지 않도록 한다.

4살부터는 규칙이 있는 게임에 흥미를 보이기 시작하는데, 공놀이와 달리기 및 구르기와 같은 활동놀이를 할 수 있는 넓은 잔디 또는 단단한 흙바닥 공간이 필요하다.

3) 5~7세 아동

이 연령대의 아이들은 서로 매우 잘 협력하고 좀 더 강한 신체적 도전대상을 찾으며 스스로 신체적 능력을 테스트하는 것을 즐기게 된다.

상상놀이와 역할놀이는 여전히 인기가 있다. 이들은 한 구역 내에서 한 가지 활동보다는 더 많은 것을 포함한 복잡한 놀이를 개발하고 즐기기 때문에 다양한 것을 시도할 수 있도록 좀 더 주의해서 배치해주어야 한다.

이들은 모래놀이와 같은 건설 및 조작활동을 즐긴다. 도전적으로 공원에도 가게 될

것이며 더 넓은 환경을 접하려고 하기 때문에 이들을 위한 더 넓은 구역을 마련해줄 것을 적극 권장한다. 이것은 흥미로운 식물을 심거나 균형잡기를 위한 기구(공간), 숨기 위한 장소 그리고 오를 수 있는 나무처럼 간단하게 필요한 구역을 만들어 줄 수 있다.

활동적 놀이를 위한 넓은 잔디공간이 필요하다.

4) 8~12세 아동

이 연령대의 아이들은 좀 더 독립적이며 보호자 없이 놀이터에 가려고 할 것이므로 안전한 진입로가 필요하며 친구와 함께 놀 수 있도록 해주어야 한다.

회전하기, 흔들기, 돌기, 오르기, 날아오르기 같은 신체적 동작을 할 수 있는 기구들이 인기가 많다.

이 연령대의 놀이는 작은 규모의 사회적 형태를 가지게 되는데, 예를 들어 2명이 함께 그네를 타고 서로 함께 이야기하며 놀게 된다.

쫓기와 도전하기 그리고 좀 더 활기찬 게임이 인기 있으며 활동적인 놀이를 위한 넓은 공간을 필요로 하며 공놀이 같은 것을 할 수 있는 딱딱한 바닥을 선호한다.

이들의 놀이는 상상놀이에서 점차 벗어나 규칙 있는 게임과 스포츠 시설을 통한 운동에 집중하게 된다. 스케이트와 자전거 타기 또한 인기가 있어서 이런 활동을 위한 시설이 필요하며, 이것과 관련된 여러 능력을 시험해 볼 수 있도록 설계되어야 한다. 초보자도 좀 더 능숙하게 되면서 좀 더 도전적인 구성물을 이용하게 된다.

이 연령대의 아동은 다른 아이가 노는 것을 지켜보는 것을 즐기기도 한다. 아동의 휴식을 지원해 주는 공간, 즉 아동들이 공상도 하고 다음 활동을 생각할 수 있는 장소, 다시 말해 아동이 놀이에서 벗어나서 조용히 쉴 수 있고 자신의 느낌이나 감정을 조절할 수 있으며 잠시 동안 혼자 있을 수 있는 장소가 제공되어야 한다. 그러나 이와 동

시에 아동은 주변 환경과도 접촉하면서 머물 수 있어야 하는데, 가령 다른 아동들의 활동을 관망할 수 있는 장소를 제공해줄 필요가 있다. 딱딱한 바닥 경기장, BMX자전거 또는 스케이트보드장 시설 주변에 위치한 작은 담장, 언덕 또는 함께 앉을 수 있는 시설과 같은 지켜보기 좋은 공간(vantage point)은 이러한 활동을 용이하게 해준다.

5) 청소년

청소년들은 자신의 프라이버시와 독립심을 소중히 하는 시기이기 때문에 함께 모여 사교를 위한 공간은 그들이 중요하고 소중하게 느낄 수 있도록 설계되어야 하고 안전해야 한다.

방과 후 학원으로 가는 길목에 있는 공원은 인기 있는 미팅장소가 될 것이며, 공원은 다른 아이들을 지켜보거나 가만히 앉아서 대화를 나눌 수 있는 조용한 장소를 제공해야 한다.

이들이 이용하는 공간의 위치는 편의점이나 대중교통시설 정거장과 같이 사회적 또는 일상생활 활동의 동선이나 지점과 조화를 이룰 수 있도록 한다.

공놀이 공간을 추천하며 보다 숙련된 레벨능력을 요구하는 BMX시설과 스케이트보드장이 인기가 있으며, 돌기, 흔들기와 같은 빠른 움직임을 가지는 놀이기구와 신체적 도전이 필요한 기구들이 많이 이용한다. 그리고 이미 알고 있는 위험요소를 가진 높이 기어 올라가기 등의 도전적인 놀이활동에 참여하려는 경향이 있다.

11 놀이시설의 선택

놀이터를 교체하거나 새로 설치하는 데에는 상당히 많은 것들이 필요하다. 최근 들어 어린이에게 더 많은 놀이의 기회를 주기 위해 창의적인 놀이터가 여러 단체와 기업의 노력으로 도입되고 있다. 또한 새롭게 지어지는 새로 설치되는 대부분의 놀랍고 흥미로운 놀이터들이 아동의 발달권과 안전성을 확보하려는 노력을 지속하고 있다.

하지만 대부분의 성인들은 놀이터의 설치와 교체에 대해서 너무 무관심하며 관리에 편리한 방향으로 치우친 것을 볼 수 있다. 예를 들어 그네, 미끄럼틀, 복합놀이대 같은 놀이기구만으로 놀이터를 채우는 것이 전부인 것으로 잘못 생각하고 있는 실정이다. 또한 놀이터의 의미를 제대로 파악하지 못한 상태에서 정보도 부족하여 몇몇 설치업자가 제공하는 정보에만 의존하고 있다. 설치업자는 이윤을 극대화하기 위하여 이용자와 관리자의 요구사항마저도 설치업자의 의도대로 생략되거나 무시되는 경향이 많은 추세이다.

이처럼 놀이터의 기본시설인 놀이시설물을 선택할 때에도 놀이시설의 안전성과 접근성 그리고 비용과 관리적 필요사항 외에 다음의 아동발달적 요구사항을 고려한다.

1) 아동발달적 고려사항

아동발달을 지원하는 다양한 놀이터는 놀이활동, 감각의 다양함, 공간적 연계, 단계별 도전코스, 놀이터 구성요소 간의 연결과 흐름 등을 고려하는 것이 바람직하다.

아동에게 있어 놀이는 그 자체가 중요한 일이고 생활의 일부이며, 이 놀이활동을 통해 환경과 상호교류를 통해 아동의 신체, 인지 정서, 사회성의 발달이 촉진된다. 어린이에게 있어 놀이의 중요성은 여러 가지가 있지만 사회적 역할과 기술에 대한 연습을

하고, 안전하게 문제해결 능력을 실험할 수 있으며, 자신이 겪었던 경험을 놀이를 통해 재연해봄으로써 이를 극복해 나갈 수 있다는 점이다. 아동발달과 관련하여 놀이시설을 선택할 때 다음 5가지를 고려하는 것이 좋다.

(1) 놀이활동

적절하게 디자인된 놀이터 구성요소는 놀이의 동기, 사회적 놀이, 다른 발달적 요구를 제공하는 것이다. 또한 아이들이 어떻게 이용하느냐에 따라 아동의 다른 발달적 요구를 지원하기도 한다. 예를 들어 놀이기구는 극놀이를 위한 배 모양, 사회적 놀이를 위한 공간 또는 신체능력을 발전시키는 도구 등으로 이용될 수 있다. 될 수 있는 한 많은 활동을 지원하는 놀이기구를 선택하는 것이 좋다.

(2) 감각의 다양함

감각적 체험의 다양함은 신체·인지발달을 돕는다. 게다가 인공 또는 자연재료 등을 조합한 다양함으로 놀이터에 이동활동, 다양한 소리, 재료, 색깔과 빛을 제공해야 한다.

(3) 공간적 연계

위아래로, 위에 아래에, 안과 밖, 오른쪽·왼쪽, 크고·작음, 깊고·얕음 같은 개념을 배울 수 있도록 다양한 공간적 체험을 제공해야 한다. 놀이기구와 바닥 등 2가지 방법으로 구현할 수 있다.

(4) 단계별 도전

도전의 다양한 수준이 제공되어야 한다. 예를 들면 턱걸이 바, 수평사다리, 공중놀이기구와 같은 상반신 도전 놀이활동을 선택할 수 있는 놀이기구와 함께 제공할 수도 있다. 이것들은 다양한 능력을 도전해볼 수 있어야 한다. 아동이 직접 선택하는 것은 모든 아이들이 성공할 수 있는 기회를 창출하는 것이다. 다양한 도전레벨은 어린이들이 자신의 도전에 대한 실패를 피할 수 있도록 도와준다.

(5) 연결과 흐름

놀이터 내에서 어린이 신체발달을 위한 한 가지 도전활동은 다른 놀이기구 또는 다른 도전활동으로의 연속선상에서 공간을 통하여 자유롭게 이동할 수 있도록 해주어야 한다. 연결과 흐름은 놀이터 내의 모든 구성요소가 연결되는 동선으로 디자인하고 적절한 놀이터의 연결성을 유지해줌으로써 그 기능성을 높일 수 있다.

2) 연령별 고려사항

이제 독자들이 아는 바와 같이 '놀이'는 건강한 아동발달을 위해 필수적이다. 놀이터는 어린이끼리 그리고 아동과 가족 간에 다양한 종류의 놀이의 기회를 제공하도록 노력해야 한다. 위에서도 언급하였듯이, 어린이들은 연령과 아동발달적 단계에 따라 저마다 다르게 놀기 때문에 연령대가 다른 아동은 다른 타입과 기능의 놀이기구가 필요하다. 다음은 놀이시설 선택과 관련하여

연령별 고려사항을 정리한 것이다.

(1) 유아용 놀이터 (6세 이하)

신체적으로 아직 작고 약하며 초등학교 어린이보다는 다른 아이들과 잘 어울리지 못하지만 다른 어린이들과 함께 협력하는 것과 노는 것에 대해 배우게 되는 시기이다. 점점 자라면서 도전적이 되어가고 상상력이 필요한 역할놀이를 다양하게 즐기기 시작한다. 그래서 어린 아이들에게는 철봉그네와 미끄럼틀이 갖추어진 일반적인 전통적인 놀이터는 별로 선호대상이 되지 못한다. 그 대신 유아들이 가지고 놀 수 있도록 하는 것들이 많은 놀이터가 좋다. 그러한 것에는 술래잡기, 사방치기, 작은 장난감과 함께 하는 공기놀이, 고무줄놀이 같은 활동 등이 있다. 조각품 또는 버섯의자 같은 눈길을 끄는 시각적인 것들이 제공되는 것이 좋다. 시각적인 즐거움과 식물 가꾸기를 할 수 있는 기회를 제공하는 것도 고려한다. 이 연령대에 맞는 적정한 놀이기구는 오르기 쉬운 오름대, 계단, 낮은 상판(플랫폼), 작은 미끄럼틀과 혼자 노는 것을 선호하기에 터널, 놀이집 또는 숨을 만한 공간 등이 필요하다. 자기만의 장난감을 놀이터에 가져 오거나 돌이나 막대기 같은 재료를 사용하기도 한다. 기어오르고, 포복하고, 미끄러지고, 그네 타고 흔들어 움직이는 것을 좋아한다.

6살 이하를 위한 공간은 적어도 다음과 같은 신체활동 중 적어도 3~5개의 기능을 가지는 놀이기구를 설치해주도록 하며, 그중에서 1~2개는 그네, 미끄럼, 회전놀이기구 같은 움직이는 아이템이 있는 놀이기구를 설치해주는 것이 좋다.

균형잡기, 뛰기, 놀이집, 모래박스, 모래관련 놀이기구, 물놀이, 오르기, 흔들기, 미끄러지기, 흙바닥에 그림그리기, 기어가기, 회전하기, 그네타기, 앉기 등

(2) 취학 전후 아동 (6~8세, 유아를 포함)

이 연령대의 놀이터는 넓은 범주의 능력과 보호가 고려되어야 하는데 적절한 기회의 혼합을 제공해야 한다. 취학 전후의 아동과 유아들이 함께 노는 것은 권장되지 않기 때문에 각

연령대를 위한 2개의 구분된 공간을 만들어 주는 것이 필요하다. 해당 놀이터에 6세 이하 어린이 이용자수가 그렇게 많지 않다면 취학 전후의 아동을 위한 놀이기구와 공간에 더 많은 배려를 하는 것이 좋다. 유아와 취학 전후의 아동을 위한 일련의 신체활동을 위해서는 적어도 5개의 아이템을 가진 놀이기구가 필요하다.

취학 전후의 아동은 다음에 열거한 것 중에서 8~10개의 가능한 많은 활동을 포함하는 것이 좋다.

균형잡기, 뛰기, 오르기, 미끄러지기, 흔들기, 회전하기, 건너가기, 흙바닥에 그림 그리기, 헤쳐 나가기, 그네타기, 날아오르기, 재빠르게 움직이기, 앉기 등

밑줄 친 활동 중에서 적어도 5개의 활동이 복합놀이대에서 가능하도록 한다. 복합놀이대 아이템의 구입은 신중히 한다. 대부분의 경우 놀이기능은 별로 없으면서 금액만 비싼 경우가 많으며, 같은 비용으로 개별적인 아이템을 구매하여 세심한 놀이터 배치와 설계를 한다면 더 좋은 기능을 가진 놀이터를 만들 수 있을 것이다.

이 연령대의 놀이터 아이템은 적어도 2가지 이상의 주요색상을 가지고 있어야 하며, 단단한 바닥을 가진 일반적 놀이를 위한 공간을 함께 꾸며주도록 한다.

(3) 취학 아동(8~14세, 유아 및 취학 전 아동을 포함)

이 시기의 아동들은 신체적 도전을 즐기며 위험을 즐기려고 한다. 즉, 놀이기구를 위험하게 사용하거나 도전 또는 위험의 정도를 높여가며 이용한다. 또한 놀이기구의 위나 아래에 매달리는 것을 자주 즐긴다. 14살까지의 모든 아동을 고려한 놀이시설물이

가장 이상적이겠지만 연령별로 각각의 구역을 만들어 주는데, 가능한 한 많은 기능을 포함한 놀이기구 중 위에서 언급한 기능중 적어도 8개의 아이템(15개를 권장함)을 포함하는 것이 좋다. 유아 및 취학 전 아동을 위한 별도의 어린이놀이시설물은 이 연령대 아이에게 적합한 시설물이어야 한다. 자유롭고 편한 게임놀이와 일반적인 운영을 위한 충분한 잔디나 마당공간이 마련되어야 한다. 고학년 아동에게는 다음의 아이템들이 권장된다. 그물망으로 된 오름대, 공중활주, 단일지점 매달림 그네, 스케이트보드, 인라인과 BMX 자전거를 위한 공간, 500~600제곱미터의 공놀이 공간 등이다.

12 놀이터의 바닥처리

위에서 언급한 어린이에게 있어 놀이의 의미와 기능을 이해했다면 굳이 지금 추세대로 놀이터 바닥을 인공 고무매트나 인공 고무칩으로 구성하는 것은 옳지 않다. 더구나 도심화가 빠르게 진행되고 있는 점을 감안하면 친환경적 놀이환경을 조성해주는 것이 어린이의 보호자인 우리들의 책임인 것이다.

또 다른 대안은 어린이들에게 필요한 친환경 재료와 인공재료를 적절히게 조합히여 더욱 많은 놀이기회를 만들어줄 수도 있다. 물론 관리적인 측면에서 인공재료보다는 노력이 많이 들어가는 것이 사실이지만, 비용과 놀이가치 그리고 아동발달 측면에서서도 너무나 많은 장점을 기지고 있기 때문에 빈드시 놀이디를 구성할 때 친환경 재료의 사용을 염두에 두는 것이 좋을 것이다.

또한 친환경 재료를 사용하기로 마음먹었다면 이러한 친환경 재료를 통한 놀이터의 구성은 전문가 또는 설치업자에게 요구하면 다양한 구성 및 설치방안에 대해 조언을 들을 수 있을 것이다.

어린이놀이시설 안전기준에 의하면, 어린이놀이터에 사용하기 위해 적절한 재료를 잔디·표토, 나무껍질, 나뭇조각, 모래, 자갈, 기타로 구분하고 있으며 최소깊이를 300mm로 규정하고 있다.

1) 모래

모래놀이의 가장 큰 장점은 어린이가 '마음먹은 대로 된다'는 것이며, 어린이가 혼자 하는 놀이가 아닌 공동체적인 특징이 매우 강한 놀이라는 것은 모두 알고 있다. 또한 모래가 갖는 특징 중 하나는 일정한 형태가 존재하지 않는 것이기에 아이들의 창의성

교육과 정서 함양 프로그램에 많이 활용되고 있다.

아이들은 모래놀이를 통해 성취감을 느끼고 표현력을 기를 수 있으며 말이 서투른 아이는 모래로 무언가를 만들며 자기를 표현한다. 특히 유아는 만지면서 배운다. 그래서 모래놀이는 놀이이자 학습인 것이다.

2) 흙

우리는 어린 시절 놀이터가 없어도 앞마당에서, 뒷마당 흙바닥에서 달팽이놀이, 쉬는 시간에 즐겨하는 고백신 놀이, 육해공 놀이, 비석치기 등을 했던 기억을 갖고 있다. 어린이들은 놀이기구가 없어도 맨 땅 또는 흙에서 금을 긋거나 그림을 그리는 등의 놀이를 즐겨하곤 한다. 이러한 흙바닥에서도 어린이들은 상상놀이와 사회적 놀이의 기회를 찾고 스스로 즐길 줄 아는 것이다.

3) 잔디

잔디는 어린이가 놀이기회의 증진을 기대하는 매우 중요한 공간이자 산소를 공급함과 동시에 이산화탄소를 소모하고 온도를 낮춰주어 놀이터의 놀이환경을 개선하는 직접적인 효과를 볼 수 있다.

특히 최근 청소년들이 컴퓨터 등의 전자기기와 놀이에 지나치게 많은 시간을 보내고 있는 것이 사회적으로 큰 우려를 낳고 있다. 잔디놀이터는 어린이들의 놀이 욕구를 증진시키는 역할을 담당한다. 호퍼(Hooper, 1970)는 Life紙에서 Harris-Life 설문조사 결과 95%의 응답자가 주변에 녹색잔디와 나무를 원한다고 보고하였으며, 카플란(Kaplan, 1989)은 〈자연의 경험(The experience of nature)〉이라는 저서에서 자연과 식물, 조경이 도시민의 삶의 질을 높여 주는 데 기여한다고 주장하였으며 울리히(Ulrich, 1984, 1986)도 잔디, 나무 그리고 열린 공간들은 도시민들의 정신건강을 향상시켜 생산력을 증가시킬 수 있다고 보고하였다.

또한 잔디는 탄성력을 가지고 있어 어린이가 놀이기구에서 떨어져도 충격을 흡수하는 충격완화 기능을 가지고 있다. 잔디의 한계하강높이는 1.5m이므로 안전기준에도 부합하는 어린이 놀이환경에 적합한 바닥재료인 것이다.

표 3-7 | 바닥재료의 장단점 비교

분 류	단가(㎡당)	장 점	단 점
모래 깔기	45,000원 (300mm 기준)	• 시공 용이 • 유아 정서발달에 긍정적 영향 • 감각의 다양함 제공 • 투수성 양호	• 주변으로 먼지가 많이 날림 • 주변 마감재에 뿌려졌을 경우 미끄러질 위험 • 정기적인 유지관리가 필요함
천연잔디	32,500 ~67,500원	• 이산화탄소 소모 및 산소발생 기능 • 야외 에어컨의 기능 • 대기 오염물질 제거 기능 : 먼지, 소음, 일산화탄소, 기타 유해 중금속 • 놀이욕구 증대 및 자연과의 접촉기회 증대 기능 : 정서적 안정감 및 심미감 제공 기능	• 정기적인 유지관리가 필요함 • 별도의 유지관리비용 발생
인조잔디	94,000 ~100,000원	• 손쉬운 유지관리 • 깨끗한 환경	• 유해가스 배출 및 높은 온노 • 피로도 높으며 정서적 기여 낮음 • 화상 위험
탄성고무칩 포장	85,000원 (150mm 기준)	• 다양한 색과 문양의 표현 가능 (시각적 경관조성 용이) • 모래에 비해 유지관리가 용이 • 아이들이 뛰어놀기에 편리	• 변색 우려 • 건강문제 환경호르몬 노출 우려 • 부실시공 시 파손 우려 • 보수가 용이하지 않음

CHAPTER 4

놀이터 설치

1. 설치 일반
2. 시설 및 설치정보
3. 놀이기구의 종류
4. 놀이기구 설치 전 고려사항
5. 법적 준수사항
6. 설지방법
7. 설치 후 점검

놀이터 설치

 1 설치 일반

1830년대에 유럽에서 유치원이 개설되면서부터 부속시설로 놀이터가 설치된 것이 최초의 야외놀이시설이라고 할 수 있다. 공공시설로서 어린이 놀이시설이 설치되기 시작한 것은 20세기 초부터이며, 2차대전 후 특히 60년대 이후 도시공간 내에서 어린이를 위한 기본적인 시설물로 자리 잡기 시작했다.

현대에 와서 어린이놀이터를 교체하거나 새로 설치하는 데에는 상당히 많은 것들이 필요한 것이 현실이다. 어떤 낡은 놀이터는 아예 관리조차 되고 있지 않으며 심지어는 당장 전면 교체해야 할 필요가 있는 보육시설도 있다.

현장에서 실시하는 대부분의 놀이터 교체는 자발적이기보다는 놀이시설 관련법에 의해서 어쩔 수 없이 교체하고 있는 놀이시설이 대부분이라고 보고 있다. 따라서 놀이터의 주인인 아동의 참여가 배제된 채 놀이시설의 관리자 중심의 획일적인 놀이터로 변질되고 있다.

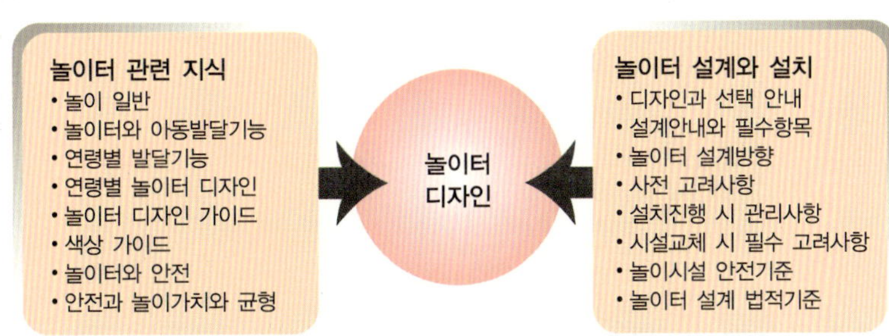

우리 모두가 알아야 할 것은 아동을 위해 새로운 놀이터를 짓는 것은 다음 그림과 같은 고려사항을 검토한 후에야 완성할 수 있는 중요한 임무라는 것이다.

놀이터 설치와 관련된 법조문을 살펴보면 「어린이놀이시설 안전관리법」의 제2조제6호 설치검사 및 제11조 어린이놀이시설의 설치에 의한 "어린이놀이시설의 시설기준 및 기술기준"은 어린이놀이시설에 대한 안전성을 확보하기 위하여 「어린이놀이시설 안전관리법」 제14조에 따라 안전인증을 받은 어린이놀이기구를 설치하고자 할 때 적용되는 기준으로서 설치검사와 정기시설검사에 적용된다.

새롭게 놀이시설의 설치 및 교체와 재배치를 할 때에는 반드시 사전에 다음 사항을 확인해야 한다.

(1) 지형지세

어린이놀이터는 평탄해야 하고 놀이기구와 바닥의 부식위험을 줄일 수 있도록 배수처리가 잘 되어 있도록 설계되도록 한다.

(2) 설치와 배치

놀이기구들이 안전기준에 따라 설치되는 것을 확실히 해야 하며 놀이시설 내에 놀이기구와 기구 사이 및 주변의 간격(최소공간 확보)이 충분히 있어야 한다. 놀이터에서 놀이기구의 배치를 고려할 때 놀이시설을 이용하는 아동의 안전을 가장 먼저 고려해야만 한다.

놀이시설물 안전기준에 자유공간과 하강공간 개념이 정의되어 있지만 자유공간과 하강공간이 어떻게 적용되는지 많은 혼동이 발생하고 있다. 하강공간은 어린이가 놀이기

구에서 떨어질 때 차지하는 놀이기구의 안쪽, 위쪽 또는 어린이 주위의 공간이며, 하강공간은 하강하는 높이의 위치에서부터 시작된다. 하강공간은 최대 자유하강높이에 근거한 충격구역을 포함하고 있다.

즉, 충격구역은 하강공간으로 하강했을 때 사용자가 부딪칠 수 있는 구역이며 하강공간은 중첩될 수도 있다. 예를 들어 국내 안전기준에 따르면 소방용 기둥 또는 그네, 미끄럼틀 같은 이용자의 움직임을 부추기는 놀이기구에서 자유공간은 하강구역과 겹치지 않도록 한다. 유럽의 안전기준에 따르면 강제적이지는 않지만 놀이터의 안전성 평가 측면에서는 상당한 위험요인을 가지고 있다고 보고 있다. 예를 들어 울타리로 부터 1m 떨어진 회전놀이기구는 안전기준에 부합하지만 안전한 것이 아니며 더 높은 위험성을 갖고 있다고 말할 수 있는 것이다.

(3) 입구부분

입구의 접근성을 높이기 위해 아동과 휠체어 이용자, 장애인, 응급서비스 등이 이용할 수 있어야 한다. 그리고 발생할지도 모를 충돌사고를 예방하기 위해 조합놀이대와 움직이는 놀이시설(국내 안전기준 2M)은 입구로부터 가능한 한 멀리 떨어져 설치되도록 한다. 또한 아동놀이의 보호와 애완동물의 출입을 막을 수 있는 울타리 등을 설치하며, 울타리는 놀이터 외부에서도 내부가 보일 수 있도록 시설한다.

(4) 연령별 구역과 보안

놀이터 내에서 어린이의 충돌사고의 위험을 줄이기 위해서 가능한 한 움직이는 놀이시설과 움직이지 않는 놀이시설을 명확히 구분해 주도록 한다. 즉, 아동간의 충돌 또는 괴롭힘을 방지하기 위해 유아가 고학년 아동과 별도로 놀 수 있는 별도 구역이 필요한지를 고려한다. 이러한 별도의 구역은 우연한 충돌방지를 위해 움직이는 놀이기구와 움직이지 않는 놀이기구 등으로 분리해볼 수도 있다. 또한 최근 불거지고 있는 사회적 문제인 노숙자 및 불량배의 접근을 줄이기 위해서 그리고 어린이들과 청소년들이 함께 이용하지 않도록 주의를 요하는 안내판이나 울타리 등의 시설을 구비할 수 있도록 한다.

놀이터 이용시간이 아닌 다른 시간대에 어린이 놀이시설물의 부적절한 이용과 파손을 방지할 수 있도록 고려해야 한다. 또한 유괴의 위험을 줄일 수 있는 울타리 등이 설치될 수 있도록 고민해야 한다.

(5) 동선부분

어린이들은 하나의 놀이시설로부터 다른 놀이시설까지의 이동에 있어 가장 빠른 길로 가려고 하는 성향이 있다. 어린이에게 있어 이동동선은 무척이나 간단하며 어린이가 놀기 원하는 2개의 놀이기구 간에 가장 가까운 직선라인이 될 것이다. 아무리 좋은 디자인의 놀이터라 할지라도 아동이 쉽고 빠르게 그리고 안전하게 이용할 수 없다면 쓸모없는 것이다.

따라서 각각의 놀이기구 간에 직접적인 이동경로와 동선을 제공하여 이용자 간의 충돌을 방지할 수 있는 여유로운 이동경로를 계획해주는 것이 매우 중요하다. 그렇지 않을 경우 아이들이 스스로 위험한 우회경로를 개척할 것이고 예상치 않은 안전사고가 발생할 수 있기 때문이다. 이것은 다른 이용자들과 혹은 다른 움직이는 놀이시설과의 충돌을 유발할 수도 있는 것이다. 따라서 놀이시설을 설계할 때에는 이러한 부분을 고려하여 동선을 계획하고 새로 설치하는 것은 어린이들이 놀이시설 내 또는 놀이시설 간에 안전하게 이동할 수 있도록 설계한다.

예를 들어 가시덤불이나 나뭇가지 또는 울타리 등으로 동선을 유도할 수 있다. 그렇

지만 아동과 보호자의 시야를 방해하지 않도록 하고 울타리 등으로 날카로운 부분 등이 없어야 한다. 관련 선행연구에 따르면 인위적인 것보다는 자연스러운 동선 유도가 어린이의 스트레스를 가장 적게 유발하고 충돌위험도 줄여주기 때문이다.

부모나 관리자의 희망동선은 놀이터에서 아이를 지켜볼 수 있는 의자 같은 것에서부터 아이들이 놀고 있는 장소까지가 될 것이다.

(6) 위급상황

놀이시설의 배치는 위급한 상황이 발생하였을 때에 놀이기구의 모든 방향에서 성인이 접근할 수 있도록 해야 한다. 예를 들어 아이가 위험(몸이나 목이 걸렸을 때)에 빠졌을 때에 응급조치를 할 수 있도록 설계되어야 한다. 또한 응급사고를 대비한 긴급 연락처(관리사무소 연락 등)를 안내문에 기재토록 하고 놀이터의 관리주체는 구급상자를 준비하는 것이 좋다.

(7) 보호

놀이터 주변에 앉을 수 있는 테이블 또는 파라솔 같은 것 등을 설치하여 주민들이 놀이터 근처에서 머물러 어린이 놀이의 보호자 역할도 하고, 주민쉼터 역할도 할 수 있는 공간을 고려한다.

2 시설 및 설치정보

우리는 놀이터를 신규로 설치하거나 놀이터 내 일부 놀이시설만을 교체할 때에도 시설 및 설치에 대해 육안으로 확인하는 데 그치고 있다. 놀이시설의 안전관리와 관련하여 놀이터의 소유주는 물론 관리자도 새로 드리는 놀이시설물에 대한 정보를 확보해야만 한다. 확보한 정보를 통해 효율적인 유지관리 및 놀이터 전반의 안전관리를 도모할 수가 있는 것이다. 다음은 놀이시설 관리자가 설치자로부터 확보해야 할 정보에 관한 것이며, 놀이시설 안전인증기준 부속서 12에도 아래와 같은 정보를 구매자에게 제공하도록 기술되어 있으므로, 반드시 다음 사항을 확인하여 시설물에 대한 지침 및 정보를 확보하도록 한다.

놀이시설 소유주 및 관리자가 확보해야 할 정보로는 새로 설치하는 놀이시설에 대한 일반적인 제품정보, 설치안전에 관한 안전기준, 설치에 관한 안내, 해당 놀이시설의 검사 및 유지관리에 관한 정보 등 이 4가지 주요정보와 함께 기타 필요사항을 마련하도록 한다.

1) 일반적 제품 정보

놀이시설 안전기준 부속서에 따르면, 제조자 및 공급자는 한글로 작성한 지침서를 제공해야 하며 지침서는 다음 사항에 부합해야 한다.

(1) 지침서는 읽기 쉽고 간단한 형식으로 인쇄되어야 한다.

(2) 지침서는 어디서나 사용 가능해야 한다.

(3) 지침서에는 최소한 다음의 내용이 포함되어야 한다.

- 기구의 설치, 작동, 검사 및 유지에 대한 상세 사항
- 기구가 과중하게 사용될 경우 관리·감독/유지의 필요성이 증대되는 것에 대해 운영자의 주의를 환기시키는 조항 및 주석
- 불완전한 설치, 덮개의 벗겨짐 또는 유지관리 중 어린이에게 발생할 수 있는 특정 위험과 관련하여 주의해야 할 권고사항

(4) 제품과 포장에는 다음 사항을 표시해야 하며 제6절에서 규정한 정보에 관한 사항을 별도로 첨부해야 한다.

- 품명
- 종류
- 모델명
- 제조연월
- 제조자명
- 수입자명(수입품에 한함)
- 주소 및 전화번호
- 제조국명
- 사용 시 필요한 정보 : 제품에는 사용 중에 쉽게 볼 수 있는 곳에 문자, 기호, 그림 등으로 '공급자가 제공하는 정보에서 규정한 사항 중 사용연령 범위, 사용인원 등 사용상 어린이 안전에 필요하다고 판단되는 사항을 쉽게 지워지지 않는 방법으로 소비자들이 쉽게 볼 수 있는 곳에 표시해야 한다.

2) 사전정보

제조자 및 공급자는 카탈로그, 데이터시트 등과 같은 것을 주문 받기 전에 설치안전에 관한 정보를 제공해야 하며 최소한 다음의 관련 정보를 포함해야 한다.

(1) 최소공간

(2) 표면가공 요구사항(하강 자유높이를 포함)

(3) 가장 큰 부위(들)의 전반적 치수

(4) 가장 무거운 부위 / 부분(kg단위)

(5) 사용연령 범위

(6) 기구가 실내용으로만 고안된 것인지 성인의 감시·감독하에 사용할 수 있는 것

인지에 대한 정보

(7) 예비부품의 유용성

(8) 기준에 부합함을 나타내는 증명서

3) 설치정보

제조자 및 공급자는 놀이기구와 함께 기구공급 목록을 제공해야 한다. 제조자 및 공급자는 정확한 조립, 건립 및 기구의 배치에 대한 설치지침서를 제공해야 한다. 이 정보는 최소한 다음 사항을 포함해야 한다.

(1) 최소공간 요구사항 및 안전절차

(2) 기구부품 확인

(3) 건립순서(조립지침서 및 설치 상술서)

(4) 필요한 경우 사용할 적합한 보조기구(예 : 적절한 지침서가 달린 부품에 대한 표시)

(5) 특별 기구, 들어 올리는 장치, 형판 또는 기타 조립보조기구 및 취할 예방조치. 필요한 경우 응력값도 주어져야 한다.

(6) 기구품목을 설치하기 위해 필요로 하는 작업공간

(7) 필요한 경우 태양 및 바람에 대한 방향

(8) 정상적인 조건하에서 요구되는 기초물에 상세 기술, 지면의 고정물, 기초물의 설계와 위치(비정상적 조건하에서는 각별한 주의가 요구된다는 주석을 덧붙인다).

(9) 안전작동을 위한 특정한 조망도가 필요한 경우 특별지침 제공(예 : 하강높이)

(10) 하강 자유높이(충격완화 표면처리가 필요한 경우)

(11) 어떤 도장이나 처리의 적용에 대한 상술 및 요구

(12) 기구가 사용되기 전 조립보조기구의 제거

도면 및 도해에는 기구치수와 설치하는 데 필요한 적절한 공간의 높이 및 면적이 확실하게 기술되어 있어야 한다. 제조자 · 공급자는 사용되기 전 놀이터 기구 검사에 대한 필요한 상술서를 제공해야 한다.

4) 검사 및 유지관리 정보

제조자 · 공급자는 유지관리(기준번호가 표시된)에 대한 지침서를 공급해야 하고 검사번호는 기구형식, 사용된 재료 및 기타 요인, 예를 들어 과도한 사용, 남용, 해안위

치, 공기오염, 기구 연(年)수 등에 따라 변경된다는 설명도 포함되어야 한다. 도면 및 도해에는 적절한 때 기구의 수리, 정확한 작동의 점검, 검사, 유지관리가 되도록 필요한 것을 포함해야 한다.

지침서에는 어린이놀이기구 또는 그 부속품에 대한 점검 및 유지·관리 일정 및 주기가 상술되어야 한다. 이에 관련한 사항은 다음과 같다.

(1) 통상적 외관 검사

- 기구에 대한 오손이나 기구 사용조건 또는 날씨 조건으로 인해 발생할 수 있는 일반적 위험상황을 확인하기 위한 검사를 말한다.
- 과용 또는 남용에 노출된 놀이터에 대해서는 매일검사형식이 필요하다.
- 외관 및 성능검사 요점의 예는 청결, 기구 놀이터 정리, 놀이터 표면 끝처리, 노출된 기초물, 날카로운 가장자리, 분실부품, 움직이는 부위의 과도한 닳음, 구조적 보전 등이다.

(2) 성능 검사

- 기구의 작동과 안전성을 점검하기 위한 시험으로 일상적 외관검사보다는 더 자세한 시험을 말한다.
- 이것은 1~3개월마다 시행되어야 하고 또는 제조자의 지침서에 지시되어야 한다.

(3) 연례 주요검사

- 기구, 기초물 및 표면의 전반적인 안전도를 구축하기 위해서 12개월을 초과하지 않는 범위 내에서 일정주기로 실시하는 검사를 말한다.
- 전형적인 확인작업은 날씨, 부패 및 부식의 근거, 수리 후 기구 안전도의 변동, 추가·교체된 부속품으로 인한 영향에 대해서도 실시한다.
- 연례 주요검사에는 굴착 및 특정부위를 분해해야 할 경우도 있다.

5) 기타

지침서에는 다음 사항도 역시 상술해야 한다.

- 필요한 경우, 정비 포인트 및 정비방법, 예를 들어 주유, 볼트의 조임, 로프의 다시 당김
- 교체부품은 제조자의 명세서에 부합해야 한다.

- 특정한 폐기처리가 일부 기구 또는 부품에 필요한지 여부
- 예비부품의 확인
- 가동 중 취할 추가적 조치(예: 잠금장치의 조임, 로프의 당김)
- 배수개구부 청소의 필요성
- 표면처리에는 특히 벗어진 충전재료의 상해관리도 포함되어야 한다.

3 놀이기구의 종류

우리나라에서 어린이놀이시설 관련 법률인「품질경영 및 공산품 안전관리법」제14조 제3항에 따른 "안전인증대상공산품의 안전기준(고시 제2007-33호)의 부속서 12"에서는 어린이놀이기구를 '공공장소에 설치하여 10세 이하의 어린이가 놀이에 이용하는 것으로 신체발달, 정서함양에 도움을 줄 수 있는 기구 또는 그 조합물로서 그네, 미끄럼틀, 공중놀이기구, 회전놀이기구, 흔들놀이기구, 정글짐 등을 들 수 있으며, 철봉, 평균대, 늑목과 같이 체육활동에 주로 이용되는 기구이더라도 어린이놀이기구와 동일한 공공장소에 설치되어 있는 것은 어린이놀이기구로 본다(기술표준원, 2007).'고 규정하고 있다.

또한「어린이놀이시설 안전관리법」제2조제2호에서는 "어린이놀이기구"를 10세 이

표 4-1 | 설치장소별 어린이 놀이시설(영 별표 2)

연번	놀이시설 설치장소	비고
1	•「공중위생관리법」제2조제3호에 따른 목욕장을 하는 자의 영업소	
2	•「도로법 시행령」제1조의3제5호에 따른 휴게시설	
3	•「도시공원 및 녹지 등에 관한 법률」제2조제3호에 따른 도시공원	
4	•「식품위생법」제21조제1항제3호에 따른 식품접객업을 하는 자의 영업소	
5	•「아동복지법」제2조제5호에 따른 아동복지시설	
6	•「영유아보육법」제2조제3호에 따른 보육시설	의무 설치(50인 이상 시설)
7	•「유아교육법」제2조제2호에 따른 유치원	
8	•「유통산업발전법」제2조제3호에 따른 대규모 점포	
9	•「의료법」제3조제1항에 따른 의료기관	
10	•「주택법」제2조제4호에 따른 주택단지	의무 설치
11	•「초·중등교육법」제2조제2호에 따른 초등학교 및 같은 조 제5호에 따른 특수학교	
12	•「학원의 설립·운영 및 과외교습에 관한 법률」제2조제1호에 따른 학원	
13	• 어린이에게 놀이를 제공하는 것을 업으로 하는 자의 영업소	
14	• 그 밖에 해당 영업의 이용자에게 편의를 제공하기 위하여 어린이놀이용으로 설치된 시설로서 안전행정부령으로 정하는 시설	개정 예정

하의 어린이가 놀이를 위하여 사용할 수 있도록 제조된 그네, 미끄럼틀, 공중놀이기구, 회전놀이기구 등으로, "어린이놀이시설"은 어린이놀이기구가 설치된 놀이터로서 대통령령이 정하는 것으로 규정하고 있다.

따라서 어린이놀이기구는 만 10세 이하의 어린이가 놀이를 위하여 사용할 수 있도록 제조된 그네, 미끄럼틀, 공중놀이기구, 회전놀이기구 등으로서 「품질경영 및 공산품안전관리법」 제2조제8호에 따른 안전인증대상공산품으로 정의된다.(법 제2조1호)

또한 어린이놀이기구 안전인증기준_부속서 12에는 공공장소에 설치되어 10세 이하의 어린이가 놀이에 이용하는 것으로, 신체발달, 정서함양에 도움을 줄 수 있는 기구 또는 그 조합물을 말하며 동력을 이용하는 것은 제외한다고 하였다.

• '공공장소'라 함은 초등학교, 유치원, 유아원 등의 교육시설, 아파트 등의 공동주거시설, 공원, 병원, 쇼핑센터, 음식점 등의 다중 이용시설을 의미함.

어린이놀이기구의 종류로는 그네, 미끄럼틀, 공중놀이기구, 회전놀이기구(뺑뺑이, 회전목마 등), 흔들놀이기구(시소 등), 정글짐, 구름다리 등이 있으며, 다양한 기능들이 조합된 조합놀이대 등이 있다. 또한 「어린이놀이시설 안전관리법」에 따르면, 철봉 · 평균대 · 늑목과 같이 체육활동에 주로 이용되는 기구이더라도 어린이놀이기구와 동일한 공공장소의 공간 내에 설치되어 있는 것은 어린이놀이기구로 보고 있다.

한편, 국제 어린이놀이터협회와 미국 소비자 제품안전위원회CPSC(Consumer Product Safety Commission)에서 지정하는 "공공놀이터의 놀이기구"는 공원, 학교, 어린이 탁아시설, 연립주택, 식당, 리조트, 레크리에이션 장소 등 공공장소의 놀이터에 사용되는 시설물을 뜻하고 공공장소에 설치되어 2~12세까지를 주 이용자로 한다.

1) 복합(조합)놀이시설물

복합놀이시설물은 유아가 기어오르고, 매달리고, 미끄럼을 타는 등 여러 가지 운동을 할 수 있는 복합기능을 갖춘 여러 유형의 놀이시설이 연결 · 조합되어 있다. 복합놀이시설은 1980년대 초 택지난의 심화로 인해 토지이용률 증대는 물론 시공비도 절감하고 흥미도 강화할 수 있는 놀이환경을 제공하기 위해 시공되기 시작하였다. 그러나 유아부터 초등학생까지 많이 선호하고 이용률도 높아 안전사고의 위험성이 높다.

2) 단독(개별) 놀이시설물

(1) 그네

그네는 앞뒤로 흔들기, 높이 올라가기 및 빨리 흔들기 등 움직임을 주로 하는 시설물로 사용되는 재료에 따라 나무 그네, 타이어 그네, 철제 그네 등이 있으며 형태도 외줄그네, 벤치형 그네 등이 있다.

(2) 미끄럼틀

경사진 판을 미끄러져 내려오는 놀이를 할 수 있도록 제작된 시설물로서 직선형 미끄럼판이 가장 보편적으로 설치되어 있지만, 최근에는 어린이가 모험을 즐길 수 있도록 활주판 바닥을 곡선으로 처리하거나 원통형으로 만들어진 미끄럼판이 있다.

(3) 시소

주로 5~6세를 대상으로 하는 시설물로서 어린이가 시소의 양쪽에 앉아서 올라가고 내려오는 움직임을 반복하는 운동놀이로 2인용 시소, 다인용 시소가 있다.

(4) 회전무대

원형의 플랫폼에 유아들이 서서 난간을 잡고 빙빙 돌려 플랫폼이 돌아가면 올라타게 되는데, 그 원심력에 의해 회전되는 놀이시설물이다. 여러 어린이가 함께 이용할 수 있고 혼자서도 이용할 수 있으나 위험성이 높다.

(5) 기어오름대(정글짐)

나무 오르기와 같은 가장 기본적인 운동을 즐길 수 있도록 고안된 것으로 유아들이 특히 좋아하는 놀이시설물로 정글짐에서 자유자재로 매달려서 즐길 수 있다. 매달리기의 형태는 육면체, 둥근 지붕이나 원형, 또는 탑 모양 등 형태가 다양할 뿐 아니라 사용되는 재료도 나무판이나 통나무,

철제파이프, 그물 망, 타이어 등 여러 가지가 있다.

(6) 철봉

매달리기 운동기구로서 2연식 및 3연식 철봉과 평행봉, 링 부착 철봉 등이 있다.

이 밖에 어린아이들이 타고 앉아서 스프링의 흔들림을 반복하는 흔들시소, 공중에 매달려 있는 다리의 균형을 잡으며 걷거나 뛰어서 건너는 흔들다리, 어린이들에게 밀폐된 공간을 제공함으로써 여러 가지 상상놀이를 할 수 있는 놀이집과 터널 파기, 집 짓기, 수로 만들기 등 여러 가지 구성놀이를 할 수 있는 모래밭이 있다.

3) 어린이놀이기구의 범위와 법적기준

이상 언급한 어린이놀이기구와 달리 어린이놀이기구에 포함되지 않는 것은 다음과 같다.

- 완구 안전인증기준에서 완구로 규정된 것
- 관광진흥법에 의하여 유기기구로 규정된 것
- 물놀이에 이용되는 것

(1) 법적기준

어린이놀이시설 안전관리법 시행령 제2조제1항에서 어린이놀이기구는 다음과 같이 정의하고 있다.

① 아래 표의 각 목의 어느 하나에 해당하는 놀이기구일 것

표 4-2 | 어린이놀이기구의 분류기준

유 형	분류 기준
그네	하중 지지대에 매달려 있는 좌석 · 받침판이 앞뒤 · 좌우 등으로 움직이도록 설계함
미끄럼틀	경사면을 가진 구조물로서 이용자가 규정된 트랙 내에서 미끄러져 내려갈 수 있도록 설계함
정글짐	통나무 · 파이프 · 타이어 등으로 구성된 육면체, 둥근 지붕 또는 탑 모양의 구조물로서 자유롭게 매달릴 수 있도록 설계함
공중놀이기구	손잡이를 잡고 매달리거나 공중에 매달려 있는 좌석에 앉아서 케이블을 따라 이동할 수 있도록 설계함

(계속)

유 형	분류 기준
흔들놀이기구	아랫부분의 구성체가 좌석이나 자리를 지지하는 형태로서 이용자가 그 좌석이나 자리에서 그 놀이기구를 직접 움직일 수 있도록 설계함
오르는 기구	봉 · 로프 · 그물 등으로 이루어진 구조물로서 손으로 붙잡고 오르내리도록 설계함
건너는 기구	일어서거나 기거나 매달려서 앞뒤 · 좌우로 이동할 수 있도록 설계함
조합놀이대	위의 놀이기구 중 두 가지 이상의 놀이기구가 결합된 형태일 것
충격흡수용 표면재	어린이가 안전하게 놀 수 있도록 하기 위하여 충격을 흡수할 수 있는 재료가 사용될 것
기타 놀이기구	상기 유형 이외의 놀이기구로서 어린이가 놀이에 이용할 수 있도록 설계함

② 동력을 사용하지 않을 것

③ 다음 각 목에 해당하는 기구가 아닐 것

- 「관광진흥법」에 따라 유기기구(遊技機具)로 규정된 것
- 「품질경영 및 공산품안전관리법」에 따라 완구로 규정된 것

④ 어린이놀이기구와 완구의 비교

표 4-3 | 어린이놀이기구와 완구의 비교

구 분		어린이놀이기구	완구
규제범위		안전인증대상공산품	자율안전확인대상 공산품
용어정의		품공법 제2조제8호	품공법 제2조 제9호
유 사 점		구조 · 재질 · 사용방법 등으로 인하여 소비자의 생명 · 신체에 대한 위해의 우려가 큼	구조 · 재질 · 사용방법 등으로 인하여 소비자의 생명 · 신체에 대한 위해의 우려가 큼
차 이 점		제품검사만으로 위해방지 불가 → 설치기준 등 필요	제품검사만으로 위해방지 가능
주요예시		그네, 미끄럼틀, 흔들놀이기구, 조합놀이대 등	완구용 미끄럼틀, 가정용 그네, 플라스틱 공, 풀 등
유 사 품		물놀이기구	헬스기구
인증표시	2011년 6월 30일까지	kps 안전인증	kps 자율안전확인
	2011년 1월 1일부터	KC * 금색 또는 검정색 마크 및 '안전인증번호' 부여	KC * 남색 또는 검정색 마크 및 '자율안전확인 신고필증 번호' 부여
비 고		• 동력이용 제품, 완구, 「관광진흥법」상의 유기기구, 가정용 놀이기구, 물놀이기구 등은 "어린이놀이기구"가 아닌 것으로 봄 • 철봉, 평균대, 늑목 등은 어린이 놀이시설과 동일 장소에 있는 경우 "어린이놀이기구"로 봄	

※ "어린이놀이기구"는 「품질경영 및 공산품안전관리법」상, "어린이 놀이시설"은 「어린이 놀이시설 안전관리법」상 규정된 고유명사임

(2) 표준 어린이놀이기구(예)

▲ 그네

▲ 정글짐

▲ 공중놀이기구

▲ 미끄럼틀

▲ 회전놀이기구

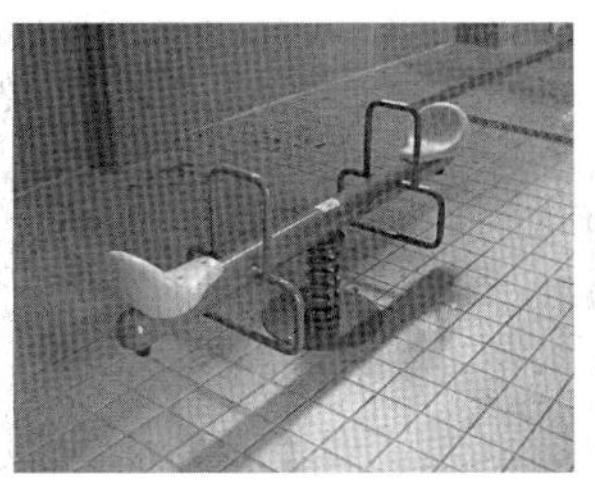

▲ 흔들놀이기구

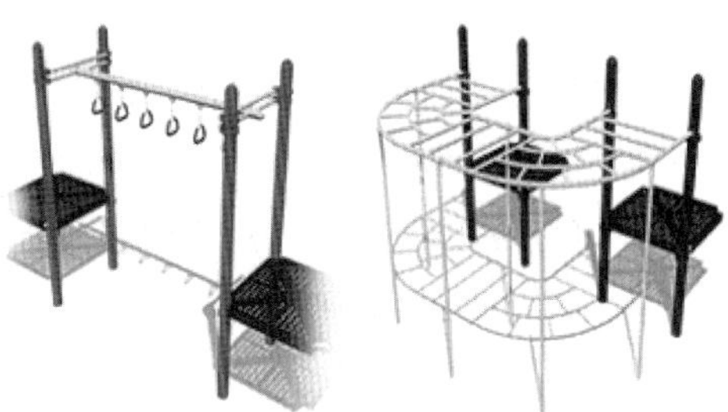

▲ 건너는 기구

▲ 오르는 기구

▲ 조합놀이기구

▲ 충격흡수 표면재

4 놀이기구의 설치 전 고려사항

놀이시설을 새로 짓거나 교체하고자 하는 주체 및 관리자는 놀이터 내 놀이기구의 설치와 관련된 내용은 설치공사가 진행되기 전에 알고 있어야 한다. 설치에 필요한 정보는 설치위치, 최소공간, 기둥의 깊이, 충격흡수 바닥재료, 설치시간, 굴착기계, 설치 관련장비 하차 또는 필요한 도움(관련이 있다면) 등이다. 굴착과 바닥 설치는 가능한 한 놀이기구의 설치가 진행되기 전에 완료되어야 하되, 설치는 첨부된 지시서에 따라 진행되어야 한다. 놀이기구의 위치, 놀이기구의 구성요소를 변경하는 경우에도 굴착과 기둥을 세우는 것이 먼저 선행되어야 한다. 놀이시설의 설치 및 교체와 관련해서 고려해야 할 사항은 다음과 같다.

1) **안전** : 놀이시설의 설치 시 안전과 관련해서는 모든 설치작업이 완료될 때까지는 일반인의 접근을 금지해야 하며 놀이터의 바닥을 설치할 때에도 마찬가지이다. 제조업자 또는 설치업자의 지시사항과 설계 명세서에 따라 잘 설치된 놀이기구는 뒤집어지거나 쓰러지거나 기울어지고, 어느 방향으로든지 움직이게 할 수도 있는 어린이들의 과격한 사용으로 인한 가장 강한 힘을 견딜 수 있어야 한다. 안정된 설치를 위해서는 단단히 고정시키지 않으면 안 된다. 고정장치의 크기와 깊이는 시설물의 타입에 따라 다르므로 고정방법은 제조업자의 설계 명세서에 따라 그대로 진행되어야 한다.

2) **직원** : 놀이시설 관리직원은 놀이시설 안전기준을 숙지하고 있어야 한다. 관리직원은 놀이터 관련 과업 그리고 권한과 책임에 대해서도 알고 있어야 한다.

3) **거래명세서** : 설치 관련 자재가 도착하기 전에 자재 및 물량 하차와 관련해 필요한 도움 또는 규모 등을 파악하고 있어야 한다. 놀이기구 장비의 하차와 대기에 관해서도 손상과 설치에 지장이 없도록 사전에 관련 정보를 아는 것이 좋다.

4) **기둥과 바닥 설치** : 놀이기구의 기둥을 파내거나 굴착 그리고 바닥처리를 할 때에는 지반의 침하가 없도록 하고, 필요하다면 배수처리를 한다.

5) **설치** : 운송 시 함께 첨부된 지시서에 따라 설치가 진행되어야 하며, 관리자가 확인하는 것이 좋다. 설치가 진행되기 전에 각 기둥의 지면토대는 올바른 깊이를 가지고 수평을 유지하는지 그리고 제대로 설치될 수 있는지 확인한다. 기둥, 기초토대, 칸막이 등 분리된 일부분의 구성품은 분류 및 정돈되어야 한다. 설치지시서가 있을 경우 지시서에 서술된 대로 연결 및 조립하고. 놀이시설물의 구성품 각

각이 수직 및 수평으로 연결 및 조립될 수 있도록 주의한다. 설치 이후에는 나사와 볼트를 점검하고 필요할 경우 더 조여주도록 한다.

6) **시설고정** : 모든 놀이시설은 놀이터 지면의 기초토대에 단단히 고정되어야 한다. 콘크리트가 기존 바닥에 설치되어 있다 해도 기초토대로 활용할 충분한 강도를 가지고 있는지 확인이 필요하며, 모래와 같은 바닥면일 경우에는 더 깊이 들어가는 기초토대가 필요할 수도 있다.

7) **바닥재료의 보충** : 바닥재료의 충분한 깊이를 확보하는 것은 놀이시설물에서 하강시 충격방지를 위한 것이며 또한 놀이시설물이 견고하게 설치되도록 하기 위한 것임을 주지해야 한다. 이 경우 바닥재료의 종류별 안전기준상의 충격방지 바닥재료의 기준깊이를 충족해야 한다. 전문가의 도움을 받아 올바른 보충자재를 선택하도록 한다.

8) **놀이구역과 바닥** : 아동이 떨어졌을 때 손상을 줄이기 위해 놀이기구 각각의 놀이시설물 주변의 바닥(기본적으로 시설물 주위 1.5m)은 충격방지 재료를 사용해야 한다. 필수적인 충격방지처리 구역(하강구역)은 첨부된 놀이기구 설명서 또는 설치자에게 확인하는 것이 좋다. 충격방지 재료의 특성과 두께는 놀이기구의 하강높이에 따라 달리 적용되며 안전기준을 충족해야만 한다. 안전검사증명서를 받아야 한다. 놀이터 바닥의 재료는 이를테면 장애아동 또는 이용자 등 지역별 또는 여건별 놀이시설 이용자의 기능적 요구 등을 고려하여 선택하도록 한다.

9) **안전점검** : 놀이기구의 설치와 바닥의 설치공사가 완료된 후에는 안전기준과 놀이의 기능과 관련된 안전점검을 실시하는 것이 좋다. 놀이기구를 어린이가 이용하기 전에 결함이 발견된다면 조치를 취해야 한다. 놀이시설물의 설치자가 제공하는 모든 서류는 보관하도록 하고 운영계획에 따라 관리한다.

10) **놀이시설의 조립과 설치** : 놀이터 시설물의 적절한 조립과 설치는 구조적인 보전, 안정성, 전반적인 안전을 위해 매우 중요하다. 놀이터 시설물을 조립하고 설치하는 사람은 제조업자의 지시사항에 어긋나서는 안 된다. 조립을 한 후 사용하기 전에 시설물은 「어린이놀이시설 안전관리법」에 의한 어린이놀이시설 안전검사기관의 설치검사를 받아야 한다. 또한 제조업자의 조립과 설치에 대한 지시서와 놀이기구와 관련된 자료들을 영구 보관하는 것이 좋다.

5 법적 준수사항

놀이터 내에 놀이기구를 설치 및 변경할 때에는 놀이시설의 설치검사 및 정기시설검사의 안전기준인 「어린이놀이시설의 시설기준 및 기술기준」에 따라 다음 사항을 준수한다.

- 쉽게 접근할 수 있고 항상 이용이 가능하도록 설치한다.
- 주변시설(녹지공간, 부대시설)과 연계하여 안전하고 이용이 편리하게 설치되어야 한다.
- 후미진 곳에 설치하지 말고 쉽게 눈에 띄는 위치에 설치하여 유사시 빠르게 대처할 수 있도록 한다.
- 조경시설, 울타리 등을 설치할 때에는 장애물에 의한 시선차단이 발생하지 않도록 하고 애완동물 등이 쉽게 들어가지 못하도록 설치한다.
- 놀이터 출입구는 휠체어, 유모차 등의 출입이 가능하도록 설치한다.
- 놀이터 진입로와 바닥은 이용자가 미끄러지지 않도록 설치한다.
- 놀이터 진입로는 도로나 주차장을 가로질러 진입하도록 설치되어서는 안 된다.

다음은 부대시설에 대한 준수사항이다.

- 놀이터 안의 부대시설은 어린이가 사용하기에 안전하며 청결하고 이용에 편리하게 설치되어야 한다.
- 놀이터 안의 부대시설 설치 시에는 다음 사항을 준수해야 한다.
  ▷ 보행을 위한 통로에는 설치를 금한다.
  ▷ 도료 칠은 청결하게 하고 중금속의 오염이 없어야 한다.
  ▷ 얽매임을 방지하도록 설치한다.

※ 비고) 부대시설의 범주 : 놀이터가 설치된 범위로부터 약 3~5m 이내에 설치된 보조시설물을 의미하며 정자(파고라), 의자, 쓰레기통, 음용수 시설 등을 말한다.

다음은 준수해야 할 놀이터의 표시사항이다.

- 충격흡수용 고무바닥재인 경우에는 한계하강높이 및 관리방법을 표시해야 하며 개별적(낱개)로 표시한다.
- 놀이터에는 놀이터 이용과 관련된 안전수칙을 포함하여 사용인원, 사용연령, 관리주체 연락처, 사후 A/S연락처 등 사용상 안전에 필요한 사항을 잘 보이는 곳에 표시해야 한다.

6 설치방법

일반적인 놀이터 시공방법은 다음과 같다.

표 4-4 | 어린이놀이기구의 일반 시공방법

실외 놀이기구	실내 놀이기구
1. 부지인수 및 현장 확보 2. 토지공사 및 계측 1) 설치 배치도면 및 안전공간을 확보하고 굴착위치를 표시한다. 2) 장비 또는 인력을 동원하여 설치에 필요한 구덩이를 굴착한다. 3) 굴착한 구덩이 바닥을 평평하게 고른다. 4) 장비 또는 인력을 동원하여 굴착한 구덩이 바닥을 다진다. 5) 땅의 재질에 따라 청정층(잡석 및 자갈)을 덮는다. 6) 필요한 기초의 마름공사를 한다. 7) 바닥면을 고르게 하고 요구되는 기초의 높이를 표시한다. 3. 기초 공사 1) 직접 기초공사 2) 형틀 기초공사 3) 완성 기초공사 4. 자재 인수 후 확인 5. 설치 시공절차 1) 시설물 설치장소에 대한 사전방문 후 공정표를 작성한다. 2) 시설물 설치 전 현장담당자와 협의하여 설치도면과 시공도면이 일치하는지 확인한다. 3) 설치 책임자는 주문서의 내역과 비교하여 제품의 증감이 있는지 확인한다. 4) 시설물 설치자는 시설물이 현장에 도착하면 내역서와 비교하여 제품의 증감이 있는지 확인한다. 5) 시설물 설치 전 각 제품의 내역서를 확인하여 설치 부속품이 도면내역과 일치하면 시공에 임한다. 6) 시설물 설치 시 안전거리 확보에 유의해야 하며, 각 시설물의 안전거리에 대한 사항은 도면상세도를 참조한다. 7) 시설물 설치 시 상세도를 기초로 순서에 맞추어 시공하여 불량시공으로 인한 제품손상 및 작업손실을 미연에 방지 한다. 8) 시설물 설치 시 기초 콘크리트 타설에 관한 사항은 상세도를 참조한다. 9) 자유하강높이를 고려한 충격흡수바닥재를 설치하고 배수시설에 대한 사항을 확인한다. 10) 시설물 설치 시 작업자의 안전에 특히 유의한다. 11) 시설물 설치의 구체적인 사항은 어린이 놀이시설 설치검사 기준에 맞게 설치한다.	1. 현장 실측 1) 설치 배치도면 및 안전공간을 확보하고 설치위치를 표시한다. 2) 자재발주는 난연성 테스트 합격 제품에 한해 발주한다. 3) 자재를 반입한다. 4) 장비 또는 인력을 동원하여 설치에 필요한 내용을 전달한다. 2. 자재 인수 후 확인검사 3. 설치 시공절차 1) 시설물 설치장소에 대한 사전방문 후 공정표를 작성한다. 2) 시설물설치 전 담당자와 협의하여 설치도면과 시공도면이 일치하는지를 확인한다. 3) 설치 책임자는 주문서의 내역과 비교하여 제품의 증감이 있는지 확인한다. 4) 시설물 설치자는 시설물이 현장에 도착하면 내역서와 비교하여 제품의 변동이 있는지 확인한다. 5) 시설물 설치 전 각 제품의 내역서를 확인하여 설치 부속품이 도면내역과 일치하면 시공에 임한다. 6) 시설물 설치 시 안전거리 확보에 유의해야 하며, 각 시설물의 안전거리에 대한 사항은 도면상세도를 참조한다. 7) 시설물 설치 시 상세도를 기초로 순서에 맞추어 시공하여 불량시공으로 인한 제품손상 및 작업손실을 미연에 방지한다. 8) 자유하강높이를 고려한 충격흡수바닥재를 설치한다. 9) 시설물 설치 시 작업자의 안전에 특히 유의한다. 10) 시설물 설치의 구체적인 사항은 설치검사 기준에 맞게 설치한다.

7 설치 후 점검

다음은 놀이기구를 설치한 후에 관리주체의 관리가 시작되기 전에 점검하는 것이 좋다. 특히 세심하게 점검하고 확인해야 될 사항은 다음 표 4-5에서 ※로 표기하였다. 이외에 놀이기구의 안전기준에서 요구하는 수치에 대한 사항은 이미 설치검사를 통해서 검사되는 부분이므로 다시 한 번 확인하면 될 것이다.

1) 설치 후 점검표 (실외 놀이시설)

표 4-5 | 설치 후 점검표 (실외 놀이시설)

구분	놀이터 이름 (아파트 동호수)	점검일자	점검자	점검자 확인
내용				
종합의견				
비고 (사진)				
설치관련 취합서류				

(계속)

점검부분	내 용	점검결과	비고
※설치관련 확보 내용	놀이기구 설치계약서 등		
	제품설명서, 재료사양서 및 설치에 관한 안내서		
	유지관리 안내서 및 A/S 사항		
	부품의 교체주기 및 필요 교체 부품 등		
볼트와 나사	볼트와 나사는 꽉 조여 있는가?		
	볼트 또는 나사가 없어진 곳은 없는가?		
얽매임	손가락 – 지면이나 서 있는 곳으로부터 1.2m 이상의 위치에 8~25mm 미만의 개구부가 존재하는가?		
	발 – 하중을 주었을 때 45도 이하의, 서 있는 표면에 진행방향으로 30mm 이상의 폭을 갖는 틈이 있는가?		
	머리 – 지면이나 서 있는 곳으로부터 600mm 이상에 위치한 기구에 89~230mm 사이의 개구부가 있는가?		
	60도 이하의 각도를 갖는 개구부에 V자 형태의 개구부가 있는가?		
※기초물 설치	놀이기구와 다른 기구들이 단단히 기초에 고정되어 있는가?		
	모래 위에 놀이기구의 주춧대, 기초가 R100 이상으로 곡선처리되어 있지 않으면 최소 400mm 아래로 설치되었는가? R100 이상으로 처리되어 있는 경우 최소 200mm 아래로 설치되어 있는가?		
	모래 등의 바닥재료는 안전기준 깊이를 충족하고, 고무매트 등은 자유하강높이가 기재되어 있는가?		
	고무매트 및 모래 등 바닥처리 시 원활한 배수와 유실방지가 되도록 설치되었는가?		
	바닥처리 시 일정한 높이로 설치되었는가?		
충격구역 및 하강공간	최대 자유하강높이가 3m 이하인가?		
	기구별 하강공간 및 충격구역의 확보와 적합한 표면처리를 하였는가?		
	충격구역 및 하강공간 내 장애물 및 딱딱하거나 날카로운 가장자리를 가진 물체는 없는가?		
움직이는 부분	베어링부 등 움직이는 부분은 윤활이 되어 있는가?		
	마모되는 부품은 교체할 수 있도록 설치되었는가?		
	움직이는 부분과 고정된 부분에 위험한 요소는 없는가?		
플랫폼과 구성부분	볼트와 금속제품, 합판 등을 교체할 부분은 없는가?		
	3세 미만의 어린이가 쉽게 접근할 수 없는 구조물의 1m 이상 플랫폼에는 600~850mm 높이에 보호난간이 설치되어 있는가?		
	2m 이상의 높이의 플랫폼에는 700mm 이상의 울타리가 설치되어 있는가?		
	모든 연령의 어린이가 접근할 수 있는 구조물의 600mm 이상의 플랫폼에는 700mm 이상의 울타리가 설치되어 있는가?		
	울타리의 연결상태는 양호하고 파손된 곳은 없는가?		
	울타리는 올라갈 충동을 일으킬 만한 가로 바 형태로 되어 있지는 않은가?		
그네	그네 기둥의 연결부분이 잘 결합되어 있는가?		
	그네줄이 체인일 경우 개구부가 8.6mm 이하인 체인을 사용하였는가?		
	그네의 지주와 지주 사이에 2개의 그네 좌석을 초과하여 설치되어 있지는 않은가?		

(계속)

점검부분	내 용	점검결과	비고
그네	그네좌석과 지면간격이 350mm 이상인가? 타이어 그네인 경우 지면간격이 400mm 이상인가?		
	그네 좌석과 좌석 사이의 거리는 적절한가?		
	그네 좌석과 그네 구조물과의 거리는 적절한가?		
	그네의 운동방향으로 적절히 바닥재 처리가 되어 있는가?		
	같은 그네 지주에는 유아용 그네와 아동용 그네를 같이 배치하지는 않았는가?		
흔들다리	난간의 높이는 적절한가?		
	모든 연결부분의 이상은 없는가?		
	딱딱한 부분과 유연한 부분 사이의 위험한 개구부가 존재하지는 않는가?		
등반네트, 체인, 로프	모든 구성요소는 견고하게 설치되었는가?		
	체인은 어떤 방향에서도 최대 8.6mm의 개구부를 넘지 않는가?		
	연결 포인트의 마손상태는 양호한가?		
공중놀이기구	주행기의 도르래는 부드럽게 움직이는가?		
	와이어가 느슨해지거나 손상되어 교환이 필요한가?		
	좌석은 유연한 연결체에 매달려 있는가?		
	좌석은 중심케이블 아래 최소 2.1m 아래에 매달려 있는가?		
	자유하강높이가 좌석형의 경우 최대 2m 매달림의 경우 최대 3m인가?		
	캐이블이 지면으로부터 최소 2.5m 높이에 고정되어 있는가?		
	플랫폼이 있는 경우 지면간격은 최소 1.5m를 유지하는가?		
	케이블 사이의 거리는 최소 2m인가?		
미끄럼틀	부착 미끄럼틀의 경우 출발지점의 700~900mm 위치에 가로대가 설치되어 있는가?		
	양쪽 1m 내에 다른 기구가 있지는 않은가?		
	물이나 기타 물질이 고이지는 않는가?		
	출발지점과 도착지점의 각도와 길이가 적합한가?		
	도착지점 앞으로 2m, 측면으로 1m의 공간을 확보하고 있는가?		
	다른 기구와의 연결부위나 미끄럼틀 자체에 날카로운 부분이 있는지는 않은가?		
	도착지점의 높이는 지면으로부터 최대 350mm인가?		
터널미끄럼틀	연결부분이 단단히 결합되어 있는가?		
	지름이 최소 750mm인가?		
	터널이 도착지점까지 연장되어 있지는 않은가?		
계단	경사는 일정하고 디딤판의 깊이는 최소 140mm인가?		
	난간이 600~850mm 사이에 있는가?		
사다리	발디딤대 및 발판은 비회전식이고 동일한 간격으로 배치되어 있는가?		
회전놀이기구	기구 주위로 최소 2m의 공간을 확보하고 있는가?		
	지탱축이 5도 이상 기울어져 있지는 않은가?		
	최대 회전속도가 5m/s를 초과하지는 않은가?		
	적절한 지면간격을 유지하고 있는가?		
흔들놀이기구	기구 주위로 최소 1m의 공간을 확보하고 있는가?		
	좌석의 슬로프 각도, 높이는 적절한가?		
	지표면 간격은 최소 230mm인가?		

2) 설치 후 점검표 (실내 놀이시설)

표 4-6 | 설치 후 점검표 (실내 놀이시설)

구분	놀이터 이름 (또는 위치)	점검일자	점검자	점검자 확인
내용				
종합의견				
비고 (사진)				
설치관련 취합서류				

(계속)

점검부분	내용	점검결과	비고
※설치관련 확보 내용	놀이기구 설치계약서 등		
	제품설명서, 재료사양서 및 설치에 관한 안내서		
	유지관리 안내서 및 A/S 사항		
	부품의 교체주기 및 필요 교체 부품 등		
자재	방염처리를 한 자재를 사용하였는가?		
부품	기구부품은 적정 위치에 부착되어 있는가?		
공간	기구와 기구와의 간격은 유지하였는가?		
	자유공간 내에는 장애물이 있지는 않은가?		
	최소공간 요구사항(하강, 충격, 자유공간)은 준수하였는가?		
연결장치	연결장치는 풀어지지 않도록 견고하게 조립하였는가?		
소비성 부품	베어링 등 소비성 부품은 필요시 교체가 가능한가?		
움직이는 부분	기구의 구동부위는 충격에 견딜 수 있도록 조치되었는가?		
	신체 일부가 짓눌릴 위험성은 없는가?		
바닥재	충격흡수를 위한 바닥재료는 적정하게 시공되었는가?		
끝처리	모든 부위는 부드럽게 마무리되었는가?		
	볼트, 너트의 끝처리는 감싸서 안전하게 처리되었는가?		
	케이블 타이의 커팅 부위는 날카롭지 않은가?		
구조물	파이프구조물에 균열은 없는가?		
네트	네트가 파이프에 견고하게 고정되어 있는가?		
틈	통구조물 마감 시 위험한 틈새는 없는가?		
모노레일	모노레일 타잔의 손잡이봉은 움직이지 않게 고정되었는가?		
	모노레일의 완충기는 정상적으로 작동하는가?		
	모노레일 타잔의 출구동선은 안전하게 확보되었는가?		
비상구	비상시 대체통로는 확보되었는가?		
	2m 이상의 둘러싸인 공간에는 서로 다른 면에 2개 이상의 출입구가 확보되어 있는가?		

CHAPTER 5

놀이시설 유지관리

1. 유지관리 일반
2. 어린이놀이시설 안전관리제도
3. 유지관리 실무
4. 3단계 안전관리
5. 안전점검
6. 놀이시설 경제성(VE/LCC) 분석
7. 놀이터 표지판 및 안전수칙
8. 놀이기구 안전기준 요약

놀이시설 유지관리

1 유지관리 일반

2008년 어린이놀이시설 안전관리법이 마련되면서 놀이터에서의 아동의 안전을 확보할 수 있는 기초토대가 마련되었다. 그러나 아직까지 안전성의 확보를 위한 분야가 물리적인 놀이시설 위주로 집중된 경향이 있으므로 놀이시설에 대한 철저한 유지관리가 더욱 필요하다.

최근의 해외 사례를 보더라도 놀이시설의 철저하고 정기적인 유지관리의 필요성이 점점 더 증대되고 있으며, 법적 안전사고분쟁과 관련하여 안전관리에 대한 책임과 증거를 요구하는 사례가 빈번해지고 있다. 이러한 관리자의 책임과 증거를 뒷받침해 줄 자료가 평소 관리하는 기록서류이다.

어린이 놀이시설의 유지관리와 관련한 모든 서류는 기록하고 보관하도록 하고 해당 놀이터 여건별 맞춤형 기록체계를 갖추는 것이 필요하다. 안전점검은 일상점검부터 3단계로 나누어 실시해야 하며, 발견된 결함은 관리책임자에게 즉시 보고하고 개선조치를 취해야 한다. 또한 모든 놀이터는 관리자의 연락처를 포함한 안내판을 설치하도록 되어 있다.

관리자는 어린이의 안전을 확보하고 놀이시설을 유지관리하기 위해 적절한 관리계획을 마련해야 한다. 유지관리계획은 놀이터를 직접 관리하는 주체가 작성하며, 보다 기술적이고 폭넓은 놀이터 관리 프로그램을 위한 정보와 양식은 전문가의 도움을 받는 것이 좋다. 그동안의 유럽 및 미국의 자료와 국내 현장연구 경험을 바탕으로 제시하는 "3단계 안전점검 및 관리"를 토대로 현장 놀이터에 맞게 적용하면 많은 도움이 될 것이다. 수많은 논문과 자료가 존재하지만 놀이시설의 유지관리에 보다 필요한 내용으로 재난안전기술원에서 보완 및 정리하였다.

이미 시행되고 있는 법적 안전기준과 점검 및 관리내용을 충실히 따르는 서비스를 실시해야 최소한의 놀이터 안전이 보장될 수 있는 것이다. 그러나 어린이의 안전을 강화하기 위해서는 보다 철저한 놀이시설 안전관리가 필요하다. 따라서 이 책을 참고하여 지역별 여건별 놀이터에 맞는 맞춤형 유지관리계획을 수립하고 시의 적절하게 실시하는 것이 가장 좋다.

관리책임자는 실시되고 있는 유지관리 작업과 점검결과를 반드시 확인한다. 관리직원은 계획 및 수립된 놀이터의 운영계획과 지침을 따라야 하고 조치가 필요한 경우에는 즉시 책임자에게 보고하도록 한다. 관리직원은 놀이터관리 업무와 관련한 충분한 지식을 가지고 있어야 한다. 필요한 놀이터 관련 지식의 정도는 책임을 맡고 있는 과업에 따라 달라지며, 「어린이놀이시설 안전관리법」에 정하는 교육 외에 별도의 교육훈련을 받을 필요가 있다.

관리책임자는 어린이 놀이시설 관련 서류의 보관 및 관리에 대한 책임을 가진다. 이들 서류는 어린이 놀이시설 관리책임을 맡고 있는 직원들이 이용 가능하도록 한다. 놀이시설 안전인증기준 부속서 12에 나와 있는 것과 같이 관리자가 구비 및 관리해야 할 서류는 구매 및 설치관련 서류, 놀이기구의 설치명세서, 운송날짜, 점검기록, 놀이시설의 안전관련 증명서, 놀이터의 일상점검 및 관리서류 등이다.

1) 일반적 유지관리방법

일반적인 어린이 놀이시설 관리는 다음과 같이 간략히 정리할 수 있다.

- 가장 먼저 필요한 것으로 놀이터 관리계획을 수립한다.
- 관리계획의 실행과 유지관리를 위한 기록 및 보관체계를 갖춘다.
- 놀이터 환경조사 또는 기초조사를 실시한다.(“초기조사 6단계”)
- 정기적인 점검을 실시하고 놀이터를 안전하게 관리한다.

(1) 적절한 유지관리계획 마련

놀이터의 바닥을 포함한 모든 놀이시설에 대한 점검과 관리는 정기적으로 실시되어야 한다. 이미 시행되고 있는 법적 안전기준과 점검 및 관리내용을 충실히 따르는 서비스를 실시해야 기본적인 놀이터 안전이 보장될 수 있는 것이다. 또한 형식적인 안전관리보다는 이 책의 부록을 참고하여 지역별·여건별 놀이터에 맞는 맞춤형 점검 및 관리서비스를 실시하는 것이 가장 좋다. 실무적인 안전관리의 절차와 방법은 "3단계 안전점검 및 관리 가이드"를 참조하여 실시하도록 한다.

(2) 계획에 따른 유지관리 실시

시설의 유지관리는 안전점검을 통하여 놀이터의 안전관리를 제대로 수행할 수 있다. 안전점검은 최초의 초기조사, 일상점검과 정기점검 그리고 연례점검 등 4가지로 나눌 수 있는데 다음과 같이 정의할 수 있다.

- 초기조사 : 최초 또는 시설의 설치와 변경 시 실시하는 첫 조사
- 일상점검 : 매일 또는 주 1회 실시하는 육안검사
- 정기점검 : 매월 또는 정기적으로 실시하는 보다 세심한 검사
- 연례점검 : 연 1회 실시하며 안전기준 이외에 놀이터에 대한 보다 폭넓고 심도 있는 조사

정기점검은 일상적 점검보다는 좀 더 빈틈없는 점검을 정기적으로 실시하는 것이며 기록은 보관되어야 한다. 연례점검은 더 세심하고 폭넓은 조사이며 기록은 보관되어야 한다. 연례점검에서는 정기검사와 달리 안전기준상의 안전 이외에 이용자 환경에 대한 위험요인의 전문적인 평가를 확인해야 하며, 놀이터의 개선에 대해 것을 밝히는 것이 좋기 때문에 가급적 놀이터 관련 전문가에 의해 실시되는 것이 바람직하다. 연례점검을 실시하는 자는 놀이기구에 필요한 바닥에 대해서도 자문을 해줄 것이다.

(3) 관리와 점검결과의 확인

점검결과 밝혀진 모든 위험요인의 제거를 위해 다음과 같이 적절한 조치를 취해야 한다.

- 즉각적인 보고와 보수관리 작업의 실행 : 조사자 및 관리자는 확인된 위험요인을 보고하여 즉각적인 위험요인 제거작업을 할 수 있도록 한다.
- 적절한 보수작업의 일정 수립 : 관리책임자는 즉시 위험요인을 제거하기 위한 작업을 위한 일정계획을 세우도록 한다. 필요하다면 결함이 발견된 시설의 공급업체와 상담하여 부품 또는 보수작업과 관련한 내용을 미리 파악한다.
- 보수작업의 진행과 확인 : 결함이 발견된 시설의 보수작업은 적절한 도구를 사용해야 하며, 임시적으로 때우는 식의 처리는 더 위험한 결과를 초래할 수도 있으므로 주의해야 한다. 관리자가 직접 위험요인을 제거할 수 없는 경우에는 해당 시설을

사용 중지시키고 해당 공급업체의 도움을 받아 위험요인을 제거하도록 한다. 필요하다면 전체 놀이터 이용을 중지시키도록 한다.

- 기록 및 관리 : 관리책임자는 실시된 보수작업과 점검결과를 반드시 확인한다. 또한 점검결과 및 보수작업의 내용은 차후 실행할 안전점검과 유지관리를 위해 문서로 기록하고 보관한다.

(4) 관리기록 및 보관 체계 마련

관리책임자는 일반적으로 놀이터 관련 서류의 보관 및 관리에 대한 책임을 가지고 있다. 관리책임자는 놀이터에 대한 관리계획 이외에 점검결과와 관리내용을 확인할 수 있는 기록 및 보관체계를 수립하는 것이 좋다. 이러한 기록물 보관체계의 목적은 관리자가 책임과 의무를 다했음을 증명해주는 것이며, 직원의 책임을 촉진시키고 반복하여 발생되는 문제점을 밝혀내고 유지관리와 장기적인 개선에 대한 예산을 수립하는 데 도움이 된다. 이들 서류는 놀이터 관리책임을 맡고 있는 직원들이 이용 가능하도록 해야 한다.

안전점검일지 및 관련서류들은 발생되는 대로 최근의 파일들을 보관하는 것은 중요한 서류의 분실을 막아주기도 하지만, 연례검사 때에 이러한 관련 보관서류와 체계를 재검토하게 된다. 필요에 따라서는 서류정리가 필요할 것이다.

이러한 체계를 갖추는 데 필요한 서류는 다음과 같다.

- 설계 관련 : 의뢰 관련 서류, 설계회사 및 설계도서, 시설목록, 제조자 카탈로그, 계산서
- 설치 및 제품 관련 : 발주서류, 운송확인증, 공급업체 목록, 설치내용 포함 지시서, 거래명세서, 시설 및 재료사양서, 보증서, 해당 시설의 관리 및 이용 주의사항 관련 서류
- 안전검사 관련 증명서 : 안전검사 확인증 또는 안전인증서, 설치검사확인증
- 점검 및 관리 관련 : 놀이터 유지관리계획서, 놀이터 안점점검 및 관리일정표 및 관련 양식, 관리에 필요한 공급업체가 제공하는 일체의 서류, 놀이시설과 부품 또는 일부 교체한 모든 공급업체 목록과 연락처, 시설물 또는 부품의 교체 일정표, 놀이시설의 변경관련 서류
- 이용자 안전 관련 : 놀이터 관리 및 이용 안내문, 이용자 안전수칙, 안전지도 관련 서류, 안전사고 관련 서류, 놀이시설물 외에 이용자 보호 및 관찰 관련 일정표
- 기타 관련 : 놀이터 교육 및 안전기준 관련 서류, 놀이터 평가 관련 서류, 이용자 관련 서류 등

2) 일반적 관리요인들

(1) 관리와 점검

일상점검 및 정기점검 그리고 연간점검이 실시되어야 한다. 자세한 사항은 '3단계 안전점검과 유지관리'에 있는 3단계 안전점검과 유지관리를 참조하기 바란다.

(2) 날카로운 물질(유리 등)

자주 점검해야 하는 것 중 하나가 유리, 캔 뚜껑과 같이 직접적인 상처를 입힐 수 있는 것들이다. 유리병 또는 유리로 된 물건 등은 놀이터 내 또는 주변에서 이용하지 않도록 한다. 이것은 청소하기도 쉽지 않을 뿐만 아니라 심각한 부상을 초래할 수도 있기 때문이다.

(3) 쓰레기

유리를 포함한 각종 쓰레기 또한 안전사고를 일으킬 수 있다. 그러므로 이용안내문과 함께 쓰레기통의 철저한 관리와 일상적인 점검이 필요하다.

(4) 파손

놀이기구의 파손은 자주 접하는 문제이므로 해당 놀이시설 이용 연령대가 아닌 아동의 사용 자제와 외부자의 이용을 금지하고 울타리를 치는 것이 좋다.

(5) 아동 눈높이 장애물

놀이터에 울타리 대용으로 관목과 나무를 심고 있다면 아이들의 동선 또는 놀이기구 주변에 아동의 눈높이에 있는 나뭇가지, 간판 또는 기타 장애물 등 아동의 시야와 활동을 방해할 수 있는 부분을 점검한다.

(6) 도로

도로나 주차장 근처에는 가능하면 놀이터를 설계하지 않도록 하고 이미 설치되어 있다면 울타리와 별도의 출입구를 갖추는 것이 필요하다. 이미 도로 쪽으로 출입구가 나 있는 놀이터는 아이들의 안전한 출입을 위해 별도의 새로운 출입구를 설치하는 것이 좋다. 제3장 놀이터 디자인에서 언급되었으므로 더 자세한 내용은 참조하기 바란다.

(7) 울타리와 동물

놀이터에 애완동물의 출입은 불쾌한 일이며 사회적으로도 문제시된 위생상의 문제를 안고 있다. 애완동물 또는 방치된 유기견들의 출입이 가능한 놀이터는 위생문제 또는 개에게 물리는 일이 발생할 수 있으므로 애완동물 출입금지를 안내문에 기재하고 울타리를 설치한다. 또한 애완용 배설물은 상당한 박테리아나 바이러스 균이 있을 수 있기 때문에 아동은 물론 성인에게도 심각한 질병을 초래할 수도 있다. 그러므로 놀이터의 이용시간 이전에 적어도 매일 점검하는 것이 좋다. 물론 울타리의 틈과 지면 사이의 공간도 애완동물의 출입이 불가능하도록 해야 하며 안전점검 시 헐거워지거나 벌어진 틈이 있으면 개선조치를 즉각 실시한다.

(8) 미끄러짐 방지

놀이기구에 서 있게 되는 바닥면에는 어린이가 미끄러질 수 있는 물체들을 점검하고 발견되는 물체들을 청소한다. 얼음 같은 것은 겨울철에 미끄러짐을 일으키는 위험요소이므로 겨울철에는 매일 점검하여 적절한 조치를 바로 취해야 한다.

(9) 배수

설계단계에서부터 고려하는 것이 가장 좋으며, 그렇지 않을 경우 정기적으로 점검을 실시하고 배수를 위한 조치 또는 적절한 계획을 고려해야 한다.

(10) 유괴

놀이터에서의 유괴예방을 위한 조치들로는 관리자 또는 부모의 보호, CCTV, 울타리, 조명 등이 있겠지만 일상적인 점검 중에 아이들에게 주의 및 안내를 해주는 활동도 도움이 될 수 있으며, 놀이터 내에 주민들이 자주 들를 수 있도록 벤치를 추가로 설치하는 것도 도움이 될 수 있다.

3) 안전사고 관리

(1) 안내판

놀이터 입구에 설치된 안내판은 어린이놀이시설 안전관리법 제2조제6호 및 제11조에 따른 다음의 표시사항을 포함하여 사용상 안전에 필요한 사항을 잘 보이는 곳에 표시하도록 규정되어 있다.

• 사용인원 : 명	• 사용연령 :
• 관리자 연락처	• 사후 A/S 연락처

(2) 출입구

놀이터는 일반적인 이용과 비상시를 대비한 출입구와 비상통로에 장애물이 없어야 하고 언제든 접근 가능하도록 한다.

(3) 안전사고

놀이터의 안전을 위협하는 결함이 발생하였다면 즉각적인 제거조치를 취해야 한다. 이것이 불가능하다면 개선조치가 완료될 때까지 놀이터 이용과 출입을 중지시키도록 한다. 발생된 작은 사고는 관리자에게 전달 및 보고되어야 하고 관리책임자는 관련 서류(사고보고서 참조)를 작성해야 한다.

관리책임자에게 보고되는 손상·사고에 관한 정보는 다음 내용을 담아야 한다.

- 사고 발생일자와 시간
- 사고자의 나이와 성별 및 연락처, 복장상태
- 사고발생 놀이기구와 사고발생시 이용 아동 숫자
- 사고 개요(설명)
- 손상 정도
- 조치사항
- 목격자 진술
- 사고결과 발생한 여러 변화

(4) 보수작업

아동의 놀이와 안전을 위협할 수 있는 보수작업은 아동의 놀이터 이용시간을 피해야 한다.

(5) 놀이기구의 교체

놀이기구의 교체 또는 기구 일부분의 변경은 해당 제조업체 및 설치공급자 또는 놀이터 분야 전문가와 상의 후에 실시하는 것이 바람직하다. 놀이기구의 일부분을 교체 및 변경하였을 때는 변경된 놀이이구의 새로운 안전관련 증명서를 확인해야 하고 보관하도록 한다.

 어린이놀이시설 안전관리제도

1) 제도 일반

어린이놀이시설 안전관리의 관련 법률로는 다른 법률에 우선하여 적용하는 「어린이놀이시설 안전관리법」이 있으며, 2008년 1월 27일부로 「품질경영 및 공산품 안전관리법」으로 시행되고 있던 안전인증제도에 설치검사 및 정기검사를 추가하여 「어린이놀이시설 안전관리법」이 제정되어 시행되기 시작하였다.

그러나 재난안전 업무를 총괄하는 안전행정부가 어린이놀이시설의 설치 및 유지관리 업무의 주무 부서로서 업무를 담당하는 것이 효율적이라고 판단됨에 따라 2009년 1월 20일부로 「어린이놀이시설 안전관리법」을 개정하여 안전행정부로 업무를 이관하고, 어린이놀이기구의 제조·수입단계의 안전관리는 산업통산자원부에서 관리하는 「품질경영 및 공산품 안전관리법」에 의해 다룰 수 있도록 하였다.

「어린이놀이시설 안전관리법」은 어린이들이 안전하고 편안하게 놀이기구를 사용할 수 있도록 어린이놀이시설의 설치·유지 및 보수 등에 관한 기본적인 사항을 정하고 어린이놀이시설을 담당하는 중앙행정기관의 역할과 책무를 정하여 어린이놀이시설의 효율적인 안전관리체계를 구축함으로써 어린이놀이시설 이용에 따른 어린이의 안전사고를 미연에 방지함을 목적으로 제정되었다.

동법의 시행(2008.01.27) 전에 설치된 어린이놀이시설의 관리주체는 동법 시행일로부터 4년 이내에 설치검사를 받아야 하고 설치검사를 받은 때부터 법의 적용을 받는다. 그러나 2011년 5월 현재 설치검사를 완료한 놀이터가 43%에 불과하여 어린이놀이시설 안전관리제도 운영상에 문제점을 인식하게 되었고, 국회의원의 제안으로 동법 시행 전에 설치된 시설에 대해 설치검사 기한을 2015년 1월 26일까지 3년 더 연장하기에 이르렀다. 또한 아직까지 설치검사를 받지 않은 어린이놀이시설이라도 2012년 1월 27일부터는 사고배상책임보험 가입, 관리주체에서 월 1회 이상 안전점검 실시, 2년에 1회 이상 안전교육을 받도록 지시하고 있다는 것이다.

2011년 5월 현재 중앙행정기관에서 관리되고 있는 놀이터 현황을 살펴보면 다음과 같다. 하지만 놀이시설 관련 업계에 종사하는 사람들 대부분이 아직도 파악되지 않은 놀이터가 많아 국내에 설치된 어린이놀이터 수가 약 십만 개가 넘을 것으로 내다보고 있다.

표 5-1 | 어린이놀이시설 관리현황

합계	주택단지	보육시설	유치원	공원	학교	식품접객업	복지시설	대규모점포	의료기관	기타(학원등)
55,860	25,037 (45%)	8,643 (15.5%)	6,832 (12.3%)	6,769 (12.2%)	6,285 (11.3%)	1,163	222	265	282	362

※ 경기 12,784개(23%), 서울 8,853개(16%), 경남 4,383개(8%), 부산 3,001개(5%) 등

어린이놀이시설의 안전관리 관련 중앙정부의 추진체계를 살펴보면 다음과 같다.

표 5-2 | 어린이놀이시설 업무담당 현황

담당업무	담당 부처
놀이시설 안전관리업무 총괄 • 놀이기구 설치기준 제정, 안전검사기관 등 지정 · 취소 • 관리주체(학교장, 유치원장 등) 의무사항 규정	안전행정부
놀이기구 제조, 제품의 기술적 안전성 인증 · 검사	산업통산자원부
장소별 놀이시설 관리	국토교통부(주택단지, 공원), 보건복지부(복지 · 보육시설, 의료시설), 여성가족부(복지시설), 교육부(유치원, 학교), 산업통산자원부(대규모 점포)
안전관리 집행업무 사고접수 · 현장조사, 사용중지 · 개선 · 철거명령, 실태점검, 과태료 부과 등	시도 및 시도교육청, 시군구 및 지역교육청

「어린이놀이시설 안전관리법」에 따른 현행 놀이시설 안전관리체계를 그림으로 나타내면 다음과 같다.

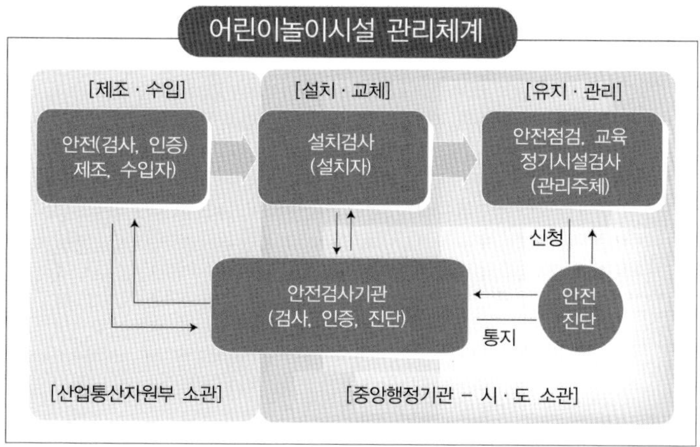

어린이놀이시설의 안전관리제도 주요내용을 살펴보면 다음과 같다.

표 5-3 | 어린이놀이시설 안전관리법의 요약내용

주요 항목	내 용
어린이놀이시설의 설치 (설치자)	설치자는 "어린이놀이시설의 시설기준 및 기술기준"에 맞게 어린이놀이시설을 설치하고, 관리주체에게 인도하기 전에 설치검사를 받아야 함.(법 제12조) ※ 관리주체는 설치자로부터 놀이시설 인수 시 설치검사 합격여부 확인
어린이놀이시설의 유지 (관리주체)	• 관리주체는 어린이놀이시설에 대하여 2년에 1회 이상 정기시설검사를 받아야 하고, 월 1회 자체적으로 안전점검을 실시함. • 안전점검 결과 위해를 가할 우려가 있는 경우 안전진단 신청 • 안전교육 및 보험가입(보상한도액은 사망 시 8,000만 원 이상) • 중대사고의 발생 보고

어린이놀이터와 관련해서 2008년 1월부터 시행된 「어린이놀이시설 안전관리법」에 따르면, 어린이놀이시설 이용에 따른 어린이의 안전사고를 미연에 방지하기 위하여 생산·조립·가공된 어린이놀이기구에 대한 적합성 여부를 판단하는 안전검사, 놀이시설의 시설 및 기술기준에 따른 설치검사. 정기시설검사, 육안 또는 점검기구 등에 의한 놀이시설의 위험요인을 조사하는 안전점검을 실시하도록 하고 있다.

■ 「어린이놀이시설 안전관리법」 용어의 정의는 다음과 같다.

어린이놀이기구 : 만 10세 이하의 어린이가 놀이를 위하여 사용할 수 있도록 제조된 그네, 미끄럼틀, 공중놀이기구, 회전놀이기구 등으로서 대통령령이 정하는 것을 말한다.

어린이놀이시설 : 어린이놀이기구가 설치된 놀이터로서 대통령령이 정하는 것을 말한다.

안전검사 : 생산·조립·가공(이하 "제조"라 한다)된 어린이놀이기구를 산업통산자원부장관이 정하여 고시하는 안전검사기준에 따라 시험·검사(이하 "제품검사"라 한다)를 실시하여 합·부를 판단하는 행위를 말한다.

안전인증 : 제6조제1항의 제조업자가 제조한 어린이놀이기구를 산업통산자원부장관이 정하여 고시하는 안전인증기준에 따라 제품검사를 실시하고 제조업자의 제조설비·자체검사설비·기술능력 및 생산체제를 평가하여 어린이놀이기구에 대한 안전성을 증명하는 것을 말한다.

관리주체 : 어린이놀이시설의 소유자로서 관리책임이 있는 자, 다른 법령에 의하여 어린이놀이시설의 관리자로 규정된 자 또는 그 밖에 계약에 의하여 어린이놀이시설의 관리책임을 진 자를 말한다.

설치검사 : 어린이놀이시설의 안전성 유지를 위하여 산업통산자원부장관이 정하여 고시하는 어린이놀이시설의 시설기준 및 기술기준에 따라 설치한 후에 안전검사기관으로부터 받아야 하는 검사를 말한다.

안전점검 : 어린이놀이시설의 관리주체 또는 관리주체로부터 어린이놀이시설의 안전관리를 위임받은 자가 육안 또는 점검기구 등에 의하여 검사를 하여 어린이놀이시설의 위험요인을 조사하는 행위를 말한다.

안전진단 : 제4조의 안전검사기관이 어린이놀이시설에 대하여 조사·측정·안전성 평가 등을 하여 해당 어린이놀이시설의 물리적·기능적 결함을 발견하고 그에 대한 신속하고 적절한 조치를 하기 위하여 수리·개선 등의 방법을 제시하는 행위를 말한다.

유지관리 : 설치된 어린이놀이시설에 관하여 안전점검 및 안전진단 등을 실시하여 어린이놀이시설이 기능 및 안전성을 유지할 수 있도록 정비·보수 및 개량 등을 행하는 것을 말한다.

■ 「어린이놀이시설 안전관리법」의 주요내용은 다음과 같다.

표 5-4 | 어린이놀이시설 안전관리법의 주요내용

관련법	주 요 내 용
어린이 놀이시설 안전관리법	**제3조 다른 법률과의 관계** 어린이놀이시설의 안전관리에 관하여 다른 법률에 우선하여 적용 **제11조 어린이놀이시설의 설치** 어린이놀이시설을 설치하는 자는 안전검사 또는 안전인증을 받은 어린이놀이기구를 산업자원부장관이 정하여 고시하는 시설기준 및 기술기준에 적합하게 설치하여야 함. **제12조 어린이놀이시설의 설치검사 등** ① 설치자는 어린이놀이시설을 관리주체에 인도하기 전에 대통령령이 정하는 방법 및 절차에 따라 안전검사기관으로부터 설치검사를 받아야 함. ② 관리주체는 설치검사를 받은 어린이놀이시설이 시설기준 및 기술기준에 적합성을 유지하고 있는지 확인하기 위하여 안전검사기관으로부터 2년에 1회 이상 정기검사를 받아야 함. **제15조 안전점검 실시** ① 관리주체는 설치된 어린이놀이시설의 기능 및 안전성 유지를 위하여 대통령이 정하는 주기, 방법 및 절차 등에 따라 당해 어린이놀이시설에 대한 안전점검을 실시하여야 함. **제21조 보험가입** ① 관리주체는 어린이놀이시설의 사고로 인하여 어린이의 생명, 신체 또는 재산상의 손해가 발생하는 경우 그 손해에 대한 배상을 보장하기 위해 보험에 가입하여야 함.
어린이놀이시설 안전관리법 시행령	**제11조 안전점검 실시** ① 관리주체는 안전점검을 월 1회 이상 실시하여야 함. 안전점검 항목 및 방법은 별표 6과 같음. **제13조 보험의 종류** ① 보험의 종류는 어린이놀이시설 사고배상책임보험이나 사고배상책임보험과 같은 내용이 포함된 보험으로 하며, 관리주체는 어린이놀이시설을 인도받은 날로부터 30일 이내에 가입하여야 함.
어린이놀이시설 안전관리법 시행규칙	**제16조 정기검사 등** 정기검사 항목은 다음 각 호와 같다. 1. 어린이놀이기구의 안전인증을 받을 당시의 해당 제조공장에서 어린이놀이기구가 생산되고 있는지 여부 2. 안전인증을 받은 어린이놀이기구가 안전인증기준에 정하는 제품과 기준에 적합한지 여부 3. 자체검사를 실시하고 그 기록을 작성 · 보관하고 있는지 여부 **제20조 안전교육** ① 관리주체는 어린이놀이시설을 인도받은 날로부터 6개월 이내에 어린이놀이시설의 안전관리에 관련된 업무를 담당하는 자로 하여금 안전교육을 받도록 하여야 함. ② 안전교육내용은 어린이놀이시설 안전관리에 관한 지식 및 법령 어린이놀이시설 안전관리실무, 그밖에 어린이놀이시설의 안전관리를 위하여 필요한 사항. ③ 안전교육의 주기는 2년에 1회 이상으로 하고 1회 안전교육시간은 4시간 이상으로 함.

■ 「과태료 기준」(제18조제3항 관련)

표 5-5 | 어린이놀이시설 과태료 기준

위반행위	근거 법령	과태료 금액
1. 법 제15조제1항에 따른 안전점검을 실시하지 아니한 자	법 제31조 제1항제1호	500만원
2. 법 제15조제3항을 위반하여 어린이놀이시설의 이용을 금지하지 아니하거나 안전진단을 신청하지 아니한 자	법 제31조 제1항제2호	400만원
3. 법 제17조제1항을 위반하여 안전점검 및 안전진단을 실시한 결과를 기록 · 보관하지 아니한 자	법 제31조 제1항제3호	200만원
4. 법 제20조에 따른 안전교육을 받도록 하지 아니한 관리주체	법 제31조 제1항제4호	200만원
5. 법 제21조에 따른 보험가입 의무를 위반한 자	법 제31조 제1항제5호	200만원
6. 법 제22조에 따른 통보를 하지 아니한 자	법 제31조 제1항제6호	200만원
7. 법 제23조에 따른 보고 · 검사 또는 질문에 대한 답변을 거부 · 방해 또는 기피한 자	법 제31조 제1항제7호	300만원

현행법과 시행령 그리고 시행규칙의 자세한 내용은 부록을 보면 자세하게 볼 수 있다. 또한 어린이놀이시설 안전관리에 관하여는 「어린이놀이시설 안전관리법」이 우선 적용되지만 다른 법률에서 정하는 세부적인 사항도 고려해야 한다. 다른 법률에서 정하는 세부적인 법 내용은 이 책의 부록을 참조한다.

■ 어린이놀이시설의 유지관리를 담당하는 중앙행정기관(제10조 관련)

표 5-6 | 어린이놀이시설 설치장소별 담당부서

설치장소	관련법령	소관부처	담당부서(도)	비 고
주택단지	주택법	국토교통부	주택정책과	「주택법」 제2조제4호에 따른 주택단지(아파트단지 등)
도시공원	도시공원 및 녹지 등에 관한 법률	국토교통부 (도시공원 및 녹지 등에 관한 법률제19조에따른공원관리청)	녹색도시과	「도시공원 및 녹지 등에 관한 법률」 제2조제3호에 따른 도시공원(어린이공원 등)
아동복지시설	아동복지법	보건복지부	아동복지과	「아동복지법」 제2조제5호에 따른 아동복지시설
보육시설	영유아보육법	보건복지부	보육정책과	「영유아보육법」 제2조제3호에 따른 보육시설(어린이집 등)
휴게시설	도로법 시행령	국토교통부(도로법 제22조에 따른 도로관리청)	도로계획과	「도로법시행령」 제1조의3제5호에 따른 휴게시설(고속도로 등)
의료기관	의료법	보건복지부	보건의료정책과	「의료법」 제3조제1항에 따른 의료기관(병원 등)
식품접객업소	식품위생법	식품의약안전처	식품정책조정과	「식품위생법」 제36조제1항제3호에 따른 식품접객업을 하는 자의 영업소(음식점 등)
목욕장영업소	공중위생관리법	보건복지부	생활위생과	「공중위생관리법」 제2조제3호에 따른 목욕장업을 하는 자의 영업소(찜질방 등)
대규모 점포	유통산업발전법	산업통산자원부	유통물류과	「유통산업발전법」 제2조제3호에 따른 대규모점포(백화점 · 대형마트 등)
독립 및 임대 단독점포	-	산업통산자원부	유통물류과	어린이에게 놀이를 제공하는 것을 업으로 하는 자의 영업소(실내놀이터 등)

2) 관리주체의 의무

어린이놀이시설의 유지관리 의무는 「어린이놀이시설 안전관리법」에 기술되어 있다. 관리주체는 어린이놀이시설의 기능 및 안전성이 지속적으로 유지되도록 「어린이놀이시설 안전관리법」에 따라 해당 어린이놀이시설에 대한 유지관리를 실시한다. 다만 「어린이놀이시설 안전관리법」에 규정이 없는 경우에는 해당 어린이놀이시설이 설치된 장소별 소관 중앙행정기관의 장이 정하는 바에 따라 유지관리를 해야 한다.(법 제14조)

※ "관리주체"란 어린이놀이시설의 소유자로서 관리책임이 있는 자, 다른 법령에 의하여 어린이놀이시설의 관리자로 규정된 자 또는 그 밖에 계약에 의하여 어린이놀이시설의 관리책임을 진 자를 말함.(법 제2조제9호)

※ "유지관리"란 설치된 어린이놀이시설에 관하여 안전점검 및 안전진단 등을 실시하여 어린이놀이시설이 기능 및 안전성을 유지할 수 있도록 정비·보수 및 개량 등을 행하는 것임.(법 제2조제9호)

「어린이놀이시설 안전관리법」에 따른 관리주체의 의무사항을 요약하면 다음과 같다.

표 5-7 | 어린이놀이시설 관리주체의 의무사항

구 분	내 용	근거 및 적용시기	위반시 벌칙 및 과태료
설치검사	법 시행 전에 설치되어 관리하고 있는 시설에 대하여 설치검사	법 시행 후 7년 이내	
정기시설검사	설치검사를 받은 시설에 대하여 2년에 1회 이상 안전검사기관으로부터 정기시설검사를 받아야 함	설치검사를 받은 날로부터	1년 이하 징역 1천만원 이하 벌금
합격의 표시	설치검사 및 정기시설검사에 합격되었음을 표시	설치 시	–
검사 불합격 시설의 이용금지	설치검사를 받지 않았거나 불합격된 시설의 이용금지	법 제13조제1항	1년 이하 징역 1천만원 이하 벌금
	정기시설검사를 받지 않았거나 불합격된 시설의 이용금지	법 제13조제2항	1년 이하 징역 1천만원 이하 벌금
안전점검	월 1회 이상 자체적으로 안전점검 실시	설치검사를 받은 날로부터	과태료 500만원
안전진단 신청(필요시)	안전점검 결과 위해 우려가 있는 시설에 대하여 이용을 금지하고 1개월 이내에 안전검사기관에 안전진단 신청	설치검사를 받은 날로부터	과태료 400만원
놀이시설의 이용 금지, 폐쇄, 철거	어린이놀이시설을 이용 금지·폐쇄·철거 시 어린이 등의 출입금지 조치 후 시·도지사에게 통보	법 제16조제5항	–
점검결과의 기록·보관	안전점검 및 안전진단 결과를 기록·보관	법 제17조제1항	과태료 200만원
안전교육	시설을 인도받은 날부터 6개월 이내에 안전관리 관련 업무 담당자로 하여금 안전교육을 받도록 함. 재교육은 2년에 1회 이상 받아야 함.	설치검사를 받은 날로부터 6개월 이내	과태료 200만원
보험가입	시설을 인도받은 날부터 30일 이내에 사망 시 8천만 원까지 보상받을 수 있는 보험에 가입해야 함	설치검사를 받은 날로부터 30일 이내	과태료 200만원
중대사고 발생 보고(발생시)	중대한 사고가 발생한 경우 관할 시·도지사 또는 시·도 교육청에게 통보	설치검사를 받은 날로부터	과태료 200만원
보고, 검사, 답변	어린이놀이시설의 설치·관리 등에 관한 자료 제출·보고 및 답변	법 제23조	과태료 300만원

3) 안전검사

(1) 안전검사(제조 및 수입단계의 안전검사)

어린이놀이기구는 『품질경영 및 공산품 안전관리법』 제9조에 의해 수입제품의 경우 통관 전, 국내 제조 제품일 경우에는 공장출고 전에 안전검사를 받도록 되어 있다. 따라서 제조공장에서 해당 모델의 제품을 가설치하여 검사를 받아야 한다. 다만, 놀이기구의 경우 제품의 부피가 크고 가설치로 인한 추가비용 발생 등으로 현장에 설치 후 검사를 받을 수 있으나, 이 경우 부적합 부분의 수정이 쉽지 않고 검사 시 설치된 제품의 하중시험으로 인한 손상이 있을 수도 있으므로 유의해야 할 것이다.

(2) 안전검사 확인방법

안전검사를 받은 제품에 대해서는 각 제조사별(또는 수입자별) 검사에 합격한 모델에 대하여 각각 고유의 안전검사증서 번호가 부여된 합격증이 검사 신청자(제조사 또는 수입자)에게 발부되며, 검사 신청자는 합격된 제품에 대하여 현장 설치 후 『품질경영 및 공산품 안전관리법』에 따라 검사에 합격했음을 나타내는 『검』자가 포함된 『공산품 안전검사』 표시와 제품의 정보를 나타낼 수 있는 『품질표시』를 해야 한다.

따라서 소비자 또는 관리자 입장에서 해당 제품의 검사 합격여부 확인을 위해서는 제품에 부착되어 있는 위에서 언급한 표시사항으로 확인하거나, 제품의 제조자(또는 수입자)에게 안전검사에 합격했음을 증명할 수 있는 합격증을 제출 받음으로써 확인할 수 있을 것이다.

충격흡수 표면바닥재 중 모래, 자갈, 나무껍질 등 천연재료에 대해서는 깊이가 30cm 이상으로 처리될 경우 별도의 검사가 필요하지 않으나, 그 외에 고무바닥재 등 인공으로 합성된 제품의 경우는 해당 제품의 성능, 즉 한계하강높이 측정을 위한 별도의 검사를 받아야 하며, 그 결과는 합격증서에 명시되어져 있다.

따라서 적정한 바닥재 선택을 위해서는 설치되는 시설물의 자유하강높이(사용자가 서 있는 부분에서 지면까지의 높이)보다 더 높은 한계하강높이를 가진 바닥재(합격증에 명시)를 선정하여 설치해야 한다.

4) 설치검사

「어린이놀이시설 안전관리법」 제2조제6호와 제11조에서 설치검사는 어린이놀이시설의 안전성 유지를 위하여 안전행정부장관이 정하여 고시하는 어린이놀이시설의 시설기준 및 기술기준에 따라 설치한 후에 안전검사기관으로부터 받아야 하는 검사를 말한다.

동법시행령 제7조 설치검사 등에서는 법 제12조제1항에 따라 설치검사를 받으려는 자(어린이놀이시설 설치자)는 안전행정부령으로 정하는 신청서류를 갖추어 법 제4조제1항에 따라 지정받은 안전검사기관에 제출해야 한다. 이때 신청 시점은 설치한 놀이시설을 관리주체에게 인도하기 전이다.(법 12조, ※신청주기/시점 : 2년에 1회, 설치검사 유효기간 만료 1개월 전)

또한 설치검사의 신청을 받은 안전검사기관은 해당 어린이놀이시설에 설치된 어린이놀이기구가 「품질경영 및 공산품안전관리법」 제14조에 따른 안전인증을 받았는지 여부와 해당 어린이놀이시설이 법 제11조에 따른 기술기준 및 시설기준에 적합하게 설치되었는지 여부를 검사하도록 규정하고 있다. 놀이시설의 일부분만 교체한 경우에도 설치검사를 받아야 한다.

(1) 절차(시행령 제7·8조, 규칙 제14·15조)

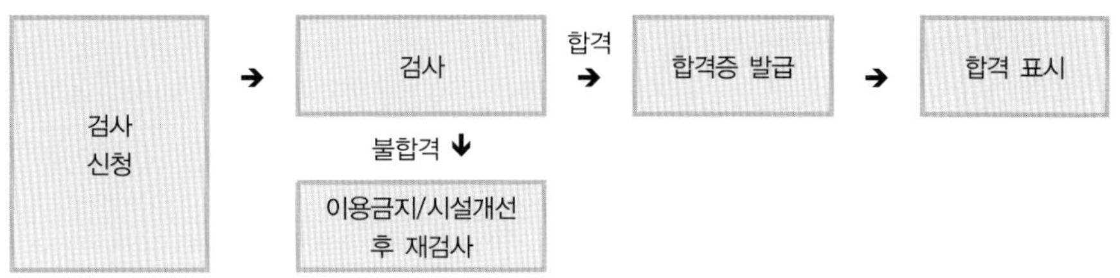

① 설치검사 신청 시 구비서류
- 설치검사 신청서(별지 제12호)
- 어린이놀이시설 배치도(사진 포함)
- 어린이놀이기구 목록(안전인증번호 포함)
- 어린이놀이시설 설치 현장약도

  ※ 안전검사/인증서 사본 : 설치검사기관에서 확인(시행령 7조)

② 설치검사의 평가기준 : 어린이놀이시설의 설치기준 및 시설기준

③ 합격증 발급 : 설치검사 합격증(별지 제13호)

④ 부적합 결과 통지
- 해당 기관에 통보
- 신청자 : 결과통지서 발급(별지 제12호)

⑤ 불합격 놀이시설 이용금지(법 13조)
- 기존 놀이시설은 2015년 1월까지 유예

5) 정기시설검사

(1) 어린이놀이시설이 시설기준 및 기술기준에 따른 적합성을 유지하고 있는지를 확인하기 위한 검사(법 12조)

(2) 신청자/검사기관 : 어린이놀이시설의 관리주체/안전검사기관(법 12조)

(3) 신청주기/시점 : 2년에 1회/설치검사 유효기간 만료 1개월 전(법 12조)

(4) 절차(시행령 8조, 규칙 15조)

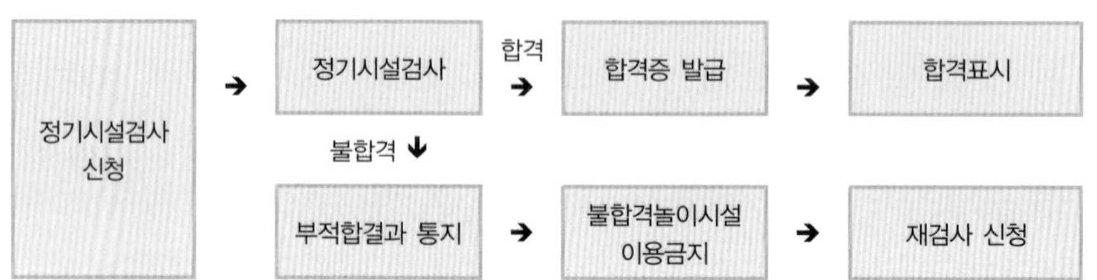

① 정기시설검사 신청 시 구비서류

- 정기시설검사신청서(별지 제14호)
- 어린이놀이시설 설치 현장약도
- 설치검사 합격증

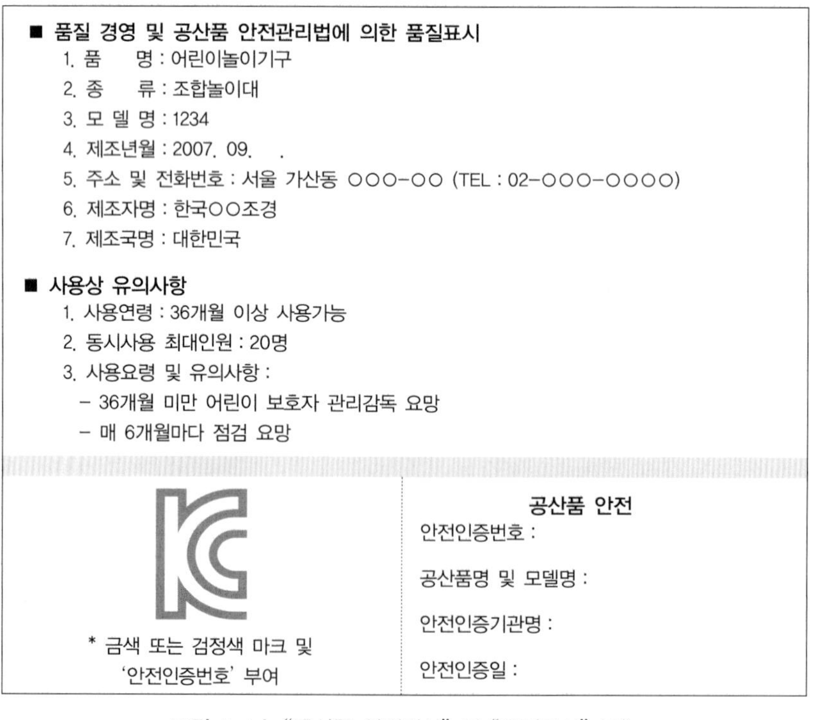

■ 품질 경영 및 공산품 안전관리법에 의한 품질표시

1. 품 명 : 어린이놀이기구
2. 종 류 : 조합놀이대
3. 모 델 명 : 1234
4. 제조년월 : 2007. 09. .
5. 주소 및 전화번호 : 서울 가산동 ○○○-○○ (TEL : 02-○○○-○○○○)
6. 제조자명 : 한국○○조경
7. 제조국명 : 대한민국

■ 사용상 유의사항

1. 사용연령 : 36개월 이상 사용가능
2. 동시사용 최대인원 : 20명
3. 사용요령 및 유의사항 :
   - 36개월 미만 어린이 보호자 관리감독 요망
   - 매 6개월마다 점검 요망

* 금색 또는 검정색 마크 및 '안전인증번호' 부여

공산품 안전

안전인증번호 :

공산품명 및 모델명 :

안전인증기관명 :

안전인증일 :

그림 5-1 | "공산품 안전검사" 및 "품질표시" (예)

② 정기시설검사 평가기준 : 어린이놀이시설의 설치기준 및 시설기준

③ 합격증 발급 : 정기시설검사 결과통지서(별지 제14호)

④ 합격표시(시행령 10조) : 표시의 기준과 방법(별표5)

⑤ 부적합결과 통지

- 해당 기관 및 신청자
- 정기시설검사 결과통지서 발급(별지 제14호)

⑥ 불합격놀이시설 이용금지(법 13조)

- 기존놀이시설은 2015년 1월까지 유예

⑦ 재검사 신청

- 검사결과에 이의가 있는 경우 또는 놀이시설의 미비점 보완 후

6) 안전진단

① 어린이놀이시설 안전점검 결과 어린이놀이시설이 어린이에게 위해를 가할 우려가 있다고 판단되는 경우 안전검사기관에 의뢰하여 안전진단 실시(법 16조)

② 신청자/검사기관 : 어린이놀이시설의 관리주체/안전검사기관(법 16조)

③ 신청 시점 : 안전점검 결과 위해를 가할 우려가 있는 경우 1개월 이내

④ 안전진단 절차(법 16조, 시행령 16조)

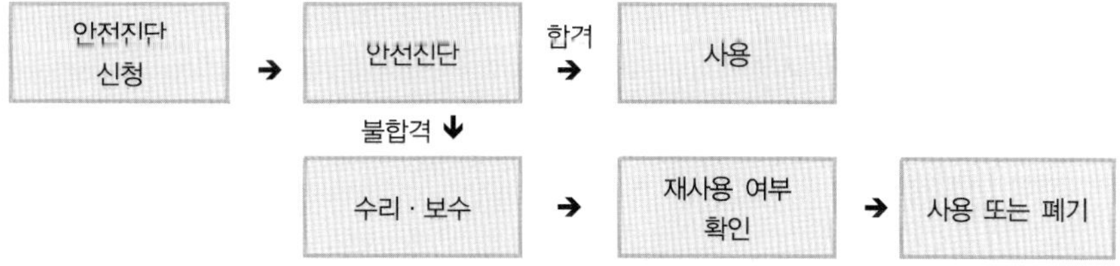

⑤ 안전점검 결과 어린이에게 위해의 우려가 있을 경우 놀이시설을 이용금지하고 안전진단 신청

⑥ 안전진단 신청 시 구비서류

- 안전진단 신청서(별지 15호)
- 어린이놀이시설 배치도
- 어린이놀이시설 약도

⑦ 결과 통보 : 정기시설검사 결과통지서(별지 15호)

- 해당 기관 및 신청인에게 통보

⑧ 불합격한 시설은 관리주체가 필요한 조치를 실시하여 수리 · 보수

⑨ 재사용 여부 확인 신청 : 관리주체가 안전검사기관에 신청

⑩ 재사용 여부 확인 : 안전검사기관에서 확인

⑪ 결과 통보 : 재사용 또는 시설철거 등

⑫ 안전진단 결과 판정

표 5-8 | 어린이놀이시설 안전진단 결과 판정내용

분 류	판정내용
상(위험)	1. 일부분 균열, 파손으로 과도한 변형이 발생된 경우 2. 구조체에 변형이 발생된 경우 3. 구조적 보전성 시험에 견디지 못한 경우 4. 기타 상태가 위험하다고 판단되는 경우
중(보수)	1. 기구의 상태(연결, 체결부)가 노화된 경우 2. 구조물의 상태가 보수를 요하는 경우 3. 안전거리(자유공간, 하강공간 등) 확보가 미흡한 경우 4. 충격흡수용 표면재의 상태 및 한계하강높이가 기구와 맞지 않는 경우 5. 기타 상태가 보수해야 한다고 판단되는 경우
하(안정)	1. 일반 상태는 다소 미흡하나 안전에는 문제가 없다고 판단되는 경우 2. 기타 안전에 별 문제가 없다고 판단되는 경우

⑬ 안전진단 판정기준

표 5-9 | 어린이놀이시설 안전진단 판정기준

분류	안전진단 기준
구조적 보전성	지속성을 포함한 기구 구조체의 구조적 보전성은 어린이놀이기구 안전인증기준(품질경영 및 공산품안전관리법에 따른 안전인증대상공산품의 안전인증기준 부속서 12)의 구조적 보전성 시험 중 부록 C에 의한 인자 중 "유리한 인자"를 적용하여 보전성 시험에 견뎌야 한다.
하강에 대한 보호	충격을 완화시키기 위한 표면처리가 어린이놀이기구 안전인증기준(품질경영 및 공산품안전관리법에 따른 안전인증대상공산품의 안전인증기준 부속서 12)의 요건에 적합하게 되어 있어야 한다. 한계하강높이에 대한 측정은 충격측정장치를 이용하여 현장에서 낙하하여 자유하강높이와 비교 측정하여 확인한다.
일반구조상태	부품과 부품, 기구와 기구의 결합 및 접합상태가 안전하게 체결되어 있어야 하며, 놀이기구가 지면과 닿는 부분이나 기타의 틈새 등에 의한 벌어짐 등이 없어야 한다.
기구상태	다음 사항에 대하여 사용상 지장을 주는 것이 없어야 한다. ① 기구의 끝처리 상태 ② 볼트, 너트 등의 녹 상태 ③ 용접부위 상태 ④ 연결부 체결상태 ⑤ 구동부 하중보전성 : 700N 하중으로 1분간 유지로 확인한다. ⑥ 소비성 부품(베어링 등) 상태
재료상태	로프, 체인, 목재, 합성수지, 금속 등의 재료에 대한 강도 및 표면상태는 사용상 지장이 없이 양호해야 한다.
최소공간	충격구역 및 자유공간, 하강공간, 최소공간에 대한 안전기준을 준수해야 한다.(품질경영 및 공산품안전관리법에 따른 안전인증대상공산품의 안전인증기준 부속서 12)
주변 장애물	사용기구의 안, 밖 주위에 상해를 입을 수 있는 장애물이 없어야 한다.

7) 안전교육

(1) 안전교육이란 어린이놀이시설 안전관리지원기관에서 어린이놀이시설 안전관리를 담당하는 자에게 실시하는 교육(법 20조)

(2) 교육대상 : 어린이놀이시설 안전관리 관련 업무 담당자

(3) 교육시점

- 어린이놀이시설을 인도받은 날로부터 6개월 이내
- 설치검사를 받고 합격한 날로부터 6개월 이내

(4) 교육주기/시간 : 2년에 1회/4시간 이상(1회당)

(5) 교육기관 : 안전관리지원기관

- 한국생활환경시험연구원, 한국기기유화시험연구원, 비상재난안전협회

(6) 교육내용

- 어린이놀이시설 안전관리에 관한 지식 및 법령
- 어린이놀이시설 안전관리 실무
- 그 밖에 어린이놀이시설의 안전관리를 위하여 필요한 사항

(7) 안전교육으로 인정하는 교육

아래의 교육을 이수한 경우 어린이놀이시설 안전관리법에 따른 안전교육을 받은 것으로 인정하는 교육

- 주택법 제49조에 의한 안전교육, 영유아보육법 제23조에 따른 보수교육

※ 안전행정부 장관이 인정한 기관(예 : 대한주택관리사협회)에서 교육을 받아야 하고 위의 교육내용 및 시간을 준수

8) 보험과 사고처리

어린이놀이시설의 보험가입은 「어린이놀이시설 안전관리법」 제21조에 따라 실시되며, 관리주체는 어린이놀이시설을 인도받은 날부터 30일 이내에 어린이놀이시설 사고배상책임보험 또는 이와 같은 내용이 포함된 보험에 가입해야 한다. 보상한도액은 시행령별표 7에 따라 생명 · 신체상 손해에 대하여 최고 8천만 원까지 지급하도록 한다.

어린이놀이터에서 안전사고가 발생한 경우에는 우선 사고자를 안전한 곳으로 옮기고 사용이 허가될 때까지 접근을 금지시키며 사고발생 24시간 이내에 사고발생처리 일지를 작성하여 작성된 사고 보고서를 토대로 위험물 제거 및 교정활동계획을 수립한다. 또한 연말에는 지난 1년간의 사고보고서를 분석하여 놀이터 내에서 자주 발생하는 사고유형 및 원인을 분석하여 이후 내년도 안전관리계획 수립 시 반영하도록 한다.

안전사고 발생 시 처리절차

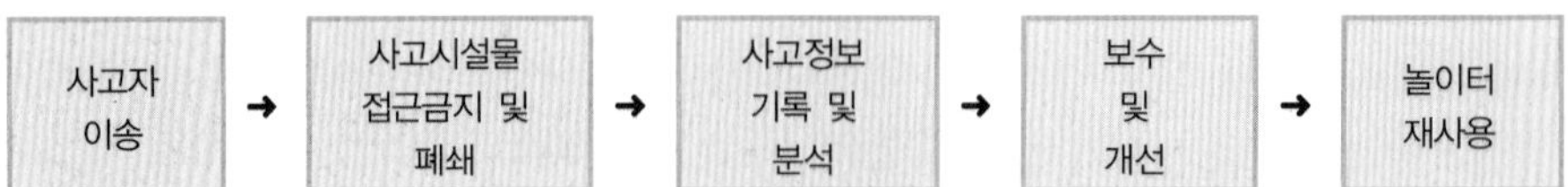

중대사고의 보고

① 어린이놀이시설 관리주체는 중대한 사고가 발생한 경우 즉시 사용중지 등 필요한 조치를 취하고 관할 시 · 도지사에게 통보하여야 한다.(법 22조)

② 중대한 사고는 다음과 같다.(시행령 제14조)

- 사망한 경우
- 3명 이상이 동시에 부상을 입은 경우
- 사고 발생일부터 7일 이내에 48시간 이상의 입원치료가 필요한 부상을 입은 경우
- 골절상을 입은 경우
- 출혈이 심한 경우
- 신경 · 근육 또는 힘줄이 손상된 경우
- 2도 이상의 화상을 입은 경우
- 부상면적이 신체 표면의 5퍼센트 이상인 경우
- 내장(內臟)이 손상된 경우

어린이놀이터에서 사고가 발생되었을 때 어린이공원의 경우 사고접수 및 보상처리 절차는 다음과 같다.

- 사고접수 및 보상처리 절차
  ① 피해자(사고 접수 : 구청) → ② 구청(배상금 신청 : 손보사)
  → ③ 한국지방공제회(사고처리협의 : 손보사) → ④ 손해보험사(보험금 지급 : 구청)
  → ⑤ 구청(배상금 지급 : 피해자) →⑥ 피해자(보상완료)

사고발생처리 일지 양식

<table>
<tr><td>사 고 일 시</td><td>200 년 월 일</td><td colspan="2">시 분~ 시 분</td></tr>
<tr><td>사고현장 인원</td><td colspan="3">성인 ( )명, 어린이 ( )명</td></tr>
<tr><td>사고자의 신상명세</td><td colspan="3">나이 : 세
성별 : ( )남 ( )여
이름 : (보호자명 :)
주소 : 구 동 번지
연락처 ☎ : – –</td></tr>
<tr><td>사고와 관련된 시설</td><td colspan="3">□ 그네 □ 기어오르기(구체적 :)
□ 미끄럼틀 □ 매달리기(구체적 :)
□ 시소 □ 흔들다리
□ 철봉 □ 복합놀이시설물
□ 회전무대 □ 울타리, 담장
□ 의자 □ 음용수시설
□ 가로등 □ 화장실
□ 조경시설(나무) □ 놀이터 내 이물질(깨진 병 등)
□ 기타( )</td></tr>
<tr><td>사고경위</td><td colspan="3">□ 떨어짐 □ 미끄러짐(넘어짐)
□ 부딪힘 □ 신체부위가 끼임
□ 긁힘 □ 찔림
□ 감전 □ 기타( )</td></tr>
<tr><td>사고부위</td><td colspan="3">□ 머리 □ 얼굴 □ 눈 □ 코
□ 귀 □ 입/입술/혀 □ 치아 □ 팔/팔꿈치
□ 손/손가락 □ 발/발가락 □ 다리 □ 허리
□ 엉덩이 □ 어깨 □ 가슴/등 □ 목</td></tr>
<tr><td>상해정도</td><td colspan="2">□ 부러짐 □ 삐다
□ 긁힘 □ 베임(혹은 절단)
□ 멍이 듦 □ 화상
□ 쇼크(기절) □ 기타( )</td><td>□ 경상
□ 중상
□ 사망</td></tr>
<tr><td>행동조치</td><td colspan="3">□ 별다른 조치 안함
□ 비상약으로 치료
□ 보호자에게 연락 및 인계
□ 119에 신고
□ 병원으로 보냄 (이후 : □ 치료 □ 수술 □ 사망)
□ 기타( )</td></tr>
<tr><td>목격자 진술
(사고 묘사)</td><td colspan="3"></td></tr>
<tr><td>사후 시설 교정</td><td colspan="3">□ 별다른 조치 안함
□ 수리 □ 시설 교체 □ 시설 폐쇄</td></tr>
<tr><td colspan="4">보고서 작성 날짜 : 200 . . .
보고서 작성자 (소속/직위) :
연락처 : 성 명 (인)</td></tr>
</table>

놀이터 안전사고 보고서 참고자료

사고현장 사진 및 그림 (필요시 사진 부착이나 그림으로 묘사하여 첨부한다.)

3 유지관리 실무

어린이놀이시설의 유지관리는 어린이놀이시설의 이용자인 어린이가 직접 참여하여 이용하는 단계이므로 매우 중요하다고 할 수 있겠다. 어린이놀이시설 안전사고는 유지관리단계에서 관리부실이나 부주의가 주요한 원인이 되므로 어린이 상해의 위험을 감소시켜 실제적인 안전관리 효과를 얻을 수 있는 주요한 단계인 것이다.

「어린이놀이시설 안전관리법」 제12조제2항에서는 어린이놀이시설의 기능 및 안전성이 지속적으로 유지되도록 어린이놀이시설의 정기시설검사, 제14조 관리주체의 유지관리의무, 제15조 어린이놀이시설의 기능 및 안전성 유지를 위하여 안전점검 실시, 제16조 안전진단 신청을 받은 안전검사기관의 안전진단의 실시, 제17조 안전점검 및 안전진단을 실시한 점검결과 등의 기록·보관, 제18조 어린이놀이시설에 대한 효율적인 안전관리를 위한 어린이놀이시설 안전관리사업의 지원, 제19조 어린이놀이시설로 인하여 발생할 수 있는 위해·위험사고를 예방하기 위한 어린이놀이시설의 종합관리를 위한 협력 등 제20조 안전관리 담당자에게 어린이놀이시설 안전관리에 관한 교육, 제21조 어린이놀이시설 사고로 인하여 어린이의 생명·신체 또는 재산상의 손해를 발생하게 하는 경우 그 손해에 대한 배상을 보장하기 위한 보험가입, 제22조 사고보고의무 및 사고조사, 제23조 관리주체의 보고·검사 등 어린이놀이시설 안전관리와 관련하여 많은 내용을 규정하고 있다.

장소별 설치근거법인 「도시공원 및 녹지 등에 관한 법률」 제119조 도시공원의 설치 및 관리, 「주택법」 제49조 안전관리계획 및 교육 등, 제50조 안전점검과 「영유아보육법」·「유아교육법」·「아동복지법」·「초·중등교육법」에 근거한 「고등학교 이하 체육교구·설비기준」 제10조 노후 교구·설비의 대체에서도 어린이놀이시설의 유지관리에 관한 사항을 규정하고 있다.

어린이놀이시설 관리주체는 놀이시설의 비적절한 유지관리는 놀이터 사고의 원인이 된다는 것을 주지해야 한다. 놀이시설의 안전과 쾌적한 사용여부는 적절한 점검과 유지관리에 의해 좌우된다. 제조업자 및 설치업자의 유지 및 보수를 위한 지시사항과 검사 일정에 대한 권고사항을 반드시 지켜야 한다.

우선적으로 놀이시설 관리주체는 어린이놀이터에 대한 포괄적인 유지 및 보수 프로그램을 개발해야 한다. 그 후에 모든 어린이놀이시설의 잠재적인 위험이나 부패, 곤충이나 기후에 의한 부식과 노후화에 대해 자주 점검한다. 놀이터 바닥에도 유리 조각이나 다른 위험한 파편들이 있는지 자주 검사해야 한다. 충격흡수 바닥재료는 그네 밑이나 미끄럼틀 출구처럼 이용이 많은 곳은 바깥으로 유실되거나 뭉쳐있지 않은지 철저하게 검사해야 한다. 검사 중에 어떤 결손이나 위험이 발견되면 설치업자의 수리 및 교체에 대한 지시서에 따라 즉시 조치한다.

각각의 놀이터 내에 있는 각각 놀이기구에 대한 전체 점검의 빈도는 시설물의 타입, 사용량, 현지 기후에 따라 다르다. 이 책의 '정기점검방법과 점검주기'를 참조한다. 놀이터 전체의 유지·보수 스케줄은 각 시설물의 유지 및 보수 일정에 대한 설치업자의 권고사항에 따른다. 움직이는 부분과 마모될 수 있는 부품에 대해서는 특별한 주의가 요구된다. 안전점검은 단순히 제시된 체크리스트를 통해 점검하는 것이 아니라 반드시 교육 훈련된 직원에 의해 체계적으로 진행되어야 한다. 즉, 어린이놀이시설의 안전점검에서 유지 및 성능관리도 중요하지만 이용자의 안전을 최우선 과제로 책정해야 한다.

안전점검표는 관련법 또는 공공기관에서 제시한 것도 있지만 설치업자가 제시하는 체크리스트를 이용할 수도 있다. 일부 제조 및 설치업자들은 유지 및 보수 지시서와 함께 전반적 또는 세세한 검사를 위한 체크리스트를 제공하기도 한다. 제공된 체크리스트들은 제조업자의 설계명세서에 따라 이루어질 수 있도록 한다. 안전점검만으로는 포괄적인 놀이터 유지 및 보수 프로그램을 완성하기는 힘들다. 안전점검 중에 나타난 모든 위험요소나 결함은 즉시 수리되어야 한다. 놀이기구의 수리와 부분교체는 제조업자 또는 설치업자의 지시사항에 따라 실행하는 것이 좋다.

또한 놀이시설의 유지관리와 관련하여 빠뜨리지 말아야 하는 것이 기록서류의 보관인데, 제조 및 설치업자의 유지 및 보수 지시서와 체크리스트를 포함한 관리자가 작성하는 모든 점검과 관리 및 수리에 대한 기록을 보관하도록 한다. 놀이시설에 대한 안전점검이 끝났을 때는 어떤 양식이든지 실행한 담당관리자는 서명을 하고 그 날짜를 기입해야 하며 놀이터에서 발생한 모든 사고와 상해에 대한 기록도 보관해야 한다. 이렇게 함으로써 바로잡아야 할 잠재적인 위험이나 위험한 디자인 형태를 알게 될 것이다. 다음은 적절한 어린이놀이시설의 유지관리를 위해 기본적으로 인지하고 준비해야 할 사항들이다.

(1) 일반

놀이터에서의 이용자의 손상과 안전사고를 줄이기 위해 정기적인 점검과 관리계획이 필수적이며, 정기적으로 실행되어야 하고 유지되도록 한다. 해당 지역의 조건 및 시설에 맞는 특별조건들과 설치업체가 제공한 제품설명서를 참조하도록 한다. 이것은 법적으로도 필수적인 일상점검을 위해 상당히 중요한 일로서, 정기적인 관리는 놀이시설물의 어떤 부분이 중요하고 유지 관리되는지를 확실히 보여줄 수 있어야 한다.

(2) 직원

놀이터 관리직원은 놀이터 안전관리 관련 업무를 수행할 능력을 구비해야 한다. 해당 관리직원은 그들의 해당 업무와 책임에 대해 숙지하고 있어야 하며, 놀이터에서의 보수작업은 이용중인 어린이의 안전을 위협할 수 있으므로 어린이가 놀이기구를 사용중일 때에는 피하도록 한다. 모든 보수작업이 완료될 때까지는 어린이 및 일반인의 접근을 금지하도록 한다.

(3) 정기적인 유지관리

정기적인 유지관리는 업무경험과 업무규모 그리고 변경된 조건 등에 따라서 조정될 수 있다. 놀이터의 정기적인 유지관리는 놀이터의 안전 수준과 기능을 관리하기 위한 예방조치를 포함하는 것이 좋다. 이러한 예방조치에는 예를 들면 다음과 같은 것이 포함될 수 있으며, 여건에 맞추어 조정하여 실행하는 것이 좋다.

- 나사와 나사 종류의 조임
- 밧줄 및 와이어 장력(wire tension) 유지관리
- 페인트의 유지보수
- 충격방지 바닥의 유지보수
- 윤활유
- 놀이시설의 청소 및 불순물 제거
- 모래 등 바닥재료의 보충(안전기준 높이)
- 놀이터 구역의 유지관리
- 겨울철 적절한 조치

(4) 올바른 유지보수

올바른 유지보수는 놀이기구와 바닥의 안전기준에 맞게 그 기능과 안전을 유지하기 위해 해당하는 결함 등을 적절한 시기에 제거하는 것을 말한다. 놀이시설의 안전에 직접적인 영향을 주는 놀이시설물의 유지보수는 권한을 가진 직원에 의해 실시되어야 하고 외부업체에 용역을 주는 경우에도 반드시 확인되어야 한다. 이러한 조치에는 다음과 같은 것이 있다.

- 나사 또는 연결된 구성품의 교체
- 마모되거나 결함 있는 놀이시설물 구성품의 교체

• 결함 있는 부분의 용접과 보충작업

(5) 놀이기구의 변경

놀이터에서 하나 이상의 놀이기구 또는 디자인과 배치의 부분적인 변경은 해당 제조업체 또는 관련 전문가와 상담한 경우에만 실시하도록 한다. 놀이기구 또는 디자인의 변경은 관리책임자의 승인을 얻어 진행하도록 한다. 놀이기구의 재배치 및 변경이 이루어졌다면 관련 안전검사기관에서 새로운 안전검사 증명서를 발부받아 보관 및 관리하도록 한다.

표 5-10 | 일반적 어린이놀이시설 유지관리지침

분 류	안전 체크사항
일상적 유지	사고를 예방하기 위해서 관리자가 적절한 일상적인 유지계획을 수립, 공급, 유지하는 것을 확실히 해야 한다. 이것은 지역의 상태와 필요한 검사횟수에 영향을 줄 수 있는 제조업자의 지침을 고려해야 하며, 이 계획은 유지하기 위한 부품을 목록화 하고 고장을 처리하기 위한 절차가 제시되어야 한다. 놀이터 시설의 일상적인 유지는 안전 수준을 유지하기 위해 예방차원에서 행해야 한다.
	〈시설물 유지 예〉 • 조임장치의 조임 • 표면의 재도장과 재배치 • 자유공간 등 최소공간의 유지 • 베어링의 윤활 • 거칠어진 면과 돌출부분 처리 • 기둥의 고정상태 유지
	〈모래 바닥재 유지 예〉 • 모래바닥의 배수상태, 표면상태 일상 유지(일상 점검) • 깨어진 유리조각과 파편 또는 오염물질의 제거(일상 점검) • 유실된 모래의 보충(일상 점검) • 모래바닥재의 소독(필요시 행할 수 있으나 인체에 해가 되지 않은 농도조절이 필요) • 굳은 모래 부수기 및 표면과 안쪽 뒤집기(6개월 1회)
수리 · 교체	사고 예방을 위해서 관리자는 점검 중 수리나 교체를 요하는 부품 또는 기구에 대해서 적극적인 자세로 임해야 한다. 이를 위하여 수리나 교체에 필요한 절차가 사전에 수립되어 있어야 하며, 이 절차에는 수리 또는 교체업자가 목록화 되어 있어야 한다.
	〈수리 또는 교체 필요부분 예〉 • 늘어지거나 내부 와이어가 노출된 로프 • 녹슬고 마모된 금속부품(볼트, 고리, 연결부) • 코팅부 마모로 유리섬유층이 노출된 FRP • 변형이나 사용 노화로 안전하지 않은 목재 및 플라스틱 부품(울타리, 난간, 패널, 지붕 등) • 휘어지거나 부식된 금속부(난간, 사다리, 매달림 기구 등) • 갈라짐, 틈 발생, 부패 등이 진행되는 목재 부품 〈모래 바닥재 교체〉 • 일상 관리되는 놀이터 바닥재(3년 주기교체) • 가혹한 사용상태(숲속 놀이터, 공원 놀이터 등) 및 일상 관리에 어려움이 있는 놀이터 바닥재(1년 주기 교체)

(계속)

분 류	안전 체크사항
유지 · 관리담당자의 역할	안전관리, 검사, 수리 같은 일을 수행하는 담당자는 사고처리 능력을 갖추고 있어야 하며 시설의 필수적인 안전에 영향을 줄 수 있는 구조나 시설의 부품 교체는 자격이 있는 사람이나 제조자와 상담 후에 수행되어야 함.
안전사고	사용 중 일어나며 안전에 위험이 있는 결함은 즉시 개선되어야 한다. 안전하지 않은 시설이 수리되고 사용이 허가될 때까지 이용자에 대한 접근은 금지되어야 함. 〈안전하지 않는 시설의 상황의 예〉 • 시설의 안전장치가 완전하지 않은 것 • 충격흡수 표면이 정상적이지 않은 것 • 안전수준의 지속적인 유지를 확신하지 못하는 것
	관리자의 주의를 기울일 사고에 대한 정보는 다음 상세사항을 포함하는 형식으로 기록되어야 한다. • 사고시간과 날짜 • 사고자의 나이와 성별, 입고 있던 옷, 신발 포함 • 관련된 시설 • 사고 당시 현장의 어린이 수 • 사고 묘사 • 영향을 받은 신체부위를 포함한 입은 상처 • 행동조치 • 목격자 진술 • 사후 시설교정(수정)

3단계 안전관리

1) 안전점검과 관리방법

안전점검과 관리계획은 3단계로 실행하도록 한다.

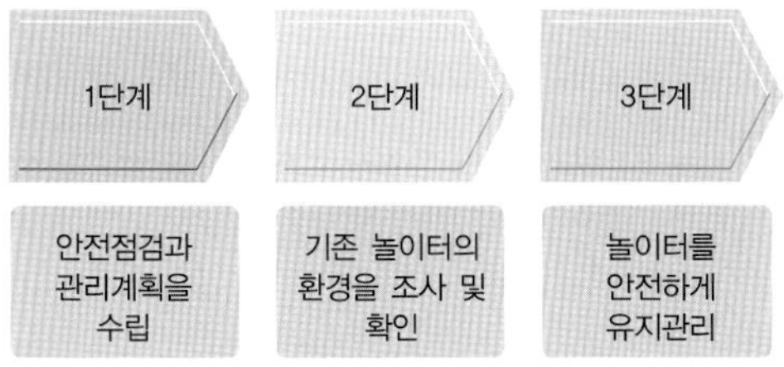

(1) 1단계 : 점검과 관리계획을 수립

A. 안전점검과 관리계획을 자신이 관리하는 놀이터에 맞게 수립하도록 한다.

첫 번째로 할 일은 놀이터 관리계획과 안전점검 항목 가이드를 참고하여 해당 놀이터에 알맞은 안전점검과 관리 매뉴얼을 보완 및 발달시키도록 한다. 해당 놀이터만의 매뉴얼은 놀이터의 점검과 유지관리하기 필요한 참고자료들을 포함하도록 한다. 다음의 단계에 따라 관리계획을 수립한다.

① 관련 자료를 취합 : 놀이터 관리에 필요하거나 도움을 받을 만한 업체 또는 자료를 취합하고 목록을 만든다.

② 관련 양식을 구비 : 놀이터 관리와 안전점검과 관련된 양식을 구하여 구비한다.

③ 관리할 수 있도록 분류 정리한다.

- 관리할 놀이터별 놀이기구와 부대시설 목록(놀이터시설조사 목록표 참조)
- 기초조사 체크리스트
- 일상점검 체크리스트
- 정기점검 체크리스트
- 연례점검 체크리스트
- 관리계획과 일정표(법정 교육일정 포함)
- 법적 안전기준 및 교육자료
- 안전사고 관련 양식

④ 기존의 점검표 대비 해당 놀이터에 맞는 관리 및 점검목록의 수정 및 작성을 위한 실제 조사를 진행한다. 기초조사와 병행하는 것이 좋으며 "초기 시설조사방법"을 참고하여 진행하도록 한다. 놀이터를 직접 조사하다 가장 우선적으로 주의 및 관리해야 하는 부분이 있다면 별도로 체크한다.

⑤ 실제로 진행한 조사결과를 참조하여 관리 및 점검 양식과 계획을 조정한다. 전문자료실에 있는 각종 양식을 해당 놀이터 실정에 맞게 조정하여 양식 이름 등 지정하여 관리한다. 기구별로 세부적이고 기술적인 사안에 대하여는 놀이터 관련 전문가와 상담하여 해결한다. 또한 "정기점검방법과 점검주기"를 참조하여 관리 및 점검일정을 정하도록 한다. 그리고 양식별로 별도의 바인더를 만들어 관리한다.

B. 놀이터 기록보관체계를 수립한다. : 다음으로 해야 할 것은 안전점검과 유지관리 활동을 파악할 수 있도록 기록보관체계를 수립해서 발전시키고 놀이터 관리에 필요한 기타 다른 서류들을 유지관리하는 것이다.

(2) 2단계 : 기존 놀이터의 환경을 조사 및 확인

관리자는 기존에 설치된 놀이터의 조건들을 조사 및 확인하고 안전점검과 관리를 위한 기초토대를 세우는 작업을 하도록 한다.

① 기초조사 실시 : 관리자는 놀이터 기초조사표를 이용하여 안전기준에 맞지 않은 요소들과 관리가 필요한 것들을 조사하여 밝혀내도록 한다. 놀이터 기록은 재검

토하고 놀이기구에 사용된 재료들을 확인한다. 이러한 기초조사는 일상 및 정기 점검과 연례적인 점검 그리고 안전성 개선을 이제 막 시작하는 데 있어 아주 중요한 기반 및 근거자료가 될 것이다.

② 위험요인 기록 : 안전점검 결과와 밝혀낸 모든 위험요인을 기록하는 데에는 정기 점검표를 사용하도록 한다.

③ 적절하고 올바른 조치 : 확인된 위험요인들을 제거하고 바로잡기 위한 관리적 책임을 실행에 옮기도록 한다. 위험요인들이 즉각 제거되지 않는다면 제거가 확실히 될 때까지 관련된 일부 구성품 또는 필요할 경우에는 놀이터 전체를 폐쇄해야만 한다. 만약 많은 위험요인들이 명확히 밝혀졌다면, 조사자는 위험요인의 우선순위 리스트를 만들어 활용하는 것이 좋다. 관리책임자는 위험요인의 수리와 유지관리를 위한 일정표를 수립 및 조치를 취한다.

④ 안전점검과 유지관리의 기록업무의 지속 : 점검의 결과와 관리에 대한 기록은 놀이터 기록보관체계 안에서 유지관리되도록 한다.

(3) 3단계 : 안전한 놀이터를 유지관리

일상적인 육안점검, 정기점검, 연례적인 안전점검은 안전한 놀이터를 유지관리하기 위해 수행되는 것이다. 점검의 방법은 다음과 같다.

① 일상적인 육안점검 : 놀이터에 대한 일상적인 육안점검은 매일 아동이 놀이터를 이용하기 전에 실시한다. 이 점검은 놀이터가 사용하기에 안전하다는 것을 확실히 해야 한다. 일상적인 육안 점검은 "안전점검"에서 자세히 소개된 "일상점검방법"을 따라 한다.

② 정기점검 : 정기점검은 관리자가 월간, 격월 또는 분기별 같이 규칙적인 기간마다 실시하지만 해당 놀이터의 조건과 환경에 따라 달라질 수 있다. 이 점검은 나무의 부패와 녹 그리고 닳아서 낡은 것과 같은 재료의 마모와 악화 또는 놀이기구의 바닥처리를 한 모래 등 보충할 필요가 있는 것을 평가하는 것이다. 관리자는 이러한 종류의 최근 점검을 통해 적절한 조치가 취해졌다는 것을 확실하기 위해 밝혀낸 위험요인과 그것에 대한 관리조치를 재검토한다. 정기점검은 "안전점검"에서 자세히 소개된 "정기점검방법"을 따라 한다.

③ 연례점검 : 연례점검은 놀이터의 건강과 안전요인들을 심도 있게 평가하는 점검이다. 이 점검은 위험요인에 대한 분석과 위험을 줄이기 위해 취해진 적절한 조치 그리고 1년 동안 수행된 유지관리에 대한 재검토를 포함하여 총괄적으로 다룬다.

또한 연례점검을 통하여 차년도 놀이터에 대한 예산과 계획을 세우는 데 도움을 준다. 연례점검은 전문적인 교육과 훈련을 통하여 수행할 수 있다. 연례점검은 전문가와 상담 후 실시하는 것이 좋다.

④ 놀이터 유지관리 : 법적 요건인 놀이터 안전은 유지관리의 가장 주요 분야이며 다양한 놀이기구별로 유지관리의 기준과 관리내용을 참조하여 놀이터의 안전성을 확보해 나가도록 한다.

2) 초기 시설조사방법

기존 놀이시설 조사 6단계는 관리자가 놀이터 관리를 체계적으로 수행하기 위해 필요한 부분이며, 놀이기구의 현재 상태를 검사하기 위해 적용되어야 할 과정과 안전한 상태로 유지관리하는 방법에 관한 것이다.

(1) 1단계

놀이터의 위치와 주변의 이용상황, 접근로와 시설 등을 확인하여 전반적 입지 및 환경에 대한 리스트를 작성한다.

(2) 2단계

각 놀이터별 놀이기구의 개별적인 아이템별 목록과 등록 장부를 작성 및 구비한다. 필요하다면 사진을 첨부하는 것이 좋다.

(3) 3단계

전문자료실의 안전점검 자료를 참조하여 놀이터에 있는 각각의 놀이기구가 안전기준을 충족하는지 검사한다. 이 과정은 시간이 좀 걸리겠지만 놀이터 관리에 있어 중요한 부분으로, 이 업무를 수행하는 사람은 적절한 지식을 가지고 있어야 한다. 모든 기록은 추후에 참고할 수 있도록 보관되어야 한다.

(4) 4단계 – 놀이기구의 점검

① 점검한 결과 해당 놀이기구의 결함이 발견되지 않았다면 앞으로의 정기적인 관리와 점검을 위해 관련정보를 기록하고 확인하도록 한다.

② 점검한 결과 결함이 있다면 결함의 정확한 상태와 기능을 확인하고 어떤 조치를 취할 것인지 결정한다.

• 첫 번째로 할 일은 발견된 결함을 어떻게 개선할지를 가장 먼저 고려한다. 그리고 놀이기구 부분의 중요한 변경 또는 개선이 필요할 경우 임의적으로 조치를 취하기보다는 해당 놀이시설물 제조업체 또는 놀이터 전문가의 자문을 반드시 구해야 한다.

• 두 번째로 할 일은 두 번째로 개선조치가 어렵다고 판단되거나 비용이 과지출되는 놀이기구는 제거한다.

• 세 번째로 수행할 조치는 발견된 조치에 대하여 낮음, 중간, 높음, 긴급함 등과 같은 우선순위로 분류되어야 한다. 일반적으로 일반놀이기구 점검표의 앞부분에 근접하는 목록에 해당될수록 보다 긴급한 적절한 조치를 취해야 한다. 주의가 필요한 해당 놀이기구의 결함 정도와 규모에 따라 우선순위에 따른 조치계획을 마련하고 놀이기구 공급자와 협의한다. 우선순위는 다음 요인에 의해 영향을 받는 순서에 따라 순위를 매길 수 있다.

(a) 놀이기구의 상태 : 놀이기구가 안전기준을 충족하지 못하면 가능한 한 빨리 정정하거나 제거한다.

(b) 손상에 잠재적 노출 정도 : 예를 들면 만약 2미터 높이의 놀이기구 아래에 충격흡수 바닥구역처리를 하지 않았을 경우에는 손상 가능성은 심각하다고 할 수 있다. 손상의 심각 정도를 판단하기 위해서는 어린이놀이시설의 안전기준에 대해 완전히 이해하고 있어야 하며, 현장조사 경험이 풍부해야 한다. 따라서 위험요소를 발견하였다면 놀이시설 전문가와 상담 또는 자문을 받도록 한다.

(c) 놀이기구의 위치 : 해당 놀이기구가 많은 아동이 이용하는 곳에 위치한다면 대부분의 경우에 상기 (a),(b) 두 가지를 완전하게 고려하면서 가능한 빨리 정정되어야 한다.

• 마지막으로 해당 결함이 일반놀이기구 점검표 목록에서 보이지 않으면 놀이터 전문가 또는 제조자 등에게 자문을 구한다. 놀이기구의 원래 공급자가 가장 좋은 상담을 해주겠지만, 불가능하다면 관련 놀이터 전문가와 상담하여 해당 놀이기구를 검사하여 밝혀진 위험요인을 제거할 수 있는 참고정보 및 자료를 구한다.

(5) 5단계

놀이터 바닥을 점검한다. 600mm 이상의 놀이기구는 안전기준에 따라 하강높이에 따른 면적에 알맞게 충격을 흡수할 수 있는 바닥처리를 해야 하며 하강구역 안에는 장애물이 있어서는 안 된다. 결함이 발견된다면 4단계의 점검과정을 다시 한 번 실시하도록 한다.

(6) 6단계

이상의 안전점검 및 조치사항들의 내용을 종합정리 및 관리책임자에게 보고하고 확인된 결함에 대한 개선조치계획을 수립하여 실행한다. 그리고 추후 정기적인 점검과 관리하는데 참고할 수 있도록 보관한다. 관련 양식과 방법은 전문자료실을 활용하도록 한다.

5 안전점검

1) 안전점검 의무

'안전점검'이란 어린이놀이시설의 관리주체 또는 관리주체로부터 어린이놀이시설의 안전관리를 위임받은 자가 육안 또는 점검기구 등에 의해 검사하여 어린이놀이시설의 위험요인을 조사하는 행위를 말한다.(법 제2조제7호)

관리주체는 설치된 어린이놀이시설의 기능 및 안전성 유지를 위하여 월 1회 이상 시행령 별표 6에 따라 해당 어린이놀이시설에 대한 안전점검을 실시해야 한다.(법 제15조제1항 및 시행령 제11조) 따라서 안전점검은 「어린이놀이시설 안전관리법」 제15조제1항에 따라 실시하는 것으로 관리주체가 놀이시설의 위험요인을 조사하는 행위로 관리

※ 이를 위반하여 안전점검을 실시하지 않은 자는 500만원의 과태료 처분을 받도록 되어 있다.
(법 제31조제1항제1호, 시행령 제18조제1항 및 별표 9)

주체 · 안전점검 대리인이 월 1회 이상 어린이놀이시설의 연결상태, 노후정도, 변형상태, 청결상태, 안전수칙 등의 표시상태와 부대시설의 파손상태 및 위험물질의 존재여부 등을 점검하는 것이다.

(1) 일반

관리책임자는 놀이터 및 놀이시설물 관련서류를 포함하여 적절한 점검계획을 세워야 한다. 놀이시설물의 안전점검을 실시하는 모든 직원은 관련 업무 능력을 가져야 하며 관리직원은 놀이터 관리업무 책임을 숙지한다. 예를 들면 이용 중인 놀이터 및 놀이시설물의 안전이 보장되지 않을 경우 일반인의 놀이터 접근을 통제하는 것 등이다.

실행이 완료된 안전점검 서류는 관리책임자가 작성한 관리계획에 의거하여 작성되어야 하며 관련 직원들이 열람할 수 있도록 비치 및 관리한다. 관리책임자의 관리계획에는 안전점검 과정 중에 발견된 결함은 정기적인 안전점검 및 유지관리에 따라 반드시 제거할 것을 확실히 포함해야 한다.

(2) 안전점검 일정

놀이터 관리책임자는 놀이터 관리계획을 총괄하는 적절한 안전점검계획을 세운다. 해당 놀이터의 안전점검계획은 지역적 여건과 설치업체의 설명서와 특정 놀이시설물 또는 놀이터의 주의부분을 고려한다.

(3) 관리직원

놀이터 관리직원은 놀이시설 안전기준을 숙지하고 놀이터에 요구되는 안전점검과 관련된 책임과 과업에 대해 알고 있어야 한다.

(4) 일상적인 육안점검

일상적인 육안점검은 기물파손과 날씨 또는 이용으로 인한 마모 등과 같은 결과로 발생한 놀이기구의 결함을 발견할 수 있다. 이러한 일상점검은 놀이터 및 놀이시설물을 정기적으로 관리하는 직원이 수행하는 것이 좋으며, 안전기준과 관련한 전문적인 안전점검일 필요는 없지만 어린이놀이터 이용 전에 육안점검을 매일 실시할 필요가 있다.

(5) 기능적인 정기점검

이것은 기구의 기능성과 안정성을 점검하는 것을 포함하는 보다 폭넓은 점검이다.

움직이는 부분 또는 마모와 관련된 부분에 특별한 점검이 필요하다. 이러한 정기점검은 적어도 분기별로 실시되는 것이 좋다.

(6) 연간점검

연간점검은 놀이터와 관련된 전반적인 환경에 대한 의문을 제기하면서 시작되어야 한다. 연간점검을 진행하는 동안에 놀이기구의 안전성이 다음 연도 연간점검 시점까지 유지되고 확보될 수 있는지에 대한 평가를 실시하는 것이다. 날씨와 기존에 수행된 보수조치 또는 구성품의 교체 등에 의해 영향을 받게 되는 놀이기구의 안전성 레벨에 기반하여 전체적인 평가가 이루어져야 한다. 특히 놀이기구의 오래된 부분에 대해 부식과 부패 같은 결함요소에 주의를 기울여야 한다. 그러므로 연간점검은 놀이터 관련 전문가 또는 전문대행업체에 위탁하여 진행하는 것이 좋다. 외부에 위탁할 경우는 진행결과에 대해 확인해야 하며 작업결과를 기록 및 보관하도록 한다.

(7) 기록과 관리

점검표 또는 점검양식에 따라 조사하면서 필요에 따라 별도로 위험요인을 설명하거나 위치 등을 손으로 그려 넣을 수도 있다. 만약 점검항목 중 “아니오”란에 체크된 것은 관리가 필요하거나 잠재적 위험요인을 가리키는 것이다. “아니오”란에 체크된 항목이 있다면 조사자 또는 관리자는 즉각적인 시정조치를 실행해야 하므로 관리책임자에게 즉시 보고하고 개선조치를 실행하도록 한다.

2) 안전점검 항목 및 주기

안전점검 대상은 어린이놀이시설 안전관리법 제2조제2호에 따른 어린이놀이터 내에 설치되어 있는 놀이시설과 울타리, 의자 등의 부대시설을 포함한다.

표 5-11 | 어린이놀이시설 안전점검 항목과 주기

구 분	점 검 항 목	점검주기	
		권고	의무
부대시설	• 울타리, 의자, 가로등의 고장 또는 파손	매일	월간
	• 화장실의 파손 및 청결한 상태	매일	월간
	• 식수대, 쓰레기 처리대의 파손 및 청결	매일	월간
	• 놀이터 표지판의 파손 및 내용물 지워짐	1주	월간

(계속)

구 분	점 검 항 목	점검주기	
		권고	의무
놀이터 공통사항	• 모든 놀이기구 및 시설의 낙후, 휘어짐	1주	월간
	• 움직임이 많은 영역에 밧줄이나 전선의 늘어짐	매일	월간
	• 놀이터 안은 전기, 고압선, 유독물질, 유리조각, 돌부리 등의 위험물질 존재	매일	월간
	• 유실 모래의 보충 및 굳은 모래 부수기	2주	월간
	• 놀이터의 배수, 쓰레기 및 입구 주차상태	매일	월간
	• 기둥의 고정 및 조임장치의 조임 상태	매일	월간
	• 기구 및 시설의 베어링의 윤활	매일	월간
	• 기구 및 시설의 도장상태	2주	월간
그네	• 그네 고리('S' 훅)의 풀림 및 파손	매일	월간
	• 그네 좌석판의 파손	매일	월간
	• 그네 회동구 베어링의 윤활유 주입상태	매일	월간
	• 그네 줄의 꼬임	매일	월간
	• 그네 체인의 모양 변형	1주	월간
	• 그네 줄의 균형상태	매일	월간
	• 그네 추락지대까지 바닥재의 충분 상태, 추락 시 상해가능 장애물의 존재	매일	월간
	• 신체부위가 낄 수 있는 틈새의 존재	매일	월간
	• 금속재질의 녹 발생 상태	1주	월간
	• 금이 간 곳의 존재	매일	월간
	• 페인트칠이 벗겨짐	2주	월간
	• 돌출부나 거친 면의 존재	1주	월간
	• 볼트나 나사가 풀림 상태	매일	월간
미끄럼틀	• 미끄럼틀 보호벽(난간)의 파손	1주	월간
	• 미끄럼틀 계단의 파손	1주	월간
	• 미끄럼틀 활주판의 요철 및 파손	1주	월간
	• 착지판의 흙 및 물의 존재	매일	월간
	• 신체부위가 낄 수 있는 틈새의 존재	매일	월간
	• 녹슨 부분은 없는가?	1주	월간
	• 금이 간 곳은 없는가?	매일	월간
	• 페이트칠이 벗겨진 곳은 없는가?	2주	월간
	• 돌출부나 거친 면은 없는가?	1주	월간
	• 볼트나 나사가 풀리지 않았는가?	매일	월간
시소	• 시소의 무게 균형의 정확성(각도가 기준치의 초과)	매일	월간
	• 충격 완화용 타이어의 파손	1주	월간
	• 지지대와 시소판의 연결부위의 원활성 및 회전성	1주	월간
	• 시소가 좌 · 우로 흔들림	1주	월간
	• 손잡이가 흔들림	1주	월간
	• 신체부위(손, 발, 머리)가 낄 수 있는 틈새	매일	월간
	• 금속부분의 녹이 생기다, 목재부분의 부식	1주	월간
	• 기구의 금이 간 곳	매일	월간
	• 페인트칠이 벗겨짐	2주	월간

(계속)

구 분	점 검 항 목	점검주기	
		권고	의무
시소	• 돌출부나 거칠음	매일	월간
	• 볼트나 너트 등의 나사풀림	매일	월간
회전놀이 기구	• 회전상태(베어링 상태)	2주	월간
	• 손잡이의 파손	매일	월간
	• 회전판이 정상기준에서의 기울어짐이나 흔들림	1주	월간
	• 회전축의 강도	1주	월간
	• 회전축의 움직이는 부분의 노출	1주	월간
	• 하강지역에 모래 높이 및 양의 적정성	매일	월간
	• 신체부위(손, 발, 머리)가 낄 수 있는 틈새	매일	월간
	• 금속부분의 녹이 생김, 목재부분의 부식	1주	월간
	• 금이 간 곳은 없는가?	매일	월간
	• 페인트칠이 벗겨짐	2주	월간
	• 돌출부나 거칠음	1주	월간
	• 볼트나 너트 등의 나사풀림	매일	월간
철봉	• 파이프가 휘어짐	1주	월간
	• 하강지역에 모래 높이 및 양의 적정성	매일	월간
	• 금속부분의 녹이 생김	1주	월간
	• 금이 간 곳은 없는가?	매일	월간
	• 페인트칠이 벗겨짐	2주	월간
	• 돌출부나 거칠음	1주	월간
	• 볼트나 너트 등의 나사풀림	매일	월간
기어오르기	• 그물망(체인, 타이어) 사이의 연결부위 고정성	매일	월간
	• 손잡이(파이프, 체인, 타이어)의 파손(갈라짐, 휘어짐, 엉킴, 벗겨짐)	매일	월간
	• 지지대가 느슨해져 있지 않은가?	매일	월간
	• 하강지역에 모래 높이 및 양의 적정성	매일	월간
	• 신체부위(손, 발, 머리)가 낄 수 있는 틈새	매일	월간
	• 금속부분의 녹이 생김, 목재부분의 부식	1주	월간
	• 금이 간 곳은 없는가?	매일	월간
	• 페인트칠이 벗겨짐	2주	월간
	• 돌출부나 거칠음	1주	월간
	• 볼트나 너트 등의 나사풀림	매일	월간
매달리기	• 손잡이 파이프(혹은 링)가 파손(갈라짐, 휘어짐)	1주	월간
	• 하강지역에 모래 높이 및 양의 적정성	매일	월간
	• 신체부위(손, 발, 머리)가 낄 수 있는 틈새	매일	월간
	• 금속부분의 녹이 생김, 목재부분의 부식	1주	월간
	• 금이 간 곳은 없는가?	매일	월간
	• 페인트칠이 벗겨짐	2주	월간
	• 돌출부나 거칠음	1주	월간
	• 볼트나 너트 등의 나사풀림	매일	월간

3) 안전점검방법

(1) 일반적 안내

놀이터의 초기조사, 일상점검, 정기점검을 완료하기 위해서 다음의 과정을 따른다.

① 각각의 초기조사, 일상점검, 정기점검은 참조 표를 이용한 대상지 놀이터 전체의 검사에서부터 시작한다.

초기조사 또는 놀이터의 배치에 변화가 일어났을 때에는 이 부분의 앞에 공급되는 공간에 대상지에 대한 대략적인 그림을 그리도록 한다. 만약에 놀이터 내에 놀이기구의 이용공간이 적절하지 못할 경우 그리고 있는 놀이터 그림에서 놀이기구들 간의 거리를 표시한다. 초기조사를 진행하는 동안 놀이터의 치수는 놀이기구와 놀이기구 사이공간에 표시한다. 이 치수들은 만약에 놀이터를 새롭게 다시 설계할 때에 도움을 줄 것이다. 다음으로 진행하고 있는 각각(초기조사, 일상점검, 정기점검)의 조사들에 관한 질문들을 체크하고 완결하도록 한다.

② 놀이터 전반에 대한 주변과 바닥재료의 상태 등에 대한 점검을 실시한다.

이 부분은 종합적인 놀이시설물의 인공 충격흡수 바닥재료 및 나무, 모래, 자갈, 타이어 등의 바닥재료 등의 상태와 각각의 마무리에 대한 점검을 실시한다. 만약에 당신의 놀이터의 놀이기구 아래의 하강공간에 충격완화를 할 수 있는 바닥재료가 부족하거나 없다면 즉시 보수하거나 놀이터를 폐쇄한다.

③ 전체적인 대상지 및 바닥재료의 상태 검사를 끝낸 후 놀이터 안에 있는 각각의 놀이기구에 대한 점검을 시작한다.

우선 각각의 기구에 맞는 점검조사표를 선택 또는 수정 보완하여 작성한다. 조합놀이대는 그네, 구름다리, 미끄럼틀 등 개별로 조합된 각각의 놀이기구에 대한 점검표를 종합하여 작성한다. 또는 놀이시설 공급업체에서 제공한 점검표를 이용하여 점검을 실시한다. 다음으로 초기조사, 일상점검, 정기점검을 실시한다. 만약에 점검과정 중에 특정한 놀이기구의 부분을 제거해야 하거나 안전진단이 필요하다면 해당 놀이기구의 점검을 중단해도 된다.

예 1 미끄럼틀에 대한 적절한 하강 공간이 없다. 현장 점검자는 미끄럼틀에 대한 심각한 구조적인 악화에 대해서 안전한가를 확인하고 난 후 지정된 놀이기구의 안전기준 치수를 준수하는지 확인한다. 그리고 미끄럼틀의 하강공간을 충분히 확보하고 있는 지 조사하고, 점검자는 미끄럼틀의 재배치가 필요한지를 결정해야 한다. 이 경우에서는 놀이터의 점검자는 이 미끄럼틀을 재배치시켰을 경우 안전해질 수 있는지 계속하여 측정한다.

예 2 조사하는 동안 놀이기구를 구성하는 철골목조 놀이시설물의 모든 수직지지대 나무부분이 심각하게 썩은 것을 발견하였다. 이 놀이시설물은 불안정했다. 이것은 구조물이 수리할 수 없다는 것을 보여주었고, 즉각 제거해야 한다는 것을 보여준다. 이와 같은 최악의 상황을 발견한 후 점검자는 이 놀이시설물의 점검을 중단하였다.

④ 이 책에서 제공하는 '정기점검 주기와 방법'을 참고하여 점검주기를 정하고 놀이시설의 적절한 유지관리에 힘쓴다.

(2) 점검결과의 처리

① 「어린이놀이시설 안전관리법」에 따라 어린이놀이시설의 관리주체는 안전점검 항목의 점검주기별로 점검을 실시한다.

② 점검결과는 영 제정령 안 제10조제1항에 따라 양호 · 요주의 · 요수리 또는 이용금지로 구분하여 별지 제3호 서식의 안전점검기록서에 점검결과 조치사항 등을 표시한다.

- 양호 : 어린이놀이시설의 이용자에게 위해(危害) · 위험을 발생시킬 요소가 없는 경우
- 요주의 : 어린이놀이시설의 이용자에게 위해 · 위험을 발생시킬 요소는 발견할 수 없으나, 어린이놀이기구와 그 부분품의 제조업체가 정한 사용연한이 지난 경우
- 요수리 : 어린이놀이시설의 이용자에게 위해 · 위험을 발생시킬 요소가 되는 틈, 헐거움, 날카로움 등이 생길 가능성이 있거나 어린이놀이시설이 더럽거나 안전관련 표시가 훼손된 경우
- 이용금지 : 어린이놀이시설의 이용자에게 위해 · 위험을 발생시킬 수 있는 틈, 헐거움, 날카로움 등이 있거나 위해가 발생한 경우로서 보수 또는 교체에 대한 전문가의 진단이 필요한 경우

③ 어린이놀이시설 관리주체는 안전점검결과 요수리 및 이용금지에 해당하는 시설 및 부분품에 대하여는 이용자의 위해 · 위험이 발생하지 않도록 필요한 조치를 취한다.

④ 결과조치

놀이시설명	점검항목	점검결과		조치결과	비 고
• 그네	• 점검항목	• 양호 • 요수리	• 요주의 • 이용금지	• ㅇㅇ월 ㅇㅇ일	

- 점검동안 안전을 저해하는 중대한 결함이 발견되는 경우 지체 없이 결함사항을 시정해야 하며 즉각적인 정정이 불가능 할 경우 움직이지 못하게 고정하거나, 제거 등을 통해 시설 사용을 중단하고 안전 대책을 마련 후 수정, 보완하고 그 사항에 대하여는 안전점검관리일지에 기록하여 관리하고 추후 재발 방지에 역점을 둔다.
- 시설물이 현장에서 제거 되었을 때 남겨진 고정물 등이 있을 시에는 적절한 안전대책을 세워 안전한 장소가 되도록 처리한다.
- 안전점검 결과 기록 · 보관(법 17조, 시행규칙 17조)
  (a) 안전점검 결과 기록 : 안전점검 실시대장(16호 서식)
  (b) 안전점검 결과 보관 : 3년간 보관
- 안전점검 결과 위해를 가할 우려가 있다고 판단되는 경우에는 이용을 금지하고 1개월 이내에 안전검사기관에 안전진단을 신청한다.(법 15조)

(3) 발견된 위험요소의 처리

안전점검 과정에서 점검표의 항목 중 "아니오"에 체크되어 있다면 위험요소가 상새한다는 것을 나타낸다. 이처럼 문제점이 기록된 것 또는 발견된 위험요소들을 토대로 다음에 제시되는 행동들을 실행해야 한다.

① 위험요소를 제거 또는 보수하는 지속적인 작업을 실행하거나

② 위험스러운 놀이기구 혹은 전체 놀이시설물을 이용금지 조치하고 관할 주무관청에 안전진단을 신청해야 한다.

(4) 안전점검표

안전점검표는 관련법 또는 공공기관에서 제공하는 다음의 표와 이 책의 제7장 안전점검 체크리스트를 참고하여 해당 놀이터에 맞게 수정 보완하여 작성하고 안전점검을 실시한다.

일상 안전점검 기록서 (년   월)

점검항목 \ 일자	주기	1	2	3	4	5	6	7	8	9	10	11	12	13	14	15	16	17	18	19	20	21	22	23	24	25	26	27	28	29	30	31
1. 조임장치의 조임상태																																
2. 표면의 도장과 처리상태																																
3 .충격흡수 표면의 유지상태																																
4 .베어링의 윤활상태																																
5. 부품의 마모 및 탈락여부																																
6. 주변환경 관리상태																																
7. 깨어진 유리조각과 파편 또는 오염물질의 제거																																
8. 고정되지 않은 충전물 유실 및 이동에 따른 복구상태																																
9. 자유공간지역의 관리상태																																
10. 지면의 배수상태																																
11. 기초 노출, 기둥고정 상태																																

특 기 사 항			
제조 및 설치회사		놀이기구명	
설 치 연 도		점 검 자	
주 소 (☏)	( )	관 리 주 체	

* 비 고 : 1. 점검결과표시(양호 : ○, 요주의 : △, 요수리 : ∨, 이용금지 : ×)
2. 안전점검기록서는 놀이터별로 작성

297mm×210mm(보존용지(2종) 70g/㎡)

(분기) 안 전 점 검 기 록 서

점검항목	1분기	2분기	3분기	4분기	비고
1 . 재료의 마모상태					
2. 목재의 상태(방부 등)					
3. 금속부의 도막상태					
4. 기구의 성능 및 안정성					

제조 및 설치회사		놀 이 기 구 명	
설 치 연 월		운 용 자 및 전 화 번 호	
주 소		점 검 자	
특 기 사 항	※ 점검주기 : 1회/분기, ※ ○ : 양호 , × : 불량	조치사항기록	

(년) 안 전 점 검 관 리 일 지

점검항목	점검 세부항목	평가 및 조치사항	비고
설계도면, 기본골격 사항	1. 놀이터 면적의 변경사항		
	2. 안전거리(충격구역, 자유공간, 하강공간 등)		
	3. 출입구의 안전성		
	4. 법규준수사항 (울타리 등)		
	5. 충격흡수 바닥 표면 : 한계하강높이 측정		
	6. 주변 시설의 안전성		
기초물 확인	1. 천재지변에 의한 기초물의 변경		
	2. 부식 및 부품의 수리, 교체 후의 안전도		
	3. 반영구적인 봉인부품의 안전		
제조 및 설치회사		놀이기구명	
설치연월		운용자 및 전화번호	
주　　소		점검자	
특기사항	※ 점검주기 : 1회/년 , ※ O : 양호 ,　X : 불량	조치사항	

4) 일상점검방법

안전점검은 놀이터의 관리자가 놀이터 이용자의 안전과 시설물의 유지를 위하여 실시하는 점검으로 안전점검 가운데 가장 기본적으로 실시하는 것이 일상점검이다. 일상점검은 날씨의 영향 또는 외부의 기물파손과 놀이기구의 이용과 자체수명에 따른 마모와 외관상 파악되는 파손 등으로 발생하는 위험요인과 결함을 확인하는 점검인 것이다. 일상점검을 실시하는 관리자는 일상점검의 내용과 해당 놀이기구의 위치와 이용에 대하여 정확히 알고 있어야 한다. 일상점검을 실시하는 시간은 매일 어린이가 놀이터를 이용하기 전에 실시하는 것이 좋으며, 놀이터를 이용하기에 좋은 상태임을 확인하는 점검이다.

일상점검은 놀이터의 관리자 및 직원에 의해 실행되어야 하며 놀이터 전반 및 개별 놀이시설의 위험요소로부터의 안전, 특히 고의적인 파손을 확인한다.

(1) 기존 관리 자료를 참고하여 점검서류 등을 준비한다

처음 시작하게 되는 일상점검은 이 단계를 먼저 준비하도록 하고 이미 일상점검을 실시하고 있다면 이 단계를 참고하여 일상점검의 내용과 방법을 조정하는 것이 좋다.

① 놀이기구 재료 : 관리자는 공급업체가 제공한 놀이기구 재료의 관리에 대한 사항

을 알고 있어야 한다. 즉, 목재의 수명과 보존, 페인트의 납 성분 포함여부와 보수부분, 놀이터에 심어진 식재에 대한 내용 등을 미리 조사하고 추가로 알아야 할 내용 등이 있다면 해당 공급업체와 연락하여 내용들을 알아야 한다.

② 위험요인 : 지난해 또는 그동안의 점검내용을 점검하여 밝혀진 위험요인들을 분석 및 정리하여 새로 시작하는 일상점검에 반영하도록 한다.

③ 유지관리 : 지난해 또는 그동안의 보수 또는 유지관리작업의 내용을 조사하여 새로 시작하는 일상점검에 반영하도록 한다.

(2) 놀이터에 대한 일상적인 점검을 실시한다

일상점검의 실시방법은 해당 관리자가 놀이터에 적용가능한 일상점검표를 사전에 작성한 것을 가지고 실시한다. 해당 점검항목마다 반드시 기록할 필요는 없지만 점검 이후에 관리자는 점검완료를 확인하는 일상적 육안점검표 또는 일지를 만들어 점검자의 서명 및 필요사항을 기록한다.

기본적으로 실시해야 할 일상점검 항목과 내용은 어린이놀이시설 안전관리법에서 지정하는 안전점검대상 항목 외에 이 책의 자료를 참조하여 진행하도록 한다. 일상점검 항목은 항상 완벽한 것이 아니며, 관련법과 해당 놀이터 환경과 관리자의 경험에 맞게 정기적으로 조정하는 것이 좋다. 관리자가 직접 놀이터 점검표를 만들 수도 있다.

우선 점검표의 조사항목을 다음과 같이 나누어 준다.

① 놀이터의 입지환경

② 놀이터의 입구와 울타리 등 부대시설

③ 놀이터 내 각각의 놀이기구

어린이놀이시설 관련법에서 지정하는 양식을 활용하여 관리자 또는 점검자가 점검항목들을 측정할 수 있도록 "네", "아니오"로 구별할 수 있는 질문들을 배치시켜 만들어 일상점검을 실시한다. 일상점검표를 해당 놀이터에 맞게 직접 작성하기 위해서는 놀이터 안전과 관련된 교육과 훈련과정을 이수하는 것이 좋으며, 여의치 않을 경우 관련법에서 지정하는 양식 등 기존에 작성된 것을 참고하도록 한다.

(3) 점검상태 및 위험요인을 기록한다

관리자가 즉각 정정할 수 없는 위험요인이 있다면 관리자는 관리책임자에게 보고하고 위험요인 확인 보고서를 작성한다.

어린이놀이시설 안전관리법 별지서식에서 지정하는 안전점검대상 항목인 일상적 육안점검을 집중적으로 실시할 점검요인들은 다음과 같다.

① 놀이기구의 안정성과 뚜렷한 마모 및 파손 흔적
② 바늘, 유리, 배설물 같은 아동건강과 안전을 위협하는 공간 및 바닥의 안전
③ 바닥부분의 상태와 마모 또는 고정되어 있지 않은 부분
④ 체인을 포함한 놀이기구의 구성품과 부대시설의 조임과 연결상태
⑤ 소모성 부품의 분실 또는 고정상태

(4) 적절한 조치를 취한다

관리자는 발견된 모든 결함과 각각의 위험요인을 제거 및 필요한 조치를 취하도록 한다. 필요하다면 놀이터 전체 또는 문제가 발생된 해당 놀이기구는 위험요인이 제거될 때까지 사용을 금지하는 적절한 조치를 취한다.

(5) 안전점검과 유지관리의 기록업무를 지속한다

점검과 관리에 대한 기록은 놀이터 기록보관체계 안에서 유지 관리되도록 한다.

5) 정기점검방법

(1) 놀이터를 얼마나 자주 점검을 해야 하는가?

놀이터를 얼마나 자주 점검해야 하는지 결정하기 전에 초기조사를 실시한다. 놀이터를 이용하는 어린이와 학부모 또는 놀이터의 관리자는 최초의 점검에서는 현재 놀이터의 상태를 결정할 수 있도록 조사해야 한다. 이 기초조사를 통해 놀이터에 상존하는 위험요소들을 밝혀내고 난 후 보수 및 교체작업이 이루어져야 한다. 만약에 어린이놀이시설물의 제거, 재배치, 기구의 교체가 필요하다면 안전한 놀이터의 개축을 위한 새로운 디자인이 필요할 것이다.

일단 초기조사를 통해 발견된 위험요소들이 바로잡아지면 해당 놀이터는 현재의 안전규정을 준수하게 될 것이다. 그리고 놀이시설 관리주체는 앞으로의 유지관리 프로그램을 (일일, 정기적, 매년) 시작할 준비가 되어 있어야 한다.

어린이놀이시설물 안전관리법에도 명시되어 있는 바와 같이 어린이놀이시설물은 정기적인 안전점검을 실시해야 한다. 안전기준을 만족하고 있는지 확인하며, 손상위험이 존재하는지를 살펴야 한다. 특히 이용자가 많은 시설은 더 자주 안전점검을 해야만 한다.

정기점검은 기구의 기능성과 안정성을 포함하여 보다 폭넓게 실시하는 점검이다. 움직이는 부분 또는 마모와 관련된 부분에 대한 특별한 점검이 필요하다. 이 점검은 놀이기구의 부식과 녹 그리고 닳아서 낡은 것과 같은 마모와 악화 또는 놀이기구의 바닥처리를 한 모래 등 보충할 필요가 있는 것을 검사하는 것이다. 밝혀낸 위험요인과 그것에 대한 관리조치를 재검토하여 관리자는 이러한 종류의 최근 점검을 통해 적절한 조치가 취해졌다는 것을 확실히 한다.

가장 먼저 할 일은 놀이터를 얼마나 자주 점검을 해야 하는지 결정하기 전에 기초조사를 실시한다. 기초조사는 전문자료실에 있는 "기존 시설조사 6단계"를 참조하여 실시한다. 놀이터의 관리자는 기초조사를 통하여 현재의 놀이터의 상태를 결정할 수 있도록 조사되어야 한다. 이 점검을 통해 놀이터에 상존하는 위험요소들을 밝혀내고 난 후 보수 및 교체 작업이 이루어져야 한다. 만약에 어린이놀이시설물의 제거, 재배치, 기구의 교체가 필요하다면 안전한 놀이터의 개축을 위한 새로운 디자인이 필요할 것이다.

(2) 어떻게 조사항목을 구성해야 하는가?

우선 초기조사, 일상점검, 정기적 점검 등에 대한 조사항목을 크게 전체 놀이터의 입지환경, 놀이터의 울타리 주변, 놀이터 내 각각의 놀이기구 부문으로 나누어 항목을 구성한다. 각 부문의 첫 페이지는 삽화나 도표를 집어넣는 것이 좋다. 다음으로 점검자가 안전요소들을 측정할 수 있도록 "예", "아니오"의 질문들을 배치시킨다. 각각의 항목에는 어린이놀이시설 안전요건들이 포함된다.

정기점검은 관리자가 월간, 격월 또는 분기별 같이 규칙적인 기간마다 실시하는 것이지만 해당 놀이터의 조건과 환경에 따라 달라질 수 있다.

정기점검은 다음의 4단계를 따라 하도록 한다.

① 기존 관리자료를 참고하여 준비한다.

- 위험요인 : 지난 달 또는 그동안의 점검내용을 점검하여 밝혀진 위험요인들을 분석 및 정리하여 새로 시작하는 정기점검에 반영하도록 한다.
- 유지관리 : 지난 달 또는 지난번의 정기점검 이후에 실시된 보수 또는 유지관리 작업의 내용을 취합하여 조사하고 금번 정기점검에 반영한다.

② 놀이터에 대한 정기적인 점검 실시

정기점검의 실시방법은 해당 관리자가 놀이터에 적용가능한 정기점검표를 사전에 작성한 것을 가지고 실시한다. 해당 점검항목마다 반드시 기록하며 점검 이후에 관리자는 점검완료를 확인하는 서명 및 필요사항을 기록한다.

정기점검 항목은 항상 완벽한 것이 아니며 관련법과 해당 놀이터 환경과 관리자의 경험에 맞게 정기적으로 조정한다. 일상점검이 아닌 정기검사는 다음 항목을 검사하도록 하며, 보다 자세한 점검항목과 내용은 제7장 안전점검 체크리스트의 정기점검표를 참조하여 진행하도록 한다.

- 놀이터에서 발생된 기물파손 여부(부러진 놀이기구, 바닥면, 부대시설 등)
- 각각의 놀이기구에 있는 모든 나사와 볼트, 튀어나온 볼트 가장자리 그리고 헐거워진 구성품
- 각각의 놀이기구에 대하여 부식, 페인트 벗겨짐, 날카로운 끝부분, 미끄럽거나 거친 바닥부분과 심하게 마모된 부분
- 분실된 구성품
- 모든 놀이기구의 움직이거나 휘어진 부분
- 그네와 그물망 등 꼬여있거나 S고리 등을 살피고 파손된 연결부분
- 플랫폼과 계단의 난간의 위험 여부
- 그네 좌석의 부품을 확인하고 균열과 파손부분
- 놀이기구 주위 바닥재료에 대한 파손과 분실여부와 모래의 깊이
- 놀이터 전반에 지면을 살펴서 걸려 넘어질 수 있는 돌, 나무뿌리 또는 튀어나온 콘크리트 등
- 놀이터 울타리와 조경시설물의 노후 및 파손
- 놀이터 전반에 아동의 눈높이에 위치하거나 이용자와 보호자의 시선을 제한하는 낮게 드리워진 가지 또는 간판, 덤불과 나무 같은 것 등

점검횟수는 지역여건과 날씨 그리고 바닥재료의 종류와 놀이기구의 타입과 이용 정도에 따라 계획하는 것이 좋다. 일부 놀이터는 격월간 또는 분기별로 실시할 수도 있다. 다음에 주어진 안내를 따라가면 정기점검 주기를 결정하는 데 도움이 될 것이다. 하지만 해당 놀이터의 지역적인 여건 등을 고려해서 결정한다. 예를 들면 놀이터의 이용 정도를 고려하고, 놀이터가 주차장에 근접하거나 고의적인 기물파괴가 발생한다면 매월 점검을 실시할 필요가 있는 것이다.

[매월 점검이 필요한 조건]

얼마나 자주 놀이터를 검사할지 결정하기 위해 관리자는 다음에서 주어지는 각각의 항목을 점검한다. 만약 한 개라도 해당이 된다면 월별로 실시하는 정기점검이 필요하다.

- 코팅이 벗겨진 놀이기구가 있다.
- 놀이터 바닥처리에 사용된 재료가 모래, 목재 또는 자갈이다.
- 놀이터에 체인과 회전놀이기구 같은 움직이는 놀이기구가 있다.
- 놀이터에 목재 놀이시설 또는 1년 이상 된 목재시설이 있다.
- 놀이터에 철재 놀이시설 또는 3년 이상 된 철재시설이 있다.
- 춥고 더우며 또는 습한 기후와 같은 날씨의 변화가 심하다.
- 놀이터 옆의 주차장 이용률이 높다.
- 놀이터에 고의적 파괴가 있으며, 보수사례 또는 안전사고가 빈번하다.

[격월 또는 분기별 정기점검이 필요한 조건]

관리자는 다음에서 주어지는 각각의 항목을 점검한다. 다음의 항목을 충족한다면 격월 또는 분기별 정기점검이 필요하다.

- 화학적 표면코팅을 한 놀이기구가 있다.
- 놀이터 바닥제품은 합성고무재료를 사용하였다.
- 모든 놀이기구에는 체인과 같은 움직이는 부분이 없다.
- 놀이터의 목재 놀이시설 및 모든 놀이시설이 설치된 지 1년을 넘지 않았다.
- 놀이터의 철재 놀이시설 및 모든 놀이시설이 3년을 넘지 않았다.
- 기후가 온화하며 극도로 덥거나 춥거나 습하지 않은 날씨이다.
- 놀이터 옆의 주차장 이용률이 낮다.
- 놀이터에 고의적 파괴가 거의 없으며, 보수사례 또는 안전사고가 거의 없다

③ 위험요인의 기록

점검과 관리에 대한 기록은 놀이터 기록보관체계 안에서 유지관리되도록 하고, 관련 양식에 점검결과와 확인된 위험요인을 기록하고 보관한다.

만약 관리자가 안전점검 중에 일부 놀이기구의 중대한 결함에 대해 즉시제거의 필요성이 있다고 판단되면, 전체 놀이터의 안전점검을 중단하고 즉시 책임자에게 보고하고 해당 결함을 보수 조치하도록 한다. 필요할 경우 전체 놀이터의 이용을 금지시킬 수 있다. 예를 들면 점검하는 동안 놀이기구를 구성하는 목재 놀이시설의 수직지지대 목재 부문이 심각하게 썩은 것을 발견하였을 경우, 이 놀이시설물은 불안정했으며 이것은 놀이시설물이 바로 보수 조치하여 개선하기 힘든 결함이며 즉각 제거해야 한다는 것을 보여주는 사례이다. 이와 같은 최악의 상황을 발견한 즉시 관리자는 이 놀이시설물의 점검을 중단하고 해당 놀이시설 또는 놀이터 이용을 금지한다.

④ 적절한 개선조치의 실행

관리자는 확인된 위험요인을 개선하는 조치를 수행한다. 위험요인이 제거될 때까지 필요하다면 영향을 미치는 시설 또는 전체 놀이터를 사용금지 조치해야 한다. 확인된 놀이시설의 결함에 대하여 다른 안 좋은 것으로 일시 대체하거나 또는 즉석에서 구할 수 있는 장비 등으로 보수해서는 안 된다. 오직 승인된 구성품 또는 해당 놀이기구에 맞는 부품을 사용하도록 한다. 그리고 해당 결함과 관련된 안전주의 또는 문제점을 즉각적으로 이용자에게 안내하는 것이 좋다.

⑤ 안전점검과 유지관리의 기록업무를 지속한다

점검결과와 관리에 대한 기록은 놀이터 기록보관체계 안에서 유지관리되도록 한다.

6) 연례점검방법

연례점검은 어린이놀이시설뿐만 아니라 놀이터와 이용자의 건강과 안전에 대한 철저하고도 총체적인 측정과 평가를 하는 것이다. 연례점검은 1년 동안 기록된 모든 위험요소들이 정확하게 개선되었는지 또한 적절한 조치가 취해졌는지 확인하고 재검토하는 것이다. 외국에서는 연례검사(위험평가의 일종)를 의무적으로 실시되기도 하지만, 우리나라도 필요에 따라 위험평가가 이루어져야 한다. 위험평가에 따라 위험요인을 밝혀내 놀이터 전반의 개선책을 제시할 수 있고, 조사결과인 위험보고서에 따라 차년도 보수 또는 관리계획을 면밀히 세울 수 있는 것이다. 이 부분은 어린이 놀이시설물의 관리자가 할 것이 아니라 전문가에 의해 이루어져야 한다. 연례점검은 다음 5단계로 실시한다.

위험평가는 놀이기구의 안전기준 준수 여부뿐만 아니라 놀이터에 대한 전반적인 손상위험을 평가하는 것으로 위험평가에 따라 위험요인을 밝혀내어 개선책을 제시한다. 보고서에 따라 차년도에 보수 또는 교체계획을 세울 수 있는 것이다. 또한 놀이터의 위험평가는 적절한 교육을 받고 관련 자격증을 가지고 있거나 전문적인 경력을 가진 자에 의해 실시되어야 하므로 전문가와 상담하여 실시하는 것이 바람직하다.

(1) 기존 점검 및 관리자료를 참고하여 준비한다

연례점검은 다음의 항목을 먼저 준비하도록 한다.

① 놀이기구재료 : 조사자는 공급업체가 제공한 놀이기구의 재료관리에 대한 사항을 알고 있어야 한다. 즉, 목재의 수명과 보존, 페인트의 납 성분 포함 여부와 보수부분, 놀이터에 심어진 식재에 대한 내용 등을 미리 조사하고, 추가로 알아야 할 내용이 있다면 해당 공급업체와 연락하여 확인한다.

② 위험요인 : 지난해 또는 그동안의 점검내용을 점검하여 밝혀진 위험요인들을 분석 및 정리하여 연례점검에 반영하도록 한다.

③ 유지관리 : 지난해 또는 그동안의 보수 또는 유지관리작업의 내용을 조사하고 차년도에 미칠 영향 등을 고려하여 연례점검에 반영하도록 한다.

(2) 놀이터에 대한 연례점검을 실시한다

조사자는 해당 놀이터에 적용 가능한 양식을 사용하여 조사를 실시하고 분석한다.

(3) 위험요인을 기록한다

조사결과와 밝혀진 모든 위험요소를 양식에 기록한다. 작업순서를 준비하고 조사결과를 보고한다.

(4) 적절한 조치를 취한다

관리자는 발견된 모든 결함과 각각의 위험요인을 제거하든가 필요한 조치를 취하도록 한다. 필요할 경우 놀이터 전체 또는 문제가 발생된 해당 놀이기구는 위험요인이 제거될 때까지 사용을 금지하는 적절한 조치를 취한다. 또한 관리자는 연례점검 결과를 검토하여 차년도 놀이터 관리계획을 보완 수정하도록 한다.

(5) 안전점검과 유지관리의 기록업무를 지속한다

점검기록과 후속 관리조치에 대한 기록은 반드시 보관하도록 하며, 놀이터 기록보관체계 안에서 유지관리되도록 한다.

6 놀이시설 경제성(VE/LCC) 분석

1) 유지관리와 경제성 분석

놀이시설의 적절한 유지관리를 위해서는 경제성 분석이 필수적이다. 경제적 유지관리를 통하여 비용은 줄이고 성능을 향상시키는 것을 정량적으로 평가하여 소모되는 속도나 정도가 미약해지면서 안전하고 쾌적한 상태로 비교적 장기간 보존할 수 있기 때문이다. 놀이시설물의 초기성능은 완성된 후 사용 또는 시간의 경과에 따라 노후화 같은 변질현상에 의해 저하되기 때문에 재질의 개선이나 보호대책의 고려 또는 적절한 유지관리업무가 행해져야만 시설물의 내용연한을 유지할 수 있게 된다.

경제성(VE/LCC) 분석은 모든 산업에 걸쳐 적용되고 있는 성능 및 비용의 통합 분석 방법이라고 정의할 수 있다. VE 분석은 최저의 생애주기비용으로 최상의 가치를 얻기 위한 목적으로 수행되는 체계적인 분석방법이며, LCC 분석은 기획, 설계, 시공, 운영, 폐기단계로 이어지는 일련의 과정에서 발생되는 비용의 합계를 생애주기비용이라고 한다. 이러한 VE/LCC기법에 대한 자세한 설명은 다음과 같다.

VE란 Value Engineering의 준말로서 그 의미는 소정의 성능, 신뢰성, 안정성을 충족시켜 전보다 더욱 만족하거나 더 나은 품질을 확보하여 최소의 생애주기비용으로 필요한 기능을 확보하기 위해 행해지는 조직적 차원의 개선활동을 의미한다. 따라서 VE는 비용의 절감, 생산성의 향상, 품질의 개선 등을 도모하기 위하여 행해지는 유용한 수단으로 여겨진다. 또 생애주기비용이란 시설물의 전체 사용기간을 통하여 그에 소요되는 필요한 비용의 합계를 의미하며, 이때의 비용은 시설물의 계획단계에서부터 설계단계, 시공, 유지관리, 철거에 이르기까지의 전체 생애와 관련된 비용을 모두 포함한 것을 뜻한다. 즉 VE는 최저의 생애주기비용으로 최상의 가치를 얻기 위해 선행적으로 수행되는 프로젝트의 기능분석을 통한 대안창출이 노력으로 여러 가지 전문분야의 협력을 통하여 수행되는 체계적인 프로세스라고 할 수 있다.

VE활동에서는 고객이 바라는 것이 무엇인가라는 입장에서 경제적 가치를 주요 대상으로 하는데, 가치의 종류로는 사용가치, 귀중가치, 교환가치, 원가가치, 희소가치 등으로 구분할 수 있다. 그중에서 어떤 물건을 사용함으로써 창출할 수 있는 사용가치를 주요대상으로 한다. 여기서 가치의 개념은 다음과 같다. 신뢰할 만한 방법으로 필요한 기능을 갖추는 데 소요되는 최저한의 비용을 뜻한다. 또한 가치는 사용가치의 수행능력에 기여하는 제품 및 서비스에 필요한 기능적 성격의 회계가치를 말한다.

표 5-12 | 가치의 종류

구분	내용
사용가치	사용의 가치란 어떤 업무를 수행하는 데 기요하는 제품 및 서비스에 대해 필요한 기능적 특성을 가진 화폐가치적 의미이다.
귀중가치	귀중의 가치란 어떤 프로젝트를 수행하는 데 필요한 기능적 능력이 아니라 욕구성 및 시장성에 도움을 줄 수 있는 제품 및 서비스의 특성에 대한 화폐적 가치의 성격이다.
비용가치	비용의 가치란 어떤 제품을 만드는 데 혹은 서비스를 창출하는 데 소요되는 전체적 비용의 합계를 뜻한다.
교환가치	교환적 가치란 제품 혹은 서비스가 교환될 수 있는 화폐적 척도를 의미한다.
희소가치	희소가치란 어떤 물건이 많지 않기 때문에 그것의 가치가 올라가는 것으로서의 가치를 말한다. 특히 공급이 적기 때문에 요구하는 사람의 숫자가 많으면 가치나 가격은 더욱 올라가는 경향이 있다.

가치의 평가기준은 초기비용, 판매성과, 이익의 크기, 신뢰성, 품질, 안전성, 기능적 성능, 환경상의 적합성, 투자대비 수익성을 고려하여 평가한다. 그러나 가치를 저하시키는 몇 가지 요인 중에서 가장 큰 것은 고객의 가치보다 내부의 가치를 더욱 중요시하는 것이고, 그 다음으로 제품 및 서비스를 창출하는 과정에서 불합리하면서도 부족한 의사소통 및 합의를 들 수 있다. 그 외에도 고객의 요구사항 및 요구조건의 변화, 기존의 설계기준 및 기술의 변화, 잘못된 정보에 의한 부정확한 가설, 잘못되었지만 그렇게 믿어버리는 오류와 습관 및 태도를 들 수 있다. 특히 내부의 가치를 우선시하는 것은 대부분의 조직에서 나타나는 것이며 불합리한 의사소통으로 인한 것은 제품 및 서비스의 개발에서 조직의 혼동으로 인한 현상으로 보인다.

LCC 분석은 건물이나 기반시설물의 계획, 설계, 시공, 운영단계에서 관리주체의 장기비용을 미리 예측함으로써 투자의사 결정을 용이하게 하기 위한 구체적인 정보를 제공해주는 데 있다. LCC 분석은 여러 가지 다른 프로젝트 대안에 대한 상호 비교를 통해 경제적인 대안을 결정할 때 매우 유용하다. 이 분석기법은 시설 관리자들로 하여금 가장 경제적인 선택을 할 수 있게 도와줄 뿐만 아니라 사용자에게 줄 사용성 상승효과를 수치적으로 확인할 수 있다. 또한 주관적 판단이 아니라 객관적 자료에 의거하므로 정부 관리주체의 담당 공무원에게도 근거자료 제공으로 업무에 큰 도움을 줄 수 있다.

이와 같이 LCC 분석은 투자의사 결정을 할 때 유용한 평가기술이다. 어떤 특정 프로젝트에 대해 이전 단계에서 해당 프로젝트를 시행하는 것으로 결정했다고 가정하면, 그 다음 단계에서 LCC 분석은 가장 최선의 방법으로 그 프로젝트를 수행할 수 있게 해주는 대안을 선정함에 있어 그 수치적인 근거자료의 활용이 가능하다.

2) VE 분석방법

효과적이고 체계적인 VE 분석을 위한 고려사항 및 조사내용을 정리하면 다음 표와 같다.

표 5-13 | VE 분석을 위한 고려사항 및 조사내용

고려사항	조사내용
분석기법	• 단계별 분석기법 적용을 통한 최적의 VE 제안
창의성	• 성능 향상의 새로운 대안 모색을 통한 창의성 극대화
가치향상	• 비용과 성능을 고려한 가치향상 추구
효율성	• 에너지 및 비용절감에 따른 최적의 대안 선정
성능개선	• 비용 및 기능을 유지한 성능 개선항목 도출
비용절감	• 초기투자비 및 유지관리비 절감에 따른 LCC 비용절감계획 수립
환경성	• 친환경적 자재 사용에 따른 친환경계획 수립
요구수준	• 설문조사 및 인터뷰를 통해 사용자 요구 측정에 따른 만족도 극대화

상기 표에서 정리된 고려사항을 살펴보면, 먼저 대상에 대해 어떠한 기술적인 분석기법을 적용할 것인지를 결정한 후 가치향상을 위한 창의적 아이디어를 도출한다. 다음으로 도출된 아이디어 적용에 따른 가치향상 방안과 효율성을 분석하여 성능 그리고 비용 측면의 결과를 검토한다. 즉, 가치향상 방안과 비용절감 방안에 대해 검토하여 결론을 도출한다. 이와 같은 VE 분석을 위한 산정식과 방법을 정리하면 아래 표와 같다.

표 5-14 | VE 분석방법

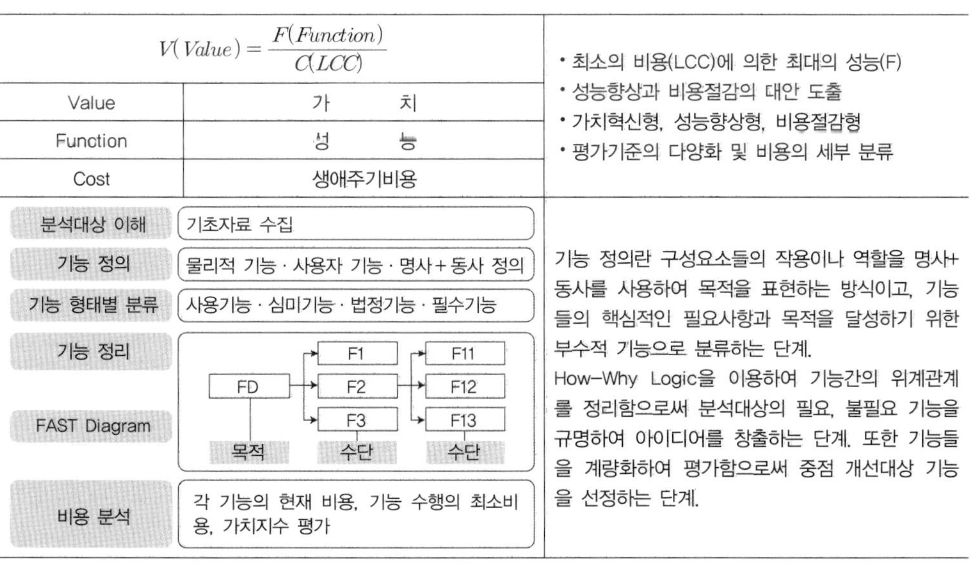

$V(Value) = \dfrac{F(Function)}{C(LCC)}$		• 최소의 비용(LCC)에 의한 최대의 성능(F) • 성능향상과 비용절감의 대안 도출 • 가치혁신형, 성능향상형, 비용절감형 • 평가기준의 다양화 및 비용의 세부 분류
Value	가 치	
Function	성 능	
Cost	생애주기비용	

기능 정의란 구성요소들의 작용이나 역할을 명사+동사를 사용하여 목적을 표현하는 방식이고, 기능들의 핵심적인 필요사항과 목적을 달성하기 위한 부수적 기능으로 분류하는 단계.
How-Why Logic을 이용하여 기능간의 위계관계를 정리함으로써 분석대상의 필요, 불필요 기능을 규명하여 아이디어를 창출하는 단계. 또한 기능들을 계량화하여 평가함으로써 중점 개선대상 기능을 선정하는 단계.

상기 표에서 정리된 VE 분석 산정식과 단계별 분석방법을 준용하여 분석한다. 분석단계를 살펴보면, 기능 정의 후 정리된 기능을 바탕으로 FAST도를 작성하게 된다. 이는 정리된 기능들의 상호 위계관계를 살펴보기 위함으로 주기능과 부기능으로 분류되어 작성된다. 이렇게 작성된 기능간의 위계관계에 따라 중요시되는 기능이 선별된다.

3) VE 분석절차

VE 분석절차는 크게 준비단계, 분석단계, 실행단계로 분류되며 단계별 수행절차를 도식화하여 정리하면 다음과 같다.

그림 5-2 | VE 분석절차

상기 그림에서 도식화된 VE 분석절차를 세부적으로 설명하면 다음과 같다.

(1) 정보수집

VE 작업계획에서 정보수집을 실시하는 목적은 프로젝트의 내용을 이해하기 위함이다. 즉, 정보의 범위는 발주자의 요구사항, 프로젝트의 개발, 소요되는 비용, 성능 등에 관한 것이다.

(2) 기능분석단계

- 기능의 정의 : 활동의 동사와 측정이 가능한 명사로 표현한다.
- 기능의 분류 : 기본기능인 제1차 기능과 활동기능인 제2차 기능으로 나눈다.
- 기능의 모델 구축 : FAST Diagram을 구축한다.
- 비용의 배분 : 각 기능에 비용을 배분한다.
- 지수 부여 : 각 기능에 지수를 부여한다.
- 기능의 평가 : 성능과 공정에 대해 고려하고 기능을 정확히 평가한다.
- 기능의 선정 : 계속적인 분석에 의해 기능을 선정한다.

(3) 기능평가단계

- 무의미한 아이디어를 제거한다.
- 건축, 재료 등 일정한 범주를 정하고 이에 따른 아이디어를 수집한다.

- 여러 가지 아이디어를 제대로 평가하기 위한 규칙을 정한다.
- 여러 가지 아이디어의 장점과 단점을 기입한다.
- 각 범주마다 아이디어의 서열을 정한다.
- 개선상의 가치 있는 아이디어를 채택한다.

(4) 개발단계

- 가장 좋은 아이디어 혹은 대안으로부터 초기비용, 생애비용, 실천비용 등을 견적한다.
- 실천상의 이익이 어느 정도인지를 분석한다.
- 여러 가지 아이디어 혹은 대안의 자료를 구축한다.
- 실천할 계획을 준비한다.
- 추진할 대안을 완성시킨다.

(5) 제안단계

- 제안을 평가하는 입장에 서서 제안의 구체화가 된 것인지를 생각한다.
- 제안의 내용에 대한 관심도는 받아들이는 사람에 따라 다를 것이다. 따라서 평소 제안에 대한 그의 관심도를 인지하는 것이 중요하다.

(6) 대인의 신택과 개발

대안의 단계는 이전의 단계인 평가단계에서 도출된 아이디어의 개념을 기술적으로 검증된 특정의 가치 있는 대안을 만드는 것이다. 이 단계에서는 가급적 계량화 및 정량화시키는 것이 좋다. 대안의 선택 및 개발과정에서 주의할 점은 수요자의 성능이나 기능이 어느 정도 충족되는가, 일정이 고려되는가, 비용을 고려하여 어느 정도 부합되는가, 대안으로서 가치 있는 것으로서 반드시 매뉴얼 및 문서화시킨다.

4) LCC(Life Cycle Cost) 구성항목

LCC(Life Cycle Cost) : 시설물의 생애주기를 뜻하는 말로써 시설물의 생산에서 철거에 이르는 전 과정을 나타내는 용어로 시설물의 LCC는 시설물의 수명주기(내구연한) 동안에 발생되는 모든 비용, 즉 계획, 설계, 시공, 운영 및 폐기처분 등에 소요되는 총비용을 말한다.

시설물의 내구연수 동안 소요되는 총 유지관리비는 크게 시설물의 생산에 들어가는 초기공사비, 운영 및 유지에 들어가는 유지관리비, 시설물의 해체 시 들어가는 해체·폐기비가 있다.

아래 표는 LCC 비용 항목을 정리한 표이다.

표 5-15 | LCC 비용 구성항목

비용 구성항목			세 부 내 용
설계 단계	설계비	설계비	• 제어장치 설계에 대한 비용
	공사비	재료비	• 제어장치 부속품 비용
		인건비	• 제어장치 실험, 제작, 시공에 대한 비용
		경비	• 일반 경비, 잡비 등을 포함
운영 단계	유지 관리비	수선비	• 장치의 정기점검 및 부분수리를 위한 비용
		교체비	• 장치의 부속품 교체 및 전면 교체에 대한 비용
		장비비	• 보수작업 시 필요로 하는 장비의 종류 및 수급비용
		전기요금	• 운영에 따른 월/년 단위의 장비 용량에 따른 전기요금
		기타 비용	• 상기 항목 외의 추가발생 비용
철거 단계	폐기비		• 해체 및 폐기 시 발생되는 비용
	잔존비용		• 철거단계에서 발생하는 수익

상기 표에서 정리된 바와 같이 LCC 분석을 위한 비용 항목은 설계단계, 운영단계, 철거단계로 분류하여 단계별 발생 비용을 포함한다. 이 중 가장 큰 비용을 차지하는 것이 유지관리비이기 때문에 시설물을 계획하는 단계부터 유지관리비를 고려하여 총사업비를 결정해야 한다. 이러한 고려를 하지 않고 법률에서 정하는 대로 안전 및 유지관리만 한다면 경제성 평가를 토대로 한 적정한 유지관리가 적절하게 이루어질 수 없다.

설계단계에서의 설계비와 공사비는 현재 시점에서 발생하기 때문에 산정하는 데 큰 어려움이 없다. 일반적으로 공급자 또는 도급자에게 가격을 조회하거나 다양한 건축물과 현황자료로부터 쉽게 얻을 수 있다. 하지만 운영단계에서의 유지관리비와 철거단계에서의 폐기비 및 잔존비용 경우 시설물에 들어가는 미래의 비용을 예측해야 한다. 이때 필요한 것이 LCC 분석기법이다.

5) LCC 분석방법

LCC 분석을 위한 방법은 현재가치화법과 연등가액법으로 두 가지 방법이 있다. 현재가치화법은 대안 간의 실시시기 등이 차이가 있는 모든 비용항목이 고려된다. 시설물의 생애주기에 발생하는 현재와 미래의 모든 지출을 현시점을 기준으로 한 비용으로 가져오는 것이다. 초기비용은 이미 현재가치로 표시되어 있기 때문에 환산할 필요가 없게 되어 있다. 운영 및 유지보수비용은 최초 사용한 조건을 기준으로 통상 매년 비용을 추정하며 생애주기 동안의 이자율은 소유주나 사용자가 정한다. 아래 표는 현재가치화법의 산정식을 정리한 표이다.

표 5-16 | 현재가치화법 산정식

산정식	기호	내용
$F=\frac{1}{(1+i)^n}$	F	미래 발생 비용
	i	할인율
	n	비용발생 시기(연도)

연등가액법은 생애주기에 발생하는 모든 비용이 매년 균일하게 발생한다고 가정하고 이와 대등한 비용은 얼마인가라는 개념을 이용하여 균일한 연간 등가로 환산하는 방법이다. 일정 연간 비용의 현재 가치는 실제 비용 흐름의 현재 가치와 같게 된다. 아래 표는 연등가액법의 산정식을 정리한 표이다.

표 5-17 | 연등가액법 산정식

산정식	기호	내용
$A=P\times\frac{i\times(1+i)^n}{(1+i)^n-1}$	A	매년 발생 비용
	i	할인율
	n	비용발생 총기간
	P	현재가치

LCC 분석에는 미래의 발생 비용을 현재의 가치로 환산하는 과정을 포함한다. 이때 할인율을 적용하게 되는데, 할인율을 적용하는 이유는 화폐는 시간이 지나면 그 가치도 변화하는 특성을 가지고 있기 때문이다. 즉, 금리가 7% 복리로 계산된다고 가정할 때 현재의 1,000원은 10년 후에 1,967원이 될 것이다. 이는 오늘 1,000원이 10년 후에 1,967원과 같은 가치를 갖는다는 말과 같다. 마찬가지로 10년 후에 1,967원은 7%로 투자된 오늘날의 1,000원과 같다고 말할 수 있다. 따라서 발생시점이 다른 화폐의 객관적 비교를 위해서는 특정 시점으로 화폐의 가치를 환산해야 하며, 이때 환산을 하기 위해서는 할인율이 이용된다.

(1) 할인율

비용이나 편익은 다른 시간, 즉 과거, 현재 그리고 미래에 발생하며 시간의 기회가치를 고려하지 않으면 비교할 수 없다. 건설사업의 LCC 분석에 사용되는 실질할인율은 보통 3~5% 범위에 있다. 항상 시간의 기회가치가 존재하기 때문에 실질할인율은 항상 0을 초과할 것이다.

(2) 공칭할인율과 실질할인율

LCC 분석을 위해서는 미래 비용을 현재 비용으로 환산해야 하며, 미래 비용을 추정하기 위해 사용되는 개념으로 공칭할인율과 실질할인율이 있다. 공칭할인율은 비용 산정 시 인플레이션의 효과를 고려한 경우에 사용되는 것으로, 발생되는 시기가 달라지면 구매력이 변동한다는 개념하에 정의된다. 실질할인율은 인플레이션 효과를 고려하지 않는 것으로서 현재의 가치가 그대로 미래에도 같은 가치를 가진다는 개념하의 비용 산정으로 정의된다. 실질할인율은 인플레이션 효과를 고려하지 않은 모든 비용을 현재가치로 추정하기 때문에 분석자에게 있어서 매우 편리한 방법이므로 건설사업의 LCC 분석은 이 방법을 대부분 적용한다. 아래 표는 할인율 산정식을 정리한 표이다.

표 5-18 | 할인율 산정식

산정식	기호	의미
$i_r = \frac{(1+i_n)}{(1+f)} - 1$	ir	실질할인율
	in	공칭할인율
	f	인플레이션율

할인율은 정부채권의 수익률, 시중금리, 물가상승 등 여러 가지의 복합적인 요인을 포함하고 있다. 일반적으로 공칭할인율은 장기정부채권의 이율을 사용하는 것이 원칙이다.

6) LCC 분석의 필요성

LCC 분석은 건물이나 기반시설물의 계획, 설계, 시공, 운영단계에서 관리주체의 장기비용을 미리 예측함으로써 투자의사결정을 용이하게 하기 위한 구체적인 정보를 제공해주는 데 있다. LCC 분석은 여러 가지 다른 프로젝트 대안에 대한 상호 비교를 통해 경제적 대안을 결정할 때 매우 유용하다. 이 분석기법은 시설 관리자들로 하여금 가장 경제적인 선택을 할 수 있게 도와줄 뿐만 아니라 사용자에게 줄 사용성에 대한 상승효과를 수치적으로 확인할 수 있다. 또한 주관적 판단이 아니라 객관적 자료에 의거하므로 정부 관리주체의 담당 공무원에게도 근거자료 제공으로 업무에 큰 도움을 줄 수 있다. 이와 같이 LCC 분석은 투자의사결정을 할 때 유용한 평가기술이다. 어떤 특정 프로젝트에 대해 이전 단계에서 해당 프로젝트를 시행하는 것으로 결정했다고 가정하면,

그 다음 단계에서 LCC 분석은 가장 최선의 방법으로 그 프로젝트를 수행할 수 있게 해주는 대안을 선정함에 있어 그 수치적인 근거자료의 활용이 가능하다.

건설된 직후나 튼튼하게 보수, 보강이 이루어지고 난 후 시설물은 양호한 상태에서 계획된 수준의 사용성을 제공하게 된다. 그러나 이후 계속된 사용, 시간의 경과, 기후 및 다른 요소들에 의해 시설물은 열화되어 가며 그 열화는 시설물이 제공하는 서비스 수준을 점점 떨어뜨린다. 주기적인 유지관리와 보수활동은 이러한 시설물의 서비스 수준의 저하를 막아준다. 또한 안전성, 기능수행성, 시설상태를 충분히 양호한 상태로 유지할 수 있도록 해준다. 각 정부기관들은 통상 요구하는 서비스 수준을 고려하여, 언제 유지관리 및 보수조치를 할 것인지를 결정하게 된다. LCC기법에 의한 유지관리비 산정의 필요성은 아래와 같다.

① 시설물의 안전 및 유지관리를 감안한 대안 설정에 활용

일반적으로 시설물은 내구연수가 길기 때문에 조사계획·설계단계에 유지관리비용을 사전적으로 고려하여 초기투자비용을 결정할 필요가 있다. 이때 발주자는 시설물 투자의 경제성을 제고할 수 있는 안전 및 유지관리 수준의 다양한 대안을 마련하고, 이 대안에 대한 LCC를 예측하여 평가할 수 있다. 이러한 방식을 이용하여 사전적으로 계획·설계단계에 시설물의 유지관리 수준을 감안하여 최적대안을 설정함으로써 시설물의 내구연수와 안전성을 확보할 수 있는 전략의 수립을 가능하게 한다.

② 시설물 설계단계에 VE(Value Engineering)을 위한 수단으로 활용

설계자는 항상 여러 가지의 설계대안 중 최적대안을 선택해야 하는 문제에 당면하는데, 이때 LCC 예측기법은 다른 조건이 비슷할 경우 최적대안 선정을 위한 중요한 의사결정 도구로 활용될 수 있다. 발주자는 설계 및 시공 중 수많은 부품들에 대한 선택을 하게 되는데, 이때 LCC 예측기법을 활용하면 각 부품들에 대한 경제성을 고려한 선택을 할 수 있다. VE 기법도 시설물의 수명주기 동안에 기능향상과 원가절감을 목적으로 사용되는데, 이때의 원가분석은 기본적으로 LCC를 근거로 하므로 LCC 예측기법은 VE에 있어서도 필수적이다.

③ 국가 차원의 시설물 안전 및 유지관리계획 수립의 근거자료로 활용

시설물의 내구연수를 감안한 LCC가 추정되어야 할 필요가 있다. 점검 등을 통하여 이들 시설물의 기능이 저하할 징후가 발견되거나 일정기간이 경과하면 정기적으로 필요 부재를 교체하는 등의 적절한 조치를 취하는 것을 예방관리라고 하며, 특히 사회적·경제적으로 영향도가 큰 시설물은 예방관리가 필수적이다. 이를 위해서는 시설물이 존치되는 기간 동안의 시설물 각 부재의 내구연수의 변화패턴을 정확하게 파악해야

하며 내구연수에 영향을 미치는 사회·경제적 요인을 분석해야 할 필요가 있다.

④ 보수, 전면개량보수 등의 의사결정에 활용

시설물을 장기간 사용하여 노후화가 심해지고 본래의 기능이 저하할 경우 시설물을 폐기처분 후 재개발할 것인가 또는 보수를 통해 사용기간을 연장할 것인가에 관한 판단이 필요하게 되는데, 이때 LCC 예측기법을 활용함으로써 선택이 효율적인지를 판단할 수 있다.

7) LCC 분석절차

일반적인 LCC 분석절차는 1단계 : 설계대안 수립, 2단계 : 유지관리 조치시기 결정, 3단계 : 추정(관리주체 및 사용자), 4단계 : LCC 계산, 5단계 : 결과분석으로 수행되며, 세부적으로 설명하면 다음과 같다.

(1) 설계대안 수립단계

LCC 분석의 첫 단계는 각 대안들에 대한 구성활동들이 세부적으로 상세하게 결정되며 분석기간도 이 단계에서 결정된다. 각 대안들은 구조물을 만들고 유지관리하게 되는 정부기관에 의해 설정된다. 초기 건설이나 주요한 보수조치는 이 단계의 시작부분에서 발생한다. 주기적인 유지관리나 차후의 보수보강은 그 시설의 생애주기 동안의 특정한 수준의 사용성을 제공하기 위해서 필요하다. 일반적으로 유지관리와 보수보강 조치는 과거이력 자료와 연구자료, 정부의 정책들에 기초하게 된다. 단 설계단계에서는 사후유지관리나 예방유지관리에 따라 이러한 비용은 크게 차이가 날 수 있는데, 중요한 시설물에 대해서는 예방유지관리 전략을 세우고 이러한 전략에 적합한 비용과 내구연한을 설정하여 이에 따른 LCC 분석을 수행하는 것이 바람직하다. 이 첫 번째 단계의 중요성은 분석기간을 합리적으로 결정하는 것이다. 이 분석기간은 프로젝트 진행에 필요한 시간을 말하는데 이를 위해서 모든 대안들의 초기 및 차후 비용이 결정된다.

(2) 유지관리 조치시기 결정단계

각 대안에 대한 비용을 구성할 조치항목이 정해지면 각 대안들의 유지관리 및 보수보강활동계획이 수립된다. 이 계획은 유지관리, 보수보강이 언제 필요하고 정비기관의 예산은 언제 필요한지 또한 관리주체가 얼마나 오랫동안 유지보수 작업공간을 점유하며 공사할 것인지에 대한 스케줄을 결정하게 된다.

건설된 직후나 튼튼하게 보수, 보강이 이루어지고 난 후의 시설물은 양호한 상태에서 계획된 수준의 사용성을 제공하게 된다. 그러나 이후 계속된 사용, 시간의 경과, 기후 및 다른 요소들에 의해 시설물은 열화되어 가며 그 열화는 시설물이 제공하는 서비스 수준을 점점 떨어뜨린다. 주기적인 유지관리와 보수활동은 이러한 시설물의 서비스 수준의 저하를 막아준다. 또한 안전성, 기능수행성, 시설상태를 충분히 양호한 상태로 유지할 수 있도록 해준다. 각 정부기관들은 통상 요구하는 서비스 수준을 고려하여 언제 유지관리 및 보수조치를 할 것인지를 결정하게 된다.

(3) 비용 추정단계

LCC 분석에서 고려되는 비용들은 정부 관리주체가 부담하게 되는 시설물 건설과 유지관리 초기의 결과로부터 생기는 비용까지 포함한다. 또한 LCC 분석은 각 대안과 관련된 모든 비용을 계산할 필요가 없음을 이해하는 것이 대단히 중요하다. 대안들 간의 차이점을 설명해주는 비용의 조사만을 필요로 한다. 성능이나 편익이 동일한 대안을 비교할 때는 비용의 차이만을 구하면 된다.

LCC 분석결과에서 중요한 것은 대안 간의 비용 차이를 구하는 것임을 유념해야 한다는 것이다. 대안 간의 전체 유지관리비는 백분율 정도로 개략적으로 설정하고 상대적인 차이가 있는 부분과 특히 민감도 분석결과 LCC에 큰 영향을 주는 내용을 정밀하게 조사해나가는 것이 매우 현명한 방법이다.

① 관리주체비용

합리적이며 신뢰할만한 LCC 분석이 되는 데에는 초기 건설비용, 주기적인 유지보수 및 복구조치와 관련된 관리주체비용을 얼마나 합리적으로 추정해내는가에 달려 있다. 즉, 사전에 결정해 놓은 상태, 성능 및 안전수준 이상으로 시설을 보존하기 위한 유지관리와 보수활동 비용이 포함되어야 한다. 이러한 비용들은 예방적인 활동을 위한 비용을 포함하게 되는데, 여기서 예방활동들이란 시설자산의 사용주기를 연장하기 위한 계획이나 안전성과 사용성에 중점을 둔 매일 매일의 일상적인 유지관리, 보수 및 복구 작업 등을 말한다.

② 사용자비용

관리주체가 부담하는 비용 외에 시설물을 이용하는 사람들에게 부과되는 비용, 즉 사용자비용을 포함해야 한다. 사용자비용은 전형적으로 각 프로젝트 대안들이 갖는 특성을 결정짓는 유지보수 공사구간 조건 때문에 발생된다. 즉, LCC 분석에 사용자비용을 포함시키는 것은 LCC 분석결과와 의사결정에 정당성을 강화하며 분석할 가치가 있는 중요한 작업이다.

③ 잔존가치 및 잔존수명

총관리주체비용에 영향을 끼치는 또 다른 고려사항으로는 분석기간 마지막에서의 대안이 가진 잔존가치를 들 수 있다. 최종단계에서의 시설물 가치의 첫 번째 타입이 재활용 가치인데, 여기서 재활용 가치란 시설물의 말미에 재료들의 재활용으로부터 얻을 수 있는 순 가치를 말한다. 시설의 사용연한이 분석기간을 넘어서 연장되었을 때 남아 있는 잔존가치를 의미한다. 다른 대안과 보강, 교체 등의 시기 등이 대안간의 크게 차이가 나면 이러한 잔존가치를 고려해야 한다.

잔존수명에 따른 잔존가치는 재활용 가치와는 다른 개념이다. 재활용 가치가 프로젝트의 종료를 전체로 논의되는 것과는 달리 잔존수명은 분석기간을 초과하여 대안이 수행될 경우에만 존재한다. 재활용 가치는 재활용된 물질들의 재사용이나 판매 등으로부터 실제 그 가치가 실현될 때 얻어진다. 분석주기의 끝에서 적용될 때 잔존가치와 재활용가치는 서로 배타적인 개념으로 사용되기도 한다.

(4) LCC 계산단계

각 대안들은 관리주체비용, 사용자비용 그리고 이러한 비용들은 발생될 상황과 관련하여 정의된다고 하였다. 예상되는 미래 비용들을 현재의 가치로 환산하는 데에 경제학적인 방법이 이용 가능하며, 그로 인해서 각기 다른 대안들의 생애비용을 직접적으로 비교할 수 있게 된다. 주로 미래의 가치를 현재의 가치로 환산하여 비교하는 현재가치화법이 사용된다.

계산단계에서 고려될 사항은 화폐의 시간적 가치이다. 즉, 오늘 받은 돈은 미래에 받을 같은 양의 화폐보다 더 가치가 있는 것이다. 쉽게 말해서 오늘 돈을 받아 은행에 넣어 놓더라도 그 직후부터 이자를 벌어들일 수 있게 되기 때문이다. 자금의 시간적 가치는 LCC 분석과 밀접한 관련이 있다. LCC 분석에서 각기 다른 시간에 발생한 비용들은 공통적인 시각에 맞춰서 환산되어야 한다. 여기에 화폐가치 등의 평가절차에 기초를 둔 경제적인 기술을 이용할 수 있다. 화폐가치를 특정한 시간으로 환산하는 방법은 대부분 경제성 분석이론서에서 항상 다루고 있는 개념인데 LCC분석에는 현재가치를 통한 접근, 즉 현재가치를 추천하고 있으나 연등가액법도 사용된다. 현재가치화법은 초기 및 차후 비용의 어떤 특정한 시점으로 환산된 값을 알게 해주는데, 여기서 특정한 시점은 통상적으로 첫 번째 비용지출, 즉 초기비용이 발생한 시점으로 한다.

(5) 결과분석단계

좋은 LCC 분석사례는 관리주체비용과 사용자비용을 모두 고려하는 것이지만 실무에서는 사용자비용의 타당성을 입증하려고 하지 않는 경우가 종종 있다. 관리주체비용이 가장 저렴한 대안은 높은 사용자비용을 일으킬 소지가 있다. 사용자비용은 만약 대안이 다른 대안에 비해 크게 차이가 날 경우에는 반드시 고려해서 비교해야 한다. LCC 분석자는 관리주체비용은 높을지라도 사용자비용이 낮아 LCC 측면에서 유리한 대안이 채택될 수 있도록 유도하는 것이다.

① 확정적 LCC 분석결과

확정적 LCC 분석의 가장 기초적인 해석은 대안 간의 관리주체비용과 사용자비용을 비교해 보는 것이다. 이러한 비교과정에는 불확실성이 포함되어 있지 않다. 이러한 변수별 불확실 설에 대한 LCC 변화를 검토하기 위해서는 민감도 분석을 실시할 수 있다. 성능수준이 같다면 가장 최저 LCC가 산출된 대안이 최적대안이 될 것이다. 대안 간 기능에 대한 성능에 차이가 있다면 가치측면에서 검토되어야 한다.

② 확률적 LCC 분석결과

확률적 방법은 LCC의 가능한 모든 범위의 값을 출력한다. 분석가는 이러한 정보를 그림으로 그려 보고 판단한다. 확률적 LCC 분석방법 또한 변수의 민감도 분석을 시행할 수 있다. 예를 들어 변동계수, 평균값 등 입력변수에 대한 민감도 분석은 LCC 결과에 가장 큰 영향을 주는 인자가 무엇인지 파악할 수 있을 것이다. 그리고 확률적 LCC 분석결과를 분석할 때 의사결정자는 가장 선호하는 위험수준을 결정해야 한다. 고객은 LCC의 평균값은 약간 높기는 하지만 리스크가 낮은 대안을 채택하려고 할 수 있다.

7 놀이터 표지판 및 안전수칙

1) 놀이터 표지판

놀이터 입구에 놀이터 관리자 이름과 연락처를 알려주어 사고가 발생했을 시 관리자에게 알려 신속하게 처리할 수 있도록 한다. 또한 어린이놀이터를 이용하는 어린이와 주민에게 공통적으로 주지시켜야 할 사항을 게시하도록 한다.

※ 공중놀이기구, 조합놀이대는 위의 안전수칙 등을 참조하기 위해 필요한 사항을 표시한다.

【어린이놀이터 입구 표지판 문구 예시】

OO 아파트 어린이놀이터

◆ 관리자 : OOO
◆ 연락처 : 123-1234 / H · P
◆ 시설물이 파손된 부분을 발견하시면 연락하여 주시기 바랍니다.
◆ 어린이놀이터에 설치된 놀이기구는 어린이의 놀이를 위해 설치된 것으로 어른들의 사용을 금하오니 협조하여 주시기 바랍니다.
◆ 어린이놀이터 내 모래의 위생관리를 위해 애완동물의 출입을 삼가오니 주민 여러분의 협조를 부탁드립니다.

OO 어린이놀이터 안전수칙

○ 어린이놀이터에 설치된 놀이기구는 어린이의 놀이를 위해 설치된 것으로 어른들의 사용을 금합니다.
○ 어린이놀이터 내 모래의 위생관리를 위해 애완동물의 출입을 금지하오니 주민 여러분의 협조를 부탁드립니다.
○ 유아는 부모와 동반하여 놀이를 하며 차례차례 질서를 지키고 놀이기구 안전수칙을 지켜주시기 바랍니다.

시설물의 파손이나 놀이터 위험요소 발견즉시 연락하여 주시기 바랍니다.

○ ○ 구청 공원녹지과 연락처 02-OOO-OOO

2) 놀이기구별 안전수칙 게시

놀이터 안전사고의 원인은 놀이터 시설의 설비 결함 외에 어른들의 안일한 태도와 지도 소홀, 안전에 대한 어린아이들의 충분치 못한 지식과 부적절한 태도로 인한 것이므로, 어린이들이 놀이터를 이용할 때 다음과 같은 안전수칙을 부착하고 알려준다면 놀이터 안전사고를 미연에 방지할 수 있을 것이다.

【예시】

그 네

○ 그네가 완전히 정지한 후에 타고 내리세요.
○ 그네 줄을 꼬지 않고 타세요.
○ 다른 아이가 그네를 타고 있을 때 그 앞으로 지나가거나 그 앞에서 기다리지 마세요.
○ 배를 깔고 엎드려서 타거나 서서 타지 마세요.
○ 한 그네에 한 사람만 타세요. 두 명이 한꺼번에 타지 마세요.
○ 줄을 꼭 잡고 타며, 타는 도중 뛰어내리지 마세요.

미끄럼틀

- ○ 올라갈 때는 손잡이를 꼭 잡고 계단 하나씩 올라가세요.
- ○ 앞사람이 올라간 다음 올라가고 다른 사람을 밀거나 당기지 마세요.
- ○ 미끄럼판으로 올라가지 말고 반드시 계단을 이용해서 올라가세요.
- ○ 활주판에서는 한 사람씩 앉아서 내려오세요.
- ○ 엎드려 타거나 서서 타지 마세요.
- ○ 내려온 뒤에는 다른 사람이 곧바로 내려와도 부딪치지 않게 빨리 비켜 주세요.
- ○ 가방, 장난감을 들고 타지 마세요.

흔들놀이기구

- ○ 시소 위에 서 있거나 뛰지 마세요.
- ○ 두 손으로 손잡이를 꼭 잡고 타세요.
- ○ 내릴 때는 상대방에게 미리 알리고 조심히 내리세요.
- ○ 내릴 때 시소 밑에 발을 두지 마세요.

회전놀이기구

- ○ 회전하는 도중에 뛰어내리거나 뛰어오르지 마세요.
- ○ 회전 중에 친구와 장난(예 : 밀기)하지 마세요.
- ○ 회전대를 갑자기 고속으로 회전하지 마세요.
- ○ 회전 중에 회전대를 멈추게 하기 위해 붙잡지 마세요.
- ○ 회전대를 발로 돌리지 마세요.(발이 끼일 위험)
- ○ 회전대 밑으로 들어가지 마세요.

기어오름대

- ○ 오를 때는 두 손을 사용하고 손잡이를 꽉 쥐고 이용하세요.
- ○ 시설이 비에 젖었거나 뜨거울 때는 사용하지 마세요.
- ○ 꼭대기에서 눕거나 앉지 마세요.
- ○ 꼭대기에서 거꾸로 매달리거나 걸어 다니지 마세요.
- ○ 꼭대기에서 뛰어내리지 마세요.
- ○ 내려올 때 뛰어내리지 말고 안전한 방법으로 천천히 내려오세요.

흔들다리

- ○ 받침대를 두 칸씩 한꺼번에 지나가지 마세요.
- ○ 흔들다리 위에서는 손잡이를 반드시 잡아야 하며, 절대 뛰어가지 마세요.
- ○ 손잡이와 받침대 사이의 공간으로 빠져나가는 행동은 절대 하지 마세요.

8 놀이기구 안전기준 요약

어린이놀이시설의 일반적 안전요건과 놀이기구별 세부적인 수치기준과 안전요건은 제6장 어린이놀이시설 안전기준을 참고하기 바란다. 다음은 방대한 어린이놀이시설 안전기준 중에서 중요한 것만 요약한 것이다.

(1) 기구의 끝처리

- 기구의 접근할 수 있는 모든 부속 내의 볼트의 나사선은 둥근 지붕형태를 한 너트와 같이 영구히 덮여 있어야 함.
- 돌출부는 8mm 이하이어야 함.
- 돌출부위를 기점으로 인접 사이 거리는 25mm 이하이어야 함.
- 돌출된 부분이 감싸지지 않는 부위에 대해서는 모두 곡선처리해야 하며 곡선의 최소반경은 3mm이어야 함.
- 기구의 접근 가능한 모든 부분 내에는 딱딱하고 날카로운 모서리가 있어서는 안 됨.

(2) 틈(얽매임)

- 머리와 목의 얽매임은 직경 230mm 이상이어야 함.
- 손의 얽매임 중 그네 체인은 8.6mm ~ 12mm 이내여야 하고, 8mm 이하, 25mm 이상의 틈이 있어서는 안 됨.
- 발의 얽매임은 30mm 이상의 틈이 있어서는 안 됨.

(3) 충격구역

- 충격구역의 범위는 기구의 높은 부분의 바로 밑 지점으로부터 최소 1.5m 이상이며 안전요건을 충족하는 충격흡수처리를 해야 함.

(4) 사다리

- 발디딤대 및 발판은 비회전식이어야 하며 동일한 간격으로 배치되어야 함.
- 나무로 된 부속품들은 풀어지거나 움직이지 않도록 확실하게 연결되어야 함.
- 못 또는 나무나사는 연결 구성형식만으로는 사용하지 않음.
- 발디딤대 또는 발판 위에 안심하고 발을 놓기 위해서는 사다리에 90° 각도로 세운 발디딤대 또는 발판 중앙으로부터 사다리 후방 최소 90mm 이내에는 방해받지 않는 공간이 확보되어야 함.

(5) 계단

- 계단의 경사는 일정해야 하고 최소 3개의 층계를 갖춰야 함.
- 서 있는 상태에 적절한 공간이 확보되어야 하고 디딤판의 최소 깊이는 140mm이어야 함.

(6) 충격흡수표면 구역

- 어린이놀이터에 사용하기 위해 적절한 재료를 잔디 · 표토, 나무껍질, 나뭇조각, 모래, 자갈, 기타로 구분하고 있으며 최소깊이를 300mm로 규정하고 있음.
- 인공 또는 합성재료는 안전인증을 통과한 제품을 설치해야 하며 자유하강높이를 확인할 수 있어야 함.

(7) 미끄럼틀

- 미끄럼틀의 최대각도는 60° 이하이어야 함.
- 미끄럼틀의 최대높이는 2.5m이어야 함.
- 출발지점의 길이는 최소 350mm이어야 함.
- 미끄럼틀 측면 보호대는 어느 지점에서나 최소한 500mm 높이에 있어야 함.
- 가로대의 설치높이는 700~900mm이어야 함.
- 미끄럼틀과 미끄럼틀 주위의 접근 가능한 구조물들은 사용자의 옷이 걸리지 않도록 설계되어야 함.
- 도착지점의 평균기울기는 10° 이하이거나 5° 이하이어야 함.

(8) 그네

- 그네가 정지된 상태에서 지면간격은 최소한 350mm이어야 함. 단 타이어형 좌석일 경우 지면간격은 최소한 400mm이어야 함.
- 기둥 사이에 그네 좌석수가 2개를 초과해서는 안 됨.
- 그네의 사이간격은 1m를 유지해야 함.

(9) 공중놀이기구

- 평행으로 배열된 공중놀이기구의 케이블 사이거리는 적어도 2,000mm가 되어야 함.
- 좌석형 공중놀이기구의 지면간격은 최소 400mm가 되어야 함.
- 매달림형 공중놀이기구의 지면간격은 출발점에서 1,500mm가 되어야 하며 주행 중

의 위치에서는 최대 3000mm, 고정된 상태에서는 최소 2000mm이어야 함.

- 좌석형 공중놀이기구의 케이블 간격은 최소 2,100mm가 되어야 함.

(10) 회전놀이기구

- 최대 자유하강높이는 모든 지점에서 1,000mm이하이어야 함.
- 회전놀이기구 측면방향으로 자유공간은 최소 2,000mm, 회전놀이기구 최고높이보다 높은 지점의 윗부분 간격에 대한 자유공간은 최소 2,000mm이어야 함.

(11) 흔들놀이기구

- 최대자유하강높이는 1,500mm이어야 함 .
- 손지지대(봉, 손잡이, 핸들)의 직경은 16mm 에서 45mm 사이에 있어야 함.
- 최소지면 간격은 230mm이어야 함.
- 230mm 이하의 지면간격을 가지고 있는 기구의 각 좌석에는 발판이 제공되어야 함. 발판은 도구의 사용 없이는 회전하지 못하도록 확실히 고정되어야 함.

CHAPTER 6

놀이시설 안전기준

1. 놀이시설 관련 규정 및 법규
2. 어린이놀이기구 안전기준의 해설

놀이시설 안전기준

1 놀이시설 관련 규정 및 법규

영국에서는 한국보다 22년 앞서 1986년부터 놀이기구의 안전기준이 있었고, 그 안전기준이 독일의 안전기준과 통합하여 전 세계 안전기준의 표준이 되었다. 유럽연합의

표 6-1 | 국가별 어린이놀이시설 안전기준 현황

영국	• 1986년 : 놀이기구 제조사가 중심이 되어 안전기준을 마련하여 영국규격으로 책정(BS : British Standard) • 1993년 : 영국 정부 중심이 되어 안전지침 "DES"를 정함 • 1996년 : 안전지침 "DES"의 개정판 발행 • 1998년(유럽연합) : 유럽 19개국 통일 안전기준으로서 유럽 규격과 통합 "EN1176/1177"
독일	• 1976년 : 세계에서 최초로 독일규격(DIN)이 놀이터의 안전기준 공포 → 이후 90년대 초 유럽연합 19개국은 독일규격과 영국규격을 기초로 유럽통합. • 1999년(유럽연합) : 유럽통합기준 EN1176 놀이기구~점검 · 유지보수 기준을 공포 • 2009년 6월 1일부터 : 놀이시설 생산업자들이 DIN EN1176 적용
미국	• 1981년 : 놀이터 사고로 응급의료시설에 실려 오는 아이들의 증가로 전미 소비자안전위원회(CPSC)에서 지침으로 안전기준을 발행 • 1993년 : 소송건수의 급증으로 인해 미국 놀이기구 제조사를 중심으로 미국 재료시험규격 「ASTM F 1487」에 의해 안전기준을 책정. CPSC와 함께 2개의 기준이 생겨 혼란 • 1995년 : 미국 재료시험규격 「ASTMF1487」 제1차 개정 • 1997년 : 전미 소비자안전위원회(CPSC) 지침으로 하는 안전기준 개정판 No.325가 발간. 내용은 ASTM과 기준통일 • 1998년 : 미국 재료시험규격 「ASTMF1487」 제2차 개정
일본	• 2002년 3월 : 국교성이 「도시 공원에 있어서의 안전 확보에 관한 지침」을 발행 • 2002년 10월 : 사단법인 일본시설업협회가 국교성 가이드라인에 준한 "놀이기구의 안전에 관한 기준 JPFA-S : 2002를 발행 • 2008년 : 국교성 가이드 라인과 일본공원시설업협회 기준 개정

15개 국가는 개별국가 기준을 대체한 Europeen Normalisation (EN) playground safety standards를 채택하고 있는데, 주로 독일의 DIN기준과 영국의 BSI기준이 대부분 채택되었다.

국제안전규정으로는 유럽연방(EN1176)과 미국(ASTM-F1487)3), 캐나다(CAN/CSA-Z614-98)4)와 같은 기술규정집이 있고, 이러한 규정을 바탕으로 제작된 호주·뉴질랜드 규정(ASNZ-S4486)5), 일본(JPFA-S2002)6) 등 선진국에서는 어린이놀이터에 관한 안전기준을 체계적으로 연구하고 본 기준을 토대로 한 가이드라인을 제작하여 안전지침서로 활용하고 있다. 우리나라에서는 안전기준지침으로는 유럽규정(EN1176)을 따르고 있다.

표 6-2 | 선진국의 놀이터 안전기준 및 적용범위

국 가	안전기준(규격명)	비 고
미국	ASTM F 1487	공공이용 놀이터 안전기준
	ASTM F 1981	Soft Contanined play Equipment
	ASTM F 1148	가정놀이터 안전기준
	ASTM F 1292	놀이터 바닥재의 충격감소 기준
캐나다	CAN/CSA Z614-03	공공이용 놀이터 및 아동복지센터 안전기준
프랑스	NF S 54-201	공공이용 놀이터 안전요건
유럽	EN 1176-1～7	놀이터 일반 안전요건 및 시설별 안전요건
	EN 1177	놀이터 바닥재 충격 감소 안전요건 및 시험방법
호주	AS 1924.1	공원, 학교, 가정놀이터 일반요건
	AS 2155	놀이터의 설치 및 관리지침
일본	JPFE-S : 2002 (일본공원시설업협회)	놀이터 안전기준

우리나라에서 어린이놀이시설은 「어린이놀이시설 안전관리법」, 「품질경영 및 공산품 안전관리법」, 「아동복지법」, 「도시공원 및 녹지 등에 관한 법률」, 「영유아보육법」, 「건설기술관리법」, 「주택건설기준 등에 관한 규정」 등이 있고, 이와 같은 법을 일원화하여 어린이놀이시설의 안전을 관리하는 「어린이놀이시설 안전관리법」이 있어 다양한 관련 법규에 의해 규정되고 있다.

「어린이놀이시설 안전관리법」은 어린이놀이시설이 설치된 장소별로 각각의 법령에 의해 관리되어 왔으나, 법령마다 안전관리 내용이 상이할 뿐만 아니라 대부분 선언적으로 규정되어 있어 체계성 및 실효성이 부족하여 이를 체계적으로 개선하여 어린이놀이기구의 제조·수입, 어린이놀이시설의 설치·유지에 관한 안전관리를 위한 어린이놀이시설 안전관리법을 제정·공포하였다.

표 6-3 | 설치장소별 법령과 소관 기관

안전관리 분야	설치장소	근거법령	소관 중앙행정기관
어린이놀이기구의 제조 · 수입 안전관리		품질경영 및 공산품안전관리법	산업통산자원부
어린이놀이시설의 설치 및 안전관리	공동주택단지(아파트 등)	주택법	국토교통부
	어린이공원	도시공원 및 녹지 등에 관한 법률	국토교통부
	유치원초등학교	유아교육법 초중등교육법	교육부
	보육시설(어린이집 등)	영유아보육법	보건복지부
	아동복지시설	아동복지법	보건복지부
	병원 · 대형유통업소 · 음식점 · 목욕장업 · 고속도로 휴게소 등	없음	없음

어린이놀이시설 안전기준과 관련해서는 다음의 기준이 있다.

▷ 「품질경영 및 공산품안전관리법」에 따른 안전인증대상공산품의 안전인증기준부속서 12

안전인증을 위한 제품검사는 「품질경영 및 공산품 안전관리법」 제14조제3항에 따른 "안전인증대상공산품의 안전기준의 부속서 12(어린이놀이기구)"를 적용하고 주요 내용은 어린이놀이기구를 정의하고 종류를 구분하였다. 또한 어린이놀이기구의 일반 안전요건 및 시험방법, 그네의 안전요건 및 시험방법, 미끄럼틀의 안전요건 및 시험방법, 공중놀이기구의 안전요건 및 시험방법, 회전놀이기구의 안전요건 및 시험방법, 흔들놀이기구의 안전요건 및 시험방법, 충격흡수표면 구역의 안전요건 및 시험방법, 유지운영에 관한 지침서, 부드러운 물질로 구성된 놀이기구의 지침에 대한 설명이다.

▷ 어린이놀이시설의 시설기준 및 기술기준

어린이놀이시설의 시설기준 및 기술기준의 적용범위는 공공장소에 설치되어 10세 이하의 어린이가 놀이에 이용하는 것으로, 신체발달과 정서함양에 도움을 줄 수 있는 동력을 이용하지 않는 기구 또는 조합된 놀이터로서 설치 시 또는 정기시설검사 시 적용한다. 주요내용은 시설 사용 연령 · 인원, 안전수칙, 관리주체 연락처 등의 기재 등 설치 일반요건을 규정하고 충격흡수바닥재(모래, 고무 등)의 중금속 오염도 시험방법을 정한다. 또한 조합놀이대, 그네, 미끄럼틀, 회전놀이기구, 흔들놀이기구, 공중놀이기구 등에 필요한 최소확보공간과 설치방법을 정하였다. 그리고 바닥은 일정 수준의 충격에 견딜 수 있는 모래, 고무 등을 사용하도록 하고 모래의 입도, 중금속오염 기준 및 두께 등을 정하였다.

「품질경영 및 공산품안전관리법」 등을 비롯해 어린이놀이터에 대해서 국내 관련법에서 다루는 내용은 다음과 같다.

표 6-4 | 어린이놀이시설에 대한 관련법령의 내용

관련법	조 항
품질경영 및 공산품안전관리법	**제12조 (안전인증기관의 지정 등)** ① 산업통산자원부장관은 공산품의 안전성을 확보하기 위하여 공산품의 안전인증업무를 행하는 기관을 지정할 수 있다. ② 제1항의 규정에 의하여 지정을 받고자 하는 자는 안전인증을 하기 위하여 필요한 시험·검사설비 및 심사인력 등 대통령령이 정하는 기준을 확보하여 산업통산자원부장관에게 신청을 하여야 한다. ③ 산업통산자원부장관은 제1항의 규정에 의하여 지정을 받은 기관(이하 "안전인증기관"이라 한다)에 대하여 안전인증업무의 수행에 필요한 지원을 할 수 있다. ④ 제1항 및 제2항의 규정에 의한 지정의 절차 및 방법 등에 관하여 필요한 사항은 산업통산자원부령으로 정한다. **제14조 (안전인증)** ① 안전인증대상공산품의 제조를 업으로 하는 자(이하 "제조업자"라 한다) 또는 외국에서 제조하여 대한민국으로 수출하고자 하는 자(이하 "외국 제조업자"라 한다)는 산업통산자원부령이 정하는 바에 의해 받은 사항을 변경하고자 하는 경우 산업통산자원부령이 정하는 방법 및 절차에 의하여 안전인증기관에 안전인증의 변경을 신청하여야 한다. ③ 안전인증기관은 산업통산자원부장관이 정하여 고시하는 제품검사에 한하여 공산품 모델(산업통산자원부령이 정하는 고유한 명칭을 부여한 제품의 형식을 말한다. 이하 같다)별로 안전인증기관으로부터 안전인증을 받아야 한다. ② 안전인증대상공산품의 제조업자 또는 외국 제조업자는 안전인증을 안전기준 및 공장심사의 기준에 적합한 경우에는 안전인증을 행하여야 한다. ④ 안전인증기관은 안전인증을 행함에 있어 필요한 경우 산업통산자원부령이 정하는 바에 의하여 조건을 붙일 수 있다. ⑤ 안전인증기관은 산업통산자원부령이 정하는 바에 의하여 안전인증을 행한 기록을 작성·보관하여야 한다. ⑥ 안전인증기관은 안전인증을 받은 안전인증대상공산품의 안전성이 유지되고 있는지를 확인하기 위하여 산업통산자원부령이 정하는 방법 및 절차에 의하여 안전인증대상공산품의 제조업자 또는 외국 제조업자의 안전인증대상공산품 또는 공장에 대하여 연 1회 이상 정기검사를 실시할 수 있다. ⑦ 안전인증을 받은 안전인증대상공산품의 제조업자 또는 외국 제조업자는 안전인증을 받은 후 제조되는 안전인증대상공산품에 대하여 산업통산자원부령이 정하는 바에 의하여 안전성이 유지되고 있는지 여부에 관한 자체검사를 실시하고 그 기록을 작성·보관하여야 한다. ⑧ 안전인증기관은 제6항의 규정에 의한 정기검사 및 제7항의 규정에 의한 자체검사의 실적이 우수한 경우에는 산업통산자원부령이 정하는 바에 의하여 제6항의 규정에 의한 정기검사의 전부 또는 일부를 면제할 수 있다. ⑨ 안전인증기관은 산업통산자원부령이 정하는 바에 의하여 안전인증대상공산품의 안전에 관한 시험·검사를 실시하는 국내·외의 기관과 안전인증대상공산품에 대한 제품검사 또는 공장심사의 결과를 상호 인정하는 계약을 체결할 수 있다. **제15조 (안전인증의 면제)** ① 산업자원부장관은 안전인증대상공산품이 다음 각 호의 어느 하나에 해당하는 경우에는 제14조제1항의 규정에 불구하고 산업자원부령이 정하는 바에 의하여 안전인증의 전부 또는 일부를 면제할 수 있다. 1. 연구·개발 또는 수출을 목적으로 제조하거나 수입하는 경우 2. 산업자원부장관이 정하여 고시하는 외국의 안전인증기관에서 안전인증을 받은 경우 3. 「산업표준화법」 제15조에 따라 인증을 받은 경우 4. 「산업안전보건법」 제34조제2항의 규정에 의하여 설계검사·완성검사 또는 성능검사를 받은 경우 5. 「산업안전보건법」 제34조의2의 규정에 의하여 안전인증을 받은 경우

(계속)

<table>
<tr><th>관련법</th><th>조항</th></tr>
<tr><td>품질경영 및 공산품안전 관리법</td><td>6. 그 밖에 산업자원부령으로 정하는 경우
② 제1항의 규정에 의하여 안전인증의 전부 면제를 받은 안전인증대상공산품은 안전인증을 받은 것으로 본다.
제16조 (안전인증의 표시 등)
① 안전인증대상공산품의 제조업자 또는 외국 제조업자는 안전인증을 받은 안전인증대상공산품에 대하여 산업통산자원부령이 정하는 바에 의하여 안전인증의 표시(이하 "안전인증표시"라 한다)를 하여야 한다. 다만, 제15조제1항제1호의 규정에 의하여 안전인증의 전부면제를 받은 경우에는 그러하지 아니한다.
② 안전인증을 받지 아니한 안전인증대상공산품의 경우에는 안전인증표시 또는 이와 유사한 표시를 하여서는 아니 된다.
③ 다음 각 호의 어느 하나에 해당하는 자는 안전인증을 받은 안전인증대상공산품의 안전인증표시를 임의로 변경하거나 제거하여서는 아니 된다.
1. 안전인증대상공산품의 제조업자 · 외국 제조업자 · 수입업자 및 판매업자
2. 안전인증대상공산품을 영업에 사용하는 자(이하 "영업자"라 한다)</td></tr>
<tr><td>아동복지법</td><td>제9조 아동의 건강 및 안전
② 국가는 대통령령이 정하는 바에 따라 아동복지시설과 아동용품에 대한 안전기준을 정하고 아동용품을 제작 · 설치 · 관리하는 자에게 이를 준수하도록 하여야 한다.
제17조 아동전용시설의 설치
① 국가와 지방자치단체는 아동이 항상 이용할 수 있는 아동전용시설을 설치하도록 노력하여야 한다.
② 아동이 이용할 수 있는 문화 · 오락시설 · 교통 기타 서비스시설 등을 설치 · 운영하는 자는 대통령령이 정하는 바에 의하여 아동의 이용편의를 고려한 편익설비를 갖추고 아동에 대한 입장료와 이용료 등을 감면할 수 있다.
③ 아동전용시설의 설치기준 등에 관하여 필요한 사항은 보건복지부령으로 한다.</td></tr>
<tr><td>아동복지법 시행령</td><td>제3조 아동복지시설 및 아동용품의 안전기준
법 제9조제2항의 규정에 의한 아동복지시설의 안전기준은 별표1과 같고, 아동용품의 안전기준은 별표2와 같다.
[별표 2] 아동용품의 안전기준
1. 놀이시설물의 어떠한 부분에도 아동의 살을 베거나 찌를 수 있는 날카로운 부분, 모서리, 뾰족한 부분이 없도록 한다.
2. 놀이시설물의 돌출부분인 볼트와 너트는 위로 튀어나오지 않도록 하여야 하며 볼트와 너트가 위를 향하고 있는 때는 그 높이가 3.2밀리미터를 넘지 아니하도록 하여야 한다.
3. 아동이 추락할 가능성이 있는 놀이시설물 아래와 주변의 공간(안전지대)은 충격을 흡수할 수 있도록 하여야 하며, 아동이 걸려 넘어지거나 부딪칠 수 있는 방해물이 없도록 하여야 한다.
4. 움직이는 부분들이 서로 맞물리는 놀이시설물의 경우 아동의 신체 일부분이 끼지 아니하도록 그 맞물림의 형태 및 그 힘을 점검하여야 한다.
5. 놀이시설물에 구멍이나 틈이 있는 경우 주의 깊게 디자인하여 아동의 몸이 빠지거나 끼는 사고가 없도록 한다.
6. 놀이시설물 사이에 연결되거나 바닥에 놀이시설물에 45° 이내로 연결된 줄은 아동이 많이 다니는 곳에 설치하지 말아야 한다.
7. 놀이시설물은 안전하게 설치하여야 하며, 제조업자의 취급설명서에 따라 설치하여야 한다.
8. 안전사고 예방을 위하여 관리인은 각 놀이시설물에 대한 적절한 점검일정을 세우고 이를 지켜야 하며, 안전관리를 위하여 취한 모든 행위는 기록으로 보관하여야 한다.</td></tr>
<tr><td>주택건설기준 등에 관한 규정</td><td>제9조 소음 등으로부터의 보호
② 공동주택 · 어린이놀이터 · 의료시설(약국을 제외한다) · 유치원 · 보육시설 및 경로당은 다음 각 호의 시설로부터 수평거리 50미터 이상 떨어진 곳에 이를 배치하여야 한다. 다만, 위험물저장 및 처리시설 중 주유소(석유판매취급소를 포함한다)의 경우에는 당해 주유소로부터 25미터 이상 떨어진 곳에 공동주택 등(어린이놀이터 · 유치원 및 보육시설을 제외한다)을 배치할 수 있으며, 시내버스 차고지</td></tr>
</table>

(계속)

<table>
<tr><th>관련법</th><th>조항</th></tr>
<tr><td>주택건설기준 등에 관한 규정</td><td>에 설치된 자동차용 천연가스 충전소(가스저장 압력용기 내용적의 총합이 20세제곱미터 이하인 경우에 한한다)의 경우에는 당해 자동차용 천연가스 충전소로부터 30미터(산업자원부장관이 정하여 고시한 기준에 적합한 방호벽을 설치하는 경우에는 25미터) 이상 떨어진 곳에 공동주택 등(유치원 및 보육시설을 제외한다)을 배치할 수 있다.
제46조 어린이놀이터
① 50세대 이상의 주택을 건설하는 주택단지에는 다음 각 호의 기준으로 산정한 면적 이상의 어린이놀이터를 설치하여야 한다. 다만, 300세대 미만의 주택을 건설하는 주택단지로서 당해 단지 안이나 단지와 접하여(당해 단지로부터 직접 출입할 수 있는 경우에 한한다) 「도시공원법」에 의한 어린이공원이 이 영의 규정에 적합하게 설치되어 있거나 당해 주택의 사용검사(법 제33조의 2 제1항 단서 규정에 의한 동별 사용검사를 제외한다.)시까지 설치될 예정인 경우에는 그러하지 아니하다.
1. 100세대 미만인 경우에는 매 세대당 3제곱미터(시 · 군 지역은 2제곱미터)의 비율로 산정한 면적
2. 100세대 이상이 경우에는 300제곱미터(시 · 군 지역은 200제곱미터)에 100세대를 넘는 매 세대마다 1제곱미터(시 · 군 지역은 0.7제곱미터)를 더한 면적
② 어린이놀이터는 어린이의 이용에 편리하고 일조가 양호한 곳에 배수에 지장이 없도록 설치하되, 그 1개소의 면적은 300제곱미터(시 · 군 지역은 200제곱미터) 이상이어야 한다. 다만, 100세대 미만의 공동주택을 건설하거나 사업계획승인권자가 단지의 이용상 부득이하다고 인정하는 경우에는 그러하지 아니하다.
③ 면적이 150제곱미터 이상인 어린이놀이터는 건축물(유치원 · 새마을유아원 · 보육시설 · 주민운동시설 및 청소년수련시설을 제외한다)의 외벽 각 부분으로부터 5미터(개구부가 없는 측벽은 3미터) 이상, 인접대지경계선(도로 · 광장 · 시설녹지 기타 건축이 허용되지 아니하는 공지에 접한 경우에는 그 반대편의 경계선을 말한다)으로부터 3미터 이상, 주택단지 안의 도로 또는 주차장으로부터 2미터 이상의 거리를 두어야 한다.
④ 어린이놀이터는 그 폭을 9미터(면적이 150제곱미터 미만인 경우에는 6미터) 이상으로 하여야 한다.
⑤ 어린이놀이터에는 놀이시설 기타 필요한 시설을 설치하되, 안전성을 확보할 수 있는 강도와 내구성을 갖춘 재료를 사용하여야 한다.
⑥ 사업계획승인권자가 노인공동주택 · 외국인공동주택 등 주택단지의 특성으로 인하여 어린이놀이터의 설치가 필요하지 아니하다고 인정하는 경우에는 어린이놀이터를 설치하는 대신에 제1항 각 호에 해당하는 면적의 주민운동시설 등 주민의 복리를 위한 시설을 설치할 수 있다.
제47조 상업지역 등에서의 어린이놀이터 설치기준의 완화
① 제5조제8호의 규정에 의한 시장과 주택을 복합건축물로 건설하는 경우와 「국토의 계획 및 이용에 관한 법률」 제36조제1항제1호 나목의 규정에 의한 상업지역 안에 주택을 건설하는 경우에는 제46조제1항의 규정에 불구하고 200제곱미터에 200세대를 넘는 매 세대마다 1제곱미터를 더한 면적 이상의 어린이놀이터를 설치하여야 한다. 다만, 200세대 미만인 경우에는 어린이놀이터를 설치하지 아니할 수 있다.
② 제1항의 규정에 의한 어린이놀이터와 폭 12미터 이상인 일반도로(주택단지 안의 도로를 제외한다)에 연접하여 주택을 주택 외의 시설과 복합건축물로 건설하는 경우 그 복합건축물에 설치하는 어린이놀이터에 대하여는 제46조제2항 내지 제4항의 규정을 적용하지 아니하며, 이를 건축물의 내부 · 필로티 또는 옥상(충분한 안전시설을 한 경우에 한한다)에 설치할 수 있다.</td></tr>
<tr><td>주택법</td><td>제49조 안전관리계획 및 교육
① 관리주체는 당해 공동주택의 시설물로 인한 안전사고를 예방하기 위하여 대통령령이 정하는 바에 의하여 안전관리계획을 수립하고, 이에 따라 시설물별로 안전관리자 및 안전관리책임자를 선정하여 이를 시행하여야 한다.
② 공동주택단지 안의 각종 안전사고 예방과 방범을 하기 위하여 경비업무에 종사하는 자와 제1항의 규정에 의하여 수립된 안전관리계획에 의하여 시설물 안전관리책임자로 선정된 자는 건설교통부령이 정하는 바에 의하여 시장 · 군수 · 구청장이 실시하는 방범교육 및 안전교육을 받아야 한다.
③ 시장 · 군수 · 구청장은 제2항의 규정에 의한 방범교육 및 안전교육을 건설교통부령이 정하는 바에 의하여 다음 각 호의 구분에 의한 기관 또는 법인에게 위임 또는 위탁하여 실시할 수 있다.</td></tr>
</table>

(계속)

관련법	조항
주택법	1. 방범교육 : 관할 경찰서장 2. 소방에 관한 안전교육 : 관할 소방서장 3. 시설물에 관한 안전교육 : 제87조 제2항의 규정에 의하여 인정받은 법인
도시공원 및 녹지 등에 관한 시행규칙	**제9조 공원시설의 설치 · 관리기준** ① 법 제19조제5항의 규정에 의하여 공원시설은 도시공원의 기능을 다하게 하기 위하여 다음 각 호에 정하는 바에 따라 설치하여야 한다. 3. 어린이공원에 설치할 수 있는 공원시설은 조경시설, 휴양시설(경로당 및 노인복지회관을 제외한다), 유희시설, 운동시설, 편익시설 중 화장실 · 음수장, 공중전화실로 하되 휴양시설을 제외하고는 원칙적으로 어린이의 전용시설에 한할 것. 11. 그 밖에 특별시, 광역시 또는 도의 조례가 정하는 공원은 조경시설, 휴양시설, 교양시설 및 편익시설의 범위 안에서 설치할 것. ③ 공원시설 중 신체장애인 · 노약자 또는 어린이의 이용을 겸하는 시설에 대하여는 그 이용에 지장이 없는 구조로 하거나 장치를 하여야 하며, 해당 시설로의 접근이 용이하도록 하여야 한다. **제10조 공원시설의 안전기준** ① 법 제19조제5항의 규정에 의하여 공원시설은 안전성을 확보하기 위하여 다음 각 호의 기준에 따라 설치, 관리되어야 한다. 1. 설치안전기준 가. 주변의 토지이용 및 이용자의 특성 등을 고려하여 도시공원 부지의 안과 밖에서 도시공원 부지를 사용하는 자의 안전성을 확보할 수 있도록 공원시설을 배치할 것. 나. 유희시설은 한국산업규격(KS) 인증 등 국내외 공인기관의 인증을 획득한 시설이어야 하고, 이용동선 · 유희시설의 운동방향 등을 고려하여 행동공간 · 추락공간 및 여유공간 등이 확보될 수 있도록 배치할 것. 2. 안전관리기준 가. 공원시설 그 자체의 성능 확보뿐만 아니라 안전하고 즐거운 시설이 될 수 있도록 계획 · 유지관리 및 이용 등 모든 단계에서 안전에 대한 적절한 대책이 마련되도록 할 것. 나. 유희시설은 시설 특성에 따라 초기점검 · 일상점검 · 정기점검 및 정밀점검의 형태로 안전점검을 실시하며, 그 결과에 따라 유희시설의 사용제한 · 보수 등의 응급조치뿐만 아니라 수리 · 개량 · 철거 · 갱신 등의 항구적 조치가 이루어지도록 할 것. 다. 유희시설의 이용 사고를 막기 위하여 유희시설의 이용실태를 근거로 마련된 안전확보대책, 공원을 관리하는 관리청과 공원이용자 간의 역할분담 등의 내용이 포함된 안전교육 또는 이용안내 등을 실시할 것. ② 공원관리청은 공원시설의 적법성 및 안전성 등을 파악하기 위하여 필요한 경우 공원관리청이 아닌 공원시설 관리자에게 공원시설에 관한 자료의 제출을 요구할 수 있다. ③ 이 규칙에서 정한 사항 외에 공원시설의 안전에 관하여 필요한 사항은 특별시, 광역시, 시 또는 군(광역시의 관할구역 안의 군을 제외한다. 이하 같다)의 조례로 정할 수 있다.
영유아보육법 시행규칙	**제5조 보육시설의 설치인가 등** ① 법 제13조제1항 및 법 제14조제1항의 규정에 의하여 보육시설의 설치인가를 받고자 하는 자는 별지 제4호서식의 보육시설 인가신청서(전자문서로 된 신청서를 포함한다)에 다음의 서류(전자문서를 포함한다)를 첨부하여 관할 시장 · 군수 · 구청장에게 제출하여야 한다. 9. 인근 놀이터 이용계획서(영유아 50인 이상의 시설로서 옥외놀이터나 옥내놀이터를 설치하지 아니하는 경우에 한한다) **제9조 보육시설의 설치기준** 법 제15조의 규정에 의한 보육시설의 설치기준은 별표1과 같다. **[별표1] 보육시설의 설치기준** 3. 보육시설의 구조 및 설비기준

(계속)

관련법	조항
영유아보육법 시행규칙	(마)놀이터(영유아 50인 이상을 보육하는 시설에 한한다) ① 영유아(12개월 미만의 영아를 제외한다) 1인당 2.5제곱미터 이상의 규모로 모래밭(천연 및 인공잔디, 고무매트, 폐타이어 블록도 가능함)에 대근육 활동시설 등 놀이시설물 3종 이상이 설치된 옥외놀이터를 설치하여야 한다. 다만, 업무용 시설 밀집지역 등 지역적 특수성에 따라 옥외놀이터를 설치하는 것이 불가능한 경우에는 옥내놀이터(지하 또는 옥상에는 설치 불가)를 설치하거나 인근 놀이터를 활용할 수 있고, 인근 놀이터를 활용할 경우에는 인근 놀이터 이용계획서를 보육시설인가를 신청하는 때에 제출하여야 한다. ② 옥외놀이터에 설치하는 놀이시설물은 「품질경영 및 공산품안전관리법」에 의하여 놀이기구 안전검사를 필한 제품을 사용하여야 한다. ③ 놀이터에 설치하는 놀이시설물은 안전을 고려하여 다음과 같이 설치하여 한다. (i) 놀이시설물은 영유아의 신장 및 체중을 고려하고, 표면도색의 독성여부를 확인하여야 한다. (ii) 영유아가 추락할 가능성이 있는 놀이시설물 아래와 주변의 공간은 충격을 흡수할 수 있도록 안전장치를 설치하여야 하며, 영유아가 걸려 넘어지거나 부딪칠 수 있는 방해물이 없도록 하여야 한다. (iii) 놀이시설물의 어떠한 부분에도 영유아의 살을 베거나 찌를 수 있는 날카로운 부분, 모서리, 뾰쪽한 부분이 없도록 하여야 한다. (iv) 놀이시설물의 돌출부분인 볼트와 너트는 위로 튀어나오지 아니하도록 하여야 하며, 볼트와 너트가 위를 향하고 있는 때는 그 높이가 3.2밀리미터를 넘지 아니하도록 하여야 한다. (v) 놀이시설물에 구멍이나 틈이 있는 경우 영유아의 몸이 빠지거나 끼는 사고가 없도록 조치하여야 한다. (vi) 놀이시설물은 안전하게 설치하여야 하며, 제조업자의 취급설명서에 따라 설치하여야 한다.

2 어린이놀이기구의 안전기준의 해설

현행 어린이놀이기구의 안전기준은 일반인이 보기에 다소 난해하고 어렵게 기준이 설정되어 있는 부분이 많이 있다. 그래서 일반관리인들이 쉽게 알아보고 이해할 수 있도록 만들었다.

1) 일반적 안전기준

표 6-5 | 어린이놀이시설에 대한 일반적 안전기준

분류	안전기준
시설재료	• 가연성 : 화재위험을 방지하기 위하여 셀룰로이드(셀룰로이즈나이트레이트)와 이와 유사한 재질(페인트나 니스 성분으로 사용된 것은 제외)이나 불꽃접속 시 표면 섬광을 일으키는 재료는 사용하지 않아야 함.(표면섬광 : 기본적 구조물에 대해서는 연소작용이 발생하지 않으면서 불꽃이 재료의 표면상에서만 급속도로 퍼지는 현상) • 목재 및 관련 제품 : 목재 재질로 된 부분은 찌꺼기가 쌓이거나 물이 고이지 않도록 설계되어 있어야 함. 지면과 닿는 부분에는 잘 썩지 않는 목재의 종류를 사용하거나 지면과 닿는 부분에 캡을 씌우거나 방부처리가 되어 있어야 함. • 금속제품 : 금속재질로 된 부분은 내후처리가 되어 있어야 함. 녹이 생기거나 벗겨져서 독성 산화물을 생성하는 금속에는 도장처리가 되어 있어야 함. 도장처리에 사용하는 페인트는 완구 안전검사기준 제3부 유해원소의 용출시험에 적합한 것이어야 함.

(계속)

분류	안전기준
시설재료	• 합성제품 : 유리섬유강화 플라스틱의 아래 젤(gel)층이 노출되어서는 안 됨. • 위험물질 : 기구 사용자의 건강에 악영향을 미칠 수 있는 위험물질은 놀이기구의 제조에 사용되어서는 안 됨. 예) 석면, 납, 포름알데히드 등
성인의 접근	• 기구는 성인이 기구 안에 있는 어린이를 돕기 위해 접근할 수 있도록 설계되어야 함. 입구지점으로부터 2,000mm 이상 떨어져 있으며 폐쇄된 터널이나 놀이집과 같은 기구에는 최소 2개의 다른 면에 위치한 별개의 개구부가 있어야 함.(기구에 필수적 요소가 아닌 사다리 등) 이러한 개구부의 크기는 500mm 이상이어야 하며, 이 두 개의 개구부는 화재위험에 대비하여 사용자가 용이하게 지상으로 빠져나올 수 있도록 제작함.
보호난간	• 36개월 미만의 어린이가 쉽게 접근할 수 없는 기구는 사용자가 서 있을 수 있는 부분의 표면이 놀이터 바닥에서부터 1,000mm～2,000mm 미만의 높이에 위치한 경우에 설치함. • 보호난간의 꼭대기까지의 높이는 플랫폼, 계단 또는 경사로의 표면으로부터 측정한 값이 600mm 이상, 850mm 이하이어야 한다.
난간	• 난간의 높이는 서 있는 표면(디딤판)에서 600mm 이상, 850mm 이하이어야 함.
울타리	• 36개월 미만의 어린이가 접근할 수 있는 울타리는 설 수 있는 표면이 놀이터 바닥으로부터 600mm 이상 떨어져 있을 때 설치함. • 36개월 미만의 어린이가 쉽게 이용할 수 없는 기구는 설 수 있는 표면이 놀이터 바닥으로부터 2,000mm 이상의 높이에 위치할 때 울타리를 설치함. • 울타리 꼭대기 높이는 플랫폼, 계단 또는 경사로의 표면으로부터 측정한 값이 최소한 700mm 이상이 되도록 설치한다. • 충격을 완화시키기 위한 표면처리는 설 수 있는 표면이 놀이터 바닥 위로부터 600mm 이상일 때 해야 함. • 어린이가 올라가려고 할 때, 발판으로 사용할 만한 반수평이나 거의 수평의 난간이나 막대가 있어서는 안 됨. • 울타리 꼭대기의 설계는 어린이가 그 위에 서거나 앉을 수 있도록 고안되어서는 안 되며, 또한 올라가고 싶은 충동을 느끼게 해서도 안 됨.
움켜잡음	• 꽉 쥘 수 있도록 설계된 보는 버팀의 횡단면은 횡단면의 중심을 가로질러 측정했을 때 모든 방향으로 16mm 이상, 45mm 이하이어야 함.
쥠	• 쥐게 설계된 모든 버팀의 횡단면의 폭은 60mm를 초과하지 않아야 함.
기구의 끝처리	• 나무로 된 기구 : 쉽게 쪼개지지 않는 나무로 만들어야 함. • 기타 재료(예 : 유리섬유) : 갈라지지 않게 처리함. • 돌출한 못, 튀어나온 와이어로프 끝 부위, 날카로운 모서리가 있는 부품 등이 있어서는 안 됨. • 기구의 접근할 수 있는 모든 부속 내의 볼트의 나사선은 둥근 지붕형태를 한 너트와 같이 영구히 덮여 있어야 함. • 8mm 미만 정도의 나온 너트 및 볼트의 머리부분은 가시처럼 튀어나온 부분이 없어야 함. • 모든 용접부위는 부드럽게 연마되어 있어야 함. • 기구의 접근 가능한 부분에 위치하는 모서리, 가장자리, 돌출부위가 8mm 초과하여 돌출되어 있고, 돌출부위를 기점으로 25mm 이하의 길이 내에 위치하는 인접부위를 이용해도 돌출된 부분이 감싸지지 않는 부위에 대해서는 모두 곡선처리함. • 곡선의 최소반경은 3mm이어야 함.
얽매임	• 머리 : 89～230mm 사이의 개구부는 불가(36개월 미만 동시사용) • 손 : 8～25mm 사이 개구부는 불가, 8mm 미만, 25mm 이상 • 발 : 30mm 이하 • 몸통 : 최소 500mm 이상(터널)
하강공간	• 자유하강높이는 3m를 초과하지 않아야 함. • 하강공간 내에는 사용자가 하강 시 부딪히거나 상해를 당할 수 있는 어떤 장애물도 있어서는 안 됨.

(계속)

<table>
<tr><th>분류</th><th>안전기준</th></tr>
<tr><td>사다리</td><td>• 사다리 각도 60°~90°
• 발디딤대 및 발판은 비회전식이어 하며, 동일한 간격으로 배치되어야 함.
• 못 또는 나무나사는 연결구성 형식만으로는 사용하지 않음.
• 발디딤대는 쥠에 대한 요구사항 적용
• 수직 사다리는 손을 잡고 오를 수 있도록 움켜잡음 요구사항 적용</td></tr>
<tr><td>계단</td><td>• 계단각도 15°~60°
• 난간높이 600~850mm
• 발 디딤판의 폭(세로) 140mm 이상
• 계단의 전체높이가 지상 2,000mm 이상인 곳에서의 중간 층계참은 2,000mm 초과하지 않은 높이에 설치함.</td></tr>
<tr><td>경사로</td><td>• 경사로는 일정한 기울기를 유지함.
• 경사로는 폭을 가로질러서 ±3° 범위 내에서 수평을 이루어야 함.
• 미끄러짐의 위험을 줄이기 위하여 모든 어린이들이 사용하는 경사로에는 발의 꽉 쥠을 향상시키기 위한 방법을 포함시킴.</td></tr>
<tr><td>로프</td><td>• 한쪽 끝이 고정된 로프(그네 로프) : 공중에 매달린 길이 2m 미만 로프에 대해서 그네 로프와 고정된 부위 사이의 간격은 600mm 이상이어야 하며, 그네 로프와 그네 기구 사이의 간격은 900mm 이상이어야 함. 그네 로프는 같은 교각의 그네와 연결되어서는 안 됨.
a) 공중에 매달린 길이 2m 이상, 4m 이하의 로프에 대하여 그네 로프와 기구의 기타 부위 사이의 간격은 1m 이상이어야 함.
b) 로프의 지름은 25mm~45mm이어야 함.
• 양쪽 끝에 고정된 로프(등반 로프) : 등반 로프는 양쪽 끝을 단단히 고정시켜야 하며 그네의 전체면적은 매다는 점과 표면수평면 사이의 거리의 20%를 초과하지 않아야 함.
a) 로프의 지름은 18mm~45mm이어야 함.
• 와이어로프 : 와이어로프는 비회전식이어야 하고 전기도금 또는 부식방지 와이어를 사용함.
a) 로프 끝은 손잡이 가장자리와 일치해야 함.
b) 8 mm 이상 돌출한 로프 철사가락 끝에 근접한 와이어로프 클립은 최소공간 바깥쪽에 사용하거나 적절한 방법으로 씌워져야 함.
c) 죔쇠는 두 개의 잠긴 로프(또는 이중 조임부속품)로 구성되어야 하고 부식방지 물질로 이루어져 있어야 함.
d) 연장 없이는 죔쇠를 열 수 없어야 함.</td></tr>
<tr><td>체인</td><td>• 놀이기구에 사용하는 체인은 최대 개구부가 12mm를 초과하거나, 8.6mm 미만의 연결체가 위치한 곳을 제외하고는 어느 방향에서나 최대 8.6mm의 개구부를 갖추어야 함.</td></tr>
<tr><td>기초물</td><td>• 기초물은 걸려 넘어지거나 충격 받는 등의 위험상황이 발생하지 않도록 고안되어야 함. 엉성하게 채워진 표면에 (예, 모래) 기초를 세울 때에는 다음 제시된 방법 중 한 가지에 따라야 함.
a) 기구 위의 주춧대, 토대 및 고정 장치물 등은 놀이터 표면 밑으로 최소한 400mm 들어가야 함.
b) 둥글게 처리된 기초는 표면 밑으로 최소 200mm 들어가야 함.
c) 둘러친 울타리의 중앙 기초물처럼 기초물은 기구 또는 기구부품들을 이용하여 효과적으로 덮여 있어야 함.
• 기초물(예; 둘러친 울타리의 중앙기초물)로부터 나사의 첨단과 같이 돌출한 부위도 효율적으로 덮여져 마감처리되어 있지 않다면, 놀이터 표면 아래로 최소 400mm까지 설치되어야 함.</td></tr>
<tr><td>바닥
(충격흡수표면
바닥재)</td><td>놀이터 바닥은 딱딱한 표면(콘크리트나 아스팔트)은 안 됨.
〈충격흡수 재료별 한계하강높이〉
<table>
<tr><th>바닥재료</th><th>알맹이 크기</th><th>최소깊이</th><th>최대하강높이</th></tr>
<tr><td>잔디</td><td>–</td><td>–</td><td>≤1,000mm</td></tr>
<tr><td>나무껍질</td><td>20~80mm</td><td rowspan="4">300mm</td><td rowspan="4">≤3,000mm</td></tr>
<tr><td>나뭇조각</td><td>5~30mm</td></tr>
<tr><td>모래</td><td>0.2~2mm</td></tr>
<tr><td>자갈</td><td>2~8mm</td></tr>
<tr><td>기타
(고무바닥재 등)</td><td colspan="2">종류별 HIC에 따른 시험</td><td>시험한 한계하강높이</td></tr>
</table></td></tr>
</table>

(1) 난간, 보호난간, 울타리

안전인증대상공산품의 안전기준의 부속서 12(어린이놀이기구)에서 적용하는 용어의 정의는 다음과 같다. 실제로 관리주체들이 어린이놀이시설을 관리하면서 가장 많이 혼돈스러워 하는 놀이시설의 안전기준 부분이다.

표 6-6 | 난간, 보호난간과 울타리의 정의

구 분	정 의
난간	사용자가 균형을 잡을 때 도움을 주는 가로대
보호난간	사용자의 추락을 예방하도록 된 가로대
울타리	사용자가 밑으로 지나가는 것을 예방하기 위한 보호난간

① 난간 : 난간의 높이는 서 있는 표면(디딤판)에서 600mm 이상, 850mm 이하이어야 한다.

② 보호난간 : 보호난간은 36개월 미만의 어린이가 쉽게 접근할 수 없는 기구에 대해 적용한다. 보호난간은 어린이가 서 있을 수 있는 부분(예를 들어, 플랫폼)의 표면이 지표면에서부터 1,000mm ~ 2,000mm의 높이에 위치한 경우에 설치한다. 보호난간의 꼭대기까지의 높이는 플랫폼, 계단 또는 경사로의 표면으로부터 측정한 값이 600 mm 이상, 850mm 이하이어야 한다.

보호난간은 어린이들이 높은 구조물에서 떨어지는 것을 방지하기 위한 가로대다. 보호난간은 수직으로 된 면과 89mm 이하의 공간이 있는 수직 또는 대각선 막대들 혹은 다른 형태의 난간들로 이루어져 있으며, 어린이들이 손이나 발로 타고 올라가는 것을 조장하지 않아야 한다.

③ 울타리 : 사용자가 밑으로 지나가는 것을 예방하기 위한 보호난간으로 36개월 미만의 어린이가 접근할 수 있는 울타리는 설 수 있는 표면이 놀이터 바닥으로부터 600mm 이상 떨어져 있을 때 설치한다.

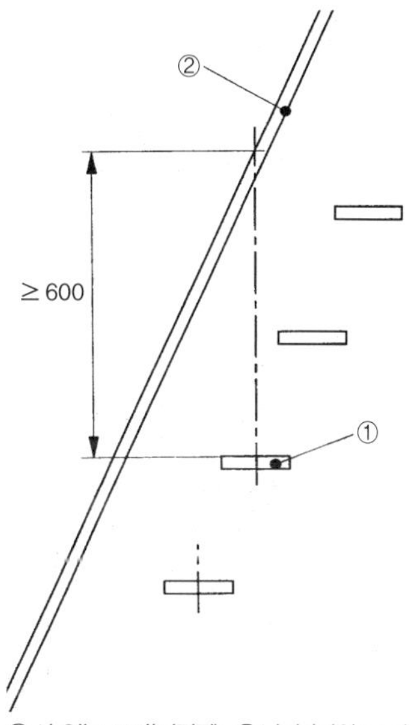

①서 있는 표면(디딤판), ②난간 (단위 : mm)

그림 6-1 | 설 수 있는 표면 위의 난간높이 기준

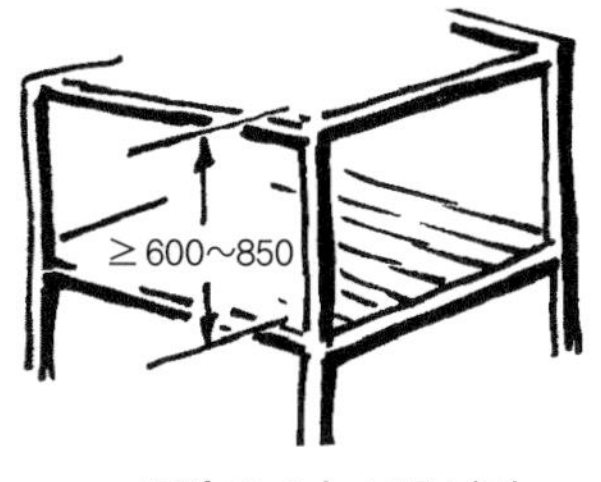

그림 6-2 | 보호난간

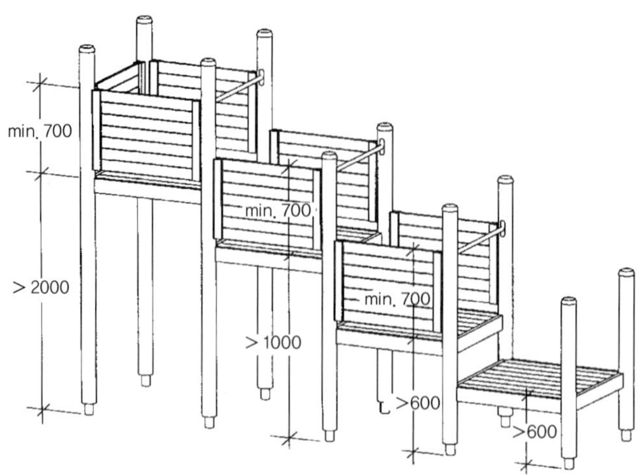

그림 6-3 | 보호난간과 울타리

36개월 이상의 어린이가 이용하는 놀이기구는 플랫폼 높이가 놀이터 바닥으로부터 2,000mm 이상일 때 울타리를 설치한다. 울타리 꼭대기 높이는 플랫폼, 계단 또는 경사로의 바닥표면으로부터 측정한 값이 최소한 700mm 이상이어야 한다. 충격을 완화시키기 위한 표면처리는 설 수 있는 표면이 놀이터 바닥 위로부터 600mm 이상일 때 제공된다. 또한 어린이가 올라갈 수 있는 발판으로 사용할 만한 난간이나 막대가 있어서는 안 된다. 울타리 맨 위 꼭대기 부분은 어린이가 그 위에 서거나 앉을 수 있도록 설계되거나 설치되어서는 안 되며 또한 올라가고 싶은 충동을 느끼게 해서도 안 된다. 난간, 보호난간 또는 울타리를 경사로에 설치할 때는 경사로의 가장 낮은 위치에서부터 설치한다.

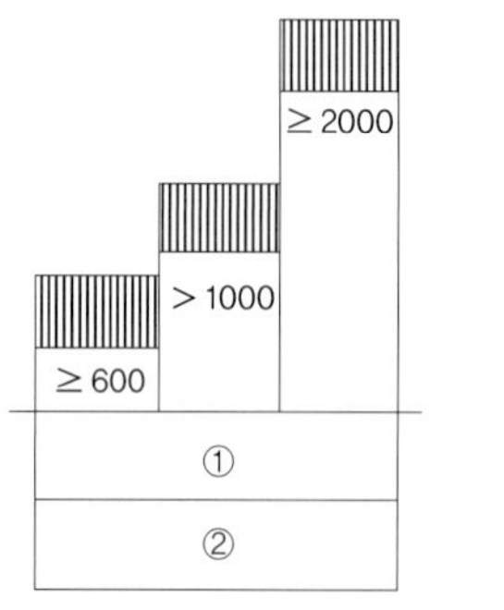

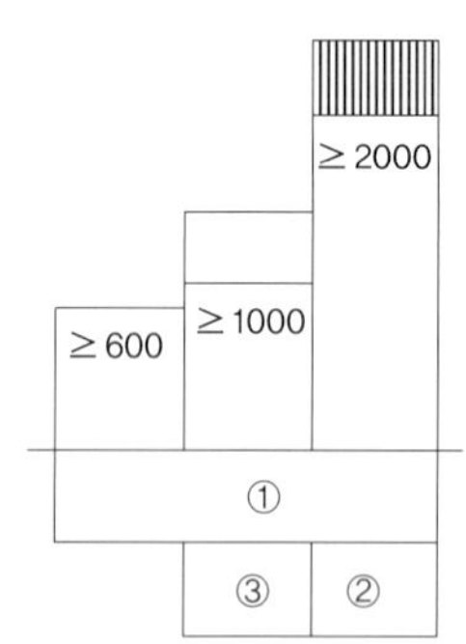

① 표면처리 구역 조건, ② 울타리 조건, ③ 보호난간 조건 (단위 : mm)

(a) 모든 나이에 사용 가능한 기구 (36개월 미만 포함)

(b) 36개월 미만의 어린이가 쉽게 사용할 수 없는 기구

그림 6-4 | 하강에 대한 보호그림

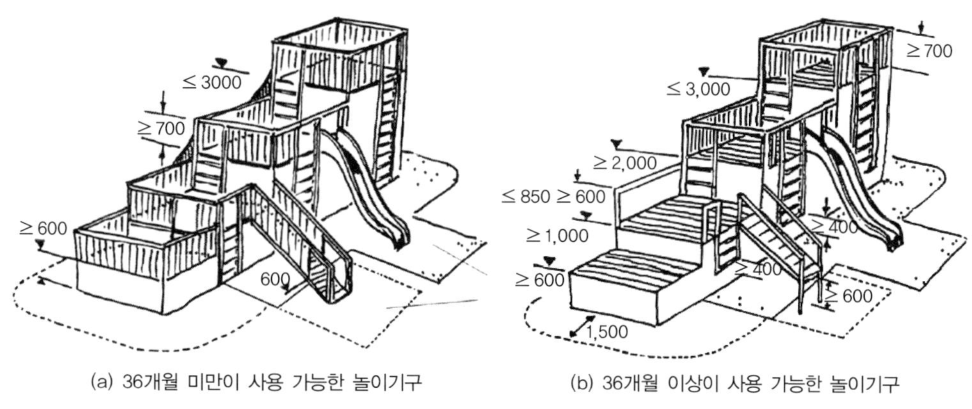

(a) 36개월 미만이 사용 가능한 놀이기구 (b) 36개월 이상이 사용 가능한 놀이기구

그림 6-5 | 보호난간 및 울타리의 조건 (단위 : mm)

(2) 움켜잡음과 쥠

- 움켜잡음 : 꽉 움켜잡을 수 있도록 설계된 모든 버팀의 횡단면은 횡단면의 중심을 가로질러 측정했을 때 모든 방향으로 16mm 이상, 45mm 이하이어야 한다.
- 쥠 : 쥐게 설계된 모든 버팀의 횡단면의 폭은 60mm를 초과하지 않아야 한다.

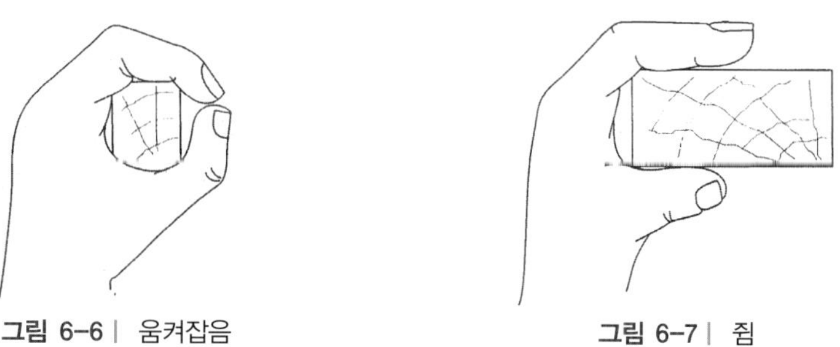

그림 6-6 | 움켜잡음 **그림 6-7** | 쥠

(3) 기구의 끝처리

나무로 된 기구는 쉽게 쪼개지지 않는 나무로 만들어야 하고, 기타 재료(예, 유리섬유)로 만든 기구의 끝처리는 쪼개지지 않도록 처리한다. 돌출한 못, 튀어나온 와이어로프 끝 부위, 날카로운 모서리가 있는 부품 등이 있어서는 안 되며 상해위험을 유발할 수 있는 거친 표면이 없어야 한다.

기구의 접근할 수 있는 모든 부속 내의 볼트의 나사선은 둥근 지붕형태를 한 너트와 같이 영구히 덮여 있어야 한다. 8mm 미만 정도의 삐쭉 나온 너트 및 볼트의 머리부분은 가시처럼 튀어나온 부분이 없어야 한다. 모든 용접부위는 부드럽게 연마되어야 한다.

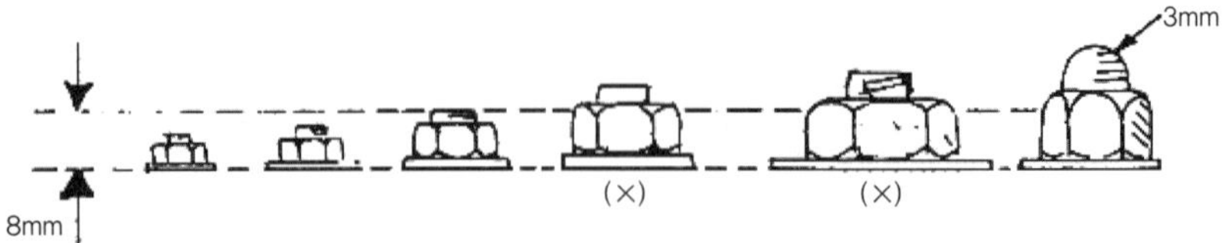

그림 6-8 | 너트 및 볼트의 예시

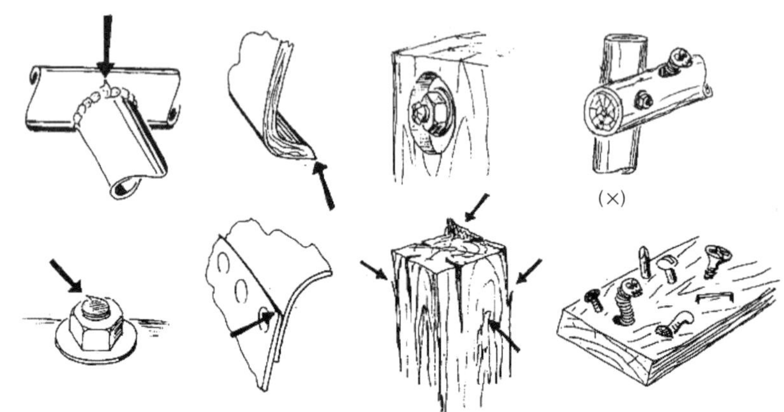

그림 6-9 | 날카로운 모서리와 돌출한 못 등의 예시

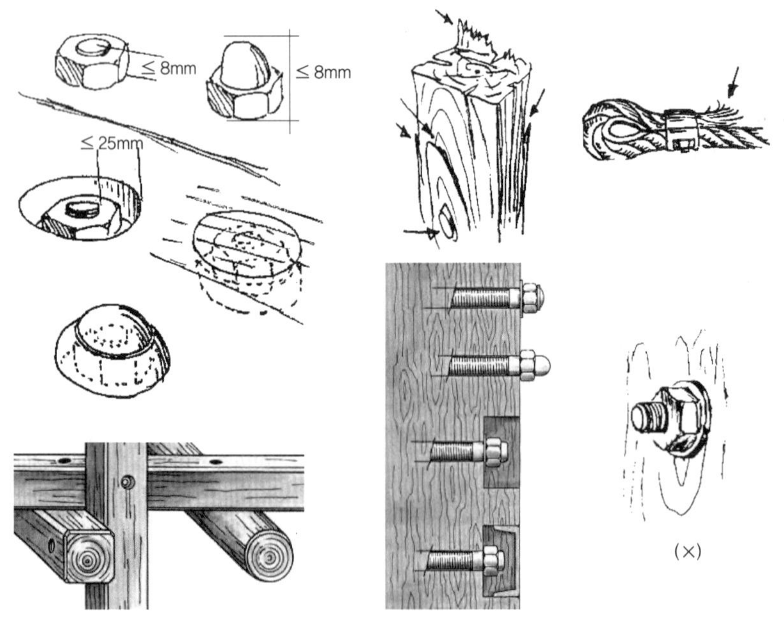

그림 6-10 | 기구의 끝처리

어떤 형태로든 어린이에게 상해를 일으킬 수 있는 놀이기구에서의 돌출부는 제거되어야 한다. 이 부분에 어린이가 착용하고 있는 옷이나 끈이 돌출부에 걸려서 질식하거나 균형을 잃게 만들 수 있다.

돌출부는 잠재적인 충돌의 위험 또한 내포하고 있다. 예를 들어 기구의 뾰족한 끝은 어린이의 피부를 자르거나 찌를 수 있으므로 놀이시설에서 제거되어야 한다. 또한 노출되어 있는 둥근 튜브 및 파이프의 끝부분은 손가락의 얽매임이 발생하거나 끼지 않도록 맺음처리(뚜껑이나 마개로 덮여 있어야 함)한다.

(4) 너트 및 볼트

어린이가 놀이기구의 접근 가능한 부분에 위치하는 모서리, 가장자리, 돌출부위가 8mm 초과하여 돌출되어 있고, 상기 열거된 돌출부위를 기점으로 25mm 이하의 길이 내에 위치하는 인접 부위를 이용해도 돌출된 부분이 감싸지지 않는 부위에 대해서는 모두 곡선처리하며 곡선의 최소반경은 3mm이어야 한다. 기구의 접근 가능한 모든 부분에는 딱딱하고 날카로운 모서리나 끝이 있는 부품 등이 있어서는 안 된다.

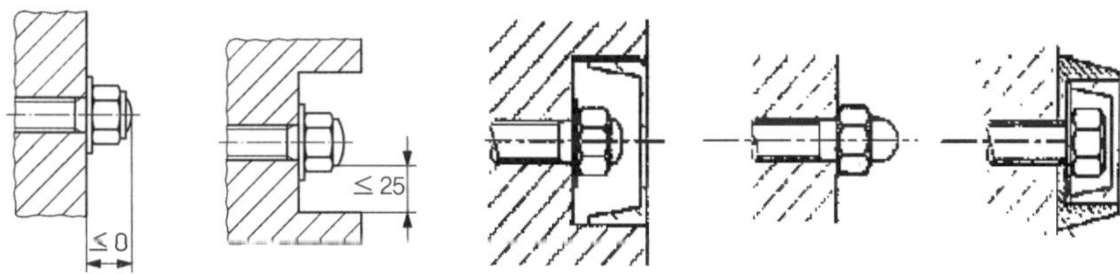

그림 6-11 | 너트 및 볼트의 처리

(5) 사다리

사다리는 어린이가 오르내리기에 쉽도록 가로대 혹은 디딤판으로 구성 · 제작된 주요 접근수단이다. 일반적으로 놀이시설의 사다리는 보통 수평선상을 기준으로 60 ~ 90° 정도 기울어져 있다.

사다리의 안전기준은 다음과 같다.

- 사다리는 어린이가 움켜잡을 수 있는(16~ 45mm) 난간이나 잡을 수 있는(직경 60mm 이내) 가로대 또는 측면대가 있어야 함.
- 발디딤대 및 발판은 비회전식이어야 하며 동일한 간격으로 배치되어야 함.
- 나무로 된 부속품들은 풀어지거나 움직이지 않도록 확실하게 연결되어야 함.
- 못 또는 나무나사는 연결구성 형식만으로는 사용하지 않음.
- 발디딤대 또는 발판 위에 안심하고 발을 놓기 위해서는 사다리에 90° 각도로 세운

발디딤대 또는 발판 중앙으로부터 사다리 후방 최소 90mm 이내에는 방해받지 않는 공간이 확보되어야 함.

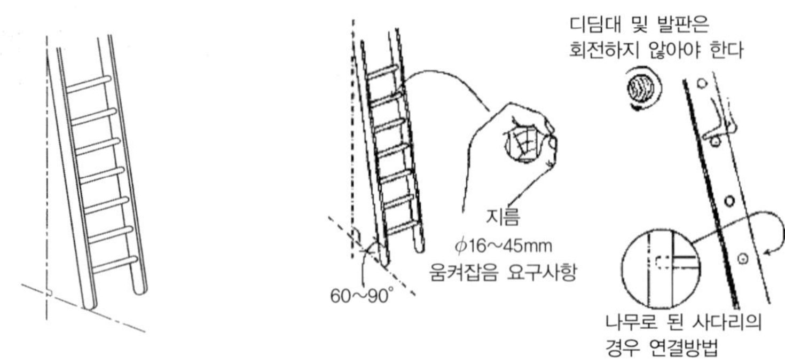

그림 6-12 | 사다리의 보기　　**그림 6-13** | 계단의 디딤판 기준

(6) 계단

계단의 안전기준은 다음과 같다.

- 계단의 경사는 일정해야 하고 최소 3개의 층계를 갖춰야 함.
- 동일한 간격으로 설치되어야 함.
- 디딤판의 최소깊이는 140mm이어야 함.
- 두개의 디딤판 사이의 틈은 30mm이하여야 함.
- 서 있는 상태에서 적절한 공간이 확보되어야 함.
- 계단의 전체높이가 지상 2,000mm 이상인 곳에서의 중간 층계참은 2,000mm를 초과하지 않은 높이에 설치하며, 계단폭은 1,000mm 이상이어야 함.
- 계단선은 이어져 있으면 안 되지만 최소한 계단폭까지 단을 짓거나 최소 90°까지 방향을 바꾸어야 함.
- 난간은 계단이 놀이터 지표면 위 1,000mm 이상, 45° 이상 각도인 곳에 설치되어야 함.
- 계단 및 경사로 난간은 사용자가 균형을 잡을 수 있게 경사질 필요가 있다.
- 36개월 미만의 어린이용 기구에 대해서는 난간이 첫 번째 계단 발판에서부터 설치되어야 함.

(7) 로프

① 한쪽 끝이 고정된 로프(그네 로프)

- 공중에 매달린 길이 2m 미만의 로프에 대해서 그네 로프와 고정된 부위 사이의 간

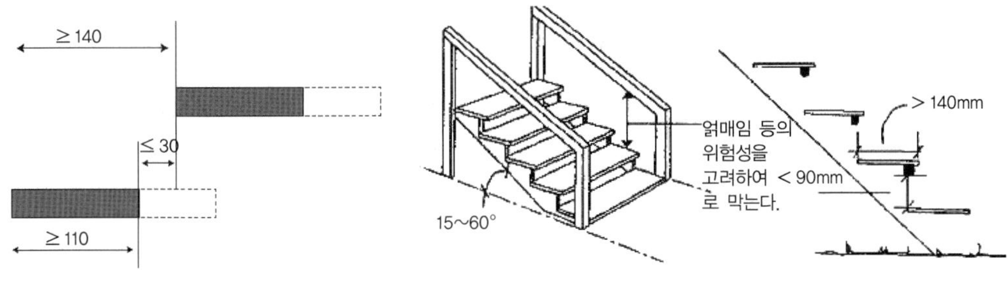

그림 6-14 | 계단의 디딤판 기준치수

그림 6-15 | 계단의 안전기준

격은 600mm 이상이어야 하며, 그네 로프와 그네 기구 사이의 간격은 900mm 이상이어야 한다.

- 그네 로프는 같은 교각의 그네와 연결되어서는 안 된다. 공중에 매달린 길이 2m 이상, 4m 이하의 로프에 대하여 그네 로프와 기구의 기타 부위 사이의 간격은 1m 이상이어야 한다.
- 로프의 지름은 25mm ~ 45mm이어야 한다.

② 양쪽 끝에 고정된 로프(등반 로프)

- 등반 로프는 양쪽 끝을 단단히 고정시켜야 하며 그네의 전체면적은 매다는 점과 표면수평면 사이의 거리의 20%를 초과하지 않아야 한다. 이 요구사항은 질식의 위험을 방지하기 위함이다.
- 로프의 지름은 18mm ~ 45mm이어야 한다. 기어오르는 그물은 해당되지 않는다.

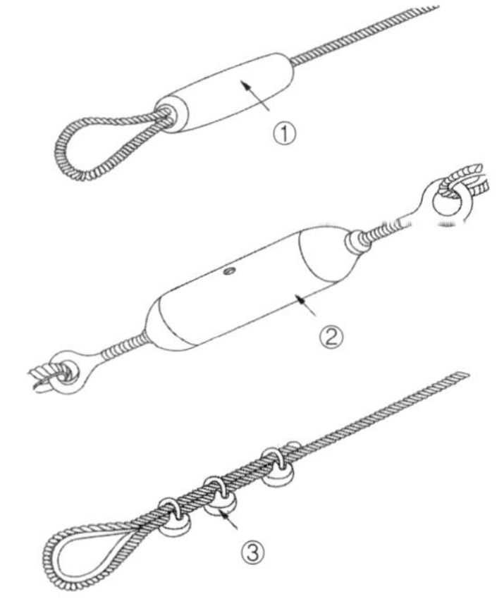

① 보강쇠테 ② 죔쇠 ③ 이중조임 부속품

그림 6-16 |
보강쇠테, 죔쇠 및 이중조임 부속품

③ 와이어로프

- 와이어로프는 비회전식이어야 하고 전기도금 또는 부식방지 와이어를 사용해야 한다. 보강쇠테는 KS D ISO 8793에 부합하고 로프 끝은 손잡이 가장자리와 일치해야 한다. 8 mm 이상 돌출한 로프 철사가락 끝에 근접한 와이어로프 클립은 최소공간 바깥쪽에 사용하거나 적절한 방법으로 씌워져야 한다. 죔쇠는 두 개의 잠긴 로프(또는 이중조임 부속품)로 구성되어야 하고 부식방지 물질로 이루어져 있어야 한다. 연장 없이는 죔쇠를 열 수 없어야 한다.
- 그림 12는 보강쇠테, 죔쇠 및 이중조임 부속품의 예를 보여준다.

④ 덮인 와이어로프

- 덮인 와이어로프가 등반 로프, 등반 그물, 매달리는 로프 그리고 이와 유사한 종류에 사용될 때 각 철사가락은 합성 또는 천연섬유로 만들어진 실로 덮어야 한다.
- 섬유로 덮고 와이어로프가 사용되어야 한다. 철사가락 안의 와이어는 로프가 잘 손상되지 않도록 처리하여 위험도를 줄인다.

⑤ 섬유로프(직물형식) 섬유로프는 KS K 6401 또는 K 6405, K 4001, K 4005, K 3716, K 3717, K 3718에 적합하여야 한다.

- 등반 로프, 등반 그물, 매달리는 로프 등은 삼 또는 이와 유사한 물질과 같이 미끄러지지 않은 것으로 씌어져야 한다. 단섬유 플라스틱 로프 또는 그 밖의 유사 재료는 허용하지 않는다.

(8) 기초물

기초물은 걸려 넘어지거나 충격을 받는 등 위험상황이 발생하지 않도록 고안되어야 한다. 엉성하게 채워진 표면에(예, 모래) 기초를 세울 때에는 다음 제시된 방법 중 한 가지에 따른다.

① 기구의 주춧대, 토대 및 고정장치물 등은 놀이터 표면 밑으로 최소한 400mm 들어가야 한다.

② 놀이시설 기초의 윗부분이 그림 6-17과 같다면 놀이터 표면 밑으로 최소 200mm 들어간다.

③ 둘러친 울타리의 중앙기초물처럼 기초물은 기구 또는 기구부품들을 이용하여 효과적으로 덮여 있어야 한다.

기초물(예 : 둘러쳐진 울타리의 중앙기초물)로부터 나사의 첨단과 같이 돌출한 부위도 효율적으로 마감처리되어 있지 않다면 놀이터 표면 아래로 최소 400mm까지 설치되어야 한다.

한 개의 횡단면에만 의지하는 기구에 대해서는 안정성의 추가적 조치가 요구된다. 부품이 콘크리트에 싸여 있는 경우 부식, 부패의 위험이 있다. 동적 하중으로 인해 부식, 부패가 발생할 위험비율이 높아짐에 따라 한 개의 횡단면에 의존한 안정성이나 두 개의 다리가 달린 구성체와 나열된 구성체에서 발생하는 안정성이 공급된 단위기구의 고정 장치물의 안정성에 위험을 주게 된다.

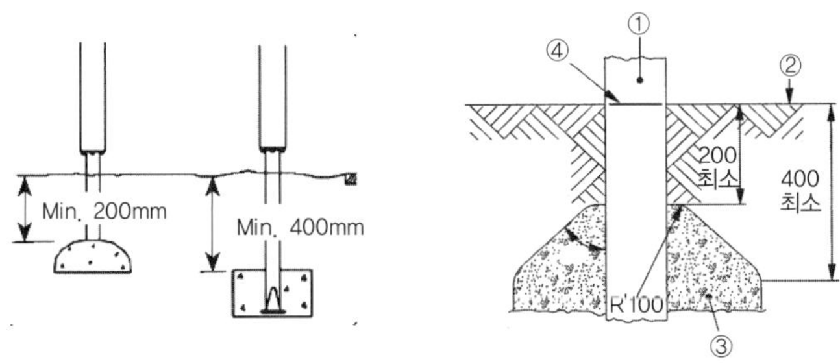

① 지주 ② 놀이바닥 ③ 기초 꼭대기 ④ 기초물 지면 표시 (단위 : mm)
비고 : 기구에 공급자가 표시한 기초물 지면 표시는 놀이터 바닥의 높이를 보여준다.

그림 6-17 | 기초물의 안전요건

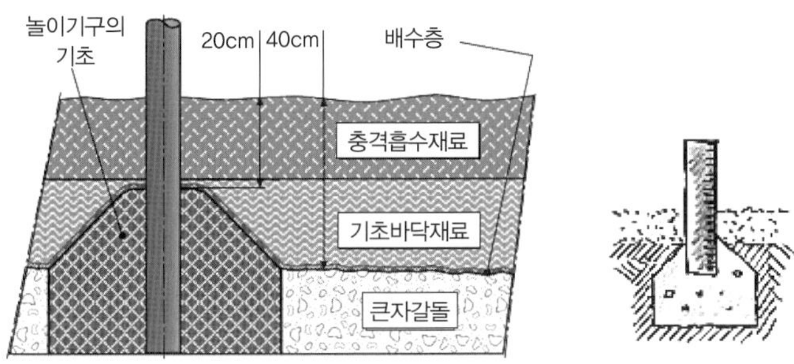

그림 6-18 | 기초물의 설치 예시

2) 공간기준

(1) 자유하강높이

그림 6-19는 어린이의 몸체 지탱부로부터 밑의 충격구역까지의 최대수직거리로서 자유하강높이는 3m를 초과하지 않아야 한다. 서서 사용할 때의 자유하강높이는 발바닥과 그 밑의 바닥과의 간격이 된다. 앉아서 사용할 때의 간격은 앉아 있는 면과 바닥면이며 매달려서 사용할 경우에는 간격은 손잡이와 그 아래의 바닥면이 된다.

특별히 언급되지 않았다면 하강의 높이는 다음 표에 주어진 것을 이용한다.

표 6-7 | 다른 유형의 놀이시설 사용 시 자유하강높이

사용 유형	수직 거리
서 있음	발 지탱부에서 아래 표면까지
앉 음	좌석 기저부에서 아래 표면까지
매달림	손 지탱부(발 지탱부)에서 아래 표면까지

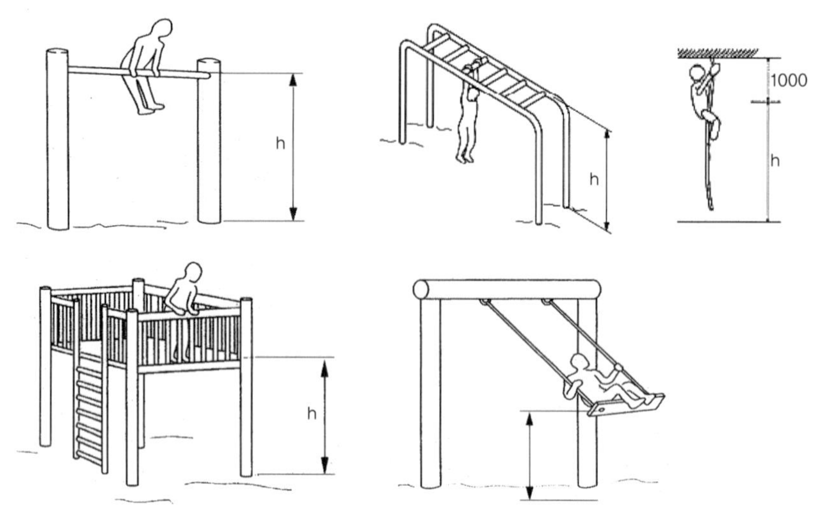

그림 6-19 | 자유하강높이 예시

(2) 하강공간

하강공간은 그림 6-20, 그림 6-21에서와 같이 어린이가 서거나 지탱하는 부분부터 어린이 사용자가 하강할 때 차지하는 기구의 안, 위 또는 주위의 공간을 말하며, 하강공간은 하강하는 높이 부위에서부터 시작된다.

특별한 요구사항이 언급되지 않았다면, 하강공간의 범위는 기구의 높은 부분의 바로 그 아래에서부터 재어서 1.5m의 확장된 하강공간을 가져야 한다. 이 요구사항은 특정한 경우 변할 수 있다. 예를 들어 강제적 움직임이 있는 경우에는 범위가 증가하고 벽면에 접촉하거나 벽면으로 설치하여 놓은 기구의 경우 범위가 감소한다. 대부분의 경우 하강공간의 겹침이 있을 수 있다. 그러나 회전놀이기구와 그네 같은 경우는 하강공간의 겹침을 허용하지 않는다.

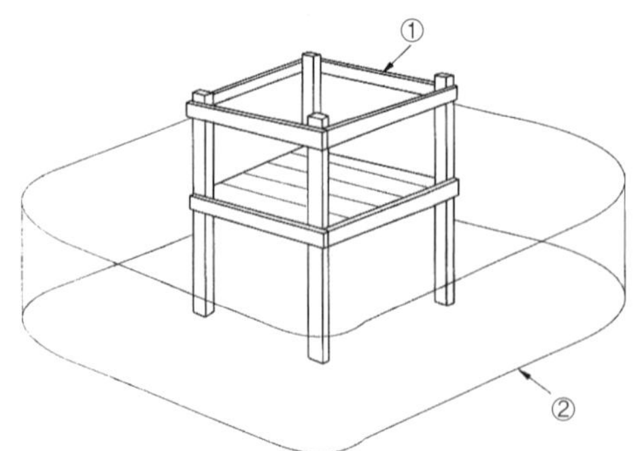

그림 6-20 | ① 기구가 차지하는 공간, ② 하강공간

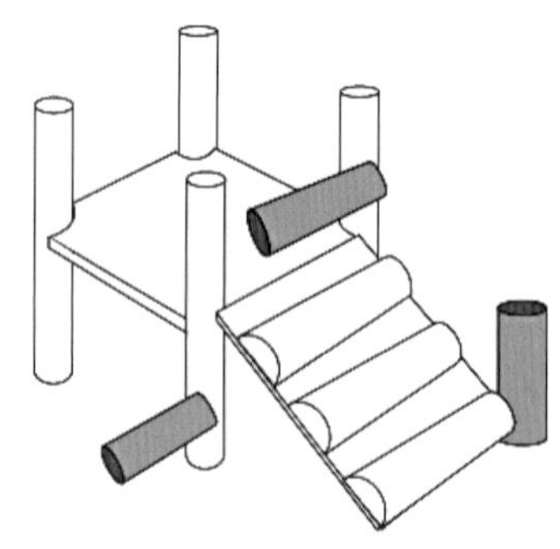

그림 6-21 | 하강공간에서의 장애물 예시

즉, 어린이들이 놀이기구로부터 뛰어오르거나 내리고 빠져나올 때 착지할 수 있는 해당 놀이기구 아래 바닥이나 주위에는 장애물이 없어야 한다.

하강공간에는 어린이의 추락에 대한 손상보호를 위하여 충격을 완화시키는 표면처리를 한다. 개별적인 놀이기구에 대한 하강공간의 높이와 범위는 각각의 어린이놀이기구별 안전기준에 기술되어 있다.

사람이 그 위로 떨어질 수 있는 땅이나 움직이는 공간이 위험할수록 충격구역의 간격은 하강공간을 넘어서 더 커져야 한다. 또한 물체가 작을수록, 뾰족할수록, 혼자만 있을수록 간격은 커져야 한다.

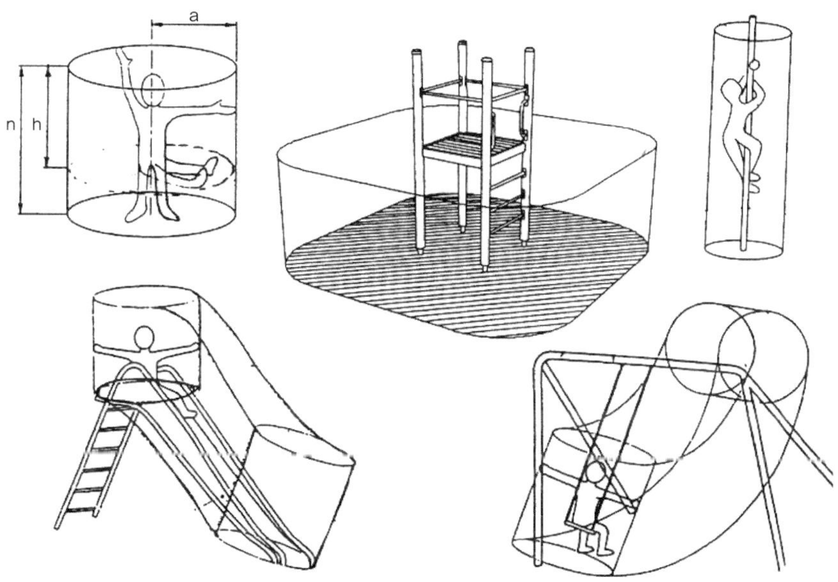

그림 6-22 | 자유공간, 하강공간

(3) 자유공간

기구(예 : 미끄럼틀, 그네, 흔들이)를 이용해 운동을 하게 되는 사용자가 차지하는 기구의 안, 위 또는 주위의 공간이며, 자유공간은 수직 또는 수평적으로 측정되며 그 수치는 다음과 같다.

표 6-8 | 자유공간의 안전기준

사용형식	반지름	높이
서 있음	1,000mm	1,800mm
앉음	1,000mm	1,500mm
매달림	500mm	300mm

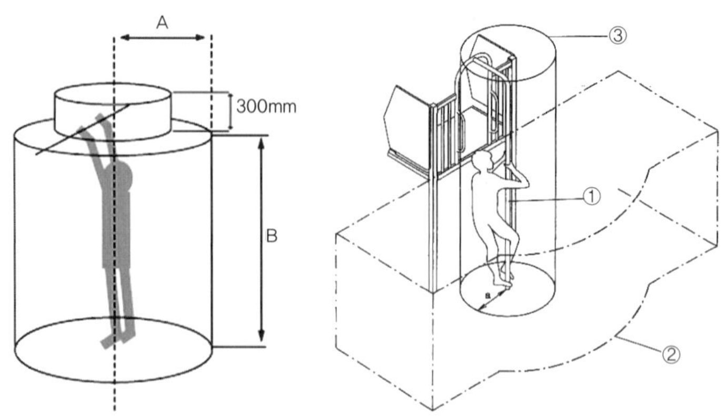

• 자유공간 치수(매달림의 경우) : A–1,000mm, B–1,800mm
• 공간 구분 : ① 기구가 차지하는 공간, ② 하강공간, ③ 자유공간

그림 6–23 | 소방관 지주의 하강공간의 보기

일부 놀이기구는 제조자에 의한 정해진 다른 자유공간 치수를 가질 수도 있다.

자유공간은 오직 사용자가 곧바로 멈출 수 없는 움직임을 강요하는 기구에서만 존재한다. 예를 들면 그네, 미끄럼틀, 회전목마, 케이블카, 시소 등.

자유공간은 그림 6-23, 그림 6-25에서 묘사된 것처럼 각 움직임의 종류마다 다른 크기를 가지는 원통으로 묘사된다. 이 원통은 움직임의 중앙선을 따라 정해지며 이에 따라 자유공간이 확정된다.

자유공간이 특별히 언급되지 않았다면 인접 자유공간과 하강공간의 겹침이 없어야 한다. 그러나 한 종류의 기구의 부품들 사이 공유공간에는 적용되지 않는다. 자유공간에는 사용자가 예상할 수 없거나 상해를 입을 수 있는 장애물이 있어서는 안 된다. 사용자가 들어갈 수 있거나 균형을 유지할 수 있도록 사용자를 도와주는 기구의 부품인 경우에는 자유공간 내에 허용한다. 그림 6-23과 같이 소방관 지주형태의 놀이시설의 플랫폼이 한 예이다. 또한 주요 이동경로는 자유공간을 가로지를 수 없으며 놀이터 내부에 있어서도 안 되며 통과해서도 안 된다.(예, 보행자로)

자유공간에 대한 보호 및 안전요건은 다음과 같다.

• 자유공간은 서로 교차되어서는 안 된다.
• 자유공간과 하강공간도 교차되어서는 안 된다.
• 자유공간 내에서는 물체가 있어서는 안 된다. 또한 자유공간은 이로 인해 도중에 끊겨서도 안 된다.
• 자유공간 안에서 기구의 튀어나온 부분은 없어야 한다. 그네의 자유공간에 돌출된 나무도 허용되지 않는다.

그림 6-24 | 예상치 못한 장애물

(4) 최소공간

기구를 안전하게 사용하기 위해서 필요한 공간(그림)이다. 최소공간은 3개의 공간, 즉 기구가 차지하는 공간과 하강공간 그리고 자유공간을 합친 공간이다.

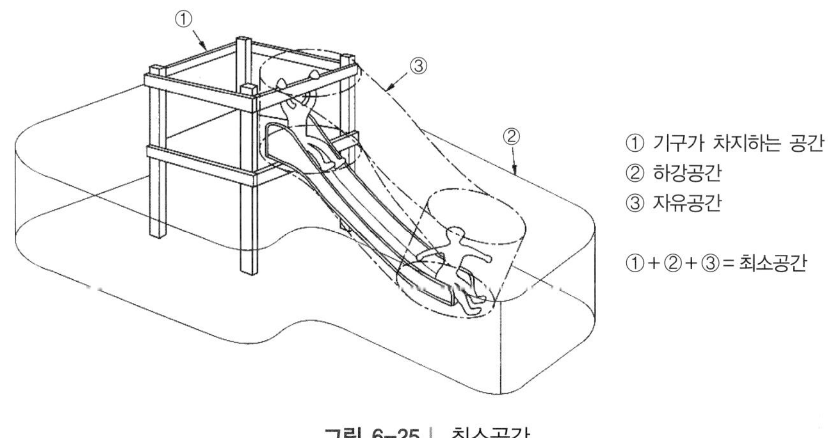

그림 6-25 | 최소공간

단, 최소공간 중에서 자유공간은 강제적인 이동이 있는 부분이 있으며 설치업자가 제시하는 이러한 이동거리가 있을 때에 적용한다.

예제) 미끄럼틀 자유공간과 하강공간

이 구역은 적어도 미끄럼틀 빗면 위쪽으로 1,500mm의 자유공간과 미끄럼틀 빗면 옆으로 각각 1,000mm의 하강공간을 확보해야 한다. 이 공간은 미끄럼틀의 출구 쪽에도 확보되어야 한다. 미끄럼틀의 위 지붕, 난간 또는 다른 앉은 자세로 사용하는 어린이의 활동을 방해하는 다른 장치들은 이 기준에 적합하게 제거되어야 한다.

표 6-9 | 터널에 대한 안전요구사항

	한쪽이 열린 터널	양쪽이 열린 터널			
기 울 기	들어설 때 5° 이하 기울어짐	15° 이하			15° 초과
최소내부치수	750 이상	400 이상	500 이상	750 이상	750 이상
길 이	2,000 이하	1,000 이하	2,000 이하	없음	없음
기타 요구사항	없음	없음	없음	없음	오르기 위한 제공물 (예: 발판 또는 손잡이)

(5) 충격구역

어린이가 놀이시설의 하강공간으로 하강했을 때, 어린이가 부딪칠 수 있는 구역을 말한다. 해당 놀이기구의 충격구역을 측정할 때 놀이기구 및 사용자의 움직임의 가능성을 고려해야 한다. 수평으로 움직이는 회전놀이기구의 충격구역은 어린이의 추락 시 손상에 대한 적절한 보호조치를 제공할 수 있는 공간까지 확대된다. 각각의 놀이기구에 해당되는 충격구역에 대한 안전기준은 놀이기구의 안전요건을 참조한다.

충격구역에 대한 안전기준은 60cm 이하의 하강높이에서는 충격흡수표면 바닥재에 대한 요구사항이 없으며, 높은 부분이 있는 모든 기구의 둘레에는 최소 1.5m의 넓이를 가진 충격구역이 있어야 한다.

어린이놀이시설의 자유하강높이에 따른 충격구역의 수치를 사전에 계산해볼 수 있는데 표 6-10과 같다. 그네의 경우는 충격구역 계산방법이 다르므로 그네의 안전요건을 참조하길 바란다.

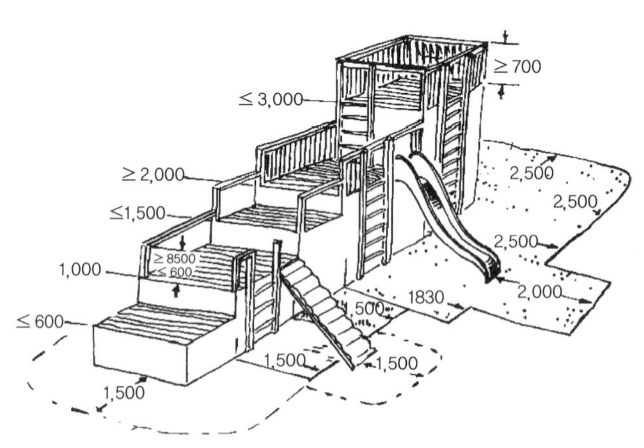

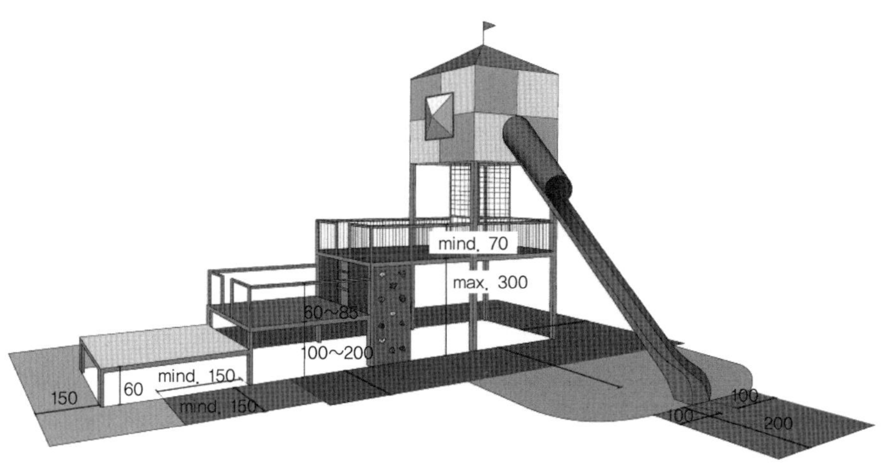

그림 6-26 | 높이에 따른 충격구역 설정 예

표 6-10 | 놀이시설의 자유하강높이에 따른 충격구역

하강높이	충격구역	하강높이	충격구역
1.5m	1.50m	2.3m	2.03m
1.6m	1.56m	2.4m	2.10m
1.7m	1.63m	2.5m	2.16m
1.8m	1.70m	2.6m	2.23m
1.9m	1.76m	2.7m	2.30m
2.0m	1.83m	2.8m	2.37m
2.1m	1.90m	2.0m	2.43m
2.2m	1.96m	2.10m	2.50m

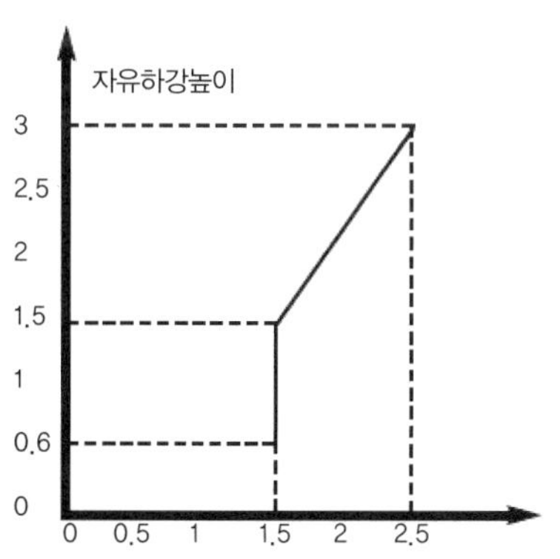

$y = (1.5)\chi - 0.75$
$y\rangle$ 0.6≤1.5이면$\chi = 1.5$
$y \geq 1.5$이면 $\chi = 2/3y + 0.5$

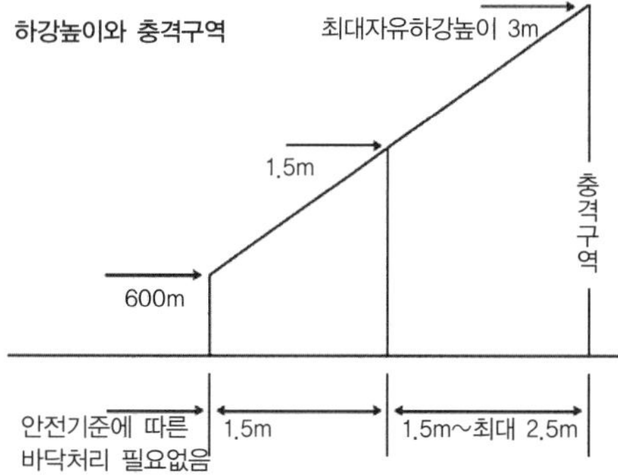

y: 자유하강높이
χ : 충격구역의 최소치수 (단위 : m)

그림 6-27 | 충격구역의 범위

3) 얽매임

(1) 일반

지면으로부터 600mm 이상의 높이에서 신체, 신체 일부 또는 옷이 끼여서 발생하게 되는 위험이며, 얽힘과 끼임 등 두 가지 형태가 있으며, 사용자 스스로 얽매임을 풀 수 없으며, 얽매임으로 인해 어린이가 심각한 상해를 당할 수 있다.

얽매임 현상은 어린이의 머리 또는 팔, 다리와 같은 부분이 어떠한 공간에 들어가 빠지지 않을 경우 발생하게 된다. 얽매임 현상은 질식사, 손가락이나 팔, 다리 등의 신체적 손상, 정신적 피해 등을 야기할 수 있다. 어린이들이 주로 사용하는 놀이기구의 통로부분은 안전기준을 준수해야 한다.

(2) 머리와 몸의 얽매임

놀이기구에서 60° 미만의 각도로 아래방향으로 몰리는 부분, 즉 얽매임이 발생할 수 있는 개구부가 있어서는 안 된다. 머리나 발이 먼저 통과하면서 생기는 머리와 발의 얽매임은 어린이놀이기구 내의 개구부로 인해 발생해서는 안 된다.

이러한 얽매임이 일어날 수 있는 개구부는 다음의 경우를 포함한다.

① 사용자의 머리 또는 발이 먼저 미끄러져 들어갈 수 있는 완전한 얽매임 개구부
② 부분적으로 얽매이거나 V형의 개구부
③ 깎여진 개구부나 움직이는 개구부

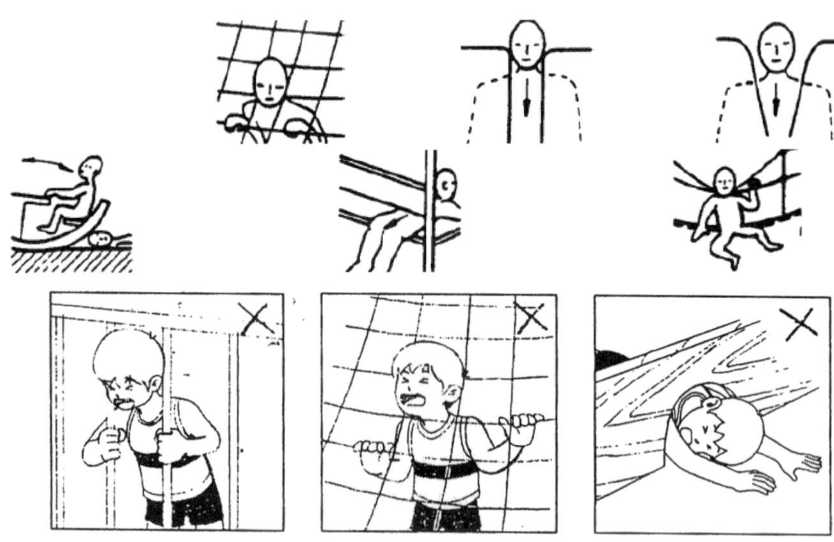

그림 6-28 | 머리와 몸의 얽매임 발생 개구부

	완전히 얽매인 개구부		부분적 얽매임이 발생하는 개구부	V형	돌출부위	기구의 움직이는 부분들
	고정된 부분	유연한 부분				
전신						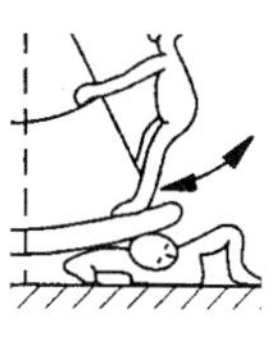
머리		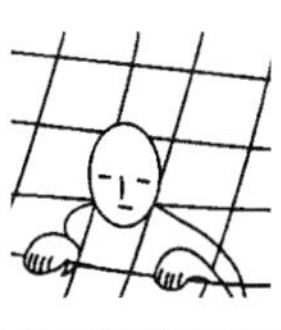	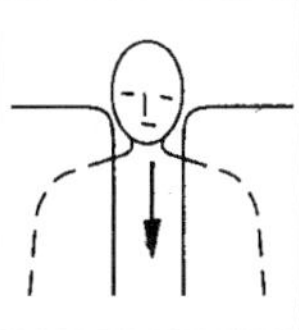	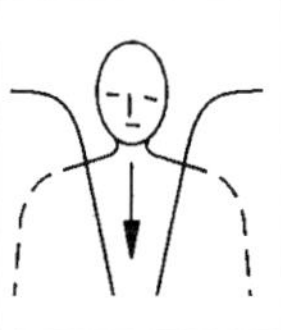		
발	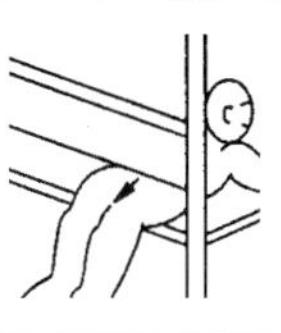					
팔과 손				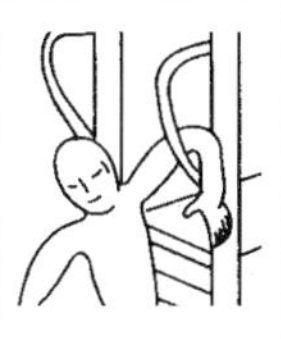		
발과 다리	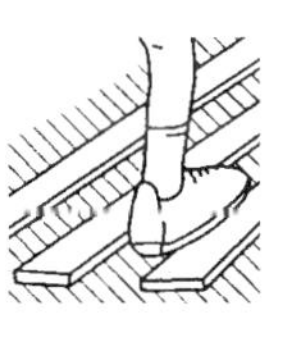		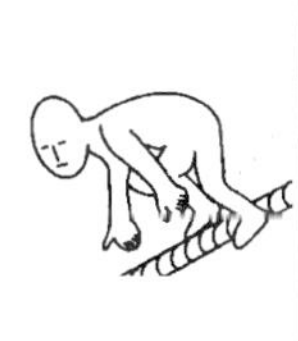	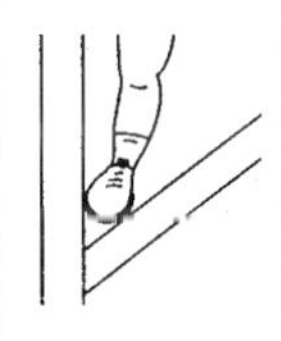		
손가락	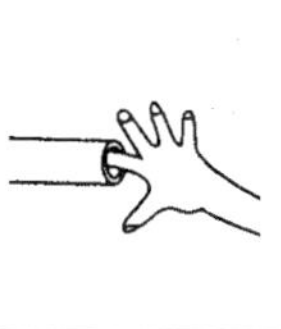	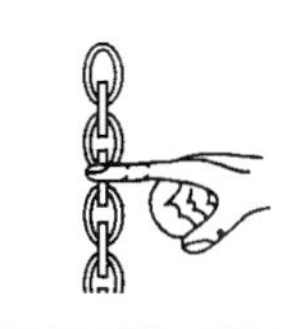	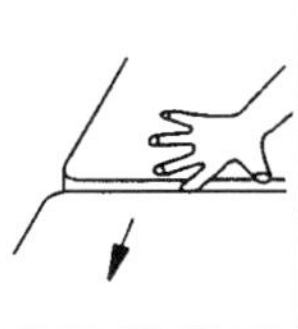	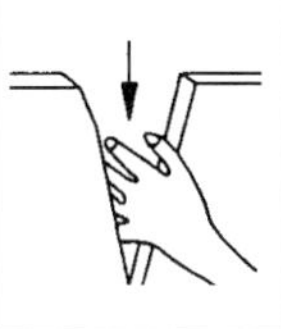		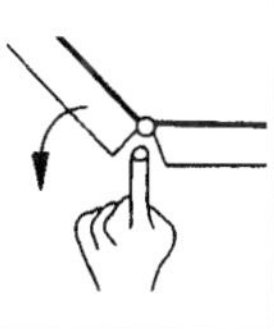
옷			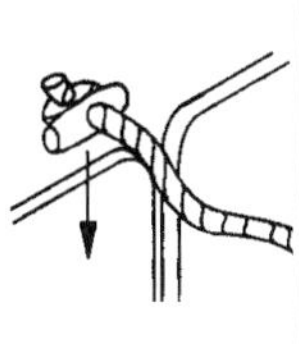	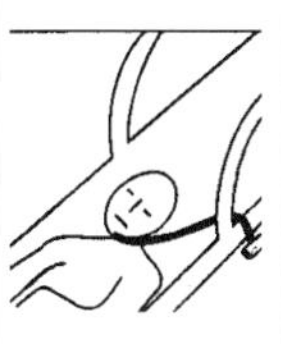	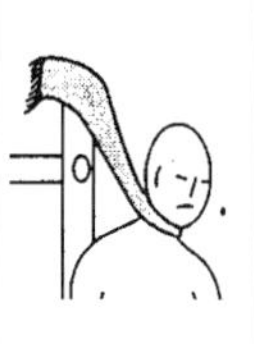	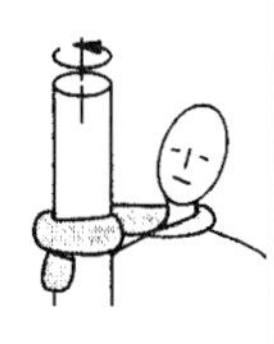
머리카락						

그림 6-29 | 얽매임 예시

(3) 옷의 얽매임

놀이기구는 다음의 부위를 포함하여 어린이의 의복이 끼거나 걸릴 수 있는 위험상황이 발생되지 않도록 제작되어야 하며, 특히 옷의 묶임으로 인한 옷 얽매임이 발생하지 않아야 한다.

① 사용자가 강요된 움직임이 있기 전에 옷의 일부분이 한동안 또는 즉시 얽매일 수 있는 틈 또는 V형의 개구부

② 놀이기구의 돌출부

③ 놀이기구의 주축 및 회전부위

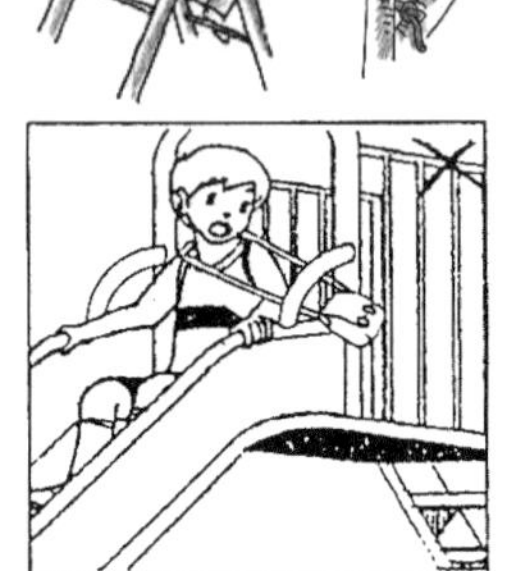

그림 6-30 | 옷의 얽매임 발생 공간

놀이기구의 천연재료 및 연결부는 시간이 지남에 따라 변화될 수 있으므로 옷의 얽매임에 대한 빗장시험도구를 이용한 안전검사는 자유공간에 대해서만 실시한다.

놀이시설의 미끄럼틀과 소방 지주형태의 기둥 그리고 지붕은 빗장시험도구를 이용하여 안전검사를 했을 때 이용자의 의복에 얽매이지 않도록 제작한다.

특히, 놀이기구의 주축 및 회전부위는 옷이나 머리카락이 얽매이는 것을 방지하기 위한 장치를 갖추어야 한다. 이는 적절한 덮개나 가리개를 사용함으로써 해결할 수 있다.

(4) 몸 전체의 얽매임

몸 전체에 대한 얽매임이 발생할 수 있는 다음의 놀이기구 공간에는 위험상황이 발생하지 않도록 설치되어야 한다.

① 어린이의 몸 전체가 들어가 기어갈 수 있는 터널(터널의 안전요구조건을 따른다)

② 공중에 매달린 무거운 부분이나 딱딱한 버팀대의 부위

(5) 발 또는 다리의 얽매임

놀이기구는 다음 부위를 포함하여 발 또는 다리에 대한 얽매임이 발생할 수 있는 공간에는 위험상황이 발생하지 않도록 설치되어야 한다.

① 어린이가 뛰거나 오를 수 있는 표면의 단단한 완전 얽매임 개구부

② 표면 위로 연장된 발판, 손잡이판

②의 경우 추락 시 사용자의 얽매인 발 또는 발목이 심하게 다칠 수 있다.

매달려 있는 놀이기구용 다리를 제외하고 45°까지 경사진 표면은 한쪽 방향으로 측정했을 때 30mm 이상의 틈이 있어서는 안 된다. 걷고 뛰는데 이용되는 수평면에는 발 또는 다리를 얽맬 수 있는 틈이 있어서는 안 된다.

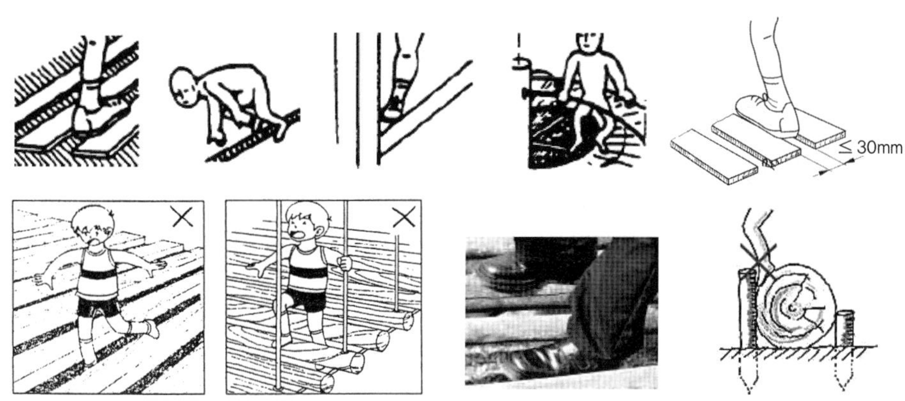

그림 6-31 | 30mm의 표면 틈의 범위 예시

(6) 손가락 얽매임

지면으로부터 1,200mm 이상의 위치에 가장자리가 있는 놀이기구의 개구부는 손가락 얽매임이 발생하지 않도록 설치되어야 한다. 사용자가 강제적으로 움직이게 되는 자유 공간에 있는 개구부와 안전기준에 따라 검사했을 때 다음 요구사항 중 하나에 부합해야 한다.

① 8mm 안전검사 도구인 손가락 막대가 손가락이 끼일 수 있는 놀이기구 개구부의 최소 횡단면을 통과해서는 안 되며 개구부의 측면은 안전검사 도구인 손가락 막대를 움직였을 때 어떤 위치에서도 잠기지 않아야 한다.

② 8mm 안전검사 도구인 손가락 막대가 개구부를 통과하면 25mm 손가락 막대도 똑같이 개구부를 통과해야 안전기준을 충족하는 것이다. 단, 해당 개구부가 놀이기구의 또 다른 손가락 얽매임 위치에 인접하지 않는 경우에 한한다.

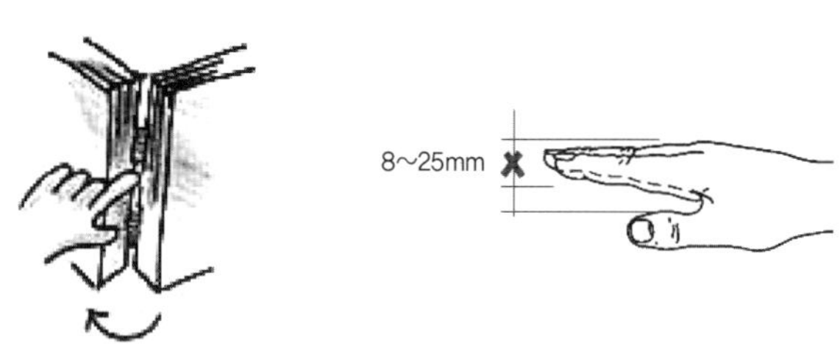

그림 6-32 | 손가락 얽매임 예시

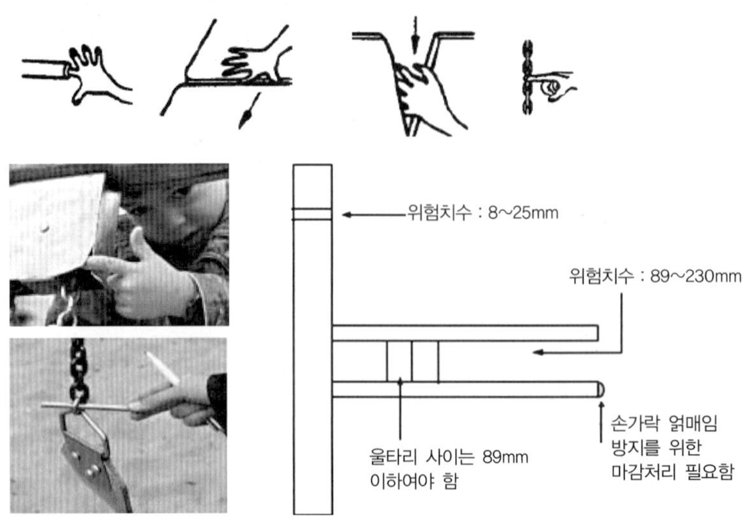

그림 6-33 | 손가락 얽매임

그림 6-33처럼 놀이기구의 튜브나 관의 끝 또는 마감은 손가락 얽매임의 위험을 방지하도록 막아져야 한다. 놀이기구의 닫는 장치는 연장 없이는 어린이들이 분리할 수 없어야 한다. 튜브 및 파이프의 끝은 손가락이 얽매임 위험을 방지하기 위해 마감처리를 해야 한다. 놀이기구를 이용하는 동안 움직임으로 변동된 간격은 어느 위치에서나 최소 12mm여야 한다.

4) 놀이기구 안전기준

(1) 그네

어린이놀이기구인 그네는 움직이는 기구로 선회축이나 자재 이음쇠 아래로 사용자의 무게를 지탱한다.

① 종류

명 칭		용어 설명
제1형	단일 회전축에 연결된 그네	좌석의 일종으로 유연하게 하중 지지 가로 빔에 매달려 있고, 이 그네는 가로 빔에 대해 수직이며 원호를 그리면서 앞뒤로 흔들린다.
제2형	다회전축에 연결된 그네	2개 이상 여러 개의 하중 지지 가로 빔에 매달려 있는 좌석으로 가로 빔에 대해 수직방향 또는 길이방향으로 움직인다.
제3형	단일지점 매달림 그네	유럽에 많이 설치되고 있는 형태의 그네로서 좌석이나 플랫폼으로 이를 지탱하는 케이블들이 한 고정점에서 만난다. 이 그네는 모든 방향으로 움직일 수 있다.

그림 6-34 | 단일 회전축에 연결된 그네의 보기 (제1형)

그림 6-35 | 다회전축에 연결된 그네의 보기 (제2형)

그림 6-36 | 단일지점 매달림 그네의 보기(제3형)

② 용어

표 6-11 | 그네 용어의 설명

명 칭	용어 설명
그네 지지대	그네줄을 고정하여 지지하는 부분
그네 보호대	그네를 이용하는 아동과 그네 주위의 아동과의 충돌을 막기 위해 설치해 둔 것
그네 높이	그네 좌석이 매달리는 지주 중간지점과 놀이터 지면 사이의 거리
그네 길이	지주의 축 중간과 좌석이나 플랫폼 최상단면 사이의 거리(매달림 구성체는 체인과 로프임)
지면간격	좌석이나 플랫폼이 가장 하단부분과 놀이지면 사이의 거리로 그네가 정지되어 있을 때 측정된 거리
좌석높이	그네 좌석이나 플랫폼의 최상단 부분과 지면 사이의 거리
좌석간격	그네 좌석의 가장자리(바닥) 부분과 그네 경로에 근접한 장애물이나 지면 혹은 매달림 지주점 사이의 최단거리
평평한 좌석	등이나 측면 보호대가 설치되어 있지 않은 좌석
요람 좌석	더 많은 신체부위를 지지하는 형태의 좌석으로 어리거나 서투른 사용자에게 적합한 형태
플랫폼(제3형의 그네용 구성체)	직립자세에서 주로 사용하기 위해 제작된 그네 지지대를 말한다.

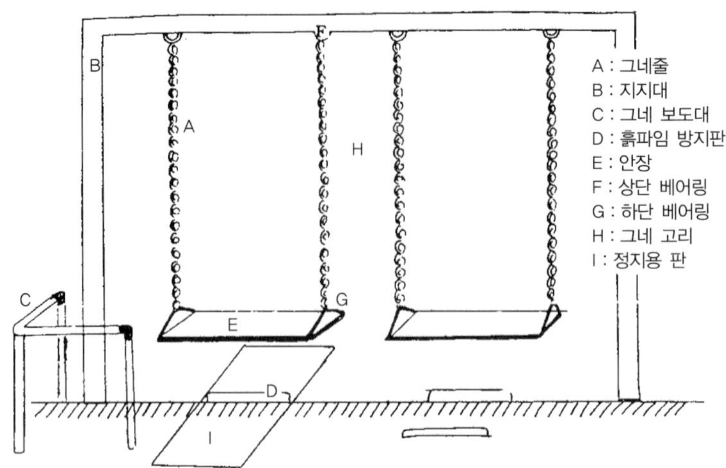

그림 6-37 | 그네 부분별 명칭

③ 안전기준

표 6-12 | 그네의 안전기준

분류	안전기준
최소공간	• 최소공간(기구가 차지하는 공간 + 하강공간 + 자유공간)과 그네를 설치하기 위해 필요로 하는 설치공간(충격구역)을 확보한다. • 그네 기둥으로부터 그네의 운동방향(앞, 뒤)으로 약 1.75m(모래 등 2.25m) + (그네줄의 길이×0.867)m의 최소공간을 확보해야 한다. 또한 최소공간은 다른 기구의 최소공간과의 겹침이 없어야 한다. • 자유하강높이 이상의 높이에서 낙하 시 충격을 흡수할 수 있는 충격흡수용 표면재 처리를 한다.
구성품의 요건	▷ 그네를 구성하고 있는 구성부품은 다음 기준에 적합해야 한다. • 반복적인 스윙운동으로 인하여 끊어짐이나 파손을 방지하기 위해 설치 전에 그네 구성체의 연결 상태나 그네 좌석의 연결상태, 구동부품의 작동상태 등을 정밀하게 확인한다. • 매달림 구성체(그네줄)를 체인으로 사용하는 경우, 체인 개구부는 8.6mm 이하여야 한다.
기초물 설치	▷ 그네의 최소공간 내에 기초물을 설치하며 다음을 만족해야 한다. • 목재로 된 그네의 기둥에는 직접적으로 콘크리트로 기초를 할 경우 목재 위에 캡 등을 씌워 직접적인 접촉을 막고 목재가 1/3 이상 박히도록 한다. 또한 목재는 방부처리하여 부패하지 않도록 한다. • 기초부위를 철재기둥으로 할 경우 철재는 이음매 없이 사용하고, 부득이하게 이음을 할 경우에는 응력이 가장 적게 발생하는 부위에 이음되어야 한다. • 고정철물이나 연결고리 등의 철물은 헐렁거리거나 빠지지 않도록 연결하여 고정한다. 또한 모든 금속재는 녹, 부식 방지를 위하여 도장 및 도금하여 처리하고 용접부위는 연마하여 매끈하게 처리되어야 한다. • 기초부위는 대부분 콘크리트로 주춧대나 고정장치를 하기 때문에 콘크리트가 충분히 양생될 때까지 구성체를 비롯한 좌석을 연결하지 않아야 한다. 또한 양생된 콘크리트에 직접 볼트를 이용하여 고정하는 경우 콘크리트의 두께를 확인하고 고정한다.
그네 좌석 지면간격	• 그네 기둥과 좌석 사이의 최소공간, 그네 좌석 사이의 최소공간, 그네 좌석의 안정성, 지면간격 등을 고려하여 그림 6-38과 같이 매달림 구성체와 좌석을 설치한다.

(계속)

분류	안전기준
그네 좌석 지면간격	• 지면간격의 얽매임을 피한다. 일반 좌석 그네의 경우 어린이가 타고 있는 조건으로 측정 시 350mm 이상이어야 하며, 타이어 그네의 경우 400mm 이상이어야 한다.(어린이가 타고 있는 조건이란 어린이 사용자 수 1명 : 69.5kg, 2명 : 130kg의 무게를 가한 상태를 의미한다.) • 유아용 또는 비교적 높은 연령층의 아동용 그네가 그림 6-37과 같이 동일한 기둥 내에 설치되어서는 안 된다. • 하강공간의 범위는 요구되는 최소공간과 길이방향은 같고 폭은 좌석 너비가 500mm 미만인 경우 최소 1,750mm, 좌석 너비가 500mm 초과 시에는 그 만큼 더 넓어지므로 필요공간(1,750mm + 초과된 수치)을 확보한다.
설치 일반	• 그네가 운동하고 있는 주위로 어린이의 접근을 막고, 그네를 이용하는 어린이들의 시선이 타는 방향으로만 유지할 수 있도록 담이나 울타리를 최소공간 밖에 설치한다. • 울타리를 설치할 경우 중심부에서 비교적 가까이 위치한 울타리 구석부분에 한 개 이상의 출입구를 만들어 어린이들이 그네 뒤쪽에서 기다리거나 돌아다니지 않도록 한다. • 출입구는 출입속도를 제한할 수 있는 형태로 설계하여 설치해야 한다. • 그네 베어링 집은 정밀하게 조립, 시공하여 쉽게 풀리지 않도록 한다.
정기시설검사시 중점 점검사항	• 그네 고리 및 좌석 판은 풀리거나 파손되지 않아야 한다. • 그네 연결 베어링의 회전은 원활히 한다. • 그네 줄은 꼬여있지 않아야 하며 좌우 균형이 맞아야 한다. • 심한 녹이 없어야 하며 금이 간 곳이 없어야 한다. • 금속부의 도료(페인트 등)는 심한 벗겨짐이 없어야 한다. • 볼트, 너트 등의 부품은 탈락 및 심한 마모가 없어야 한다. • 그네 바닥면은 심한 패임 현상이 없어야 한다.

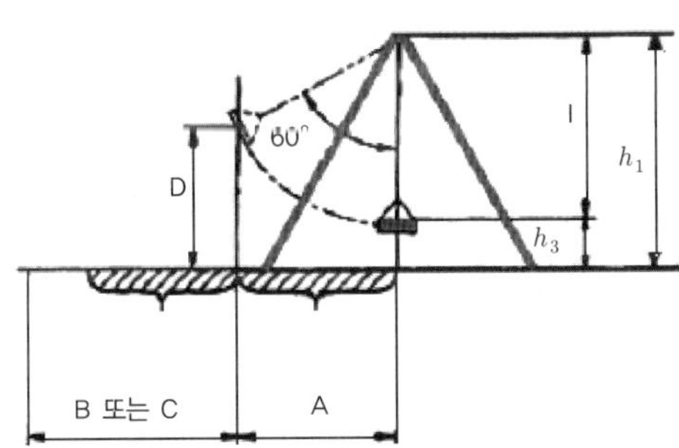

A = $0.867 \times (h_1 - h_3)$
B = 1.75m 충격흡수표면(합성재질)
C = 2.25m 충격흡수표면(느슨하게 다져진 재질)
D = 최대 자유하강 높이
$= \frac{(h_1 - h_3)}{2} + h_3$

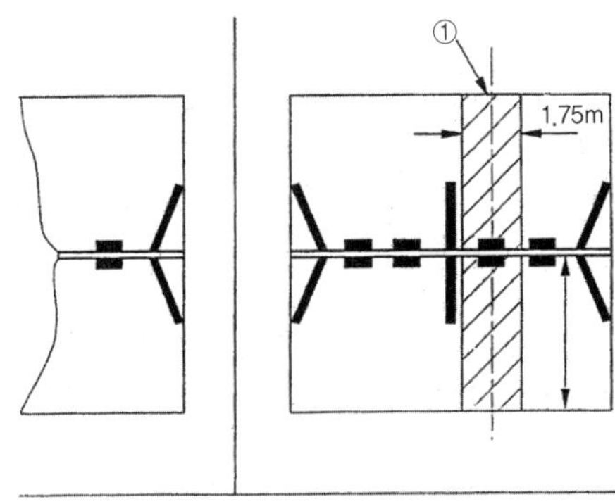

그림 6-38 | 그네의 최소공간

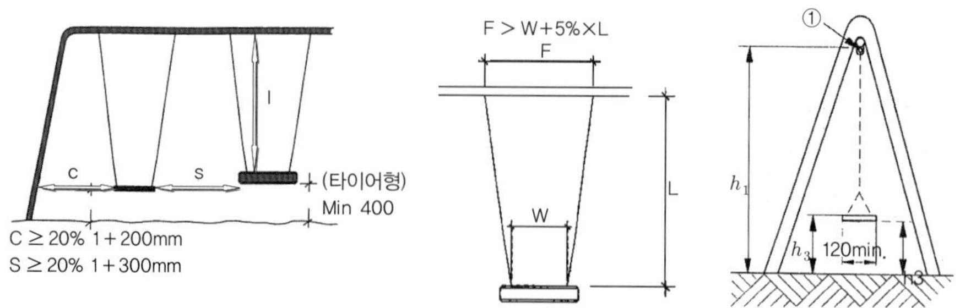

그림 6-39 | 그네 좌석과 그네높이 h_1, 지면간격 h_2, 좌석높이 h_3

(2) 미끄럼틀

경사면을 가진 구조물로 어린이가 규정된 트랙 내에서 미끄러져 내려갈 수 있도록 고안된 놀이기구이다.

① 종류

표 6-13 | 미끄럼틀 용어의 설명

명 칭	용어 설명
웨이브 미끄럼틀	활강부분의 경사면에 한 가지 이상의 다양한 변화가 있는 미끄럼틀
둑 미끄럼틀	활강부분의 대부분이 지면곡선을 따라 이어지는 형태의 미끄럼틀 ※미끄럼틀의 출발지점에 도달하기 위해서는 둔덕에 직접 접근하거나 사다리나 계단을 경유하여 접근해야 한다.
연결(부착)미끄럼틀	다른 기구나 기구의 일부를 통과해야만 출발지점에 도달할 수 있는 형태의 미끄럼틀 ※해당 기구로는 운동용 승강 그물, 다리, 플랫폼, 경사면, 기타 오를 수 있는 장치를 가리킨다.
나선형 미끄럼틀 (곡선 미끄럼틀)	활강부분이 나선형이나 곡선으로 되어 있는 미끄럼틀
독립 미끄럼틀	직접 지표에서 출발지점까지 스스로 접근하는 수단을 가지고 있는 기구의 모든 부분으로부터 분리된 독립형의 미끄럼틀로서 지면에서 출발지점으로 직접접근이 가능하다.
터널형 미끄럼틀	미끄러지는 부분 횡단면이 원통형으로 둘러싼 미끄럼틀
복합터널 미끄럼틀	활강 횡단면의 상단 부분만이 터널처럼 폐쇄된 형태의 미끄럼틀

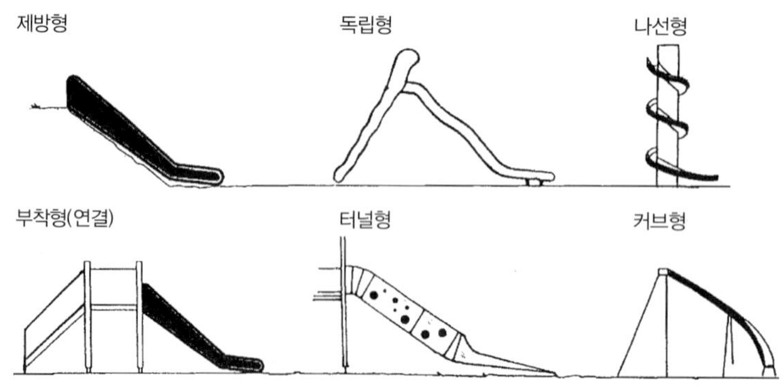

그림 6-40 | 미끄럼틀 종류

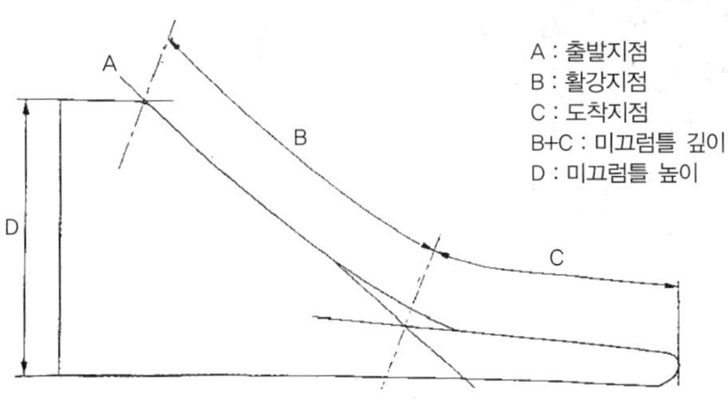

그림 6-41 | 미끄럼틀 부분별 명칭

② 안전기준

표 6-14 | 미끄럼틀의 안전기준

분류	안전기준
최소공간	• 최소공간과 미끄럼틀을 설치하기 위해 필요로 하는 설치공간을 확보한다. • 활강지점 양쪽으로 최소한 각 1,000mm, 앉는 표면에서 수직 위쪽으로 1,500mm의 자유공간을 확보해야 하고 도착지점 앞으로 2,000mm, 둘레는 1,000mm 공간을 확보한다. 단, 제2형 미끄럼틀의 경우 도착지점 앞으로 최소한 1,000mm 공간을 확보한다. • 설치공간에는 충격흡수를 위한 표면처리가 되도록 시공한다.
구성품의 요건	• 터널 미끄럼틀의 경우 지름이 750mm 이상이어야 한다. • 스테인리스 강판은 통판을 사용하되 부득이 중간에 연결할 때는 용접으로 완전히 밀착시키고 상부 판을 하부판 위로 50mm 이상 겹쳐서 시공되어야 한다. • 플라스틱의 손잡이, 활강면은 요철이 없어야(최소반경 3mm) 하며 도착지점의 끝부분은 지면 쪽으로 꺾여 내려간 형태로 최소반경이 50mm로 하여 물이 고이지 않도록 한다.
기초물 설치	• 기초를 할 때에는 플랫폼과의 연결상태를 감안해야 하며, 출발지점 및 활강지점과 도착지점의 요구사항을 만족하도록 기초를 해야 한다. • 출발지점은 0~5°의 기울기를 갖는 면의 길이가 350mm 이상이어야 한다.(출발지점의 길이가 400mm 이상이면 울타리가 있어야 함) • 활강지점의 기울기는 최대경사각(60°), 평균기울기(40°)를 넘지 않도록 한다. • 도착지점은 0~10°의 기울기를 갖는 면의 길이는 활강지점의 길이가 1,500mm 미만은 300mm 1,500~7,500mm는 500mm, 7,500mm 이상은 15,00mm 이상이어야 한다. ▷미끄럼틀을 플랫폼에 연결할 시에는 다음과 같이 부착한다. • 이음부 사이에 틈 및 옷 얽매임이 발생하지 않도록 하고 플랫폼과의 연결부가 사용자가 불편하지 않도록 매끈하게 처리되도록 한다. • 미끄럼틀 표면이 2가지 또는 2조각 이상의 재료로 제작된 경우 면도날, 파편 같은 날카로운 물체가 끼지 않도록 이음부의 틈을 막아야 한다. • 미끄럼틀 하강높이가 1,000mm를 초과할 때, 측면보호대 높이는 500mm 이상으로 하고 가로대는 700 ~ 900mm 사이에 설치하며(독립 미끄럼틀의 경우 측면보호대 높이는 700mm 이상) 사용 시 회전하지 않도록 고정한다.
안전요건	• 미끄럼틀과 미끄럼틀 주위의 접근 가능한 구조물들은 사용자의 옷이 걸리지 않도록 설계되어야 한다. • 도착지점의 평균기울기는 10° 이하이거나 5° 이하이어야 한다. • 미끄럼틀의 최대각도는 60° 이하, 최대높이는 2.5m 여야 한다. • 활강지점 길이가 1,500mm를 넘는 비터널식 미끄럼대 폭은 700mm 이하 또는 950mm 이상이 되어야 함. (나선형이나 곡선형 미끄럼틀의 활강지점 폭은 700mm 이하) (터널형 미끄럼틀은 가로세로 750mm 이상의 폭을 가져야 함)

(계속)

<table>
<tr><th>분류</th><th>안전기준</th></tr>
<tr><td>안전요건</td><td>

• 모든 미끄럼틀은 도착지점이 있어야 함. 사용자가 최고속도로 미끄러져 내려와 끝나는 부분에서 정지될 수 있도록 설계하도록 권장함. 활강길이에 따른 도착지점 요구사항은 표와 같다.
• 미끄럼틀 활강지점의 길이가 1,500mm 미만인 경우 도착지점과 지면 사이의 최대높이는 200mm, 활강지점의 길이가 1,500mm 이상인 경우 최대높이는 350mm

<table>
<tr><th>활강지점 길이</th><th>도착지점 길이</th></tr>
<tr><td>≤1,500mm일 때</td><td>≥300mm</td></tr>
<tr><td>>1,500mm
≤7,500mm일 때</td><td>>500mm</td></tr>
<tr><td>>7,500mm일 때</td><td>>1,500mm</td></tr>
</table>
</td></tr>
<tr><td>정기시설검사시
중점점검사항</td><td>
• 미끄럼틀의 보호벽, 계단, 활강표면 등은 심한 파손이 없어야 한다.
• 도착지점에 흙이 덮여 있거나 물이 차 있어서는 안 된다.
• 미끄럼틀에는 심한 녹이 없어야 하며 금이 간 곳이 없어야 한다.
• 금속부의 도료(페인트 등)는 심한 벗겨짐이 없어야 한다.
• 볼트, 너트 등의 부품은 탈락 및 심한 마모가 없어야 한다.
• 활강 표면은 울퉁불퉁한 돌출부나 거친 면이 없어야 한다.
</td></tr>
</table>

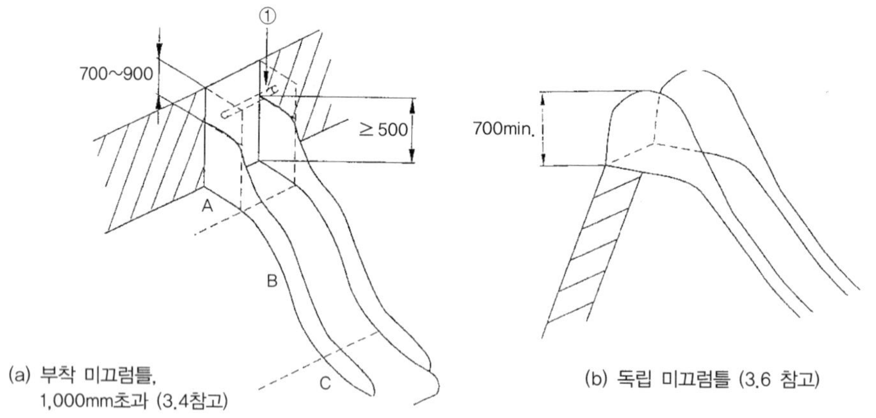

그림 6-42 | 미끄럼틀 측면보호 (단위 : mm)

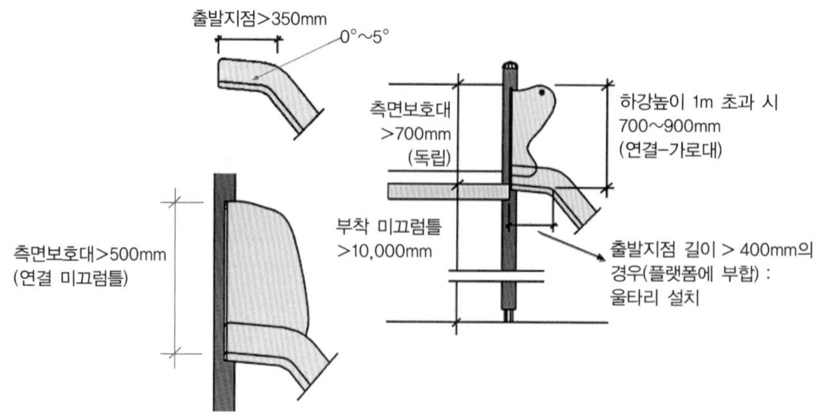

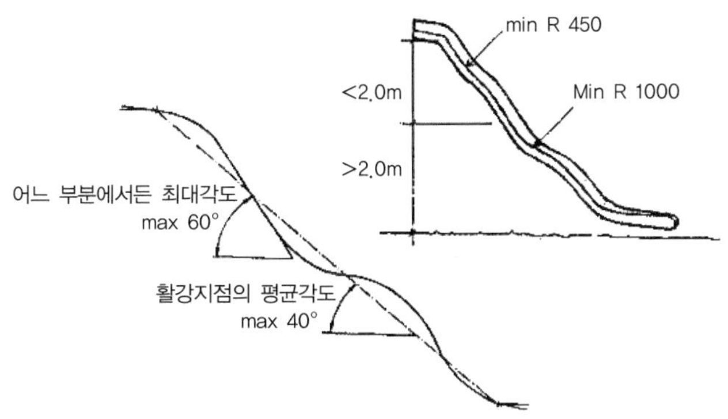

그림 6-43 | 미끄럼틀 안전요건 : 출발지점과 활강각도 (단위 : mm)

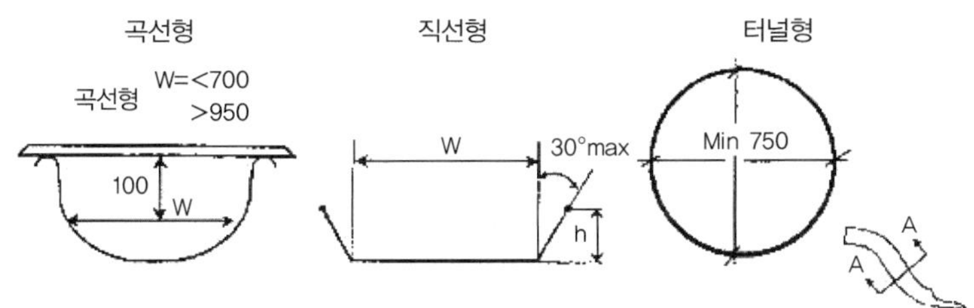

그림 6-44 | 미끄럼틀 형태에 따른 활강지점 폭 (단위 : mm)

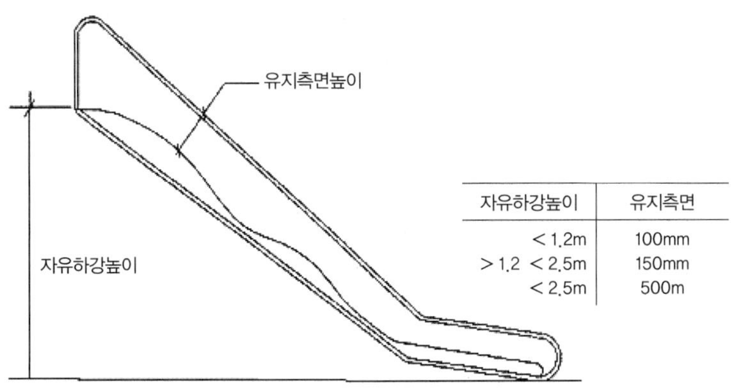

자유하강높이	유지측면
< 1.2m	100mm
> 1.2 < 2.5m	150mm
< 2.5m	500m

그림 6-45 | 활강지점 유지측면높이

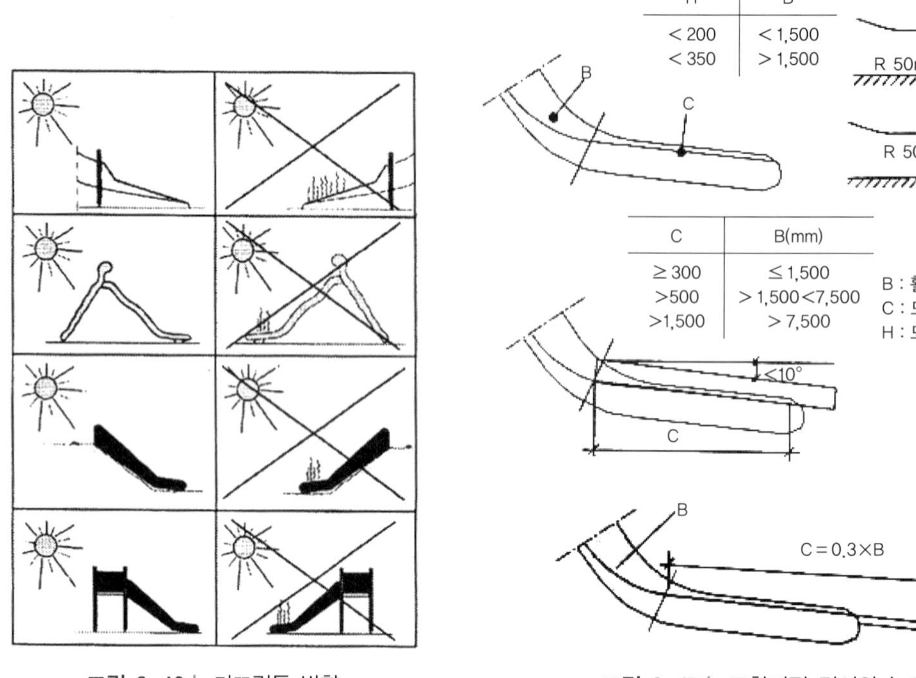

그림 6-46 | 미끄럼틀 방향

그림 6-47 | 도착지점 길이와 높이

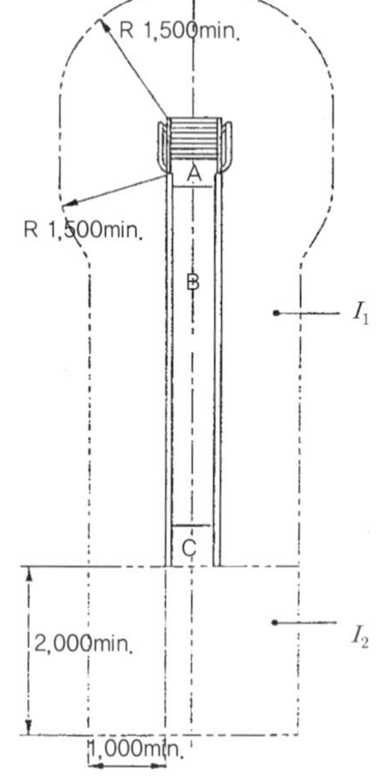

A : 출발부위
B : 미끄럼 부위
I_1 : 미끄럼틀의 충격구역
C : 도착지점
I_2 : 도착지점의 충격구역

주) 제2형식의 미끄럼틀의 경우, 2m 치수가 1m로 대체된다.

그림 6-48 | 충격구역 (단위 : mm)

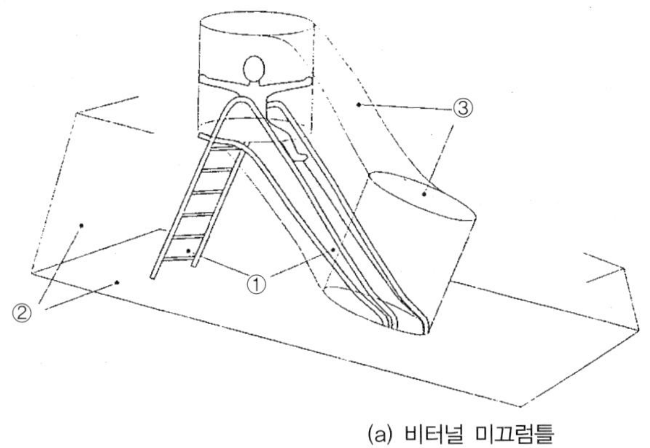

(a) 비터널 미끄럼틀

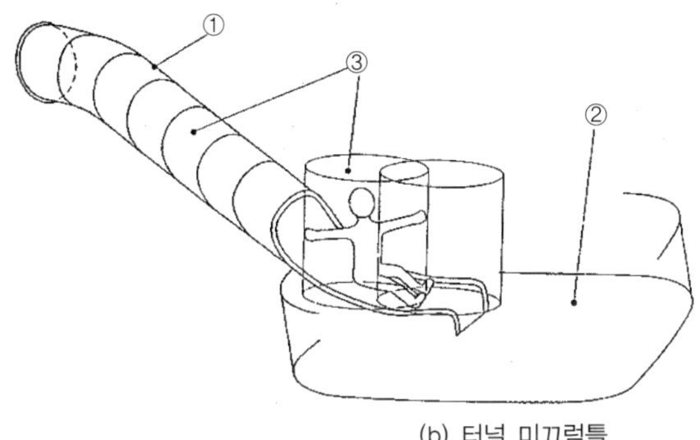

(b) 터널 미끄럼틀

그림 6-49 | 미끄럼틀의 하강공간의 보기

(3) 정글짐 오르는 기구 및 건너는 기구

① 안전기준

표 6-15 | 정글짐 오르는 기구 및 건너는 기구의 안전기준

분류	안전기준
최소공간	• 기구가 차지하는 공간으로부터 최소 1,500mm 둘레에는 어떠한 장애물이나 놀이기구가 설치되어서는 안 된다.(하강공간 확보) • 자유공간의 기립(반지름 : 1,000mm, 높이 : 1,800mm) 앉음(반지름 : 1,000mm, 높이 : 1,500mm) 공간에는 장애물이 없도록 한다. • 플랫폼이나 기타 서 있을 수 있는 곳의 높이가 지면으로부터 1,500mm 미만일 경우 최소 1,500mm, 높이가 1,500mm 이상일 경우 : 최소한 2/3×(지면으로부터 높이(mm))+500mm의 충격구역(충격흡수용 표면재 처리지역)을 확보한다.
구성품의 요건	• 철봉의 손잡이 봉은 충분한 강도가 필요하고 안전성을 충분히 고려한 소재나 형태, 구조로 하며 움켜잡음 요구사항(16 ~ 45mm)을 만족하고 봉이 회전하지 않아야 한다. • 기둥과 손잡이 봉과의 접합부는 충분한 강도가 필요하고 날카로운 부분이 없이 부드럽게 연마되어 있어야 한다. ※ 충분한 강도란 구조적 보전성 시험에 적합한 것을 의미한다.

(계속)

분류	안전기준
안전요건 (얽매임)	• 머리, 목 얽매임 : 단단한 원형 개구부는 내부지름이 130~230mm가 되지 않게 설치되어야 한다. • 몸 얽매임 : 몸 전체가 들어가 기어갈 수 있는 것이나 공중에 매달린 무거운 부분이나 딱딱한 버팀대 부위가 있는 것에서의 얽매임 발생이 없어야 한다. • 옷 얽매임 : 묶임으로 인한 또는 움직임으로 인한 얽매임을 방지한다. • 발 및 다리 얽매임 : 발판, 손잡이판, 걷고 뛰는 데 이용되는 수평면에는 30mm 이상의 틈이 있어서는 안 된다. • 손가락 얽매임 : 1,200mm 이상의 가장자리가 있는 개구부는 8~25mm의 틈이 없어야 한다.
기초물 설치	• 철봉과 오르는 기구 등은 사용자의 하중을 고려하여 튼튼한 기초 위에 기둥과 지지대를 설치한다. • 기둥은 충분한 강도가 필요하고 손잡이 봉 높이에 맞게 강도를 확보해야 하며, 필요에 따라 보조 기둥을 설치한다.

(4) 공중놀이기구

① 용어와 종류

표 6-16 | 공중놀이기구의 용어와 종류

명 칭	용어 설명
공중놀이기구	높낮이의 차이를 이용하여 케이블을 따라 또는 케이블을 타고 이동할 수 있는 놀이기구
출발점	사용자가 손잡이를 쥐거나 좌석에 닿을 수 있는 넓이의 공간으로 사용자가 기구를 시동할 수 있는 구역
이동지역	사용자가 매달리거나 앉아서 주행하여 자유롭게 이동할 수 있는 지역
종점	사용자가 이동지역을 가로질러 주행하여 닿을 수 있는 출발지점에서 가장 먼 지역
주행기	높낮이 차이를 이용하여 움직이는 부품으로 중심케이블을 따라 사용자를 이동시켜주는 장치
매달림 케이블	주행기와 좌석 혹은 손잡이 사이의 구조물 부분
멈춤장치	주행하여 사용자가 종점에 다다랐을 때 주행기를 멈추도록 해주는 장치
매달림형 공중놀이기구	사용자가 손잡이를 잡고 매달려서 주행하는 공중놀이기구
좌석형 공중놀이기구	사용자가 좌석에 앉아서 주행하는 공중놀이기구

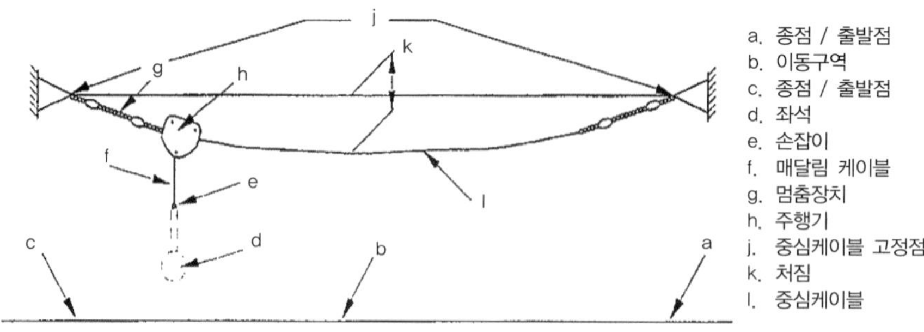

그림 6-50 | 공중놀이기구 용어

② 안전기준

표 6-17 | 공중놀이기구의 안전기준

분류	안전기준
최소공간	• 최소공간과 공중놀이기구를 설치하기 위해서는 다음의 설치공간을 확보해야 한다. • 공중놀이기구는 움직임에 문제가 없도록 충분한 공간을 확보해야 한다. 또한 다른 놀이기구와의 하강공간의 겹침이 없도록 설치되어야 한다. • 최소공간은 중심케이블을 중심으로 좌우 2,000mm, 주행이 끝나는 지점으로부터 2,000mm + 매달림 케이블이 45°를 이룰 때의 거리(mm)공간을 확보한다.
구성품의 요건	• 주행기, 좌석이나 손잡이, 멈춤장치 등이 이상이 없는지를 확인하고 기준에 적합한지를 확인한다. • 기둥 및 케이블 경첩 등은 충분한 강도와 안전성을 고려한 소재여야 한다. • 도착부에는 충격흡수장치를 설치하여 이용자를 태운 상태에서 정지했을 때 최대 진동각도가 45° 이하가 되어야 하며, 충격흡수장치는 쉽게 조절, 교환이 가능한 구조로 되어야 한다.
기초물 설치	• 중심케이블의 고정점과 하부구조 기초는 케이블을 통해 전달되는 하중에 견딜 수 있도록 한다. • 활차부(주행기) 형태는 활차 이외 부분이 케이블에 접촉하거나 케이블을 파손할 수 있는 형태여서는 안 된다. • 활차는 충격이나 진동에 의해 쉽게 케이블에서 벗어나도록 설치되어서는 안 되며, 활차와 케이블 사이에 손가락 등이 쉽게 들어갈 수 없는 구조로 한다. • 활차부는 활차나 베어링 등 부품교환이 가능한 구조여야 하며, 활차나 케이블은 이용자가 쉽게 손댈 수 없는 구조로 설치되어야 한다. • 손잡이는 정지 시 요동에 의한 부담을 줄이고 기구파손을 방지하기 위해 활주방향으로 항상 원하는 시점에 기구에서 내릴 수 있도록 폐쇄된 형태여서는 안 된다. 또한 회전구조를 갖게 하고 손등이 끼지 않는 구조여야 한다. • 손잡이는 미끄럽지 않고 쉽게 잡을 수 있는 형태로 한다. • 손잡이는 이용자에게 감기거나 조이는 부분이 없어야 한다. • 손잡이는 로프 등 질량이 가벼운 것을 사용하고 하단부에도 질량이 가벼운 충격흡수 소재를 이용하여 충돌 시 안전을 고려한 것이어야 한다. • 좌석은 사용자가 언제든지 내릴 수 있는 구조여야 하며 고리나 띠가 설치된 좌석은 사용되지 않아야 한다. • 좌석은 충돌 시 안전을 고려하여 충격을 흡수할 수 있는 소재를 사용하며 최대가속도 50g (50×9.8 ㎨) 이하, 평균표면압축 90N/㎠ 이하이어야 한다.
구성품의 요건	• 출발지점의 지면간격에 맞도록 플랫폼을 설치하고 주행 중에도 지면간격을 만족하도록 중심케이블과 매달림 케이블의 길이를 조절할 수 있도록 하며 다음을 만족해야 한다. • 동일한 케이블에는 한 개의 주행기만 설치한다. • 매달림형의 경우 출발지점에서는 최소 1,500mm, 주행 중의 위치에서는 최대 3,000mm, 정지상태에서는 최소 2,000mm여야 한다.(무하중 측정 시) • 좌석형의 경우, 지면간격은 130kg의 하중을 가했을 시 최소 400mm가 되어야 하며, 자유하강높이는 무하중 측정 시 2,000mm를 초과해서는 안 된다. 또한 케이블의 간격은 최소 2,100mm가 되어야 한다. • 연결부 결합상태 : 돌출한 못, 튀어나온 와이어로프 끝 부위, 날카로운 모서리나 끝이 있는 부품이 없어야 한다. 또한 끝처리된 모든 부분의 최소반경은 3mm 이상이어야 한다.
정기시설 검사시 중점 점검사항	• 손잡이 또는 링은 심한 손상이 없어야 한다. • 활차와 연결부는 원활하게 작동이 되어야 한다. • 심한 녹이 없어야 하며 파손된 곳이 없어야 한다. • 금속부의 도료(페인트 등)는 심한 벗겨짐이 없어야 한다. • 볼트, 너트 등의 부품은 탈락 및 심한 마모가 없어야 한다.

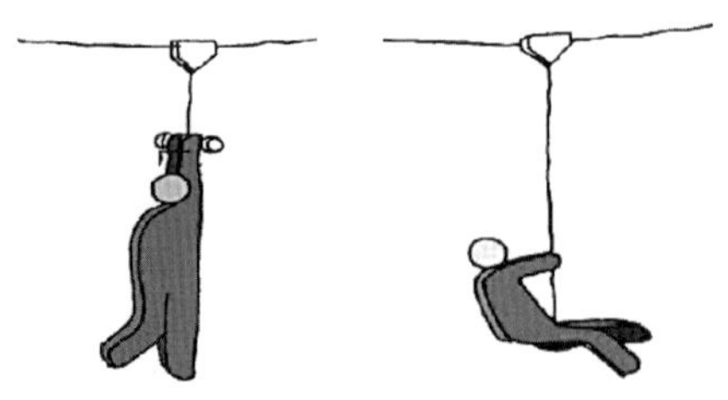

그림 6-51 | 매달림형 및 좌석형 공중놀이기구

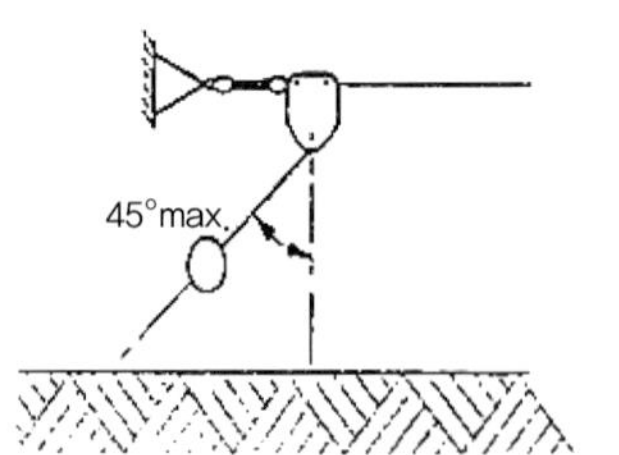

그림 6-52 | 멈춤장치에서의 흔들거림

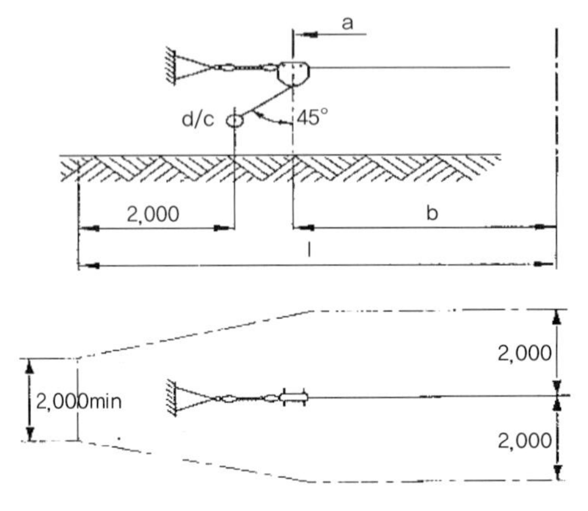

그림 6-53 | 충격지역

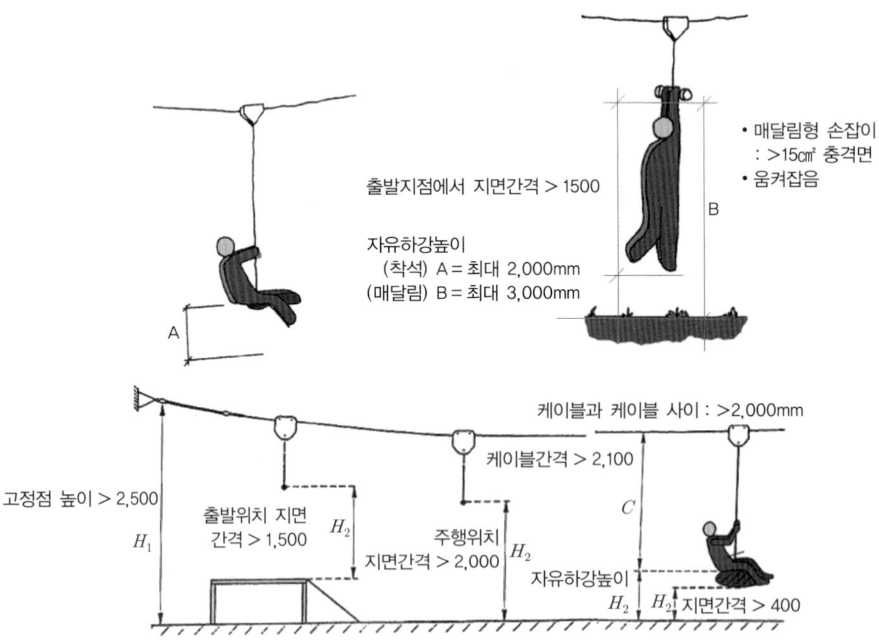

그림 6-54 | 공중놀이기구의 안전요건 1

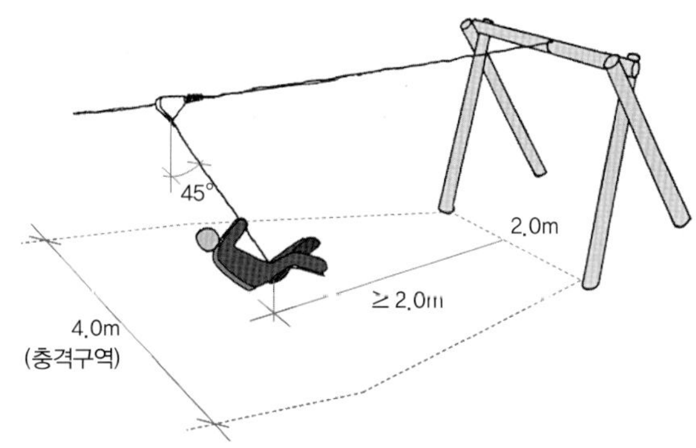

그림 6-55 | 공중놀이기구의 안전요건 2

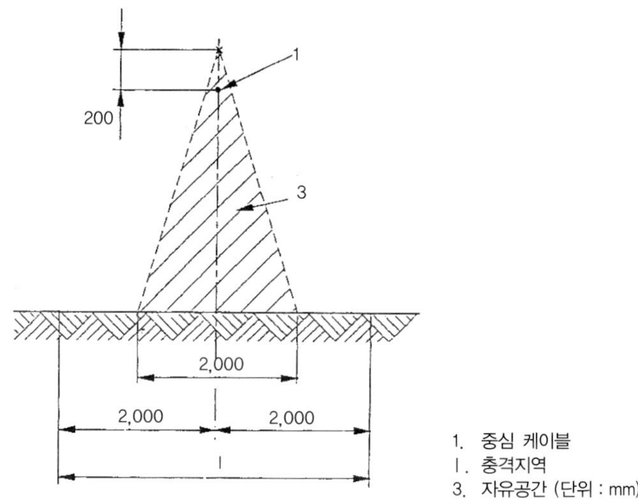

그림 6-56 | 케이블의 방향에 따라 본 자유공간 및 충격지역

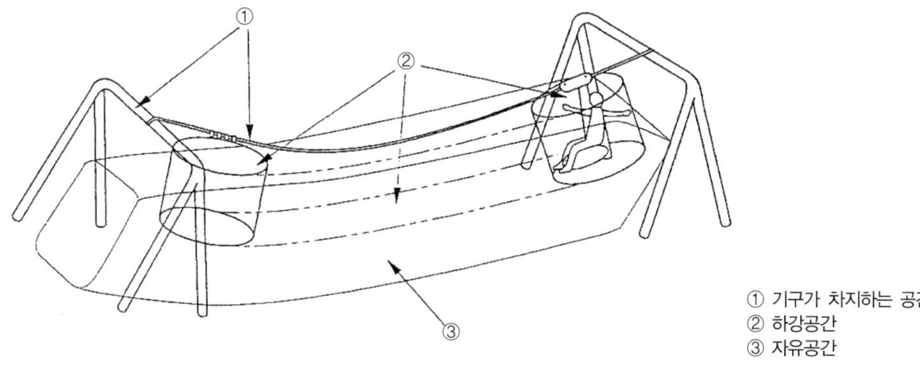

그림 6-57 | 공중 놀이기구 하강공간의 보기

(5) 회전놀이기구

수직축을 중심으로 회전하거나 5°까지 기울어진 한 개 이상의 사용자 스테이션이 설치된 놀이기구를 말한다.

① 용어와 종류

표 6-18 | 회전놀이기구의 용어와 종류

명 칭	용어 설명
사용자 스테이션	회전놀이기구에 부착되어 있는 좌석, 플랫폼, 손잡이를 포괄하며 사용자는 이를 이용해서 회전놀이기구 위에 머무르거나 회전놀이기구를 조정 및 추진할 수 있는 것
회전놀이기구 (회전무대)	수직 축 주위를 회전하고 축을 기준으로 최대 5° 미만으로 기울어진 한 사람 이상의 사용자 스테이션이 있는 시설
지면간격	구조물의 이동부분과 설치표면 사이의 간격거리
직경	회전놀이기구가 사용 중일 때 회전축 중심으로부터 가장 멀리 떨어진 지점에 의해 그려진 원의 직경
축	지지구조물이 설치되어 회전하는 축으로 기초나 설치 구성체에 단단히 연결되어 있음.
회전놀이기구 유형 A (회전의자)	폐쇄된 형태의 회전 플랫폼이 설치되지 않은 회전놀이기구로 회전판 위에 좌석이나 손잡이 등의 사용자 스테이션이 회전판 중심축에 단단하게 고정되어 있음.
회전놀이기구 유형 B (회전무대)	폐쇄형의 회전 플랫폼이 설치된 회전놀이기구로 사용자 스테이션은 플랫폼에 추가로 좌석이나 손잡이가 중심축에 단단히 연결되어 있음.
회전놀이기구 유형 C (버섯형)	사용자 스테이션이 단단하게(버섯형) 또는 유연하게(공중 슬라이드형) 지탱 구조물 아래쪽에 고정된 회전놀이기구
회전놀이기구 유형 D (트랙형)	축(wheels)을 움직이기 위해 전달된 근육 힘(손이나 발로부터)에 의해 평평하거나 기복이 있는 원형트랙 주위를 회전하도록 설정된 회전목마 구조
회전놀이기구 유형 E (회전원반형)	회전원반은 사용자 스테이션이 분명하게 정의되지 않은 경사진 축이 있는 회전놀이기구. 사용자의 물리적인 힘에 의해 회전하며 회전속도와 중력을 고려함.

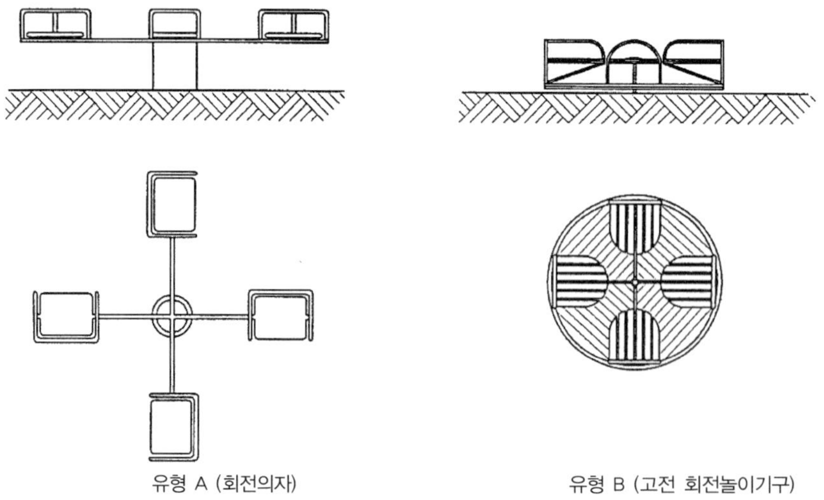

유형 A (회전의자)　　　유형 B (고전 회전놀이기구)

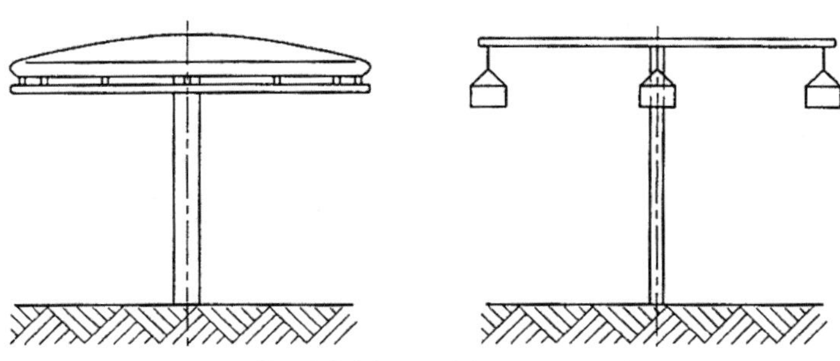
유형 C (회전하는 버섯형, 공중 슬라이드)

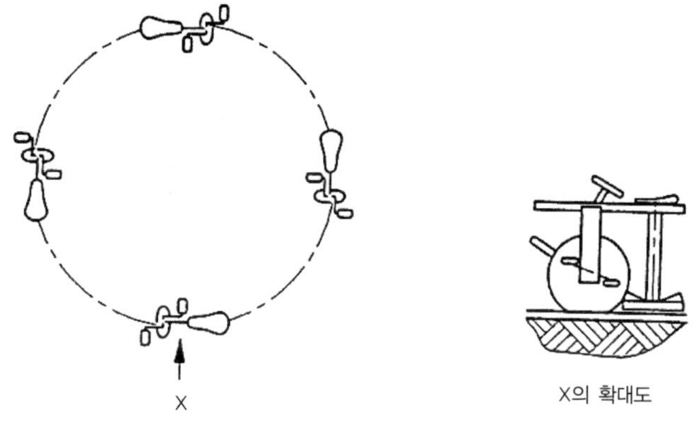

유형 D (트랙을 도는 회전놀이기구)

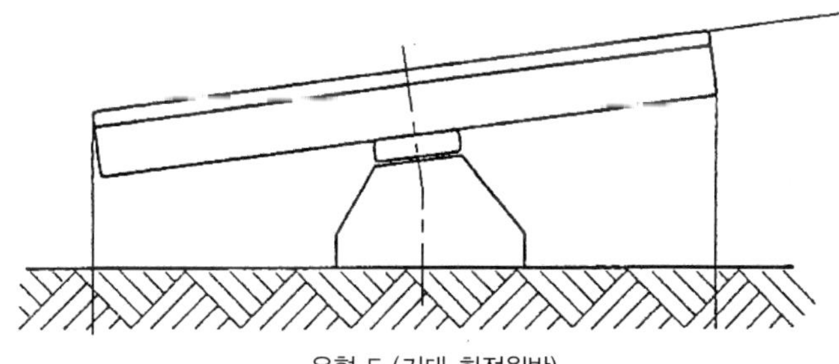
유형 E (거대 회전원반)

그림 6-58 | 회전놀이기구 종류

② 안전기준

표 6-19 | 회전놀이기구의 안전기준

분류	안전기준
최소공간	• 기구가 차지하는 공간 둘레로 원심력을 감안하여 최소한 2,000mm의 추가공간 확보가 필요하다. • 회전운동에 따른 다른 기구와의 하강공간이 겹치지 않도록 설치한다.
구성품의 요건	• 사용자 스테이션(판)이 용접 및 금속부의 부착은 신체 일부나 옷 등이 걸리는 위험이 없도록 표면처리가 되어 있어야 한다. • 외주부분의 속도는 회전속도를 감안하여 5m/s 이하가 되도록 설치되어야 한다.
기초물 설치	• 기구는 회전축을 중심으로 운동을 하기 때문에 회전축의 기초를 단단히 하며 지탱축은 수직선을 기준으로 5° 이상 기울어지지 않도록 설치한다. • 회전축 지탱부품은 500±10N의 힘에 이탈되지 않아야 한다. • 각 유형에 적합한 지면간격을 유지하도록 기초를 해야 한다. • 지면간격은 몸의 얽매임을 방지하기 위해서 60~110mm 을 유지한다. • 회전부 최하점과 설치면 사이는 손, 발, 머리가 얽매이지 않도록 한다. • 회전하는 플랫폼 아래 지면의 마감처리는 회전놀이기구의 측면에 위치한 자유공간 내 충격흡수 표면과 동일한 수준으로 표면처리한다. • 스테이션(판)은 지지구조물에 견고하게 연결하거나 기동성을 위해 구조물에 부착되게 설치한다. • 기둥부의 축 및 베어링은 충분한 강도가 있어야 하고 쉽게 마모되지 않고 충격에 잘 견디는 구조로 설치되어야 한다. • 기둥부는 회전부의 회전속도가 과도하게 가속하지 않는 구조로 설치되어야 한다. • 축받침 등 다른 부분과의 접합부는 풀림방지처리를 하여 견고하게 한다. • 회전부의 최대속도는 5m/s를 넘지 않도록 설계되어 설치되어야 한다. • 연결부분의 결합상태는 견고히 하며 축은 중심에서 5° 이상 기울어지지 않아야 한다. • 손잡이는 움켜잡음 요구사항인 16～45mm이어야 한다. • 돌출한 못, 튀어나온 와이어로프 끝 부위, 날카로운 모서리나 끝이 있는 부품 등이 없어야 한다. 또한 끝처리된 모든 부분의 최소반경은 3mm 이상이어야 한다.

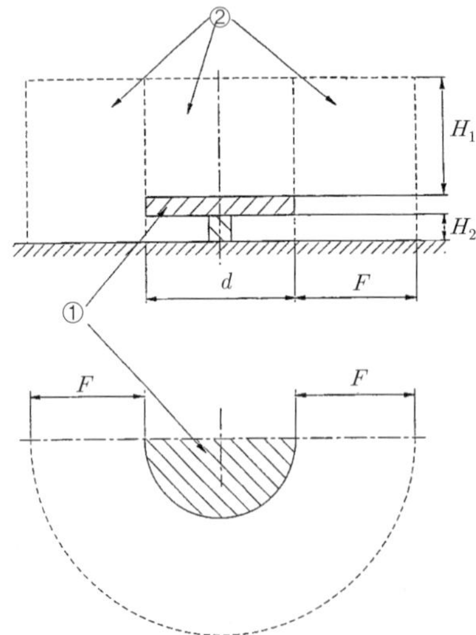

① 플랫폼
② 자유공간
d. 기구가 차지하는 공간의 지름 ø
F. 자유공간 및 하강공간
H_1. 머리 간격
H_2. 지표면 간격

그림 6-59 | 회전놀이기구에 대한 자유공간(및 하강공간)의 도해

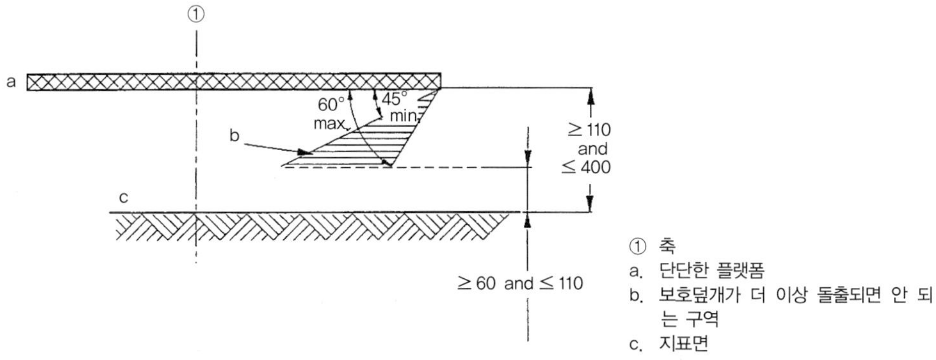

그림 6-60 | 110mm와 400mm 사이의 플랫폼 높이에 대한 덮개 요구사항

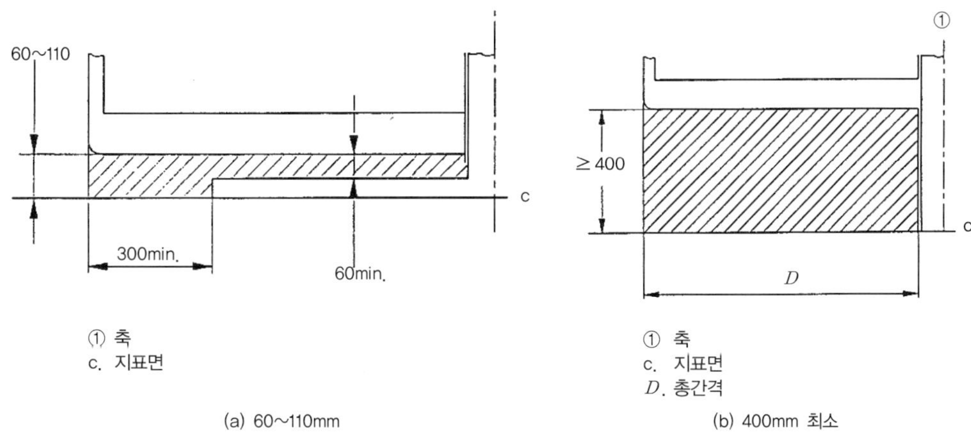

그림 6-61 | 유형 B에 대한 지표면 간격

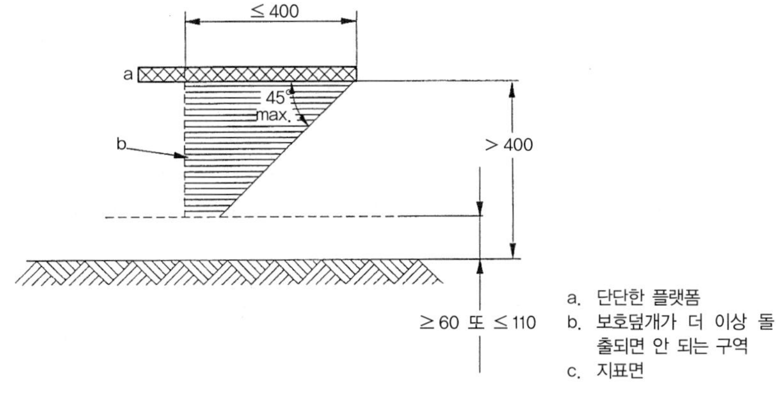

그림 6-62 | 400mm 이상의 플랫폼 높이에 대한 덮개의 요구사항

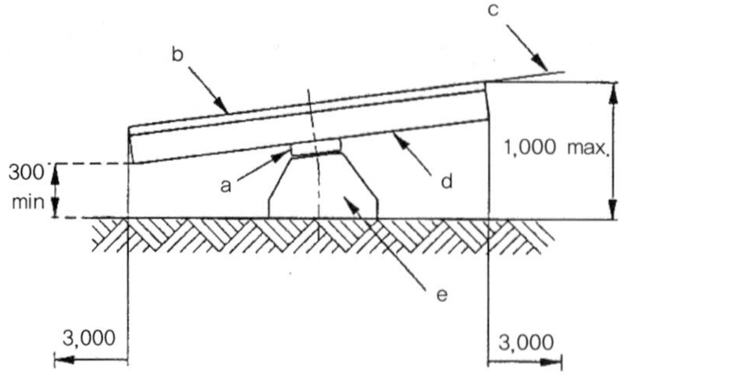

그림 6-63 | 지표면 간격에 대한 요구사항을 보여주는 유형 E 회전놀이기구(거대 회전판)

(6) 흔들놀이기구

아랫부분의 구성체가 좌석이나 자리를 지지하는 형태로서 이용자가 그 좌석이나 자리에서 그 놀이기구를 직접 움직일 수 있도록 설계된 놀이기구를 말한다.

① 용어와 종류

표 6-20 | 흔들놀이기구의 용어와 종류

명 칭	용어 설명
이동범위	평형상태의 중심으로부터 사용하는 동안에 좌석 및 자리의 최대수평 및 수직 편차
제동	장치가 작동할 때 발생하는 속도를 완화시키고, 기구 외부에서 전달되는 충격효과를 감소시키는 결합효과
축 시소(제1형)	오직 수직으로만 동작하는 기구
단일지점 시소(2A형, 2B형)	단일지점 지지 부품을 가지는 기구
다지점 시소(3A형, 3B형)	여러 개의 지지 부품을 가지는 기구
흔들시소(4형)	주로 수평으로 평행축을 따라 오직 한 방향(앞-뒤)으로만 동작하도록 고정된 기구

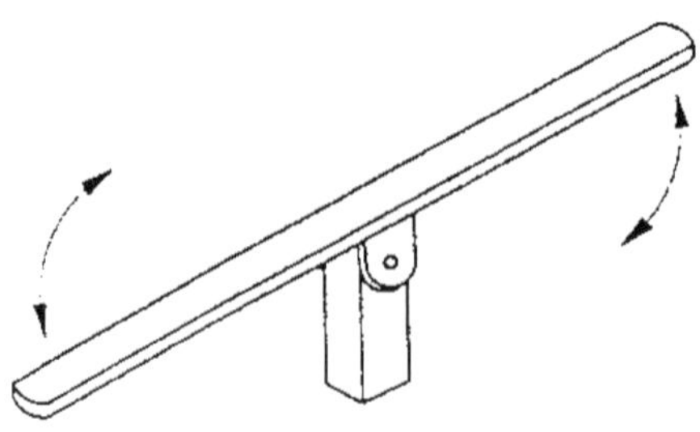

그림 6-64 | 축 시소(1형)

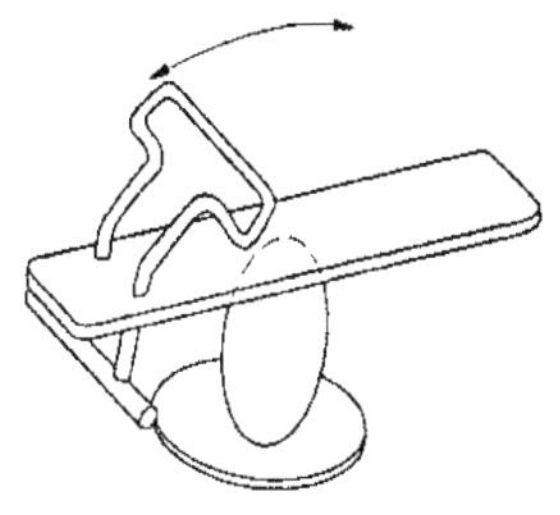

(a) 예정된 주이동 방향의 2A형

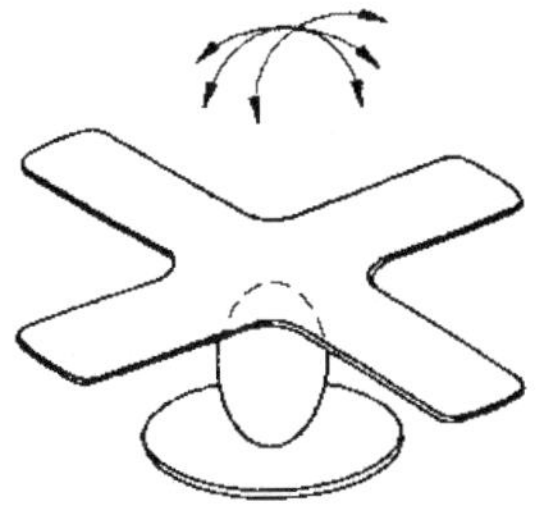

(b) 다방향 이동의 2B형

그림 6-65 | 단일지점 시소(2A형 및 2B형)

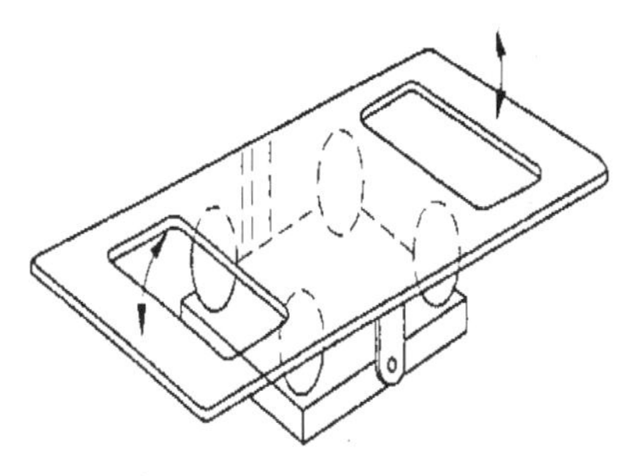

(a) 예정된 주이동 방향의 3A형

(b) 다방향 이동의 3B형

그림 6-66 | 다지점 시소(3A형 및 3B형)

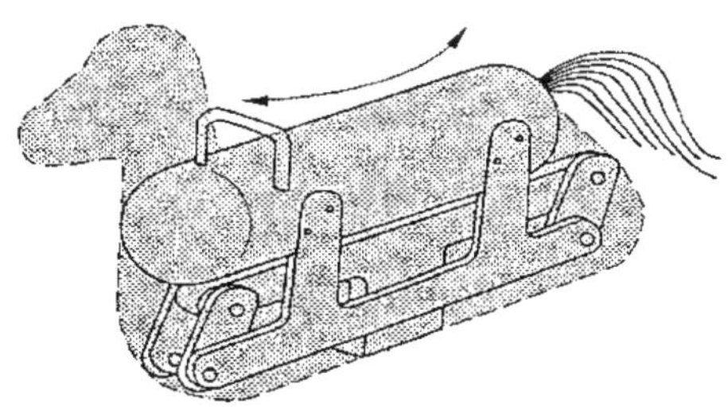

그림 6-67 | 흔들시소(4형)

제1형

제2형A 및 제2형B

제2형A 및 제2형B

제3형B

제4형

그림 6-68 | 흔들놀이기구 예제

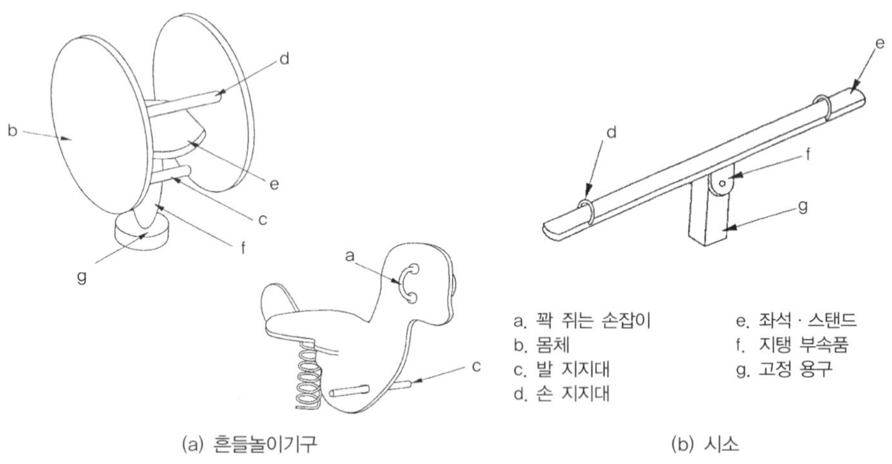

(a) 흔들놀이기구
(b) 시소

그림 6-69 | 흔들놀이기구 · 시소의 주요부위

② 안전기준

표 6-21 | 흔들놀이기구의 안전기준

<table>
<tr><th>분류</th><th>안전기준</th></tr>
<tr><td>최소공간</td><td>• 최소공간과 흔들놀이기구를 설치하기 위해 필요로 하는 설치공간을 확보한다. 또한 흔들놀이기구의 최소공간은 기구가 차지하는 공간둘레로 최소 1,000mm의 자유공간을 확보한다.</td></tr>
<tr><td>구성품의 요건</td><td>• 구성부품을 확인하고 구성부품의 주 동작부인 구동체, 고정물에 연결하는 지지 구성체, 땅이나 표면에 고정시키는 기구 고정물 등은 견고하게 한다.</td></tr>
<tr><td>기초물 설치</td><td>• 스프링은 좌석 스탠드의 최대 슬로프가 형식에 따라 (20° 또는 30°)를 넘지 않도록 설치한다.
• 좌석 스탠드의 높이는 형식에 따른 최대치를 넘지 않도록 설치한다.
• 적절한 지면간격을 유지하도록 제동효과를 얻는 장치를 설치한다.
• 기구는 지면간격의 확보를 위하여 충격흡수용 표면재의 종류와 규격을 고려하여 기초를 해야 한다.
• 지면에 타이어를 설치하여 지면간격을 유지하는 등의 방법으로 지면과의 간격이 230mm 이상을 유지하도록 기초를 세워야 한다.
• 움직이는 부분(예 : 스프링)의 손가락 짓눌림을 막기 위해 최소지름 12mm를 유지한다.
• 진동운동을 하는 부분인 스프링 하부를 고정하는 부분(판)은 스프링 강도나 내구성이 저하되지 않도록 고정한다.
• 시소의 받침부는 충분한 강도가 필요하며 쉽게 마모되지 않는 축 또는 베어링으로 설치한다.
• 가로대부의 형태는 가로대부의 구조물과 지면 사이에 발 또는 다리 얽매임이 일어나지 않은 구조로 한다.
• 상하운동 중 갑자기 정지하거나 반동에 의해 운동방향이 역전되는 사고가 일어나지 않도록 최대기울기에 가까워질수록 움직임이 적어지도록 처리한다.
• 이용자가 내리려고 할 때 반대쪽 이용자가 착지면에 떨어지는 일이 없도록 받침부를 스프링 구조로 설계하거나 좌면에 신체를 지지해 줄 구조물을 설치하여 안전하게 착지할 수 있도록 한다.</td></tr>
<tr><td>안전기준</td><td>
<table>
<tr><th>시소별 형식</th><th>최대자유하강높이</th><th>좌석 움직임 최대각도</th><th>좌석 최대높이</th><th>지표면 간격</th><th>발걸이</th></tr>
<tr><td>1형</td><td>1,500mm</td><td>20°</td><td>1,000mm</td><td>최소 230mm</td><td>선택</td></tr>
<tr><td>2A형</td><td rowspan="2">1,000mm</td><td rowspan="2">30°</td><td>550mm</td><td>선택</td><td>필수</td></tr>
<tr><td>2B형</td><td>780mm</td><td>최소 230mm</td><td>선택</td></tr>
<tr><td>3A형</td><td rowspan="2">1,000mm</td><td rowspan="2">30°</td><td>550mm</td><td>선택</td><td>필수</td></tr>
<tr><td>3B형</td><td>780mm</td><td>최소 230mm</td><td>선택</td></tr>
<tr><td>4형</td><td>1,500mm</td><td>20°</td><td>1,000mm</td><td>최소 230mm</td><td>필수</td></tr>
</table>
</td></tr>
</table>

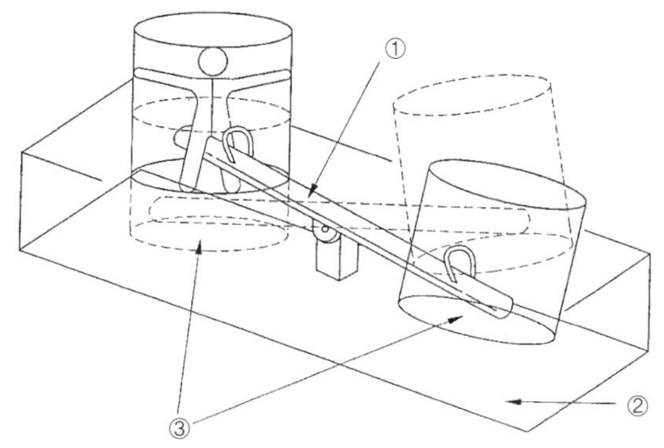

그림 6-70 | 흔들 놀이기구의 하강공간

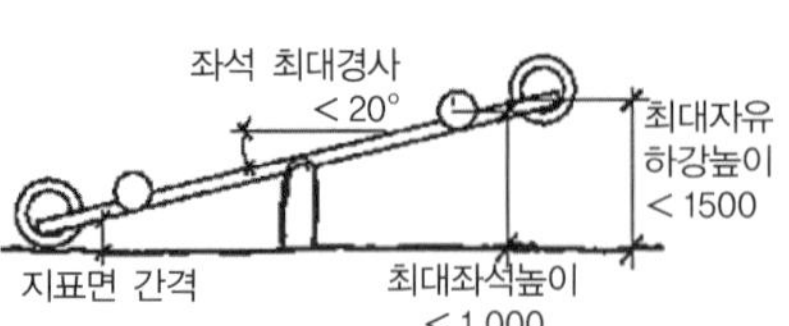

- 손지지대 : 14~45mm, 유아용 16~30mm
- 얽매임 : 최소지면 간격 230mm
- 측면편차 : <140mm

그림 6-71 | 1형 시소(축시소)

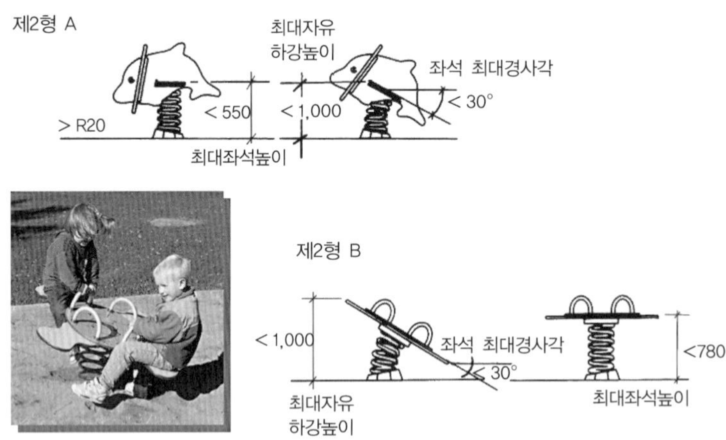

그림 6-72 | 2형 시소(단일지점 시소)

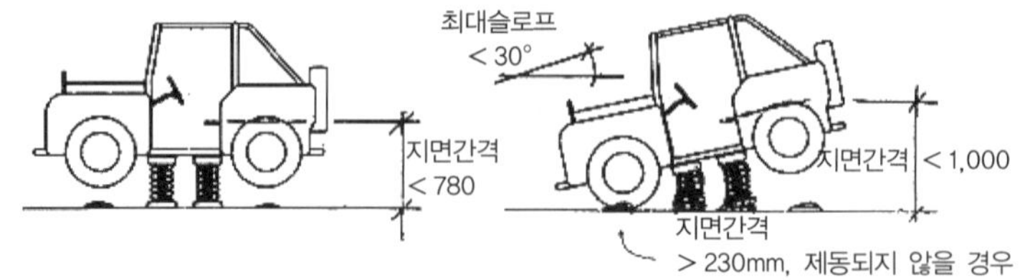

그림 6-73 | 3B형 시소(다지점 시소)

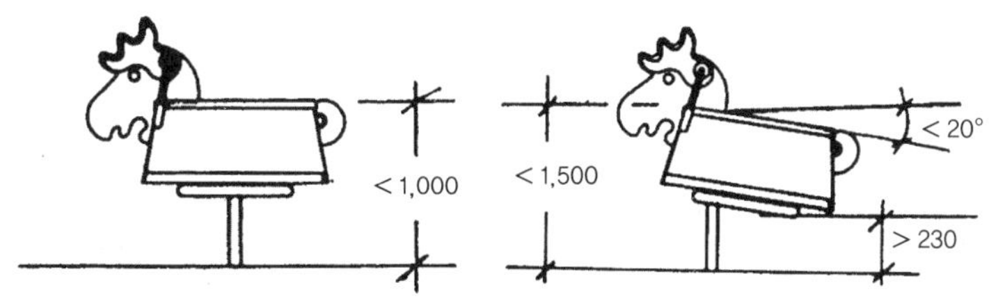

그림 6-74 | 4형 시소(흔들시소)

(7) 조합놀이대

복합(조합)놀이시설물은 어린이가 기어오르고, 매달리고, 미끄럼을 타는 등 여러 가지 운동을 할 수 있는 복합기능을 갖춘 여러 유형의 놀이시설이 연결·조합되어 있는 놀이기구를 말한다.

① 안전기준

표 6-22 | 조합놀이대의 안전기준

분류	안전기준
최소공간	• 최소공간(기구가 차지하는 공간 + 하강공간 + 자유공간)과 놀이대를 설치하기 위해 필요로 하는 설치공간(충격구역)을 확보한다. • 하강공간을 확보하기 위해 기구가 차지하는 공간으로부터 최소 1,00mm 둘레에는 어떠한 장애물이나 놀이기구가 설치되어서는 안 된다. • 자유공간의 기립(반지름 : 1,000mm, 높이 : 1,800mm), 앉음(반지름 : 1,000mm, 높이 : 1,500mm)의 공간에는 장애물이 없도록 한다. • 플랫폼이나 기타 서 있을 수 있는 곳의 높이가 지면으로부터 1,500mm 미만일 경우 최소 1,500mm, 높이가 1,500mm 이상일 경우 : 최소한 2/3×(지면으로부터 높이(mm))+500mm의 충격구역 (충격흡수용 표면재 처리지역)을 확보해야 한다.
구성품의 요건	• 사다리 및 계단 : 발디딤대 및 발판(± 3° 이내로 수평하고 동일간격으로 설치) • 설치각도 : 사다리 60~90°, 계단 : 15~60°, 경사로 0~38°로 설치할 것 • 계단의 난간 설치 : 첫 번째 계단발판에서부터 설치하되 600 ~ 850mm로 설치할 것 • 경사로는 좌우경사 ±3° 이내로 수평이 되도록 하고 600mm 이상 높이는 울타리를 설치하며 미끄러짐을 방지할 수 있도록 한다.
기초물 설치	• 사전에 제공된 자료의 도면 등의 자료에 맞게 기초물의 위치를 표시하고 시공한다. • 모래에 기초를 세울 때에는 지면으로부터 최소 400mm의 깊이로 주춧대나 고정장치를 한다.(〈그림71〉 참조) • 콘크리트에 앵커볼트를 사용하여 기초를 세울 때에는 볼트부분의 끝처리를 적절하게 하고 바닥재 위쪽으로 돌출되지 않게 처리한다. • 금속재질의 경우는 내후처리가 되어 있어야 하고, 특히 목재의 경우 방부처리를 반드시 해야 하며(1,2등급 목재 제외), 지면과 닿는 부분은 금속이나 기타 재질을 이용하여 목재가 직접적으로 닿지 않게 한다. • 목재 주위를 콘크리트로 기초를 하는 경우 부식으로 인한 위험성이 크므로 힘의 배분을 고려하여 기초를 보강한다. • 여러 가지 조합된 놀이기구(플랫폼, 울타리, 보호난간, 난간, 오르는 기구 등)는 얽매임과 높이 등을 고려하여 도면에 따라 설치한다. • 난간이나 보호난간 : 서 있는 표면으로부터 600~850mm 사이에 위치하도록 설치한다. • 난간, 보호난간, 울타리를 경사로에 설치할 때에는 경사로의 가장 낮은 위치에서부터 설치하며 울타리의 높이는 700mm 이상 되게 설치한다.

(계속)

분류	안전기준
기초물 설치	• 지면이나 서 있는 면으로부터 600mm 이상의 높이에 위치한 구속된 개구부는 89mm의 작은 탐침봉이 들어가지 않거나 230mm의 큰 탐침봉이 들어가도록 한다. • 개구부의 크기는 적절해야 한다. 울타리의 경우 밑으로 지나가는 것을 방지하는 목적으로 만들어진 것이기 때문에 개구부는 89mm의 작은 탐침봉이 들어가지 않아야 하고, 사다리나 오르는 기구의 봉의 간격은 230mm의 큰 탐침봉이 들어가도록 설치해야 한다. • V형 개구부는 다음 조건을 만족하도록 설치한다. 서 있는 위치로부터 600mm 이상에 위치한 V형 개구부는 판정용 형판의 머리형상보다 넓거나 목형상 부분이 들어가지 않도록 하며, 한쪽 면이 수평 또는 아래 방향인 경우에는 60° 미만이어야 한다. • 어린이가 뛰거나 오를 수 있는 표면의 발 또는 다리의 얽매임을 방지하기 위해서는 30mm 이상의 틈이 있어서는 안 되며 옷 얽매임이 발생하지 않아야 한다. • 사용자가 서 있을 수 있는 곳으로부터 1,200mm 이상의 위치에는 손가락 얽매임을 방지하기 위해 8mm 이상, 25mm 미만의 개구부가 없도록 하며 튜브나 파이프 등은 막음처리한다. • 놀이기구로 인하여 움직이는 사용자가 자유공간에서의 발생할 수 있는 상해를 방지하기 위하여 인접한 자유공간, 자유공간과 하강공간의 겹침이 없어야 한다. 단 하나의 집단 기구부품들 간의 공유 공간에는 적용하지 않는다. • 공간 내에는 사용자가 하강 시 부딪히거나 상해를 당할 수 있는 장애물이 없어야 한다. • 주요 이동경로는 자유공간을 가로지를 수 없으며 놀이터 내부에 설치되어서는 안 된다. • 연결장치 결합상태 점검 및 기구의 끝처리 돌출한 못, 튀어나온 와이어로프 끝 부위, 날카로운 모서리나 끝이 있는 부품이 없어야 한다. 끝처리된 모든 부분의 최소반경은 3mm 이상이어야 한다. • 자유하강높이를 고려하여 자유하강높이 이상의 한계하강높이를 갖는 적절한 충격흡수용 표면재 처리를 한다.
정기시설검사시 중점 점검사항	• 놀이터 바닥에는 상해를 줄만한 이물질(유리, 돌부리, 등)이 없어야 한다. • 놀이터 바닥은 배수가 잘 되는 구조여야 한다. • 놀이터 범주에는 밧줄이나 전선이 늘어뜨려져 있어서는 안 된다. • 기둥 기초부(몸체 등)의 노출은 없어야 하며 고정상태는 견고해야 한다. • 봉인된 부품은 안전한 상태를 유지한다. • 보수 및 교체된 기구의 상태는 안전해야 하며 활동공간이 유지되어야 한다. • 부대시설(울타리, 화장실, 음용수시설, 쓰레기통, 의자, 가로등 등)은 청결하고 부서지거나 고장이 난 곳이 없도록 한다.

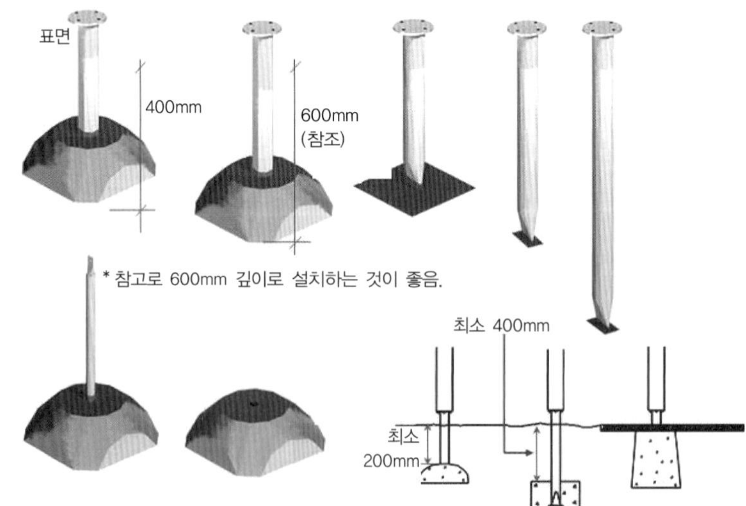

그림 6-75 | 기초물의 설치

(8) 충격흡수용 표면재

표 6-23 | 충격흡수용 표면재의 안전기준

분류		안전기준
사전 상태 파악		• 설치하기 전 각 기구들의 설치 상태를 파악하고 주변의 배수시설에 이상이 없는지를 확인한다. • 기초물과 결합부분의 연결상태 등을 확인해야 하며, 설치된 놀이시설의 한계하강높이를 측정한다. 이를 통해서 적절한 바닥재의 재료와 두께, 시공방법을 결정한 후 시공하고 자유하강높이에 맞는지 확인한다.
지반정리 및 배합		• 기층용 골재로는 부순 돌, 부순 자갈 등을 사용하되 최대입경 50mm 이하로 하며 유기물 등 불순물을 함유하지 않아야 한다. • 콘크리트 혼합물은 1회 사용할 수 있는 양 만큼 배합하여 사용하며 재배합 사용을 하지 않아야 한다. 또한 시멘트는 KS L 5201(포틀랜드시멘트)의 1종 보통 포틀랜드시멘트 또는 동등 이상의 것을 사용한다.
충격 흡수용 표면재 시공	모래	• 유실을 감안하여 약 300mm 정도의 양을 깐다. • 모래는 보통 1～3mm 정도의 입도를 가진 것으로 하며 조개껍질 등 해로운 물질이 없어야 하며 한계하강높이에 견딜 수 있도록 충분한 두께로 포설한다. • 모래는 중금속은 완구의 안전기준(품질경영 및 공산품안전관리법에 따른 자율안전확인대상 공산품의 안전기준 부속서 36)의 유해원소 용출기준에 적합해야 한다.
	고무 바닥재	• 기초에 따라서 다짐을 잘한 다음, 뒤틀림이나 분리, 빈 공간이 발생하지 않도록 조밀하고 단단하게 시공한다. • 충격흡수를 위한 고무바닥재를 사용하는 경우 합성고무조각은 두께 0.5～2mm를 표준으로 생산된 고무바닥재로 처리한다. 시공된 고무바닥재의 한계높이는 기구의 자유하강높이 이상이어야 하며, 고무바닥재의 중금속 기준은 완구의 안전기준(품질경영 및 공산품안전관리법에 따른 자율안전확인대상 공산품의 안전기준 부속서 36)의 유해원소 용출기준에 적합해야 한다. 또한 고무바닥재는 포름알데히드 방산량이 75mg/kg 이하여야 한다.
	포설 도포 바닥재	• 지반을 다져 그 위에 바탕콘크리트를 치며 다음을 만족해야 한다. 표층 위에 합성고무 입자를 폴리우레탄 접착제로 합성시켜 경화시키며, 이때의 접착제는 고무 중량의 약 16～20%로 하여 입자 전체를 코팅한 후 포설하며 포설용 바닥재의 중금속 기준은 완구의 안전기준(품질경영 및 공산품안전관리법에 따른 자율안전확인대상 공산품의 안전기준 부속서 36)의 유해원소 용출기준에 적합해야 한다. 또한 포설용 바닥재는 포름알데히드 방산량이 75mg/kg 이하여야 한다.
	기타 바닥재	• 충격 흡수를 위한 한계하강높이에 적합하도록 시공되어야 한다. • 스펀지 바닥재 등의 기타 바닥재의 중금속 기준은 완구의 안전기준(품질경영 및 공산품안전관리법에 따른 자율안전확인대상 공산품의 안전기준 부속서 36)의 유해원소 용출기준에 적합해야 한다. 또한 기타 바닥재는 포름알데히드 방산량이 75mg/kg 이하여야 한다. 단, 기타 바닥재 중 잔디, 나무껍질, 자갈 등의 천연재료로 된 바닥재는 중금속 오염 및 포름알데히드 방산량 시험을 제외한다.

(9) 실내놀이기구

표 6-24 | 실내놀이기구의 안전기준

분류	안전기준
최소공간 유지	• 실내놀이기구를 설치하기 전에 우선 최소공간과 놀이기구를 설치하기 위해 필요로 하는 공간의 확보 여부를 확인해야 하며 다음을 만족해야 한다. • 실내놀이기구의 경우 추락 방지와 공간상 제약으로 사방을 둘러싸는 형태가 대부분이다. 따라서 기구가 차지하는 공간과 자유공간의 확보여부를 확인한다. 또한 추락할 수 없도록 사방을 둘러싸는 형태의 경우는 일반적인 하강공간을 적용하지 않는다. • 각 놀이기구와의 최소공간은 실내가 아닌 외부에 설치하는 어린이놀이기구와 동일하게 적용한다. • 기구가 차지하는 공간으로부터 최소 1,500mm 둘레에는 어떠한 장애물이나 놀이기구가 설치되어서는 안 된다.(하강공간 확보) • 자유공간의 기립(반지름 : 1,000mm, 높이 : 1,800mm), 앉음(반지름 : 1,000mm, 높이 : 1,500mm)의 공간에는 장애물이 없도록 한다. • 플랫폼이나 기타 서 있을 수 있는 곳의 높이가 지면으로부터 1,500mm 미만일 경우에는 최소 1,500mm, 높이 1,500mm 이상일 경우에는 최소한 2/3×(지면으로부터 높이(mm))+ 500mm의 충격구역(충격흡수용 표면재 처리 지역)을 확보해야 한다.
구성 부품	• 딱딱한 자재(튜브, 판 등), 속이 빈 볼풀 공은 UL94의 HB등급에 적합해야 한다. • 발포된 볼풀 공, 파이프 스펀치 페딩에 사용되는 스펀치 페딩은 UL94의 HBF등급에 적합해야 한다. • 스펀치 페딩은 KSM ISO 9772-HBF등급에 적합해야 한다. • 짜여진 직물, 엮어진 직물은 완구안전인증기준의 가연성 요구사항에 적합해야 한다.
구성부품의 요건	• 프레임 기초는 프레임의 결합으로 이루어지기 때문에 결합체는 놀이형태 및 기타 움직임에 의해서 잘 풀어지지 않도록 견고하게 기초되어야 한다. • 화재 등 비상상황에 대비하기 위해 2,000mm 이상 둘러싸인 부분에 대해서는 다른 면에 위치한 지름 500mm 이상의 출입구를 2개 이상 만들어야 한다. • 결합부분 및 모든 부분에 대해서는 안전 폼으로 감싸고 적절하게 마감처리한다. • 어린이의 신체가 닿을 수 있는 전선이나 전구 등의 전기장치가 없어야 하며, 공기작용에 의한 기구 밑을 지나지 않도록 적절한 처리를 한다.
연결부 결합상태	• 돌출한 못, 튀어나온 와이어로프 끝 부위, 날카로운 모서리나 끝이 있는 부품이 없어야 한다. 또한 끝처리된 모든 부분의 최소반경은 3mm 이상이어야 하며 결합부위는 안전 폼(스펀지 등)으로 감싸져 있어야 한다. • 네트 등은 풀어지지 않도록 파이프에 견고하게 고정되어 있어야 한다. • 모든 부위는 얽매임이 없어야 한다. • 머리, 목 얽매임 : 단단한 원형개구부는 내부지름이 130～230mm가 되지 않게 설치한다. • 몸 얽매임 : 몸 전체가 들어가 기어갈 수 있는 것, 공중에 매달린 무거운 부분이나 딱딱한 버팀대 부위에는 얽매임 발생이 없어야 한다. • 옷 얽매임 : 묶임 또는 움직임으로 인한 얽매임이 없어야 한다. • 발 및 다리 얽매임 : 발판, 손잡이판, 걷고 뛰는 데 이용되는 수평면에는 30mm 이상의 틈이 있어서는 안 된다. • 손가락 얽매임 : 1,200mm 이상의 가장자리가 있는 개구부는 8～25mm의 틈이 없어야 한다.

(계속)

분류	안전기준
구동부의 작동	• 모노레일(타잔놀이) 등의 손잡이 봉은 회전하지 않도록 고정하며 충돌 시 충격을 완화할 수 있는 소재를 사용한다. 또한 완충기는 정상적으로 작동이 되도록 설치한다.
충격 흡수용 표면재	• 실내시설을 감안하여 스펀지 페딩 등의 부드러운 질로 한계하강높이에서 충격을 흡수할 수 있는 바닥재로 처리해야 하며 최대자유하강높이를 만족해야 한다.
방화안전장치	• 건물 내에는 연기감지를 위한 자동연기감지시스템이 설치되어 "경고음"을 낼 수 있도록 설치되어야 하며 다음을 만족해야 한다. • 출구에는 대피를 알리고 유도하는 화살표가 부착되어 있어야 하고 출구방향을 향하도록 한다. • 모든 출입구 점에는 비상조명에 의해 불이 들어오게 설치되어야 한다. • 전기장치는 전기용품안전관리법에서 정하는 부품으로 안전하게 조립되어 있어야 한다. • 대피로는 출구나 비상 출입구로의 가장 근접한 출구길이는 12,000mm를 넘지 않아야 한다. 또한 비상출입로는 너비, 높이, 지름이 990mm가 넘는 교차면을 가지고 있어야 한다. • 비상구는 입구지점으로부터 2,000mm 이상의 놀이집과 같은 둘러싸인 공간에는 서로 다른 면에 2개 이상의 출입구를 확보하여 화재위험 시 용이하게 지상으로 나올 수 있도록 설치한다.

CHAPTER

7

놀이터의 점검 체크리스트

(미국 사례)

일반적 일상점검 체크리스트

놀이터명		점검일시		점검자	

	체 크 리 스 트		예	아니오	해당사항 없 음
1.	놀이터에 쓰레기가 없는가?				
2.	쓰레기 저장소와 주변 지역은 유출로부터 안전한가?				
3.	놀이터는 버섯이나 다른 곰팡이 균류로부터 안전한가?				
4.	놀이터에 독성 식물이나 가시가 있는 식물이 없는가?				
5.	부러지거나 날카로운 나뭇가지들은 모두 나무나 덤불에서 제거되었는가?				
6.	모든 스프링클러 머리부분은 들어가 있는가?				
7.	모든 세면대와 분수형 식수대는 깨끗한가, 막히진 않았는가, 작동하는가?				
8.	모든 빗물배수관은 막히지 않았는가?				
9.	놀이터는 곤충의 공격으로부터 안전한가?				
10.	놀이터는 설치류나 다른 척추동물로 인한 유해로부터 안전한가?				
11.	루스 필 안전처리된 바닥이 사용되었을 경우 :				
	a.	바닥면에 낮은 부분이나 구멍이 없는가?			
	b.	바닥면에 동물의 배설물이나 숨겨진 파편이 없는가?			
	c.	놀이터가 사용되는 동안 바닥면에 얼어있는 부분이 없는가?			
12.	합성 소재로 안전처리된 바닥이 사용되었을 경우 :				
	a.	놀이터가 사용될 때 야외 기온이 화씨 25도(섭씨 12도) 이상인가?			
	b.	바닥면에 모래, 자갈, 낙엽, 흙, 웅덩이, 얼음 혹은 눈 같은 미끄러지는 물질이 없는가?			
13.	단단한 바닥면의 통로에 모래, 얼음, 눈, 녹조나 이끼 같은 미끄러지는 물질이 없는가?				
14.	놀이기구의 승강장과 계단 혹은 단에 물, 얼음, 모래나 낙엽 같은 미끄러지는 물질이 없는가?				
15.	놀이터에 헐겁거나 사라지거나 부서진 부분이 있는가?				
16.	놀이터에 날카로운 가장자리가 없는가?				
17.	놀이터가 사용될 때, 만지기에 지나치게 뜨겁거나 차가운 금속이 없는가?				
18.	놀이기구에 있는 줄, 시트, 판지와 같은 못쓰게 된 물질이 모두 제거되었는가?				

놀이터 안전점검

1. 놀이터명 :	
2. 관리책임자 :	
3. 주소 :	
4. 점검일자 :	
5. 점검자 :	
6. 관리감독시간 :	관리감독 부재시간 :
7. 주당 정비시간 :	
8. 놀이터 면적 :	
놀이터의 배치도	

놀이터 안전점검 (AUDIT)

놀이터명		점검일시		점검자	

	체 크 리 스 트	예	아니오	해당사항 없 음
1.	놀이터가 어린이들의 놀이와 양립할 수 없는 목적으로 사용되는 땅에서 떨어져 있는가? ☞ 놀이터는 시끄러운 소음, 공기오염 혹은 높은 교통량의 근원이나 비행장, 철로, 쓰레기매립장으로 사용되던 땅, 산업용지, 혹은 다른 유해한 물질이 사용되던 지역으로부터 떨어져 위치해야만 한다.			
2.	놀이터가 전선과 변압기로부터 떨어져 있는가? ☞ 이 요구조건에 대해서는 전자기장 전문가와 상담한다.			
3.	보행자나 자전거를 타는 사람들이 안전하게 놀이터에 접근할 수 있는가?			
4.	유지, 비상사태 그리고 서비스를 위한 접근이 제공되는가?			
5.	자동차 주차와 운전지역이 보행자 구역이나 대기구역과 분리되어 있는가?			
6.	5살 이하의 어린이를 위한 놀이기구가 5세부터 12세 사이의 어린이를 위한 놀이기구와 다르게 만들어져 있는가?			
7.	배수관이 놀이터 밖에 있는가? ☞ 배수구 입구가 합성 충격흡수 소재로 덮여 있지 않다면 절대 놀이터 안에 있어서는 안 된다.			
8.	모든 시설 상자들은 놀이터 밖에 있는가? ☞ 시설 상자들이 놀이터 안에 있어서는 절대 안 된다.			
9.	계량기, 변압기, 그리고 다른 전기장비들이 설비는 놀이터에서 떨어져 별도의 공간에 잠겨 있는가?			
10.	비상통화를 위한 전화가 있는가?			
11.	5세 이하의 어린이를 위한 놀이터나 주변에 차량이 다닐 경우 모든 놀이터 주변에 울타리가 있는가?			
12.	사용자의 연령대를 포함한 공원과 장비의 이용에 관한 정보 표지판이 있는가?			
13.	모든 놀이기구에 대한 적합한 사용 구역이 제공되는가? ☞ 각각의 놀이기구에 대해서는 개별 체크리스트를 참조.			
14.	모든 보행로는 놀이기구의 사용 구역 밖에 위치하며 ASTM F 1292의 요구조건을 만족하는 합성 충격흡수 소재로 처리된 바닥면으로 덮여 있는가?			
15.	화장실의 설계는 지역주민이 사용하기에 안전한가?			

놀이터 안전점검(연간/정기점검)

놀이터명		점검일시		점검자	

	체 크 리 스 트	예	아니오	해당사항 없 음
1.	놀이터는 거리에서 쉽게 보이는가?			
2.	갑작스러운 낙하물, 배수관, 도랑과 같은 위험한 지형으로부터 놀이터가 안전한가?			
3.	놀이터에 웅덩이나 수렁, 배수가 잘 되지 않는 토양은 없는가?			
4.	배수구는 모두 닫혀 있는가?			
5.	배수구의 열린 부분은 자전거의 위험요소가 되지 않도록 길과 수직으로 되어 있는가?			
6.	모든 시설 상자는 닫혀 있는가?			
7.	주변의 울타리는 바닥과 울타리 사이에 2인치(50mm) 이상의 틈이 없으며, 좋은 상태인가?			
8.	놀이터, 보행로, 그리고 입구는 갑자기 튀어나온 지붕과 도로 포장의 높이가 갑자기 달라지는 곳과 같은 걸려 넘어지는 위험이 없는가?			
9.	딱딱하게 처리된 보행로는 루즈필 안전처리된 바닥, 모래, 얼음, 눈, 녹조, 이끼 등의 미끄러지는 물질로부터 안전한가?			
10.	모든 스프링클러 머리부분은 들어가 있는가?			
11.	모든 세면대와 분수형 식수대는 깨끗한가, 막히진 않았는가, 작동하는가?			
12.	모든 화장실은 깨끗하며 작동하는가?			
13.	모든 빗물배수관은 막히지 않았는가?			
14.	모든 놀이기구의 승강장, 계단, 혹은 사다리는 물, 얼음, 모래나 낙엽 같은 미끄러지는 물질로부터 안전한가?			
15.	놀이터에 헐겁거나 없어지거나 부서진 부분이 없는가?			
16.	놀이터에 날카로운 모서리가 없는가?			
17.	줄이나 판, 카드보드 같은 놀이기구에 붙어있는 못쓰게 된 물질들이 모두 제거되었는가?			
18.	놀이터에 차갑고 마실 수 있는 물만 제공되는가?			
19.	나무, 관목, 지표식물, 그리고 잔디는 놀이기구 사용 구역 밖에 위치하는가?			
20.	어린이들이 달려 통과할 수 있는 구역에 있는 나무들에 유연한 가지들이 사용되었는가?			

주의 : CPSC와 ASTM은 일반적인 장소 안전이나 루즈필 안전처리된 바닥면에 대한 구체적인 언급을 하지 않는다. 아래에 나온 질문들은 일반적인 안전에 관해 고려할 사항들은 저자의 견해를 반영하고, ASTM F 1292에 의해 규정되고 독립된 점검 실험실에서 행해진 점검 결과에 기본을 두고 있다.

연간/정기점검 page 2

	체 크 리 스 트	예	아니오	해당사항 없 음
21.	고정 밧줄과 말뚝을 박는 방법은 돌출과 끼임 요구조건을 충족하는가?			
22.	놀이터는 발이 걸리는 위험을 유발 할 수 있는 대각선으로 박혀 있는 고정 밧줄로부터 안전한가?			
23.	놀이터는 해충을 꼬이게 할 수 있는 식물들로부터 안전한가?			
24.	놀이터에 가시가 있거나, 끈끈한 수액을 방출하거나, 커다란 잎조각을 떨어뜨릴 수 있는 식물이나 기어오르는 것을 방지하기 위해 과도한 가지치기가 필요한 식물이 없는가?			
25.	놀이터에 식물의 떨어진 부분이 보행로를 덮는 등의 위해요소를 유발할 수 있는 나무나 관목이 없는가?			
26.	놀이터는 버섯이나 다른 곰팡이류로부터 안전한가?			
27.	놀이터에 뾰족하거나 이질적인 물질을 숨길 가능성이 적은 잔디가 사용되었는가?			
28.	놀이터는 섭취하였을 때 독성이 있거나 건드렸을 때 피부염을 일으킬 가능성이 있는 초목으로부터 안전한가?			
29.	3살 이하의 어린이를 위해 놀이터에 열매나 과일이 있는 식물이 없는가?			
30.	식물들이 시각적 방해를 만들지 않게 위치하고 있는가? ☞거리나 근처의 집에서 놀이터로의 명백한 시야가 유지되어야 한다. 덧붙여, 놀이터의 모든 부분은 놀이터 안의 한 장소 이상에서 볼 수 있어야 한다.			
31.	놀이터는 곤충의 습격으로부터 안전한가?			
32.	놀이터는 설치류나 다른 척추동물의 습격으로부터 안전한가?			
33.	놀이터에 살충제나 제초제가 사용되지 않았는가?			

바닥의 안전처리

1. 놀이터명 :

2. 주소 :

2. 점검일시 :

4. 점검자 :

합성바닥 처리 : 감사				
	체 크 리 스 트	예	아니오	해당사항 없 음
1.	바닥면이 충격 흡수에 대한 ASTM F 1292 기준을 충족하기 위해 제조자에 해 보증되었는가? ☞ 이 기준들에 따르면 놀이기구의 최고 접근가능 구역에서 머리부터 떨어졌을 경우 충격은 200g보다 많거나 HIC 값으로 1,000(정의 참조)보다 많으면 안 된다.			
2.	잘려나간 부분들은 틈을 제거하기 위해 밀폐제로 채워졌는가?			

점검을 계속하기 위해선 연간/정기점검을 완료한다.

합성바닥 처리 : 연간 / 정기점검				
	체 크 리 스 트	예	아니오	해당사항 없 음
3.	현장주입식 바닥면과 합성타일에는 파편, 모래, 나뭇조각, 자갈, 낙엽, 흙 그리고 장난감과 같은 헐거운 물질이나 이질적인 물질이 없는가?			
4.	현장주입식 바닥면과 합성타일에는 웅덩이, 얼음 그리고 눈이 없는가?			
5.	현장주입식 바닥면과 합성타일은 아래에 있는 바닥면과 단단히 결합되어 있는가?			
6.	현장주입식 바닥면과 합성타일에 0.25인치(6mm) 이상의 수평면의 높낮이 변화가 없는가?			
7.	현장주입식 바닥면과 합성타일에는 잘린 곳이나 흠, 훼손된 구역이 있는가?			
8.	합성타일은 쇠붙이나 날카로운 가장자리가 없는가?			

바닥의 안전처리

1. 놀이터명 :

2. 주소 :

2. 점검일시 :

4. 점검자 :

목재바닥 처리 : 감사				
	체 크 리 스 트	예	아니오	해당사항 없 음
1.	CPSC에 의해 권장된 대로 목재의 아래에 아스팔트나 콘크리트 바닥면이 없는가? ☞ 목재는 탄탄한 지반 위나 제조자의 권장을 받은 안전처리된 바닥으로 제조되었을 때 설치되어야 한다.			
2.	충격흡수를 위한 기준 ASTM F 1292를 목재가 만족하는가? ☞ 이 기준들에 따르면 놀이기구의 최고 접근가능 구역에서 머리부터 떨어졌을 경우 충격은 200g보다 많거나 HIC 값으로 1,000(정의 참조)보다 많으면 안 된다.			

점검을 계속하기 위해선 연간/정기점검을 완료한다.

목재바닥 처리 : 연간점검				
	체 크 리 스 트	예	아니오	해당사항 없 음
3.	목재 바닥면이 얼었을 경우 놀이터가 문을 닫는가?			
4.	진흙이나 부스러기, 바닥의 압밀작용 때문에 충격흡수 능력이 부족해졌을 때 목재들은 제거되고 교체되는가?			

점검을 계속하기 위해선 정기점검을 완료한다.

연간/정기점검 page 2

목재바닥 처리 : 정기점검					
	체 크 리 스 트		예	아니오	해당사항 없 음
5.	돌, 낙엽, 잔가지, 굵은 나뭇가지, 장난감, 깨진 유리 혹은 다른 날카로운 물질 같은 이질적인 물질로부터 목재가 안전한가?				
6.	목재는 동물의 배설물로부터 안전한가?				
7.	목재는 곰팡이류, 버섯, 부패, 혹은 곤충이나 설치류의 침략으로부터 안전한가?				
8.	목재는 인접한 구역이나 보행로가 아닌 바닥처리 면에만 포함되어 있는가?				
9.	목재에 땅을 파거나 장난에 의한 구멍이나 낮은 구간이 없는가? ☞ 목재는 충격흡수를 위해 일정한 깊이와 적합한 굵기를 확실히 하기 위해 꾸준한 관리가 필요하다.				
10.	목재에 웅덩이나 배수가 좋지 않은 부분이 없는가?				
11.	사용 구역에서 목재의 두께는 적어도 12인치(300mm)인가?				
12.	목재는 아래에 나온 재료들에 대한 설명을 충족하는가?				
재료에 대한 설명	bark mulch	최대 크기가 1.5인치(40mm)이고 가공되지 않은 잘게 썰린 나무껍질. 잔가지, 낙엽, 가지, 가시, 진흙, 독성이 있는 식물이 없어야 한다.			
	wood mulch	최대 크기가 1.5인치(40mm)이고 가공되지 않은 잘게 썰린 나뭇가지. 가시와 진흙, 독성이 있는 식물이 없어야 한다.			
	manufactured wood chips	0.125인치에서 0.5인치(3mm에서 15mm)의 크기와 1인치에서 3인치(25mm에서 75mm)사이의 다양한 두께를 가진 나무조각들			

* bark mulch : 최대 크기가 1.5인치(40mm)이고 가공되지 않은 잘게 썰린 나무껍질. 잔가지, 낙엽, 가지, 가시, 진흙, 독성이 있는 식물이 없어야 한다.
* wood mulch : 최대 크기가 1.5인치(40mm)이고 가공되지 않은 잘게 썰린 나뭇가지. 가시와 진흙, 독성이 있는 식물이 없어야 한다.
* manufactured wood chips : 0.125인치에서 0.5인치(3mm에서 15mm)의 크기와 1인치에서 3인치(25mm에서 75mm)사이의 다양한 두께를 가진 나무조각들

바닥의 안전처리

1. 놀이터명 :

2. 주소 :

2. 점검일시 :

4. 점검자 :

모래바닥 처리 : 감사				
	체 크 리 스 트	예	아니오	해당사항 없 음
1.	CPSC에 의해 권장된 대로 모래지역의 아래에 아스팔트나 콘크리트 바닥면이 없는가? ☞ 모래는 탄탄한 지반 위에 설치되어야 한다.			
2.	충격흡수를 위한 기준 ASTM F 1292를 모래가 만족하는가? ☞ 이 기준들에 따르면 놀이기구의 최고 접근가능 구역에서 머리부터 떨어졌을 경우 충격은 200g보다 많거나 HIC 값으로 1,000(정의 참조)보다 많으면 안 된다.			

점검을 계속하기 위해선 연간/정기점검을 완료한다.

모래바닥 처리 : 연간점검				
	체 크 리 스 트	예	아니오	해당사항 없 음
3.	모래 바닥면이 얼었을 경우 놀이터가 문을 닫는가?			
4.	모래는 1년마다 세척과 공기를 쐬기 위해 완전히 체로 걸러지는가?			
5.	진흙이나 부스러기, 바닥의 압밀작용 때문에 충격흡수 능력이 부족해졌을 때 모래는 제거되고 교체되는가?			

점검을 계속하기 위해선 정기점검을 완료한다.

연간/정기점검 page 2

모래바닥 처리 : 정기점검				
	체 크 리 스 트	예	아니오	해당사항 없음
6.	돌, 낙엽, 잔가지, 굵은 나뭇가지, 장난감, 깨진 유리 혹은 다른 날카로운 물질 같은 이질적인 물질로부터 모래가 안전한가?			
7.	모래는 동물의 배설물로부터 안전한가?			
8.	모래는 인접한 구역이나 보행로가 아닌 바닥처리 면에만 포함되어 있는가?			
9.	모래에 땅을 파거나 장난에 의한 구멍이나 낮은 구간이 없는가? ☞ 모래는 충격흡수를 위해 일정한 깊이와 적합한 굵기를 확실히 하기 위해 꾸준한 관리가 필요하다.			
10.	모래는 곤충의 침략으로부터 안전한가?			
11.	모래에 웅덩이나 배수가 좋지 않은 부분이 없는가? ☞ 모래는 젖었을 경우 충격흡수효과가 심하게 감소하기 때문에 습한 기후에서는 바닥의 안전처리로 권장되지 않는다.			
12.	모든 사용 구역에서 모래는 적어도 18인치(450mm)의 깊이를 유지하는가?			
13.	모래는 둥글게(자연적으로 혹은 기계를 이용하여) 처리되고 씻어졌으며 먼지, 진흙, 흙, 유해한 물질, 이질적인 물질로부터 안전하며, 아래에 표에 나온 것처럼 체로 걸러졌는가?			

모래	체사이즈	3/8인치 (10mm)	#4	#8	#16	#30	#50	#100	#200
	통과율	100%	99~100%	81~95%	53~75%	35~56%	20~25%	5~9%	2% 미만

주의 : CPSC와 ASTM은 일반적인 장소 안전이나 루즈필 안전처리된 바닥면에 대한 구체적인 언급을 하지 않는다. 아래에 나온 질문들은 일반적인 안전에 관한 고려할 사항들은 저자의 견해를 반영하고, ASTM F 1292에 의해 규정되고 독립된 점검 실험실에서 행해진 점검 결과에 기본을 두고 있다.

바닥의 안전처리

1. 놀이터명 :

2. 주소 :

2. 점검일시 :

4. 점검자 :

자갈바닥 처리 : 감사

	체 크 리 스 트	예	아니오	해당사항 없 음
1.	CPSC에 의해 권장된 대로 자갈지역의 아래에 아스팔트나 콘크리트 바닥면이 없는가? ☞ 자갈는 탄탄한 지반 위에 설치되어야 한다.			
2.	충격흡수를 위한 기준 ASTM F 1292를 자갈이 만족하는가? ☞ 이 기준들에 따르면 놀이기구의 최고 접근가능 구역에서 머리부터 떨어졌을 경우 충격은 200g보다 많거나 HIC 값으로 1,000(정의 참조)보다 많으면 안 된다.			

점검을 계속하기 위해선 연간/정기점검을 완료한다.

자갈바닥 처리 : 연간점검

	체 크 리 스 트	예	아니오	해당사항 없 음
3.	자갈바닥면이 얼었을 경우 놀이터가 문을 닫는가?			
4.	자갈은 1년마다 세척과 공기를 쐬기 위해 완전히 체로 걸러지는가?			
5.	진흙이나 부스러기, 바닥의 압밀작용 때문에 충격흡수 능력이 부족해졌을 때 자갈은 제거되고 교체되는가?			

점검을 계속하기 위해선 정기점검을 완료한다.

연간/정기점검 page 2

자갈바닥 처리 : 정기점검				
	체 크 리 스 트	예	아니오	해당사항 없 음
6.	돌, 낙엽, 잔가지, 굵은 나뭇가지, 장난감, 깨진 유리 혹은 다른 날카로운 물질 같은 이질적인 물질로부터 자갈이 안전한가?			
7.	자갈은 동물의 배설물로부터 안전한가?			
8.	자갈은 인접한 구역이나 보행로가 아닌 바닥처리 면에만 포함되어 있는가?			
9.	자갈에 땅을 파거나 장난에 의한 구멍이나 낮은 구간이 없는가? ☞ 자갈은 충격흡수를 위해 일정한 깊이와 적합한 굵기를 확실히 하기 위해 꾸준한 관리가 필요하다.			
10.	자갈은 곤충의 침략으로부터 안전한가?			
11.	자갈에 웅덩이나 배수가 좋지 않은 부분이 없는가?			
12	모든 사용 구역에서 자갈은 적어도 12인치(300mm)의 깊이를 유지하는가?			
13.	자갈은 둥글게(자연적으로 혹은 기계를 이용하여) 처리되고, 씻어졌으며 먼지, 진흙, 흙, 유해한 물질, 이질적인 물질로부터 안전하며, 아래에 표에 나온 것처럼 체로 걸러졌는가?			

자갈	체 사이즈	1/2인치(15mm)	3/8인치(10mm)
	통과율	100%	75~85%

주의 : CPSC와 ASTM은 일반적인 장소 안전이나 루즈필 안전처리된 바닥면에 대한 구체적인 언급을 하지 않는다. 아래에 나온 질문들은 일반적인 안전에 관한 고려할 사항들은 저자의 견해를 반영하고, ASTM F 1292에 의해 규정되고 독립된 점검 실험실에서 행해진 점검 결과에 기본을 두고 있다.

바닥의 안전처리

잘게 썰린 타이어바닥 처리 : 감 사				
	체 크 리 스 트	예	아니오	해당사항 없 음
1.	잘게 썰린 타이어 지역의 아래에 아스팔트나 콘크리트 바닥면이 없는가? ☞ 잘게 썰린 타이어는 토목섬유 천으로 덮여 있는 탄탄한 자갈지반 위에 설치되어야 한다.			
2.	충격흡수를 위한 기준 ASTM F 1292를 잘게 썰린 타이어가 만족하는가? ☞ 이 기준들에 따르면 놀이기구의 최고 접근가능 구역에서 머리부터 떨어졌을 경우 충격은 200g보다 많거나 HIC 값으로 1,000(정의 참조)보다 많으면 안 된다.			

점검을 계속하기 위해선 연간/정기점검을 완료한다.

잘게 썰린 타이어 바닥 처리 : 연간점검				
	체 크 리 스 트	예	아니오	해당사항 없 음
3.	잘게 썰린 타이어는 1년마다 세척과 공기를 쐬기 위해 완전히 체로 걸러지는가?			

점검을 계속하기 위해선 정기점검을 완료한다.

잘게 썰린 타이어바닥 처리 : 정기점검				
	체 크 리 스 트	예	아니오	해당사항 없 음
4.	돌, 낙엽, 잔가지, 굵은 나뭇가지, 장난감, 깨진 유리 혹은 다른 날카로운 물질 같은 이질적인 물질로부터 잘게 썰린 타이어가 안전한가?			
5.	잘게 썰린 타이어는 동물의 배설물로부터 안전한가?			
6.	잘게 썰린 타이어는 인접한 구역이나 보행로가 아닌 바닥 처리면에만 포함되어 있는가?			
7.	잘게 썰린 타이어는 땅을 파거나 장난에 의한 구멍이나 낮은 구간이 없는가? ☞ 잘게 썰린 타이어는 충격흡수를 위해 일정한 깊이와 적합한 굵기를 확실히 하기 위해 꾸준한 관리가 필요하다.			
8.	잘게 썰린 타이어는 곤충의 침략으로부터 안전한가?			
9.	잘게 썰린 타이어에 웅덩이나 배수가 좋지 않은 부분이 없는가?			
10.	잘게 썰린 타이어바닥 처리는 제조자에 의해 권장된 깊이로 유지되는가?			
11.	잘게 썰린 타이어바닥 처리는 금속이나 유해한 화학품, 이질적인 물질로부터 안전한가?			

기구의 접근

1. 놀이터명 :

2. 주소 :

2. 점검일시 :

4. 점검자 :

감 사 -AUDIT-				
	일반적인 점검 사항	예	아니오	해당사항 없 음
1.	세로 각은 55도보다 큰가? ☞ 거꾸로 된 각이나 꼭짓점 부분이 채워진 각은 제외한다.			
2.	놀이기구에 접근을 위한 사다리, 그물 사다리, 아치형 climber에 놀이기구에 마지막으로 접근하기 위한 발로 밟는 면이 놀이를 위한 면과 평평한 위치에 사용되었는가? ☞ 이곳 위에서 놀이기구를 연결하는 부분은 머리나 목의 끼임이나 걸려 넘어지는 것의 잠재적 위험요소를 발생시킨다.			
3.	계단, 램프, 승강장들은 물, 모래 혹은 다른 부스러기들이 쌓이지 않도록 설계되었는가?			
4.	사다리와 계단은 일정하게 0.25인치(6mm)의 허용범위 내에서 간격을 두고 2도의 허용범위 내에서 수평한가?			
5.	승강장과 놀이를 위한 면은 2도의 허용범위 내에서 수평한가?			
6.	2세부터 5세까지의 어린이들을 위해 양옆이 막혀있는 계단이나 램프가 제공되는가? ☞ 2세부터 5세까지의 어린이들을 위해, 만약 덜 어려운 접근과 탈출방법이 포함되어 있다면 rung ladder나 step ladder도 제공될 수 있다.			

기구의 접근

1. 놀이터명 :

2. 주소 :

2. 점검일시 :

4. 점검자 :

감 사 -AUDIT-

		Rung Ladders	예	아니오	해당사항 없 음
1.	a.	2세에서 5세까지 어린이들을 위해 rung ladder는 적어도 12인치(300mm)의 너비를 가지는가?			
	b.	2세에서 5세까지 어린이들을 위해 rung ladder는 적어도 16인치(400mm)의 너비를 가지는가?			
2.		rung ladder는 75도에서 90도 사이의 경사를 가지는가?			
3.		2세에서 12세의 어린이들을 위해 단 사이의 거리(수직으로 한 걸음)는 12인치(300mm)보다 적은가?			
4.		단의 직경은 0.95인치에서 1.55인치(24.1mm 에서 39.4mm) 사이인가?			

주의 : 휠체어가 접근할 수 있는 램프와 환승점에 대한 질문들은 ASTM이나 CPSC의 권장에 바탕을 두지 않았다. 이 질문들은 저자의 의견을 반영한다. 1997년 3월까지 휠체어가 접근할 수 있는 램프와 환승점에 대한 ADA의 최종 요구사항이 아직 만들어지는 중이다. (202) 272-5434로 미국 건설교통부의 준법 감시 이사회에 업데이트된 정보와 지침에 대해 문의한다.

기구의 접근

1. 놀이터명 :

2. 주소 :

2. 점검일시 :

4. 점검자 :

		Stepladders(디딤판을 가진 사다리)	예	아니오	해당사항 없음
1.		stepladder는 50에서 75도 사이의 경사를 가지는가?			
2.	a.	2세에서 5세의 어린이를 위해 1열로 된 stepladder는 너비가 12인치에서 21인치(300mm에서 530mm) 사이의 단을 가지고 있는가?			
	b.	5세에서 ,12세의 어린이를 위해 1열로 된 stepladder는 최소한 너비가 16인치(400mm)가 되는 단을 가지고 있는가?			
	c.	5세에서 12세의 어린이를 위해 두 명의 어린이가 나란히 올라갈 수 있는 stepladder는 최소한 너비가 36인치(910mm)가 되는 단을 가지고 있는가?			
3.	a.	2세에서 5세의 어린이를 위해 stepladder는 최소한 단의 깊이가 7인치(180mm)인 양옆이 막혀있거나 열린 계단을 가지고 있는가?			
	b.	5세에서 12세의 어린이를 위해 stepladder는 최소한 단의 깊이가 3인치(76mm)인 양옆이 열린 계단을 가지고 있는가?			
	c.	5세에서 12세의 어린이를 위해 stepladder는 최소한 단의 깊이가 6인치(150mm)인 양옆이 닫힌 계단을 가지고 있는가?			
4.	a.	2세에서 5세의 어린이를 위해 stepladder의 단 사이의 거리(수직으로 한 걸음)가 9인치(228mm)보다 작은가?			
	b.	5세에서 12세의 어린이를 위해 stepladder의 단 사이의 거리(수직으로 한 걸음)가 12인치(300mm)보다 작은가?			
5.	a.	2세에서 5세의 어린이를 위해 단 사이의 거리(수직으로 한 걸음)가 9인치(228mm)를 넘지 않는가?			
	b.	5세에서 12세의 어린이를 위해 단 사이의 거리(수직으로 한 걸음)가 12인치(300mm)를 넘지 않는가?			

기구의 접근

1. 놀이터명 :

2. 주소 :

2. 점검일시 :

4. 점검자 :

		계 단	예	아니오	해당사항 없 음
1.		계단의 최대경사가 50도인가?			
2.	a.	2세에서 5세의 어린이를 위해 1열로 된 계단은 최소한의 너비가 12인치(300mm)인 단을 가지고 있는가?			
	b.	2세에서 5세의 어린이를 위해 두 어린이가 동시에 올라갈 수 있는 계단은 최소한의 너비가 30인치(760mm)인 단을 가지고 있는가?			
	c.	5세에서 12세의 어린이를 위해 1열로 된 계단은 최소한의 너비가 16인치(400mm)인 단을 가지고 있는가?			
	d.	5세에서 12세의 어린이를 위해 두 어린이가 동시에 올라갈 수 있는 계단은 최소한의 너비가 36인치(910mm)인 단을 가지고 있는가?			
3.	a.	2세에서 5세의 어린이를 위해 계단은 최소한 단의 깊이가 7인치(180mm)인 양옆이 막힌 계단을 가지고 있는가?			
	b.	5세에서 12세의 어린이를 위해 계단은 최소한 단의 깊이가 8인치(200mm)인 양옆이 열리거나 닫힌 계단을 가지고 있는가?			
	c.	5세에서 12세의 어린이를 위해 나선형 계단은 바깥쪽 가장자리에서 계단까지 최소한 단의 깊이가 8인치(200mm)인가?			
4.	a.	2세에서 5세의 어린이를 위해 단 사이의 거리(수직으로 한 걸음)가 9인치(228mm)를 넘지 않는가?			
	b.	5세에서 12세의 어린이를 위해 단 사이의 거리(수직으로 한 걸음)가 12인치(300mm)를 넘지 않는가?			

기구의 접근

1. 놀이터명 :

2. 주소 :

2. 점검일시 :

4. 점검자 :

감 사 -AUDIT-					
	경사로 (휠체어 사용자용 아님)		예	아니오	해당사항 없 음
1.	휠체어 사용자를 위하지 않은 경사로의 최고경사가 1 : 8인가?				
2.	a.	2세에서 5세의 어린이를 위해 1열로 이용 가능한 경사로(휠체어 사용자용 아님)는 최소한 12인치(300mm)의 너비를 가지는가?			
	b.	2세에서 5세의 어린이를 위해 2명이 동시에 이용 가능한 경사로는 최소한 30인치(760mm)의 너비를 가지는가?			
	c.	5세에서 12세의 어린이를 위해 1열로 이용 가능한 경사로는 최소한 16인치(400mm)의 너비를 가지는가?			
	d.	5세에서 12세의 어린이를 위해 2명이 동시에 이용 가능한 경사로는 최소한 36인치(910mm)의 너비를 가지는가?			

주의 : 휠체어가 접근할 수 있는 램프와 환승점에 대한 질문들은 ASTM이나 CPSC의 권장에 바탕을 두지 않았다. 이 질문들은 저자의 의견을 반영한다. 1997년 3월까지 휠체어가 접근할 수 있는 램프와 환승점에 대한 ADA의 최종 요구사항이 아직 만들어지는 중이다. (202) 272-5434로 미국 건설교통부의 준법 감시 이사회에 업데이트된 정보와 지침에 대해 문의한다.

기구의 접근

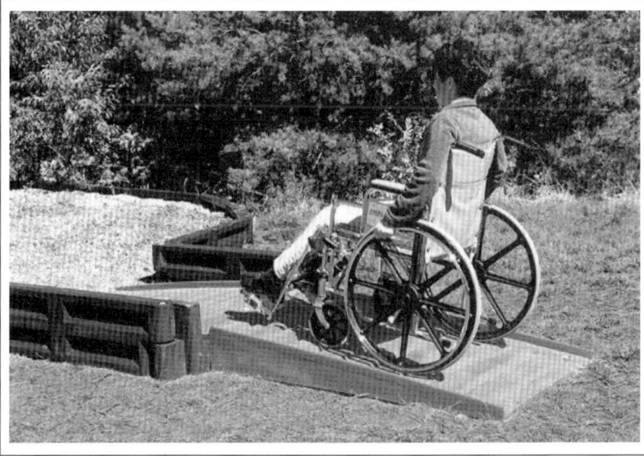

1. 놀이터명 :

2. 주소 :

2. 점검일시 :

4. 점검자 :

<table>
<tr><th colspan="5">감 사 -AUDIT-</th></tr>
<tr><th></th><th colspan="2">휠체어로 접근 가능한 경사로</th><th>예</th><th>아니오</th><th>해당사항 없 음</th></tr>
<tr><td>1.</td><td colspan="2">휠체어로 접근 가능한 경사로는 최소한 36인치(910mm)의 확보된 너비를 가지고 있는가?</td><td></td><td></td><td></td></tr>
<tr><td>2.</td><td colspan="2">휠체어로 접근 가능한 경사로는 최대한 1 : 12의 경사를 가지는가?</td><td></td><td></td><td></td></tr>
<tr><td>3.</td><td colspan="2">휠체어로 접근 가능한 경사로는 최대한 1 : 50의 교차로 경사를 가지는가?</td><td></td><td></td><td></td></tr>
<tr><td>4.</td><td colspan="2">휠체어로 접근 가능한 경사로는 144인치(3700mm)이하의 수평 활강로를 가지는가?</td><td></td><td></td><td></td></tr>
<tr><td rowspan="3">5.</td><td>a.</td><td>경사로의 꼭대기와 아래에 각각 휠체어에서 내릴 수 있는 장소가 있는가?</td><td></td><td></td><td></td></tr>
<tr><td>b.</td><td>내리는 곳은 적어도 그곳까지 가는 길 만큼 넓은가?</td><td></td><td></td><td></td></tr>
<tr><td>c.</td><td>놀이기구를 포함한 내리는 곳에 휠체어 사용자가 휠체어를 잠시 주차하고 놀 수 있는 공간이 있는가?
☞ 주차공간은 적어도 30X48인치(760X1,200mm)가 확보되어야 한다. 순환하는 길의 너비를 36인치(900mm) 이하로 줄여서는 안 된다.</td><td></td><td></td><td></td></tr>
<tr><td>6.</td><td colspan="2">내리는 곳은 적어도 60X60인치(1,525X1,525mm)가 확보되어야 한다.</td><td></td><td></td><td></td></tr>
<tr><td>7.</td><td colspan="2">휠체어가 경사로와 내리는 곳에서 넘어지는 것을 방지하기 위해 적절한 모서리 처리가 되었는가?</td><td></td><td></td><td></td></tr>
<tr><td>8.</td><td colspan="2">휠체어가 접근 가능한 경사로의 표면은 미끄러지는 것을 방지하는 처리와 방수처리가 되어 있는가?</td><td></td><td></td><td></td></tr>
<tr><td>9.</td><td colspan="2">땅과 인접한 내리는 곳에 램프가 연결된 곳은 연결되는 면과 높이가 균일한가?</td><td></td><td></td><td></td></tr>
</table>

기구의 접근

1. 놀이터명 :

2. 주소 :

2. 점검일시 :

4. 점검자 :

	감 사 -AUDIT-				
	난간과 접근장치		예	아니오	해당사항 없 음
1.	계단과 stepladder는 양쪽에 연결된 난간이 있는가?				
	☞ Rung ladder는 단이나 측면 지지대가 이 역할을 수행하기 때문에 난간을 필요로 하지 않는다. 양쪽 모두에 난간이 있을 수 없는 나선형 계단은 반드시 바깥쪽 부분을 따라서 연속적인 난간이 있어야 한다.				
2.	계단과 stepladder를 위한 난간의 높이는 한 계단의 앞쪽 위 모서리부터 난간의 표면까지 측정했을 때, 22인치에서 38인치(560mm에서 970mm) 사이인가?				
3.	난간의 직경은 0.95 인치에서 1.55인치(24.1mm에서 39.4mm) 사이인가?				
4.	접근장치나 난간이 없는 놀이기구에는 승강장으로의 이동을 용이하게 하는 손잡이가 제공되는가?				
	☞ Rung ladder와 아치 climber, 그물 climber는 손잡이가 반드시 있어야 한다.				
5.	난간은 둥근 끝부분이나 벽, 바닥, 승강장 혹은 기둥으로 돌아가는 끝부분을 가지고 있는가?				
6.	a.	2세에서 5세의 어린이를 위해 휠체어가 접근 가능한 램프는 12인치에서 16인치(305mm에서 410mm)사이의 난간이 램프 양쪽을 따라서 있는가?			
	b.	5세에서 12세의 어린이를 위해 휠체어가 접근 가능한 램프는 20인치에서 28인치(500mm에서 710mm) 사이의 난간이 램프 양쪽을 따라서 있는가?			

기구의 접근

1. 놀이터명 :

2. 주소 :

2. 점검일시 :

4. 점검자 :

감 사 -AUDIT-					
	계단이 있는 승강장		예	아니오	해당사항 없음
1.	a.	2세에서 5세의 어린이를 위해 계단이 있는 승강장은 높이 차이가 12인치(300mm) 이하여야 한다.			
	b.	5세에서 12세의 어린이를 위해 계단이 있는 승강장은 높이 차이가 18인치(460mm) 이하여야 한다.			

주의 : 휠체어가 접근할 수 있는 램프와 환승점에 대한 질문들은 ASTM이나 CPSC의 권장에 바탕을 두지 않았다. 이 질문들은 저자의 의견을 반영한다. 1997년 3월까지 휠체어가 접근할 수 있는 램프와 환승점에 대한 ADA의 최종 요구사항이 아직 만들어지는 중이다. (202) 272-5434로 미국 건설교통부의 준법 감시 이사회에 업데이트된 정보와 지침에 대해 문의한다.

기구의 접근

1. 놀이터명 :

2. 주소 :

2. 점검일시 :

4. 점검자 :

감　　사 -AUDIT-					
		환 승 점	예	아니오	해당사항 없　음
1.	a.	2세에서 5세의 어린이를 위해 접근 가능한 길이나 승강장 위 11인치에서 14인치(275mm에서 350mm) 사이의 높이에 환승점이 있는가?			
	b.	5세에서 12세의 어린이를 위해 접근 가능한 길이나 승강장 위 14인치에서 17인치(350mm에서 425mm) 사이의 높이에 환승점이 있는가?			
2.	환승점은 적어도 24인치(610mm)의 너비를 가지고 있는가?				
3.	환승점은 적어도 14인치(360mm)의 깊이를 가지고 있는가? ☞ 이 깊이가 적합한지에 대해서는 더 많은 연구가 필요하다. 14인치 이상의 깊이가 요구될 것이다.				
4.	환승점은 휠체어 사용자를 위한 손잡이를 가지고 있는가?				
5.	환승점에 인접한 계단과 승강장은 잠재적인 끼임을 막기 위해 양옆이 닫힌 계단을 가지고 있는가?				
6.	a.	2세에서 5세의 어린이를 위해 환승점에 인접한 계단의 높이는 6인치(150mm)이하가 되어야 한다.			
	b.	5세에서 12세의 어린이를 위해 환승점에 인접한 계단의 높이는 8인치(200mm)이하가 되어야 한다.			
7.	환승점의 기본에 휠체어가 도는 공간에 적어도 지름이 60인치(1525mm)가 제공되었는가?				
8.	주차공간은 인접한 환승 승강장에 접근할 수 있는 경로로 적어도 30X48인치(760mm X1200mm)의 공간을 확보하고 있는가? ☞ 주차공간은 순환하는 길에 겹치거나 36인치(910mm)보다 적게 줄여서는 안 된다.				

난간과 울타리

1. 놀이터명 :

2. 주소 :

2. 점검일시 :

4. 점검자 :

감 사					
		체 크 리 스 트	예	아니오	해당사항 없 음
1.		ASTM F 1487에 명시된 바와 같이 기구는 구조적 완전함에 대한 모든 조건을 만족하는가?			
2.		수직각들은 55도보다 큰가?			
		거꾸로 된 각이나 모서리부분이 채워진 각은 제외한다.(정의 참조)			
3.	a.	2세에서 5세의 어린이를 위해 모든 30인치(760mm) 이상의 높이에 있는 놀이기구 승강장은 적어도 29인치(740mm)의 보호방벽으로 둘러싸여 있는가?			
	b.	5세에서 12세의 어린이를 위해 모든 48인치(1,200mm) 이상의 높이에 있는 놀이기구 승강장은 적어도 38인치(970mm)의 보호방벽으로 둘러싸여 있는가?			
		☞ 보호방벽의 디자인 요구조건을 만족하는 게임패널도 용인된다.			
4.	a.	2세에서 5세의 어린이를 위해 모든 20인치(510mm) 이상의 높이에 있는 놀이기구 승강장은 낮은 가장자리부분의 최대높이가 23인치(580mm)이며, 윗부분의 높이가 29인치(740mm)인 난간으로 둘러싸여 있는가?			
	b.	5세에서 12세의 어린이를 위해 모든 30인치(760mm) 이상의 높이에 있는 놀이기구 승강장은 낮은 가장자리 부분의 최대높이가 28인치(710mm)이며, 윗부분의 높이가 38인치(970mm)인 난간으로 둘러싸여 있는가?			

점 검 page 2				
	체 크 리 스 트	예	아니오	해당사항 없 음
5.	놀이기구에는 벌레의 둥지를 숨겨줄 수 있는 구멍이 없는가? ☞ 이 질문은 저자의 견해를 바탕으로 하고 있으며, CPSC나 ASTM에는 명시되지 않았다.			
6.	놀이기구에 끼이거나 압착되고 잘릴 위험이 있는 부분이 없는가? (정의 참조)			
7	놀이기구에 수평으로 45도 이내로 매달려 있는 케이블, 와이어 혹은 다른 매달린 위험요소가 없는가? (정의 참조)			
8.	놀이기구에 기어 올라가는 것을 쉽게 하는 손잡이나 발판이 없는가?			
9.	요구된 높이의 보호방벽을 허용하지 않는 인접한 승강장 사이에 protective infill이 제공되었는가?			
10.	분리를 방지하기 위한 모든 너트와 볼트들은 제대로 잠겨 있는가?			
11.	모든 금속 모서리는 둥근 마무리처리나 뚜껑처리가 되었는가?			
12.	모든 금속물질들은 페인트로 칠해졌거나 아연화되거나 산화피막이 생기거나 부식하지 않는 소재로 만들어졌는가?			
13.	햇빛이 바로 비치는 곳에 놀이터가 있을 때, 금속물질들은 화상의 위험을 피하기 위해 플라스틱으로 코팅되었는가? ☞강한 직사광선이 있는 곳에서는 벗겨지거나 페인트칠을 한 표면을 피해야 한다.			
14.	모든 플라스틱 물질들은 변색을 막기 위해 자외선차단 처리가 되었는가? ☞ 이 질문은 저자의 견해를 바탕으로 하고 있으며, CPSC나 ASTM에는 명시되지 않았다.			
연간점검				
	체 크 리 스 트	예	아니오	해당사항 없 음
15.	놀이기구는 머리나 목의 끼임(점검절차 참고)의 위험이 없는가? ☞ 보호방벽과 방벽의 역할을 하는 게임패널에서 보호방벽 내의 열린 부분과 보호방벽의 낮은 모서리와 승강장 바닥면이 만들어 내는 열린 부분에 몸통 탐침이 통과하지 못하게 해야 한다.			
16.	돌출부분은 돌출 기준 테스트 요구조건을(점검절차 참고) 만족하는가?			
17.	놀이기구에 속이 비어 있는 지지기둥이나 끝부분이 열려 있는 관은 없는가?			
18.	놀이기구의 발판은 단단히 박혀있는가?			
19.	놀이터의 바닥면으로부터 6인치(150mm)까지 올라와 있는 목재는 자연적으로 부패 방지, 해충 방지 혹은 목재 보존처리가 되어 있는가? 만약 목재 보존처리가 되어 있다면, 그 보존법의 이름을 쓰시오.			
20.	ASTM F 1487에 명시된 기준에 따라 목재 보존방법은 어린이들의 놀이터에 사용되기에 안전한가?			
21.	ASTM F 1487에 명시된 기준에 따라 페인트에는 납 성분(건조시 0.06%가 최대)이 없는가?			

감사를 계속하기 위해서는 정기점검을 완료한다.

정기점검 page 3				
	체 크 리 스 트	예	아니오	해당사항 없 음
22.	놀이기구는 단단히 고정되어 있고, 발판이나 연결부위에 심각한 구조적인 악화가 없는가?			
23	놀이기구는 고의적 파괴에 의한 헐겁거나, 사라지거나, 부서신 부분이 없는가?			
24.	놀이기구에 뾰족한 부분과 구석과 모서리부분이 없는가?			
25.	모든 본체가 사라지지 않고, 단단히 붙어 있으며, 심한 손상이 없는가? ☞ 손상은 눈에 보이는 늘어남, 변형, 움푹 들어감, 녹, 부식 혹은 벗겨짐으로 알 수 있다.			
26.	볼트의 끝부분은 너트의 표면에서 2단보다 적게 튀어나와 있는가?			
27.	모든 고정시키는 도구들은 얽힘(정의 참조)을 예방하기 위해 닫혀 있는가?			
28.	목재는 뒤틀리거나, 썩거나, 곤충의 해를 입거나 뽑히고 찢어진 부분이 없는가?			
29	목재는 분열된 조직이나, 사라지거나 헐거운 마디가 없는가?			
30.	금속재료는 녹, 부식, 페인트의 벗겨짐 그리고 휘어진 부분이 없는가?			
31.	플라스틱 부분은 특별히 연결부분에서 부러지거나 깎이거나 쪼개지지 않았는가?			
32.	놀이기구는 깎인 부분, 벗겨진 부분, 손상을 입은 부분이 없는가?			

평 균 대

1. 놀이터명 :

2. 주소 :

2. 점검일시 :

4. 점검자 :

감 사					
	체 크 리 스 트		예	아니오	해당사항 없 음
1.	ASTM F 1487에 명시된 바와 같이 평균대는 구조적 완전함에 대한 모든 조건을 만족하는가?				
2.	평균대는 72인치(1800mm)의 방해받지 않는 사용 구역을 가지는가? 두 개의 평균대는 사용 구역을 공유할 수 있다.				
3.	수직각도가 55도 이상인가? 거꾸로 된 각이나 모서리가 채워진 각은 제외한다.(정의 참조)				
4.	a.	2세에서 5세의 어린이를 위해 평균대의 높이는 12인치(300mm)보다 낮은가?			
	b.	5세에서 12세의 어린이를 위해 평균대의 높이는 16인치(410mm)보다 낮은가?			
5.	평균대에 벌레의 둥지를 숨겨줄 수 있는 구멍이 없는가? ☞ 이 질문은 저자의 견해를 바탕으로 하고 있으며, CPSC나 ASTM에는 명시되지 않았다.				
6.	평균대에 끼이거나 압착되고 잘릴 위험이 있는 부분이 없는가?(정의 참조)				
7.	걷는 표면은 표면 위로 올라와 있는 평균대 지지기둥과 같은 미끄러질 수 있는 위험요소로부터 안전한가?				
8.	체인과 케이블은 ASTM F 1487의 구조적 완전함에 대한 요구조건을 충족하는가?				
9.	케이블의 직경이 적어도 1인치(25mm) 이상인가?				
10	분리를 방지하기 위한 모든 너트와 볼트들은 제대로 잠겨 있는가?				

검 사 page 2				
	체 크 리 스 트	예	아니오	해당사항 없 음
11.	모든 금속 모서리는 둥근 마무리처리나 뚜껑처리가 되었는가?			
12.	모든 금속물질들은 페인트로 칠해졌거나 아연화되거나 산화피막이 생기거나 부식하지 않는 소재로 만들어졌는가?			
13.	햇빛이 바로 비치는 곳에 놀이터가 있을 때, 금속물질들은 화상의 위험을 피하기 위해서 플라스틱으로 코팅되었는가? ☞ 강한 직사광선이 있는 곳에서는 벗겨지거나 페인트칠을 한 표면을 피해야 한다.			
14.	모든 플라스틱 물질들은 변색을 막기 위해 자외선차단 처리가 되었는가? ☞ 이 질문은 저자의 견해를 바탕으로 하고 있으며, CPSC나 ASTM에는 명시되지 않았다.			

감사를 계속하기 위해서는 연간/정기점검을 완료한다.

연간점검				
	체 크 리 스 트	예	아니오	해당사항 없 음
15.	평균대는 머리와 목의 끼임으로부터 안전한가?(점검절차 참조)			
16.	돌출부분은 돌출기준 테스트 요구조건을(점검절차 참고) 만족하는가?			
17.	평균대에 속이 비어 있는 지지기둥이나 끝부분이 열려 있는 관은 없는가?			
18.	놀이기구의 발판은 단단히 박혀 있는가?			
19.	놀이터의 바닥면으로부터 6인치(150mm)까지 올라와 있는 목재는 자연적으로 부패 방지, 해충 방지 혹은 목재 보존처리가 되어 있는가? 만약 목재 보존처리가 되어 있다면, 그 보존법의 이름을 쓰시오.			
20.	ASTM F 1487에 명시된 기준에 따라 목재 보존방법은 어린이들의 놀이터에 사용되기에 안전한가?			
21.	ASTM F 1487에 명시된 기준에 따라 페인트에는 납 성분(건조시 0.06%가 최대)이 없는가?			

감사를 계속하기 위해서는 정기점검을 완료한다.

정기점검				
	체 크 리 스 트	예	아니오	해당사항 없 음
22.	평균대는 단단히 고정되어 있고 발판이나 연결부위에 심각한 구조적인 악화가 없는가?			
23.	평균대는 고의적 파괴에 의한 헐겁거나, 사라지거나, 부서진 부분이 없는가?			
24.	평균대에 뾰족한 부분과 구석과 모서리부분이 없는가?			
25.	체인이나 케이블은 심한 손상이 없는가? ☞ 손상은 눈에 보이는 늘어남, 변형, 움푹 들어감, 녹, 부식 혹은 벗겨짐으로 알 수 있다.			
26.	케이블은 풀리거나 튀어나온 부분이 없는가?			
27.	케이블이나 체인은 양쪽 끝이 단단히 고정되어서 어린이가 걸려 넘어지거나 부딪힐 가능성이 없는가?			
28.	모든 본체가 사라지지 않고, 단단히 붙어 있으며, 심한 손상이 없는가? ☞ 손상은 눈에 보이는 늘어남, 변형, 움푹 들어감, 녹, 부식 혹은 벗겨짐으로 알 수 있다.			
29.	볼트의 끝부분은 너트의 표면에서 2단보다 적게 튀어나와 있는가?			
30.	모든 고정시키는 도구들은 얽힘(정의 참조)을 예방하기 위해 닫혀 있는가?			
31.	목재는 뒤틀리거나, 썩거나, 곤충의 해를 입거나 뽑히고 찢어진 부분이 없는가?			
32.	목재는 분열된 조직이나, 사라지거나 헐거운 마디가 없는가?			
33.	금속재료는 녹, 부식, 페인트의 벗겨짐 그리고 휘어진 부분이 없는가?			
34.	플라스틱 부분은 특별히 연결부분에서 부러지거나 깎이거나 쪼개지지 않았는가?			
35.	평균대는 깎인 부분, 벗겨진 부분, 손상을 입은 부분이 없는가?			

철 봉

	1. 놀이터명 : 2. 주소 : 2. 점검일시 : 4. 점검자 :

감 사				
	체 크 리 스 트	예	아니오	해당사항 없 음
1.	ASTM F 1487에 명시된 바와 같이 철봉은 구조적 완전함에 대한 모든 조건을 만족하는가?			
2.	철봉은 72인치(1800mm)의 방해 받지 않는 사용 구역을 가지는가?			
3.	수직각도가 55도 이상인가? ☞ 거꾸로 된 각이나 모서리가 채워진 각은 제외한다.(정의 참조).			
4.	철봉에는 벌레의 둥지를 숨겨줄 수 있는 구멍이 없는가? ☞ 이 질문은 저자의 견해를 바탕으로 하고 있으며, CPSC나 ASTM에는 명시되지 않았다.			
5.	철봉에 집히고 압착되고 잘릴 위험이 있는 부분이 없는가?(정의 참조)			
6.	철봉에 수평으로 45도 이내로 매달려 있는 케이블, 와이어 혹은 다른 매달린 위험요소가 없는가?(정의 참조)			
7.	철봉은 0.95인치에서 1.55인치(24.1mm에서 39.4mm) 사이의 직경을 가지는가?			
8.	분리를 방지하기 위한 모든 너트와 볼트들은 제대로 잠겨 있는가?			
9.	모든 금속 모서리는 둥근 마무리처리나 뚜껑처리가 되었는가?			
10.	모든 금속물질들은 페인트로 칠해졌거나 아연화되거나 산화피막이 생기거나 부식하지 않는 소재로 만들어졌는가?			

	체 크 리 스 트	예	아니오	해당사항 없 음
11.	햇빛이 바로 비치는 곳에 놀이터가 있을 때, 금속물질들은 화상의 위험을 피하기 위해 플라스틱으로 코팅되었는가? ☞ 강한 직사광선이 있는 곳에서는 벗겨지거나 페인트칠을 한 표면을 피해야 한다.			
12.	모든 플라스틱 물질들은 변색을 막기 위해 자외선차단 처리가 되었는가? ☞ 이 질문은 저자의 견해를 바탕으로 하고 있으며, CPSC나 ASTM에는 명시되지 않았다.			

감사를 계속하기 위해서는 연간/정기점검을 완료한다.

연간점검

	체 크 리 스 트	예	아니오	해당사항 없 음
13.	철봉은 머리와 목의 끼임으로부터 안전한가?(점검절차 참조)			
14.	돌출 부분은 돌출기준 테스트 요구조건을(점검절차 참고) 만족하는가?			
15.	철봉에 속이 비어 있는 지지기둥이나 끝부분이 열려 있는 관은 없는가?			
16.	놀이기구의 발판은 단단히 박혀있는가?			
17.	놀이터의 바닥면으로부터 6인치(150mm)까지 올라와 있는 목재는 자연적으로 부패 방지, 해충 방지 혹은 목재 보존처리가 되어 있는가? 만약 목재 보존처리가 되어있다면, 그 보존법의 이름을 쓰시오.			
18.	ASTM F 1487에 명시된 기준에 따라 목재 보존방법은 어린이들의 놀이터에 사용되기에 안전한가?			
19.	ASTM F 1487에 명시된 기준에 따라 페인트에는 납 성분(건조시 0.06%가 최대)이 없는가?			

감사를 계속하기 위해서는 정기점검을 완료한다.

정기점검				
	체 크 리 스 트	예	아니오	해당사항 없 음
20.	철봉은 단단히 고정되어 있고, 발판이나 연결부위에 심각한 구조적인 악화가 없는가?			
21.	철봉은 고의적 파괴에 의한 헐겁거나, 사라지거나, 부서진 부분이 없는가?			
22.	철봉은 뾰족한 부분과 구석과 모서리부분이 없는가?			
23.	모든 본체가 사라지지 않고, 단단히 붙어 있으며, 심한 손상이 없는가? ☞ 손상은 눈에 보이는 늘어남, 변형, 움푹 들어감, 녹, 부식 혹은 벗겨짐으로 알 수 있다.			
24.	볼트의 끝부분은 너트의 표면에서 2단보다 적게 튀어나와 있는가?			
25.	모든 고정시키는 도구들은 얽힘(정의 참조)을 예방하기 위해 닫혀 있는가?			
26.	목재는 뒤틀리거나, 썩거나, 곤충의 해를 입거나, 뽑히고 찢어진 부분이 없는가?			
27.	목재는 분열된 조직이나, 사라지거나 헐거운 마디가 없는가?			
28.	금속재료는 녹, 부식, 페인트의 벗겨짐 그리고 휘어진 부분이 없는가?			
29.	플라스틱 부분은 특별히 연결부분에서 부러지거나 깎이거나 쪼개지지 않았는가?			
30.	철봉은 깎인 부분, 벗겨진 부분, 손상을 입은 부분이 없는가?			

평 행 봉

1. 놀이터명 :

2. 주소 :

2. 점검일시 :

4. 점검자 :

감 사				
	체 크 리 스 트	예	아니오	해당사항 없 음
1.	ASTM F 1487에 명시된 바와 같이 평행봉은 구조적 완전함에 대한 모든 조건을 만족하는가?			
2.	평행봉은 72인치(1800mm)의 방해받지 않는 사용 구역을 가지는가?			
3.	수직각도가 55도 이상인가? ☞ 거꾸로 된 각이나 모서리가 채워진 각은 제외한다.(정의 참조)			
4.	평행봉에는 벌레의 둥지를 숨겨줄 수 있는 구멍이 없는가? ☞ 이 질문은 저자의 견해를 바탕으로 하고 있으며, CPSC나 ASTM에는 명시되지 않았다.			
5.	평행봉에 집히고 압착되고 잘릴 위험이 있는 부분이 없는가?(정의 참조)			
6.	평행봉에 수평으로 45도 이내로 매달려 있는 케이블, 와이어 혹은 다른 매달린 위험요소가 없는가?(정의 참조)			
7.	분리를 방지하기 위한 모든 너트와 볼트들은 제대로 잠겨 있는가?			
8.	모든 금속 모서리는 둥근 마무리처리나 뚜껑처리가 되었는가?			
9.	모든 금속물질들은 페인트로 칠해졌거나 아연화되거나 산화피막이 생기거나 부식하지 않는 소재로 만들어졌는가?			

	체 크 리 스 트	예	아니오	해당사항 없 음
10.	햇빛이 바로 비치는 곳에 놀이터가 있을 때, 금속물질들은 화상의 위험을 피하기 위해서 플라스틱으로 코팅되었는가?			
	☞ 강한 직사광선이 있는 곳에서는 벗겨지거나 페인트칠을 한 표면을 피해야 한다.			
11.	모든 플라스틱 물질들은 변색을 막기 위해 자외선차단 처리가 되었는가?			
	☞ 이 질문은 저자의 견해를 바탕으로 하고 있으며, CPSC나 ASTM에는 명시되지 않았다.			

감사를 계속하기 위해서는 연간/정기점검을 완료한다.

연간점검				
	체 크 리 스 트	예	아니오	해당사항 없 음
12.	평행봉은 머리와 목의 끼임으로부터 안전한가? (점검절차 참조)			
13.	돌출부분은 돌출기준 테스트 요구조건을(점검절차 참고) 만족하는가?			
14.	평행봉에 속이 비어 있는 지지기둥이나 끝부분이 열려 있는 관은 없는가?			
15.	놀이기구의 발판은 단단히 박혀있는가?			
16.	놀이터의 바닥면으로부터 6인치(150mm)까지 올라와 있는 목재는 자연적으로 부패 방지, 해충 방지 혹은 목재 보존처리가 되어 있는가? 만약 목재 보존처리가 되어있다면, 그 보존법의 이름을 쓰시오.			
17.	ASTM F 1487에 명시된 기준에 따라 목재 보존방법은 어린이들의 놀이터에 사용되기에 안전한가?			
18.	ASTM F 1487에 명시된 기준에 따라 페인트에는 납 성분(건조시 0.06%가 최대)이 없는가?			

감사를 계속하기 위해서는 정기점검을 완료한다.

정기점검				
	체 크 리 스 트	예	아니오	해당사항 없 음
19.	평행봉은 단단히 고정되어 있고, 발판이나 연결부위에 심각한 구조적인 악화가 없는가?			
20.	평행봉은 고의적 파괴에 의한 헐겁거나, 사라지거나, 부서진 부분이 없는가?			
21.	평행봉은 뾰족한 부분과 구석과 모서리부분이 없는가?			
22.	모든 본체가 사라지지 않고, 단단히 붙어 있으며, 심한 손상이 없는가? ☞ 손상은 눈에 보이는 늘어남, 변형, 움푹 들어감, 녹, 부식 혹은 벗겨짐으로 알 수 있다.			
23.	볼트의 끝부분은 너트의 표면에서 2단보다 적게 튀어나와 있는가?			
24.	모든 고정시키는 도구들은 얽힘(정의 참조)을 예방하기 위해 닫혀 있는가?			
25.	목재는 뒤틀리거나, 썩거나, 곤충의 해를 입거나, 뽑히고 찢어진 부분이 없는가?			
26.	목재는 분열된 조직이나, 사라지거나 헐거운 마디가 없는가?			
27.	금속재료는 녹, 부식, 페인트의 벗겨짐 그리고 휘어진 부분이 없는가?			
28.	플라스틱 부분은 특별히 연결부분에서 부러지거나 깎이거나 쪼개지지 않았는가?			
29.	평행봉은 깎인 부분, 벗겨진 부분, 손상을 입은 부분이 없는가?			

주의 : ASTM F1487에 따르면, 5세 미만의 어린이가 몸무게를 완전히 지지해야 하는 상체를 위한 놀이기구를 이용하는 것은 권장되지 않는다.

흔들다리(Bridges, Clatter)

1. 놀이터명 :

2. 주소 :

2. 점검일시 :

4. 점검자 :

감 사					
		체 크 리 스 트	예	아니오	해당사항 없 음
1.		ASTM F 1487에 명시된 바와 같이 다리는 구조적 완전함에 대한 모든 조건을 만족하는가?			
2.		다리는 72인치(1800mm)의 방해받지 않는 사용 구역을 가지는가?			
3.		수직각도가 55도 이상인가? ☞ 거꾸로 된 각이나 모서리가 채워진 각은 제외한다.(정의 참조)			
4.	a.	3세에서 5세의 어린이를 위해 다리 표면의 높이는 30인치(760mm)보다 낮은가?			
	b.	5세에서 12세의 어린이를 위해 다리 표면의 높이는 48인치(1200mm)보다 낮은가? ☞ 명시된 다리 표면의 최고높이는 다리에 꼭 필요한 기능을 하는 난간의 사용을 허락한다.			
5.	a.	어린이들이 다리에서 떨어지는 것을 막기 위해 난간이 제공되는가?			
	b.	3세에서 5세의 어린이를 위해 다리에서 걸어 다니는 면 위로 난간의 윗부분은 적어도 29인치(740mm)이고 낮은 가장자리 부분은 23인치(580mm)보다 낮은가?			
	c.	5세에서 12세의 어린이를 위해 다리에서 걸어 다니는 면 위로 난간의 윗부분은 적어도 38인치(970mm)이고 낮은 가장자리부분은 28인치(710mm)보다 낮은가?			

	체 크 리 스 트	예	아니오	해당사항 없 음
6.	다리에 벌레의 둥지를 숨겨줄 수 있는 구멍이 없는가? ☞ 이 질문은 저자의 견해를 바탕으로 하고 있으며, CPSC나 ASTM에는 명시되지 않았다.			
7.	다리에 집히고 압착되고 잘릴 위험이 있는 부분이 없는가?(정의 참조)			
8.	다리에 수평으로 45도 이내로 매달려 있는 케이블, 와이어 혹은 다른 매달린 위험요소가 없는가?(정의 참조)			
9.	체인과 케이블은 ASTM F 1487의 구조적 완전함에 대한 요구조건을 충족하는가?			
10.	케이블의 직경이 적어도 1인치(25mm) 이상인가?			
11.	분리를 방지하기 위한 모든 너트와 볼트들은 제대로 잠겨 있는가?			
12.	모든 금속 모서리는 둥근 마무리처리나 뚜껑처리가 되었는가?			
13.	모든 금속물질들은 페인트로 칠해졌거나 아연화되거나 산화피막이 생기거나 부식하지 않는 소재로 만들어졌는가?			
14.	햇빛이 바로 비치는 곳에 놀이터가 있을 때, 금속물질들은 화상의 위험을 피하기 위해서 플라스틱으로 코팅되었는가? ☞ 강한 직사광선이 있는 곳에서는 벗겨지거나 페인트칠을 한 표면을 피해야 한다.			
15.	모든 플라스틱 물질들은 변색을 막기 위해 자외선차단 처리가 되었는가? ☞ 이 질문은 저자의 견해를 바탕으로 하고 있으며, CPSC나 ASTM에는 명시되지 않았다.			

감사를 계속하기 위해서는 연간점검을 완료한다.

연간점검				
	체 크 리 스 트	예	아니오	해당사항 없 음
16.	다리는 머리와 목의 끼임으로부터 안전한가?(점검절차 참조)			
17.	돌출부분은 돌출기준 테스트 요구조건을(점검절차 참고) 만족하는가?			
18.	다리에 속이 비어 있는 지지기둥이나 끝부분이 열려 있는 관은 없는가?			
19.	놀이기구의 발판은 단단히 박혀있는가?			

	체 크 리 스 트	예	아니오	해당사항 없 음
20.	놀이터의 바닥면으로부터 6인치(150mm)까지 올라와 있는 목재는 자연적으로 부패 방지, 해충 방지 혹은 목재 보존처리가 되어 있는가? 만약 목재 보존처리가 되어있다면, 그 보존법의 이름을 쓰시오.			
21.	ASTM F 1487에 명시된 기준에 따라 목재 보존방법은 어린이들의 놀이터에 사용되기에 안전한가?			
22.	ASTM F 1487에 명시된 기준에 따라 페인트에는 납 성분(건조시 0.06%가 최대)이 없는가?			
23.	다리는 단단히 고정되어 있고, 발판이나 연결부위에 심각한 구조적인 악화가 없는가?			
24.	다리는 고의적 파괴에 의한 헐겁거나, 사라지거나, 부서진 부분이 없는가?			
25	다리는 뾰족한 부분과 구석과 모서리부분이 없는가?			
26.	모든 움직이는 매달린 요소들은 마찰과 마모를 줄이는 베어링이 있는 고정된 지지대와 연결되어 있는가? ☞ 영구적으로 고리에 걸려 있는 쇠로 된 케이블은 이 조건을 충족한다.			
27.	체인이나 케이블은 심한 손상이 없는가? ☞ 손상은 눈에 보이는 늘어남, 변형, 움푹 들어감, 녹, 부식 혹은 벗겨짐으로 알 수 있다.			
28.	케이블은 풀리거나 튀어나온 부분이 없는가?			
29.	케이블이나 체인은 양쪽 끝이 단단히 고정되어서 어린이가 걸려 넘어지거나 부딪힐 가능성이 없는가?			
30.	모든 본체가 사라지지 않고, 단단히 붙어 있으며, 심한 손상이 없는가? ☞ 손상은 눈에 보이는 늘어남, 변형, 움푹 들어감, 녹, 부식 혹은 벗겨짐으로 알 수 있다.			
31.	볼트의 끝부분은 너트의 표면에서 2단보다 적게 튀어나와 있는가?			
32.	모든 고정시키는 도구들은 얽힘(정의 참조)을 예방하기 위해 닫혀 있는가?			
33.	목재는 뒤틀리거나, 썩거나, 곤충의 해를 입거나, 뽑히고 찢어진 부분이 없는가?			
34.	목재는 분열된 조직이나, 사라지거나 헐거운 마디가 없는가?			
35.	금속재료는 녹, 부식, 페인트의 벗겨짐 그리고 휘어진 부분이 없는가?			
36.	플라스틱 부분은 특별히 연결부분에서 부러지거나 깎이거나 쪼개지지 않았는가?			
37.	다리는 깎인 부분, 벗겨진 부분, 손상을 입은 부분이 없는가?			

주의 : 저자의 견해에 따르면, 3세 미만의 어린이가 흔들다리를 이용하는 것은 권장되지 않는다.

고정된 다리

1. 놀이터명 :

2. 주소 :

2. 점검일시 :

4. 점검자 :

감 사					
		체 크 리 스 트	예	아니오	해당사항 없 음
1.		ASTM F 1487에 명시된 바와 같이 다리는 구조적 완전함에 대한 모든 조건을 만족하는가?			
2.		다리는 72인치(1800mm)의 방해받지 않는 사용 구역을 가지는가?			
3.		수직각도가 55도 이상인가? ☞ 거꾸로 된 각이나 모서리가 채워진 각은 제외한다.(정의 참조)			
4.	a.	2세에서 5세의 어린이를 위해 높이 30인치(760mm) 이상의 모든 놀이기구 승강장은 29인치(740mm) 이상 높이의 보호방벽으로 둘러싸여 있는가?			
	b.	5세에서 12세의 어린이를 위해 높이 48인치(1200mm) 이상의 모든 놀이기구 승강장은 38인치(970mm) 이상 높이의 보호방벽으로 둘러싸여 있는가?			
5.	a.	2세에서 5세의 어린이를 위해 높이 20인치(510mm) 이상의 모든 놀이기구 승강장은 낮은 가장자리부분이 23인치(580mm) 이하이고, 꼭대기부분이 29인치(740mm)인 난간으로 둘러싸여 있는가?			
	b.	5세에서 12세의 어린이를 위해 높이 30인치(760mm) 이상의 모든 놀이기구 승강장은 낮은 가장자리부분이 28인치(710mm) 이하이고, 꼭대기부분이 38인치(970mm)인 난간으로 둘러싸여 있는가?			
6.		다리에 벌레의 둥지를 숨겨줄 수 있는 구멍이 없는가? ☞ 이 질문은 저자의 견해를 바탕으로 하고 있으며, CPSC나 ASTM에는 명시되지 않았다.			

	체 크 리 스 트	예	아니오	해당사항 없 음
7.	다리에 집히고 압착되고 잘릴 위험이 있는 부분이 없는가?(정의 참조)			
8.	다리에 수평으로 45도 이내로 매달려 있는 케이블, 와이어 혹은 다른 매달린 위험요소가 없는가?(정의 참조)			
9.	분리를 방지하기 위한 모든 너트와 볼트들은 제대로 잠겨 있는가?			
10.	모든 금속 모서리는 둥근 마무리처리나 뚜껑처리가 되었는가?			
11.	모든 금속물질들은 페인트로 칠해졌거나 아연화되거나 산화피막이 생기거나 부식하지 않는 소재로 만들어졌는가?			
12.	햇빛이 바로 비치는 곳에 놀이터가 있을 때, 금속물질들은 화상의 위험을 피하기 위해서 플라스틱으로 코팅되었는가?			
	☞ 강한 직사광선이 있는 곳에서는 벗겨지거나 페인트칠을 한 표면을 피해야 한다.			
13.	모든 플라스틱 물질들은 변색을 막기 위해 자외선차단 처리가 되었는가?			
	☞ 이 질문은 저자의 견해를 바탕으로 하고 있으며, CPSC나 ASTM에는 명시되지 않았다.			

감사를 계속하기 위해서는 연간/정기점검을 완료한다.

연간점검				
	체 크 리 스 트	예	아니오	해당사항 없 음
14	다리는 머리와 목의 끼임으로부터 안전한가?(점검절차 참조)			
15.	돌출부분은 돌출기준 테스트 요구조건을(점검절차 참고) 만족하는가?			
16.	다리에 속이 비어 있는 지지기둥이나 끝부분이 열려 있는 관은 없는가?			
17.	놀이기구의 발판은 단단히 박혀있는가?			
18.	놀이터의 바닥면으로부터 6인치(150mm)까지 올라와 있는 목재는 자연적으로 부패 방지, 해충 방지 혹은 목재보존 처리가 되어 있는가? 만약 목재보존 처리가 되어있다면, 그 보존법의 이름을 쓰시오.			
19.	ASTM F 1487에 명시된 기준에 따라 목재 보존방법은 어린이들의 놀이터에 사용되기에 안전한가?			
20.	ASTM F 1487에 명시된 기준에 따라 페인트에는 납 성분(건조시 0.06%가 최대)이 없는가?			

감사를 계속하기 위해서는 정기점검을 완료한다.

정기점검				
	체 크 리 스 트	예	아니오	해당사항 없 음
21.	다리는 단단히 고정되어 있고, 발판이나 연결부위에 심각한 구조적인 악화가 없는가?			
22.	다리는 고의적 파괴에 의한 헐겁거나, 사라지거나, 부서진 부분이 없는가?			
23.	다리는 뾰족한 부분과 구석과 모서리부분이 없는가?			
24.	모든 본체가 사라지지 않고, 단단히 붙어 있으며, 심한 손상이 없는가? ☞ 손상은 눈에 보이는 늘어남, 변형, 움푹 들어감, 녹, 부식 혹은 벗겨짐으로 알 수 있다.			
25.	볼트의 끝부분은 너트의 표면에서 2단보다 적게 튀어나와 있는가?			
26.	모든 고정시키는 도구들은 얽힘(정의 참조)을 예방하기 위해 닫혀 있는가?			
27.	목재는 뒤틀리거나, 썩거나, 곤충의 해를 입거나, 뽑히고 찢어진 부분이 없는가?			
28	목재는 분열된 조직이나, 사라지거나 헐거운 마디가 없는가?			
29.	금속재료는 녹, 부식, 페인트의 벗겨짐 그리고 휘어진 부분이 없는가?			
30.	플라스틱 부분은 특별히 연결부분에서 부러지거나 깍이거나 쪼개지지 않았는가?			
31.	다리는 깍인 부분, 벗겨진 부분, 손상을 입은 부분이 없는가?			

기어오르는 기구(climber)

1. 놀이터명 :

2. 주소 :

2. 점검일시 :

4. 점검자 :

감 사				
	체 크 리 스 트	예	아니오	해당사항 없 음
1.	ASTM F 1487에 명시된 바와 같이 climber는 구조적 완전함에 대한 모든 조건을 만족하는가?			
2.	climber는 72인치(1800mm)의 방해받지 않는 사용 구역을 가지는가?			
3.	수직각도가 55도 이상인가? ☞ 거꾸로 된 각이나 모서리가 채워진 각은 제외한다.(정의 참조)			
4.	climber에 벌레의 둥지를 숨겨줄 수 있는 구멍이 없는가? ☞ 이 질문은 저자의 견해를 바탕으로 하고 있으며, CPSC나 ASTM에는 명시되지 않았다.			
5.	climber에 집히고 압착되고 잘릴 위험이 있는 부분이 없는가?(정의 참조)			
6.	climber에 수평으로 45도 이내로 매달려 있는 케이블, 와이어 혹은 다른 매달린 위험요소가 없는가?(정의 참조)			
7.	단의 직경은 0.95인치에서 1.55인치(24.1mm에서 39.4mm) 사이로 측정되는가?			
8.	단의 너비는 적어도 16인치(400mm)인가?			
9.	이 단단하게 붙어 있어서 회전하지 않는가?			
10.	단은 균일하게 띄워져 있는가?			

	체 크 리 스 트	예	아니오	해당사항 없 음
11.	CPSC에 권장된 대로, climber는 어린이가 18인치(450mm) 이상의 높이에서 추락할 수도 있는 내적 구성요소로부터 안전한가?			
12.	복합구조에 붙어있을 경우, climber 외에 추가적으로 덜 위험한 구조에 접근하는 출입 방법이 있는가?			
13.	climber는 기어 올라가는 동안과 climber와 다른 복합구조물의 승강장이 연결되는 곳에서 손잡이를 제공하는가?			
14.	분리를 방지하기 위한 모든 너트와 볼트들은 제대로 잠겨 있는가?			
15.	모든 금속 모서리는 둥근 마무리처리나 뚜껑처리가 되었는가?			
16.	모든 금속물질들은 페인트로 칠해졌거나 아연화되거나 산화피막이 생기거나 부식하지 않는 소재로 만들어졌는가?			
17.	햇빛이 바로 비치는 곳에 놀이터가 있을 때, 금속물질들은 화상의 위험을 피하기 위해서 플라스틱으로 코팅되었는가? ☞ 강한 직사광선이 있는 곳에서는 벗겨지거나 페인트칠을 한 표면을 피해야 한다.			
18.	모든 플라스틱 물질들은 변색을 막기 위해 자외선차단 처리가 되었는가? ☞ 이 질문은 저자의 견해를 바탕으로 하고 있으며, CPSC나 ASTM에는 명시되지 않았다.			

감사를 계속하기 위해서는 연간/정기점검을 완료한다.

연간점검				
	체 크 리 스 트	예	아니오	해당사항 없 음
19.	climber는 머리와 목의 끼임으로부터 안전한가?(점검절차 참조)			
20.	돌출부분은 돌출기준 테스트 요구조건을(점검절차 참고) 만족하는가?			
21.	climber에 속이 비어 있는 지지기둥이나 끝부분이 열려 있는 관은 없는가?			
22.	놀이기구의 발판은 단단히 박혀있는가?			
23.	놀이터의 바닥면으로부터 6인치(150mm)까지 올라와 있는 목재는 자연적으로 부패 방지, 해충 방지 혹은 목재 보존처리가 되어 있는가? 만약 목재 보존처리가 되어 있다면, 그 보존법의 이름을 쓰시오.			
24.	ASTM F 1487에 명시된 기준에 따라 목재 보존방법은 어린이들의 놀이터에 사용되기에 안전한가?			
25.	ASTM F 1487에 명시된 기준에 따라 페인트에는 납 성분(건조시 0.06%가 최대)이 없는가?			

감사를 계속하기 위해서는 정기점검을 완료한다.

정기점검				
	체 크 리 스 트	예	아니오	해당사항 없 음
26.	climber는 단단히 고정되어 있고, 발판이나 연결 부위에 심각한 구조적인 악화가 없는가?			
27.	climber는 고의적 파괴에 의한 헐겁거나, 사라지거나, 부서진 부분이 없는가?			
28.	climber는 뾰족한 부분과 구석과 모서리부분이 없는가?			
29.	모든 본체가 사라지지 않고, 단단히 붙어 있으며, 심한 손상이 없는가? ☞ 손상은 눈에 보이는 늘어남, 변형, 움푹 들어감, 녹, 부식 혹은 벗겨짐으로 알 수 있다.			
30.	볼트의 끝부분은 너트의 표면에서 2단보다 적게 튀어나와 있는가?			
31.	모든 고정시키는 도구들은 얽힘(정의 참조)을 예방하기 위해 닫혀 있는가?			
32.	재는 뒤틀리거나, 썩거나, 곤충의 해를 입거나, 뽑히고 찢어진 부분이 없는가?			
33.	목재는 분열된 조직이나, 사라지거나 헐거운 마디가 없는가?			
34.	금속 재료는 녹, 부식, 페인트의 벗겨짐 그리고 휘어진 부분이 없는가?			
35.	플라스틱 부분은 특별히 연결 부분에서 부러지지 않았고, 깎이지 않았고, 쪼개지지 않았는가?			
36.	climber는 깎인 부분, 벗겨진 부분, 손상을 입은 부분이 없는가?			

주의 : CPSC에 따르면, 4세 미만의 어린이가 아치형 climber를 이용하는 것은 권장되지 않는다.

그물로 된 기어오르는 기구(Climbers, Flexible)

1. 놀이터명 :

2. 주소 :

2. 점검일시 :

4. 점검자 :

감 사				
	체 크 리 스 트	예	아니오	해당사항 없 음
1.	ASTM F 1487에 명시된 바와 같이 climber는 구조적 완전함에 대한 모든 조건을 만족하는가?			
2.	climber는 72인치(1800mm)의 방해받지 않는 사용 구역을 가지는가?			
3.	수직각도가 55도 이상인가? ☞ 거꾸로 된 각이나 모서리가 채워진 각은 제외한다.(정의 참조)			
4.	3세에서 5세의 어린이를 위해 climber는 다음 단계로 올라가기 전에 두 발을 같은 높이에 둘 수 있게 하는가?			
5.	climber가 복합구조에 접근할 수 있는 경로일 때, 다른 접근경로 또한 제공되는가?			
6.	climber에 벌레의 둥지를 숨겨줄 수 있는 구멍이 없는가? ☞ 이 질문은 저자의 견해를 바탕으로 하고 있으며, CPSC나 ASTM에는 명시되지 않았다.			
7.	climber에 집히고 압착되고 잘릴 위험이 있는 부분이 없는가?(정의 참조)			
8.	climber에 수평으로 45도 이내로 매달려 있는 케이블, 와이어 혹은 다른 매달린 위험요소가 없는가?(정의 참조)			
9.	체인과 케이블은 ASTM F 1487의 구조적 완전함에 대한 요구조건을 충족하는가?			

	체 크 리 스 트	예	아니오	해당사항 없 음
10.	케이블의 직경이 적어도 1인치(25mm) 이상인가?			
11.	분리를 방지하기 위한 모든 너트와 볼트들은 제대로 잠겨 있는가?			
12.	모든 금속 모서리는 둥근 마무리처리나 뚜껑처리가 되었는가?			
13.	모든 금속물질들은 페인트로 칠해졌거나 아연화되거나 산화파막이 생기거나 부식하지 않는 소재로 만들어졌는가?			
14.	햇빛이 바로 비치는 곳에 놀이터가 있을 때, 금속물질들은 화상의 위험을 피하기 위해서 플라스틱으로 코팅되었는가? ☞ 강한 직사광선이 있는 곳에서는 벗겨지거나 페인트칠을 한 표면을 피해야 한다.			
15.	모든 플라스틱 물질들은 변색을 막기 위해 자외선차단 처리가 되었는가? ☞ 이 질문은 저자의 견해를 바탕으로 하고 있으며, CPSC나 ASTM에는 명시되지 않았다.			

감사를 계속하기 위해서는 연간/정기점검을 완료한다.

연간점검				
	체 크 리 스 트	예	아니오	해당사항 없 음
16.	climber는 머리와 목의 끼임으로부터 안전한가(점검 절차 참조)?			
17.	돌출 부분은 돌출 기준테스트 요구 조건을(점검 절차 참고) 만족하는가?			
18.	climber에 속이 비어 있는 지지 기둥이나 끝 부분이 열려 있는 관은 없는가?			
19.	놀이기구의 발판은 단단히 박혀있는가?			
20.	놀이터의 바닥면으로부터 6인치(150mm)까지 올라와 있는 목재는 자연적으로 부패 방지, 해충 방지 혹은 목재 보존 처리가 되어 있는가? 만약 목재 보존 처리가 되어있다면, 그 보존법의 이름을 쓰시오.			
21.	ASTM F 1487에 명시된 기준에 따라 목재 보존방법은 어린이들의 놀이터에 사용되기에 안전한가?			
22.	ASTM F 1487에 명시된 기준에 따라 페인트에는 납 성분(건조시 0.06%가 최대)이 없는가?			

감사를 계속하기 위해서는 정기점검을 완료한다.

정기점검				
	체 크 리 스 트	예	아니오	해당사항 없 음
23.	climber는 단단히 고정되어 있고, 발판이나 연결 부위에 심각한 구조적인 악화가 없는가?			
24.	climber는 고의적 파괴에 의한 헐겁거나, 사라지거나, 부서진 부분이 없는가?			
25.	climber는 뾰족한 부분과 구석과 모서리부분이 없는가?			
26.	climber는 케이블의 느슨한 부분을 없애기 위해 조정되었는가?			
27.	접속부분은 단단히 고정되어서 크기가 변함으로 인한 그물이 열리는 것을 방지하는가?			
28.	체인이나 케이블은 심한 손상이 없는가? ☞ 손상은 눈에 보이는 늘어남, 변형, 움푹 들어감, 녹, 부식 혹은 벗겨짐으로 알 수 있다.			
29.	케이블은 풀리거나 튀어나온 부분이 없는가?			
30.	케이블이나 체인은 양쪽 끝이 단단히 고정되어서 어린이가 걸려 넘어지거나 부딪힐 가능성이 없는가?			
31.	flexible climber의 한쪽 끝이 땅에 부착되어 있을 때, 고정시키는 장치는 지표면 아래에 있는가?			
32.	모든 본체가 사라지지 않고, 단단히 붙어 있으며, 심한 손상이 없는가? ☞ 손상은 눈에 보이는 늘어남, 변형, 움푹 들어감, 녹, 부식 혹은 벗겨짐으로 알 수 있다.			
33.	볼트의 끝부분은 너트의 표면에서 2단보다 적게 튀어나와 있는가?			
34.	모든 고정시키는 도구들은 얽힘(정의 참조)을 예방하기 위해 닫혀 있는가?			
35.	목재는 뒤틀리거나, 썩거나, 곤충의 해를 입거나, 뽑히고 찢어진 부분이 없는가?			
36.	목재는 분열된 조직이나, 사라지거나 헐거운 마디가 없는가?			
37.	금속재료는 녹, 부식, 페인트의 벗겨짐 그리고 휘어진 부분이 없는가?			
38.	플라스틱 부분은 특별히 연결부분에서 부러지지 않았고, 깎이지 않았고, 쪼개지지 않았는가?			
39.	climber는 깎인 부분, 벗겨진 부분, 손상을 입은 부분이 없는가?			

주의 : 저자의 견해에 따르면, 3세 미만의 어린이가 그물로 된 기어오르는 기구를 이용하는 것은 권장되지 않는다.

소방용 기둥

1. 놀이터명 :

2. 주소 :

2. 점검일시 :

4. 점검자 :

감 사				
	체 크 리 스 트	예	아니오	해당사항 없 음
1.	ASTM F 1487에 명시된 바와 같이 소방용 기둥은 구조적 완전함에 대한 모든 조건을 만족하는가?			
2.	소방용 기둥은 72인치(1800mm)의 방해받지 않는 사용 구역을 가지는가?			
3.	수직각도가 55도 이상인가? ☞ 거꾸로 된 각이나 모서리가 채워진 각은 제외한다.(정의 참조)			
4.	소방용 기둥은 72인치(18,00mm) 이하의 높이로 복합구조 승강장에 붙어있는가? ☞ 파이어 폴은 단독적으로 설치되어서는 안 된다.			
5.	소방용 기둥에 벌레의 둥지를 숨겨줄 수 있는 구멍이 없는가? ☞ 이 질문은 저자의 견해를 바탕으로 하고 있으며, CPSC나 ASTM에는 명시되지 않았다.			
6.	소방용 기둥에 집히고 압착되고 잘릴 위험이 있는 부분이 없는가?(정의 참조)			
7.	소방용 기둥에 수평으로 45도 이내로 매달려 있는 케이블, 와이어 혹은 다른 매달린 위험요소가 없는가?(정의 참조)			
8.	소방용 기둥의 직경은 1.9인치(48mm) 이하인가?			
9.	미끄러지는 표면은 튀어나온 볼트나 재봉부분 없이 연속적이며 부드러운가?			
10.	소방용 기둥의 미끄러지는 부분은 방향의 전환이 없는가?			
11.	레일이 어린이가 미끄러지는 곳으로 가는 것을 돕는가?			

	체 크 리 스 트	예	아니오	해당사항 없 음
12.	미끄러지는 기둥으로의 접근은 오직 한 장소에서만 가능한가?			
13.	소방용 기둥은 접근하는 승강장의 높이에서 최소한 38인치(960mm) 이상 확장되어 있는가?			
14.	소방용 기둥과 복합구조와의 거리가 기둥의 전체길이를 따라서 18인치에서 20인치(460mm에서 510mm) 사이인가?			
15.	분리를 방지하기 위한 모든 너트와 볼트들은 제대로 잠겨 있는가?			
17.	모든 금속물질들은 페인트로 칠해졌거나 아연화되거나 산화피막이 생기거나 부식하지 않는 소재로 만들어졌는가?			
18.	햇빛이 바로 비치는 곳에 놀이터가 있을 때, 금속물질들은 화상의 위험을 피하기 위해서 플라스틱으로 코팅되었는가? ☞ 강한 직사광선이 있는 곳에서는 벗겨지거나 페인트칠을 한 표면을 피해야 한다.			
19.	모든 플라스틱 물질들은 변색을 막기 위해 자외선차단 처리가 되었는가? ☞ 이 질문은 저자의 견해를 바탕으로 하고 있으며, CPSC나 ASTM에는 명시되지 않았다.			

감사를 계속하기 위해서는 연간/정기점검을 완료한다.

연간점검

	체 크 리 스 트	예	아니오	해당사항 없 음
20.	climber는 머리와 목의 끼임으로부터 안전한가?(점검절차 참조)			
21.	돌출부분은 돌출기준 테스트 요구조건을(점검절차 참고) 만족하는가?			
22.	climber에 속이 비어 있는 지지기둥이나 끝부분이 열려 있는 관은 없는가?			
23.	놀이기구의 발판은 단단히 박혀 있는가?			
24.	놀이터의 바닥면으로부터 6인치(150mm)까지 올라와 있는 목재는 자연적으로 부패 방지, 해충 방지 혹은 목재 보존처리가 되어 있는가? 만약 목재 보존처리가 되어 있다면, 그 보존법의 이름을 쓰시오.			
25.	ASTM F 1487에 명시된 기준에 따라 목재 보존방법은 어린이들의 놀이터에 사용되기에 안전한가?			
26.	ASTM F 1487에 명시된 기준에 따라 페인트에는 납 성분(건조시 0.06%가 최대)이 없는가?			

감사를 계속하기 위해서는 정기점검을 완료한다.

정기점검				
	체 크 리 스 트	예	아니오	해당사항 없 음
27.	소방용 기둥은 발판이나 연결부위 없이 단단히 고정되어 있고 심각한 구조적인 악화가 없는가?			
28.	소방용 기둥은 고의적 파괴에 의한 헐겁거나, 사라지거나, 부서진 부분이 없는가?			
29.	소방용 기둥은 뾰족한 부분과 구석과 모서리부분이 없는가?			
30.	모든 본체가 사라지지 않고, 단단히 붙어 있으며, 심한 손상이 없는가? ☞ 손상은 눈에 보이는 늘어남, 변형, 움푹 들어감, 녹, 부식 혹은 벗겨짐으로 알 수 있다.			
31.	볼트의 끝부분은 너트의 표면에서 2단보다 적게 튀어나와 있는가?			
32.	모든 고정시키는 도구들은 얽힘(정의 참조)을 예방하기 위해 닫혀 있는가?			
33.	목재는 뒤틀리거나, 썩거나, 곤충의 해를 입거나, 뽑히고 찢어진 부분이 없는가?			
34.	목재는 분열된 조직이나, 사라지거나 헐거운 마디가 없는가?			
35.	금속재료는 녹, 부식, 페인트의 벗겨짐 그리고 휘어진 부분이 없는가?			
36.	플라스틱 부분은 특별히 연결부분에서 부러지지 않았고, 깎이지 않았고, 쪼개지지 않았는가?			
37.	소방용 기둥은 깎인 부분, 벗겨진 부분, 손상을 입은 부분이 없는가?			

주의 : 저자의 견해에 따르면, 5세 미만의 어린이가 파이어 폴을 이용하는 것은 권장되지 않는다.

평행사다리와 Ring Trek

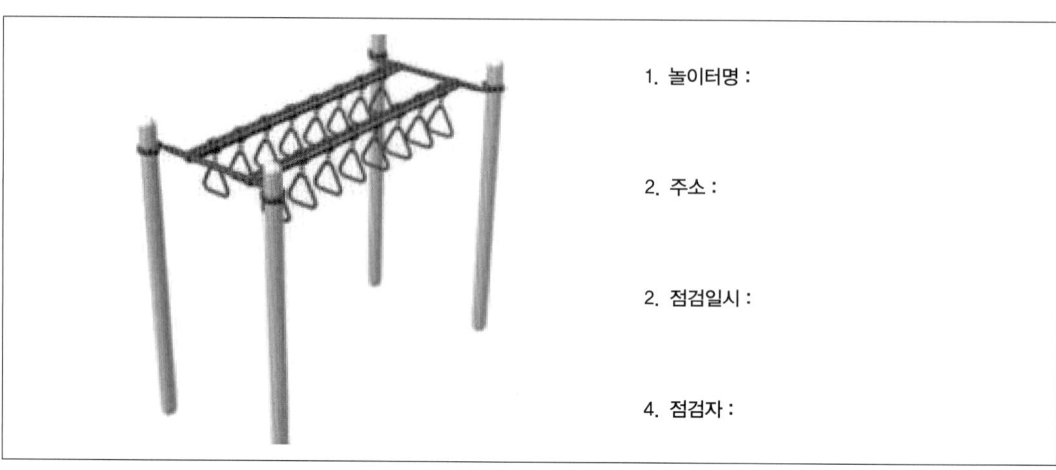

1. 놀이터명 :

2. 주소 :

2. 점검일시 :

4. 점검자 :

감 사				
	체크리스트	예	아니오	해당사항 없음
1.	ASTM F 1487에 명시된 바와 같이 기구는 구조적 완전함에 대한 모든 조건을 만족하는가?			
2.	기구는 72인치(1800mm)의 방해받지 않는 사용 구역을 가지는가?			
3.	수직각도가 55도 이상인가? ☞ 거꾸로 된 각이나 모서리가 채워진 각은 제외한다.(정의 참조)			
4.	5세에서 12세의 어린이를 위해 기구는 84인치(2100mm)보다 높지 않은가?			
5.	출발점과 착지점의 승강장은 36인치(910mm)보다 높지 않은가?			
6.	기구에 벌레의 둥지를 숨겨줄 수 있는 구멍이 없는가? ☞ 이 질문은 저자의 견해를 바탕으로 하고 있으며, CPSC나 ASTM에는 명시되지 않았다.			
7.	기구에 집히고 압착되고 잘릴 위험이 있는 부분이 없는가?(정의 참조)			
8.	기구에 수평으로 45도 이내로 매달려 있는 케이블, 와이어 혹은 다른 매달린 위험요소가 없는가?(정의 참조)			
9.	단의 직경은 0.95인치에서 1.55인치(24.1mm에서 39.4mm) 사이인가?			
10.	단의 간격은 15인치(380mm)보다 적게 떨어져 있는가?			
11.	기구의 양쪽 끝에는 승강장이나 단의 바로 위가 아닌 곳에 기구나 탈출용으로 사용되는 첫 번째 손잡이가 있는가?			

	체 크 리 스 트	예	아니오	해당사항 없 음
12.	첫 번째 손잡이와 출발점이나 착지점의 승강장과의 수평적 거리는 10인치(250mm) 이하인가?			
13.	단을 통해서 출입이 제공될 때, 첫 번째 손잡이와 출발점이나 착지점의 승강장과의 수평적 거리는 8인치에서 10인치(200mm에서 250mm) 사이인가?			
14.	출입점의 꼭대기 면으로부터 첫 번째 손잡이까지 거리는 45인치(1140mm) 이하인가?			
15.	체인과 케이블은 ASTM F 1487의 구조적 완전함에 대한 요구조건을 충족하는가?			
17.	분리를 방지하기 위한 모든 너트와 볼트들은 제대로 잠겨 있는가?			
18.	모든 금속 모서리는 둥근 마무리처리나 뚜껑처리가 되었는가?			
19.	모든 금속물질들은 페인트로 칠해졌거나 아연화되거나 산화피막이 생기거나 부식하지 않는 소재로 만들어졌는가?			
20.	햇빛이 바로 비치는 곳에 놀이터가 있을 때, 금속물질들은 화상의 위험을 피하기 위해서 플라스틱으로 코팅되었는가? ☞ 강한 직사광선이 있는 곳에서는 벗겨지거나 페인트칠을 한 표면을 피해야 한다.			
21.	모든 플라스틱 물질들은 변색을 막기 위해 자외선차단 처리가 되었는가? ☞ 이 질문은 저자의 견해를 바탕으로 하고 있으며, CPSC나 ASTM에는 명시되지 않았다.			

감사를 계속하기 위해서는 연간/정기점검을 완료한다.

연간점검				
	체 크 리 스 트	예	아니오	해당사항 없 음
22.	기구는 머리와 목의 끼임으로부터 안전한가?(점검절차 참조)			
23.	돌출부분은 돌출기준 테스트 요구조건을(점검절차 참고) 만족하는가?			
24.	기구에 속이 비어 있는 지지기둥이나 끝부분이 열려 있는 관은 없는가?			
25.	놀이기구의 발판은 단단히 박혀 있는가?			
26.	놀이터의 바닥면으로부터 6인치(150mm)까지 올라와 있는 목재는 자연적으로 부패 방지, 해충 방지 혹은 목재 보존처리가 되어 있는가? 만약 목재 보존처리가 되어 있다면, 그 보존법의 이름을 쓰시오.			
27.	ASTM F 1487에 명시된 기준에 따라 목재 보존방법은 어린이들의 놀이터에 사용되기에 안전한가?			
28.	ASTM F 1487에 명시된 기준에 따라 페인트에는 납 성분(건조시 0.06%가 최대)이 없는가?			

감사를 계속하기 위해서는 정기점검을 완료한다.

정기점검				
	체 크 리 스 트	예	아니오	해당사항 없 음
29.	기구는 발판이나 연결부위 없이 단단히 고정되어 있고 심각한 구조적인 악화가 없는가?			
30.	기구는 고의적 파괴에 의한 헐겁거나, 사라지거나, 부서진 부분이 없는가?			
31.	기구는 뾰족한 부분과 구석과 모서리부분이 없는가?			
32.	단은 단단히 고정되어 회전하지 않는가?			
33.	체인이나 케이블은 심한 손상이 없는가? ☞ 손상은 눈에 보이는 늘어남, 변형, 움푹 들어감, 녹, 부식 혹은 벗겨짐으로 알 수 있다.			
34.	케이블은 풀리거나 튀어나온 부분이 없는가?			
35.	모든 본체가 사라지지 않고, 단단히 붙어 있으며, 심한 손상이 없는가? ☞ 손상은 눈에 보이는 늘어남, 변형, 움푹 들어감, 녹, 부식 혹은 벗겨짐으로 알 수 있다.			
36.	볼트의 끝부분은 너트의 표면에서 2단보다 적게 튀어나와 있는가?			
37.	모든 고정시키는 도구들은 얽힘(정의 참조)을 예방하기 위해 닫혀 있는가?			
38.	목재는 뒤틀리거나, 썩거나, 곤충의 해를 입거나, 뽑히고 찢어진 부분이 없는가?			
39.	목재는 분열된 조직이나, 사라지거나 헐거운 마디가 없는가?			
40.	금속재료는 녹, 부식, 페인트의 벗겨짐 그리고 휘어진 부분이 없는가?			
41.	플라스틱 부분은 특별히 연결부분에서 부러지거나 깎이거나 쪼개지지 않았는가?			
42.	기구는 깎인 부분, 벗겨진 부분, 손상을 입은 부분이 없는가?			

주의 : CPSC에 따르면, 4세 미만의 어린이가 평행 사다리와 ring treks를 이용하는 것은 권장되지 않는다.

놀이집

1. 놀이터명 :

2. 주소 :

2. 점검일시 :

4. 점검자 :

감 사				
	체 크 리 스 트	예	아니오	해당사항 없 음
1.	ASTM F 1487에 명시된 바와 같이 플레이하우스는 구조적 완전함에 대한 모든 조건을 만족하는가?			
2.	플레이하우스는 72인치(1800mm)의 방해받지 않는 사용 구역을 가지는가? ☞ 두 개의 기어 올라갈 수 없는 플레이하우스는 사용 구역을 공유할 수 있다.(정의 참조)			
3.	수직각도가 55도 이상인가? ☞ 거꾸로 된 각이나 모서리가 채워진 각은 제외한다.(정의 참조)			
4.	플레이하우스에는 벌레의 둥지를 숨겨줄 수 있는 구멍이 없는가? ☞ 이 질문은 저자의 견해를 바탕으로 하고 있으며, CPSC나 ASTM에는 명시되지 않았다.			
5.	플레이하우스에 집히고 압착되고 잘릴 위험이 있는 부분이 없는가?(정의 참조)			
6.	플레이하우스에 수평으로 45도 이내로 매달려 있는 케이블, 와이어 혹은 다른 매달린 위험 요소가 없는가?(정의 참조)			
7.	한 군데 이상의 장소에서 플레이하우스로의 시야가 확보되는가? ☞ 이 질문은 저자의 견해를 바탕으로 한 것이며, CPSC나 ASTM에는 명시되지 않았다.			
8.	분리를 방지하기 위한 모든 너트와 볼트들은 제대로 잠겨 있는가?			
9.	모든 금속 모서리는 둥근 마무리처리나 뚜껑처리가 되었는가?			
10.	모든 금속물질들은 페인트로 칠해졌거나 아연화되거나 산화피막이 생기거나 부식하지 않는 소재로 만들어졌는가?			

연간점검				
	체 크 리 스 트	예	아니오	해당사항 없음
11.	햇빛이 바로 비치는 곳에 놀이터가 있을 때, 금속물질들은 화상의 위험을 피하기 위해서 플라스틱으로 코팅되었는가? ☞ 강한 직사광선이 있는 곳에서는 벗겨지거나 페인트칠을 한 표면을 피해야 한다.			
12.	모든 플라스틱 물질들은 변색을 막기 위해 자외선차단 처리가 되었는가? ☞ 이 질문은 저자의 견해를 바탕으로 하고 있으며, CPSC나 ASTM에는 명시되지 않았다.			
13.	플레이하우스는 머리와 목의 끼임으로부터 안전한가?(점검절차 참조)			
14.	돌출부분은 돌출기준 테스트 요구조건을(점검절차 참고) 만족하는가?			
15	플레이하우스에 속이 비어 있는 지지기둥이나 끝부분이 열려 있는 관은 없는가?			
16.	놀이기구의 발판은 단단히 박혀 있는가?			
17.	놀이터의 바닥면으로부터 6인치(150mm)까지 올라와 있는 목재는 자연적으로 부패 방지, 해충 방지 혹은 목재 보존처리가 되어 있는가? 만약 목재 보존처리가 되어 있다면, 그 보존법의 이름을 쓰시오.			
18.	ASTM F 1487에 명시된 기준에 따라 목재 보존방법은 어린이들의 놀이터에 사용되기에 안전한가?			
19.	ASTM F 1487에 명시된 기준에 따라 페인트에는 납 성분(건조시 0.06%가 최대)이 없는가?			

감사를 계속하기 위해서는 연간/정기점검을 완료한다.

정기점검				
	체 크 리 스 트	예	아니오	해당사항 없음
22.	플레이하우스는 발판이나 연결부위 없이 단단히 고정되어 있고 심각한 구조적인 악화가 없는가?			
23.	플레이하우스는 고의적 파괴에 의한 헐겁거나, 사라지거나, 부서진 부분이 없는가?			
24.	플레이하우스는 뾰족한 부분과 구석과 모서리부분이 없는가?			
25.	모든 본체가 사라지지 않고, 단단히 붙어 있으며, 심한 손상이 없는가? ☞ 손상은 눈에 보이는 늘어남, 변형, 움푹 들어감, 녹, 부식 혹은 벗겨짐으로 알 수 있다.			
26.	볼트의 끝부분은 너트의 표면에서 2단보다 적게 튀어나와 있는가?			
27.	모든 고정시키는 도구들은 얽힘(정의 참조)을 예방하기 위해 닫혀 있는가?			
28.	목재는 뒤틀리거나, 썩거나, 곤충의 해를 입거나, 뽑히고 찢어진 부분이 없는가?			
29.	목재는 분열된 조직이나, 사라지거나 헐거운 마디가 없는가?			
30.	금속재료는 녹, 부식, 페인트의 벗겨짐 그리고 휘어진 부분이 없는가?			
31.	플라스틱 부분은 특별히 연결부분에서 부러지거나 깎이거나 쪼개지지 않았는가?			
32.	플레이하우스는 깎인 부분, 벗겨진 부분, 손상을 입은 부분이 없는가?			

감사를 계속하기 위해서는 정기점검을 완료한다.

미끄럼틀

1. 놀이터명 :

2. 주소 :

2. 점검일시 :

4. 점검자 :

감 사				
	체 크 리 스 트	예	아니오	해당사항 없 음
1.	ASTM F 1487에 명시된 바와 같이 미끄럼틀은 구조적 완전함에 대한 모든 조건을 만족하는가?			
2.	미끄럼틀은 미끄럼틀 입구 계단과 승강장에 72인치(1800mm)의 방해받지 않는 사용 구역을 가지는가?			
3.	미끄럼틀은 미끄럼틀의 내려가는 부분 아래쪽의 양옆으로 72인치(1800mm)의 방해받지 않는 사용 구역을 가지는가?			
4.	미끄럼틀은 미끄럼틀의 앞에 미끄럼틀의 높이에 48인치(1200mm)를 더한 만큼의 사용 구역을 가지는가?			
5.	미끄럼틀의 내려가는 부분 아래쪽의 경사가 수평에서 5도 이내가 되는 부분부터 측정해서 사용 구역이 72인치와 168인치(1,800mm와 4300mm) 사이인가?			
6.	수직각도가 55도 이상인가? ☞ 거꾸로 된 각이나 모서리가 채워진 각은 제외한다.(정의 참조)			
7.	미끄럼틀에 벌레의 둥지를 숨겨줄 수 있는 구멍이 없는가? ☞ 이 질문은 저자의 견해를 바탕으로 하고 있으며, CPSC나 ASTM에는 명시되지 않았다.			
8.	미끄럼틀에 집히고 압착되고 잘릴 위험이 있는 부분이 없는가?(정의 참조)			
9.	미끄럼틀에 수평으로 45도 이내로 매달려 있는 케이블, 와이어 혹은 다른 매달린 위험 요소가 없는가?(정의 참조)			
10.	미끄럼틀의 경사는 50도 이하인가?			
11.	미끄럼틀의 표면 높이-길이 비율이 0.577을 넘지 않는가?(정의 참조)			

		체크리스트	예	아니오	해당사항 없음
12.		미끄럼틀 입구의 승강장에 미끄럼틀 활강로의 너비만큼 적어도 22인치(560mm)가 확보되었는가?			
13.	a.	2세에서 5세 사이의 어린이를 위해 높이가 30인치(760mm) 이상인 미끄럼틀 승강장은 적어도 29인치(740mm) 높이의 보호방벽으로 둘러싸여 있는가?			
	b.	5세에서 12세 사이의 어린이를 위해 높이가 48인치(1200mm) 이상인 미끄럼틀 승강장은 적어도 38인치(970mm) 높이의 보호방벽으로 둘러싸여 있는가?			
14.	a.	2세에서 5세의 어린이를 위해, 높이가 20인치(510mm) 이상인 모든 놀이기구 승강장은 낮은 가장자리부분이 23인치(580mm) 이하이고, 꼭대기부분이 29인치(740mm)인 난간으로 둘러싸여 있는가?			
	b.	5세에서 12세의 어린이를 위해 높이가 30인치(760mm) 이상인 모든 놀이기구 승강장은 낮은 가장자리부분이 28인치(710mm) 이하이고, 꼭대기부분이 38인치(970mm)인 난간으로 둘러싸여 있는가?			
15.		서 있는 자세에서 앉은 자세로 전환을 용이하게 하기 위해 난간이 제공되는가?			
16.		미끄럼틀 입구에 후드나 레일 같은 사용자에게 앉는 자세를 알려줄 수 있는 방벽이 있는가?			
17.	a.	2세에서 5세의 어린이를 위해 미끄럼틀 활강로의 안쪽 너비는 최소한 12인치(300mm)인가?			
	b.	5세에서 12세의 어린이를 위해 미끄럼틀 활강로의 안쪽 너비는 최소한 16인치(410mm)인가?			
18.		미끄럼틀 활강로의 옆쪽 벽의 높이는 적어도 4인치(100mm)인가?			
19.		미끄럼틀 활강로의 옆쪽 벽은 활강로의 양쪽 옆을 따라서 끝까지 확장되어 있는가?			
20.		미끄럼틀의 면과 옆쪽 벽 사이에 틈이 없는가?			
21.		튜브나 터널 미끄럼틀의 경우, 안쪽 직경이 적어도 23인치(580mm)인가?			
22.		난간이 있는 미끄럼틀의 경우, 막대의 최대 직경은 1.9인치(48mm)인가?			
23.		미끄럼틀 출구지역은 최종적으로 수평이며 지면과 평행한가? 출구지역은 0도에서 −4도의 경사를 가져야 한다.			
24.		미끄럼틀 출구지역의 길이는 적어도 11인치(280mm)인가?			
25.	a.	높이가 48인치 (1200mm) 이하의 미끄럼틀의 경우, 출구지역은 안전처리된 표면 위로 11인치 (280mm)가 올라와 있는가?			
	b.	높이가 48인치(1200mm)보다 높은 미끄럼틀의 경우, 출구지역은 안전처리된 표면 위로 7인치에서 15인치(180mm에서 380mm) 사이로 올라와 있는가?			
26.		출구지역 미끄럼틀 표면의 곡률반경이 적어도 30인치(760mm)인가?			
27.		미끄럼틀의 출구부분 모서리는 둥글게 처리되었는가?			
28.	a.	미끄럼틀 활강로는 미끄럼틀 출구지역에서 확장되는데 활강로 옆쪽 벽의 안쪽 면에서 측정된 활강면 위로 60인치(1500mm), 활강면의 양옆으로 21인치(530mm)씩 확보된 지역을 가지고 있는가?(정의 참조)			
	b.	나선형 미끄럼틀의 경우, 확보 지역은 넓게 안쪽 면을 따라 출구를 포함하여 21인치(530mm)인가?			

	체 크 리 스 트	예	아니오	해당사항 없 음
29.	분리를 방지하기 위한 모든 너트와 볼트들은 제대로 잠겨 있는가?			
30.	모든 금속 모서리는 둥근 마무리처리나 뚜껑처리가 되었는가?			
31.	모든 금속물질들은 페인트로 칠해졌거나 아연화되거나 산화피막이 생기거나 부식하지 않는 소재로 만들어졌는가?			
32.	햇빛이 바로 비치는 곳에 놀이터가 있을 때, 금속물질들은 화상의 위험을 피하기 위해서 플라스틱으로 코팅되었는가? ☞ 강한 직사광선이 있는 곳에서는 벗겨지거나 페인트칠을 한 표면을 피해야 한다.			
33.	모든 플라스틱 물질들은 변색을 막기 위해 자외선차단 처리가 되었는가? ☞ 이 질문은 저자의 견해를 바탕으로 하고 있으며, CPSC나 ASTM에는 명시되지 않았다.			

감사를 계속하기 위해서는 연간/정기점검을 완료한다.

연간점검

	체 크 리 스 트	예	아니오	해당사항 없 음
34.	미끄럼틀은 머리와 목의 끼임으로부터 안전한가?(점검절차 참조)			
35.	돌출부분은 돌출기준 테스트 요구조건을(점검절차 참고) 만족하는가?			
36.	미끄럼틀에 속이 비어 있는 지지기둥이나 끝부분이 열려 있는 관은 없는가?			
37.	놀이기구의 발판은 단단히 박혀 있는가?			
38.	놀이터의 바닥면으로부터 6인치(150mm)까지 올라와 있는 목재는 자연적으로 부패 방지, 해충 방지 혹은 목재 보존처리가 되어 있는가? 만약 목재 보존처리가 되어있다면, 그 보존법의 이름을 쓰시오.			
39.	ASTM F 1487에 명시된 기준에 따라 목재 보존방법은 어린이들의 놀이터에 사용되기에 안전한가?			
40.	ASTM F 1487에 명시된 기준에 따라 페인트에는 납 성분(건조시 0.06%가 최대)이 없는가?			

감사를 계속하기 위해서는 정기점검을 완료한다.

정기점검				
	체 크 리 스 트	예	아니오	해당사항 없 음
41.	미끄럼틀은 발판이나 연결부위 없이 단단히 고정되어 있고 심각한 구조적인 악화가 없는가?			
42.	미끄럼틀은 고의적 파괴에 의한 헐겁거나, 사라지거나, 부서진 부분이 없는가?			
43.	미끄럼틀은 뾰족한 부분과 구석과 모서리부분이 없는가?			
44.	미끄럼틀 내려가는 부분의 아래쪽 부분은 확실히 부착되었는가?			
45.	금속 미끄럼틀 아랫부분의 경우, 미끄럼틀이 그늘진 곳이나 북쪽 방향을 바라보는가?			
46.	미끄럼틀엔 입구 승강장과 미끄럼틀 면 사이에 열린 부분은 없는가?			
47.	미끄럼틀은 부드럽고 계속된 표면을 가지고 있으며 틈이나 공간이 없는가?			
48.	모든 본체가 사라지지 않고, 단단히 붙어 있으며, 심한 손상이 없는가? ☞ 손상은 눈에 보이는 늘어남, 변형, 움푹 들어감, 녹, 부식 혹은 벗겨짐으로 알 수 있다.			
49.	볼트의 끝부분은 너트의 표면에서 2단보다 적게 튀어나와 있는가?			
50.	모든 고정시키는 도구들은 얽힘(정의 참조)을 예방하기 위해 닫혀 있는가?			
51.	목재는 뒤틀리거나, 썩거나, 곤충의 해를 입거나, 뽑히고 찢어진 부분이 없는가?			
52.	목재는 분열된 조직이나, 사라지거나 헐거운 마디가 없는가?			
53.	금속재료는 녹, 부식, 페인트의 벗겨짐 그리고 휘어진 부분이 없는가?			
54.	플라스틱 부분은 특별히 연결부분에서 부러지거나 깎이거나 쪼개지지 않았는가?			
55.	미끄럼틀은 깎인 부분, 벗겨진 부분, 손상을 입은 부분이 없는가?			

주의 : 저자의 견해로는 5세 미만의 어린이에게 난간이 있는 미끄럼틀의 사용은 권장되지 않는다. 그리고 3세 미만의 어린이에게 휘어지거나 터널 미끄럼틀의 사용은 권장되지 않는다.

스프링 목마

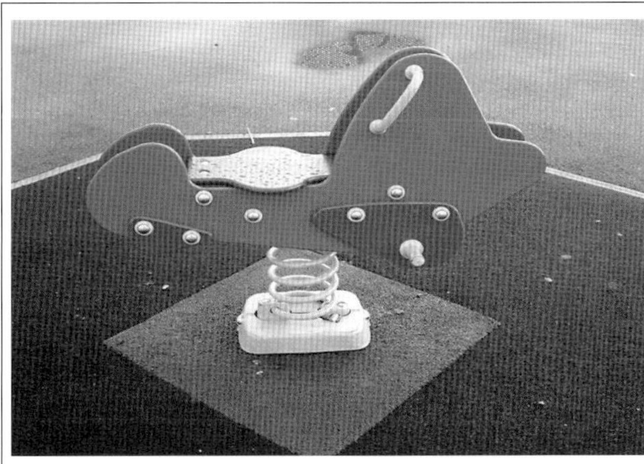

1. 놀이터명 :

2. 주소 :

2. 점검일시 :

4. 점검자 :

감 사					
	체 크 리 스 트		예	아니오	해당사항 없 음
1.	ASTM F 1487에 명시된 바와 같이 기구는 구조적 완전함에 대한 모든 조건을 만족하는가?				
2.	기구는 72인치(1800mm)의 방해받지 않는 사용 구역을 가지는가? ☞ 앉아서 타는 두 대의 스프링 목마의 사용 구역은 중복될 수 있다. 최소한 72인치(1,800mm)의 사용 구역이 앉아서 타는 스프링 목마를 위해 필요하다. 서서 타는 스프링 목마를 위해서는 84인치(2,100mm)의 사용공간이 필요하며 이 사용공간은 다른 기구의 사용공간과 중복될 수 없다.				
3.	수직각도가 55도 이상인가? ☞ 거꾸로 된 각이나 모서리가 채워진 각은 제외한다.(정의 참조)				
4.	사람이 타지 않았을 때, 의자의 높이가 안전처리된 바닥면으로부터 14인치에서 28인치(360mm에서 710mm) 사이인가?				
5.	기구에 벌레의 둥지를 숨겨줄 수 있는 구멍이 없는가? ☞ 이 질문은 저자의 견해를 바탕으로 하고 있으며, CPSC나 ASTM에는 명시되지 않았다.				
6.	기구가 120파운드(54kg)의 사용자에 의해 작동될 때 집히고 압착되고 잘릴 위험이 있는 부분이 없는가? ☞ 튼튼한 코일 스프링이 목마의 몸에 부착된 부분은 이 요구조건에서 제외된다.				
7.	기구에 수평으로 45도 이내로 매달려 있는 케이블, 와이어 혹은 다른 매달린 위험요소가 없는가?(정의 참조)				
8.	a.	사용자를 위해 손잡이가 제공되는가?			
	b.	한 손으로 잡는 손잡이의 경우, 손잡이의 길이가 3인치(76mm) 이상인가?			
	c.	두 손으로 잡는 손잡이의 경우, 손잡이의 길이가 6인치(150mm) 이상인가?			

	체 크 리 스 트	예	아니오	해당사항 없 음
9.	최소한 3.5인치(89mm) 이상의 너비를 갖는 발판이 각 사용자에게 제공되는가?			
10.	의자의 디자인은 지정된 수 이상의 사용자를 태울 가능성을 최소화시키는가?			
11.	분리를 방지하기 위한 모든 너트와 볼트들은 제대로 잠겨 있는가?			
12.	모든 금속 모서리는 둥근 마무리처리나 뚜껑처리가 되었는가?			
13.	모든 금속물질들은 페인트로 칠해졌거나 아연화되거나 산화피막이 생기거나 부식하지 않는 소재로 만들어졌는가? ☞ 강한 직사광선이 있는 곳에서는 벗겨지거나 페인트칠을 한 표면을 피해야 한다.			
15.	모든 플라스틱 물질들은 변색을 막기 위해 자외선차단 처리가 되었는가? ☞ 이 질문은 저자의 견해를 바탕으로 하고 있으며, CPSC나 ASTM에는 명시되지 않았다.			

감사를 계속하기 위해서는 연간/정기점검을 완료한다.

연간점검				
	체 크 리 스 트	예	아니오	해당사항 없 음
16.	기구는 머리와 목의 끼임으로부터 안전한가?(점검절차 참조)			
17.	돌출부분은 돌출기준 테스트 요구조건을(점검절차 참고) 만족하는가?			
18.	기구에 속이 비어 있는 지지기둥이나 끝부분이 열려 있는 관은 없는가?			
19.	놀이기구의 발판은 단단히 박혀 있는가?			
20.	놀이터의 바닥면으로부터 6인치(150mm)까지 올라와 있는 목재는 자연적으로 부패 방지, 해충 방지 혹은 목재 보존처리가 되어 있는가? 만약 목재 보존처리가 되어 있다면, 그 보존법의 이름을 쓰시오.			
21.	ASTM F 1487에 명시된 기준에 따라 목재 보존방법은 어린이들의 놀이터에 사용되기에 안전한가?			
22.	ASTM F 1487에 명시된 기준에 따라 페인트에는 납 성분(건조시 0.06%가 최대)이 없는가?			

감사를 계속하기 위해서는 정기점검을 완료한다.

정기점검 page 3				
	체 크 리 스 트	예	아니오	해당사항 없 음
23.	기구는 발판이나 연결부위 없이 단단히 고정되어 있고 심각한 구조적인 악화가 없는가?			
24.	기구는 고의적 파괴에 의한 헐겁거나, 사라지거나, 부서진 부분이 없는가?			
25.	기구는 뾰족한 부분과 구석과 모서리부분이 없는가?			
26.	모든 본체가 사라지지 않고, 단단히 붙어 있으며, 심한 손상이 없는가? ☞ 손상은 눈에 보이는 늘어남, 변형, 움푹 들어감, 녹, 부식 혹은 벗겨짐으로 알 수 있다.			
27.	볼트의 끝부분은 너트의 표면에서 2단보다 적게 튀어나와 있는가?			
28.	모든 고정시키는 도구들은 얽힘(정의 참조)을 예방하기 위해 닫혀 있는가?			
29.	목재는 뒤틀리거나, 썩거나, 곤충의 해를 입거나, 뽑히고 찢어진 부분이 없는가?			
30.	목재는 분열된 조직이나, 사라지거나 헐거운 마디가 없는가?			
31.	금속재료는 녹, 부식, 페인트의 벗겨짐 그리고 휘어진 부분이 없는가?			
32.	플라스틱 부분은 특별히 연결부분에서 부러지거나 깎이거나 쪼개지지 않았는가?			
33.	기구는 깎인 부분, 벗겨진 부분, 손상을 입은 부분이 없는가?			

그 네

	1. 놀이터명 : 2. 주소 : 2. 점검일시 : 4. 점검자 :

감 사					
		체 크 리 스 트	예	아니오	해당사항 없 음
1.		ASTM F 1487에 명시된 바와 같이 그네는 구조적 완전함에 대한 모든 조건을 만족하는가?			
2.		그네는 방해받지 않는 사용 구역을 가지는가? ☞ 의자가 벨트로 된 그네의 사용 구역은 안전처리된 바닥면부터 그네의 회전축까지의 거리의 두 배와 같다. 사용 구역은 이 길이만큼 그네 대들보를 기준으로 전후로 확장되어야 하며, 적어도 대들보만큼의 넓이가 확보되어야 한다. 아기용 좌석이나 버킷 시트 같은 의자가 막혀 있는 그네의 사용 구역은 사용자가 앉아 있는 면부터 그네의 회전축까지 거리의 두 배와 같으며, 이 길이만큼 그네 대들보를 기준으로 전후로 확장되어야 한다. 두 가지 종류의 그네 모두 72인치(1,800mm)만큼의 사용 구역이 그네 지지대의 양옆으로 확보되어야 한다. 그네가 서로 인접하여 있을 경우, 그네들은 양옆의 72인치(18,00mm)의 사용 구역이 중복될 수 있다.			
3.		수직각도가 55도 이상인가? ☞ 거꾸로 된 각이나 모서리가 채워진 각은 제외한다.(정의 참조)			
4.	a.	아기용 좌석 그네는 적어도 24인치(600mm)만큼 안전처리된 바닥 위로 매달려 있는가? ☞ 이 질문은 저자의 견해를 바탕으로 하고 있으며, CPSC나 ASTM에 명시되어 있지 않다.			
	b.	그네 의자는 적어도 12인치(300mm)만큼 안전처리된 바닥 위로 매달려 있는가? ☞ 의자들은 최대한 많은 사람이 사용하고 있을 때 12인치(300mm) 이하로 매달려 있어서는 안 된다.			
5.		그네에 벌레의 둥지를 숨겨줄 수 있는 구멍이 없는가? ☞ 이 질문은 저자의 견해를 바탕으로 하고 있으며, CPSC나 ASTM에는 명시되지 않았다.			
6.		기구에 집히고 압착되고 잘릴 위험이 있는 부분이 없는가?(정의 참조) ☞ 그네의 체인은 제외된다.			

	체 크 리 스 트	예	아니오	해당사항 없 음
7.	기구에 수평으로 45도 이내로 매달려 있는 케이블, 와이어 혹은 다른 매달린 위험 요소가 없는가?(정의 참조)			
8.	그네의 지지대는 기어 올라가는 것을 조장하지 못하게 디자인되었는가?			
9.	그네의 지지대는 놀 수 있는 표면을 포함하지 않고 있는가?			
10.	그네들은 다른 놀이기구나 활동공간을 피해 놀이터의 바깥쪽 모퉁이에 위치하고 있는가?			
11.	그네는 다른 복합구조에 붙어있지 않고 독립적으로 설치되어 있는가?			
13.	그네에 딱딱하거나 무거운 자리가 없는가?			
14.	그네 의자는 오직 한 사용자만을 수용할 수 있는가?			
15. a.	아기용 좌석 그네는 독립적인 지지대나 그네 칸에 매달려 있는가? ☞ 아기용 좌석 그네와 벨트로 만들어진 의자 그네가 각각의 다른 지지대나 칸에 매달려 있는 것을 권장한다.			
b.	아기용 좌석 그네는 360도 지지를 제공하는가?			
16.	그네 의자는 최대의 사용자가 사용하고 있을 때, 적어도 24인치(600mm)만큼 각자 떨어져 있는가? ☞ 안전처리된 바닥면에서 60인치(1500mm)의 높이에서 거리를 측정한다.			
17.	그네 의자는 최대의 사용자가 사용하고 있을 때, 그네 지지구조물로부터 30인치(760mm)만큼 떨어져 있는가? ☞ 안전처리된 바닥면에서 60인치(1500mm)의 높이에서 거리를 측정한다.			
18.	그네 걸이는 좌우로 움직이는 것을 최소화하기 위해 그네 의자의 너비보다 더 넓게 위치하고 있는가? ☞ 그네 걸이는 그네 체인이 매달려 있는 쇠붙이다.			
19.	한 개의 그네 의자를 지지하는 그네 걸이 간의 거리는 적어도 20인치(510mm) 떨어져 있어야 하고 최대의 사용자가 사용하고 있을 겨우 의자의 너비보다 커야 한다.			
20.	체인과 케이블은 ASTM F 1487의 구조적 완전함에 대한 요구조건을 충족하는가?			
21.	케이블의 직경이 적어도 1인치(25mm) 이상인가?			
22.	분리를 방지하기 위한 모든 너트와 볼트들은 제대로 잠겨 있는가?			
23.	모든 금속 모서리는 둥근 마무리처리나 뚜껑처리가 되었는가?			
24.	모든 금속물질들은 페인트로 칠해졌거나 아연화되거나 산화피막이 생기거나 부식하지 않는 소재로 만들어졌는가?			
25.	햇빛이 바로 비치는 곳에 놀이터가 있을 때, 금속물질들은 화상의 위험을 피하기 위해서 플라스틱으로 코팅되었는가? ☞ 강한 직사광선이 있는 곳에서는 벗겨지거나 페인트칠을 한 표면을 피해야 한다.			
26.	모든 플라스틱 물질들은 변색을 막기 위해 자외선차단 처리가 되었는가? ☞ 이 질문은 저자의 견해를 바탕으로 하고 있으며, CPSC나 ASTM에는 명시되지 않았다.			

감사를 계속하기 위해서는 연간/정기점검을 완료한다.

연간점검				
	체 크 리 스 트	예	아니오	해당사항 없 음
27.	그네는 머리와 목의 끼임으로부터 안전한가?(점검절차 참조)			
28.	돌출부분은 돌출기준 테스트 요구조건을(점검절차 참고) 만족하는가?			
29.	그네에 속이 비어 있는 지지 기둥이나 끝부분이 열려 있는 관은 없는가?			
30.	놀이기구의 발판은 단단히 박혀 있는가?			
31.	놀이터의 바닥면으로부터 6인치(150mm)까지 올라와 있는 목재는 자연적으로 부패 방지, 해충 방지 혹은 목재 보존처리가 되어 있는가? 만약 목재 보존처리가 되어 있다면, 그 보존법의 이름을 쓰시오.			
32.	ASTM F 1487에 명시된 기준에 따라 목재 보존방법은 어린이들의 놀이터에 사용되기에 안전한가?			
33.	ASTM F 1487에 명시된 기준에 따라 페인트에는 납 성분(건조시 0.06%가 최대)이 없는가?			

감사를 계속하기 위해서는 정기점검을 완료한다.

정기점검				
	체 크 리 스 트	예	아니오	해당사항 없 음
34.	그네는 발판이나 연결부위 없이 단단히 고정되어 있고 심각한 구조적인 악화가 없는가?			
35.	그네는 고의적 파괴에 의한 헐겁거나, 사라지거나, 부서진 부분이 없는가?			
36.	그네는 뾰족한 부분과 구석과 모서리부분이 없는가?			
37.	금속 그네와 그네 체인은 사용될 때 바깥 기온이 영점 이상인가?			
38.	체인이나 케이블은 심한 손상이 없는가? ☞ 손상은 눈에 보이는 늘어남, 변형, 움푹 들어감, 녹, 부식 혹은 벗겨짐으로 알 수 있다.			
39.	케이블은 풀리거나 튀어나온 부분이 없는가?			
40.	모든 본체가 사라지지 않고, 단단히 붙어 있으며, 심한 손상이 없는가? ☞ 손상은 눈에 보이는 늘어남, 변형, 움푹 들어감, 녹, 부식 혹은 벗겨짐으로 알 수 있다.			
41.	볼트의 끝부분은 너트의 표면에서 2단보다 적게 튀어나와 있는가?			
42.	모든 고정시키는 도구들은 얽힘(정의 참조)을 예방하기 위해 닫혀 있는가?			
43.	모든 그네 체인이나 케이블은 마찰과 마모를 줄이는 베어링과 함께 대들보에 연결되어 있는가? ☞ 영구적으로 고리에 걸려 있는 쇠로 된 케이블은 이 조건을 충족한다.			
44.	그네 베어링의 상태가 좋고윤활처리가 되어 있는가?			
45.	목재는 뒤틀리거나, 썩거나, 곤충의 해를 입거나, 뽑히고 찢어진 부분이 없는가?			
46.	목재는 분열된 조직이나, 사라지거나 헐거운 마디가 없는가?			
47.	금속재료는 녹, 부식, 페인트의 벗겨짐 그리고 휘어진 부분이 없는가?			
48.	플라스틱 부분은 특별히 연결부분에서 부러지거나 깍이거나 쪼개지지 않았는가?			
49.	그네는 깍인 부분, 벗겨진 부분, 손상을 입은 부분이 없는가?			

감사를 계속하기 위해서는 정기점검을 완료한다.

회전놀이기구

1. 놀이터명 :

2. 주소 :

2. 점검일시 :

4. 점검자 :

감 사				
	체 크 리 스 트	예	아니오	해당사항 없 음
1.	ASTM F 1487에 명시된 바와 같이 회전놀이기구는 구조적 완전함에 대한 모든 조건을 만족하는가?			
2.	그네는 최소한 72인치의 방해받지 않는 사용 구역을 회전놀이기구 지지대로부터 모든 방향으로 가지는가? ☞ 인접한 그네의 지지 구조물은 72인치(1,800mm)의 사용 구역을 옆에 공유할 수 있다.			
3.	회전놀이기구는 좌석으로부터 회전축까지 수직길이에 72인치(1800mm)를 더한 만큼의 길이를 모든 방향으로 확장시킨 사용 구역을 갖는가?(정의 참조)			
4.	수직각도가 55도 이상인가? ☞ 거꾸로 된 각이나 모서리가 채워진 각은 제외한다.(정의 참조)			
5.	회전놀이기구의 낮은 부분은 최대의 사용자가 사용 중일 때, 적어도 12인치(300mm)만큼 바닥면에서 위로 올라오는가?			
6.	회전놀이기구에 벌레의 둥지를 숨겨줄 수 있는 구멍이 없는가? ☞ 이 질문은 저자의 견해를 바탕으로 하고 있으며, CPSC나 ASTM에는 명시되지 않았다.			
7.	기구에 집히고 압착되고 잘릴 위험이 있는 부분이 없는가?(정의 참조) ☞ 그네의 체인은 제외된다.			
8.	기구에 수평으로 45도 이내로 매달려 있는 케이블, 와이어 혹은 다른 매달린 위험요소가 없는가?(정의 참조)			
9.	회전놀이기구들은 다른 놀이기구나 활동공간을 피해 놀이터의 바깥쪽 모퉁이에 위치하고 있는가?			

	체 크 리 스 트	예	아니오	해당사항 없 음
10.	회전놀이기구는 다른 복합구조에 붙어있지 않고 독립적으로 설치되어 있는가?			
11.	회전놀이기구의 지지대는 기어 올라가는 것을 조장하지 못하게 디자인되었는가?			
12.	한 회전놀이기구 칸에는 들어가 있는 회전놀이기구의 숫자는 한 개가 최대인가?			
13.	회전놀이기구가 보통 회전놀이기구와 구별된 지지대에 매달려 있는가?			
14.	회전놀이기구 의자는 벌레나 고인 물을 숨길 수 없게 되어 있는가?			
15.	회전놀이기구 의자는 부드러우며 최소한의 곡률반경이 1/4인치(6mm)로 둥글게 처리된 모서리를 가지고 있는가? ☞ 강철 벨트 자동차 타이어, 딱딱한 의자, 혹은 사람이 없을 때 35파운드(15.8kg)가 넘는 의자는 사용되어서는 안 된다.			
16.	회전놀이기구는 방해받지 않는 트인 구역을 가지고 있는가?(정의 참조)			
17.	체인과 케이블은 ASTM F 1487의 구조적 완전함에 대한 요구조건을 충족하는가?			
18.	체인이나 케이블은 심한 손상이 없는가? ☞ 손상은 눈에 보이는 늘어남, 변형, 움푹 들어감, 녹, 부식 혹은 벗겨짐으로 알 수 있다.			
19.	케이블의 직경이 적어도 1인치(25mm) 이상인가?			
20.	분리를 방지하기 위한 모든 너트와 볼트들은 제대로 잠겨 있는가?			
21.	모든 금속 모서리는 둥근 마무리처리나 뚜껑처리가 되었는가?			
22.	모든 금속물질들은 페인트로 칠해졌거나 아연화되거나 산화피막이 생기거나 부식하지 않는 소재로 만들어졌는가?			
23	햇빛이 바로 비치는 곳에 놀이터가 있을 때, 금속물질들은 화상의 위험을 피하기 위해서 플라스틱으로 코팅되었는가? ☞ 강한 직사광선이 있는 곳에서는 벗겨지거나 페인트칠을 한 표면을 피해야 한다.			
24.	모든 플라스틱 물질들은 변색을 막기 위해 자외선차단 처리가 되었는가? ☞ 이 질문은 저자의 견해를 바탕으로 하고 있으며, CPSC나 ASTM에는 명시되지 않았다.			

감사를 계속하기 위해서는 연간/정기점검을 완료한다.

연간점검

	체 크 리 스 트	예	아니오	해당사항 없 음
25.	회전놀이기구는 머리와 목의 끼임으로부터 안전한가?(점검절차 참조)			
26.	돌출부분은 돌출기준 테스트 요구조건을(점검절차 참고) 만족하는가?			
27.	놀이기구의 발판은 단단히 박혀 있는가?			
28.	놀이터의 바닥면으로부터 6인치(150mm)까지 올라와 있는 목재는 자연적으로 부패 방지, 해충 방지 혹은 목재 보존처리가 되어 있는가? 만약 목재 보존처리가 되어 있다면, 그 보존법의 이름을 쓰시오.			
29.	ASTM F 1487에 명시된 기준에 따라 목재 보존방법은 어린이들의 놀이터에 사용되기에 안전한가?			
30.	ASTM F 1487에 명시된 기준에 따라 페인트에는 납 성분(건조시 0.06%가 최대)이 없는가?			

감사를 계속하기 위해서는 정기점검을 완료한다.

주의 : 저자의 견해에 따르면, 3세 미만 어린이의 회전 그네의 사용은 권장되지 않는다.

정기점검				
	체 크 리 스 트	예	아니오	해당사항 없 음
31.	회전놀이기구는 발판이나 연결부위 없이 단단히 고정되어 있고 심각한 구조적인 악화가 없는가?			
32.	회전놀이기구는 고의적 파괴에 의한 헐겁거나, 사라지거나, 부서진 부분이 없는가?			
33.	회전놀이기구는 뾰족한 부분과 구석과 모서리부분이 없는가?			
34.	케이블은 풀리거나 튀어나온 부분이 없는가?			
35.	모든 본체가 사라지지 않고, 단단히 붙어 있으며, 심한 손상이 없는가? ☞ 손상은 눈에 보이는 늘어남, 변형, 움푹 들어감, 녹, 부식 혹은 벗겨짐으로 알 수 있다.			
36.	볼트의 끝부분은 너트의 표면에서 2단보다 적게 튀어나와 있는가?			
37.	모든 고정시키는 도구들은 얽힘(정의 참조)을 예방하기 위해 닫혀 있는가?			
38.	회전놀이기구 걸이는 베어링, 부싱, 혹은 회전축의 마찰과 마모를 줄일 수 있는 다른 방법들을 가지고 있는가?			
39.	베어링의 상태가 좋고윤활처리가 되어 있는가?			
40.	목재는 뒤틀리거나, 썩거나, 곤충의 해를 입거나, 뽑히고 찢어진 부분이 없는가?			
41.	목재는 분열된 조직이나, 사라지거나 헐거운 마디가 없는가?			
42.	금속재료는 녹, 부식, 페인트의 벗겨짐 그리고 휘어진 부분이 없는가?			
43.	플라스틱 부분은 특별히 연결부분에서 부러지거나 깎이거나 쪼개지지 않았는가?			
44.	회전놀이기구는 깎인 부분, 벗겨진 부분, 손상을 입은 부분이 없는가?			

공중놀이기구 (Track Rides)

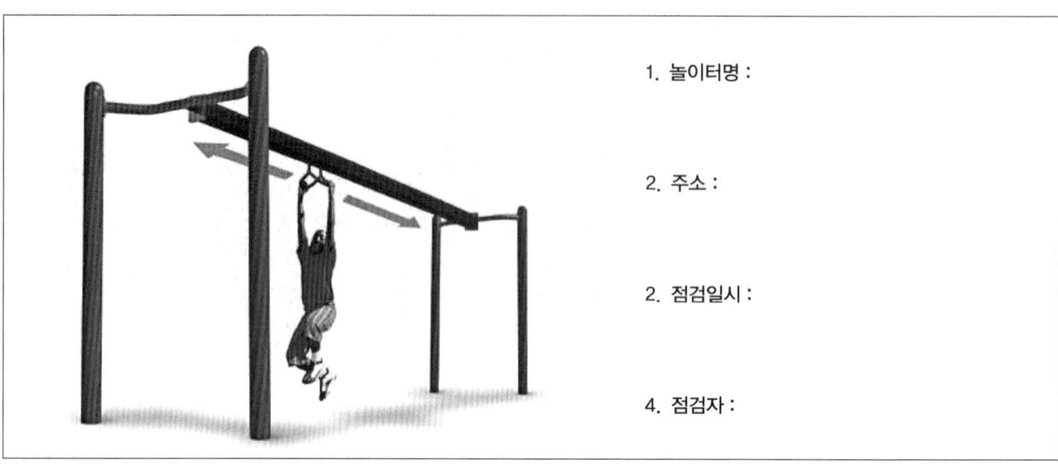

감 사				
	체 크 리 스 트	예	아니오	해당사항 없 음
1.	ASTM F 1487에 명시된 바와 같이 공중놀이기구는 구조적 완전함에 대한 모든 조건을 만족하는가?			
2.	공중놀이기구는 72인치(1800mm)의 방해받지 않는 사용 구역을 가지는가?			
3.	수직 각도가 55도 이상인가? ☞ 거꾸로 된 각이나 모서리가 채워진 각은 제외한다.(정의 참조)			
4.	5세에서 12세의 어린이를 위해 공중놀이기구의 높이는 적어도 78인치(1,950mm)인가?			
5.	공중놀이기구에 벌레의 둥지를 숨겨줄 수 있는 구멍이 없는가? ☞ 이 질문은 저자의 견해를 바탕으로 하고 있으며, CPSC나 ASTM에는 명시되지 않았다.			
6.	공중놀이기구에 집히고 압착되고 잘릴 위험이 있는 부분이 없는가?(정의 참조) ☞ 손잡이의 돌아가는 부분이 track beam으로 싸여 있을 때, track의 조립부품들은 집히고 압착되고 잘릴 위험에 대한 요구조건에서 제외된다.			
7.	기구에 수평으로 45도 이내로 매달려 있는 케이블, 와이어 혹은 다른 매달린 위험요소가 없는가?(정의 참조)			
8.	기구의 양쪽 끝에는 승강장이나 단의 바로 위가 아닌 곳에 기구나 탈출용으로 사용되는 손잡이나 첫 번째 고리가 있는가?			
9.	손잡이의 직경은 0.95인치에서 1.55인치(24.1mm에서 39.4mm) 사이인가?			
10.	공중놀이기구에서 손잡이 구성요소가 다음의 조건을 만족해야 한다.			
	a. 손잡이의 가장 낮은 부분은 64인치에서 78인치(1600mm에서 1950mm) 사이의 높이로 안전처리된 바닥면 위에 있는가?			
	b. 손잡이가 빔으로부터 분리되었을 때가 아니라면, 손잡이는 도구 사용 여부에 관계없이 분리할 수 없는가?			

	체 크 리 스 트	예	아니오	해당사항 없 음
11.	출발점이나 착지점의 승강장에 있는 유도 모서리와 첫 번째 손잡이와의 수평적 거리는 10인치(250mm) 이하인가?			
12.	출발과 착지 구조물로부터 가장 가까운 손잡이까지의 거리는 45인치(1140mm)를 넘지 않은가?			
13.	체인과 케이블은 ASTM F1487의 구조적 완전함에 대한 요구조건을 충족하는가?			
14.	케이블의 직경이 적어도 1인치(25mm) 이상인가?			
15.	모든 금속 모서리는 둥근 마무리처리나 뚜껑처리가 되었는가? ☞ 이 질문은 저자의 견해를 바탕으로 하고 있으며, CPSC나 ASTM에는 명시되지 않았다.			
16.	모든 금속물질들은 페인트로 칠해졌거나 아연화되거나 산화피막이 생기거나 부식하지 않는 소재로 만들어졌는가?			
17.	햇빛이 바로 비치는 곳에 놀이터가 있을 때, 금속물질들은 화상의 위험을 피하기 위해서 플라스틱으로 코팅되었는가? ☞ 강한 직사광선이 있는 곳에서는 벗겨지거나 페인트칠을 한 표면을 피해야 한다.			
18.	모든 플라스틱 물질들은 변색을 막기 위해 자외선차단 처리가 되었는가? ☞ 이 질문은 저자의 견해를 바탕으로 하고 있으며, CPSC나 ASTM에는 명시되지 않았다.			

감사를 계속하기 위해서는 연간/정기점검을 완료한다.

연간점검				
	체 크 리 스 트	예	아니오	해당사항 없 음
19.	공중놀이기구는 머리와 목의 끼임으로부터 안전한가?(점검절차 참조)			
20.	돌출부분은 돌출기준 테스트 요구조건을(점검절차 참고) 만족하는가?			
21.	공중놀이기구에 속이 비어 있는 지지기둥이나 끝부분이 열려 있는 관은 없는가?			
22.	놀이기구의 발판은 단단히 박혀 있는가?			
23.	놀이터의 바닥면으로부터 6인치(150mm)까지 올라와 있는 목재는 자연적으로 부패 방지, 해충 방지 혹은 목재 보존처리가 되어 있는가? 만약 목재 보존처리가 되어 있다면, 그 보존법의 이름을 쓰시오.			
24.	ASTM F 1487에 명시된 기준에 따라 목재 보존방법은 어린이들의 놀이터에 사용되기에 안전한가?			
25.	ASTM F 1487에 명시된 기준에 따라 페인트에는 납 성분(건조시 0.06%가 최대)이 없는가?			

감사를 계속하기 위해서는 정기점검을 완료한다.

정기점검				
	체 크 리 스 트	예	아니오	해당사항 없 음
26.	공중놀이기구는 발판이나 연결부위 없이 단단히 고정되어 있고 심각한 구조적인 악화가 없는가?			
27.	공중놀이기구는 고의적 파괴에 의한 헐겁거나, 사라지거나, 부서진 부분이 없는가?			
28.	공중놀이기구는 뾰족한 부분과 구석과 모서리부분이 없는가?			
29.	출발과 착지구역에 아무런 방해물이 없는가?			
30.	체인이나 케이블은 심한 손상이 없는가? ☞ 손상은 눈에 보이는 늘어남, 변형, 움푹 들어감, 녹, 부식 혹은 벗겨짐으로 알 수 있다.			
31.	케이블은 풀리거나 튀어나온 부분이 없는가?			
32.	모든 본체가 사라지지 않고, 단단히 붙어 있으며, 심한 손상이 없는가? ☞ 손상은 눈에 보이는 늘어남, 변형, 움푹 들어감, 녹, 부식 혹은 벗겨짐으로 알 수 있다.			
33.	볼트의 끝부분은 너트의 표면에서 2단보다 적게 튀어나와 있는가?			
34.	분리를 방지하기 위한 모든 너트와 볼트들은 제대로 잠겨 있는가?			
35.	모든 고정시키는 도구들은 얽힘(정의 참조)을 예방하기 위해 닫혀 있는가?			
36.	모든 움직이는 매달린 요소들은 마찰과 마모를 줄이는 베어링이 있는 고정된 지지대와 연결되어 있는가? ☞ 영구적으로 고리에 걸려 있는 쇠로 된 케이블은 이 조건을 충족한다.			
37.	베어링들은 상태가 좋고 윤활처리가 잘 되었는가?			
38.	목재는 뒤틀리거나, 썩거나, 곤충의 해를 입거나, 뽑히고 찢어진 부분이 없는가?			
39.	목재는 분열된 조직이나, 사라지거나 헐거운 마디가 없는가?			
40.	금속재료는 녹, 부식, 페인트의 벗겨짐 그리고 휘어진 부분이 없는가?			
41.	플라스틱 부분은 특별히 연결부분에서 부러지거나 깎이거나 쪼개지지 않았는가?			
42.	공중놀이기구는 깎인 부분, 벗겨진 부분, 손상을 입은 부분이 없는가?			

주의 : ASTM F 1487에 따르면, 5세 미만의 어린이들에게 track rides의 이용은 권장되지 않는다.

터 널

1. 놀이터명 :

2. 주소 :

2. 점검일시 :

4. 점검자 :

감 사				
	체 크 리 스 트	예	아니오	해당사항 없 음
1.	ASTM F 1487에 명시된 바와 같이 터널은 구조적 완전함에 대한 모든 조건을 만족하는가?			
2.	터널은 72인치(1800mm)의 방해받지 않는 사용 구역을 가지는가?			
3.	수직각도가 55도 이상인가? ☞ 거꾸로 된 각이나 모서리가 채워진 각은 제외한다.(정의 참조)			
4.	터널의 안쪽 직경은 적어도 23인치(580mm)인가?			
5.	터널에 벌레의 둥지를 숨겨줄 수 있는 구멍이 없는가? ☞ 이 질문은 저자의 견해를 바탕으로 하고 있으며, CPSC나 ASTM에는 명시되지 않았다.			
6.	터널에 집히고 압착되고 잘릴 위험이 있는 부분이 없는가?(정의 참조)			
7.	모든 터널의 모서리는 둥글게 처리되었는가?			
8.	터널에 수평으로 45도 이내로 매달려 있는 케이블, 와이어 혹은 다른 매달린 위험요소가 없는가?(정의 참조)			
9.	모든 금속 모서리는 둥근 마무리처리나 뚜껑처리가 되었는가?			
10.	모든 금속물질들은 페인트로 칠해졌거나 아연화되거나 산화피막이 생기거나 부식하지 않는 소재로 만들어졌는가?			

연간점검				
	체 크 리 스 트	예	아니오	해당사항 없 음
11.	햇빛이 바로 비치는 곳에 놀이터가 있을 때, 금속물질들은 화상의 위험을 피하기 위해서 플라스틱으로 코팅되었는가? ☞ 강한 직사광선이 있는 곳에서는 벗겨지거나 페인트칠을 한 표면을 피해야 한다.			
12.	모든 플라스틱 물질들은 변색을 막기 위해 자외선차단 처리가 되었는가? ☞ 이 질문은 저자의 견해를 바탕으로 하고 있으며, CPSC나 ASTM에는 명시되지 않았다.			
13.	터널은 머리와 목의 끼임으로부터 안전한가?(점검절차 참조)			
14.	돌출부분은 돌출기준 테스트 요구조건을(점검절차 참고) 만족하는가?			
15.	터널에 속이 비어 있는 지지기둥이나 끝부분이 열려 있는 관은 없는가?			
16.	놀이기구의 발판은 단단히 박혀 있는가?			
17.	놀이터의 바닥면으로부터 6인치(150mm)까지 올라와 있는 목재는 자연적으로 부패 방지, 해충 방지 혹은 목재 보존처리가 되어 있는가? 만약 목재 보존처리가 되어 있다면, 그 보존법의 이름을 쓰시오.			
18.	ASTM F 1487에 명시된 기준에 따라 목재 보존방법은 어린이들의 놀이터에 사용되기에 안전한가?			
19.	ASTM F 1487에 명시된 기준에 따라 페인트에는 납 성분(건조시 0.06%가 최대)이 없는가?			

감사를 계속하기 위해서는 연간/정기점검을 완료한다.

정기점검				
	체 크 리 스 트	예	아니오	해당사항 없 음
20.	터널은 발판이나 연결부위 없이 단단히 고정되어 있고 심각한 구조적인 악화가 없는가?			
21.	터널에 고의적 파괴에 의한 헐겁거나, 사라지거나, 부서진 부분이 없는가?			
22.	터널에 뾰족한 부분과 구석과 모서리부분이 없는가?			
23.	모든 본체가 사라지지 않고, 단단히 붙어 있으며, 심한 손상이 없는가? ☞ 손상은 눈에 보이는 늘어남, 변형, 움푹 들어감, 녹, 부식 혹은 벗겨짐으로 알 수 있다.			
24.	볼트의 끝부분은 너트의 표면에서 2단보다 적게 튀어나와 있는가?			
25.	분리를 방지하기 위한 모든 너트와 볼트들은 제대로 잠겨 있는가?			
26.	모든 고정시키는 도구들은 얽힘(정의 참조)을 예방하기 위해 닫혀 있는가?			
27.	목재는 뒤틀리거나 썩거나, 곤충의 해를 입거나, 뽑히고 찢어진 부분이 없는가?			
28.	목재는 분열된 조직이나, 사라지거나 헐거운 마디가 없는가?			
29.	금속재료는 녹, 부식, 페인트의 벗겨짐 그리고 휘어진 부분이 없는가?			
30.	플라스틱 부분은 특별히 연결부분에서 부러지거나 깎이거나 쪼개지지 않았는가?			
31.	터널에 깎인 부분, 벗겨진 부분, 손상을 입은 부분이 없는가?			

조합놀이대

1. 놀이터명 :

2. 주소 :

2. 점검일시 :

4. 점검자 :

□ 사다리	□ climber	□ 터널
□ 계단	□ 그물로 된 climber	□ 기타 :
□ 램프파이어	□ 폴	
□ 난간 & 보호방벽	□ 평행사다리 & ring treks	
□ 평균대	□ 플레이하우스	
□ 철봉	□ 미끄럼틀	
□ 평행봉	□ 그네	
□ 흔들거리는 다리	□ 회전그네	
□ 고정된 다리	□ track rides	

놀이기구들 : 복합구조를 점검하기 위해서는 이 체크리스트를 복합구조에 붙어 있는 각각의 놀이기구를 위한 개별 체크리스트에 덧붙여 사용한다.

감 사

	체 크 리 스 트	예	아니오	해당사항 없 음
1.	ASTM F 1487에 명시된 바와 같이 복합구조는 구조적 완전함에 대한 모든 조건을 만족하는가?			
2.	2세에서 12세의 어린이들을 위해 각각의 놀이기구를 위해 권장되는 사용 구역과 동일한 거리의 복합구조의 사용 구역에는 방해가 없는가?			
3.	수직각도가 55도 이상인가? ☞ 거꾸로 된 각이나 모서리가 채워진 각은 제외한다.(정의 참조)			
4.	복합구조는 벌레의 둥지를 숨겨줄 수 있는 구멍이 없는가? ☞ 이 질문은 저자의 견해를 바탕으로 하고 있으며, CPSC나 ASTM에는 명시되지 않았다.			

	체 크 리 스 트		예	아니오	해당사항 없 음
5.	복합구조에 집히고 압착되고 잘릴 위험이 있는 부분이 없는가?(정의 참조)				
6.	복합구조에 수평으로 45도 이내로 매달려 있는 케이블, 와이어 혹은 다른 매달린 위험요소가 없는가?(정의 참조)				
7.	a.	2세에서 5세의 어린이를 위해 높이가 30인치(760mm) 이상인 모든 놀이 승강장은 29인치(740mm) 이상의 보호방벽으로 둘러싸여 있는가?			
	b.	5세에서 12세의 어린이를 위해 높이가 48인치(1,200mm) 이상인 모든 놀이 승강장은 38인치(970mm) 이상의 보호방벽으로 둘러싸여 있는가? ☞ 추가적인 점검항목을 보려면 난간과 보호방벽 체크리스트를 참조			
8.	a.	2세에서 5세의 어린이를 위해 높이가 20인치(510mm) 이상인 모든 놀이 승강장은 낮은 가장자리 부분이 23인치(580mm) 이하이고 꼭대기부분이 29인치(740mm)인 난간으로 둘러싸여 있는가?			
	b.	5세에서 12세의 어린이를 위해 높이가 30인치(760mm) 이상인 모든 놀이 승강장은 낮은 가장자리부분이 28인치(710mm) 이하이고 꼭대기부분이 38인치(970mm)인 난간으로 둘러싸여 있는가?			
9.	복합구조에 어린이가 18인치(450mm) 이상의 높이에서 떨어질 가능성이 있는 놀이기구나 내적 구성요소가 없는가?				
10.	승강장에서 붙어 있는 놀이기구로 옮겨 타는 것을 돕기 위해 난간이나 손잡이가 제공되는가?				
11.	2세에서 5세의 어린이를 위해 높이 차이가 12인치(300mm) 이상 나는 인접한 승강장에 옮겨 타는 것을 돕기 위해 손잡이나 난간이 제공되는가?				
12.	5세에서 12세의 어린이를 위해 높이 차이가 18인치(460mm) 이상 나는 인접한 승강장에 옮겨 타는 것을 돕기 위해 손잡이나 난간이 제공되는가? ☞ 난간과 손잡이에 대한 요구사항을 확인하려면 기구 접근과 탈출 체크리스트를 참조.				
13.	배수를 위해 승강장에 열린 부분이 제공되는가?				
14.	2세에서 5세 어린이를 위해 기어 올라가는 기구 이외에 다른 기구 접근법(예 : 램프, 계단, stepladder)이 있는가?				
15.	체인과 케이블은 ASTM F 1487의 구조적 완전함에 대한 요구조건을 충족하는가?				
16.	케이블의 직경이 적어도 1인치(25mm) 이상인가?				
17.	분리를 방지하기 위한 모든 너트와 볼트들은 제대로 잠겨 있는가?				
18.	모든 금속 모서리는 둥근 마무리처리나 뚜껑처리가 되었는가?				
19.	모든 금속물질들은 페인트로 칠해졌거나 아연화되거나 산화피막이 생기거나 부식하지 않는 소재로 만들어졌는가?				
20.	햇빛이 바로 비치는 곳에 놀이터가 있을 때, 금속물질들은 화상의 위험을 피하기 위해서 플라스틱으로 코팅되었는가? ☞ 강한 직사광선이 있는 곳에서는 벗겨지거나 페인트칠을 한 표면을 피해야 한다.				
21.	모든 플라스틱 물질들은 변색을 막기 위해 자외선차단 처리가 되었는가? ☞ 이 질문은 저자의 견해를 바탕으로 하고 있으며, CPSC나 ASTM에는 명시되지 않았다.				

감사를 계속하기 위해서는 연간/정기점검을 완료한다.

연간점검				
	체 크 리 스 트	예	아니오	해당사항 없 음
22.	복합구조는 머리와 목의 끼임으로부터 안전한가?(점검절차 참조)			
23.	돌출부분은 돌출기준 테스트 요구조건을(점검절차 참고) 만족하는가?			
24.	복합구조에 속이 비어 있는 지지기둥이나 끝부분이 열려 있는 관은 없는가?			
25.	놀이기구의 발판은 단단히 박혀 있는가?			
26.	놀이터의 바닥면으로부터 6인치(150mm)까지 올라와 있는 목재는 자연적으로 부패 방지, 해충 방지 혹은 목재 보존처리가 되어 있는가? 만약 목재 보존처리가 되어 있다면, 그 보존법의 이름을 쓰시오.			
27.	ASTM F 1487에 명시된 기준에 따라 목재 보존방법은 어린이들의 놀이터에 사용되기에 안전한가?			
28.	ASTM F 1487에 명시된 기준에 따라 페인트에는 납 성분(건조시 0.06%가 최대)이 없는가?			

감사를 계속하기 위해서는 정기점검을 완료한다.

정기점검				
	체 크 리 스 트	예	아니오	해당사항 없 음
29.	복합구조는 발판이나 연결부위 없이 단단히 고정되어 있고 심각한 구조적인 악화가 없는가?			
30.	복합구조는 고의적 파괴에 의한 헐거거나, 사라지거나, 부서진 부분이 없는가?			
31.	복합구조는 젖거나 언 표면이 없는가?			
32.	복합구조는 뾰족한 부분과 구석과 모서리부분이 없는가?			
33.	체인이나 케이블은 심한 손상이 없는가? ☞ 손상은 눈에 보이는 늘어남, 변형, 움푹 들어감, 녹, 부식 혹은 벗겨짐으로 알 수 있다.			
34.	케이블은 풀리거나 튀어나온 부분이 없는가?			
35.	케이블이나 체인은 양쪽 끝이 단단히 고정되어 어린이가 걸려 넘어지거나 끼일 가능성이 없는가? ☞ 그네 의자는 이 요구조건에서 제외된다.			
36.	모든 본체가 사라지지 않고, 단단히 붙어 있으며, 심한 손상이 없는가? 손상은 눈에 보이는 늘어남, 변형, 움푹 들어감, 녹, 부식 혹은 벗겨짐으로 알 수 있다.			
37.	볼트의 끝부분은 너트의 표면에서 2단보다 적게 튀어나와 있는가?			

	체 크 리 스 트	예	아니오	해당사항 없 음
38.	모든 고정시키는 도구들은 얽힘(정의 참조)을 예방하기 위해 닫혀 있는가?			
39.	모든 움직이는 매달린 요소는 마찰과 마모를 줄이는 베어링과 함께 고정된 지지대에 연결되어 있는가? ☞ 영구적으로 고리에 걸려 있는 쇠로 된 케이블은 이 조건을 충족한다.			
40.	베어링의 상태가 좋고 윤활처리가 되어 있는가?			
41.	목재는 뒤틀리거나 썩거나, 곤충의 해를 입거나 뽑히고 찢어진 부분이 없는가?			
42.	목재는 분열된 조직이나, 사라지거나 헐거운 마디가 없는가?			
43.	금속재료는 녹, 부식, 페인트의 벗겨짐 그리고 휘어진 부분이 없는가?			

부록

Appendix

1 어린이놀이시설 안전관리법령집

법	시행령	시행규칙
[법률 제11690호, 2013.3.23., 타법개정]	[대통령령 제24425호, 2013.3.23., 타법개정]	[안전행정부령 제1호, 2013.3.23., 타법개정]
제1장 삭제 〈2008.12.19〉 **제1조(목적)** 이 법은 어린이들이 안전하고 편안하게 놀이기구를 사용할 수 있도록 어린이놀이시설의 설치·유지 및 보수 등에 관한 기본적인 사항을 정하고 어린이놀이시설을 담당하는 행정기관의 역할과 책무를 정하여 어린이놀이시설의 효율적인 안전관리 체계를 구축함으로써 어린이놀이시설 이용에 따른 어린이의 안전사고를 미연에 방지함을 목적으로 한다. 〈개정 2008.12.19, 2011.5.30〉 **제2조(정의)** 이 법에서 사용하는 용어의 정의는 다음과 같다. 〈개정 2008.2.29, 2008.12.19, 2011.5.30, 2013.3.23〉 1. "어린이놀이기구"라 함은 만 10세 이하의 어린이가 놀이를 위하여 사용할 수 있도록 제조된 그네, 미끄럼틀, 공중놀이기구, 회전놀이기구 등으로서 「품질경영 및 공산품안전관리법」 제2조제8호에 따른 안전인증대상공산품을 말한다. 2. "어린이놀이시설"이라 함은 어린이놀이기구가 설치된 놀이터로서 대통령령이 정하는 것을 말한다. 3. "관리감독기관의 장"이란 어린이놀이시설의 안전한 유지관리를 위하여 다음 각 목의 구분에 따라 어린이놀이시설을 관리·감독하는 행정기관의 장을 말한다. 가. 교육장 : 어린이놀이시설이 「초·중등교육법」 제2조 각 호에 따른 학교와 「유아교육법」 제2조제2호에 따른 유치원 및 「학원의 설립·운영 및 과외교습에 관한 법률」 제2조제1호에 따른 학원에 소재하는 경우 나. 특별자치도지사·시장·군수·구청장(자치구의 구청장을	**제1조(목적)** 이 영은 「어린이놀이시설 안전관리법」에서 위임된 사항과 그 시행에 필요한 사항을 규정함을 목적으로 한다. **제2조(어린이놀이시설)** 「어린이놀이시설 안전관리법」(이하 "법이라 한다) 제2조제2호에서 "대통령령이 정하는 것"이란 별표 2에서 정하는 어린이놀이시설을 말한다. [전문개정 2009.1.19] **제3조** 삭제 〈2008.10.20〉 **제4조** 삭제 〈2008.10.20〉 **제5조(안전검사기관의 지정요건)** 법 제4조제2항에서 "대통령령이 정하는 지정요건"이란 어린이놀이시설 안전검사 분야에서 「국가표준기본법」 제23조제2항에 따른 시험·검사기관으로 인정받은 것을 말한다. 〈개정 2012.1.25〉 **제6조** 삭제 〈2009.1.19〉 **제7조(설치검사 등)** ① 법 제12조제1항에 따라 설치검사를 받으려는 자는 안전행정부령으로 정하는 신청 서류를 갖추어 법 제4조제1항에 따라 지정받은 안전검사기관(이하 "안전검사기관"이라 한다)에 제출하여야 한다. 〈개정 2008.2.29, 2009.1.19, 2013.3.23〉 ② 제1항에 따라 설치검사의 신청을 받은 안전검사기관은 다음 각 호의 사항을 확인하여야 한다. 〈개정 2009.1.19〉 1. 해당 어린이놀이시설에 설치된 어린이놀이기구가 「품질경영 및 공산품안전관리법」 제14조에 따른 안전인증을 받았는지 여부 2. 해당 어린이놀이시설이 법 제11조에 따른 기술기준 및 시설기준(이하 "시설기준등"이라 한다)에 적합하게 설치되었는지 여부	**제1조(목적)** 이 규칙은 「어린이놀이시설 안전관리법」 및 같은 법 시행령에서 위임된 사항과 그 시행에 필요한 사항을 규정함을 목적으로 한다. **제2조(안전검사기관의 지정신청 등)** ①「어린이놀이시설 안전관리법」(이하 "법"이라 한다) 제4조제1항에 따른 설치검사·정기시설검사 또는 안전진단(이하 "설치검사등"이라 한다)을 하는 기관(이하 "안전검사기관"이라 한다)으로 지정을 받으려는 자는 별지 제1호서식의 안전검사기관 지정신청서(전자문서를 포함한다. 이하 모든 서식에 대하여 같다)에 다음 각 호의 서류(전자문서를 포함한다. 이하 모든 첨부서류에 대하여 같다)를 첨부하여 안전행정부장관에게 제출하여야 한다. 〈개정 2009.1.21, 2012.1.25, 2013.3.23〉 1. 정관 또는 이에 준하는 약정서 2. 사업계획서 3. 「국가표준기본법」 제23조제2항 및 같은 법 시행령 제16조에 따라 지정된 인정기구로부터 받은 시험·검사기관 인정서 4. 설치검사등을 하기 위한 절차·방법 등에 관한 업무규정 ② 제1항에 따른 신청을 받은 담당 공무원은 「전자정부법」 제36조제1항에 따른 행정정보의 공동이용을 통하여 법인 등기사항증명서(법인인 경우만 해당한다)를 확인하여야 한다. 〈개정 2011.8.31, 2012.1.25〉 ③ 안전행정부장관은 제1항에 따라 안전검사기관의 지정을 신청한 자가 「어린이놀이시설 안전관리법 시행령」(이하 "영"이라 한다) 제5조에 따른 지정요건에 적합하다고 인정되는 경우에는 업무의 범위를 정하여 안전검사기관으로 지정하

법	시행령	시행규칙
말한다) : 가목 외의 어린이놀이시설의 경우 4. 삭제 〈2008.12.19〉 5. "관리주체"라 함은 어린이놀이시설의 소유자로서 관리책임이 있는 자, 다른 법령에 의하여 어린이놀이시설의 관리자로 규정된 자 또는 그 밖에 계약에 의하여 어린이놀이시설의 관리책임을 진 자를 말한다. 6. "설치검사"라 함은 어린이놀이시설의 안전성 유지를 위하여 안전행정부장관이 정하여 고시하는 어린이놀이시설의 시설기준 및 기술기준에 따라 설치한 후에 안전검사기관으로부터 받아야 하는 검사를 말한다. 7. "안전점검"이라 함은 어린이놀이시설의 관리주체 또는 관리주체로부터 어린이놀이시설의 안전관리를 위임받은 자가 육안 또는 점검기구 등에 의하여 검사를 하여 어린이놀이시설의 위험요인을 조사하는 행위를 말한다. 8. "안전진단"이라 함은 제4조의 안전검사기관이 어린이놀이시설에 대하여 조사·측정·안전성 평가 등을 하여 해당 어린이놀이시설의 물리적·기능적 결함을 발견하고 그에 대한 신속하고 적절한 조치를 하기 위하여 수리·개선 등의 방법을 제시하는 행위를 말한다. 9. "유지관리"라 함은 설치된 어린이놀이시설에 관하여 안전점검 및 안전진단 등을 실시하여 어린이놀이시설이 기능 및 안전성을 유지할 수 있도록 정비·보수 및 개량 등을 행하는 것을 말한다. **제2조의2(국가 및 지방자치단체의 책무)** 국가 및 지방자치단체는 어린이놀이시설의 안전을 위하여 필요한 제도적 장치를 마련하고 이에 필요한 재원을 확보하도록 노력하여야 하며, 위험시설의 정비 등 어린이안전 환경조성에 필요한 조치를 마련하여야 한다. [본조신설 2011.5.30]	③ 안전검사기관은 제2항에 따른 설치검사에 합격한 어린이놀이시설에 대하여는 설치검사의 유효기간 만료일 등이 적힌 설치검사합격증을 신청인에게 내주어야 하고, 제2항에 따른 설치검사에 불합격한 어린이놀이시설에 대하여는 설치검사결과통지서를 신청인에게 내주어야 한다. ④ 안전검사기관은 제2항에 따른 설치검사에 불합격한 어린이놀이시설에 관한 다음 각 호의 사항을 해당 어린이놀이시설의 소관 관리감독기관의 장에게 통보하여야 한다. 〈개정 2009.1.19, 2011.8.29〉 1. 어린이놀이시설의 이름 및 소재지 2. 어린이놀이시설을 설치하는 자(이하 "설치자"라 한다)의 이름 3. 설치검사의 일자 4. 불합격한 내용 **제8조(정기시설검사 등)** ① 법 제12조제2항에 따라 정기시설검사를 받으려는 자는 정기시설검사의 유효기간이 끝나기 1개월 전(최초로 정기시설검사를 받으려는 경우에는 해당 어린이놀이시설에 대한 법 제12조제1항에 따른 설치검사의 유효기간이 끝나기 1개월 전을 말한다)까지 안전행정부령으로 정하는 신청 서류를 갖추어 안전검사기관에 제출하여야 한다. 〈개정 2008.2.29, 2009.1.19, 2013.3.23〉 ② 제1항에 따라 정기시설검사의 신청을 받은 안전검사기관은 신청을 받은 날부터 1개월 이내에 해당 어린이놀이시설이 시설기준등에 적합한지 여부를 확인하여야 한다. ③ 안전검사기관은 제2항에 따른 정기시설검사의 결과를 문서로 작성하여 소관 관리감독기관의 장과 신청인에게 알려야 하고, 정기시설검사에 합격한 어린이놀이시설에 대하여만 정기시설검사합격증을 신청인에게 내주어야 한다. 〈개정 2011.8.29〉 ④ 제3항에 따라 통보를 받은 정기시설검사의 결과에 대하여 이의가 있는 자는 검사 결과를 통보받은 날부터 15일 이내에 안전행정부령으로 정하는 서류를 갖추어 재검사를 신청할 수 있다. 〈개정 2008.2.29, 2009.1.19, 2013.3.23〉	여야 한다. 〈개정 2009.1.21, 2012.1.25, 2013.3.23〉 ④ 제3항에 따라 안전검사기관으로 지정을 받은 자가 업무의 범위를 변경하려는 경우에는 별지 제2호서식의 안전검사기관 업무범위 변경신청서에 그 변경하려는 업무에 대한 제1항제2호부터 제4호까지의 서류를 첨부하여 안전행정부장관에게 제출하여야 한다. 〈개정 2009.1.21, 2013.3.23〉 ⑤ 안전행정부장관은 제3항에 따라 안전검사기관을 지정하거나 제4항에 따라 업무범위를 변경하여 지정하는 경우에는 별지 제3호서식의 안전검사기관 지정서를 내주고, 그 내용을 지체 없이 공고(인터넷 홈페이지 등을 이용한 전자적 방식의 공고를 포함한다. 이하 같다)하여야 한다. 〈개정 2009.1.21, 2013.3.23〉 **제3조(안전검사기관의 지정취소 및 업무정지의 처분기준 등)** ① 법 제5조에 따른 안전검사기관의 지정취소 및 업무정지의 처분기준은 별표 1과 같다. ② 안전행정부장관은 제1항에 따라 안전검사기관의 지정을 취소하거나 업무정지를 명하는 처분을 한 경우에는 지체 없이 이를 공고하여야 한다. 〈개정 2009.1.21, 2013.3.23〉 **제4조** 삭제 〈2009.1.21〉 **제5조** 삭제 〈2009.1.21〉 **제6조** 삭제 〈2009.1.21〉 **제7조** 삭제 〈2009.1.21〉 **제8조** 삭제 〈2009.1.21〉 **제9조** 삭제 〈2009.1.21〉 **제10조** 삭제 〈2009.1.21〉 **제11조** 삭제 〈2009.1.21〉 **제12조** 삭제 〈2009.1.21〉 **제13조** 삭제 〈2009.1.21〉 **제14조(설치검사의 신청 서류 등)** ① 법 제12조제1항에 따라 설치검사를 받으려는 자는 별지 제12호서식의 설치검사신청서에 다음 각 호의 서류를 첨부하여 안전검사기관에 제출하여야 한다.

법	시행령	시행규칙
제3조(다른 법률과의 관계) 이 법은 어린이놀이시설의 안전관리에 관하여 다른 법률에 우선하여 적용한다. **제2장 삭제**〈2008.12.19〉 **제4조(안전검사기관의 지정 등)** ①안전행정부장관은 어린이놀이시설의 안전성을 확보하기 위하여 설치검사·정기시설검사 또는 안전진단을 행하는 기관(이하 "안전검사기관"이라 한다)을 지정할 수 있다. 〈개정 2008.2.29, 2008.12.19, 2013.3.23〉 ②제1항에 따라 안전검사기관으로 지정을 받고자 하는 법인 또는 단체(지방자치단체를 포함한다)는 검사장비 및 검사인력 등 대통령령이 정하는 지정요건을 갖추어 안전행정부장관에게 신청하여야 한다. 〈개정 2008.2.29, 2008.12.19, 2012.3.21, 2013.3.23〉 ③ 안전행정부장관은 제2항에 따른 지정 신청이 다음 각 호의 어느 하나에 해당하는 경우를 제외하고는 안전검사기관으로 지정하여야 한다. 〈신설 2012.3.21, 2013.3.23〉 1. 영리를 목적으로 하는 법인 또는 단체인 경우 2. 관리주체가 법인 또는 단체이거나 관리주체를 구성원으로 하는 법인 또는 단체인 경우 3. 어린이놀이기구의 제조업자, 설치업자 또는 유통업자를 구성원으로 하는 법인 또는 단체인 경우 4. 제2항에 따른 지정요건을 갖추지 못한 경우 5. 그 밖에 이 법 또는 다른 법령에 따른 제한에 위반되는 경우 ④안전행정부장관은 제1항의 규정에 따라 지정을 받은 안전검사기관에 설치검사업무 등의 수행에 필요한 지원을 할 수 있다. 〈개정 2008.2.29, 2008.12.19, 2011.5.30, 2012.3.21, 2013.3.23〉 ⑤제1항 및 제2항의 규정에 따른 안전검사기관의 지정방법·절차 등에 관하여 필요한 사항은 안전행정부령으로 정한다. 〈개정 2008.2.29,	⑤ 제4항에 따라 재검사의 신청을 받은 안전검사기관은 신청을 받은 날부터 1개월 이내에 재검사를 실시하여야 한다. ⑥ 제5항에 따른 재검사 결과의 통보에 관하여는 제3항을 준용한다. 이 경우 "정기시설검사"는 각각 "재검사"로 본다. **제9조(수수료)** 법 제12조제3항 및 법 제16조제4항에 따른 설치검사·정기시설검사 및 안전진단의 수수료는 별표 4의 기준에 따라 안전행정부장관이 정하여 고시한다. 〈개정 2012.1.25, 2013.3.23〉 **제10조(설치검사의 표시 등)** 법 제12조제4항에 따른 설치검사 및 정기시설검사에 합격되었음을 나타내는 표시의 기준과 방법은 별표 5와 같다. **제11조(안전점검 실시)** ① 관리주체는 법 제15조제1항에 따라 안전점검을 월 1회 이상 실시하여야 한다. ② 제1항에 따른 안전점검의 항목 및 방법은 별표 6과 같다. **제12조(어린이놀이시설 안전감시원)** ① 관리감독기관의 장은 소관 어린이놀이시설의 이용자 안전 지도 및 위해·위험 정보의 수집 등을 위하여 어린이놀이시설 안전감시원을 위촉하여 운영할 수 있다. 〈개정 2008.2.29, 2009.1.19, 2011.8.29〉 ② 제1항에 따른 어린이놀이시설 안전감시원의 위촉 및 운영에 관한 사항은 관리감독기관의 장이 정한다. 〈개정 2008.2.29, 2009.1.19, 2011.8.29〉 **제13조(보험의 종류 등)** ① 법 제21조제2항에 따른 보험의 종류는 어린이놀이시설 사고배상책임보험이나 사고배상책임보험과 같은 내용이 포함된 보험으로 한다. ② 제1항에 따른 보험은 다음 각 호의 구분에 따른 시기에 가입하여야 한다. 〈개정 2009.1.19〉 1. 관리주체(관리주체가 다른 법령에 따라 어린이놀이시설의 관리자로 규정된 자이거나 그 밖에 계약에	1. 어린이놀이시설의 배치도(사진을 포함한다) 2. 어린이놀이시설에 설치된 어린이놀이기구의 목록(안전검사번호나 안전인증번호를 포함한다) 3. 어린이놀이시설의 설치 장소에 관한 약도 ② 영 제7조제3항에 따른 설치검사 합격증은 별지 제13호서식과 같고, 설치검사결과통지서는 별지 제12호서식과 같다. **제15조(정기시설검사의 신청 서류 등)** ① 법 제12조제2항에 따라 정기시설검사를 받으려는 자는 별지 제14호서식의 정기시설검사신청서를 안전검사기관에 제출하여야 한다. ② 영 제8조제3항 및 같은 조 제6항에 따른 정기시설검사(재검사)결과통지서는 별지 제14호서식과 같다. ③ 영 제8조제4항에 따라 재검사를 신청하려는 자는 별지 제14호서식의 정기시설재검사신청서에 다음 각 호의 서류를 첨부하여 안전검사기관에 제출하여야 한다. 1. 정기시설검사결과통지서 2 재검사신청 사유서 **제16조(안전진단의 절차 및 방법)** ① 법 제15조제3항에 따라 안전진단을 받으려는 자는 별지 제15호서식의 안전진단신청서에 다음 각 호의 서류를 첨부하여 안전검사기관에 제출하여야 한다. 1. 어린이놀이시설의 배치도(사진을 포함한다) 2. 어린이놀이시설의 설치 장소에 관한 약도 ② 제1항에 따라 안전진단의 신청을 받은 안전검사기관은 해당 어린이놀이시설에 대한 안전성 등을 진단하여 별지 제15호서식의 안전진단결과통지서를 신청인과 소관 관리감독기관의 장에게 통보하여야 한다. 〈개정 2009.1.21, 2011.8.31〉 1. 삭제 〈2011.8.31〉 2. 삭제 〈2011.8.31〉 3. 삭제 〈2011.8.31〉

법	시행령	시행규칙
2008.12.19, 2012.3.21, 2013.3.23〉 **제5조(안전검사기관의 지정취소 등)** ①안전행정부장관은 안전검사기관이 다음 각 호의 어느 하나에 해당하는 때에는 그 지정을 취소하거나 1년 이내의 기간을 정하여 업무의 전부 또는 일부의 정지를 명할 수 있다. 다만, 제1호 또는 제2호의 규정에 해당하는 경우에는 그 지정을 취소하여야 한다. 〈개정 2008.2.29, 2008.12.19, 2013.3.23〉 1. 거짓 그 밖의 부정한 방법으로 안전검사기관으로 지정을 받은 경우 2. 업무정지 기간 중에 설치검사·정기시설검사 또는 안전진단을 행한 경우 3. 정당한 사유 없이 설치검사·정기시설검사 또는 안전진단을 거부한 경우 4. 제4조제2항의 규정에 따른 지정요건에 적합하지 아니하게 된 경우 5. 삭제 〈2008.12.19〉 6. 제12조의 규정에 따른 방법·절차 등을 위반하여 설치검사 또는 정기시설검사를 행한 경우 7. 제16조제1항의 규정에 따른 방법·절차 등을 위반하여 안전진단을 행한 경우 ②제1항의 규정에 따른 지정취소, 업무정지의 기준 및 절차 등에 관하여 필요한 사항은 안전행정부령으로 정한다. 〈개정 2008.2.29, 2008.12.19, 2013.3.23〉 **제6조** 삭제 〈2008.12.19〉 **제7조** 삭제 〈2008.12.19〉 **제8조** 삭제 〈2008.12.19〉 **제9조** 삭제 〈2008.12.19〉 **제10조** 삭제 〈2008.12.19〉 **제3장 삭제**〈2008.12.19〉 **제11조(어린이놀이시설의 설치)** 어린이놀이시설을 설치하는 자(이하 "설치자"라 한다)는 「품질경영 및 공산품안전관리법」 제14조에 따	따라 어린이놀이시설의 관리책임을 진 자인 경우에는 그 어린이놀이시설의 소유자를 말한다)인 경우 : 어린이놀이시설을 인도받은 날부터 30일 이내 2. 안전검사기관인 경우 : 안전검사기관으로 지정받은 후 설치검사·정기시설검사·안전진단 중 어느 하나의 업무를 최초로 시작한 날부터 30일 이내 ③ 제1항에 따른 보험의 보상한도액은 별표 7에서 정하는 금액 이상이어야 한다. **제14조(중대한 사고 등)** ① 법 제22조제1항에 따른 "대통령령이 정하는 중대한 사고"란 어린이놀이시설로 인하여 어린이놀이시설 이용자에게 다음 각 호의 어느 하나에 해당하는 경우가 발생한 사고를 말한다. 1. 사망한 경우 2. 3명 이상이 동시에 부상을 입은 경우 3. 사고 발생일부터 7일 이내에 48시간 이상의 입원 치료가 필요한 부상을 입은 경우 4. 골절상을 입은 경우 5. 출혈이 심한 경우 6. 신경·근육 또는 힘줄이 손상된 경우 7. 2도 이상의 화상을 입은 경우 8. 부상 면적이 신체 표면의 5퍼센트 이상인 경우 9. 내장(內臟)이 손상된 경우 ② 관리주체는 법 제22조제2항에 따라 자료의 제출 명령을 받은 날부터 10일 이내에 해당 자료를 제출하여야 한다. 다만, 관리주체가 정하여진 기간에 자료를 제출하는 것이 어렵다고 사유를 소명하는 경우 관리감독기관의 장은 20일의 범위에서 그 제출 기한을 연장할 수 있다. 〈개정 2011.8.29〉 ③ 관리감독기관의 장은 법 제22조제2항에 따라 현장조사를 실시하려면 미리 현장조사의 일시·장소 및 내용 등을 포함한 조사계획을 관리주체에게 문서로 알려야 한다. 다만, 긴급히 조사를 실시하여야 하거나 부득이한 사유가 있는 경우에는 그러하지 아니하다. 〈개정 2011.8.29〉 **제15조(자료의 제출과 보고)** ① 법 제23	**제17조(점검결과 등의 기록·보관 방법)** 법 제17조에 따라 관리주체는 안전점검 또는 안전진단을 한 결과에 대하여 별지 제16호서식의 안전점검실시대장 또는 별지 제17호서식의 안전진단실시대장을 작성하여 최종 기재일부터 3년간 보관하여야 한다. **제18조(어린이놀이시설 안전관리지원기관의 지정기준 등)** ① 법 제18조제2항에 따른 어린이놀이시설 안전관리지원기관(이하 "안전관리지원기관"이라 한다)의 지정기준은 별표 5와 같다. ② 안전관리지원기관으로 지정을 받으려는 자는 별지 제18호서식의 안전관리지원기관 지정신청서에 다음 각 호의 서류를 첨부하여 시·도지사 또는 교육감에게 제출하여야 한다. 〈개정 2009.1.21, 2011.8.31〉 1. 정관 또는 이에 준하는 약정서 2. 사업계획서 3. 별표 5에 해당함을 증명할 수 있는 서류 4. 법 제18조제1항 각 호의 사업을 하기 위한 절차·방법 등에 관한 업무규정 ③ 제2항에 따른 신청을 받은 담당공무원은 「전자정부법」 제36조제1항에 따른 행정정보의 공동이용을 통하여 법인 등기사항증명서(법인인 경우만 해당한다)를 확인하여야 한다. 〈개정 2011.8.31, 2012.1.25〉 ④ 시·도지사 또는 교육감은 제2항에 따라 안전관리지원기관의 지정을 신청한 자가 제1항에 따른 지정기준에 적합하다고 인정되는 경우에는 안전관리지원기관으로 지정하여야 한다. 〈개정 2009.1.21, 2011.8.31〉 ⑤ 시·도지사 또는 교육감은 제4항에 따라 안전관리지원기관을 지정하는 경우에는 별지 제19호서식의 안전관리지원기관 지정서를 내주고, 그 내용을 지체 없이 공고하여야 한다. 〈개정 2009.1.21, 2011.8.31〉

법	시행령	시행규칙
라 안전인증을 받은 어린이놀이기구를 안전행정부장관이 정하여 고시하는 시설기준 및 기술기준에 적합하게 설치하여야 한다. 〈개정 2008.2.29, 2008.12.19, 2013.3.23〉 **제12조(어린이놀이시설의 설치검사 등)** ①설치자는 제11조의 규정에 따라 설치한 어린이놀이시설을 관리주체에게 인도하기 전에 대통령령이 정하는 방법 및 절차에 따라 안전검사기관으로부터 설치검사를 받아야 한다. ②관리주체는 제1항의 규정에 따라 설치검사를 받은 어린이놀이시설이 제11조의 규정에 따른 시설기준 및 기술기준에 적합성을 유지하고 있는지를 확인하기 위하여 대통령령이 정하는 방법 및 절차에 따라 안전검사기관으로부터 2년에 1회 이상 정기시설검사(이하 "정기시설검사"라 한다)를 받아야 한다. ③안전검사기관은 제1항 및 제2항의 규정에 따른 설치검사 및 정기시설검사를 행함에 있어서 대통령령이 정하는 바에 따라 수수료를 받을 수 있다. ④관리주체는 제1항 및 제2항의 규정에 따른 설치검사 및 정기시설검사에 합격된 어린이놀이시설에 대해서는 사용자가 알 수 있도록 대통령령이 정하는 바에 따라 설치검사 및 정기시설검사에 합격되었음을 나타내는 표시를 하여야 한다. **제13조(검사 불합격 시설의 이용금지)** ①설치자는 제12조의 규정에 따른 설치검사를 받지 아니하였거나 설치검사에 불합격된 어린이놀이시설을 이용하도록 하여서는 아니 된다. ②관리주체는 제12조의 규정에 따른 정기시설검사를 받지 아니하였거나 정기시설검사에 불합격된 어린이놀이시설을 이용하도록 하여서는 아니 된다. **제4장 삭제**〈2008.12.19〉	조제1항에 따라 설치자 또는 관리주체로 하여금 자료를 제출하게 하거나 보고하게 할 수 있는 사항은 별표 8과 같다. 〈개정 2009.1.19〉 ② 설치자 또는 관리주체는 법 제23조제1항에 따라 자료 제출 명령을 받거나 보고를 요구받은 날부터 20일 이내에 해당 자료를 제출하거나 해당 사항에 대하여 보고하여야 한다. 다만, 설치자 또는 관리주체가 정하여진 기간에 자료 제출 또는 보고를 하는 것이 어렵다고 사유를 소명하는 경우 관리감독기관의 장은 30일의 범위에서 그 제출 또는 보고의 기한을 연장할 수 있다. 〈개정 2009.1.19, 2011.8.29〉 **제16조** 삭제 〈2011.8.29〉 **제17조(중앙행정기관의 장과의 협의 사항)** 안전행정부장관이 법 제27조에 따라 관계 중앙행정기관의 장과 협의할 수 있는 사항은 다음 각 호와 같다. 〈개정 2008.2.29, 2009.1.19, 2013.3.23〉 1. 어린이놀이시설의 안전관리를 위한 기반 조성에 관한 사항 2. 어린이놀이시설로 인한 안전사고 방지대책의 수립에 관한 사항 3. 어린이놀이시설의 안전관리와 관련한 정보공유체계의 구축에 관한 사항 4. 어린이놀이시설을 효율적으로 유지·관리하기 위한 소관 명확화에 관한 사항 5. 그 밖에 어린이놀이시설의 안전관리 및 소관 명확화를 위하여 안전행정부장관이 필요하다고 인정하는 사항 **제18조(과태료 부과기준)** ① 법 제31조제1항에 따른 과태료의 부과기준은 별표 9와 같다. ② 소관 관리감독기관의 장은 위반행위의 동기·내용 및 그 횟수 등을 고려하여 해당 과태료 금액의 2분의 1의 범위에서 늘리거나 줄일 수 있다. 다만, 늘리는 경우에는 법 제31조제1항에 따른 과태료 금액의 상한을 초과할 수 없다. 〈개정 2011.8.29〉 [전문개정 2009.1.19]	**제19조** 삭제 〈2011.8.31〉 **제20조(안전교육)** ① 법 제20조에 따라 관리주체는 어린이놀이시설을 인도 받은 날부터 6개월 이내에 어린이놀이시설의 안전관리에 관련된 업무를 담당하는 자로 하여금 안전교육을 받도록 하여야 한다. ② 법 제20조에 따른 안전교육의 내용은 다음 각 호와 같다. 〈개정 2011.3.29〉 1. 어린이놀이시설 안전관리에 관한 지식 및 법령 2. 어린이놀이시설 안전관리 실무 3. 그 밖에 어린이놀이시설의 안전관리를 위하여 필요한 사항 ③ 법 제20조에 따른 안전교육의 주기는 2년에 1회 이상으로 하고, 1회 안전교육 시간은 4시간 이상으로 한다. 〈개정 2011.3.29〉 ④ 어린이놀이시설의 기능 및 안전성 유지 상태, 위생 관리 현황 등을 고려하여 안전행정부장관이 정하여 고시하는 요건에 해당하는 어린이놀이시설의 관리주체(어린이놀이시설을 인도 받은 날부터 6개월이 지나지 아니한 관리주체는 제외한다)에 대하여는 제2항 및 제3항에도 불구하고 그 요건에 해당하는 날 이후 최초로 실시되는 안전교육에 한하여 그 의무를 면제한다. 〈신설 2011.3.29, 2013.3.23〉 ⑤ 다음 각 호의 어느 하나에 해당하는 교육을 실시하는 기관(위탁한 경우에는 수탁기관을 말한다)으로서 시·도지사 또는 교육감이 제2항 및 제3항에 따른 안전교육을 실시하는 것으로 인정하여 공고한 기관에서 다음 각 호의 어느 하나에 해당하는 교육을 받은 경우에는 법 제20조에 따른 안전교육을 받은 것으로 본다. 〈개정 2009.1.21, 2011.3.29, 2011.8.31〉 1. 「주택법」 제49조에 따른 안전교육 2. 「영유아보육법」 제23조에 따른 보수교육 **제21조** 삭제 〈2009.1.21〉

법	시행령	시행규칙
제14조(관리주체의 유지관리의무) 관리주체는 어린이놀이시설의 기능 및 안전성이 지속적으로 유지되도록 이 법에서 정하는 바에 따라 당해 어린이놀이시설에 대한 유지관리를 실시하여야 한다. 다만, 이 법에 규정이 없는 경우에는 해당 어린이놀이시설이 설치된 장소별 소관 중앙행정기관의 장이 정하는 바에 따라 유지관리를 실시하여야 한다. **제15조(안전점검 실시)** ①관리주체는 설치된 어린이놀이시설의 기능 및 안전성 유지를 위하여 대통령령이 정하는 주기·방법 및 절차 등에 따라 당해 어린이놀이시설에 대한 안전점검을 실시하여야 한다. ②관리주체가 해당 어린이놀이시설에 대하여 제1항의 규정에 따른 안전점검을 실시할 수 없는 경우에는 서면계약에 의한 대리인을 지정하여 안전점검을 하게 할 수 있다. ③관리주체는 제1항의 규정에 따른 안전점검 결과 해당 어린이놀이시설이 어린이에게 위해를 가할 우려가 있다고 판단되는 경우에는 그 이용을 금지하고 1개월 이내에 안전검사기관에 안전진단을 신청하여야 한다. 다만, 해당 어린이놀이시설을 철거하는 경우에는 안전진단 신청을 생략할 수 있다. **제16조(안전진단의 실시)** ①제15조제3항의 규정에 따라 안전진단 신청을 받은 안전검사기관은 안전행정부령으로 정하는 절차 및 방법에 따라 안전진단을 실시하고 그 결과를 신청인 및 해당 관리감독기관의 장에게 통보하여야 한다. 〈개정 2008.2.29, 2008.12.19, 2011.5.30, 2013.3.23〉 ②제1항의 규정에 따라 안전진단 결과를 통보받은 관리주체는 해당 어린이놀이시설이 제11조의 규정에 따른 시설기준 및 기술기준에 적합하지 아니한 경우에는 수리·보수 등 필요한 조치를 실시하고 안전검사기관으로부터 해당 어린	**부칙** 〈대통령령 제20436호, 2007.12.7〉 제1조 (시행일) 이 영은 2008년 1월 27일부터 시행한다. 제2조(보험가입 시기에 관한 적용례) ① 2008년 1월 27일 전에 설치된 어린이놀이시설로서 2012년 1월 27일 전에 법 제12조에 따른 설치검사를 받은 어린이놀이시설의 관리주체는 설치검사를 받은 날부터 30일 이내에 제13조에 따른 보험에 가입하여야 한다. ② 2008년 1월 27일 전에 설치된 어린이놀이시설로서 2012년 1월 27일 전에 법 제12조에 따른 설치검사를 받지 아니한 어린이놀이시설의 관리주체는 2012년 2월 25일까지 제13조에 따른 보험에 가입하여야 한다. [전문개정 2012.1.25] **부칙** 〈대통령령 제20678호, 2008.2.29〉 (지식경제부와 그 소속기관 직제) 제1조(시행일) 이 영은 공포한 날부터 시행한다. 〈단서 생략〉 제2조부터 제6조까지 생략 제7조(다른 법령의 개정) ①부터 〈42〉까지 생략 〈43〉 어린이놀이시설 안전관리법 시행령 일부를 다음과 같이 개정한다. 제3조제1항 각 호 외의 부분·제7호 및 같은 조 제3항 각 호 외의 부분·제2호·제3호·제4호 각 목 외의 부분, 제12조제1항, 제16조제1항 각 호 외의 부분·제3항 각 호 외의 부분, 제17조 각 호 외의 부분 및 제5호, 별표 6 제3호 중 "산업자원부장관"을 각각 "지식경제부장관"으로 한다. 제3조제3항 각 호 외의 부분 중 "산업자원부"를 "지식경제부"로 한다. 제3조제3항제1호 중 "교육인적자원부·산업자원부·보건복지부·환경부·여성가족부·건설교통부"를 "교육과학기술부·지식경제부·보건복지가족부·환경부·여성부·국토해양부"로 한다. 제6조제2항, 제7조제1항, 제8조제1항·제4항, 제12조제2항, 제18조제4항, 별표 2 제14호 중 "산업자원부령"을 각각 "지식경제부령"으로 한다. 별표 5 중 "산업자원부장관"을 "안전검사기관장"으로 한다.	**부칙** 〈산업자원부령 제437호, 2007.12.14〉 제1조 (시행일) 이 규칙은 2008년 1월 27일부터 시행한다. 제2조(안전교육에 관한 적용례) ① 2008년 1월 27일 전에 설치된 어린이놀이시설로서 2012년 1월 27일 전에 법 제12조에 따른 설치검사를 받은 어린이놀이시설의 관리주체는 설치검사를 받은 날부터 6개월 이내에 어린이놀이시설의 안전관리에 관련된 업무를 담당하는 자로 하여금 제20조에 따른 안전교육을 받도록 하여야 한다. ② 2008년 1월 27일 전에 설치된 어린이놀이시설로서 2012년 1월 27일 전에 법 제12조에 따른 설치검사를 받지 아니한 어린이놀이시설의 관리주체는 2012년 7월 27일까지 어린이놀이시설의 안전관리에 관련된 업무를 담당하는 자로 하여금 제20조에 따른 안전교육을 받도록 하여야 한다. [전문개정 2012.1.25] **부칙** 〈지식경제부령 제1호, 2008.3.3〉 (지식경제부와 그 소속기관 직제 시행규칙) 제1조(시행일) 이 규칙은 공포한 날부터 시행한다. 제2조부터 제4조까지 생략 제5조(다른 법령의 개정) ①부터 〈29〉까지 생략 〈30〉 어린이놀이시설 안전관리법 시행규칙 일부를 다음과 같이 개정한다. 제11조제1항 각 호 외의 부분 중 "산업자원부령"을 "지식경제부령"으로 한다. 〈31〉부터 〈64〉까지 생략 **부칙** 〈행정안전부령 제58호, 2009.1.21〉 이 규칙은 공포한 날부터 시행한다. **부칙** 〈행정안전부령 제204호, 2011.3.29〉 이 규칙은 공포 후 6개월이 경과한 날부터 시행한다.

법	시행령	시행규칙
이놀이시설의 재사용 여부를 확인 받아야 한다. ③제1항의 규정에 따라 안전진단 결과를 통보받은 관리감독기관의 장은 제2항의 규정에 따라 재사용 불가 판정을 받은 어린이놀이시설이 안전을 침해할 것으로 판단되는 경우에는 그 철거를 명할 수 있다. 〈개정 2011.5.30〉 ④안전검사기관은 안전진단을 행함에 있어서 대통령령이 정하는 바에 따라 수수료를 받을 수 있다. ⑤관리주체는 어린이놀이시설을 이용 금지·폐쇄·철거하는 경우에는 어린이 등이 출입하지 못하도록 조치를 하고 해당 관리감독기관의 장에게 그 사실을 통보하여야 한다. 〈개정 2011.5.30〉 **제17조(점검결과 등의 기록·보관)** ①관리주체는 제15조제1항 및 제16조제1항의 규정에 따라 안전점검 및 안전진단을 실시한 결과를 안전행정부령으로 정하는 바에 따라 기록·보관하여야 한다. 〈개정 2008.2.29, 2008.12.19, 2013.3.23〉 ②제1항의 규정에 따른 안전점검 및 안전진단 결과의 기록 및 보관에 관한 방법·절차 등에 관하여 필요한 사항은 안전행정부령으로 정한다. 〈개정 2008.2.29, 2008.12.19, 2013.3.23〉 **제5장 삭제** 〈2008.12.19〉 **제18조(어린이놀이시설 안전관리 사업의 지원)** ①특별시장·광역시장·도지사(이하 "시·도지사"라 한다) 및 교육감은 어린이놀이시설에 대한 효율적인 안전관리를 위하여 다음 각 호의 사업을 영위하는 기관(이하 "어린이놀이시설 안전관리지원기관"이라 한다)을 지정하여 고시하고 그 사업을 지원할 수 있다. 〈개정 2008.2.29, 2008.12.19, 2011.5.30〉 1. 어린이놀이시설 사용자의 위해·위험을 예방하기 위한 사업 2. 어린이놀이시설의 안전관리 관련 업무담당자 등의 교육 3. 설치검사·안전점검을 받은 어	〈44〉부터 〈86〉까지 생략 **부칙** 〈대통령령 제21087호, 2008.10.20〉 (행정기관 소속 위원회의 정비를 위한 평생교육법 시행령 등 일부개정령) 제1조 (시행일) 이 영은 공포한 날부터 시행한다. 〈단서 생략〉 제2조 (「공무원징계령」 개정에 따른 경과조치) ① 이 영 시행 당시 개정 전의 「공무원징계령」에 따른 제1중앙징계위원회 및 제2중앙징계위원회는 이 영에 따른 중앙징계위원회로 본다. ② 이 영 시행 당시 개정 전의 「공무원징계령」에 따라 제1중앙징계위원회 및 제2중앙징계위원회에 접수된 징계의결요구서는 이 영에 따라 중앙징계위원회에 접수된 것으로 본다. ③ 이 영 시행 당시 개정 전의 「공무원징계령」에 따른 제1중앙징계위원회 및 제2중앙징계위원회의 의결은 이 영에 따른 중앙징계위원회의 의결로 본다. ④ 이 영 시행 당시 개정 전의 「공무원징계령」에 따른 제2중앙징계위원회 위원은 이 영에 따라 중앙징계위원회 위원으로 임명 또는 위촉된 것으로 본다. 제3조 (「물류정책기본법 시행령」 개정에 따른 경과조치) 이 영 시행 당시 개정 전의 「물류정책기본법 시행령」에 따라 국토해양부장관이 물류관리사시험위원회의 심의·의결을 거쳐 행한 사항은 이 영에 따라 국토해양부장관이 행한 것으로 본다. 제4조 (다른 법령의 개정) ① 모범공무원규정 일부를 다음과 같이 개정한다. 제4조 중 "「정부표창규정」 제12조의 규정에 의한 중앙공적심사위원회의 심사"를 "행정안전부장관과의 협의"로 한다. ② 법무부와 그 소속기관 직제 일부를 다음과 같이 개정한다. 제13조제3항제57호를 삭제한다. ③ 보건복지가족부와 그 소속기관 직제 일부를 다음과 같이 개정한다. 제14조제3항제37호마목을 삭제한다. ④ 행정안전부와 그 소속기관 직제 일부를 다음과 같이 개정한다.	**부칙** 〈행정안전부령 제235호, 2011.8.31〉 이 규칙은 2011년 8월 31일부터 시행한다. **부칙** 〈행정안전부령 제278호, 2012.1.25〉 이 규칙은 2012년 1월 27일부터 시행한다. **부칙** 〈안전행정부령 제1호, 2013.3.23〉 (안전행정부와 그 소속기관 직제 시행규칙) 제1조(시행일) 이 규칙은 공포한 날부터 시행한다. 제2조부터 제4조까지 생략 제5조(다른 법령의 개정) ①부터 〈20〉까지 생략 〈21〉 어린이놀이시설 안전관리법 시행규칙 일부를 다음과 같이 개정한다. 제2조제1항 각 호 외의 부분, 같은 조 제3항부터 제5항까지, 제3조제2항 및 제20조제4항 중 "행정안전부장관"을 각각 "안전행정부장관"으로 한다. 별지 제1호서식부터 별지 제3호서식까지 및 별지 제18호서식 중 "행정안전부장관"을 각각 "안전행정부장관"으로 한다. 별지 제1호서식의 처리절차란 및 별지 제2호서식의 처리절차란 중 "행정안전부"를 각각 "안전행정부"로 한다. 〈22〉부터 〈51〉까지 생략

법	시행령	시행규칙
린이놀이시설로 인하여 발생한 피해 보전을 위한 사업 4. 그 밖에 어린이놀이시설과 관련된 통계조사 등 어린이놀이시설의 안전관리를 위하여 시·도지사 및 교육감이 필요하다고 인정하는 사업 ②어린이놀이시설 안전관리지원기관의 지정기준·절차 및 방법 등 필요한 사항은 안전행정부령으로 정한다. 〈개정 2008.2.29, 2008.12.19, 2013.3.23〉 **제19조(어린이놀이시설의 종합관리를 위한 협력 등)** ①안전행정부장관은 어린이놀이시설로 인하여 발생할 수 있는 위해·위험사고를 예방하기 위하여 다음 각 호의 사업을 추진할 수 있으며 안전 관련 업무를 수행하는 관련 기관 또는 단체 등과 협력할 수 있다. 〈개정 2008.2.29, 2008.12.19, 2013.3.23〉 1. 어린이놀이시설 사용자의 위해·위험 예방을 위한 국내외 자료의 조사·연구·보급 및 활용의 촉진 2. 어린이놀이시설 사용자의 위해·위험 정보를 수집·제공하기 위한 정보망 구축 및 운영사업 3. 어린이놀이시설에 대한 유지·보수 등의 종합적인 관리 4. 그 밖에 안전행정부장관이 필요하다고 인정하는 사항 ②안전행정부장관은 어린이놀이시설의 안전관리에 필요하다고 인정하는 경우에는 어린이놀이시설과 관련된 통계 등의 자료를 관련 중앙행정기관의 장 및 관리감독기관의 장에게 요청할 수 있다. 〈개정 2008.2.29, 2008.12.19, 2011.5.30, 2013.3.23〉 **제20조(안전교육)** ①관리주체는 어린이놀이시설의 안전관리에 관련된 업무를 담당하는 자로 하여금 제18조의 규정에 따라 어린이놀이시설안전관리지원기관에서 실시하는 어린이놀이시설의 안전관리에 관한 교육(이하 "안전교육"이	제9조제2항제17호를 삭제한다. ⑤ 행정중심복합도시건설청과 그 소속기관 직제 일부를 다음과 같이 개정한다. 제10조제3항제4호를 삭제한다. **부칙** 〈대통령령 제21269호, 2009.1.19〉 이 영은 2009년 1월 20일부터 시행한다. **부칙** 〈대통령령 제22626호, 2011.1.17〉 (엔지니어링산업 진흥법 시행령) 제1조(시행일) 이 영은 공포한 날부터 시행한다. 제2조부터 제4조까지 생략 제5조(다른 법령의 개정) ①부터 〈18〉까지 생략 〈19〉 어린이놀이시설 안전관리법 시행령 일부를 다음과 같이 개정한다. 별표 4의 비고 제1호 중 "「엔지니어링기술 진흥법」 제10조"를 "「엔지니어링산업 진흥법」 제31조"로 한다. 〈20〉부터 〈39〉까지 생략 제6조 생략 **부칙** 〈대통령령 제23103호, 2011.8.29〉 이 영은 2011년 8월 31일부터 시행한다. **부칙** 〈대통령령 제23356호, 2011.12.8〉 (영유아보육법 시행령) 제1조(시행일) 이 영은 2011년 12월 8일부터 시행한다. 〈단서 생략〉 제2조(다른 법령의 개정) ①부터 〈39〉까지 생략 〈40〉 어린이놀이시설 안전관리법 시행령 일부를 다음과 같이 개정한다. 별표 2 제6호 중 "보육시설"을 "어린이집"으로 한다. 〈41〉부터 〈54〉까지 생략 **부칙** 〈대통령령 제23530호, 2012.1.25〉 이 영은 2012년 1월 27일부터 시행한다. **부칙** 〈대통령령 제24425호, 2013.3.23〉 (안전행정부와 그 소속기관 직제) 제1조(시행일) 이 영은 공포한 날부터 시행한다. 다만, 부칙 제6조에 따라 개정되는 대통령령 중 이 영 시행 전	

법	시행령	시행규칙
라 한다)을 받도록 하여야 한다. ②안전교육의 내용·기간 및 주기 등에 관하여 필요한 사항은 안전행정부령으로 정한다. 〈개정 2008.2.29, 2008.12.19, 2011.5.30, 2013.3.23〉 **제21조(보험가입)** ①관리주체 및 안전검사기관은 어린이놀이시설의 사고로 인하여 어린이의 생명·신체 또는 재산상의 손해를 발생하게 하는 경우 그 손해에 대한 배상을 보장하기 위하여 보험에 가입하여야 한다. ②제1항에 따른 보험의 종류, 가입시기, 보상한도액, 가입절차와 그 밖에 필요한 사항은 대통령령으로 정한다. 〈개정 2011.5.30〉 **제22조(사고보고의무 및 사고조사)** ①관리주체는 그가 관리하는 어린이놀이시설로 인하여 대통령령이 정하는 중대한 사고가 발생한 때에는 즉시 사용중지 등 필요한 조치를 취하고 해당 관리감독기관의 장에게 통보하여야 한다. 〈개정 2011.5.30〉 ②제1항의 규정에 따라 통보를 받은 관리감독기관의 장은 필요하다고 판단되는 경우에는 대통령령이 정하는 바에 따라 관리주체에게 자료의 제출을 명하거나 현장조사를 실시할 수 있다. 〈개정 2011.5.30〉 ③관리감독기관의 장은 제2항의 규정에 따른 자료 및 현장조사 결과에 따라 해당 어린이놀이시설이 안전에 중대한 침해를 줄 수 있다고 판단되는 경우에는 그 관리주체에게 사용중지·개선 또는 철거를 명할 수 있다. 〈개정 2011.5.30〉 **제23조(보고·검사 등)** ①관리감독기관의 장은 소관 어린이놀이시설의 안전관리를 위하여 필요하다고 인정하는 때에는 대통령령이 정하는 바에 따라 설치자 또는 관리주체에게 해당 어린이놀이시설의 설치·관리 등에 관한 자료의 제출을 명하거나 보고를 하게 할 수 있다. 〈개정 2008.12.19, 2011.5.30〉	에 공포되었으나 시행일이 도래하지 아니한 대통령령을 개정한 부분은 각각 해당 대통령령의 시행일부터 시행한다. 제2조부터 제5조까지 생략 제6조(다른 법령의 개정) ①부터 〈70〉까지 생략 〈71〉 어린이놀이시설 안전관리법 시행령 일부를 다음과 같이 개정한다. 제7조제1항 및 제8조제1항·제4항 중 "행정안전부령"을 각각 "안전행정부령"으로 한다. 제9조, 제17조 각 호 외의 부분 및 같은 조 제5호 중 "행정안전부장관"을 각각 "안전행정부장관"으로 한다. 별표 2의 제14호 중 "행정안전부령"을 "안전행정부령"으로 한다. 별표 6의 제3호 중 "행정안전부장관"을 "안전행정부장관"으로 한다. 〈72〉부터 〈129〉까지 생략	

법	시행령	시행규칙
②관리감독기관의 장은 제1항의 규정에 따른 제출자료 또는 보고내용을 검토한 결과 현장조사의 필요성이 있다고 인정되는 경우에는 관계 공무원으로 하여금 해당 놀이시설 설치 장소 그 밖에 필요한 장소에 출입하여 어린이놀이시설·서류·장부, 그 밖의 물건을 검사하게 하거나 관계인에게 질문을 하게 할 수 있다. 〈개정 2008.12.19, 2011.5.30〉 ③관리감독기관의 장은 제2항의 규정에 따른 검사 또는 질문을 하고자 하는 경우에는 검사 또는 질문을 행하기 7일 전까지 검사 또는 질문의 일시·이유 및 내용 등을 포함한 계획을 해당 어린이놀이시설의 설치자 또는 관리주체에게 통지하여야 한다. 다만, 긴급을 요하거나 사전에 통지를 하는 경우 증거인멸 등으로 검사 또는 질문의 목적을 달성할 수 없다고 인정되는 경우에는 그러하지 아니하다. 〈개정 2008.12.19, 2011.5.30〉 ④제2항의 규정에 따라 출입·검사 또는 질문을 하는 공무원은 그 권한을 표시하는 증표 등을 지니고 이를 관계인에게 내보여야 하며, 출입 시 당해 공무원의 성명, 출입시간 및 출입목적 등이 기재된 문서를 관계인에게 교부하여야 한다. **제24조(청문)** 안전행정부장관은 제5조의 규정에 따라 지정한 안전검사기관의 지정을 취소하고자 하는 경우에는 청문을 실시하여야 한다. 〈개정 2008.2.29, 2008.12.19, 2013.3.23〉 **제25조** 삭제 〈2011.5.30〉 **제26조(벌칙 적용에서의 공무원 의제)** 안전검사기관의 임원 및 직원은 「형법」 제129조 내지 제132조의 적용에서는 이를 공무원으로 본다. 〈개정 2008.12.19〉 **제27조(중앙행정기관의 장과의 협의)** 안전행정부장관은 어린이놀이시설의 효율적 안전관리 및 소관이 불분명한 어린이놀이시설의 소관		

법	시행령	시행규칙
명확화를 위하여 대통령령이 정하는 바에 따라 관계 중앙행정기관의 장과 협의할 수 있다. 〈개정 2008.2.29, 2008.12.19, 2013.3.23〉 **제6장 삭제 〈2008.12.19〉** **제28조(벌칙)** 다음 각 호의 어느 하나에 해당하는 자는 3년 이하의 징역 또는 3천만원 이하의 벌금에 처한다. 〈개정 2008.12.19〉 1. 제16조제3항의 규정에 따른 철거명령, 제22조제3항의 규정에 따른 사용중지 등의 명령을 위반한 자 2. 거짓 그 밖의 부정한 방법으로 안전검사기관으로 지정받은 자 3. 안전검사기관으로 지정을 받지 아니하고 설치검사·정기시설검사 또는 안전진단을 행한 자 4. 거짓 그 밖의 부정한 방법으로 설치검사·정기시설검사 또는 안전진단을 받은 자 5. 삭제 〈2008.12.19〉 6. 안전검사기관의 지정이 취소되거나 또는 업무정지 기간 중에 설치검사·정기시설검사 또는 안전진단을 행한 자 **제29조(벌칙)** 제13조를 위반하여 설치검사 또는 정기시설검사를 받지 아니하였거나 설치검사 또는 정기시설검사에 불합격한 어린이놀이시설을 이용하도록 한 자는 1년 이하의 징역 또는 1천만원 이하의 벌금에 처한다. [전문개정 2008.12.19] **제30조(양벌규정)** 법인·단체의 대표자나 법인·단체 또는 개인의 대리인, 사용인, 그 밖의 종업원이 그 법인·단체 또는 개인의 업무에 관하여 제28조 또는 제29조의 위반행위를 하면 그 행위자를 벌하는 외에 그 법인·단체 또는 개인에게도 해당 조문의 벌금형을 과(科)한다. 다만, 법인·단체 또는 개인이 그 위반행위를 방지하기 위하여 해당 업무에 관하여 상당한 주의와 감독을 게을리하지 아니한 경우에는 그러하지 아니하		

법	시행령	시행규칙
다. [전문개정 2008.12.19] **제31조(과태료)** ①다음 각 호의 어느 하나에 해당하는 자는 500만원 이하의 과태료에 처한다. 1. 제15조제1항의 규정에 따른 안전점검을 실시하지 아니한 자 2. 제15조제3항의 규정을 위반하여 어린이놀이시설의 이용을 금지하지 아니하거나 안전진단을 신청하지 아니한 자 3. 제17조제1항의 규정을 위반하여 안전점검 및 안전진단을 실시한 결과를 기록·보관하지 아니한 자 4. 제20조의 규정에 따른 안전교육을 받도록 하지 아니한 관리주체 5. 제21조의 규정에 따른 보험가입의무를 위반한 자 6. 제22조의 규정에 따른 통보를 하지 아니한 자 7. 제23조의 규정에 따른 보고·검사 또는 질문에 대한 답변을 거부·방해 또는 기피한 자 ②제1항의 규정에 따른 과태료는 대통령령이 정하는 바에 따라 관리감독기관의 장이 부과·징수한다. 〈개정 2011.5.30〉 ③ 삭제 〈2008.12.19〉 ④ 삭제 〈2008.12.19〉 ⑤ 삭제 〈2008.12.19〉 **부칙** 〈법률 제8286호, 2007.1.26〉 제1조 (시행일) 이 법은 공포 후 1년이 경과한 날부터 시행한다. 제2조 (안전검사에 관한 경과조치) 이 법 시행 전에 「품질경영 및 공산품안전관리법」에 따라 안전검사 또는 안전인증을 받은 어린이놀이기구는 이 법에 따른 안전검사 또는 안전인증을 받은 것으로 본다. 제3조 삭제 〈2011.8.4〉 **부칙** 〈법률 제8852호, 2008.2.29〉 (정부조직법) 제1조 (시행일) 이 법은 공포한 날부터 시행한다. 다만, ···〈생략〉···, 부칙 제6조에 따라 개		

법	시행령	시행규칙
정되는 법률 중 이 법의 시행 전에 공포되었으나 시행일이 도래하지 아니한 법률을 개정한 부분은 각각 해당 법률의 시행일부터 시행한다. 제2조부터 제5조까지 생략 제6조 (다른 법률의 개정) ①부터 〈374〉까지 생략 〈375〉 어린이놀이시설 안전관리법 일부를 다음과 같이 개정한다. 제4조제4항, 제5조제2항, 제6조제1항 및 제3항부터 제6항까지, 제7조제1항 및 같은 항 제4호 · 제2항, 제8조제1항, 제9조제1항, 제16조제1항, 제17조제1항 · 제2항, 제18조제2항, 제20조제2항 중 "산업자원부령"을 각각 "지식경제부령"으로 한다. 제2조제3호 · 제4호 · 제6호, 제4조제1항부터 제3항까지, 제5조제1항, 제7조제1항 및 같은 항 제2호 · 제2항, 제11조, 제18조제1항 및 같은 항 제4호, 제19조제1항 및 같은 항 제4호 · 제2항, 제24조, 제25조제1항 · 제2항, 제27조 중 "산업자원부장관"을 각각 "지식경제부장관"으로 한다. 〈376〉부터 〈760〉까지 생략 제7조 생략 **부칙** 〈법률 제9156호, 2008.12.19〉 제1조(시행일) 이 법은 공포 후 1개월이 경과한 날부터 시행한다. 제2조(종전의 규정에 따른 고시, 행정처분 등에 관한 경과조치) 이 법 시행 당시 종전의 규정에 따라 행한 지식경제부장관의 고시, 행정처분, 그 밖의 행위와 지식경제부장관에 대한 신청이나 그 밖의 행위는 그에 해당하는 이 법에 따른 행정안전부장관의 행위와 행정안전부장관에 대한 행위로 본다. 제3조(어린이놀이시설의 안전검사기관에 대한 경과조치) 이 법 시행 당시 종전의 규정에 따라 어린이놀이시설의 안전검사기관으로 지정받은 안전검사기관은 제4조의 개정규정에 따른 안전검사기관으로 지정받은 것으로 본다. 제4조(어린이놀이기구의 안전검사		

법	시행령	시행규칙
기관에 대한 경과조치) 이 법 시행 당시 종전의 규정에 따라 어린이놀이기구의 안전검사기관으로 지정받은 안전검사기관은 「품질경영 및 공산품안전관리법」 제12조에 따른 안전인증기관으로 지정받은 것으로 본다. 제5조(어린이놀이기구에 대한 안전인증 및 안전검사에 관한 경과조치) ① 이 법 시행 당시 종전의 규정에 따라 안전인증 또는 안전검사를 받은 어린이놀이기구는 「품질경영 및 공산품안전관리법」 제14조에 따른 안전인증을 받은 것으로 본다. ② 이 법 시행 당시 종전의 규정에 따라 어린이놀이기구에 대한 안전인증을 신청하여 진행 중인 경우에는 「품질경영 및 공산품안전관리법」에 따라 안전인증절차를 진행 중인 것으로 본다. ③ 이 법 시행 당시 종전의 규정에 따라 어린이놀이기구에 대한 안전검사를 신청하여 진행 중인 경우에는 종전의 규정에 따른다. 제6조(벌칙에 관한 경과조치) 이 법 시행 전의 행위에 대한 벌칙의 적용에 있어서는 종전의 규정에 따른다. **부칙** 〈법률 제10731호, 2011.5.30〉 제1조(시행일) 이 법은 공포 후 3개월이 경과한 날부터 시행한다. 제2조(권한이양에 따른 일반적 경과조치) 이 법 시행 당시 종전의 규정에 따른 중앙행정기관의 행위나 그 중앙행정기관에 대한 행위는 이 법에 따른 행정기관의 행위나 행정기관에 대한 행위로 본다. 제3조(어린이놀이시설 안전관리지원기관 등에 대한 경과조치) ① 이 법 시행 당시 종전의 규정에 따라 행정안전부장관으로부터 어린이놀이시설 안전관리지원기관으로 지정받은 자는 이 법에 따라 어린이놀이시설 안전관리지원기관으로 지정받은 것으로 본다. ② 이 법 시행 당시 종전의 규정에 따라 어린이놀이시설 안전관리지원기관에서 실시한 안전교육을 받		

법	시행령	시행규칙
은 사람은 이 법에 따라 안전교육을 받은 것으로 본다. 제4조(과태료의 부과 · 징수권자의 변경에 따른 경과조치) 이 법 시행 당시 종전의 규정에 따라 과태료 부과 · 징수 절차가 진행 중인 사건에 대하여는 부칙 제2조에도 불구하고 종전의 규정에 따른다. **부칙** 〈법률 제10989호, 2011.8.4〉 제1조(시행일) 이 법은 2012년 1월 27일부터 시행한다. 제2조(2008년 1월 27일 전에 설치된 어린이놀이시설의 설치검사 등에 관한 경과조치) ① 2008년 1월 27일 전에 설치된 어린이놀이시설로서 이 법 시행일까지 법률 제8286호 어린이놀이시설 안전관리법 부칙 제3조제1항에 따라 제12조에 따른 설치검사를 받은 어린이놀이시설에 대하여는 법률 제8286호 어린이놀이시설 안전관리법 부칙 제3조제1항의 개정규정에도 불구하고 종전의 규정에 따른다. ② 2008년 1월 27일 전에 설치된 어린이놀이시설로서 이 법 시행일까지 법률 제8286호 어린이놀이시설 안전관리법 부칙 제3조제1항에 따라 제12조에 따른 설치검사를 받지 아니한 어린이놀이시설의 관리주체는 법률 제8286호 어린이놀이시설 안전관리법 부칙 제3조제1항의 개정규정과 제12조에도 불구하고 이 법 시행일부터 3년 이내에 제12조에 따른 설치검사를 받아야 한다. 이 경우 "어린이놀이시설의 관리주체"는 제12조제1항에 따른 "설치자"로 본다. 다만, 일부 시설을 교체하여 해당 부분에 대한 설치검사를 받은 경우에는 제12조에 따른 설치검사로 보지 아니한다. 제3조(2008년 1월 27일 전에 설치된 어린이놀이시설의 사용에 관한 특례) 2008년 1월 27일 전에 설치된 어린이놀이시설(법률 제8286호 어린이놀이시설 안전관리법 부칙 제3조제1항에 따라 제12조에 따른 설치검사를 받은 어린이놀이시설은 제외한다)의 관리주체는 제13조제1항에도 불구하고 부칙 제2조		

법	시행령	시행규칙
제2항에 따른 설치검사를 받지 아니한 경우에도 이 법 시행일부터 3년 동안 해당 어린이놀이시설을 이용하도록 할 수 있다. 이 경우 "어린이놀이시설의 관리주체"는 제13조제1항에 따른 "설치자"로 본다. **부칙** 〈법률 제11394호, 2012.3.21〉 이 법은 공포한 날부터 시행한다. **부칙** 〈법률 제11690호, 2013.3.23〉 (정부조직법) 제1조(시행일) ① 이 법은 공포한 날부터 시행한다. ② 생략 제2조부터 제5조까지 생략 제6조(다른 법률의 개정) ①부터 〈181〉까지 생략 〈182〉 어린이놀이시설 안전관리법 일부를 다음과 같이 개정한다. 제2조제6호, 제4조제1항·제2항, 같은 조 제3항 각 호 외의 부분, 같은 조 제4항, 제5조제1항 각 호 외의 부분 본문, 제11조, 제19조제1항 각 호 외의 부분, 같은 항 제4호, 같은 조 제2항, 제24조 및 제27조 중 "행정안전부장관"을 각각 "안전행정부장관"으로 한다. 제4조제5항, 제5조제2항, 제16조제1항, 제17조제1항·제2항, 제18조제2항 및 제20조제2항 중 "행정안전부령"을 각각 "안전행정부령"으로 한다. 〈183〉부터 〈710〉까지 생략 제7조 생략		

어린이놀이시설 안전관리법 시행령 별표

[별표 1] 삭제〈2009.1.19〉

[별표 2] 〈개정 2009.1.19〉

어린이놀이시설(제2조 관련)

어린이놀이기구가 다음 각 호의 어느 하나의 장소에 설치된 경우 해당 놀이시설

1. 「공중위생관리법」 제2조제3호에 따른 목욕장업을 하는 자의 영업소
2. 「도로법 시행령」 제1조의3제5호에 따른 휴게시설
3. 「도시공원 및 녹지 등에 관한 법률」 제2조제3호에 따른 도시공원
4. 「식품위생법」 제21조제1항제3호에 따른 식품접객업을 하는 자의 영업소
5. 「아동복지법」 제2조제5호에 따른 아동복지시설
6. 「영유아보육법」 제2조제3호에 따른 보육시설
7. 「유아교육법」 제2조제2호에 따른 유치원
8. 「유통산업발전법」 제2조제3호에 따른 대규모점포
9. 「의료법」 제3조제1항에 따른 의료기관
10. 「주택법」 제2조제4호에 따른 주택단지
11. 「초·중등교육법」 제2조제2호에 따른 초등학교 및 같은 조 제5호에 따른 특수학교
12. 「학원의 설립·운영 및 과외교습에 관한 법률」 제2조제1호에 따른 학원
13. 어린이에게 놀이를 제공하는 것을 업으로 하는 자의 영업소
14. 그 밖에 해당 영업의 이용자에게 편의를 제공하기 위하여 어린이놀이용으로 설치된 시설로서 안전행정부령으로 정하는 시설

[별표 3] 〈개정 2009.1.19〉

안전검사기관의 지정요건(제5조 관련)

1. 설치검사·정기시설검사 또는 안전진단을 하려는 기관은 다음 각 목의 요건을 모두 갖추어야 한다.
   가. 어린이놀이시설의 안전관리를 주된 업무로 하는 비영리법인 또는 단체일 것
   나. 설치검사·정기시설검사 또는 안전진단을 하기 위한 조직·인원 및 업무 수행 체계가 국제표준화기구(ISO)에서 정한 국제규격의 검사기관의 운영에 대한 일반기준과 시험 및 교정기관의 자격에 대한 일반 요구사항을 만족하고, 「국가표준기본법」 제23조에 따른 시험·검사기관으로 인정받을 것
   다. 시설기준등에서 요구하는 시험·검사설비를 갖출 것
   라. 「국가표준기본법」 제23조에 따른 시험·검사기관에서의 시험·검사경력이 5년 이상인 시험·검사요원을 3명 이상 확보할 것
2. 삭제〈2009.1.19〉

[별표 4]

설치검사·정기시설검사 및 안전진단의 수수료 부과기준(제9조 관련)

구분	수수료
1. 기본료	설치검사·정기시설검사·안전진단신청서의 접수 및 검토, 인력지원, 합격증 발급 등에 드는 실제 비용
2. 인건비	설치검사·정기시설검사·안전진단 활동에 투입된 인력의 인건비
3. 재료비	검사과정에 사용되는 소모성 재료의 비용
4. 감가상각비	장비별 법정내용연수(法定耐用年數)를 기준으로 하되, 가동률을 100퍼센트로 하여 정액법(定額法)에 따라 감가하는 방법으로 산출한 비용
5. 시설유지비	장비가동을 위하여 필요한 소모성 부품의 비용, 장비의 수리·교환에 따른 부품의 비용, 장비의 가동에 필요한 전기료·수도료 등 그 밖의 시설유지비
6. 기타	그 밖에 검사를 위하여 지출한 경비로서 정보수집비용, 현장출장비, 운반비 등 추가 지출이 있는 경우 그 비용

비고
1. 제2호에 따른 인건비의 단가는 「엔지니어링기술 진흥법」 제10조에 따른 엔지니어링사업대가 기준의 산업관리부문 품질관리 분야 고급기술자의 임금 수준을 준용한다.
2. 제6호에 따른 현장출장비는 「공무원 여비규정」에 따른 5급 공무원 상당의 여비를 적용하며, 어린이놀이기구의 운반비는 실제 비용을 적용한다.

[별표 5] 〈개정 2008.2.29〉

설치검사 및 정기시설검사 표시의 기준과 방법(제10조 관련)

1. 표시의 기준
  가. 표시의 도안

설치검사 및 정기시설검사에 대한 표시				
설치검사번호				
시설명				
시설소재지				
검사자				
검사기관				
유효기간				
정기시설검사 합격여부	1차	2차	3차	4차
년 월 일 안전검사기관장 [인]				

  나. 도안 작성 요령
   1) 표시의 도안 크기는 어린이놀이시설의 크기에 따라 조정할 수 있다.
   2) 표시의 글자색은 검정색을 원칙으로 한다.

2. 표시의 방법
  표시는 어린이놀이시설 이용자가 잘 볼 수 있도록 어린이놀이시설 내의 적절한 장소에 설치 또는 부착하거나 인쇄·각인(刻印) 등의 방법으로 표시하여야 한다.

[별표 6] 〈개정 2009.1.19〉

안전점검의 항목 및 방법(제11조제2항 관련)

1. 안전점검의 항목
  가. 어린이놀이시설의 연결상태
  나. 어린이놀이시설의 노후(老朽) 정도
  다. 어린이놀이시설의 변형상태
  라. 어린이놀이시설의 청결상태
  마. 어린이놀이시설의 안전수칙 등의 표시상태
  바. 부대시설의 파손 상태 및 위험물질의 존재 여부

2. 안전점검의 방법
  어린이놀이시설의 관리주체는 제1호의 점검항목에 대하여 다음 각 목의 기준에 따라 구분하여 안전점검을 한 후, 그 결과를 안전점검 실시대장에 기록하여야 한다.
  가. 양호 : 어린이놀이시설의 이용자에게 위해(危害)·위험을 발생시킬 요소가 없는 경우
  나. 요주의 : 어린이놀이시설의 이용자에게 위해·위험을 발생시킬 요소는 발견할 수 없으나, 어린이놀이기구와 그 부분품의 제조업체가 정한 사용연한이 지난 경우
  다. 요수리 : 어린이놀이시설의 이용자에게 위해·위험을 발생시킬 요소가 되는 틈, 헐거움, 날카로움 등이 생길 가능성이 있거나, 어린이놀이시설이 더럽거나 안전 관련 표시가 훼손된 경우
  라. 이용금지 : 어린이놀이시설의 이용자에게 위해·위험을 발생시킬 수 있는 틈, 헐거움, 날카로움 등이 있거나 위해가 발생한 경우

3. 안전행정부장관은 제1호와 제2호에 따른 안전점검의 항목 및 방법에 관하여 필요한 세부적인 사항을 정하여 고시할 수 있다.

[별표 7]

보험의 보상한도액(제13조제3항 관련)

1. 사망의 경우 : 8천만원. 다만, 실손해액이 2천만원 미만인 경우에는 2천만원
2. 부상의 경우 : 다음의 구분에 따른 금액

등급	보험금액	상 해 내 용
1급	1천 500만원	1. 고관절의 골절 또는 골절성 탈구 2. 척추체 분쇄성 골절 3. 척추체 골절 또는 탈구로 인한 제신경증상으로 수술을 시행한 상해 4. 외상성 두개강안의 출혈로 개두술을 시행한 상해 5. 두개골의 함몰 골절로 신경학적 증상이 심한 상해 또는 경막하 수종, 수활액 낭종, 지주막하 출혈 등으로 개두술을 시행한 상해 6. 고도의 뇌좌상(미만성 뇌축삭 손상을 포함한다)으로 생명이 위독한 상해(48시간 이상 혼수상태가 지속되는 경우를 말한다) 7. 대퇴골 간부의 분쇄성 골절 8. 경골아래 3분의 1 이상의 분쇄성 골절 9. 화상·좌상·괴사창 등 연부조직에 손상이 심한 상해(체표의 9퍼센트 이상의 상해) 10. 사지와 몸통의 연부조직에 손상이 심하여 유경식피술을 시행한 상해 11. 상박골 경부 골절과 간부 분쇄 골절이 중복된 경우 또는 상완골 삼각골절 12. 그 밖에 1급에 해당한다고 인정되는 상해
2급	800만원	1. 상박골 분쇄성 골절 2. 척주체의 압박 골절이 있으나 제신경증상이 없는 상해 또는 경추 탈구(아탈구 포함), 골절 등으로 할로베스트 등 고정술을 시행한 상해 3. 두개골 골절로 신경학적 증상이 현저한 상해(48시간 미만의 혼수상태 또는 반혼수상태가 지속되는 경우를 말한다) 4. 내부장기 파열과 골반골 골절이 동반된 상해 또는 골반골 골절과 요도 파열이 동반된 상해 5. 무릎관절 탈구 6. 족관절부 골절과 골절성 탈구가 동반된 상해 7. 척골 간부 골절과 요골 골두 탈구가 동반된 상해 8. 천장골간 관절 탈구 9. 무릎관절 전·후십자 인대 및 내측부 인대 파열과 내·외측 반월상 연골이 전부 파열된 상해 10. 그 밖에 2급에 해당한다고 인정되는 상해
3급	800만원	1. 상박골 경부 골절 2. 상박골 과부 골절과 주관절 탈구가 동반된 상해 3. 요골과 척골의 간부 골절이 동반된 상해 4. 수근 주상골 골절 5. 요골 신경손상을 동반한 상박골 간부 골절 6. 대퇴골 간부 골절(소아의 경우에는 수술을 시행한 경우만 해당하며, 그 외의 자는 수술의 수행 여부를 불문한다) 7. 무릎골(슬개골을 말한다. 이하 같다) 분쇄 골절과 탈구로 인하여 무릎골 완전 적출술을 시행한 상해 8. 경골 과부 골절이 관절면을 침범하는 상해(경골극 골절로 관혈적 수술을 시행한 경우를 포함한다) 9. 족근 골척골 간 관절 탈구와 골절이 동반된 상해 또는 리스프랑씨시(Lisfranc) 관절의 골절 및 탈구 10. 전·후십자 인대 또는 내외측 반월상 연골 파열과 경골극 골절 등이 복합된 슬내장 11. 복부 내장 파열로 수술이 불가피한 상해 또는 복강내출혈로 수술한 상해 12. 뇌손상으로 뇌신경 마비를 동반한 상해 13. 중증도의 뇌좌상(미만성 뇌축삭 손상을 포함한다)으로 신경학적 증상이 심한 상해(48시간 미만의 혼수상태 또는 반혼수상태가 지속되는 경우를 말한다) 14. 개방성 공막 열창으로 양안구가 파열되어 양안 적출술을 시행한 상해

		15. 경추궁의 선상 골절 16. 항문 파열로 인공항문 조성술 또는 요도 파열로 요도성형술을 시행한 상해 17. 관절면을 침범한 대퇴골 과부 분쇄 골절 18. 그 밖에 3급에 해당한다고 인정되는 상해
4급	700만원	1. 대퇴골 과부(원외부, 과상부 및 대퇴과간을 포함한다) 골절 2. 경골 간부 골절, 관절면 침범이 없는 경골 과부 골절 3. 거골 경부 골절 4. 슬개인대 파열 5. 견갑관절부위의 회선근개 골절 6. 상박골 외측상과 전위 골절 7. 주관절부 골절과 탈구가 동반된 상해 8. 화상, 좌창, 괴사창 등으로 연부조직의 손상이 체표의 약 4.5퍼센트 이상인 상해 9. 안구 파열로 적출술이 불가피한 상해 또는 개방성 공막열창으로 안구 적출술, 각막 이식술을 시행한 상해 10. 대퇴 사두근, 이두근 파열로 관혈적 수술을 시행한 상해 11. 무릎관절부의 내 · 외측부 인대, 전 · 후십자 인대, 내 · 외측 반월상 연골 완전 파열(부분 파열로 수술을 시행한 경우를 포함한다) 12. 관혈적 정복술을 시행한 소아의 경 · 비골 아래 3분의 1 이상의 분쇄성 골절 13. 그 밖에 4급에 해당한다고 인정되는 상해
5급	700만원	1. 골반골의 중복 골절(말가이그니씨 골절 등을 포함한다) 2. 족관절부의 내외과 골절이 동반된 상해 3. 족종골 골절 4. 상박골 간부 골절 5. 요골 원위부(Colles, Smith, 수근 관절면, 요골원위 골단 골절을 포함한다) 골절 6. 척골 근위부 골절 7. 다발성 늑골 골절로 혈흉, 기흉이 동반된 상해 또는 단순 늑골 골절과 혈흉, 기흉이 동반되어 흉관삽관술을 시행한 상해 8. 족배부 근건 파열창 9. 수장부 근건 파열창(상완심부 열창으로 삼각근, 이두근 근건 파열을 포함한다) 10. 아킬레스건 파열 11. 소아의 상박골 간부 골절(분쇄 골절을 포함한다)로 수술한 상해 12. 결막, 공막, 망막 등의 자체 파열로 봉합술을 시행한 상해 13. 거골 골절(경부는 제외한다) 14. 관혈적 정복술을 시행하지 아니한 소아의 경 · 비골 아래의 3분의 1 이상의 분쇄 골절 15. 관혈적 정복술을 시행한 소아의 경골 분쇄 골절 16. 23개 이상의 치아에 보철이 필요한 상해 17. 그 밖에 5급에 해당된다고 인정되는 상해
6급	400만원	1. 소아의 하지 장관골 골절(분쇄 골절 또는 성장판 손상을 포함한다) 2. 대퇴골 대전자부 절편 골절 3. 대퇴골 소전자부 절편 골절 4. 다발성 발바닥뼈(중족골을 말한다. 이하 같다) 골절 5. 치골 · 좌골 · 장골 · 천골의 단일 골절 또는 미골 골절로 수술한 상해 6. 치골 상 · 하지 골절 또는 양측 치골 골절 7. 단순 손목뼈 골절 8. 요골 간부 골절(원위부 골절은 제외한다) 9. 척골 간부 골절(근위부 골절은 제외한다) 10. 척골 주두부 골절 11. 다발성 손바닥뼈(중수골을 말한다. 이하 같다) 골절 12. 두개골 골절로 신경학적 증상이 가벼운 상해 13. 외상성 경막하 수종, 수활액 낭종, 지주막하 출혈 등으로 수술하지 아니한 상해(천공술을 시행한 경우를 포함한다)

		14. 늑골 골절이 없이 혈흉 또는 기흉이 동반되어 흉관 삽관술을 시행한 상해 15. 상박골 대결절 견연 골절로 수술을 시행한 상해 16. 대퇴골 또는 대퇴골 과부 견연 골절 17. 19개 이상 22개 이하의 치아에 보철이 필요한 상해 18. 그 밖에 6급에 해당한다고 인정되는 상해
7급	400만원	1. 소아의 상지 장관골 골절 2. 족과절 내과골 또는 외과골 골절 3. 상박골 상과부굴곡 골절 4. 고관절 탈구 5. 견갑관절 탈구 6. 견봉쇄골간 관절 탈구, 관절낭 또는 견봉쇄골 간 인대 파열 7. 족관절 탈구 8. 천장관절 이개 또는 치골 결합부 이개 9. 다발성 안면두개골 골절 또는 신경손상과 동반된 안면 두개골 골절 10. 16개 이상 18개 이하의 치아에 보철에 필요한 상해 11. 그 밖에 7급에 해당한다고 인정되는 상해
8급	180만원	1. 상박골 절과부 신전 골절 또는 상박골 대결절 견연 골절로 수술하지 아니한 상해 2. 쇄골 골절 3. 주관절 탈구 4. 견갑골(견갑골극 또는 체부, 흉곽 내 탈구, 경부, 과부, 견봉돌기, 오훼돌기를 포함한다) 골절 5. 견봉쇄골 인대 또는 오구쇄골 인대 완전 파열 6. 주관절내 상박골 소두 골절 7. 비골(다리) 골절, 비골 근위부 골절(신경손상 또는 관절 면침범을 포함한다) 8. 발가락뼈(족지골을 말한다. 이하 같다)의 골절과 탈구가 동반된 상해 9. 다발성 늑골 골절 10. 뇌좌상(미만성 뇌축삭손상을 포함한다)으로 신경학적 증상이 가벼운 상해 11. 안면부 열창, 두개부 타박 등에 의한 뇌손상이 없는 뇌신경 손상 12. 상악골, 하악골, 치조골, 안면 두개골 골절 13. 안구 적출술 없이 시신경의 손상으로 실명된 상해 14 족부 인대 파열(부분 파열은 제외한다) 15. 13개 이상 15개 이하의 치아에 보철이 필요한 상해 16. 그 밖에 8급에 해당한다고 인정되는 상해
9급	180만원	1. 척주골의 극상돌기, 횡돌기 골절 또는 하관절 돌기 골절(다발성 골절을 포함한다) 2. 요골 골두골 골절 3. 완관절 내 월상골 전방 탈구 등 손목뼈 탈구 4. 손가락뼈(수지골을 말한다. 이하 같다)의 골절과 탈구가 동반된 상해 5. 손바닥뼈 근절 6. 수근 골절(주상골은 제외한다) 7. 발목뼈(족근골을 말한다) 골절(거골 · 종골은 제외한다) 8. 발바닥뼈 골절 9. 족관절부 염좌, 경 · 비골 이개, 족부 인대 또는 아킬레스건의 부분 파열 10. 늑골, 흉골, 늑연골 골절 또는 단순 늑골 골절과 혈흉, 기흉이 동반되어 수술을 시행하지 아니한 경우 11. 척주체 간 관절부 염좌로서 그 부근의 연부조직(인대 · 근육 등) 손상이 동반된 상해 12. 척수 손상으로 마비증상 없고 수술을 시행하지 아니한 경우 13. 완관절 탈구(요골, 손목뼈 관절 탈구 또는 수근 간 관절 탈구, 하요척골 관절 탈구를 포함한다) 14. 미골 골절로 수술하지 아니한 상해 15. 무릎관절부 인대의 부분 파열로 수술을 시행하지 아니한 경우 16. 11개 또는 12개의 치아에 보철이 필요한 상해 17. 그 밖에 9급에 해당한다고 인정되는 상해
10급	120만원	1. 외상성 무릎관절 내 혈종(활액막염을 포함한다)

		2. 손바닥뼈 지골 간 관절 탈구 3. 손목뼈 손바닥뼈 간 관절 탈구 4. 상지부 각 관절부(견관절, 주관절, 완관절) 염좌 5. 척골 · 요골 경상돌기 골절, 제불완전골절[비골(코) 골절 · 수지 골절 및 발가락뼈 골절은 제외한다] 6. 수지 신전근건 파열 7. 9개 또는 10개의 치아에 보철이 필요한 상해 8. 그 밖에 10급에 해당한다고 인정되는 상해
11급	120만원	1. 발가락뼈 관절 탈구 및 염좌 2. 수지 골절 · 탈구 및 염좌 3. 비골(코) 골절 4. 손가락뼈 골절 5. 발가락뼈 골절 6. 뇌진탕 7. 고막 파열 8. 6개 이상 8개 이하의 치아에 보철이 필요한 상해 9. 그 밖에 11급에 해당한다고 인정되는 상해
12급	60만원	1. 8일부터 14일까지의 기간 동안 입원이 필요한 상해 2. 15일부터 26일까지의 기간 동안 통원치료가 필요한 상해 3. 4개 또는 5개의 치아에 보철이 필요한 상해
13급	60만원	1. 4일부터 7일까지의 기간 동안 입원이 필요한 상해 2. 8일부터 14일까지의 기간 동안 통원치료가 필요한 상해 3. 2개 또는 3개의 치아에 보철이 필요한 상해
14급	60만원	1. 3일 이하의 입원이 필요한 상해 2. 7일 이하의 통원치료가 필요한 상해 3. 1개 이하의 치아에 보철이 필요한 상해

비고

1. 2급부터 11급까지의 상해내용 중 개방성 골절은 해당 등급보다 한 등급 높이 배상한다.
2. 2급부터 11급까지의 상해내용 중 단순성 선상 골절로 인한 골편의 전위가 없는 골절은 해당 등급보다 한 등급 낮게 배상한다.
3. 2급부터 11급까지의 상해내용 중 2가지 이상의 상해가 중복된 경우에는 가장 높은 등급에 해당하는 상해로부터 하위 3등급(예 : 상해내용이 주로 2급에 해당하는 경우에는 5급까지) 사이의 상해가 중복된 경우에만 가장 높은 상해내용의 등급보다 한 등급 높게 배상한다.
4. 일반 외상과 치아보철이 필요한 상해가 중복된 경우에는 1급의 금액을 초과하지 아니하는 범위에서 각 상해 등급에 해당하는 금액의 합산액을 배상한다.

3. 부상의 경우 그 치료가 끝난 후 해당 부상이 원인이 되어 신체장해가 생긴 경우 : 다음의 구분에 따른 금액

등급	보험금액	상해내용
1급	8천만원	1. 두 눈이 실명된 사람 2. 말하는 기능과 음식물을 씹는 기능을 완전히 잃은 사람 3. 신경계통의 기능이나 정신기능에 뚜렷한 장해가 남아 항상 보호를 받아야 하는 사람 4. 흉복부 장기의 기능에 뚜렷한 장해가 남아 항상 보호를 받아야 하는 사람 5. 반신마비가 된 사람 6. 두 팔을 팔꿈치관절 이상에서 잃은 사람 7. 두 팔을 완전히 사용하지 못하게 된 사람 8. 두 다리를 무릎관절 이상에서 잃은 사람 9. 두 다리를 완전히 사용하지 못하게 된 사람
2급	7천 200만원	1. 한 눈이 실명되고 다른 눈의 시력이 0.02 이하로 된 사람 2. 두 눈의 시력이 각각 0.02 이하로 된 사람 3. 두 팔을 손목관절 이상에서 잃은 사람 4. 두 다리를 발목관절 이상에서 잃은 사람

		5. 신경계통의 기능이나 정신기능에 뚜렷한 장해가 남아 수시로 보호를 받아야 하는 사람 6. 흉복부 장기의 기능에 뚜렷한 장해가 남아 수시로 보호를 받아야 하는 사람
3급	6천 400만원	1. 한 눈이 실명되고 다른 눈의 시력이 0.06 이하로 된 자 2. 말하는 기능이나 음식물을 씹는 기능을 완전히 잃은 사람 3. 신경계통의 기능 또는 정신기능에 뚜렷한 장해가 남아 일생동안 노무(勞務)에 종사할 수 없는 사람 4. 흉복부 장기의 기능에 뚜렷한 장해가 남아 일생동안 노무에 종사할 수 없는 사람 5. 두 손의 손가락을 모두 잃은 사람
4급	5천 600만원	1. 두 눈의 시력이 0.06 이하로 된 사람 2. 말하는 기능과 음식물을 씹는 기능에 뚜렷한 장해가 남은 사람 3. 고막의 전부의 결손이나 그 외의 원인으로 두 귀의 청력을 완전히 잃은 사람 4. 한 팔을 팔꿈치관절 이상에서 잃은 사람 5. 한 다리를 무릎관절 이상에서 잃은 사람 6. 두 손의 손가락을 모두 제대로 사용하지 못하게 된 사람 7. 두 발을 족근중족 관절 이상에서 잃은 사람
5급	4천 800만원	1. 한 눈이 실명되고 다른 눈의 시력이 0.1 이하로 된 사람 2. 한 팔을 손목관절 이상에서 잃은 사람 3. 한 다리를 발목관절 이상에서 잃은 사람 4. 한 팔을 완전히 사용하지 못하게 된 사람 5. 한 다리를 완전히 사용하지 못하게 된 사람 6. 두 발의 발가락을 모두 잃은 사람 7. 흉복부 장기의 기능에 뚜렷한 장해가 남아 특별히 손쉬운 노무 외에는 종사할 수 없는 사람 8. 신경계통의 기능이나 정신기능에 뚜렷한 장해가 남아 특별히 손쉬운 노무 외에는 종사할 수 없는 사람
6급	4천만원	1. 두 눈의 시력이 0.1 이하로 된 사람 2. 말하는 기능이나 음식물을 씹는 기능에 뚜렷한 장해가 남은 사람 3. 고막이 대부분 결손되거나 그 외의 원인으로 두 귀의 청력이 모두 귓바퀴에 대고 말하지 아니하고는 큰 말소리를 알아듣지 못하게 된 사람 4. 한 귀가 전혀 들리지 아니하게 되고 다른 귀의 청력이 40센티미터 이상의 거리에서는 보통의 말소리를 알아듣지 못하게 된 사람 5. 척주에 뚜렷한 기형이나 뚜렷한 운동장해가 남은 사람 6. 한 팔의 3대 관절 중 2개 관절을 사용하지 못하게 된 사람 7. 한 다리의 3대 관절 중 2개 관절을 사용하지 못하게 된 사람 8. 한 손의 5개 손가락 또는 엄지손가락과 둘째손가락을 포함하여 4개의 손가락을 잃은 사람
7급	3천 200만원	1. 한 눈이 실명되고 다른 눈의 시력이 0.6 이하로 된 사람 2. 두 귀의 청력이 모두 40센티미터 이상의 거리에서는 보통의 말소리를 알아듣지 못하게 된 사람 3. 한 귀가 전혀 들리지 아니하게 되고 다른 귀의 청력이 1미터 이상의 거리에서는 보통의 말소리를 알아듣지 못하게 된 사람 4. 신경계통의 기능이나 정신기능에 장해가 남아 손쉬운 노무 외에는 종사하지 못하는 사람 5. 흉복부 장기의 기능에 장해가 남아 손쉬운 노무 외에는 종사하지 못하는 사람 6. 한 손의 엄지손가락과 둘째손가락을 잃은 사람 또는 엄지손가락이나 둘째손가락을 포함하여 3개 이상의 손가락을 잃은 사람 7. 한 손의 5개 손가락 또는 엄지손가락과 둘째손가락을 포함하여 4개 손가락을 제대로 사용하지 못하게 된 사람 8. 한 발을 족근중족 관절 이상에서 잃은 사람 9. 한 팔에 가관절(假關節)이 남아 뚜렷한 운동장해가 남은 사람 10. 한 다리에 가관절이 남아 뚜렷한 운동장해가 남은 사람 11. 두 발의 발가락을 모두 제대로 사용하지 못하게 된 사람 12. 외모에 뚜렷한 흉터가 남은 여자 13. 양쪽의 고환을 잃은 사람

8급	2천 400만원	1. 한 눈의 시력이 0.02 이하로 된 사람 2. 척주에 운동장해가 남은 사람 3. 한 손의 엄지손가락을 포함하여 2개 손가락을 잃은 사람 4. 한 손의 엄지손가락과 둘째손가락을 제대로 사용하지 못하게 된 사람 또는 엄지손가락이나 둘째손가락을 포함하여 3개 이상의 손가락을 제대로 사용하지 못하게 된 사람 5. 한 다리가 다른 쪽 다리보다 5센티미터 이상 짧아진 사람 6. 한 팔의 3대 관절 중에서 1개 관절을 제대로 사용하지 못하게 된 사람 7. 한 다리의 3대 관절 중에서 1개 관절을 제대로 사용하지 못하게 된 사람 8. 한 팔에 가관절이 남은 사람 9. 한 다리에 가관절이 남은 사람 10. 한 발의 발가락을 모두 잃은 사람 11. 비장 또는 한쪽의 신장을 잃은 사람
9급	1천 800만원	1. 두 눈의 시력이 각각 0.6 이하로 된 사람 2. 한 눈의 시력이 0.06 이하로 된 사람 3. 두 눈에 반맹증(半盲症) · 시야협착 또는 시야결손이 남은 사람 4. 두 눈의 눈꺼풀에 뚜렷한 결손이 남은 사람 5. 코가 결손되어 그 기능에 뚜렷한 장해가 남은 사람 6. 말하는 기능과 음식물을 씹는 기능에 장해가 남은 사람 7. 두 귀의 청력이 모두 1미터 이상의 거리에서는 보통의 말소리를 알아듣지 못하게 된 사람 8. 한 귀의 청력이 귓바퀴에 대고 말하지 아니하고는 큰 말소리를 알아듣지 못하고 다른 귀의 청력이 1미터 이상의 거리에서는 보통의 말소리를 알아듣지 못하게 된 사람 9. 한 귀의 청력을 완전히 잃은 사람 10. 한 손의 엄지손가락을 잃은 사람 또는 둘째손가락을 포함하여 2개의 손가락을 잃은 사람 또는 엄지손가락과 둘째손가락 외의 3개의 손가락을 잃은 사람 11. 한 손의 엄지손가락을 포함하여 2개의 손가락을 제대로 사용하지 못하게 된 사람 12. 한 발의 엄지발가락을 포함하여 2개 이상의 발가락을 잃은 사람 13. 한 발의 발가락을 모두 제대로 사용하지 못하게 된 사람 14. 생식기에 뚜렷한 장해가 남은 사람 15. 신경계통의 기능 또는 정신기능에 장해가 남아 노무가 상당한 정도로 제한된 사람 16. 흉복부 장기의 기능에 장해가 남아 노무가 상당한 정도로 제한된 사람
10급	1천 500만원	1. 한 눈의 시력이 0.1 이하로 된 사람 2. 말하는 기능이나 음식물을 씹는 기능에 장해가 남은 사람 3. 14개 이상의 치아에 치아보철을 한 사람 4. 한 귀의 청력이 귓바퀴에 대고 말하지 아니하고서는 큰 말소리를 알아듣지 못하게 된 사람 5. 두 귀의 청력이 모두 1미터 이상의 거리에서 보통의 말소리를 알아듣는 데에 지장이 있는 사람 6. 한 손의 둘째손가락을 잃은 사람 또는 엄지손가락과 둘째손가락 외의 2개의 손가락을 잃은 사람 7. 한 손의 엄지손가락을 제대로 사용하지 못하게 된 사람 또는 둘째손가락을 포함하여 2개의 손가락을 제대로 사용하지 못하게 된 사람 또는 엄지손가락과 둘째손가락 외의 3개의 손가락을 제대로 사용하지 못하게 된 사람 8. 한 다리가 다른 쪽 다리보다 3센티미터 이상 짧아진 사람 9. 한 발의 엄지발가락 또는 그 외의 4개 발가락을 잃은 사람 10. 한 팔의 3대 관절 중 1개 관절의 기능에 뚜렷한 장해가 남은 사람 11. 한 다리의 3대 관절 중 1개 관절의 기능에 뚜렷한 장해가 남은 사람
11급	1천 200만원	1. 두 눈이 모두 근접반사기능에 뚜렷한 장해가 남거나 또는 뚜렷한 운동장해가 남은 사람 2. 두 눈의 눈꺼풀에 뚜렷한 장해가 남은 사람 3. 한 눈의 눈꺼풀에 결손이 남은 사람 4. 한 귀의 청력이 40센티미터 이상의 거리에서는 보통의 말소리를 알아듣지 못하게 된 사람 5. 두 귀의 청력이 모두 1미터 이상의 거리에서는 작은 말소리를 알아듣지 못하게 된 사람 6. 척주에 기형이 남은 사람 7. 한 손의 가운뎃손가락 또는 넷째손가락을 잃은 사람 8. 한 손의 둘째손가락을 제대로 사용하지 못하게 된 사람 또는 엄지손가락과 둘째손가락 외의 2개

		손가락을 제대로 사용하지 못하게 된 사람 9. 한 발의 엄지발가락을 포함하여 2개 이상의 발가락을 제대로 사용하지 못하게 된 사람 10. 흉복부 장기의 기능에 장해가 남은 사람 11. 10개 이상 13개 이하의 치아에 치아보철을 한 사람
12급	1천만원	1. 한 눈의 근접반사기능에 뚜렷한 장해가 있거나 뚜렷한 운동장해가 남은 사람 2. 한 눈의 눈꺼풀에 뚜렷한 운동장해가 남은 사람 3. 7개 이상 9개 이하의 치아에 치아보철을 한 사람 4. 한 귀의 귓바퀴 대부분이 결손된 사람 5. 쇄골, 흉골, 늑골, 견갑골 또는 골반골에 뚜렷한 기형이 남은 사람 6. 한 팔의 3대 관절 중 1개 관절의 기능에 장해가 남은 사람 7. 한 다리의 3대 관절 중 1개 관절의 기능에 장해가 남은 사람 8. 장관골에 기형이 남은 사람 9. 한 손의 가운뎃손가락 또는 넷째손가락을 제대로 사용하지 못하게 된 사람 10. 한 발의 둘째발가락을 잃은 사람, 둘째발가락을 포함하여 2개의 발가락을 잃은 사람 또는 가운뎃발가락 이하의 3개의 발가락을 잃은 사람 11. 한 발의 엄지발가락 또는 그 외의 4개 발가락을 제대로 사용하지 못하게 된 사람 12. 국부에 뚜렷한 신경증상이 남은 사람 13. 외모에 뚜렷한 흉터가 남은 남자 14. 외모에 흉터가 남은 여자
13급	800만원	1. 한 눈의 시력이 0.6 이하로 된 사람 2. 한 눈에 반맹증, 시야협착 또는 시야결손이 남은 사람 3. 두 눈의 눈꺼풀 일부에 결손이 남거나 속눈썹에 결손이 남은 사람 4. 5개 또는 6개의 치아에 치아보철을 한 사람 5. 한 손의 새끼손가락을 잃은 사람 6. 한 손의 엄지손가락 마디뼈의 일부를 잃은 사람 7. 한 손의 둘째손가락 마디뼈의 일부를 잃은 사람 8. 한 손의 둘째손가락 끝관절을 굽히고 펼 수 없게 된 사람 9. 한 다리가 다른 쪽 다리보다 1센티미터 이상 짧아진 사람 10. 한 발의 가운뎃발가락 이하의 1개 또는 2개의 발가락을 잃은 사람 11. 한 발의 둘째발가락을 제대로 사용하지 못하게 된 사람 또는 둘째발가락을 포함하여 2개의 발가락을 제대로 사용하지 못하게 된 사람 또는 가운뎃발가락 이하의 3개의 발가락을 제대로 사용하지 못하게 된 사람
14급	500만원	1. 한 눈의 눈꺼풀 일부에 결손이 있거나 속눈썹에 결손이 남은 사람 2. 3개 또는 4개의 치아에 치아보철을 한 사람 3. 한 귀의 청력이 1미터 이상의 거리에서는 보통의 말소리를 알아듣지 못하게 된 사람 4. 팔의 노출된 면에 손바닥 크기의 흉터가 남은 사람 5. 다리의 노출된 면에 손바닥 크기의 흉터가 남은 사람 6. 한 손의 새끼손가락을 제대로 사용하지 못하게 된 사람 7. 한 손의 엄지손가락과 둘째손가락 외의 손가락 마디뼈의 일부를 잃은 사람 8. 한 손의 엄지손가락과 둘째손가락 외의 손가락의 끝관절을 제대로 사용하지 못하게 된 사람 9. 한 발의 가운뎃발가락 이하의 1개 또는 2개의 발가락을 제대로 사용하지 못하게 된 사람 10. 국부에 신경증상이 남은 사람 11. 외모에 흉터가 남은 남자
비고 1. 신체장해가 둘 이상 있는 경우에는 중한 신체장해에 해당하는 장해등급보다 한 등급 높게 배상한다. 2. 시력의 측정은 국제적으로 인정되는 시력표에 따르며, 굴절 이상이 있는 사람에 대하여는 원칙적으로 교정시력을 측정한다. 3. 손가락을 잃은 것이란 엄지손가락은 지관절을 잃은 경우를 말하며, 그 밖의 손가락은 제1지관절 이상을 잃은 경우를 말한다. 4. 손가락을 제대로 사용하지 못하게 된 것이란 손가락 끝부분의 2분의 1 이상을 잃거나 중수지 관절 또는 제1지관절(엄지손가락은 지관절)에 뚜렷한 운동장해가 있는 경우를 말한다. 5. 발가락을 잃은 것이란 발가락 전부를 잃은 경우를 말한다. 6. 발가락을 제대로 사용하지 못하게 된 것이란 엄지발가락은 끝관절의 2분의 1 이상을 잃은 경우를 말하며, 그 밖의 발가락은 끝관절 이상을 잃은 경우 또는 중족지 관절 또는 제1지관절(엄지발가락은 지관절)에 뚜렷한 운동장해가 남은 경우를 말한다.		

7. 흉터가 남은 것이란 성형수술을 하였어도 육안으로 알아볼 수 있는 흔적이 있는 상태를 말한다.
8. 항상 보호를 받아야 하는 것이란 일상생활에서 기본적인 음식섭취 · 배뇨 등을 다른 사람에게 의존하여야 하는 것을 말한다.
9. 수시로 보호를 받아야 하는 것이란 일상생활에서 기본적인 음식섭취 · 배뇨 등은 가능하나, 그 외의 일은 다른 사람에게 의존하여야 하는 것을 말한다.
10. 항상 보호 또는 수시 보호를 받아야 하는 기간은 의사가 판정하는 노동능력 상실 기간을 기준으로 볼 때 타당한 기간으로 한다.
11. 제대로 사용하지 못하게 된 것이란 정상 기능의 4분의 3 이상을 상실한 경우를 말하고, 뚜렷한 장해가 남은 것이란 정상 기능의 2분의 1 이상을 상실한 경우를 말하며, 장해가 남은 것이란 정상 기능의 4분의 1 이상을 상실한 경우를 말한다.

4. 부상자가 치료 중에 해당 부상이 원인이 되어 사망한 경우 : 제1호와 제2호의 금액을 합산한 금액
5. 부상한 자에게 해당 부상이 원인이 되어 신체장애가 생긴 경우 : 제2호와 제3호의 금액을 합산한 금액
6. 제3호의 금액을 지급한 후 해당 부상이 원인이 되어 사망한 경우 : 제1호의 금액에서 제3호에 따라 지급한 금액을 뺀 금액
7. 재산상 손해를 입은 경우 : 2백만원

[별표 8] 〈개정 2009.1.19〉

자료 제출 또는 보고 사항(제15조제1항 관련)

제출 또는 보고자	제출 또는 보고 사항
1. 설치자	어린이놀이시설의 설치 및 설치검사 현황
2. 관리주체	가. 어린이놀이시설의 정기시설검사 현황 나. 어린이놀이시설의 안전점검 및 안전진단 현황 다. 안전교육 및 보험가입 현황 라. 어린이놀이시설 관련 사고발생 현황

[별표 9] 〈개정 2009.1.19〉

과태료의 부과기준(제18조 관련)

위반행위	근거 법령	과태료 금액
1. 법 제15조제1항에 따른 안전점검을 실시하지 아니한 자	법 제31조 제1항제1호	500만원
2. 법 제15조제3항을 위반하여 어린이놀이시설의 이용을 금지하지 아니하거나 안전진단을 신청하지 아니한 자	법 제31조 제1항제2호	400만원
3. 법 제17조제1항을 위반하여 안전점검 및 안전진단을 실시한 결과를 기록 · 보관하지 아니한 자	법 제31조 제1항제3호	200만원
4. 법 제20조에 따른 안전교육을 받도록 하지 아니한 관리주체	법 제31조 제1항제4호	200만원
5. 법 제21조에 따른 보험가입 의무를 위반한 자	법 제31조 제1항제5호	200만원
6. 법 제22조에 따른 통보를 하지 아니한 자	법 제31조 제1항제6호	200만원
7. 법 제23조에 따른 보고 · 검사 또는 질문에 대한 답변을 거부 · 방해 또는 기피한 자	법 제31조 제1항제7호	300만원

어린이놀이시설 안전관리법 시행규칙 별표

[별표 1] 〈개정 2009.1.21〉

안전검사기관의 지정취소 및 업무정지의 처분기준(제3조제1항 관련)

1. 일반기준
  가. 위반행위가 둘 이상인 경우에는 각 위반행위에 따라 각각 처분한다.
  나. 위반행위의 횟수에 따른 행정처분기준은 최근 3년간 같은 위반행위로 행정처분을 받은 경우에 적용한다. 이 경우 기준 적용일은 최초의 행정처분일부터 같은 위반행위로 다시 적발된 날을 기준으로 한다.
  다. 위반행위의 동기, 위반의 정도 그 밖에 정상을 참작할 만한 사유가 있는 경우에는 제2호의 개별기준에 정한 업무정지 기간의 2분의 1의 범위에서 감경하여 처분할 수 있다.

2. 개별기준

위 반 내 용	관련 법규	처 분 기 준			
		1차 위반	2차 위반	3차 위반	4차 위반
가. 거짓이나 그 밖의 부정한 방법으로 안전검사기관으로 지정을 받은 경우	법 제5조 제1항제1호	지정 취소			
나. 업무정지 기간 중에 설치검사·정기시설검사 또는 안전진단을 행한 경우	법 제5조 제1항제2호	지정 취소			
다. 정당한 사유 없이 설치검사·정기시설검사 또는 안전진단을 거부한 경우	법 제5조 제1항제3호	업무 일부정지 1개월	업무 일부정지 3개월	업무 일부정지 6개월	지정 취소
라. 법 제4조제2항에 따른 지정요건에 적합하지 아니하게 된 경우	법 제5조 제1항제4호	업무 일부정지 1개월	업무 일부정지 3개월	업무 일부정지 6개월	지정 취소
마. 법 제12조에 따른 방법·절차 등을 위반하여 설치검사 또는 정기시설검사를 행한 경우	법 제5조 제1항제6호	업무 일부정지 1개월	업무 일부정지 3개월	업무 일부정지 6개월	지정 취소
바. 법 제16조제1항에 따른 방법·절차 등을 위반하여 안전진단을 행한 경우	법 제5조 제1항제7호	업무 일부정지 1개월	업무 일부정지 3개월	업무 일부정지 6개월	지정 취소

[별표 2] 삭제 〈2009.1.21〉

[별표 3] 삭제 〈2009.1.21〉

[별표 4] 삭제 〈2009.1.21〉

[별표 5]

어린이놀이시설 안전관리지원기관의 지정기준(제18조제1항 관련)

1. 어린이놀이시설의 안전관리를 주된 업무로 하는 비영리법인 또는 단체일 것
2. 법 제18조제1항 각 호에 따른 사업을 수행하는 사업별 전담기구로 구성된 조직체계를 갖출 것
3. 다음 각 목에 따른 인력을 확보할 것
  가. 어린이놀이시설 안전관리 관련 업무를 주된 업무로 하는 기관 또는 단체에서 5년 이상 연구 또는 상담 업무를 수행한 자 2명 이상
  나. 어린이놀이시설에 관한 위해·위험의 예방 업무, 안전관리 관련 업무담당자의 교육업무, 피해보전사업 관련 업무 및 통계조사 업무를 전담하는 자 각 1명 이상
4. 어린이놀이시설의 안전관리 관련 업무담당자 등의 교육을 위하여 1회 교육 시 50명 이상을 수용할 수 있는 규모의 시설을 갖출 것

[별지 제1호서식] 〈개정 2009.1.21〉 (앞쪽)

<table>
<tr><td colspan="5">안전검사기관 지정신청서</td><td>처리기간
30 일</td></tr>
<tr><td rowspan="3">신
청
인</td><td>① 성 명(대 표 자)</td><td></td><td colspan="2">② 생 년 월 일</td><td></td></tr>
<tr><td rowspan="2">③ 기 관 명</td><td rowspan="2"></td><td rowspan="2">④ 연락처</td><td>전화번호</td><td></td></tr>
<tr><td>팩스번호</td><td></td></tr>
<tr><td></td><td>⑤ 주 소</td><td colspan="4"></td></tr>
<tr><td colspan="2">⑥ 업 무 범 위</td><td colspan="4"></td></tr>
<tr><td colspan="6">「어린이놀이시설 안전관리법 시행규칙」 제2조제1항 및 제2항에 따라 안전검사기관으로 지정받기 위하여 위와 같이 신청합니다.
년 월 일
신 청 인 (서명 또는 인)
안전행정부장관 귀하</td></tr>
<tr><td rowspan="2">첨부
서류</td><td colspan="2">신청인 제출서류</td><td colspan="3">담당공무원 확인사항
(담당공무원의 확인에 동의하지 않는 경우 신청인이 직접 제출해야 하는 서류)</td></tr>
<tr><td colspan="2">1. 정관 또는 이에 준하는 약정서 1부
2. 사업계획서 1부
3. 설치검사 · 정기시설검사 또는 안전진단에 필요한 설비(설비의 정밀도 유지를 위한 환경조건을 포함합니다)와 인력 등이 「어린이놀이시설 안전관리법 시행령」 별표 3에서 정하는 지정요건에 해당함을 증명할 수 있는 서류 1부
4. 설치검사 · 정기시설검사 또는 안전진단을 하기 위한 절차 · 방법 등에 관한 업무규정 1부</td><td colspan="2">법인등기부 등본(1부)
(법인인 경우에만 제출합니다)</td><td>수수료
없음</td></tr>
<tr><td colspan="6">본인은 이 건 업무처리와 관련하여 「전자정부법」 제21조제1항에 따른 행정정보의 공동이용을 통하여 담당공무원이 위의 담당공무원 확인사항을 확인하는 것에 동의합니다.
신청인 (서명 또는 인)</td></tr>
</table>

210㎜×297㎜[일반용지 60g/㎡(재활용품)]

이 신청서는 아래와 같이 처리됩니다. (뒤쪽)

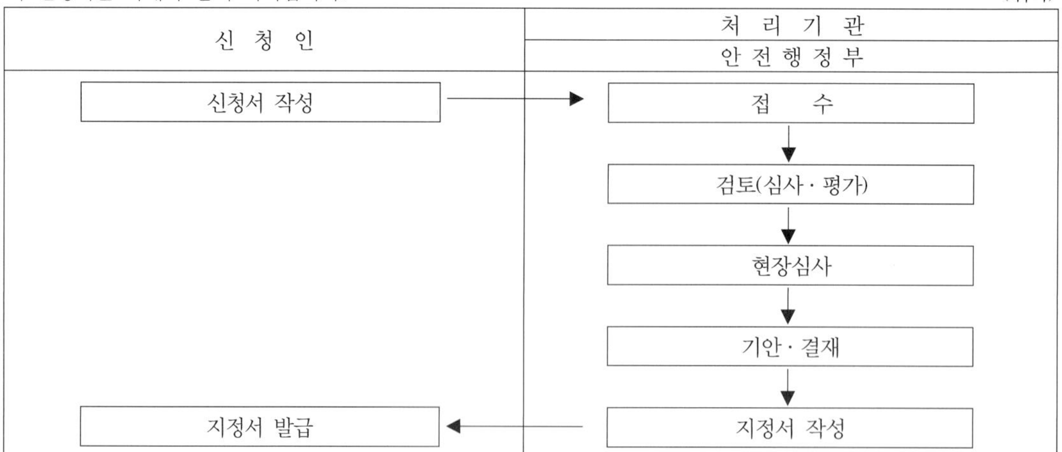

[별지 제2호서식] 〈개정 2009.1.21〉 (앞쪽)

안전검사기관 업무범위 변경신청서					처리기간 15 일
신청인	① 성 명(대 표 자)		② 생 년 월 일		
	③ 기 관 명		④ 연락처	전화번호	
				팩스번호	
	⑤ 주 소				
⑥ 업무범위 변경사항					

「어린이놀이시설 안전관리법 시행규칙」 제2조제4항에 따라 업무의 범위를 변경하기 위하여 위와 같이 신청합니다.

년 월 일

신 청 인 (서명 또는 인)

안전행정부장관 귀하

신청인 제출서류	수 수 료
1. 변경하려는 업무에 대한 사업계획서 1부 2. 변경하려는 업무에 필요한 설비(설비의 정밀도 유지를 위한 환경조건을 포함합니다)와 인력 등이 「어린이놀이시설 안전관리법 시행령」 별표 3에서 정하는 요건에 해당함을 증명할 수 있는 서류 1부 3. 변경하려는 업무를 하기 위한 절차·방법 등에 관한 업무규정 1부	없음

210㎜×297㎜[일반용지 60g/㎡(재활용품)]

이 신청서는 아래와 같이 처리됩니다. (뒤쪽)

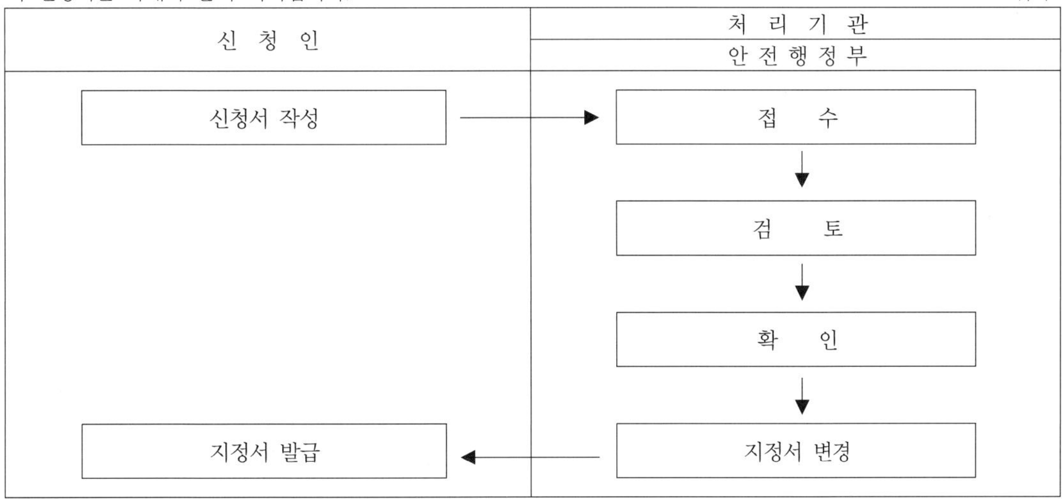

[별지 제3호서식] 〈개정 2009.1.21〉

제　　　　호

안전검사기관 지정서

1. 기　　관　　명 :

2. 대　　표　　자 :

3. 주　　　　　소 :

4. 업　무　범　위 :

「어린이놀이시설 안전관리법」 제4조제1항 및 같은 법 시행규칙 제2조제3항에 따라 안전검사기관으로 지정합니다.

년　　월　　일

안전행정부장관 [인]

[210㎜×297㎜[보존용지(1종) 120g/㎡]

[별지 제4호서식] 삭제〈2009.1.21〉

[별지 제5호서식] 삭제〈2009.1.21〉

[별지 제6호서식] 삭제〈2009.1.21〉

[별지 제7호서식] 삭제〈2009.1.21〉

[별지 제8호서식] 삭제〈2009.1.21〉

[별지 제9호서식] 삭제〈2009.1.21〉

[별지 제10호서식] 삭제〈2009.1.21〉

[별지 제11호서식] 삭제〈2009.1.21〉

[별지 제12호서식] 〈개정 2009.1.21〉 (앞쪽)

설치검사신청서(설치검사결과 통지서 겸용)				처리기간 30일
신청인	① 상 호(명 칭)		② 사업자등록번호	
	③ 성 명(대표자)			
	④ 주 소			
	⑤ 전 화 번 호		⑥ 팩 스 번 호	
검 사 신 청 내 용				
⑦ 어린이놀이시설명		⑧ 설치장소	⑨ 검사 희망일	

「어린이놀이시설 안전관리법」 제12조제1항 및 같은 법 시행규칙 제14조제1항에 따라 설치검사를 위와 같이 신청합니다.

년 월 일

신 청 인 (서명 또는 인)

안전검사기관장 귀하

검 사 결 과			
① 판 정	불 합 격		
② 불합격 사유	항 목	기 준 치	결 과 치
③ 비 고			

귀하가 년 월 일자로 신청한 설치검사 결과, 위와 같이 판정되었음을 「어린이놀이시설 안전관리법 시행규칙」 제14조제2항에 따라 통지합니다.

년 월 일

안전검사기관장 ㊞

신청인 제출서류	수 수 료
1. 어린이놀이시설의 배치도(사진을 포함합니다) 1부 2. 어린이놀이시설에 설치된 어린이놀이기구의 목록(안전검사번호나 안전인증번호를 포함합니다) 1부 3. 어린이놀이시설의 설치 장소에 관한 약도 1부	「어린이놀이시설 안전관리법 시행령」 제9조에 따른 수수료

210㎜×297㎜[일반용지 60g/㎡(재활용품)]

이 신청서는 아래와 같이 처리됩니다. (뒤쪽)

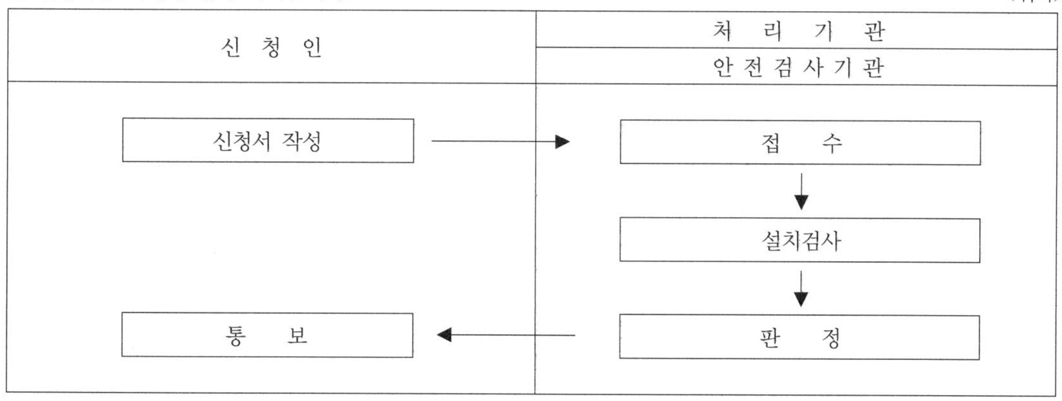

[별지 제13호서식] 〈개정 2009.1.21〉

설치검사 합격증						
① 설 치 검 사 번 호						
설치자	② 상 호(명 칭)					
	③ 성 명(대 표 자)					
	④ 주 소					
	⑤ 전 화 번 호					
설치검사 내 용	⑥ 어린이놀이시설명					
	⑦ 설 치 장 소					
	⑧ 설 치 면 적					
	⑨ 유 효 기 간					
	⑩ 정기시설검사 내역	1회	2회	3회	4회	5회

「어린이놀이시설 안전관리법 시행규칙」 제14조제2항에 따라 위와 같이 어린이놀이시설의 설치검사 합격증을 발급합니다.

년 월 일

안전검사기관장 ㊞

210㎜×297㎜[보존용지(1종) 120g/㎡]

[별지 제14호서식] 〈개정 2009.1.21〉 (앞쪽)

정기시설검사(재검사) 신청서 [정기시설검사(재검사)결과 통지서 겸용]			처리기간 30일
신청인	① 상 호(명 칭)		② 사업자등록번호	
	③ 성 명(대표자)			
	④ 주 소			
	⑤ 전 화 번 호		⑥ 팩 스 번 호	

검 사 신 청 내 용			
⑦ 어린이놀이시설명	⑧ 설치장소	⑨ 검사 희망일	⑩ 재검사신청 사유(재검사를 신청하는 경우에만 적습니다)

「어린이놀이시설 안전관리법」 제12조제2항 및 같은 법 시행규칙 제15조제1항 또는 같은 조 제3항에 따라 정기시설검사(재검사)를 위와 같이 신청합니다.

년 월 일

신 청 인 (서명 또는 인)

안전검사기관장 귀하

검 사 (재 검 사) 결 과			
① 판 정	□ 합 격 □ 불 합 격		
② 불합격 사유	항 목	기준치	결과치
③ 비 고			

귀하가 년 월 일자로 신청한 정기시설검사(재검사) 결과 위와 같이 판정되었음을 「어린이놀이시설 안전관리법 시행규칙」 제15조제2항에 따라 통지합니다.

년 월 일

안전검사기관장 ㊞

신청인 제출서류(재검사 신청의 경우에만 해당합니다)	수 수 료
1. 정기시설검사결과 통지서 1부 2. 재검사신청 사유서 1부	「어린이놀이시설 안전관리법 시행령」 제9조에 따른 수수료

210㎜×297㎜[일반용지 60g/㎡(재활용품)]

[별지 제15호서식] 〈개정 2009.1.21〉

<table>
<tr><td colspan="4" rowspan="2">안전진단신청서(결과통지서 겸용)</td><td>처리기간</td></tr>
<tr><td>30일</td></tr>
<tr><td rowspan="4">신청인</td><td>① 상 호(명 칭)</td><td></td><td>② 사업자등록번호</td><td></td></tr>
<tr><td>③ 성 명(대 표 자)</td><td colspan="3"></td></tr>
<tr><td>④ 주 소</td><td colspan="3"></td></tr>
<tr><td>⑤ 전 화 번 호</td><td></td><td>⑥ 팩 스 번 호</td><td></td></tr>
<tr><td colspan="5">진 단 신 청 내 용</td></tr>
<tr><td>⑦ 어린이놀이시설명</td><td>⑧ 장 소</td><td>⑨ 설치연월</td><td colspan="2">⑩ 진단 희망일</td></tr>
<tr><td></td><td></td><td></td><td colspan="2"></td></tr>
<tr><td colspan="5">「어린이놀이시설 안전관리법」 제15조제3항 및 같은 법 시행규칙 제16조제1항에 따라 안전진단을 위와 같이 신청합니다.
년 월 일
신 청 인 (서명 또는 인)
안전검사기관장 귀하</td></tr>
<tr><td colspan="5">진 단 결 과</td></tr>
<tr><td>① 판 정</td><td colspan="4"></td></tr>
<tr><td>② 조치필요사항</td><td colspan="4"></td></tr>
<tr><td>③ 비 고</td><td colspan="4"></td></tr>
<tr><td colspan="5">귀하가 년 월 일자로 신청한 안전진단 결과, 위와 같이 판정되었음을 「어린이놀이시설 안전관리법 시행규칙」 제16조제2항에 따라 통지합니다.
년 월 일
안전검사기관장 ㊞</td></tr>
<tr><td colspan="2">신청인 제출서류</td><td colspan="3">수 수 료</td></tr>
<tr><td colspan="2">1. 어린이놀이시설의 배치도(사진을 포함합니다) 1부
2. 어린이놀이시설의 설치 장소에 관한 약도 1부</td><td colspan="3">「어린이놀이시설 안전관리법 시행령」 제9조에 따른 수수료</td></tr>
</table>

210㎜×297㎜[일반용지 60g/㎡(재활용품)]

[별지 제16호서식]

안전점검실시대장(제17조 관련)

점검일	점검 결과				특이사항	점검자 (인)
	양호	요주의	요수리	이용금지		

210㎜×297㎜[보존용지(2종) 70g/㎡]

[별지 제17호서식]

안전진단실시대장(제17조 관련)

신 청			진 단			담당자 (인)
신청일	신청대상	신청사유	진단일	진단기관	진단결과	

210㎜×297㎜[보존용지(2종) 70g/㎡]

[별지 제18호서식] 〈개정 2009.1.21〉 (앞쪽)

안전관리지원기관 지정신청서					처리기간 30 일
신청인	① 성 명(대 표 자)		② 생 년 월 일		
	③ 기 관 명		④ 연락처	전화번호	
				팩스번호	
	⑤ 주 소				
⑥ 사 업 내 용					

「어린이놀이시설 안전관리법 시행규칙」 제18조제2항 및 제3항에 따라 어린이놀이시설 안전관리지원기관으로 지정 받기 위하여 위와 같이 신청합니다.

년 월 일

신 청 인 (서명 또는 인)

안전행정부장관 귀하

첨부서류	신청인 제출서류	담당공무원 확인사항 (담당공무원의 확인에 동의하지 않는 경우 신청인이 직접 제출해야 하는 서류)
	1. 정관 또는 이에 준하는 약정서 1부 2. 사업계획서 1부 3. 별표 5에 해당함을 증명할 수 있는 서류 1부 4. 「어린이놀이시설 안전관리법」 제18조제1항 각 호의 사업을 하기 위한 절차·방법 등에 관한 업무규정 1부	법인등기부 등본(1부) (법인인 경우에만 제출합니다) 수수료: 없음

본인은 이 건 업무처리와 관련하여 「전자정부법」 제21조제1항에 따른 행정정보의 공동이용을 통하여 담당공무원이 위의 담당 공무원 확인사항을 확인하는 것에 동의합니다.

신청인 (서명 또는 인)

210㎜×297㎜[일반용지 60g/㎡(재활용품)]

이 신청서는 아래와 같이 처리됩니다. (뒤쪽)

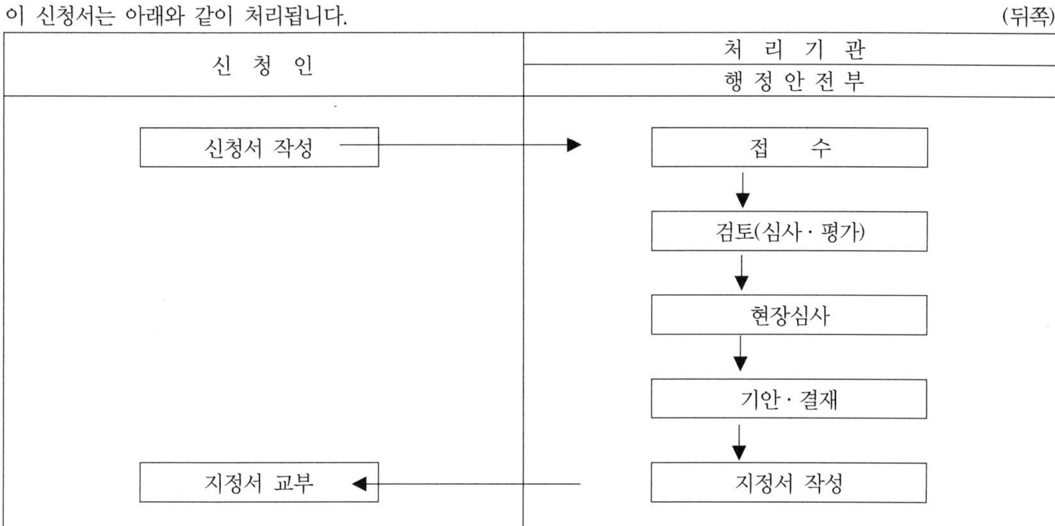

[별지 제19호서식] 〈개정 2009.1.21〉

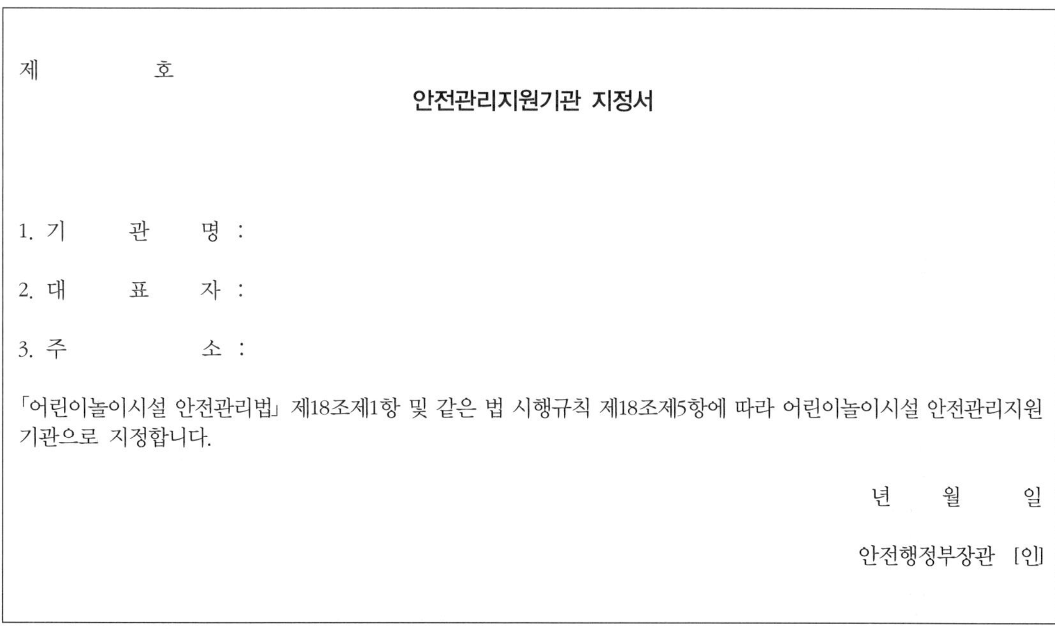

제 호

안전관리지원기관 지정서

1. 기 관 명 :
2. 대 표 자 :
3. 주 소 :

「어린이놀이시설 안전관리법」 제18조제1항 및 같은 법 시행규칙 제18조제5항에 따라 어린이놀이시설 안전관리지원기관으로 지정합니다.

년 월 일

안전행정부장관 [인]

210㎜×297㎜[보존용지(1종) 120g/㎡]

2 환경안전관리기준 업무처리지침

-「환경보건법」에 의한 어린이 활동공간 (환경부)-

제1부 지침 개요

가. 지침의 목적

○ 「환경보건법」제23조('09.3.22 시행)에 따라 어린이 활동공간의 위해성 관리업무가 신설됨

○ 동법 시행령 제22조에 따라 특별시장 · 광역시장, 도지사 · 특별도지사 및 교육감에게 권한 위임된 어린이 활동공간 시설의 개선 또는 환경안전관리기준의 준수명령 등 관련 업무 수행에 필요한 방법과 절차 등을 정하기 위함

나. 지침의 활용

○ 이 지침은 「환경보건법」 시행령 제15조에 따른 어린이 활동공간(어린이놀이시설, 보육시설, 유치원, 초등학교, 특수학교)의 관리업무와 관련하여 표준안으로 제시한 것이며, 기관별 특성을 반영하여 담당부서 등을 자율적으로 정할 수 있음

다. 지침 관련부서

○ 시 · 도(시 · 군 · 구)
- 환경담당부서
- 「어린이놀이시설 안전관리법(이하 "놀이시설법")」에 의한 놀이시설 설치장소별 담당부서 및 총괄부서
- 「건축법」의 허가(신고), 사용승인 등 담당부서
- 「주택법」의 사업계획 승인, 사용검사 등 담당부서
- 「영아보육법」의 보육시설 인가 등 담당부서

○ 시도 교육청(산하 지역교육청)
- 체육보건교육(환경 · 위생) 담당부서
- 「어린이놀이시설 안전관리법」에 의한 놀이시설 설치장소별(유치원, 초등학교, 특수학교, 학원) 담당부서, 총괄부서
- 「학교시설사업 촉진법」의 담당부서, 시설관리 부서
- 「유아교육법」의 유치원 인가 등 담당부서
- 「초 · 중등교육법」의 초등학교 및 특수학교 담당부서

〈 관계 중앙행정기관 〉

○ 안전행정부 : 안전개선과
○ 교육부 : 교육시설지원과, 학생건강안전과, 유아교육지원과, 특수교육지원과
○ 국토교통부 : 건축기획과, 주택건설공급과
○ 보건복지부 : 보육지원과
○ 환경부 : 환경보건정책과

제2부 어린이놀이시설 환경안전관리기준 관리업무

가. 신규설치 단계에서 관리

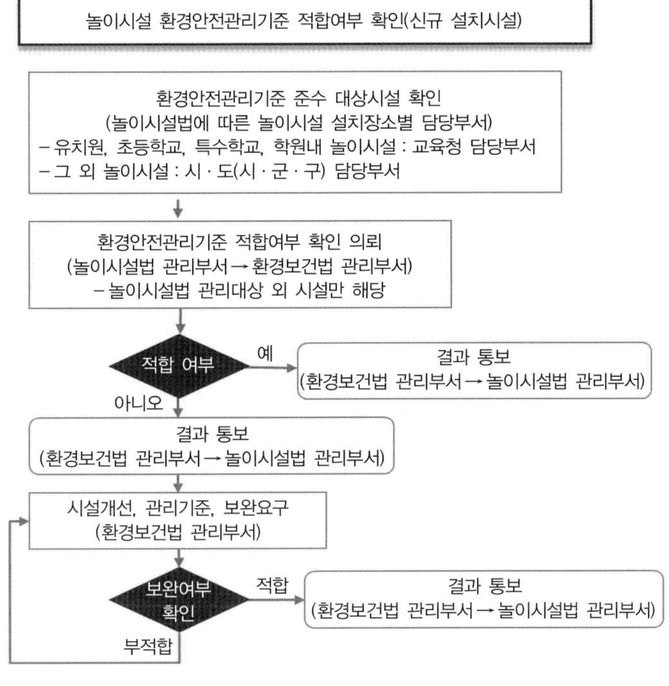

〈 절차 흐름도 〉

1 놀이시설 종류별로 환경안전관리기준 준수 대상시설 확인 [놀이시설법의 놀이시설 담당부서]

※ 기존 놀이시설을 철거한 후 재설치하는 놀이시설도 '신규설치 놀이시설'에 포함

○ 유치원, 초등학교, 특수학교, 학원 놀이시설은 교육청내 해당 담당부서별로 인 · 허가 신청시 대상 확인

○ 그 외 놀이시설은 시 · 도(시 · 군 · 구) 해당 담당부서별로 인 · 허가 신청시 대상 확인

○ 인 · 허가 대상이 아닌 시설이나 인 · 허가 신청시 대상을 확인하는 방법보다 용이한 경우에는 안전검사기관의 설치검사 현황 등 자료 활용

2 환경보건법의 환경안전관리기준 적정여부 검토의뢰 [놀이시설법의 놀이시설 담당부서]

○ 효율적인 업무처리를 위해 놀이시설법 총괄부서 [시 · 도(시 · 군 · 구) : 재난대응담당부서, 교육청 : 놀이시설법 총괄담당부서]로 창구를 일원화하여 "환경안전관리기준 확인 담당부서"에 검토 의뢰

○ "환경안전관리기준 확인 담당부서"는 환경안전관리기준 준수여부 확인업무의 특성을 감안하여 환경관리부서(환경정책과 등)에서 담당하는 것을 원칙으로 함

※ 환경안전관리기준 확인 담당부서를 환경보건법의 놀이시설 관리 총괄부서로 지정 · 운영

3 환경안전관리기준 적합여부 확인 [환경안전관리기준 확인 담당부서]

○ 환경안전관리기준 적합여부 확인방법

- "신규 어린이 활동공간 환경안전관리기준 적합여부 점검 절차(붙임1)"와 "어린이 활동공간 환경안전관리기준 해설 [어린이 환경과 건강 포털사이트(www.chemistory.go.kr) → 정보방→ 자료실)]"의 관리기준 항목별 기준준수 방법 및 확인방법 참조
- 필요시 측정 · 분석기관(공인시험기관)에 시험을 의뢰하여 결과에 따라 확인

○ 놀이시설법에 의한 관리대상외 시설에 대해서만 적용

- "어린이 활동공간 환경안전관리기준 해설 Q＆A" 1, 2번 참조

4 적합여부 확인결과 통보 등 [환경안전관리기준 확인 담당부서]
- ○ 확인결과 적합한 경우에는 그 결과를 놀이시설법 총괄부서 및 놀이시설별 담당부서에 통보
- ○ 부적합한 경우에는 그 결과를 놀이시설법 총괄부서 및 놀이시설별 담당부서에 통보하고, 시설 소유자나 관리자에게 시설개선이나 환경안전관리기준에 보완토록 요구
- ○ 보완여부 확인결과 적합한 경우에는 그 결과를 놀이시설법 총괄부서 및 놀이시설별 담당부서에 통보
  - 부적합한 경우에는 재보완 요구

〈 참고 : 어린이놀이시설 안전관리법 관련 규정 〉
- ○ 놀이시설 설치자는 품질경영 및 공산품 안전관리법에 따라 안전인증을 받은 놀이기구를 시설기준 및 기술기준에 적합하게 설치하여야 하며, 관리주체에 놀이시설을 인도하기 전에 설치검사를 받아야 함
- ○ 설치검사결과 합격한 시설에 대해서는 신청인에 설치검사 합격증 교부
- ○ 관리주체는 2년에 1회 이상 정기시설검사를 받아야 함
- ○ 관리주체는 기능 및 안전성이 유지되도록 관리하여야 함
- ○ 관리주체는 월 1회, 안전점검 항목 및 방법에 따라 안전점검을 하여야 하며, 대리인을 지정하여 점검할 수 있음. 안전점검결과 위해 우려가 있는 경우 안전검사기관에 안전진단을 신청하여야 함. 안전진단기관은 안전진단결과를 소관 행정기관에 통보하여야 함

나. 신규설치 후 운영단계에서 관리 [환경보건법 시행이후 새로 설치되어 운영중인 놀이시설]

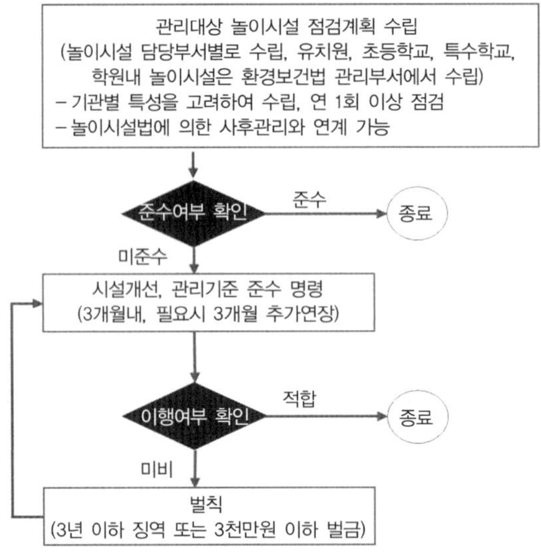

〈 절차 흐름도 〉

1 관리대상 놀이시설에 대한 지도·점검계획 수립 [놀이시설법의 놀이시설 담당부서]
- ○ 놀이시설법의 놀이시설 담당부서별로 해당 놀이시설에 대해 지도·점검계획 수립
  - 유치원, 초등학교, 특수학교, 학원 놀이시설은 환경안전관리기준 확인 담당부서에서 수립
- ○ 기관별 특성 및 대상 놀이시설 수 등을 고려하여 지도·점검계획 수립하되, 연 1회 이상 확인가능토록 수립
- ○ 놀이시설법에 의한 해당 놀이시설 사후관리와 연계하여 추진 가능

2 환경안전관리기준 준수여부 확인 등 [놀이시설법의 놀이시설 담당부서]
- ○ 환경안전관리기준 준수여부 확인 담당부서
  - 놀이시설법의 어린이 놀이시설 설치장소별 담당부서에서 담당함을 원칙으로 함

- 유치원, 초등학교, 특수학교, 학원 놀이시설은 환경안전관리기준 확인 담당부서에서 담당

○ 환경안전관리기준 준수여부 확인
- "운영중인 활동공간 환경안전관리기준 준수여부 점검절차(붙임2)"와 "어린이 활동공간 환경안전관리기준 해설"의 관리기준 항목별 기준준수방법 및 확인방법 참조
- 필요시 측정 · 분석기관(공인시험기관)에 시험을 의뢰하여 결과에 따라 확인

○ 확인결과 적합한 경우 종료

○ 확인결과 미비한 경우에는 시설 소유자나 관리자에게 시설개선이나 환경안전관리기준을 준수하도록 명령
- 준수명령 확인결과 부적합한 경우에는 행정명령 미준수로 환경보건법 제31조에 따라 고발 등 조치하고, 환경안전관리기준 준수를 재명령

제3부 놀이시설 외 활동공간 환경안전관리기준 관리업무

[보육실, 유치원 교실, 초등학교 교실, 어린이 사용 특수학교 교실]

가. 신규설치 공사 전 단계에서 관리 [건축법의 허가(신고), 주택법의 사업계획 승인, 학교시설사업 촉진법의 사업계획 승인 및 건축승인(신고) 단계]

건축허가, 사업계획 승인, 시행계획 및 건축승인(신고) 단계에서 관리
[신규설치 보육실, 유치원 교실, 초등학교(특수학교 포함) 교실]

신청서류 접수
– 건축법에 의한 허가(신고) 신청[시 · 도(시 · 군 · 구) 건축담당부서]
– 주택법에 의한 사업계획승인신청서[시 · 도(시 · 군 · 구) 주택담당부서]
– 학교시설촉진법에 의한 시행계획 승인, 건축승인(신고) 신청(교육청 시설담당부서)

환경안전관리기준대상 시설여부파악[시 · 도(시 · 군 · 구) 건축, 주택담당부서, 교육청 시설담당부서]
– 보육실 : 시 · 도(시 · 군 · 구) 관리
– 유치원 교실 : 교육청 관리대상이나 시 · 도(시 · 군 · 구)건축, 주택담당부서에서 관리
– 초등학교 교실, 어린이 사용 특수학교 교실 . 교육청 관리

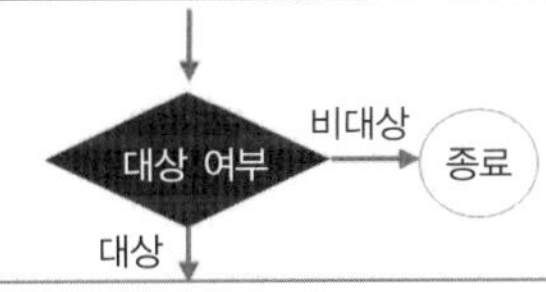

시설 소유자나 관리자에 환경안전관리기준 준수의무 고지[시 · 도(시 · 군 · 구) 건축, 주택담당부서, 교육청 시설담당부서]
[허가(승인)조건으로 명시]

〈 절차 흐름도 〉

1 건축법에 의한 허가(신고) 신청 접수[시 · 도(시 · 군 · 구) 건축담당부서], 주택법에 의한 사업계획 승인 신청 접수[시 · 도(시 · 군 · 구) 주택담당부서] 및 학교시설사업 촉진법에 의한 시행계획 승인 신청 접수, 건축승인(신고) 신청 접수(교육청의 시설담당부서)

2 신청 시설 중 환경보건법의 환경안전관리기준 적용대상 시설인지 여부를 확인, 대상시설인 경우 환경보건법의 환경안전관리 기준 준수 의무를 고지(안내)하고 승인, 허가 조건으로 명시
[시 · 도(시 · 군 · 구) 건축, 주택담당부서, 교육청 시설담당부서]

○ 환경안전관리기준 적용대상 시설
- 건축법에 의한 사항은 보육시설의 보육실, 유치원의 교실 등이 해당
- 학교시설사업 촉진법에 의한 사항은 초등학교의 교실, 어린이 사용 특수학교 교실 등이 해당
- 주택법에 의한 사항은 복리시설 중 보육시설의 보육실, 유치원 교실 등이 해당

○ 환경안전관리기준 준수방법
- "어린이 활동공간 환경안전관리기준 해설[어린이 환경과 건강포털사이트(www.chemistory.go.kr) → 정보방→ 자료실]"의 관리기준 항목별 기준준수방법 및 확인방법을 참조
- 필요한 항목별로 설계 등에 반영하여 시공

○ 승인, 허가조건(예시)
- 환경보건법 제23조 및 동법 시행령 제16조 제4항의 규정에 의거 어린이 활동공간에 설치된 시설의 소유자나 관리자는 동법 시행령 제16조제1호에서 규정하고 있는 환경안전관리기준(별표2)을 준수하여야 함

〈 참고 : 건축법, 주택법 및 학교시설사업 촉진법 관련 규정 〉

○ 건축법 내용
- 건축(신축, 증축, 개축, 재축, 이전), 대수선, 리모델링 등을 하고자 하는 경우 허가를 받아야 함(특별자치도, 시·군·구가 주로 담당. 규모가 큰 경우에는 특별시, 광역시에서 담당)
- 소규모 건축, 대수선은 신고하면 허가로 간주(특별자치도, 시·군·구)
- 수선은 허가(신고)대상이 아님
- 허가를 받는 경우 다른 법에 의한 사항(국토교통부장관이 통합고시)은 의제처리
- 허가(신고)한 사항을 변경하려면 변경 전 허가(신고)를 받아야 함
- 경미한 사항 변경은 사용승인 신청시 일괄신고 가능
- 사용승인을 받은 건물의 용도변경 시에도 허가(신고)를 받아야 함

○ 주택법 내용
- 일정규모 이상 주택 사업자는 사업계획 승인신청서를 제출하여 승인을 득하여야 함(사업규모에 따라 국토교통부, 시·도, 시·군·구로 구분)
- 대규모 주택에는 복리시설로서 유치원(2천세대 이상), 보육시설(300세대 이상) 등을 설치하여야 하며, 인근에 시설이 있는 경우 등은 예외
- 준공 후 사후관리는 대부분 시·군·구에서 담당
- 사업계획 변경시 변경승인을 득하여야 함
- 공동주택의 용도변경, 신축, 증축, 개축, 대수선, 리모델링하는 경우 시군구의 허가 또는 신고를 받아야 함
- 사업계획 승인시 건축법 등 24개 법률에 따라 협의하면 의제처리(관련법에 따라 서류를 제출하여야 함)

○ 학교시설사업 촉진법 내용
- 학교시설사업을 시행하려는 경우 시행계획을 작성, 교육청의 승인을 득하여야 함(준공검사를 받은 후 건축·축조·대수선·용도변경은 제외)
- 시행계획 변경시는 변경승인을 득하여야 함
- 승인, 변경승인시는 소관행정기관의 장과 협의하여야 함
- 건축 등을 하려면 승인(건축, 대수선, 용도변경시, 단 50제곱미터 이하 창고의 건축, 대수선은 제외)을 받거나 신고를 하여야 함(준공검사를 받은 후 건축·축조·대수선·용도변경도 승인을 받거나 신고를 하여야 함)
- 국가나 지방자치단체가 사업을 시행하는 경우는 소관 행정기관의 장과 협의하고 별도 시행계획 승인, 건축승인(신고)은 없음

나. 신규설치 공사완료 단계에서 관리 [건축법의 사용승인, 주택법의 사용검사, 학교시설사업 촉진법의 준공검사(사용승인 검사) 단계]

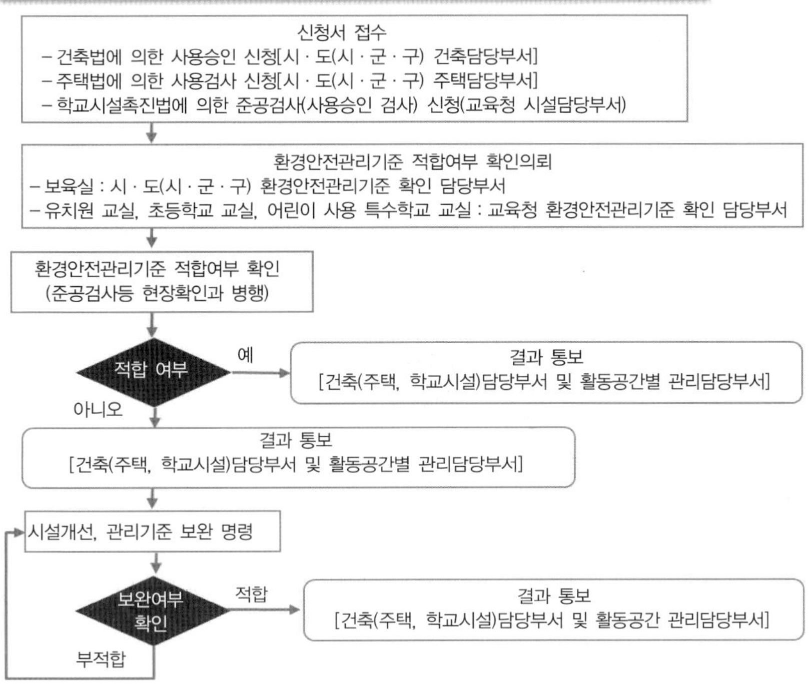

〈 절차 흐름도 〉

1 건축법에 의한 사용승인 신청 접수 〔시 · 도(시 · 군 · 구) 건축담당부서〕, 주택법에 의한 사용검사 신청 접수 〔시 · 도(시 · 군 · 구) 주택담당부서〕 및 학교시설사업 촉진법에 의한 학교시설사업 완료신고 접수(교육청의 시설담당부서)

○ 신청 시설 중 환경보건법의 환경안전관리기준 적용대상 시설인지 여부를 확인하고, 대상시설인 경우에만 적합여부 협의 의뢰
- 주택법에 의한 사항은 복리시설(유치원, 보육시설 등)이 해당
- 학교시설사업 촉진법에 의한 사항은 초등학교, 특수학교(국가와 지방자치단체에서 시행하는 사업도 포함)가 해당

2 환경안전관리기준 적합여부 확인 의뢰 [시 · 도(시 · 군 · 구) 건축, 주택담당부서, 교육청 시설담당부서]

○ 기관별 적합여부 확인 의뢰 부서
- 보육실 : 시 · 도(시 · 군 · 구) 환경안전관리기준 확인 담당부서
- 유치원 교실, 초등학교 교실, 어린이 사용 특수학교 교실 : 교육청 환경안전관리기준 확인 담당부서

○ 환경안전관리기준 확인 담당부서
- 시 · 도(시 · 군 · 구) : 환경안전관리기준 준수여부 등 확인업무의 특성을 감안하여 환경관리부서(환경정책과 등)에서 담당하는 것을 원칙으로 함

※ 환경안전관리기준 확인 담당부서를 환경보건법의 놀이시설과 보육실 관리 총괄부서로 지정, 운영
- 교육청 : 유치원 및 초등학교(특수학교 포함) 교실에 친환경 자재의 사용여부 등 확인업무임을 고려하여 이를 관리하는 부서(시설 관리부서)에서 담당하거나 환경안전관리기준 적합여부 확인 업무의 특성을 고려하여 기관별로 자율 결정

※ 환경보건법 업무와 교육청 내 부서별 업무의 연관성을 고려하여 환경보건법 업무의 담당부서 중 환경보건법의 유치원, 초등학교, 어린이 사용 특수학교 관리 총괄부서를 지정, 운영

3 환경안전관리기준 적합여부 확인 [환경안전관리기준 확인 담당부서]

○ 사용승인, 사용검사, 준공검사를 위한 현지 확인과 병행 추진하는 등 기관별 상황을 고려하여 추진

○ 환경안전관리기준 적합여부 확인 방법
- "신규 활동공간 환경안전관리기준 적합여부 점검 절차(붙임1)"와 "어린이 활동공간 환경안전관리기준 해설"의

관리기준 항목별 기준준수 방법 및 확인방법 참조
- 필요시 측정 · 분석기관(공인시험기관)에 시험을 의뢰하여 결과에 따라 확인

4 적합여부 확인결과 통보 등 [환경안전관리기준 확인 담당부서]

○ 확인결과 적합한 경우에는 그 결과를 건축법(주택법, 학교시설사업 촉진법) 담당부서 및 활동공간별 관리담당부서에 통보

○ 부적합한 경우에는 그 사실을 건축법(주택법, 학교시설사업 촉진법)담당부서에 통보하고, 시설 소유자나 관리자에게 시설개선이나 환경안전관리기준에 보완토록 요구

○ 보완여부 확인결과 적합한 경우에는 그 결과를 건축법(주택법, 학교시설사업 촉진법)담당부서 및 활동공간별 관리 담당부서에 통보
- 부적합한 경우에는 재보완 요구

〈 참고 : 건축법, 주택법 및 학교시설사업 촉진법 관련 규정 〉

○ 건축법 내용
- 건축공사 완료시 허가권자에게 사용승인을 신청하여야 하며, 확인결과 적정한 경우 사용승인서를 교부

○ 주택법 내용
- 주택건설 사업을 완료한 경우 시 · 군 · 구(국가, 한국토지공사가 사업주체인 경우 국토교통부)의 사용검사를 받아야 함
- 용도변경, 신축, 증축, 개축, 대수선, 리모델링하는 경우 공사를 완료한 후 사용검사를 받아야 함

○ 학교시설사업촉진법 내용
- 건축 후 학교시설사업 완료를 신고하고 준공검사(사용승인 검사)를 득하여야 함
- 준공검사를 받은 후 건축 · 축조 · 대수선 · 용도변경의 경우에도 건축 후 사용승인을 받아야 함

다. 공사 후 개별법에 의한 인가단계에서 관리 [건축법, 주택법 및 학교시설사업 촉진법에 의해 관리되지 않는 수선 등이 해당]

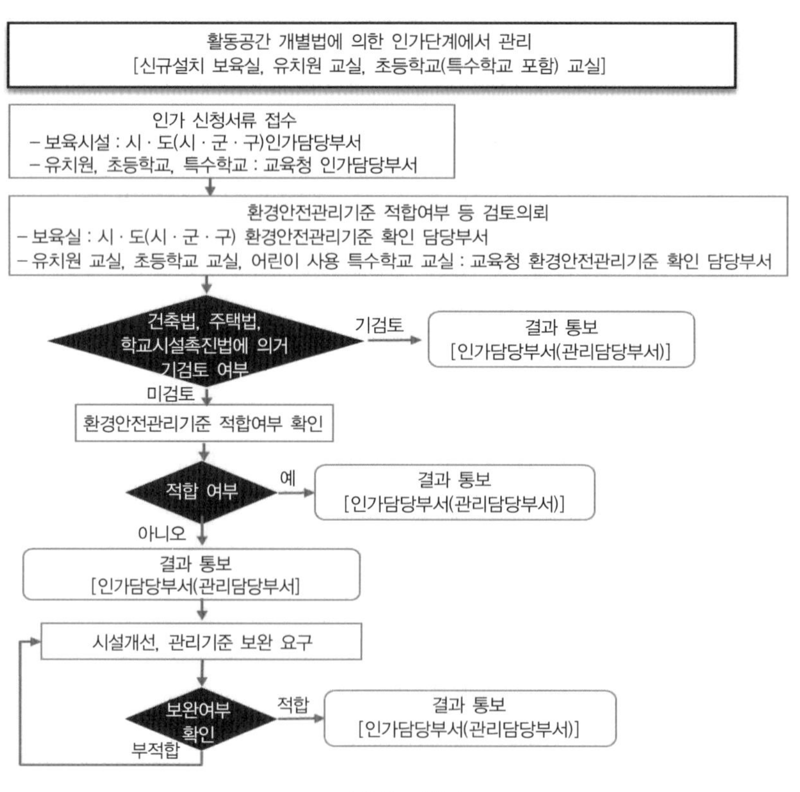

〈 절차 흐름도 〉

[1] 어린이 활동공간별 인가 신청접수 [개별별 인가담당부서]
  ○ 보육시설 : 시 · 도(시 · 군 · 구) 인가담당부서
  ○ 유치원, 초등학교, 어린이 사용 특수학교 : 교육청 인가담당부서

[2] 환경안전관리기준 준수여부 등 검토의뢰 [개별별 인가담당부서]
  ○ 기관별 검토의뢰 부서
   - 보육실 : 시 · 도(시 · 군 · 구) 환경안전관리기준 확인 담당부서
   - 유치원 교실, 초등학교 교실, 어린이 사용 특수학교 교실 : 교육청 환경안전관리기준 확인 담당부서
  ○ 환경안전관리기준 확인 담당부서
   - 시 · 도(시 · 군 · 구) : 환경안전관리기준 준수여부 등 확인업무의 특성을 감안하여 환경관리부서(환경정책과 등)에서 담당하는 것을 원칙으로 함
  ※ 환경안전관리기준 확인 담당부서를 환경보건법의 놀이시설과 보육실 관리 총괄부서로 지정, 운영
   - 교육청 : 유치원 및 초등학교(특수학교 포함) 교실에 친환경 자재의 사용여부 등 확인업무임을 고려하여 이를 관리하는 부서(시설 관리부서)에서 담당함을 원칙으로 함
  ※ 환경보건법 업무와 교육청내 부서별 업무의 연관성을 고려하여 환경보건법의 유치원, 초등학교, 어린이 사용 특수학교 관리 총괄부서를 지정, 운영

[3] 환경안전관리기준 적합여부 확인 [환경안전관리기준 확인 담당부서]
  ○ 건축법, 주택법 및 학교시설사업 촉진법에 의해 기 검토되었는지를 확인하고 기 검토된 경우에는 동 사실을 인가담당부서(활동공간별 관리담당부서)에 통보
  ○ 건축법, 주택법 및 학교시설사업 촉진법에 의해 기 검토되지 않은 경우에는 환경안전관리기준 적합여부 확인
   - "신규 활동공간 환경안전관리기준 적합여부 점검 절차(붙임1)"와 "어린이 활동공간 환경안전관리기준 해설"의 관리기준 항목별 기준준수방법 및 확인방법 참조
   - 필요시 측정 · 분석기관(공인시험기관)에 시험을 의뢰하여 결과에 따라 확인

[4] 적합여부 확인결과 통보 등 [환경안전관리기준 확인 담당부서]
  ○ 확인결과 적합한 경우에는 그 결과를 활동공간별 인가담당부서(활동공간별 관리담당부서)에 통보
  ○ 부적합한 경우에는 그 사실을 활동공간별 인가담당부서(활동공간별 관리담당부서)에 통보하고, 시설 소유자나 관리자에게 시설개선이나 환경안전관리기준을 보완토록 요구
  ○ 보완여부 확인결과 적합한 경우에는 그 결과를 인가담당부서(활동공간별 관리담당부서)에 통보
   - 부적합한 경우에는 재보완 요구

라 신규설치 후 운영단계에서 관리

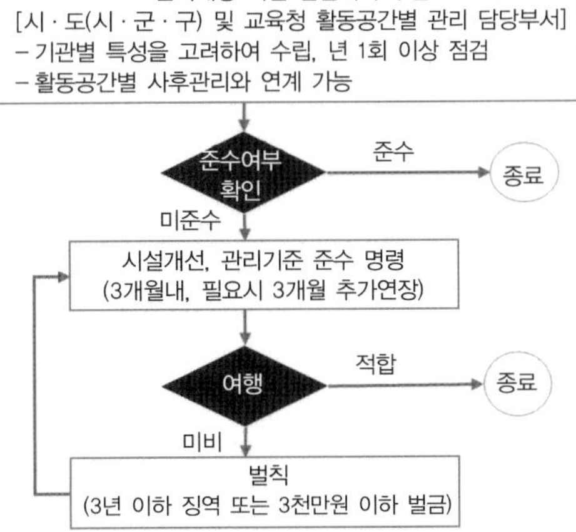

〈 절차 흐름도 〉

[1] 관리대상 어린이 활동공간별 지도 · 점검계획 수립
[활동공간별 관리담당부서]
○ 기관별 특성 및 관리대상 활동공간 수 등을 고려하여 활동공간별 관리담당부서별로 지도 · 점검계획을 수립하되, 연 1회 이상 확인 가능토록 수립
○ 해당 어린이 활동공간에 대한 사후관리와 연계하여 추진 가능
○ 활동공간별 관리담당부서
- 개별법령 활동공간 인가담당부서에서 담당함을 원칙으로 함

[2] 환경안전관리기준 준수여부 확인 등
[활동공간별 관리담당부서]
○ 환경안전관리기준 준수여부 확인
- 활동공간별 관리담당부서별로 시행
- "운영중인 활동공간 환경안전관리기준 준수여부 점검 절차(붙임2)"와 "어린이 활동공간 환경안전관리기준 해설"의 관리기준 항목별 기준준수방법 및 확인방법 참조
- 필요시 측정 · 분석기관(공인시험기관)에 시험을 의뢰하여 결과에 따라 확인
○ 확인결과 적합한 경우 종료
○ 확인결과 미비한 경우에는 시설 소유자나 관리자에게 시설개선이나 환경안전관리기준을 준수하도록 명령
- 준수명령 확인 결과 부적합한 경우에는 행정명령 미준수로 환경보건법 제31조에 따라 고발 등 조치하고 환경안전관리기준 준수 명령

제4부 기관별 업무절차 및 담당부서(요약)

가. 시 · 도(시 · 군 · 구) 담당업무

활동공간		업무절차 및 담당부서
놀이시설	신규	[1] 대상시설 확인 - 유치원, 초등학교, 특수학교, 학원내 놀이시설 : 교육청 담당부서 - 그 외 놀이시설 : 시 · 도(시 · 군 · 구) 담당부서 [2] 적합여부 확인의뢰 - 놀이시설별 담당부서 → 환경담당부서 [3] 적합여부 확인 등 관리 - 환경담당부서
	운영중	[1] 지도 · 점검계획 수립 - 유치원, 초등학교, 특수학교, 학원내 놀이시설 : 환경담당부서 - 그 외 놀이시설 : 놀이시설법에 의한 놀이시설 설치장소별 담당부서 [2] 지도 · 점검 등 사후관리 - 유치원, 초등학교, 특수학교, 학원내 놀이시설 : 환경담당부서 - 그 외 놀이시설 : 놀이시설법에 의한 놀이시설 설치장소별 담당부서
보육실	신규	[1] 건축, 주택법의 의한 허가, 승인단계에서 관리 - 건축, 주택담당부서에서 기준 준수의무 고지(안내) 및 승인, 허가조건 부가 [2] 건축, 주택법에 의한 사용승인, 사용 검사단계에서 관리 - 건축, 주택담당부서에서 환경담당부서에 통보 - 환경담당부서에서 적합여부 확인 등 관리 [3] 보육시설 인가단계에서 관리 - 보육담당부서에서 환경담당부서에 통보 - 환경담당부서에서 적합여부 확인 등 관리
	운영중	[1] 지도 · 점검계획 수립 - 보육담당부서 [2] 지도 · 점검 등 사후관리 - 보육담당부서

나. 교육청 담당업무

활동공간		업무절차 및 담당부서
놀이시설	신규	1 대상시설 확인 후 시·도(시·군·구) 환경담당부서에 통보 - 유치원, 초등학교, 특수학교, 학원내 놀이시설 담당부서
유치원	신규	1 건축, 주택법의 의한 허가, 승인단계에서 관리 - 시·도(시·군·구) 건축, 주택담당부서에서 기준 준수의무 고지(안내) 및 승인, 허가조건 부가 2 건축, 주택법의 의한 사용승인, 사용검사단계에서 관리 - 시·도(시·군·구) 건축, 주택담당부서에서 시설담당부서에 통보 - 시설담당부서에서 적합여부 확인 등 관리 3 유치원 인가단계 - 유치원담당부서에서 시설담당부서에 통보 - 시설담당부서에서 적합여부 확인 등 관리
초등학교 특수학교		1 학교시설사업 촉진법에 의한 승인단계에서 관리 - 학교시설사업 촉진법 담당부서에서 기준 준수의무 고지(안내) 및 승인조건 부가 2 학교시설사업 촉진법에 의한 사용승인, 검사단계에서 관리 - 시설담당부서에서 적합여부 확인 등 관리 3 초등학교, 특수학교 인가단계에서 관리 - 초등학교, 특수학교 담당부서에서 시설담당부서에 통보 - 시설담당부서에서 적합여부 확인 등 관리
유치원 초등학교 특수학교	운영중	1 지도·점검계획 수립 - 활동공간별 담당부서 2 지도·점검 등 사후관리 - 활동공간별 담당부서

《붙임1》

신규 활동공간 환경안전관리기준 적합여부 점검절차

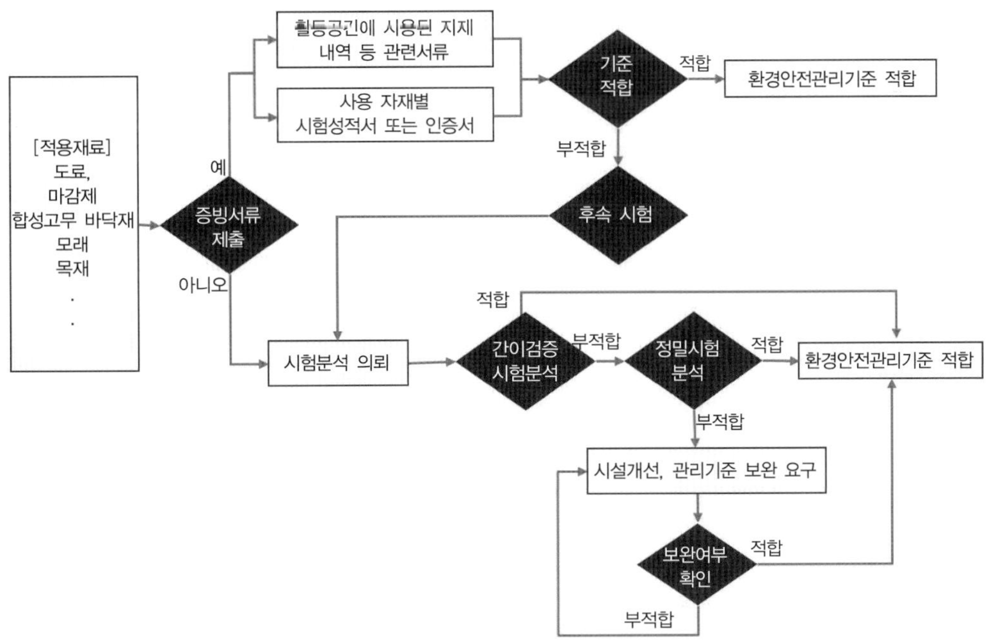

〈 절차 흐름도 〉

① 어린이 활동공간 환경안전관리기준 각호별 기준준수 여부를 확인할 수 있는 증빙서류 제출 요구
② 환경안전관리기준 준수 증빙서류를 제출한 경우, 환경안전관리기준 각호의 기준 적합여부 확인
  ○ 확인결과 적합한 경우에는 그 결과를 해당 활동공간 담당부서에 통보하고 종료
  ○ 확인결과 부적합한 경우 환경안전관리기준 시험 · 검사기관으로 지정된 기관(이하 "시험 · 검사기관")에 시험 · 분석 의뢰
  ※ 환경안전관리기준 항목별 적합여부 확인은 "어린이 활동공간 환경안전관리기준 해설[어린이 환경과 건강포털사이트(www.chemistory.go.kr) → 정보방→ 자료실]"의 관리기준 항목별 기준준수방법 및 확인방법을 참조
③ 환경안전관리기준 준수 증빙서류를 제출하지 못하는 경우 증빙자료 제출 보완을 요구하고, 증빙자료 제출이 어려운 경우 시험 · 검사기관에 시험 · 분석 의뢰
④ 시험 · 검사기관에 시험 · 분석의뢰
  ○ 시험 · 검사기관
  - 환경부고시(어린이 활동공간 환경안전관리기준의 환경유해인자 시험방법 및 시험 · 검사기관 지정)에 따라 국립환경과학원장이 공고한 시험 · 검사기관
  ○ 현장에서 시료채취가 가능한 경우 채취한 시료와 함께 시험 · 분석 의뢰
  ○ 현장에서 시료채취가 곤란하거나 시험 · 분석기관의 현장확인이 필요한 사항은 시료채취 및 현장확인 등 의뢰
⑤ 시험 · 검사기관으로부터 결과를 통보받아 적합여부 확인
  ○ 확인결과 적합한 경우에는 그 결과를 해당 활동공간 담당부서에 통보하고 종료
  ○ 확인결과 부적합한 경우 시설개선, 관리기준 보완 등 요구

《붙임2》

신규설치 후 운영중인 활동공간 환경안전관리기준 준수여부 점검절차

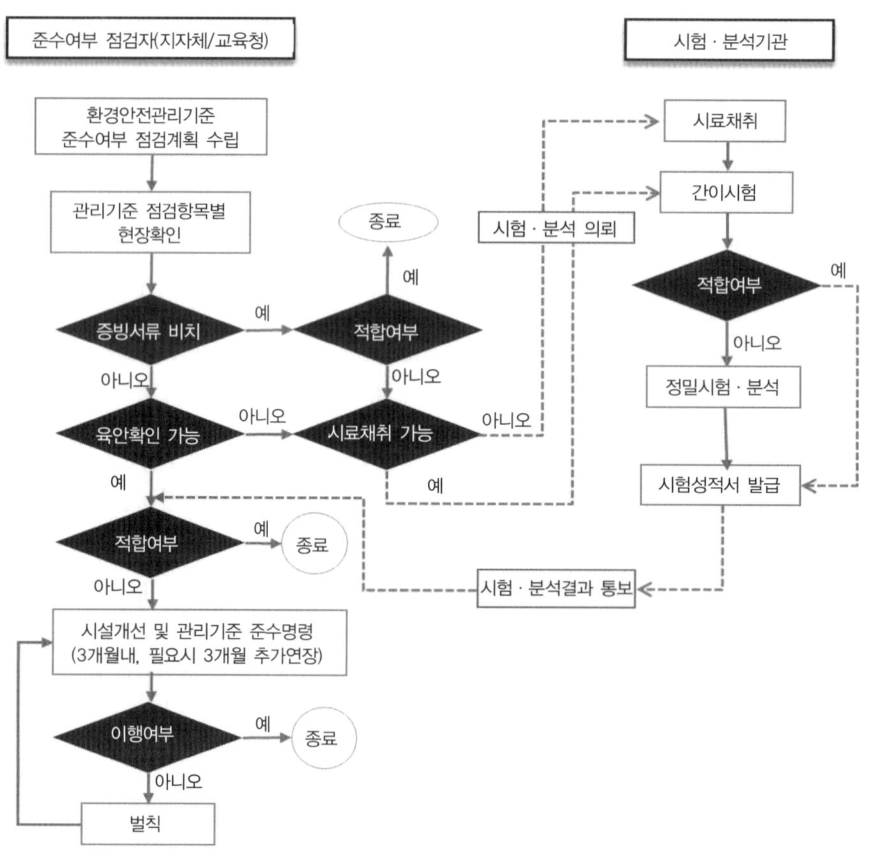

〈 절차 흐름도 〉

① 담당부서별로 관리대상 어린이 활동공간에 대한 지도 · 점검계획 수립
② 환경안전관리기준 준수여부 현장 확인
  ○ 어린이 활동공간 환경안전관리기준 각호별 기준준수 여부를 확인할 수 있는 증빙서류 제출 요구
  ○ 육안확인 등 결과, 어린이 활동공간 설치시 사용된 재료와 변동이 없는 경우에는 기준 적합으로 종료
  ○ 어린이 활동공간 설치시 사용재료가 변동된 경우에는 증빙자료 확인 혹은 시험분석 의뢰 후 결과에 따라 기준준수 여부 확인
③ 환경안전관리기준 준수와 관련한 증빙서류를 제출한 경우, 환경안전관리기준 각호의 기준 적합여부 확인
  ○ 확인결과 적합한 경우에는 기준 적합으로 종료
  ○ 확인결과 부적합한 경우 환경안전관리기준 시험 · 검사기관으로 지정된 기관(이하 "시험 · 검사기관")에 시험 · 분석 의뢰
  ※ 환경안전관리기준 항목별 적합여부 확인은 "어린이 활동공간 환경안전관리기준 해설[어린이 환경과 건강포털사이트(www.chemistory.go.kr) → 정보방→ 자료실]"의 관리기준 항목별 기준준수방법 및 확인방법을 참조
④ 환경안전관리기준 준수 증빙서류를 제출하지 못하는 경우 증빙자료 제출 보완을 요구하고, 증빙자료 제출이 어려운 경우 시험 · 검사기관에 시험 · 분석 의뢰
⑤ 시험 · 검사기관에 시험 · 분석 의뢰
  ○ 시험 · 검사기관
  - 환경부고시(어린이 활동공간 환경안전관리기준의 환경유해인자 시험방법 및 시험 · 검사기관 지정)에 따라 국립환경과학원장이 공고한 시험 · 검사기관
  ○ 현장에서 시료채취가 가능한 경우 채취한 시료와 함께 시험 · 분석 의뢰
  ○ 현장에서 시료채취가 곤란하거나 시험 · 분석기관의 현장확인이 필요한 사항은 시료채취 및 현장확인 등 의뢰
⑥ 시험 · 검사기관으로부터 결과를 통보받아 적합여부 확인
  ○ 확인결과 적합한 경우에는 기준 적합으로 종료
  ○ 확인결과 부적합한 경우 행정명령 미준수로 환경보건법 제31조에 따라 조치하고 환경안전관리기준 준수를 재명령

3 어린이놀이시설의 시설기준 및 기술기준 고시

기술표준원 고시 제2007-1196호

「어린이놀이시설 안전관리법」 제2조제6호 및 제11조에 따라 어린이놀이시설의 시설기준 및 기술기준을 다음과 같이 제정 고시합니다.

2007년 12월 24일

기 술 표 준 원 장

1. 제정이유

어린이놀이시설에 의한 안전사고 방지를 위하여 「어린이놀이시설 안전관리법」이 제정됨에 따라 동 법 제2조제6호 및 제11조에 따른 『어린이놀이시설의 시설기준 및 기술기준』을 규정하여 어린이놀이시설에 대한 안전성을 확보하기 위함

2. 주요내용

- o 시설 사용연령 · 인원, 안전수칙, 관리주체 연락처 등의 기재 등 설치 일반요건을 규정하고 충격흡수바닥재(모래, 고무 등)의 중금속 오염도 시험방법을 정함
- o 조합놀이대, 그네, 미끄럼틀, 회전놀이기구, 흔들놀이기구, 공중놀이기구 등에 필요한 최소 확보공간과 설치방법을 정함
- o 바닥은 일정 수준의 충격에 견디는 모래, 고무 등을 사용하도록 하고 모래의 입도, 중금속 오염기준 및 두께 등을 정함
- o 실내 놀이기구는 반드시 방염처리한 자재를 사용하도록 규정하고, 건물 내 자동연기감지시스템 및 비상조명을 설치하도록 함
- o 위해 어린이놀이시설의 구조적 보전성 및 표면처리 등에 대한 안전진단 기준을 정함

3. 어린이놀이시설의 시설기준 및 기술기준 내용

- o 어린이놀이시설의 시설기준 및 기술기준(붙임 : 관보게재시 생략)
- ※ 상기의 어린이놀이시설의 시설기준 및 기술기준 내용은 기술표준원 홈페이지(www.kats.go.kr)의 고시 · 공고 란에서 열람할 수 있습니다.

4. 시행일

- o 이 고시는 2008. 1. 27일부터 시행한다.

[붙임]

어린이놀이시설의 시설 기준 및 기술기준

1. 적용범위

공공장소에 설치되어 10세 이하의 어린이가 놀이에 이용하는 것으로 신체발달, 정서함양에 도움을 줄 수 있는 동력을 이용하지 않는 기구 또는 조합된 놀이터로서 설치 시 또는 정기시설검사 시 적용한다.(어린이놀이시설 안전관리법 시행령 별표 1. 2의 기구 및 시설 참고)

2. 인용규격

2.1 ASTM F 1487 (공공이용 놀이터 안전기준)
2.2 EN 1176-1~7 (놀이터의 일반요건 및 시설별 안전요건)
2.3 EN 1177 (놀이터 바닥재 충격감소 안전요건 및 시험방법)
2.4 JPFA-S (일본 공원시설업 협회) : 놀이기구 안전기준
2.5 어린이놀이기구 안전인증기준(품질경영 및 공산품안전관리법에 따른 안전인증대상공산품의 안전인증기준 부속서 12)
2.6 KS K 0611 : 2006 (섬유제품의 포름알데히드 측정방법 : 증류수 추출법)

3. 용어의 정의
3.1 자유공간(free space) : 기구를 이용해 운동을 할 때 사용자가 차지하는 기구의 안, 위 또는 주위의 공간
3.2 하강공간(falling space) : 어린이인 사용자가 하강할 때 차지하는 기구의 안, 위 또는 주위의 공간
3.3 최소공간(minimum space) : 기구를 안전하게 사용하기 위해서 필요한 공간. 즉 안전구역(safety zone)을 의미한다. (기구가 차지하는 공간+하강공간+자유공간)
3.4 충격구역(impact area) : 하강했을 때 사용자가 부딪칠 수 있는 구역, 즉 기구를 설치할 때 필요한 설치공간을 의미한다.
3.5 난간(handrail) : 사용자가 균형을 잡을 때 도움을 주는 가로대
3.6 보호난간(guardrail) : 사용자의 추락을 방지하기 위한 가로대
3.7 울타리(barrier) : 사용자가 밑으로 지나가는 것을 예방하기 위한 보호난간
기타 용어에 대하여는 어린이놀이기구 안전인증기준(품질경영 및 공산품안전관리법에 따른 안전인증대상공산품의 안전인증기준의 부속서 12)의 용어의 정의에 따른다.

4. 어린이놀이시설별 안전요구조건은 첨부(Ⅰ~Ⅸ)를 따른다.

5. 시험방법
5.1 얽매임
5.1.1 머리, 목, 몸 얽매임 : 어린이놀이기구 안전인증기준(품질경영 및 공산품안전관리법에 따른 안전인증대상공산품의 안전인증기준 부속서 12)에 있는 측정용 탐침봉(A,B,C,D) 및 V형 개구부의 머리와 목 얽매임 판정용 형판으로 확인한다.
5.1.2 옷 얽매임 : 어린이놀이기구 안전인증기준(품질경영 및 공산품안전관리법에 따른 안전인증대상공산품의 안전인증기준 부속서 12)에 있는 체인, 이음고리, 지주로 구성되어 있는 토굴(빗장)설비를 이용하여 확인한다.
5.1.3 손가락 얽매임 : 어린이놀이기구 안전인증기준(품질경영 및 공산품안전관리법에 따른 안전인증대상공산품의 안전인증기준 부속서 12)에 있는 손가락 막대봉을 이용한다.
5.1.4 기타 얽매임 : 버니어캘리퍼스 등의 치수측정 장비를 이용한다.
5.2 치수
5.2.1 설치 각도 등 : 1°까지 측정 가능한 만능 각도기로 측정한다.
5.2.2 공간, 기구, 간격 등 : 1mm까지 측정 가능한 줄자 등의 치수측정 장치로 확인한다.
5.3 충격흡수용 표면재 중금속 오염
5.3.1 모래
모래를 사용하는 경우 불순물의 오염이 없어야 한다. 불순물이란 중금속의 오염 정도를 말하며, 표 1의 한계를 초과하지 않아야 하며 결과의 해석은 표 2의 분석보정계수를 적용하여 분석된 양에서 분석보정계수를 적용한 값을 제하고 얻어진 값으로 한다. 또한 아래의 용출내용에 나타나지 않은 사항은 완구의 안전기준(품질경영 및 공산품안전관리법에 따른 자율안전확인대상공산품의 안전기준 부속서 36)의 유해원소 용출시험방법에 따른다.

원소	크롬(Cr)	납(Pb)	카드뮴(Cd)	세레늄(Se)	바륨(Ba)	안티몬(Sb)	비소(As)	수은(Hg)
기준값 (mg/kg)	60	90	75	500	1000	60	25	60

표 1

원소	크롬(Cr)	납(Pb)	카드뮴(Cd)	세레늄(Se)	바륨(Ba)	안티몬(Sb)	비소(As)	수은(Hg)
보정계수 (%)	30	30	30	60	30	60	60	50

표 2 보정계수

$$* \text{ 분석결과(mg/kg)} = \text{원소분석량(mg/kg)} - \text{원소분석량(mg/kg)} \times \frac{\text{분석보정계수}}{100}$$

5.3.1.1 시료의 준비

놀이터 모래(토양 포함)를 손으로 가지고 노는 깊이인 50mm 이내에서 약 20g~30g의 모래 또는 토양을 채취하여 이를 3)의 추출과정 후 시험편은 최소한 1,000mg 이상을 사용한 것으로 적당한 원소의 양을 계산한다. 시험편의 무게는 시험보고서에 기록한다.

5.3.1.2 사용 시약 및 장치

완구(품질경영 및 공산품안전관리법에 따른 자율안전확인대상공산품의 안전기준 부속서 36)의 유해원소 용출시험방법의 사용 시약 및 장치에 따른다.

5.3.1.3 추출과정

i) 적당한 크기의 추출용기를 사용하여 37±2℃에서 농도 0.07±0.005mol/L인 염산수용액을 준비된 시험편의 50배가 되도록 혼합하여 준비한다.

ii) 1분 동안 흔들고 혼합물의 pH를 확인한다. pH가 1.5 이상이면 농도 약 2mol/L인 염산수용액을 pH가 1.0~1.5로 될 때까지 흔들면서 한 방울씩 첨가한다. 혼합물은 빛을 차단하고 37±2℃에서 1시간 동안 흔들어 준 다음 37±2℃에서 1시간 동안 방치한다.

iii) 즉시 용액과 시험편을 분리한다. 먼저 여과지를 이용하여 여과하고, 필요하면 5,000g(g = 9.80665 ㎨) 이상의 가속도로 원심분리한다. 방치시간이 끝난 후 가능하면 빨리 분리과정을 진행한다. 원심분리 할 경우 10분 이내에 끝낸다.

iv) 추출용액을 원소분석 전에 하루 이상 보관할 경우에는 염산수용액을 첨가하여 보관용액의 농도가 약 1mol/L가 되도록 한다.

5.3.1.4 원소분석의 정량검출 한계

추출된 시료에 대한 원소 정량분석의 시험방법은 기준값의 1/10의 검출 한계를 가져야 한다.

분석방법의 검출한계는 실험실에서 측정한 공시험 표준편차의 3배로 얻는다. 조건을 벗어나는 방법을 사용하는 실험실은 결과의 표시에 검출한계를 기록한다.

5.3.1.5 결과의 표시

최소한 다음의 정보를 기록하여야 한다.

a) 시험된 제품 및 재질의 유형과 식별
b) 이 기준의 참고사항
c) 용출된 각 원소를 측정하기 위해 사용한 방법과 정량검출 한계에서 요구하는 방법이 서로 다른 경우의 검출 한계
d) 정량원소 분석의 보정된 결과, 추출용액 중의 원소 분석결과부터 시료 중의 원소의 양(mg/kg)으로 나타낸다.
e) 자세한 시험 및 추출과정
f) 협정 또는 기타 방법으로 규정된 시험방법에 따라 얻어진 편차
g) 시험일자

5.3.2 기타(고무, 포설, 스펀지) 바닥재의 유해분석

5.3.2.1 유해 중금속

완구(품질경영 및 공산품안전관리법에 따른 자율안전확인대상공산품의 안전기준 부속서 36)의 유해원소 용출시험방법에 따른다.

5.3.2.2 포름알데히드

1) 시험편

시료는 알루미늄 호일로 싸서 폴리에틸렌 봉지에 보관하며 1g에서 2.5g의 시료를 잘게 잘라서 10mg까지 칭량하여 2개의 시험편을 준비한다.

2) 시험은 KS K 0611 : 2006(섬유제품의 포름알데히드 측정방법 : 증류수 추출법)에 따른다.

3) 보고

i) 시험일자
ii) 시험에 사용된 시험방법
iii) 계산된 포름알데히드 양
iv) 시료에 대한 참고사항

5.4. 충격흡수용 표면재 한계하강높이 측정

자유하강높이에 따른 충격흡수용 표면재의 한계하강높이 측정은 "충격흡수 표면 구역의 안전요건 및 시험방법"(품질경영 및 공산품안전관리법에 따른 안전인증대상공산품의 안전인증기준 부속서 12의 제7부)에 따라 확인한다.

6. 놀이터 설치 시 일반 준수사항

놀이터를 설치할 때에는 다음 사항을 준수하여야 한다.

6.1 쉽게 접근할 수 있고 항상 이용이 가능하도록 설치한다.
6.2 주변시설(녹지공간, 부대시설)과 연계하여 안전하고 이용이 편리하게 설치되어야 한다.
6.3 후미진 곳에 설치하지 말고 쉽게 눈에 띄는 위치에 설치하여 유사 시 빠르게 대처할 수 있도록 하여야 한다.
6.4 조경시설, 울타리 등을 설치할 때에는 장애물에 의한 시선차단이 발생하지 않도록 하고 애완동물 등이 쉽게 들어가지 못하도록 설치하여야 한다.
6.5 놀이터 출입구는 휠체어, 유모차 등의 출입이 가능하도록 설치하여야 한다.
6.6 놀이터 진입로와 바닥은 이용자가 미끄러지지 않도록 설치하여야 한다.
6.7 놀이터 진입로는 도로나 주차장을 가로질러 진입하도록 설치되어서는 안 된다.

7. 부대시설에 대한 확인사항
7.1 놀이터 안의 부대시설은 어린이가 사용하기에 안전하며 청결하고 이용에 편리하게 설치되어야 한다.
7.2 놀이터 안의 부대시설 설치 시에는 다음 사항을 준수하여야 한다.
a) 보행을 위한 통로에는 설치를 금한다.
b) 도료 칠은 청결하게 하여야 하고 중금속의 오염이 없어야 한다.
c) 얽매임을 방지하도록 설치하여야 한다.
비고) 부대시설의 범주 : 놀이터가 설치된 범위로부터 약 3~5m 이내에 설치된 보조시설물을 의미하며 정자(파고라), 의자, 쓰레기통, 음용수시설 등을 말한다.

8. 안전진단 기준
8.1 구조적 보전성
지속성을 포함한 기구 구조체의 구조적 보전성은 어린이놀이기구 안전인증기준(품질경영 및 공산품안전관리법에 따른 안전인증대상공산품의 안전인증기준 부속서 12)의 구조적 보전성 시험 중 부록C에 의한 인자 중 "유리한 인자"를 적용하여 보전성 시험에 견디어야 한다.
8.2 하강에 대한 보호
충격을 완화시키기 위한 표면처리가 어린이놀이기구 안전인증기준(품질경영 및 공산품안전관리법에 따른 안전인증대상공산품의 안전인증기준 부속서 12)의 요건에 적합하게 되어 있어야 한다. 한계하강높이에 대한 측정은 충격측정장치를 이용하여 현장에서 낙하하여 자유하강높이와 비교 측정하여 확인한다.
8.3 일반구조
8.3.1 일반상태
부품과 부품, 기구와 기구의 결합 및 접합상태가 안전하게 체결되어 있어야 하며, 놀이기구가 지면과 닿는 부분이나 기타의 틈새 등에 의한 멀어심 등이 없어야 한다.
8.3.2 기구상태
다음 사항에 대하여 사용상 지장을 주는 것이 없어야 한다.
① 기구의 끝처리 상태
② 볼트, 너트 등의 녹 상태
③ 용접부위 상태
④ 연결부 체결상태
⑤ 구동부 하중보전성 : 700N 하중으로 1분간 유지로 확인한다.
⑥ 소비성 부품(베어링 등) 상태
8.4 최소공간
다음의 항목 등은 안전인증기준 (품질경영 및 공산품안전관리법에 따른 안전인증대상공산품의 안전인증기준 부속서 12)에 적합하여야 한다.
8.4.1 놀이공간 구역
① 울타리와 기구와의 충격구역
② 기구와 기구 사이의 충격구역 및 자유공간
8.4.2 자유공간 및 하강공간 확보
8.4.3 주변 장애물
사용기구의 안, 밖 주위에 상해를 입을 수 있는 장애물이 없어야 한다.
8.4.4 기타 놀이공간 안의 상태 확인
8.5 재료상태
로프, 체인, 목재, 합성수지, 금속 등의 재료에 대한 강도 및 표면상태는 사용상 지장이 없이 양호하여야 한다.
8.6. 안전진단결과 판정

분 류	판정 내용
상 (위험)	1. 일부분 균열, 파손으로 과도한 변형이 발생된 경우 2. 구조체에 변형이 발생된 경우 3. 구조적 보전성 시험에 견디지 못한 경우 4. 기타 상태가 위험하다고 판단되는 경우
중 (보수)	1. 기구의 상태(연결, 체결부)가 노화된 경우 2. 구조물의 상태가 보수를 요하는 경우 3. 안전거리(자유공간, 하강공간 등) 확보가 미흡한 경우 4. 충격흡수용 표면재의 상태 및 한계하강높이가 기구와 맞지 않는 경우 5. 기타 상태가 보수하여야 한다고 판단되는 경우
하 (안정)	1. 일반 상태는 다소 미흡하나 안전에는 문제가 없다고 판단되는 경우 2. 기타 안전에 별 문제가 없다고 판단되는 경우

9. 검사방법

9.1 검사로트의 구성 : 검사로트는 놀이터별로 한다.

비고) 놀이터란 공공장소의 놀이공간 내에 설치된 놀이터를 말한다.

9.2 시료 크기 및 합부판정 기준

시료는 설치된 장소별로 구분하여 적용하며 합부판정은 다음과 같다.

시료 크기(n)	합격 판정 개수(Ac)	불합격 판정 개수(Re)
1	0	1

10. 표시사항

10.1 놀이터에는 놀이터 이용과 관련된 안전수칙을 포함하여 사용인원, 사용연령, 관리주체 연락처, 사후 A/S연락처 등 사용상 안전에 필요한 사항을 잘 보이는 곳에 표시하여야 한다.

10.2 충격흡수용 고무바닥재인 경우에는 한계하강높이 및 관리방법을 표시하여야 하며 개별적(낱개)로 표시하여야 한다.

11. 기타 사항

이 기준에 기술되지 않은 설치기준 관련 내용에 대하여는 어린이놀이기구 안전인증 기준(품질경영 및 공산품안전관리법에 따른 안전인증대상공산품의 안전인증기준 부속서 12)의 제1부 일반 안전요건에 따른다.

[별첨]

Ⅰ. 그네

1. 최소공간 유지

최소공간(기구가 차지하는 공간+하강공간+자유공간)과 그네를 설치하기 위해 필요로 하는 설치공간(충격구역)을 확보하여야 한다.

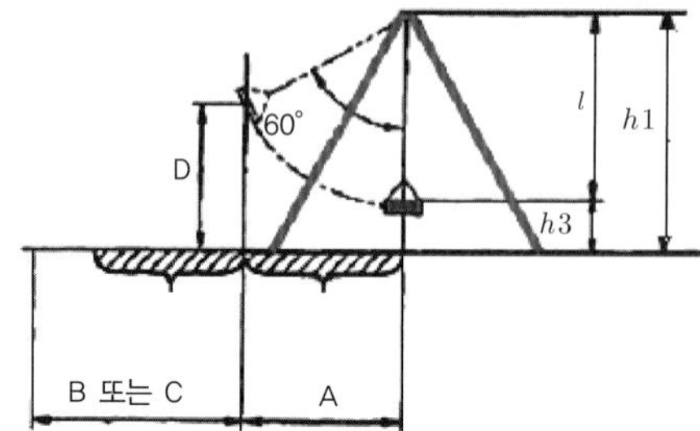

A= $0.867 \times (h1 - h3)$
B= 1.75m 충격흡수표면(합성재질)
C= $2.25m$ 충격흡수표면(느슨하게 다져진 재질)
D= 최대 자유하강 높이
$= \frac{(h1 - h3)}{2}$

(그림 1)

1.1 그네 기둥으로부터 그네의 운동방향(앞, 뒤)으로 약 1.75 m(모래 등 2.25m)+(그네줄의 길이×0.867)m의 최소공간을 확보하여야 한다. 또한 최소공간은 다른 기구의 최소공간과의 겹침이 없어야 한다.(그림1)

1.2 자유하강높이 이상의 높이에서 낙하 시 충격을 흡수할 수 있는 충격흡수용 표면재 처리를 하여야 한다. 충격흡수용 표면재에 따른 시공 및 안전기준은 Ⅷ. 충격흡수용 표면재에 따른다.

2. 구성부품의 요건

그네를 구성하고 있는 구성부품은 다음 기준에 적합하여야 한다.

2.1 반복적인 스윙운동으로 인하여 끊어짐이나 파손을 방지하기 위해 설치 전에 그네 구성체의 연결상태나 그네 좌석의 연결상태, 구동 부품의 작동상태 등을 성빌하게 확인하여야 한다.

2.2 매달림 구성체(그네줄)를 체인으로 사용하는 경우, 체인 개구부는 8.6mm 이하여야 한다.

3. 그네의 최소공간 내에 기초물을 설치하며 다음을 만족하여야 한다.

3.1 목재로 된 그네의 기둥에는 직접적으로 콘크리트로 기초를 할 경우 목재위에 캡 등을 씌워 직접적인 접촉을 막고 목재가 1/3 이상 박히도록 한다. 또한 목재는 방부처리하여 부패하지 않도록 하여야 한다.

3.2 철재기둥을 기초하는 경우 철재는 이음매 없이 사용하고 부득이하게 이음을 할 경우에는 응력이 가장 적게 발생하는 부위에 이음되어야 한다.

3.3 고정철물이나 연결고리 등의 철물은 헐렁거리거나 빠지지 않도록 연결하여 고정한다. 또한 모든 금속재는 녹, 부식방지를 위하여 도장 및 도금하여 처리하고 용접부위는 연마하여 매끈하게 처리되어야 한다.

3.4 기초 부위는 대부분 콘크리트로 주춧대나 고정장치를 하기 때문에 콘크리트가 충분히 양생될 때까지 구성체를 비롯한 좌석을 연결하지 않아야 한다. 또한 양생된 콘크리트에 직접 볼트를 이용하여 고정하는 경우 콘크리트의 두께를 확인하고 고정하여야 한다.

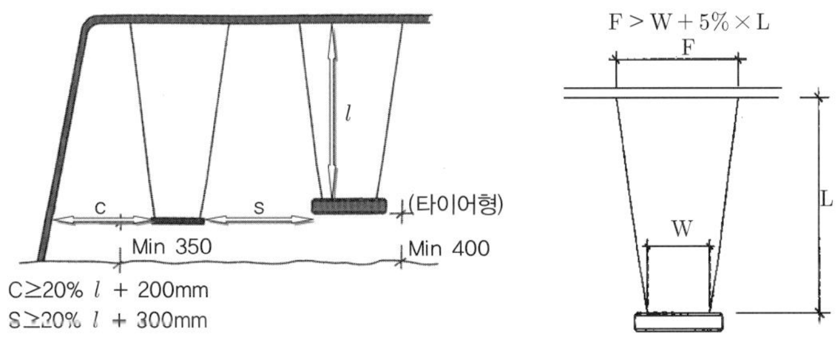

(그림 2)

4. 그네 기둥과 좌석 사이의 최소공간, 그네 좌석 사이의 최소공간, 그네 좌석의 안정성, 지면간격 등을 고려하여 그림 2와 같이 매달림 구성체와 좌석을 설치한다.

4.1 지면간격은 얽매임을 피하여야 한다. 일반좌석 그네의 경우 어린이가 타고 있는 조건으로 측정 시 350mm 이상이어야 하며, 타이어 그네의 경우 400mm 이상이어야 한다. (어린이가 타고 있는 조건이란 어린이 사용자 수 1명 : 69.5kg, 2명 : 130kg의 무게를 가한 상태를 의미한다.)

4.2 유아용과 비교적 높은 연령층의 아동용 그네가 그림 3과 같이 동일한 기둥 내에 설치되어서는 안 된다.

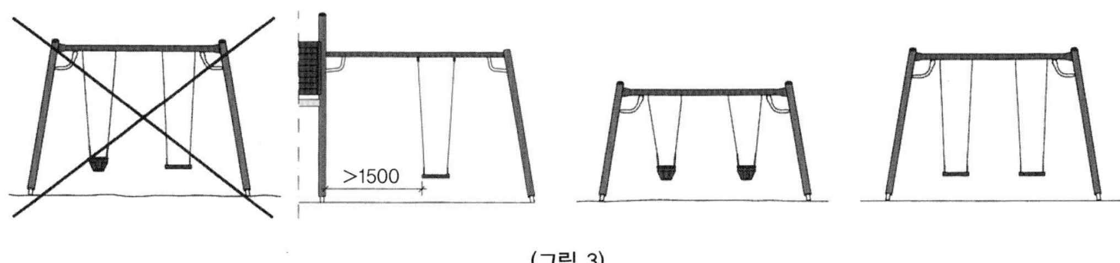

(그림 3)

4.3 하강공간의 범위는 요구되는 최소공간과 길이방향은 같고, 폭은 좌석너비가 500mm 미만인 경우 최소 1,750mm, 좌석너비가 500mm 초과 시에는 그 만큼 더 넓어지므로 필요공간(1,750mm+초과된 수치)을 확보하여야 한다.

5. 그네가 운동하고 있는 주위로 어린이의 접근을 막고, 그네를 이용하는 어린이들의 시선이 타는 방향으로만 유지할

수 있도록 담이나 울타리를 최소공간 밖에 설치하여야 한다.

5.1 울타리를 설치할 경우 중심부에서 비교적 가까이 위치한 울타리 구석부분에 한 개 이상의 출입구를 만들어 어린이들이 그네 뒤쪽에서 기다리거나 돌아다니지 않도록 하여야 한다.

5.2 출입구는 출입속도를 제한할 수 있는 형태로 설계되어 설치되어야 한다.

6. 그네 베어링 집은 정밀하게 조립, 시공하여 쉽게 풀리지 않도록 하여야 한다.

7. 정기시설검사 시 중점점검사항

위의 설치기준 이외에 다음 사항을 만족하여야 한다.

7.1 그네 고리 및 좌석판은 풀리거나 파손되지 않아야 한다.

7.2 그네 연결 베어링의 회전은 원활하여야 한다.

7.3 그네 줄은 꼬여 있지 않아야 하며 좌우 균형이 맞아야 한다.

7.4 심한 녹이 없어야 하며 금이 간 곳이 없어야 한다.

7.5 금속부의 도료(페인트 등)는 심한 벗겨짐이 없어야 한다.

7.6 볼트, 너트 등의 부품은 탈락 및 심한 마모가 없어야 한다.

7.7 그네 바닥면은 심한 패임현상이 없어야 한다.

Ⅱ. 미끄럼틀

1. 최소공간 유지

최소공간과 미끄럼틀을 설치하기 위해 필요로 하는 설치공간을 확보하여야 한다.

1.1 활강지점 양쪽으로 최소한 각 1,000mm, 앉는 표면에서 수직 위쪽으로 1,500mm의 자유공간을 확보하여야 하고 도착지점 앞으로 2,000mm, 둘레는 1,000mm 공간을 확보하여야 한다. 단, 제2형 미끄럼틀의 경우 도착지점 앞으로 최소한 1,000mm 공간을 확보하여야 한다.

1.2 설치공간에는 충격흡수를 위한 표면처리가 되도록 시공한다.

충격흡수용 표면재에 따른 시공 및 안전기준은 Ⅷ.충격흡수용 표면재에 따른다.

2. 구성부품의 요건

각 구성부품은 다음 요건에 적합하여야 한다.

2.1 터널미끄럼틀의 경우 지름이 750mm 이상이어야 한다.

2.2 스테인리스강판은 통판을 사용하되, 부득이 중간에 연결할 때는 용접으로 완전히 밀착시키고 상부판을 하부판 위로 50mm 이상 겹쳐서 시공되어야 한다.

2.3 플라스틱의 손잡이, 활강면은 요철이 없어야(최소반경 3mm) 하며 도착지점의 끝부분은 지면 쪽으로 꺾여 내려간 형태로 최소반경이 50mm로 하여 물이 고이지 않도록 하여야 한다.

3. 기초물의 설치

기초를 세울 위치를 표시하고 다음과 같이 기초를 하여야 한다.

3.1 기초를 할 때에는 플랫폼과의 연결상태를 감안하여야 하며, 출발지점 및 활강지점과 도착지점의 요구사항을 만족하도록 기초를 하여야 한다.

3.2 출발지점은 0~5°의 기울기를 갖는 면의 길이가 350mm 이상이어야 한다.

3.3 활강지점의 기울기는 최대경사각(60°), 평균기울기(40°)를 넘지 않도록 하여야 한다.

3.4 도착지점은 0~10°의 기울기를 갖는 면의 길이는 활강지점의 길이가 1,500mm 미만은 300mm 1,500~7,500mm는 500mm, 7,500mm 이상은 1,500mm 이상이어야 한다.

4. 미끄럼틀을 플랫폼에 다음과 같이 부착한다.

4.1 이음부 사이에 틈 및 옷 얽매임이 발생하지 않도록 하고 플랫폼과의 연결부가 사용자가 불편하지 않도록 매끈하게 처리되도록 하여야 한다.

4.2 미끄럼틀 표면이 2가지 또는 2조각 이상의 재료로 제작된 경우 면도날, 파편 같은 날카로운 물체가 끼이지 않도록 이음부의 틈을 막아야 한다.

5. 가로대와 측면보호대 설치

측면보호대 높이는 500mm 이상으로 하고, 가로대는 700~900mm 사이에 설치하며 (독립미끄럼틀의 경우 측면보호대 높이는 700mm 이상) 사용 시 회전하지 않도록 고정한다.

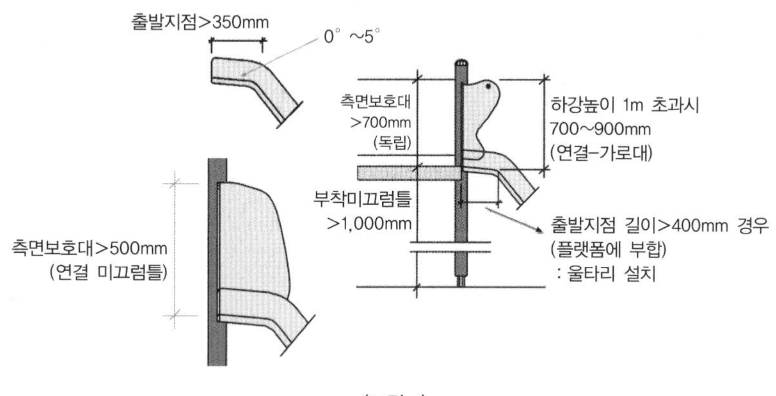

(그림 1)

6. 연결장치의 결합상태는 견고하여야 한다.

7. 정기시설검사 시 중점 점검사항
   위의 설치기준 이외에 다음사항을 만족하여야 한다.
7.1 미끄럼틀의 보호벽, 계단, 활강표면 등은 심한 파손이 없어야 한다.
7.2 도착지점에 흙이 덮여 있거나 물이 차 있어서는 안 된다.
7.3 미끄럼틀에는 심한 녹이 없어야 하며 금이 간 곳이 없어야 한다.
7.4 금속부의 도료(페인트 등)는 심한 벗겨짐이 없어야 한다.
7.5 볼트, 너트 등의 부품은 탈락 및 심한 마모가 없어야 한다.
7.6 활강표면은 울퉁불퉁한 돌출부나 거친 면이 없어야 한다.

Ⅲ. 정글짐, 오르는 기구 및 건너는 기구

1. 최소공간 유지
   최소공간과 정글짐, 오르는 기구 또는 건너는 기구를 설치하기 위해서는 다음의 설치공간을 확보하여야 한다.
1.1 기구가 차지하는 공간으로부터 최소 1,500mm 둘레에는 어떠한 장애물이나 놀이기구가 설치되어서는 안 된다. (하강공간 확보)
1.2 자유공간의 기립(반지름 : 1,000mm, 높이 : 1,800mm), 앉음(반지름 : 1,000mm, 높이 : 1,500mm)의 공간에는 장애물이 없도록 하여야 한다.
1.3 플랫폼이나 기타 서 있을 수 있는 곳의 높이가 지면으로부터 1,500mm 미만일 경우 최소 1,500mm, 높이가 1,500mm 이상일 경우 : 최소한 2/3×(지면으로부터 높이(mm))+ 500mm의 충격구역 (충격흡수용 표면재 처리지역)을 확보하여야 한다.

2. 기타 놀이기구의 구성부품 확인
   철봉의 손잡이 봉은 충분한 강도가 필요하고 안전성을 충분히 고려한 소재나 형태, 구조로 하며 움켜잡음 요구사항(16~45mm)을 만족하고 봉이 회전하지 않아야 한다.

3. 기초물 설치
3.1 철봉과 오르는 기구 등은 사용자의 하중을 고려하여 튼튼한 기초 위에 기둥과 지지대를 설치하여야 한다.
3.2 기둥은 충분한 강도가 필요하고 손잡이 봉 높이에 맞게 강도를 확보하여야 하며, 필요에 따라 보조기둥을 설치하여야 한다.
4. 구성부품의 요건
4.1 설치면에서 손잡이 봉까지의 높이는 대상으로 하는 이용자의 체격이나 이용형태를 고려하여 설정하며 회전하지 않도록 결합되어야 한다.
4.2 기둥과 손잡이 봉과의 접합부는 충분한 강도가 필요하고 날카로운 부분이 없이 부드럽게 연마되어 있어야 한다.
   비고) 충분한 강도란 구조적 보전성 시험에 적합한 것을 의미한다.

5. 얽매임

각 부의 얽매임은 다음의 사항을 만족하여야 한다.

5.1 머리, 목 얽매임

단단한 원형 개구부는 내부지름이 130~230mm가 되지 않게 설치되어야 한다.

5.2 몸 얽매임

몸 전체가 들어가 기어갈 수 있는 것, 공중에 매달린 무거운 부분이나 딱딱한 버팀대 부위가 있는 것에서의 얽매임 발생이 없어야 한다.

5.3 옷 얽매임

묶임으로 인한 또는 움직임으로 인한 얽매임을 방지하여야 한다.

5.4 발 및 다리 얽매임

발판, 손잡이판, 걷고 뛰는 데 이용되는 수평면에는 30mm 이상의 틈이 있어서는 안 된다.

5.5 손가락 얽매임

1,200mm 이상의 가장자리가 있는 개구부는 8~25mm의 틈이 없어야 한다.

6. 연결부 결합상태

기구의 끝처리, 용접부위의 부드러움, 모서리부의 상태 등이 부드럽고 안전한지 확인하여야 한다.

7. 충격흡수용 표면재

충격흡수용 표면재에 따른 시공 및 안전기준은 Ⅷ. 충격흡수용 표면재에 따른다.

8. 정기시설검사 시 중점점검사항

위의 설치기준 이외에 다음 사항을 만족하여야 한다.

8.1 손잡이 파이프의 갈라짐, 휘어짐 등의 파손이 없어야 한다.

8.2 날카로움 또는 돌출부가 있어서는 안 된다.

8.3 심한 녹이 없어야 하며 금이 간 곳이 없어야 한다.

8.4 금속부의 도료(페인트 등)는 심한 벗겨짐이 없어야 한다.

8.5 볼트, 너트 등의 부품은 탈락 및 심한 마모가 없어야 한다.

Ⅳ. 공중놀이기구

1. 최소공간 유지

최소공간과 공중놀이기구를 설치하기 위해서는 다음의 설치공간을 확보하여야 한다..

1.1 공중놀이기구는 움직임에 문제가 없도록 충분한 공간을 확보하여야 한다. 또한 다른 놀이기구와의 하강공간의 겹침이 없도록 설치되어야 한다.

1.2 최소공간은 중심 케이블을 중심으로 좌우 2,000mm, 주행이 끝나는 지점으로부터 2,000mm+매달림 케이블이 45° 를 이룰 때의 거리(mm) 공간을 확보하여야 한다.

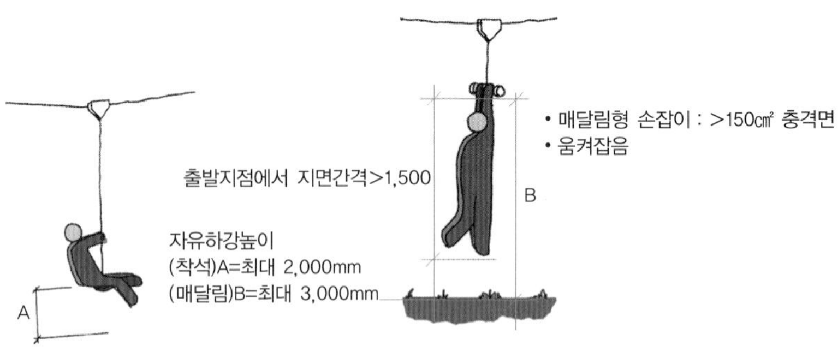

(그림 1)

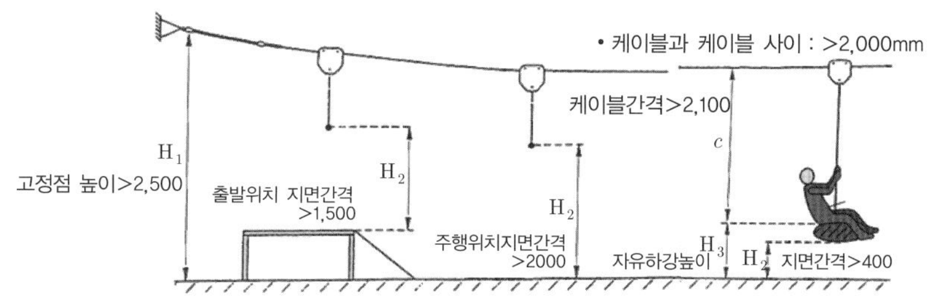

계속 (그림 1)

2. 구성부품의 요건
2.1 주행기, 좌석이나 손잡이, 멈춤장치 등이 이상이 없는지를 확인하고 기준에 적합한지를 확인하여야 한다.
2.2 기둥 및 케이블 경첩 등은 충분한 강도와 안전성을 고려한 소재이어야 한다.
2.3 도착부에는 충격흡수장치를 설치하여 이용자를 태운 상태에서 정지했을 때 최대 진동각도가 45° 이하가 되어야 하며, 충격흡수장치는 쉽게 조절, 교환이 가능한 구조로 되어야 한다.

3. 기초물의 구조 및 설치
케이블 및 주행기 등의 기초물은 다음을 만족하여야 한다.
3.1 중심 케이블의 고정점과 하부구조 기초는 케이블을 통해서 전달되는 하중에 견딜 수 있도록 하여야 한다.
3.2 활차부(주행기)
3.2.1 활차부 형태는 활차 이외 부분이 케이블에 접촉하거나 케이블을 파손할 수 있는 형태여서는 안 된다.
3.2.2 활차는 충격이나 진동에 의해 쉽게 케이블에서 벗어나도록 설치되어서는 안 된다.
3.2.3 활차와 케이블 사이에 손가락 등이 쉽게 들어갈 수 없는 구조로 하여야 한다.
3.2.4 활차부는 활차나 베어링 등 부품교환이 가능한 구조여야 한다.
3.2.5 활차나 케이블은 이용자가 쉽게 손댈 수 없는 구조로 설치되어야 한다.
3.3 손잡이
3.3.1 손잡이는 정지 시 요동에 의한 부담을 줄이고, 기구 파손을 방지하기 위해 활주방향으로 항상 원하는 시점에 기구에서 내릴 수 있도록 폐쇄된 형태여서는 안 된다. 또한 회전구조를 갖게 하고 손등이 끼지 않도록 끼지 않는 구조여야 한다.
3.3.2 손잡이는 미끄럽지 않고 쉽게 잡을 수 있는 형태로 하여야 한다.
3.3.3 손잡이는 이용자에게 감기거나 조이는 부분이 없어야 한다.
3.3.4 손잡이는 로프 등 질량이 가벼운 것을 사용하고, 하단부에도 질량이 가벼운 충격흡수 소재를 이용하여 충돌 시 안전을 고려한 것이어야 한다.
3.4 좌석
3.4.1 좌석은 사용자가 언제든지 내릴 수 있는 구조여야 하며 고리나 띠가 설치된 좌석은 사용되지 않아야 한다.
3.4.2 좌석은 충돌 시 안전을 고려하여 충격을 흡수할 수 있는 소재를 사용하여야 하며 최대가속도 50g (50×9.8 ㎨)이하, 평균표면압축 90 N/㎠ 이하여야 한다.

4. 구성부품의 요건
출발지점의 지면간격에 맞도록 플랫폼을 설치하고 주행 중에도 지면간격을 만족하도록 중심 케이블과 매달림 케이블의 길이를 조절할 수 있도록 하여야 하며 다음을 만족하여야 한다.
4.1 동일한 케이블에는 한 개의 주행기만 설치하여야 한다.
4.2 매달림 형의 경우, 출발지점에서는 최소 1,500mm, 주행 중의 위치에서는 최대 3,000mm, 정지상태에서는 최소 2,000mm여야 한다.(무하중 측정 시)
4.3 좌석형의 경우, 지면간격은 130kg의 하중을 가했을 시 최소 400mm가 되어야 하며, 자유하강높이는 무하중 측정 시 2,000mm를 초과해서는 안 된다.

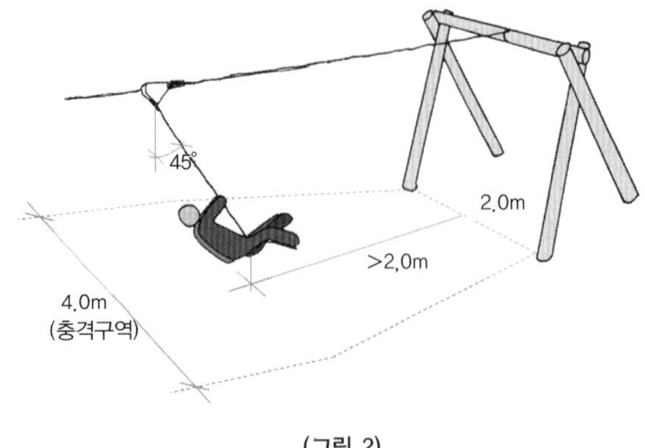

(그림 2)

5. 연결부 결합상태
돌출한 못, 튀어나온 와이어로프 끝 부위, 날카로운 모서리나 끝이 있는 부품이 없어야 한다. 또한 끝처리된 모든 부분의 최소반경은 3mm 이상이어야 한다.

6. 충격흡수용 표면재
충격흡수용 표면재에 따른 시공 및 안전기준은 Ⅷ.충격흡수용 표면재에 따른다.

7. 정기시설검사 시 중점점검사항
위의 설치기준 이외에 다음 사항을 만족하여야 한다.

7.1 손잡이 또는 링은 심한 손상이 없어야 한다.
7.2 활차와 연결부는 원활하게 작동이 되어야 한다.
7.3 심한 녹이 없어야 하며 파손된 곳이 없어야 한다.
7.4 금속부의 도료(페인트 등)는 심한 벗겨짐이 없어야 한다.
7.5 볼트, 너트 등의 부품은 탈락 및 심한 마모가 없어야 한다.

Ⅴ. 회전놀이기구

1. 최소공간 유지
최소공간과 회전놀이기구를 설치하기 위해 필요로 하는 설치공간을 확보하여야 한다.

1.1 기구가 차지하는 공간둘레로 원심력을 감안하여 최소한 2,000mm의 추가공간 확보가 필요하다.
1.2 회전운동에 따른 다른 기구와의 하강공간이 겹치지 않도록 설치하여야 한다.

2. 구성부품의 요건

2.1 사용자 스테이션(판)이 용접 및 금속부의 부착은 신체 일부나 옷 등이 걸리는 위험이 없도록 표면처리가 되어 있어야 한다.
2.2 외주부분의 속도는 회전속도를 감안하여 5m/s 이하가 되도록 설치되어야 한다.

3. 기초물의 구조 및 설치
세울 위치에 표시된 기초는 다음을 만족하여야 한다.

3.1 기구는 회전축을 중심으로 운동을 하기 때문에 회전축의 기초를 단단히 하여야 하며 지탱축은 수직선을 기준으로 5° 이상 기울어지지 않도록 설치하여야 한다.
3.2 회전축 지탱부품은 500±10N의 힘에 이탈되지 않아야 한다.
3.3 각 유형에 적합한 지면간격을 유지하도록 기초를 하여야 한다.
3.3.1 지면간격은 몸의 얽매임을 방지하기 위해서 60~110mm을 유지하여야 한다.
3.3.2 회전부 최하점과 설치면 사이는 손, 발, 머리가 얽매이지 않도록 하여야 한다.

4. 회전하는 플랫폼 아래 지면의 마감처리는 회전놀이기구의 측면에 위치한 자유공간 내 충격흡수 표면과 동일한 수준으로 표면처리하여야 한다.

5. 스테이션(판)의 부착
5.1 스테이션(판)은 지지구조물에 견고하게 연결하거나 기동성을 위해 구조물에 부착되게 설치하여야 한다.
5.2 기둥부의 축 및 베어링은 충분한 강도가 있어야 하고 쉽게 마모되지 않고 충격에 잘 견디는 구조로 설치되어야 한다.
5.2.1 기둥부는 회전부의 회전속도가 과도하게 가속하지 않는 구조로 설치되어야 한다.
5.2.2 축받침 등 다른 부분과의 접합부는 풀림방지 처리를 하여 견고하게 하여야 한다.

6. 회전부의 최대속도는 5m/s를 넘지 않도록 설계되어 설치되어야 한다.

7. 연결부분의 결합상태는 견고하여야 하며 다음에 적합하여야 한다.

• 축 : 5° 이상 기울어지면 안됨
• 손잡이 : 움켜잡음(16~45mm)

(그림 1)

7.1 축은 중심에서 5° 이상 기울어지지 않아야 한다.
7.2 손잡이는 움켜잡음 요구사항인 16~45mm여야 한다.
7.3 돌출한 못, 튀어나온 와이어로프 끝 부위, 날카로운 모서리나 끝이 있는 부품 등이 없어야 한다. 또한 끝처리된 모든 부분의 최소반경은 3mm 이상이어야 한다.

8. 충격흡수용 표면재
8.1 바닥재는 회전놀이기구 전체공간에 걸쳐서 같은 재질, 같은 높이 등 동일한 수준으로 시공하여야 하며, 충격흡수용 표면재에 따른 시공 및 안전기준은 Ⅷ.충격흡수용 표면재에 따른다.
8.2 모래의 경우 놀이기구를 이용하면서 지면간격이 넓어지기 때문에 같은 높이를 유지할 수 있도록 300mm 정도로 도포되어야 한다.

9. 정기시설검사 시 중점점검사항
위의 설치기준 이외에 다음 사항을 만족하여야 한다.
9.1 베어링의 회전상태는 원활하여야 한다.
9.2 회전판, 회전축은 많이 기울어지거나 흔들거리지 않아야 한다.
9.3 회전체에는 심한 녹이 없어야 하며 금이 간 곳이 없어야 한다.
9.4 금속부의 도료(페인트 등)는 심한 벗겨짐이 없어야 한다.
9.5 볼트, 너트 등의 부품은 탈락 및 심한 마모가 없어야 한다.

Ⅵ. 흔들놀이기구

1. 최소공간 유지
최소공간과 흔들 놀이기구를 설치하기 위해 필요로 하는 설치공간을 확보하여야 한다. 또한 흔들놀이기구 최소공간은 기구가 차지하는 공간둘레로 최소 1,000mm의 자유공간을 확보하여야 한다.

2. 구성부품의 요건
구성부품을 확인하고 구성부품의 주 동작부인 구동체, 고정물에 연결하는 지지 구성체, 땅이나 표면에 고정시키는 기구 고정물 등은 견고하여야 한다.

3. 기초물의 구조 및 설치
3.1 스프링은 좌석 스탠드의 최대 슬로프가 형식에 따라 (20° 또는 30°)를 넘지 않도록 설치하여야 한다.
3.2 좌석 스탠드 높이는 형식에 따른 최대치를 넘지 않도록 설치하여야 한다.

4. 적절한 지면간격을 유지하도록 제동효과를 얻는 장치를 설치한다.
4.1 기구는 지면간격의 확보를 위하여 충격흡수용 표면재의 종류와 규격을 고려하여 기초를 하여야 한다.
4.2 지면에 타이어를 설치하여 지면간격을 유지하는 등의 방법으로 지면과의 간격이 230mm 이상을 유지하도록 기초를 세워야 한다.

5. 구성부품의 구조 및 설치
5.1 움직이는 부분(예 : 스프링)의 손가락 짓눌림을 막기 위해서 최소지름 12mm를 유지하도록 하여야 한다.
5.2 진동운동을 하는 부분인 스프링 하부를 고정하는 부분(판)은 스프링 강도나 내구성이 저하되지 않도록 고정하여야 한다.
5.3 시소의 받침부는 충분한 강도가 필요하며 쉽게 마모되지 않는 축 또는 베어링으로 설치하여야 한다.
5.4 가로대부의 형태는 가로대부의 구조물과 지면 사이에 발 또는 다리 얽매임이 일어나지 않은 구조로 하여야 한다.
5.5 상하운동 중 갑자기 정지하거나 반동에 의해 운동방향이 역전되는 사고가 일어나지 않도록 최대기울기에 가까워질수록 움직임이 적어지도록 처리하여야 한다.
5.6 이용자가 내리려고 할 때 반대쪽 이용자가 착지면에 떨어지는 일이 없도록 받침부를 스프링 구조로 설계하거나, 좌면에 신체를 지지해줄 구조물을 설치하여 안전하게 착지할 수 있도록 하여야 한다.
5.7 기타 기구 설치에 따른 조건은 다음 그림을 만족하여야 한다.

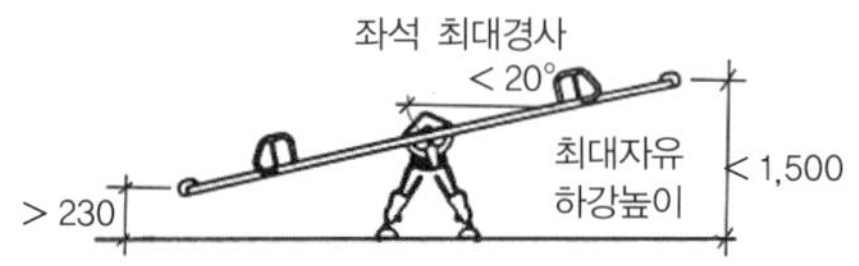

• 손지지대 : 16~45mm, 유아용 16~30mm
• 얽매임 : 최소지면 간격 230mm
• 측면편차 : <140mm

2형 A

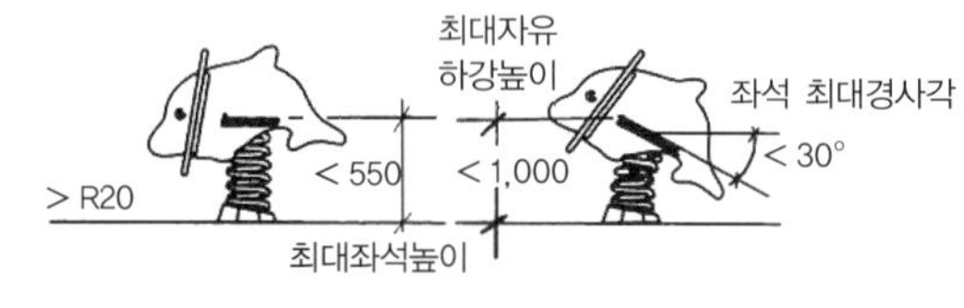

제2형 B

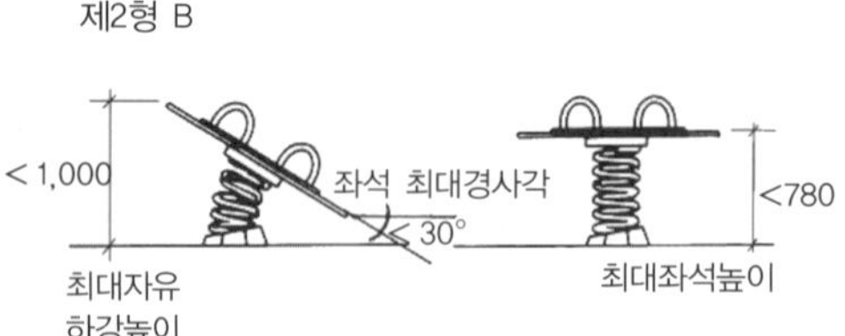

2형 B

6. 연결부 결합상태
돌출한 부위, 튀어나온 부위에 날카로움 등이 없어야 하며 모든 부분은 반경 3mm 이상의 마감처리가 되어 있어야 한다.

7. 충격흡수용 표면재 요건
충격흡수용 표면재에 따른 시공 및 안전기준은 Ⅷ. 충격흡수용 표면재에 따른다.

8. 정기시설검사 시 중점점검사항
위의 설치기준 이외에 다음 사항을 만족하여야 한다.
8.1 충격 완화용 타이어에는 심한 손상이 없어야 한다.
8.2 지지대와 시소의 연결부는 원활하게 회전되어야 한다.
8.3 몸체, 손잡이 등은 좌우로 심하게 흔들거리지 말아야 한다.
8.4 심한 녹이 없어야 하며 금이 간 곳이 없어야 한다.
8.5 금속부의 도료(페인트 등)는 심한 벗겨짐이 없어야 한다.
8.6 시소의 좌우 변형 편차는 140mm를 넘지 않아야 한다.
8.7 스프링부의 심한 마모 및 처짐에 따른 손가락이 낄만한 틈새가 없어야 한다.
8.8 볼트, 너트 등의 부품은 탈락 및 심한 마모가 없어야 한다.

Ⅶ. 조합놀이대

1. 최소공간 유지
최소공간(기구가 차지하는 공간+하강공간+자유공간)과 놀이대를 설치하기 위해 필요로 하는 설치공간(충격구역)을 확보하여야 한다.
1.1 하강공간을 확보하기 위해 기구가 차지하는 공간으로부터 최소 1,500mm 둘레에는 어떠한 장애물이나 놀이기구가 설치되어서는 안 된다.
1.2 자유공간의 기립(반지름 : 1,000mm, 높이 : 1,800mm), 앉음(반지름 : 1,000mm, 높이 : 1,500mm)의 공간에는 장애물이 없도록 하여야 한다.
1.3 플랫폼이나 기타 서 있을 수 있는 곳의 높이가 지면으로부터 1,500mm 미만일 경우 최소 1,500mm, 높이가 1,500mm 이상일 경우 : 최소한 2/3×(지면으로부터 높이(mm)) + 500mm의 충격구역 (충격흡수용 표면재 처리지역)을 확보하여야 한다.

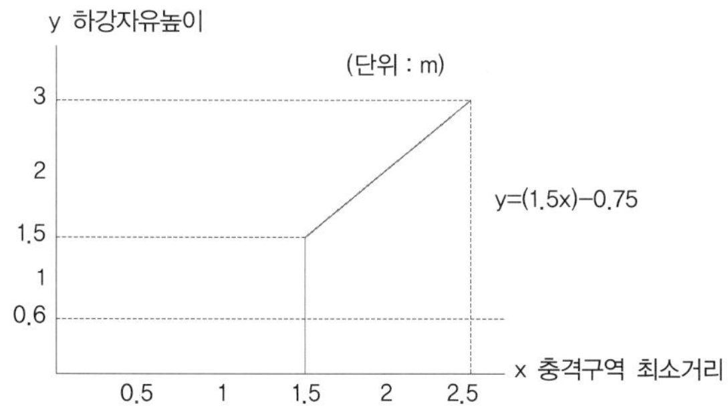

충격구역 범위(그래프 1)

2. 구성부품의 요건
구성하고 있는 기구의 부품은 다음의 기준에 적합하게 설치되어야 한다.
2.1 사다리 및 계단 : 발디딤대 및 발판(±3° 이내로 수평하고, 동일 간격으로 설치)
2.2 설치각도 : 사다리 60~90°, 계단 : 15~60°, 경사로 0~38°로 설치할 것
2.3 계단의 난간 설치 : 첫 번째 계단 발판에서부터 설치하되 600~850mm로 설치할 것
2.4 경사로는 좌우경사 ±3° 이내로 수평이 되고 600mm 이상 높이는 울타리를 설치하며 미끄러짐을 방지할 수 있도록 하여야 한다.

3. 기초물의 구조 및 설치

사전에 제공된 자료의 도면 등의 자료에 맞게 기초물의 위치를 표시하고 시공하여야 한다.

3.1 모래에 기초를 세울 때에는 지면으로부터 최소 400mm의 깊이로 주춧대나 고정장치를 하여야 한다.

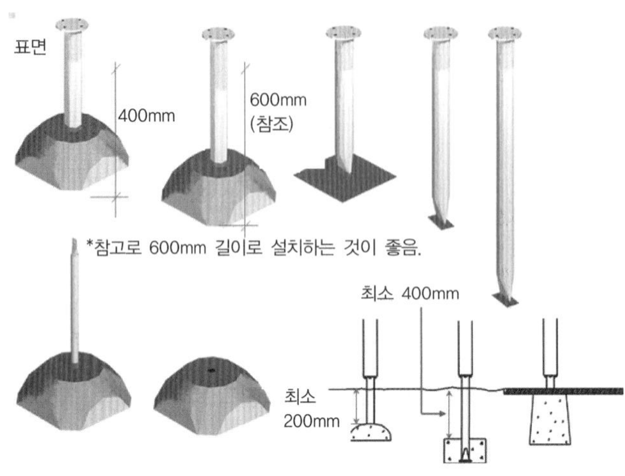

기초물(그림 1)

3.2 콘크리트에 앵커볼트를 사용하여 기초를 세울 때에는 볼트부분의 끝처리를 적절하게 하여야 하고 바닥재 위쪽으로 돌출되지 않게 처리를 하여야 한다.

3.3 금속재질의 경우는 내후처리가 되어 있어야 하고, 특히 목재의 경우 방부처리를 반드시 하여야 하며(1,2등급 목재 제외), 지면과 닿는 부분은 금속이나 기타 재질을 이용하여 목재가 직접적으로 닿지 않게 하여야 한다.

3.4 목재 주위를 콘크리트로 기초를 하는 경우, 부식으로 인한 위험성이 크므로 힘의 배분을 고려하여 기초를 보강하여야 한다.

4. 여러 가지 조합된 놀이기구(플랫폼, 울타리, 보호난간, 난간, 오르는 기구 등)는 얽매임과 높이 등을 고려하여 도면에 따라 설치하여야 한다.

4.1 난간이나 보호난간 : 서 있는 표면으로부터 600~850mm 사이에 위치하도록 설치하여야 한다.

4.2 난간, 보호난간, 울타리를 경사로에 설치할 때에는 경사로의 가장 낮은 위치에서부터 설치하여야 하며, 울타리의 높이는 700mm 이상 되게 설치하여야 한다.

4.3 지면이나 서 있는 면으로부터 600mm 이상의 높이에 위치한 구속된 개구부는 89mm의 작은 탐침봉이 들어가지 않거나 230mm의 큰 탐침봉이 들어가도록 하여야 한다.

4.4 개구부의 크기는 적절하여야 한다. 울타리의 경우 밑으로 지나가는 것을 방지하는 목적으로 만들어진 것이기 때문에 개구부는 89mm의 작은 탐침봉이 들어가지 않아야 하고, 사다리나 오르는 기구의 봉의 간격은 230mm의 큰 탐침봉이 들어가도록 설치하여야 한다.

4.5 V형 개구부는 다음 조건을 만족하도록 설치하여야 한다. 서 있는 위치로부터 600mm 이상에 위치한 V형 개구부는 판정용 형판의 머리형상보다 넓거나 목형상 부분이 들어가지 않도록 하여야 하며, 한쪽 면이 수평 또는 아래 방향인 경우에는 60° 미만이어야 한다.

4.6 어린이가 뛰거나 오를 수 있는 표면의 발 또는 다리의 얽매임을 방지하기 위해서는 30mm 이상의 틈이 있어서는 안 되며 옷 얽매임이 발생하지 않아야 한다.

4.7 사용자가 서 있을 수 있는 곳으로부터 1,200mm 이상의 위치에는 손가락 얽매임을 방지하기 위해 8mm 이상 25mm 미만의 개구부가 없도록 하여야 한다. 튜브나 파이프 등은 막음처리를 하여야 한다.

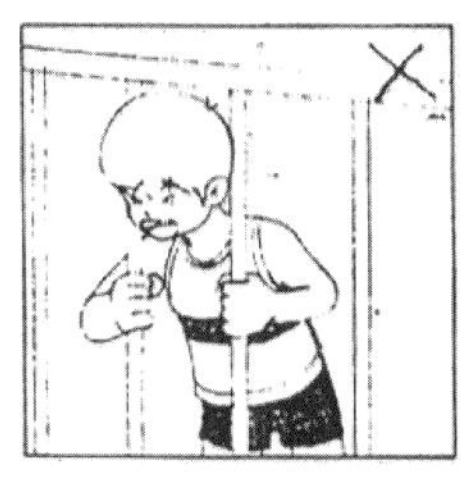

* 89~230mm 사이의 완전한 머리 얽매임. 두부 · 동체 끼임 예(그림 2)

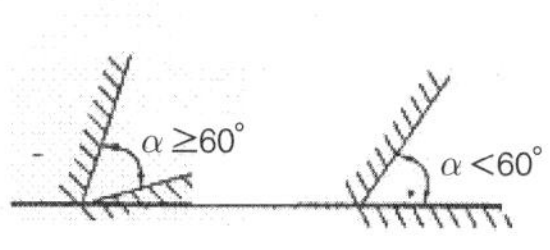

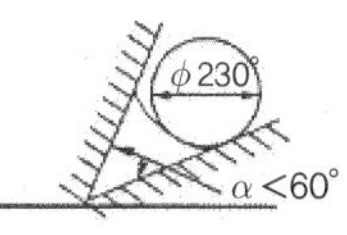

개구부의 한쪽 면이 수평 또는 아래 방향인 경우는
개구부 각도가 60° 미만이어야 한다.

* V형 개구부 : 목부분 얽매임. 두부 · 목 끼임 예(그림 3)

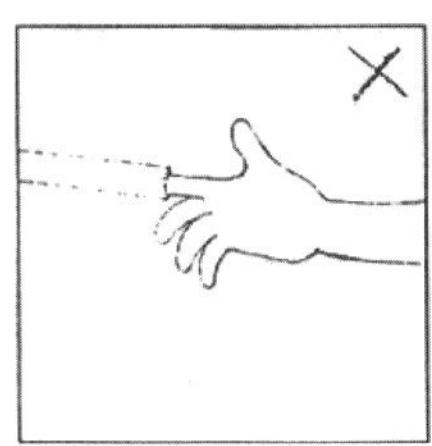
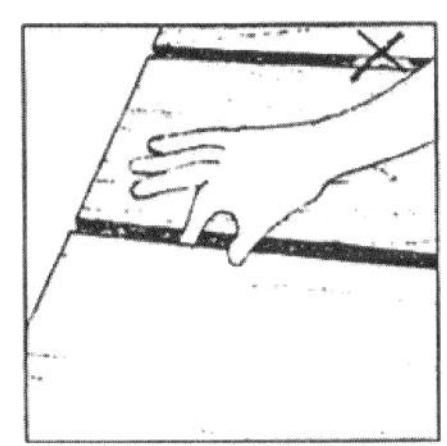
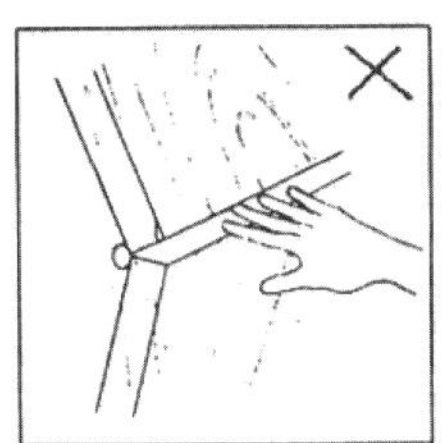

* 8~25mm 사이의 손가락 얽매임. 손가락 끼임 예(그림 4)

* 30mm 이상의 틈 : 발 얽매임. 발 끼임 예(그림 5)

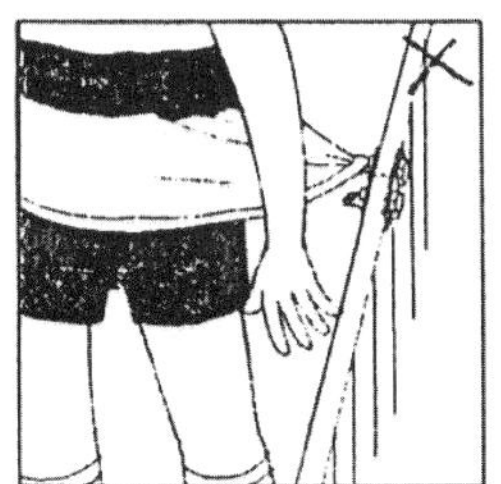

* 옷 얽매임. 얽힘 · 걸림 예(그림 6)

5. 공간 내에서 상해에 대한 보호
5.1 놀이기구로 인하여 움직이는 사용자가 자유공간에서의 발생할 수 있는 상해를 방지하기 위하여 인접한 자유공간, 자유공간과 하강공간의 겹침이 없어야 한다. 단 하나의 집단 기구부품들 간의 공유공간에는 적용하지 않는다.
5.2 공간 내에는 사용자가 하강 시 부딪히거나 상해를 당할 수 있는 장애물이 없어야 한다.
5.3 주요 이동경로는 자유공간을 가로지를 수 없으며 놀이터 내부에 설치되어서는 안 된다.

6. 연결장치 결합상태 점검 및 기구의 끝처리
돌출한 못, 튀어나온 와이어로프 끝 부위, 날카로운 모서리나 끝이 있는 부품이 없어야 한다. 끝처리된 모든 부분의 최소반경은 3mm 이상이어야 한다.

7. 충격흡수용 표면재
자유하강높이를 고려하여 자유하강높이 이상의 한계하강높이를 갖는 적절한 충격흡수용 표면재 처리를 하여야 한다.

8. 정기시설검사 시 중점점검사항
위의 설치기준 이외에 다음 사항을 만족하여야 한다.
8.1 놀이터 바닥에는 상해를 줄만한 이물질(유리, 돌부리, 등)이 없어야 한다.
8.2 놀이터 바닥은 배수가 잘 되는 구조여야 한다.
8.3 놀이터 범주에는 밧줄이나 전선이 늘어뜨려져 있어서는 안 된다.
8.4 기둥 기초부(몸체 등)의 노출은 없어야 하며 고정상태는 견고하여야 한다.
8.5 봉인된 부품은 안전한 상태를 유지하여야 한다.
8.6 보수 및 교체된 기구의 상태는 안전하여야 하며 활동공간은 유지되어야 한다.
8.7 부대시설(울타리, 화장실, 음용수시설, 쓰레기통, 의자, 가로등 등)은 청결하고 부서지거나 고장이 난 곳이 없어야 한다.

Ⅷ. 충격흡수용 표면재

1. 사전 상태 파악
1.1 설치하기 전 각 기구들의 설치상태를 파악하고 주변의 배수시설에 이상이 없는지를 확인하여야 한다.
1.2 기초물과 결합부분의 연결상태 등을 확인하여야 하며, 설치된 놀이시설의 한계하강높이를 측정한다. 이를 통해서 적절한 바닥재의 재료와 두께, 시공방법을 결정한 후 시공하고 자유하강높이에 맞는지 확인하여야 한다.

2. 지반정리 및 배합
2.1 기층용 골재로는 부순 돌, 부순 자갈 등을 사용하되 최대입경 50mm 이하로 하여야 하며 유기물 등 불순물을 함유하지 않아야 한다.
2.2 콘크리트 혼합물은 1회 사용할 수 있는 양 만큼 배합하여 사용하며 재배합 사용을 하지 않아야 한다. 또한 시멘트는 KS L 5201(포틀랜드시멘트)의 1종 보통 포틀랜드시멘트 또는 동등 이상의 것을 사용하여야 한다.

3. 충격흡수용 표면재 시공
충격흡수를 위한 표면재는 다음 사항을 만족하도록 시공되어야 한다.
3.1 모래
유실을 감안하여 약 300mm 정도의 양을 깐다.
3.1.1 모래는 보통 1~3mm 정도의 입도를 가진 것으로 하며 조개껍질 등 해로운 물질이 없어야 하며 한계하강높이에 견딜 수 있도록 충분한 두께로 포설하여야 한다.
3.1.2 모래는 중금속은 완구의 안전기준(품질경영 및 공산품안전관리법에 따른 자율안전확인대상공산품의 안전기준 부속서 36)의 유해원소 용출기준에 적합하여야 한다.
3.2 고무 바닥재
3.2.1 기초에 따라서 다짐을 잘 한 다음, 뒤틀림이나 분리, 빈 공간이 발생하지 않도록 조밀하고 단단하게 시공을 하여야 한다.
3.2.2 충격흡수를 위한 고무바닥재를 사용하는 경우 합성 고무조각은 두께 0.5~2mm를 표준으로 생산된 고무바닥재로 처리한다. 시공된 고무바닥재의 한계높이는 기구의 자유하강높이 이상이어야 하며, 고무바닥재의 중금속기준은 완구의 안전기준(품질경영 및 공산품안전관리법에 따른 자율안전확인대상공산품의 안전기준 부속서 36)의 유해원소 용출기준에 적합하여야 한다. 또한 고무바닥재는 포름알데히드 방산량이 75mg/kg 이하여야 한다.

3.3 포설 도포 바닥재

지반을 다져 그 위에 바탕콘크리트를 치며 다음을 만족하여야 한다. 표층 위에 합성고무 입자를 폴리우레탄 접착제로 합성시켜 경화시키며, 이때의 접착제는 고무 중량의 약 16~20%로 하여 입자 전체를 코팅한 후 포설하여야 하며 포설용 바닥재의 중금속 기준은 완구의 안전기준(품질경영 및 공산품안전관리법에 따른 자율안전확인대상공산품의 안전기준 부속서 36)의 유해원소 용출기준에 적합하여야 한다. 또한 포설용 바닥재는 포름알데히드 방산량이 75mg/kg 이하여야 한다.

3.4 기타 바닥재

3.4.1 충격흡수를 위한 한계하강높이에 적합하도록 시공되어야 한다.

3.4.2 스펀지 바닥재 등의 기타 바닥재의 중금속 기준은 완구의 안전기준(품질경영 및 공산품안전관리법에 따른 자율안전확인대상공산품의 안전기준 부속서 36)의 유해원소 용출기준에 적합하여야 한다. 또한 기타 바닥재는 포름알데히드 방산량이 75mg/kg 이하여야 한다. 단, 기타 바닥재 중 잔디, 나무껍질, 자갈 등의 천연재료로 된 바닥재는 중금속 오염 및 포름알데히드 방산량 시험을 제외한다.

Ⅸ. 실내놀이기구

1. 최소공간 유지

실내놀이기구를 설치하기 전에 우선 최소공간과 놀이기구를 설치하기 위해 필요로 하는 공간의 확보여부를 확인하여야 하며 다음을 만족하여야 한다.

1.1 실내놀이기구의 경우 추락 방지와 공간상 제약으로 사방을 둘러싸는 형태가 대부분이다. 따라서 기구가 차지하는 공간과 자유공간의 확보여부를 확인한다. 또한 추락할 수 없도록 사방을 둘러싸는 형태의 경우는 일반적인 하강공간을 적용하지 않는다.

1.2 각 놀이기구와의 최소공간은 실내가 아닌 외부에 설치하는 어린이놀이기구와 동일하게 적용한다.

1.2.1 기구가 차지하는 공간으로부터 최소 1,500mm 둘레에는 어떠한 장애물이나 놀이기구가 설치되어서는 안 된다. (하강공간 확보)

1.2.2 자유공간의 기립(반지름 : 1,000mm, 높이 : 1,800mm), 앉음(반지름 : 1,000mm, 높이 : 1,500mm)의 공간에는 장애물이 없도록 하여야 한다.

1.2.3 플랫폼이나 기타 서 있을 수 있는 곳의 높이가 지면으로부터 1,500mm 미만일 경우에는 최소 1,500mm, 높이가 1,500mm 이상일 경우에는 최소한 2/3×(지면으로부터 높이(mm))+ 500mm의 충격구역 (충격흡수용 표면재 처리지역)을 확보하여야 한다.

2. 실내놀이기구의 구성부품

실내놀이기구의 모든 자재는 방염처리한 자재를 사용하여야 하며 다음 사항을 만족하여야 한다.

2.1 딱딱한 자재(튜브, 판 등), 속이 빈 볼풀 공은 UL94의 HB등급에 적합하여야 한다.

2.2 발포된 볼풀 공, 파이프 스펀지 패딩에 사용되는 스펀지 패딩은 UL94의 HBF등급에 적합하여야 한다.

2.3 스펀지 패딩은 KSM ISO 9772-HBF등급에 적합하여야 한다.

2.3 짜인 직물, 엮어진 직물은 완구안전인증기준의 가연성 요구사항에 적합하여야 한다.

3. 프레임 기초

기초는 프레임의 결합으로 이루어지기 때문에 결합체는 놀이형태 및 기타 움직임에 의해서 잘 풀어지지 않도록 견고하게 기초되어야 한다.

4. 구성부품의 요건

4.1 화재 등 비상상황에 대비하기 위해 2,000mm 이상 둘러싸인 부분에 대해서는 다른 면에 위치한 지름 500mm 이상의 출입구를 2개 이상 만들어야 한다.

4.2 결합부분 및 모든 부분에 대해서는 안전 폼으로 감싸고 적절한 마감처리를 하여야 한다.

4.3 어린이의 신체가 닿을 수 있는 전선이나 전구 등의 전기장치가 없어야 하며, 공기작용에 의한 기구 밑을 지나지 않도록 적절한 처리를 하여야 한다.

5. 연결부 결합상태

5.1 돌출한 못, 튀어나온 와이어로프 끝 부위, 날카로운 모서리나 끝이 있는 부품이 없어야 한다. 또한 끝처리된 모든 부분의 최소반경은 3mm 이상이어야 하며 결합부위는 안전 폼(스펀지 등)으로 감싸져 있어야 한다.

5.2 네트 등은 풀어지지 않도록 파이프에 견고하게 고정되어 있어야 한다.

5.3 모든 부위는 얽매임이 없어야 한다.

5.3.1 머리, 목 얽매임

단단한 원형 개구부는 내부지름이 130~230mm가 되지 않게 설치하여야 한다.

5.3.2 몸 얽매임

몸 전체가 들어가 기어갈 수 있는 것, 공중에 매달린 무거운 부분이나 딱딱한 버팀대 부위에는 얽매임 발생이 없어야 한다.

5.3.3 옷 얽매임

묶임 또는 움직임으로 인한 얽매임이 없어야 한다.

5.3.4 발 및 다리 얽매임

발판, 손잡이판, 걷고 뛰는 데 이용되는 수평면에는 30mm 이상의 틈이 있어서는 안 된다.

5.3.5 손가락 얽매임

1,200mm 이상의 가장자리가 있는 개구부는 8~25mm의 틈이 없어야 한다.

6. 구동부의 작동

모노레일(타잔놀이) 등의 손잡이 봉은 회전하지 않도록 고정하여야 하며 충돌 시 충격을 완화할 수 있는 소재를 사용하여야 한다. 또한 완충기는 정상적으로 작동이 되도록 설치하여야 한다.

7. 충격흡수용 표면재

실내시설을 감안하여 스펀지 패딩 등의 부드러운 재질로 한계하강높이에서 충격을 흡수할 수 있는 바닥재로 처리를 하여야 하며 최대 자유하강높이를 만족하여야 한다.

8. 방화안전장치

건물 내에는 연기감지를 위한 자동연기감지시스템이 설치되어 "경고음"을 낼 수 있도록 설치되어야 하며 다음을 만족하여야 한다.

8.1 출구에는 대피를 알리고 유도하는 화살표가 부착되어 있어야 하고 출구방향을 향하도록 하여야 한다.

8.2 모든 출입구 점에는 비상조명에 의하여 불이 들어오게 설치되어야 한다.

8.3 전기장치는 전기용품 안전관리법에서 정하는 부품으로 안전하게 조립되어 있어야 한다.

8.4 대피로는 출구나 비상출입구로의 가장 근접한 출구길이는 1,2000mm를 넘지 않아야 한다. 또한 비상출입로는 너비, 높이, 지름이 990mm가 넘는 교차면을 가지고 있어야 한다.

8.5 비상구는 입구지점으로부터 2,000mm 이상의 놀이집과 같은 둘러싸인 공간에는 서로 다른 면에 2개 이상의 출입구를 확보하여 화재위험 시 용이하게 지상으로 나올 수 있도록 설치하여야 한다.

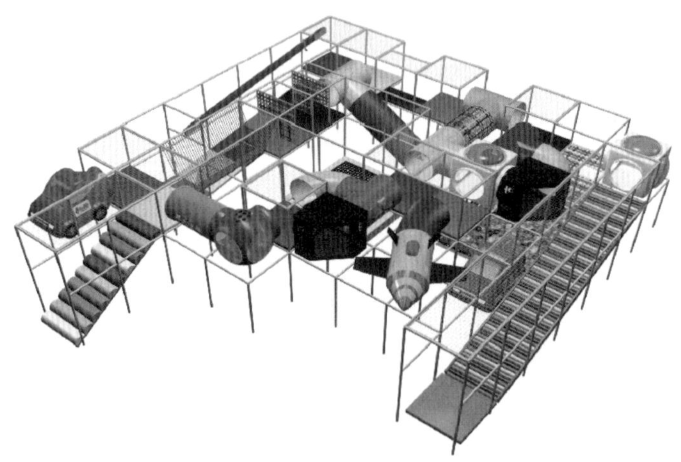

4 어린이놀이시설 안전관리

1. 근거법령
   ○ 어린이놀이시설 안전관리법 · 시행령 · 시행규칙
   ○ 어린이놀이시설의 시설기준 및 기술기준
   ○ 어린이놀이기구의 안전기준

2. 대상품목－10품목
   ① 그네 ② 미끄럼틀 ③ 정글짐 ④ 공중놀이기구 ⑤ 회전놀이기구 ⑥ 흔들놀이기구 ⑦ 오르는 기구 ⑧ 건너는 기구 ⑨ 조합놀이대 ⑩ 충격흡수용 표면재

3. 관리주체의 준수사항
   ① 정기시설 검사 : 2년에 1회 이상 받아야 함(안전검사기관)
   ② 안전점검 : 월 1회 이상 자체점검 실시
   ③ 안전교육 : 놀이시설 인도 후 6개월 이내 교육 이수(2년 1회 4시간)
   ④ 보험가입 : 놀이시설 인도 후 30일 이내 보험가입(사망시 8천만원)

4. 관리체계

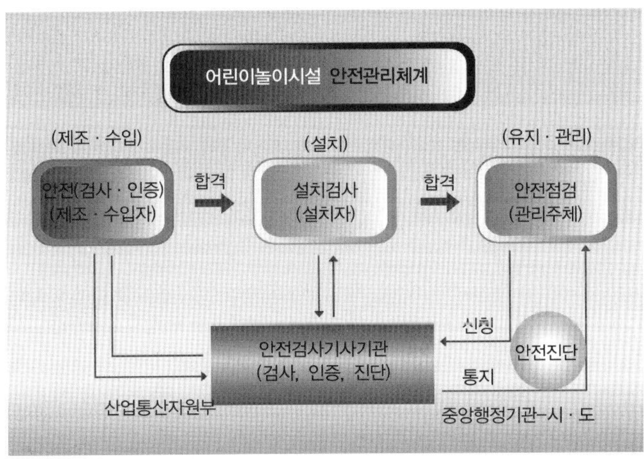

5. 안전검시기관 현황

기관명	소재지	전화번호
한국생활환경시험연구원	서울특별시 금천구 가신동 459-28	02-2102-2500
한국기기유화시험연구원	경기도 성남시 분당구 궁내동 349-2	031-785-1280

조합놀이대

① 사다리
- 지면과의 기울기는 60~90°
- 봉의 간격은 230mm 이상, 지름은 16~45mm
- 발디딤대 및 발판은 비회전식, 동일한 간격으로 설치

② 경사로
- 지면과의 기울기는 0~38°
- 좌우경사 0±3° 이내
- 600mm 이상은 울타리 설치(36개월 미만용)

③ 오르는 기구
- 네트형의 개구부는 가로 세로 230mm 이상
- 손잡이는 16~45mm

④ 머리 얽매임
- 개구부의 크기는 89mm 미만, 230mm 이상

⑤ 충격구역
- 1,500mm 이하는 1,500 이상
- 1,500mm 이상은 2/3×h(높이)+500mm 이상

⑥ 계단
- 지면과의 기울기는 15~60°
- 좌우경사 0±3° 이내로 수평, 동일 간격으로 설치
- 발판의 세로폭은 140mm 이상
- 난간은 600~850mm 유지

⑦ 보호난간
- 플랫폼의 높이가 1,000~2,000mm 높이에서 600~850 mm 보호구간

⑧ 울타리(36개월 이하 어린이용)
- 플랫폼의 높이가 600mm 이상인 경우 700mm 이상 울타리 설치

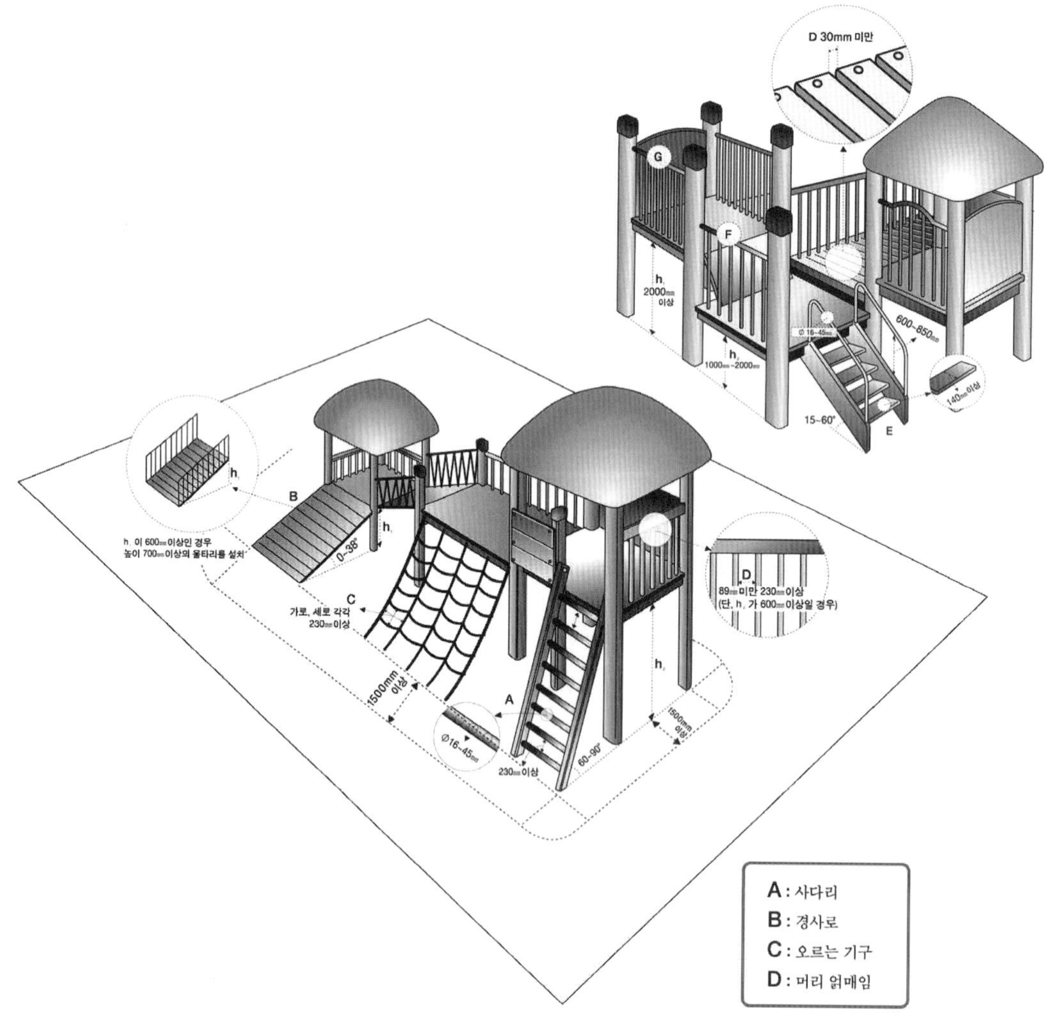

어린이집(실내조합놀이대)

① 최소공간
- 실내조합놀이대의 최소공간은 1,500mm

② 미끄럼틀 최소공간
- 미끄럼틀 측면으로 1,000 이상, 한쪽은 벽면에 붙여서 설치
- 도착지점에서는 앞으로 2,000 이상, 도착지점의 기울기가 5° 이하는 1,000 이상

③ 머리 얽매임
- 개구부는 89mm 미만 또는 230mm 이상으로 설치

④ 계단
- 지면과의 기울기는 15~60°
- 좌우경사 0±3° 이내로 수평, 동일 간격으로 설치
- 발판의 세로폭은 140mm 이상
- 난간은 600~850mm 유지

⑤ 보호난간
- 1,000~2,000mm 높이에서 600~850mm의 보호난간 설치
- 어린이가 쉽게 넘어가지 못하도록 설치

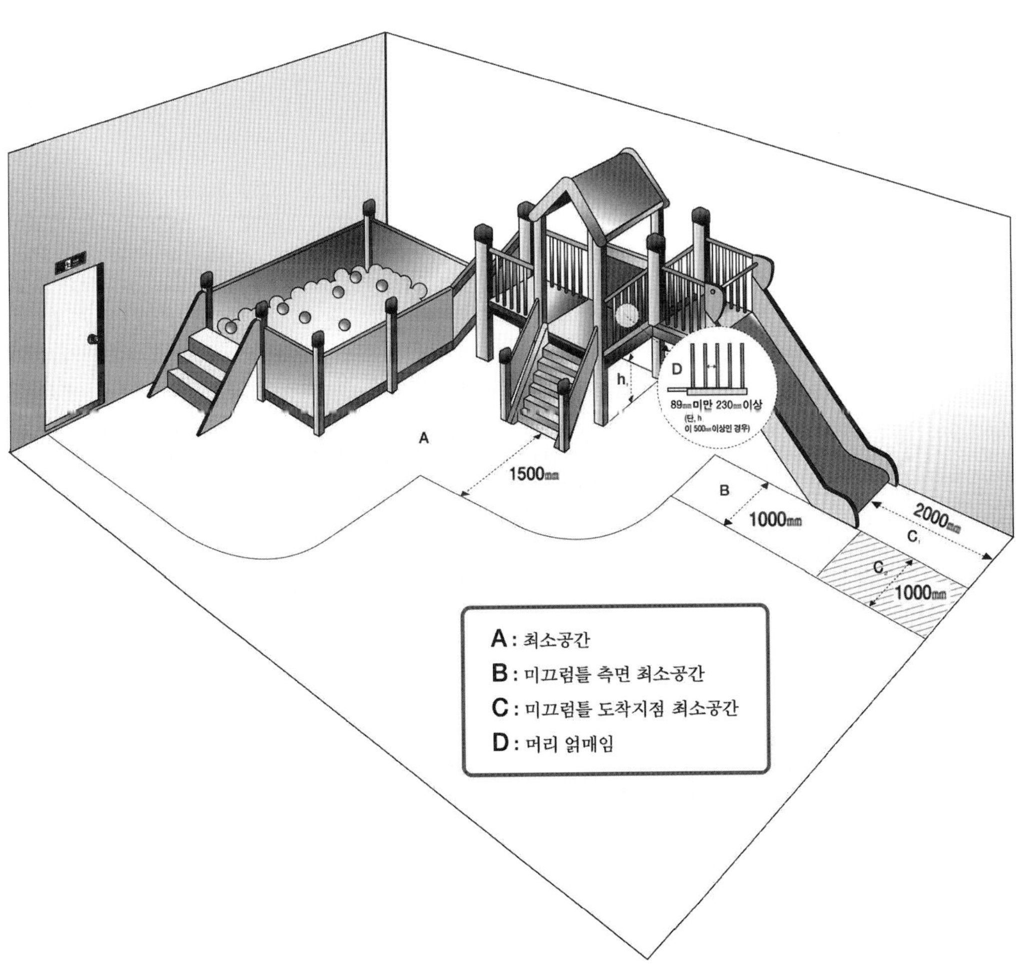

그 네

① 기구간의 거리
- 기둥과 좌석 사이 거리는 0.2 × l (그네 줄의 길이)+200mm 이상
- 좌석과 좌석 사이 거리는 0.2 × l (그네 줄의 길이)+300mm 이상
- 지면의 좌석사이 거리는 일반은 350mm 이상

② 손가락 얽매임
- 체인의 개구부는 8.6mm 이하

③ 좌석
- 한 그네에 좌석은 2개까지만 설치 가능

④ 최소공간
- 0.867 × l (그네 줄의 길이)+α 이상(mm)
  α : 합성재질은 1,750mm 모래는 2,250mm

⑤ 하강공간
- 좌석너비가 500mm 미만 : 최소 1,750mm
- 좌석너비가 500mm 이상 : 너비−500+1,750mm

⑥ 울타리
- 담이나 울타리를 최소공간 밖에 설치

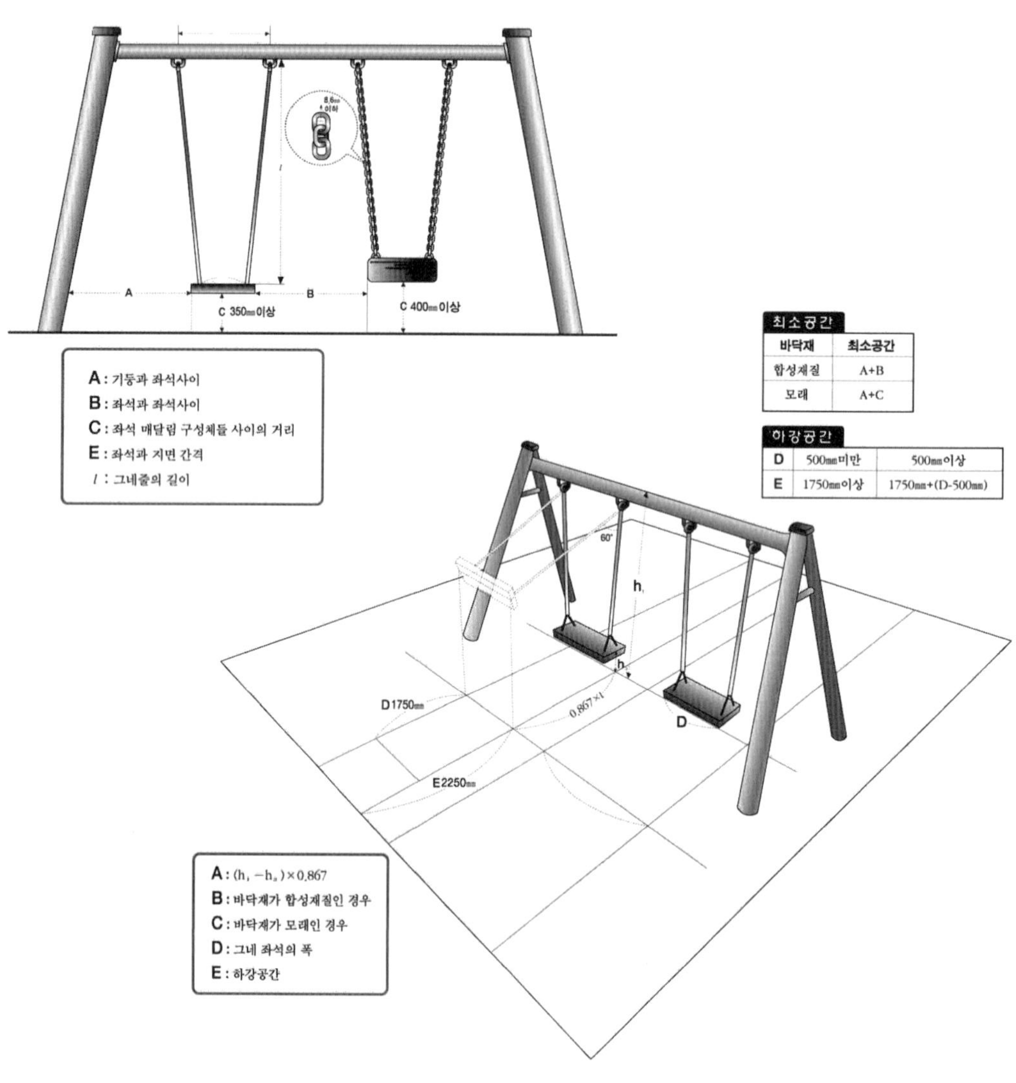

최소공간

바닥재	최소공간
합성재질	A+B
모래	A+C

하강공간

D	500mm미만	500mm이상
E	1750mm이상	1750mm+(D-500mm)

미끄럼틀

① 출발지점
- 기울기는 0~5°, 길이는 350mm 이상

② 활강구간
- 기울기는 60° 이하 평균기울기 40° 유지
- 측면높이 : 1,200mm까지 100mm 이상
  1,200~2,500mm는 150mm 이상
  2,500mm 초과 500mm 이상

③ 도착지점
- 기울기는 0~10°
- 도착지점의 높이는 활강구간이 1,500mm 미만은 200mm 미만, 1,500mm 이상은 350mm 미만

④ 측면보호대
- 자유하강높이가 1,000mm 이상일 때 500mm 이상으로 설치

⑤ 접근가로대
- 자유하강높이가 1,000mm 이상일 때 700~900mm 설치
- 비회전식으로 고정, 지름은 16~60mm

⑥ 충격지역
- 도착지점 끝에서 앞으로 2,000mm, 좌우로 1,000mm 너비 확보

⑦ 폭
- 터널형은 지름이 750mm 이상
- 개방된 직선형은 700~950mm
- 나선형, 곡선형은 700mm 이하

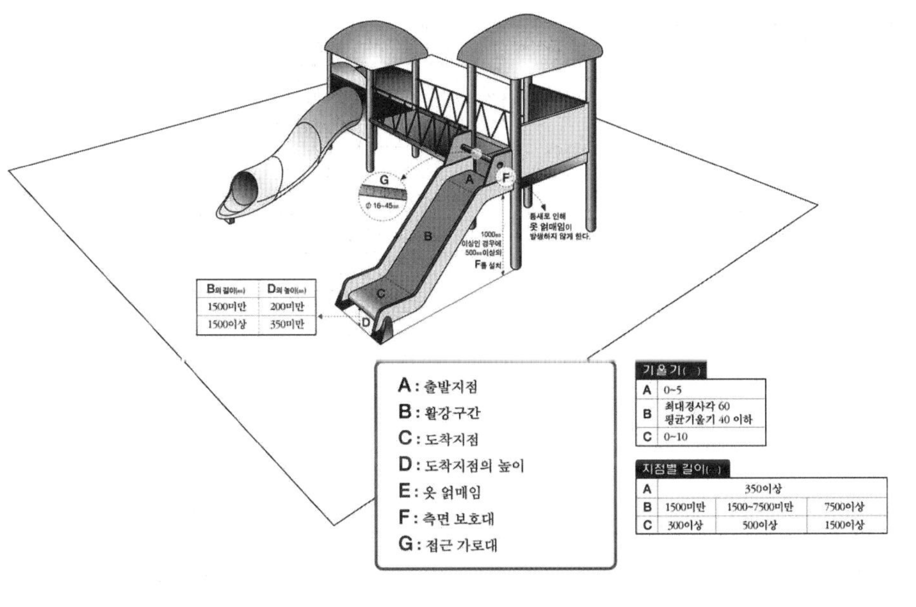

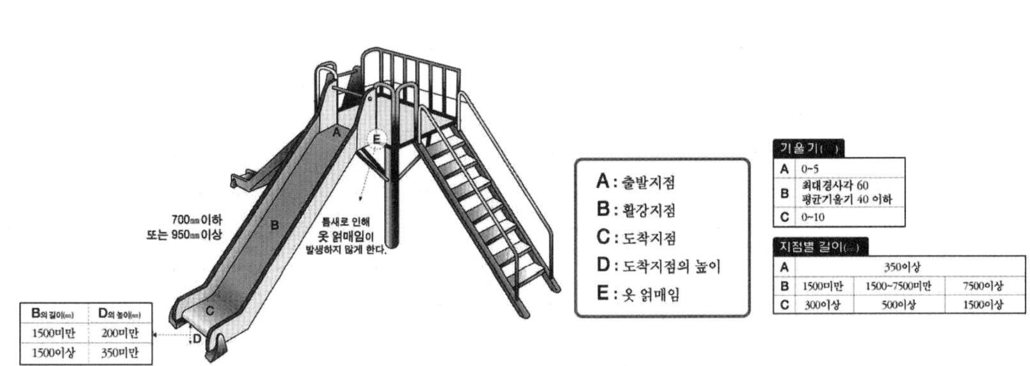

시 소

① 최대자유하강높이
- 반대쪽은 최대한 낮춘 상태에서 좌석 윗부분까지 측정하여 1,500mm 이하

② 지표면 간격
- 지표면과의 간격은 230mm 이상
- 지표면 간격을 유지하기 위해 타이어 설치

③ 최대기울기
- 지면과의 최대기울기는 20° 이하

④ 최대좌석높이
최대좌석높이는 1,000mm를 넘어서는 안 됨

⑤ 최소공간
- 시소 간의 최소공간은 1,000mm 이상 유지
- 기구 주변으로 1,000mm 이상 공간 확보

⑥ 손잡이대
- 손잡이는 비회전식이어서 16~45mm를 만족(유아용은 30mm 이하)

⑦ 측면편차
- 축 중앙에서 2,000mm 지점에서 측면편차가 140 mm 이하

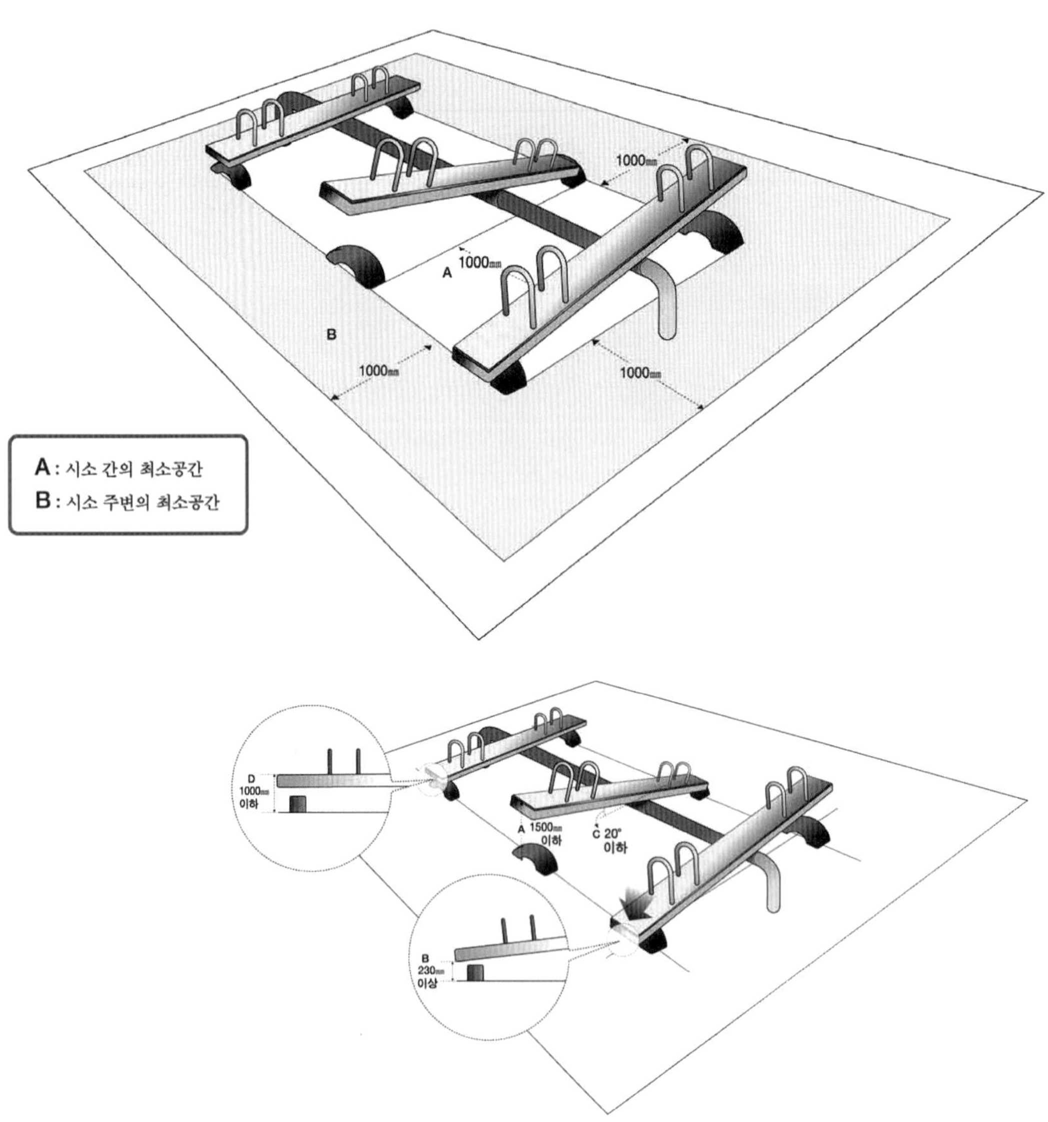

흔들놀이기구

① 최소공간
- 최소공간은 주변으로 1,000mm 이상

② 최대기울기
- 좌석 · 스탠드의 기울기는 30°이하(695N 하중시)

③ 손지지대
- 반드시 벽걸이를 설치

④ 최대자유하강높이 및 좌석높이
- 최대하강높이는 1,000mm 이하
- 최대좌석높이는 550mm 이하

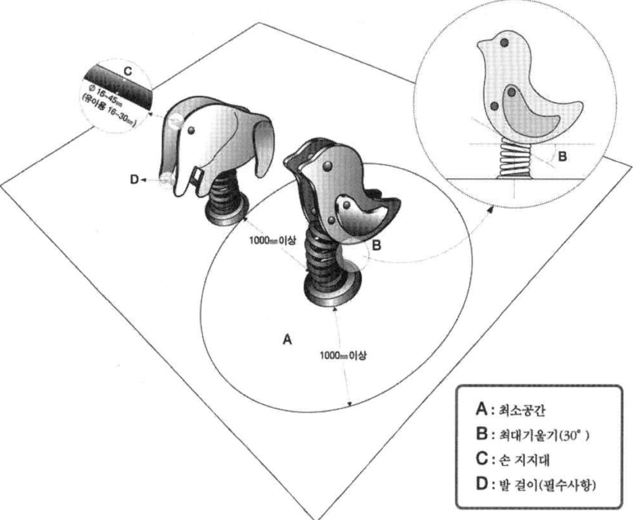

초등학교(정글짐)

① 최소공간
- 정글짐의 최소공간은 1,500mm

② 손지지대
- 손지지대는 16~45mm

③ 충격구역
- 1,500mm 이하는 1,500mm 이상
- 1,500mm 이상은 2/3×h(높이)+500mm 이상

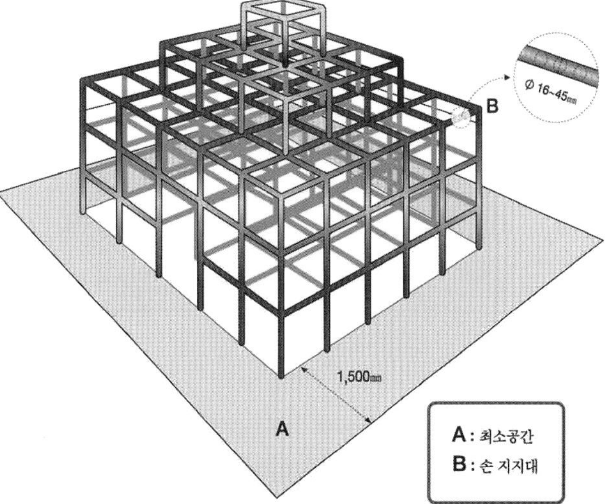

초등학교(늑목)

① 최소공간
- 늑목의 최소공간은 1,500mm

② 손지지대
- 손지지대는 16~35mm

③ 머리 얽매임
- 손지지대 사이 거리는 230mm 이상의 개구부

④ 충격구역
- 1,500mm 이하는 1,500mm 이상
- 1,500mm 이상은 2/3×h(높이)+500mm 이상

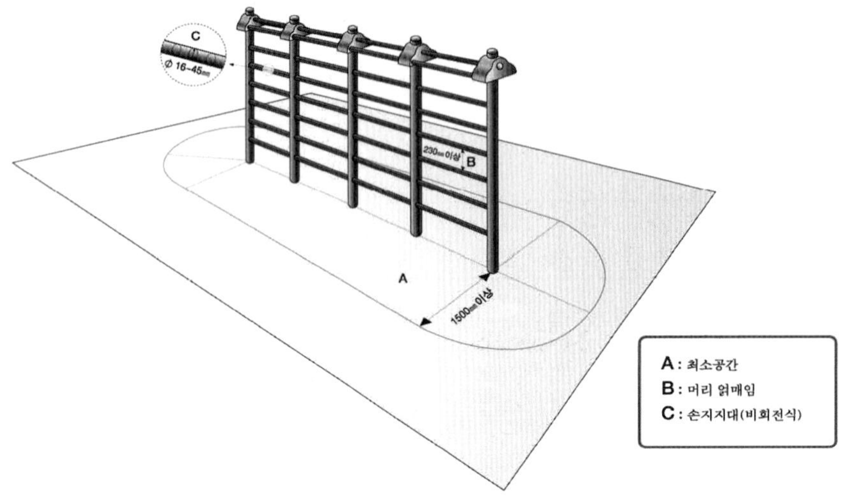

초등학교(구름사다리)

① 최소공간
- 구름사다리의 최소구간은 1,500mm

② 손지지대
- 손지지대는 16~45mm

③ 머리 얽매임
- 손지지대 사이 거리는 230mm 이상의 개구부

④ 충격구역
- 1,500mm 이하는 1,500mm 이상
- 1,500mm 이상은 2/3×h(높이)+500mm 이상

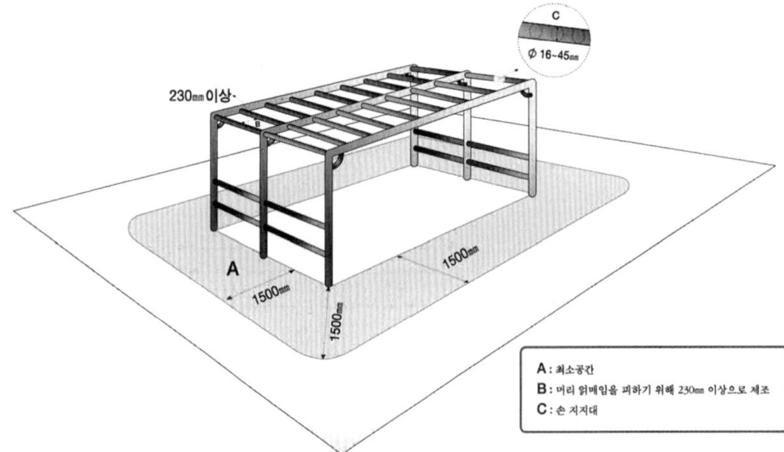

놀이시설 배치기준

1. 일반사항

1) 심리적 안정감을 제공하기 위해 일부 놀이시설 및 영역에 울타리를 설치한다. 단, 외부에서 내부를 들여다 볼 수 있도록 한다.
2) 불량청소년 및 노숙자 등 어린이의 신변안전을 위협하는 집단으로부터 보호할 수 있는 CCTV, 비상벨, 비상전화 등의 방범장치를 설치한다.
3) 여러 명이 놀 수 있는 시설과 혼자서 이용할 수 있는 시설은 떨어져서 배치해야 한다.
4) 영유아가 이용하는 놀이시설 바로 옆에는 학부모님이 지켜볼 수 있는 공간을 배치해야 한다.
5) 관리자가 놀이터를 감독하는 데 용이하도록 기구를 배치한다.
6) 어린이의 동선을 고려하여 놀이기구의 개수를 적정하게 선정하여 설치하고 입구부분에는 중간 난이도의 놀이시설을 설치하고 입구를 등지고 배치한다.
7) 위험시설로부터 50m 이내에 어린이놀이터를 조성하지 않는다.
8) 어린이의 발달적, 신체적, 정서적 특성을 고려하여 놀이시설을 선정하고 배치한다.
9) 어린이에게 혼자 생각하며 다른 어린이들이 놀이하는 것을 지켜보는 쉴 수 있는 공간을 따로 마련해준다.
10) 어린이들의 연령, 신체, 능력에 맞춰서 선택할 수 있도록 다양한 놀이시설을 배치한다.

2. 놀이시설별 배치

가. 그네

1) 놀이터 중앙에서 벗어난 가장자리에 배치하도록 한다.
2) 놀이터 입구 주변으로는 절대 설치하지 않도록 한다.
3) 앞뒤의 움직임이 크기 때문에 반드시 최소공간을 확보해야 한다.
4) 울타리 설치시 최소공간 밖으로 설치한다.
5) 그네 주변으로 움직임이 큰 놀이시설의 배치는 삼간다. 특히, 회전놀이기구와 최소공간이 서로 겹치지 않도록 주의한다. 또한 미끄럼틀의 활강부분이 그네와 서로 마주보지 않도록 한다.

나. 미끄럼틀

1) 미끄럼틀에서 내려오는 어린이와 놀이터 입구로 들어오는 아이들이 부딪히지 않도록 활강면을 입구로 향하지 않도록 배치한다.
2) 활강면의 재질이 철제인 경우, 강한 햇빛으로 인한 화상을 예방하기 위해 정남향을 피해서 설치한다.

다. 조합놀이대

1) 조합놀이대에 부착된 미끄럼틀, 오르는 기구, 건너는 기구 등 각 놀이시설이 최소공간 기준을 적용한다.
2) 조합놀이대를 중심으로 많은 어린이들이 이용하기 때문에 주변에는 움직임이 적은 놀이시설을 설치한다. 예를 들어 정글짐, 오르는 기구 등

라. 정글짐, 오르는 기구 및 건너는 기구

움직임이 적고 난이도가 중간인 놀이시설로서 놀이터 입구에서 처음 보는 놀이기구로서 적절하다.

마. 흔들놀이기구

36개월 미만의 어린이가 주로 이용하는 흔들놀이기구 2형A는 놀이터 가장자리에 기구의 둘레로 1,000mm 하강공간을 확보하고 설치한다. 또한 보호자가 바로 옆에서 지켜볼 수 있도록 보호자를 위한 공간을 배려한다.

바. 회전놀이기구

1) 최소공간은 그네의 최소공간과 절대 서로 겹치지 않도록 한다. 또한 그네 옆에 배치하지 않는 것이 바람직하다.
2) 놀이터 중앙에서 벗어난 가장자리에 배치하도록 한다.

5 어린이놀이시설 검사수수료

1. 검사수수료

놀이기구별 검사수수료는 아래 표와 같이 적용한다.

품목		설치검사	정기시설검사	안전진단
그네		45,000	50,000	68,000
미끄럼틀		68,000	75,000	68,000
정글짐, 오르는 기구 및 건너는 기구		45,000	50,000	68,000
공중놀이기구		68,000	75,000	68,000
회전놀이기구		68,000	75,000	68,000
흔들놀이기구		51,000	56,000	68,000
조합놀이기구		103,000	113,000	68,000
실내놀이기구		74,000	74,000	68,000
충격흡수용 표면처리재	모래	100,000	100,000	
	고무	111,000	111,000	
	포설	111,000	111,000	

1) 놀이시설에 동일 놀이기구가 다수인 경우 첫 번째 놀이기구는 표를 적용하고, 두 번째 기구부터는 표 금액의 30%를 각각 감액한다.
2) 합산한 금액의 100원 이하는 절사한다.
3) 정기시설검사에서 불합격되어 다시 검사하는 경우는 불합격한 놀이기구의 수수료만 적용한다.

2. 현장교통비

1) 현장교통비는 공무원 여비규정에 따른 5급 공무원 상당의 여비를 적용한다.
2) 현장교통비는 신청업체별, 검사지역별 및 검사일자별로 징수한다.
3) 현장교통비는 도서지역을 제외하고 광역자치단체별로 동일 금액을 징수할 수 있다.

지역		현장교통비
서울, 인천, 경기		30,000원
강원	영동	150,000원
	영서	50,000원
도서지방		공무원 여비규정에 따른 5급 공무원 상당의 여비

6 어린이놀이터의 안전한 이용 길잡이

1. 모든 놀이터 이용자는 관리자의 안내와 지시에 따르도록 한다.
2. 다른 어린이의 활동을 방해하지 않도록 합니다. 예를 들어 정글짐, 미끄럼틀, 시소, 그네 등에서 다른 아이들 밀거나 큰 소동을 만들지 않도록 한다.
3. 놀이기구를 올바로 사용합니다. 예를 들면 미끄럼틀은 발부터 착지할 수 있도록 하고, 난간 바깥에서 오르지 않도록 해야 하며, 그네에 서 있지 않도록 한다. 놀이기구에서 뛰어내릴 때에는 착지면 주변에 다른 아동이 없는지 확인해야 한다. 착지할 때는 무릎을 약간 구부리고 양발로 착지를 하도록 한다.
4. 자전거와 가방, 기타 장난감 등은 놀이기구에 직접 가지고 올라오지 않도록 해야 합니다. 발에 걸려 넘어지거나 추락과 얽매임 등을 방지하기 위해서이다. 특히 연필과 펜 같은 날카로운 물건들은 가져오지 않도록 한다.
5. 날씨와 기후를 고려하여 놀이기구를 이용한다. 예를 들어 눈과 비가 오는 날은 미끄럽기 때문에 놀이기구의 이용을 삼간다.
6. 계절별로 놀이기구의 이용을 주의한다. 겨울철에는 놀이기구의 얼음을 주의하고 장난치지 않도록 하며 여름철에는 햇볕이 강한 시간대에 놀이터에서 노는 것을 삼가고 또한 미끄럼틀은 타기 전에 만져보아 햇볕에 달구어진 쇠에 화상을 입지 않도록 한다.
7. 어린이의 안전한 옷차림과 올바른 놀이활동을 지도해준다.
   - 보석류가 달린 화려한 옷이나 모자 달린 옷 또는 끈이 달린 옷은 피하는 것이 좋다.
   - 가방을 메거나 목걸이와 같은 장신구를 하고 놀지 않도록 한다.
   - 신발 끈이 풀리지 않았는지 확인하고, 가능하면 끈 달린 신발보다는 찍찍이 같은 것이 달린 신발을 신고 놀이를 하도록 한다.
   - 겨울에는 끈이 달린 벙어리장갑을 끼지 않도록 한다.
   - 방한용 목도리, 스카프보다는 목 티셔츠나 폴라셔츠 등을 활용해 방한하도록 한다.
8. 놀이터 안에 놀이기구 이외의 생소한 다른 물건 또는 기구들은 만지지 않도록 하고 즉시 부모님 또는 관리자에게 신고하도록 한다.
9. 놀이기구를 이용할 때에는 항상 자신의 손과 발을 조심하도록 한다.
10. 놀이기구와 상관없는 울타리, 나무 또는 다른 공간을 주의하도록 한다.
11. 모래를 던지는 일이 없도록 해야 하며 애완동물을 데리고 오지 않도록 한다. 특히, 자전거나 롤러스케이트 등을 타고 놀이터에 들어와서는 안 된다. 또한 롤러스케이트를 신고서 놀이기구에 올라서는 것은 절대 하지 말아야 한다.
12. 응급시 또는 외부인(어른)의 신호(큰소리의 경고)가 주어지면 즉시 놀이활동을 멈추도록 한다.
14. 깨끗한 놀이터 관리를 위해 침을 뱉거나 오물을 남기지 않도록 해야 하며 놀이터에서 과자나 음식물을 먹지 않도록 한다. 모여든 비둘기 등으로 인한 위생상 문제가 발생할 수 있다.

<table>
<tr><th colspan="5">설치검사 체크리스트</th></tr>
<tr><th rowspan="2">검 사 항 목</th><th rowspan="2" colspan="2">기 준 치</th><th>검사결과</th><th rowspan="2">합 부 판 정</th></tr>
<tr><th>S1</th></tr>
<tr><td rowspan="7">놀이터 설치 시 일반 준수사항</td><td colspan="2">쉽게 접근할 수 있고 항상 이용이 가능하도록 설치한다.</td><td></td><td>□합격 □불합격</td></tr>
<tr><td colspan="2">주변시설(녹지공간, 부대시설)과 연계하여 안전하고 이용이 편리하게 설치되어야 한다.</td><td></td><td>□합격 □불합격</td></tr>
<tr><td colspan="2">후미진 곳에 설치하지 말고 쉽게 눈에 띄는 위치에 설치하여 유사시 빠르게 대처할 수 있도록 한다.</td><td></td><td>□합격 □불합격</td></tr>
<tr><td colspan="2">조경시설, 울타리 등을 설치할 때에는 장애물에 의한 시선차단이 발생하지 않도록 하고 애완동물 등이 쉽게 들어가지 못하도록 설치한다.</td><td></td><td>□합격 □불합격</td></tr>
<tr><td colspan="2">놀이터 출입구는 휠체어, 유모차 등의 출입이 가능하도록 설치한다.</td><td></td><td>□합격 □불합격</td></tr>
<tr><td colspan="2">놀이터 진입로와 바닥은 이용자가 미끄러지지 않도록 설치한다.</td><td></td><td>□합격 □불합격</td></tr>
<tr><td colspan="2">놀이터 진입로는 도로나 주차장을 가로질러 진입하도록 설치되어서는 안 된다.</td><td></td><td>□합격 □불합격</td></tr>
<tr><td rowspan="4">부대시설에 대한 확인사항</td><td colspan="2">놀이터 안의 부대시설은 어린이가 사용하기에 안전하며 청결하고 이용에 편리하게 설치되어야 한다.</td><td></td><td>□합격 □불합격</td></tr>
<tr><td rowspan="3">놀이터 안의 부대시설 설치 시 준수사항</td><td>보행을 위한 통로에는 설치를 금한다.</td><td></td><td>□합격 □불합격</td></tr>
<tr><td>도료칠은 청결하게 하고 중금속의 오염이 없어야 한다.</td><td></td><td>□합격 □불합격</td></tr>
<tr><td>얽매임을 방지하도록 설치한다.</td><td></td><td>□합격 □불합격</td></tr>
<tr><td>표시사항</td><td colspan="2">놀이터에는 놀이터 이용과 관련된 안전수칙을 포함하여 사용인원, 사용연령, 관리주체 연락처, 사후 A/S연락처 등 사용상 안전에 필요한 사항을 잘 보이는 곳에 표한다. 충격흡수용 고무바닥재인 경우에는 한계하강높이 및 관리방법을 표시하여야 하며 개별적(낱개)으로 표시한다.</td><td></td><td>□합격 □불합격</td></tr>
<tr><td>기타사항</td><td colspan="2">이 기준에 기술되지 않은 설치기준 관련내용에 대하여는 어린이 놀이기구 안전인증기준(품질경영 및 공산품 안전관리법에 따른 안전인증대상 공산품의 안전인증기준 부속서 12)의제1부 일반 안전요건에 따른다.</td><td></td><td>□합격 □불합격</td></tr>
<tr><td>비 고</td><td colspan="4">부대시설의 범주 : 놀이터가 설치된 범위로부터 약 3~5m 이내에 설치된 보조시설물을 의미하며 정자(파고라), 의자, 쓰레기통, 음용수시설 등을 말한다.</td></tr>
</table>

검 사 항 목			기 준 치	검사결과 S1	합 부 판 정
최소공간 유지	하강공간		최소 1,500mm일 것		□합격 □불합격
	자유공간	기립	반지름이 1,000mm이고 높이 1,800mm의 원통형 공간을 확보할 것		□합격 □불합격
		앉음	반지름이 1,000mm이고 높이 1,500mm의 원통형 공간을 확보할 것		□합격 □불합격
		매달림	반지름이 500mm이고 높이 300mm의 원통형 공간을 확보할 것		□합격 □불합격
	충격구역		서 있을 수 있는 곳의 높이가 지면으로부터 1,500mm 미만일 경우 최소 1,500mm, 높이가 1,500mm 이상일 경우 최소한 2/3 × (지면으로부터 높이(mm)) + 500mm의 충격구역을 확보할 것		□합격 □불합격
구성 부품의 요건	계단		(0 ± 3)° 이내로 수평하고 동일 간격으로 설치할 것		□합격 □불합격
	설치각도	사다리	60° 이상 90° 이하로 설치할 것		□합격 □불합격
		계단	15° 이상 60° 이하로 설치할 것		□합격 □불합격
		경사로	0° 이상 38° 이하로 설치할 것		□합격 □불합격
	계단의 난간 설치		첫 번째 계단 발판에서부터 설치하되 발판으로부터 600mm 이상 850mm 이하의 높이로 설치할 것		□합격 □불합격
	경사로		(0 ± 3)° 이내로 수평하고, 600mm 이상 높이는 울타리를 설치하며 미끄러짐을 방지할 수 있을 것		□합격 □불합격
기초물	주춧대, 고정장치		모래에 기초를 세울시 지면으로부터 최소 400mm 이상일 것		□합격 □불합격
	앵커볼트		볼트부분의 끝처리를 적절하게 하고 바닥재 위쪽으로 돌출되지 않게 처리할 것		□합격 □불합격
	금속, 목재		금속재질의 경우 내후처리를 해 하고, 목재의 경우 방부처리를 해야 하며(1,2등급 목재 제외) 지면에 직접 닿지 않도록 할 것		□합격 □불합격
	콘크리트 기초		힘의 배분을 고려하여 기초를 보강할 것		□합격 □불합격

검 사 항 목		기 준 치	검사결과 S1	합 부 판 정
여러 가지 조합된 놀이 기구	보호난간	600mm 이상, 850mm 이하의 높이로 설치할 것		□합격 □불합격
	경사로 설치 (난간, 보호난간, 울타리)	가장 낮은 위치에서부터 설치해야 하며 울타리 높이는 700mm 이상일 것		□합격 □불합격
	구속된 개구부 (600mm 이상 높이)	89mm 미만이거나 230mm 초과할 것		□합격 □불합격
	개구부 크기	울타리의 경우 개구부는 89mm 미만이고 사다리나 오르는 기구의 봉의 간격은 230mm 초과할 것		□합격 □불합격
	V형 개구부	600mm 이상에 위치한 V형 개구부는 판정용 형판의 머리형상보다 넓거나 목형상 부분이 들어가지 않아야 하며, 한쪽 면이 수평 또는 아래 방향인 경우에는 60° 미만이어도 좋다.		□합격 □불합격
	발 또는 다리의 얽매임	30mm 이상의 틈이 없고 옷 얽매임이 발생하지 않을 것		□합격 □불합격
	손가락의 얽매임 (1,200mm 이상 높이)	8mm 이상, 25mm 미만의 틈이 없을 것		□합격 □불합격
상해에 대한 보호	자유공간에서의 상해에 대한 보호	인접한 자유공간, 자유공간과 하강공간의 겹침이 없을 것		□합격 □불합격
	하강공간에서의 상해에 대한 보호	하강시 부딪히거나 상해를 당할 수 있는 장애물이 없을 것		□합격 □불합격
	주요 이동경로	자유공간을 가로지르지 않으며 놀이터 내부에 설치되지 않을 것		□합격 □불합격
연결장치 결합상태 기구의 끝처리		돌출한 못, 튀어나온 와이어로프 끝 부위, 날카로운 모서리나 끝이 있는 부품이 없을 것		□합격 □불합격
		끝처리된 모든 부분의 최소반경은 3mm 이상일 것		□합격 □불합격
충격흡수용 표면재		제7부 충격흡수용 표면재 요건에 따르는 것으로 갈음할 것(충격시험기를 통해 각 플랫폼 높이별로 시험-고무바닥재인 경우 중앙부, 2개 인접부, 4개 인접부 각각 시험)		□합격 □불합격
정기 시설 검사	놀이터 바닥	상해를 줄만한 이물질이 없을 것	/	□합격 □불합격
		배수가 잘 되는 구조일 것	/	□합격 □불합격
	놀이터 범주	밧줄이나 전선이 늘어뜨려져 있지 않을 것	/	□합격 □불합격
	기둥	기초부의 노출은 없고 고정상태는 견고할 것	/	□합격 □불합격
	봉인된 부품	안전한 상태를 유지할 것	/	□합격 □불합격
	보수 및 교체된 기구	상태는 안전해야 하며 활동공간은 유지될 것	/	□합격 □불합격
	부대시설	청결하고 부서지거나 고장 난 곳이 없을 것	/	□합격 □불합격
비 고		조합놀이대		

검 사 항 목		기 준 치	검사결과 S1	합 부 판 정
최소공간 유지	공간 확보	활강지점 양쪽으로 최소 1,000mm, 앉는 표면 수직 위쪽으로 1,500mm 이상의 자유공간을 확보하고, 도착지점 앞으로 최소 2,000mm(1형) 또는 1,000mm(2형)의 공간을 확보할 것		□합격 □불합격
	표면처리	제7부 충격흡수용 표면재 요건에 따르는 것으로 갈음할 것 (자유하강높이에서 측정)		□합격 □불합격
구성 부품	터널미끄럼틀	지름이 750mm 이상일 것		□합격 □불합격
	스테인리스 강판	통판을 사용하되 부득이 중간에 연결할 때는 용접하여 밀착시키고 상부판을 하부판 위로 50mm 이상 겹쳐 시공할 것		□합격 □불합격
	최소반경	손잡이, 활강면은 요철이 없어야 하며(최소반경 3mm) 도착지점 말단은 지면 쪽으로 꺾어져 내려간 형태로 최소반경 50mm일 것, 물이 고이지 않도록 할 것		□합격 □불합격
기초	일반	출발지점, 활강지점, 도착지점의 요구사항을 만족하도록 기초를 할 것		□합격 □불합격
	출발지점	0°~ 5°의 기울기를 갖는 면의 길이는 350mm 이상일 것		□합격 □불합격
	활강지점	기울기는 최대경사각이 60°이고 평균기울기는 40°이하일 것		□합격 □불합격
	도착지점	0°에서 10°까지의 기울기를 갖는 면의 길이는 활강길이가 1,500mm 이하일 때 300mm 이상, 활강길이가 1,500mm 초과 7,500mm 이하일 때 500mm 이상, 활강길이가 7,500mm 초과일 때 1,500mm 이상일 것		□합격 □불합격
부착	연결부 처리	이음부 사이에 옷 얽매임이 발생하지 않도록 하고 매끈하게 처리될 것		□합격 □불합격
	표면	2조각 이상의 재료로 제작된 경우 날카로운 물체가 끼이지 않도록 이음부 틈을 막을 것		□합격 □불합격
가로대, 측면보호대		측면보호대 높이는 500mm 이상(독립미끄럼틀은 700mm 이상)이고 가로대의 높이는 700mm~900mm 사이이고 회전하지 않을 것		□합격 □불합격
연결장치		결합상태는 견고할 것		□합격 □불합격
정기시설 검사	파손상태	보호벽, 계단, 활강표면 등은 심한 파손이 없을 것		□합격 □불합격
	도착지점	흙이 덮여 있거나 물이 차 있지 않을 것		□합격 □불합격
	보존상태	심한 녹이 없어야 하며 금이 간 곳이 없을 것		□합격 □불합격
	금속부의 도료	심한 벗겨짐이 없을 것		□합격 □불합격
	부품	탈락 및 심한 마모가 없을 것		□합격 □불합격
	활강표면	울퉁불퉁한 돌출부나 거친 면이 없을 것		□합격 □불합격
비 고		원통미끄럼틀		

검 사 항 목		기 준 치	검사결과 S1	합 부 판 정
최소공간 유지	공간 확보	활강지점 양쪽으로 최소 1,000mm, 앉는 표면 수직 위쪽으로 1,500mm 이상의 자유공간을 확보해야 하고, 도착지점 앞으로 최소 2,000mm(1형) 또는 1,000mm(2형)의 공간을 확보할 것		□합격 □불합격
	표면처리	제7부 충격흡수용 표면재 요건에 따르는 것으로 갈음할 것 (자유하강높이에서 측정)		□합격 □불합격
구성부품	터널미끄럼틀	지름이 750mm 이상일 것		□합격 □불합격
	스테인리스 강판	통판을 사용하되 부득이 중간에 연결할 때는 용접하여 밀착시키고 상부판을 하부판 위로 50mm 이상 겹쳐 시공할 것		□합격 □불합격
	최소반경	손잡이, 활강면은 요철이 없어야 하며(최소반경 3mm) 도착지점 말단은 지면 쪽으로 꺾어져 내려간 형태로 최소반경 50mm일 것, 물이 고이지 않도록 할 것		□합격 □불합격
기초	일반	출발지점, 활강지점, 도착지점의 요구사항을 만족하도록 기초를 할 것		□합격 □불합격
	출발지점	0°~ 5°의 기울기를 갖는 면의 길이는 350mm 이상일 것		□합격 □불합격
	활강지점	기울기는 최대경사각이 60°이고 평균기울기는 40°이하일 것		□합격 □불합격
	도착지점	0°에서 10°까지의 기울기를 갖는 면의 길이는 활강길이가 1,500mm 이하일 때 300mm 이상, 활강길이가 1,500mm 초과 7,500mm 이하일 때 500mm 이상, 활강길이가 7,500mm 초과일 때 1,500mm 이상일 것		□합격 □불합격
부착	연결부 처리	이음부 사이에 옷 얽매임이 발생하지 않도록 하고 매끈하게 처리될 것		□합격 □불합격
	표면	2조각 이상의 재료로 제작된 경우 날카로운 물체가 끼이지 않도록 이음부 틈을 막을 것		□합격 □불합격
가로대, 측면보호대		측면보호대 높이는 500mm 이상(독립미끄럼틀은 700mm 이상)이고 가로대의 높이는 700mm~900mm 사이이고 회전하지 않을 것		□합격 □불합격
연결장치		결합상태는 견고할 것		□합격 □불합격
정기시설 검사	파손상태	보호벽, 계단, 활강표면 등은 심한 파손이 없을 것		□합격 □불합격
	도착지점	흙이 덮여 있거나 물이 차 있지 않을 것		□합격 □불합격
	보존상태	심한 녹이 없어야 하며 금이 간 곳이 없을 것		□합격 □불합격
	금속부의 도료	심한 벗겨짐이 없을 것		□합격 □불합격
	부품	탈락 및 심한 마모가 없을 것		□합격 □불합격
	활강표면	울퉁불퉁한 돌출부나 거친 면이 없을 것		□합격 □불합격
비 고		1인 개방미끄럼틀		

검 사 항 목		기 준 치	검사결과 S1	합 부 판 정
최소공간 유지	공간 확보	활강지점 양쪽으로 최소 1,000mm, 앉는 표면 수직 위쪽으로 1,500mm 이상의 자유공간을 확보해야 하고, 도착지점 앞으로 최소 2,000mm(1형) 또는 1,000mm(2형)의 공간을 확보할 것		□합격 □불합격
	표면처리	제7부 충격흡수용 표면재 요건에 따르는 것으로 갈음할 것 (자유하강높이에서 측정)		□합격 □불합격
구성부품	터널미끄럼틀	지름이 750mm 이상일 것		□합격 □불합격
	스테인리스 강판	통판을 사용하되 부득이 중간에 연결할 때는 용접하여 밀착시키고 상부판을 하부판 위로 50mm 이상 겹쳐 시공할 것		□합격 □불합격
	최소반경	손잡이, 활강면은 요철이 없어야 하며(최소반경 3mm) 도착지점 말단은 지면 쪽으로 꺾어져 내려간 형태로 최소반경 50mm일 것, 물이 고이지 않도록 할 것		□합격 □불합격
기초	일반	출발지점, 활강지점, 도착지점의 요구사항을 만족하도록 기초를 할 것		□합격 □불합격
	출발지점	0°~ 5°의 기울기를 갖는 면의 길이는 350mm 이상일 것		□합격 □불합격
	활강지점	기울기는 최대경사각이 60°이고 평균기울기는 40° 이하일 것		□합격 □불합격
	도착지점	0°에서 10°까지의 기울기를 갖는 면의 길이는 활강길이가 1,500mm 이하일 때 300mm 이상, 활강길이가 1,500mm 초과 7,500mm 이하일 때 500mm 이상, 활강길이가 7,500mm 초과일 때 1,500mm 이상일 것		□합격 □불합격
부착	연결부 처리	이음부 사이에 옷 얽매임이 발생하지 않도록 하고 매끈하게 처리될 것		□합격 □불합격
	표면	2조각 이상의 재료로 제작된 경우 날카로운 물체가 끼이지 않도록 이음부 틈을 막을 것		□합격 □불합격
가로대, 측면보호대		측면보호대 높이는 500mm 이상(독립미끄럼틀은 700mm 이상)이고 가로대의 높이는 700mm~900mm 사이이고 회전하지 않을 것		□합격 □불합격
연결장치		결합상태는 견고할 것		□합격 □불합격
정기시설 검사	파손상태	보호벽, 계단, 활강표면 등은 심한 파손이 없을 것		□합격 □불합격
	도착지점	흙이 덮여 있거나 물이 차 있지 않을 것		□합격 □불합격
	보존상태	심한 녹이 없어야 하며 금이 간 곳이 없을 것		□합격 □불합격
	금속부의 도료	심한 벗겨짐이 없을 것		□합격 □불합격
	부품	탈락 및 심한 마모가 없을 것		□합격 □불합격
	활강표면	울퉁불퉁한 돌출부나 거친 면이 없을 것		□합격 □불합격
비 고		2인 개방미끄럼틀		

<table>
<tr><th colspan="2" rowspan="2">검 사 항 목</th><th rowspan="2">기 준 치</th><th>검사결과</th><th rowspan="2">합 부 판 정</th></tr>
<tr><th>S1</th></tr>
<tr><td rowspan="2">최소공간 유지</td><td>공간 확보</td><td>활강지점 양쪽으로 최소 1,000mm, 앉는 표면 수직 위쪽으로 1,500mm 이상의 자유공간을 확보해야 하고, 도착지점 앞으로 최소 2,000mm(1형) 또는 1,000mm(2형)의 공간을 확보할 것</td><td></td><td>□합격 □불합격</td></tr>
<tr><td>표면처리</td><td>제7부 충격흡수용 표면재 요건에 따르는 것으로 갈음할 것 (자유하강높이에서 측정)</td><td></td><td>□합격 □불합격</td></tr>
<tr><td rowspan="3">구성부품</td><td>터널미끄럼틀</td><td>지름이 750mm 이상일 것</td><td></td><td>□합격 □불합격</td></tr>
<tr><td>스테인리스 강판</td><td>통판을 사용하되 부득이 중간에 연결할 때는 용접하여 밀착시키고 상부판을 하부판 위로 50mm 이상 겹쳐 시공할 것</td><td></td><td>□합격 □불합격</td></tr>
<tr><td>최소반경</td><td>손잡이, 활강면은 요철이 없어야 하며(최소반경 3mm) 도착지점 말단은 지면 쪽으로 꺾어져 내려간 형태로 최소반경 50mm일 것, 물이 고이지 않도록 할 것</td><td></td><td>□합격 □불합격</td></tr>
<tr><td rowspan="4">기초</td><td>일반</td><td>출발지점, 활강지점, 도착지점의 요구사항을 만족하도록 기초를 할 것</td><td></td><td>□합격 □불합격</td></tr>
<tr><td>출발지점</td><td>0°~5°의 기울기를 갖는 면의 길이는 350mm 이상일 것</td><td></td><td>□합격 □불합격</td></tr>
<tr><td>활강지점</td><td>기울기는 최대경사각이 60°이고 평균기울기는 40° 이하일 것</td><td></td><td>□합격 □불합격</td></tr>
<tr><td>도착지점</td><td>0°에서 10°까지의 기울기를 갖는 면의 길이는
활강길이가 1,500mm 이하일 때 300mm 이상,
활강길이가 1,500mm 초과 7,500mm 이하일 때 500mm 이상,
활강길이가 7,500mm 초과일 때 1,500mm 이상일 것</td><td></td><td>□합격 □불합격</td></tr>
<tr><td rowspan="2">부착</td><td>연결부 처리</td><td>이음부 사이에 옷 얽매임이 발생하지 않도록 하고 매끈하게 처리될 것</td><td></td><td>□합격 □불합격</td></tr>
<tr><td>표면</td><td>2조각 이상의 재료로 제작된 경우 날카로운 물체가 끼이지 않도록 이음부 틈을 막을 것</td><td></td><td>□합격 □불합격</td></tr>
<tr><td colspan="2">가로대, 측면보호대</td><td>측면보호대 높이는 500mm 이상(독립미끄럼틀은 700mm 이상)이고 가로대의 높이는 700mm~900mm 사이이고 회전하지 않을 것</td><td></td><td>□합격 □불합격</td></tr>
<tr><td colspan="2">연결장치</td><td>결합상태는 견고할 것</td><td></td><td>□합격 □불합격</td></tr>
<tr><td rowspan="6">정기 시설 검사</td><td>파손상태</td><td>보호벽, 계단, 활강표면 등은 심한 파손이 없을 것</td><td></td><td>□합격 □불합격</td></tr>
<tr><td>도착지점</td><td>흙이 덮여 있거나 물이 차 있지 않을 것</td><td></td><td>□합격 □불합격</td></tr>
<tr><td>보존상태</td><td>심한 녹이 없어야 하며 금이 간 곳이 없을 것</td><td></td><td>□합격 □불합격</td></tr>
<tr><td>금속부의 도료</td><td>심한 벗겨짐이 없을 것</td><td></td><td>□합격 □불합격</td></tr>
<tr><td>부품</td><td>탈락 및 심한 마모가 없을 것</td><td></td><td>□합격 □불합격</td></tr>
<tr><td>활강표면</td><td>울퉁불퉁한 돌출부나 거친 면이 없을 것</td><td></td><td>□합격 □불합격</td></tr>
<tr><td colspan="2">비 고</td><td colspan="3">나선형 미끄럼틀</td></tr>
</table>

검 사 항 목			기 준 치	검사결과	합 부 판 정
				S1	
최소공간 유지			최소 1,000mm일 것		□합격 □불합격
구성부품			구동체, 지지구성체, 기구 고정물 등은 견고할 것		□합격 □불합격
기초물의 구조 및 설치	스프링		좌석 최대 슬로프가 20°(1형, 4형) 또는 30°(2형, 3형)를 넘지 않을 것(움직이는 방향으로 70kg 하중 적용)		□합격 □불합격
	좌석, 스탠드 높이	1형, 4형	1,000mm 이하일 것		□합격 □불합격
		2A형, 3A형	550mm 이하일 것	/	□합격 □불합격
		2B형, 3B형	780mm 이하일 것	/	□합격 □불합격
제동장치			적절한 지면간격을 유지하도록 제동효과를 얻는 장치로 설치해야 하고, 기구는 지면간격의 확보를 위하여 충격흡수용 표면재의 종류와 규격을 고려하여 기초를 해야 하며 지면에 타이어를 설치하여 지면간격을 유지하는 등의 방법으로 지면과의 간격이 230mm 이상을 유지할 것		□합격 □불합격
구성부품의 구조 및 설치	움직이는 부분		지름 12mm 이상 유지할 것		□합격 □불합격
	스프링 하부 고정부분(판)		진동운동을 하는 부분인 스프링 하부를 고정하는 부분(판)은 스프링 강도나 내구성이 저하되지 않도록 고정할 것		□합격 □불합격
	시소의 받침부		충분한 강도를 가지며 쉽게 마모되지 않는 축 또는 베어링으로 설치될 것		□합격 □불합격
	가로대부		지면 사이에 얽매임이 일어나지 않는 구조일 것		□합격 □불합격
	움직임		최대기울기에 가까워질수록 움직임이 적어질 것		□합격 □불합격
	안정성		받침부를 스프링 구조로 설계하거나 좌면에 신체를 지지해줄 구조물이 있을 것		□합격 □불합격
	손지지대		지름이 16mm~45mm(유아용은 16mm~30mm)일 것		□합격 □불합격
	얽매임		지면간격 230mm 이상일 것		□합격 □불합격
	측면 편차	1형	140mm 이하일 것		□합격 □불합격
		3A형	5° 이하일 것	/	□합격 □불합격
연결부 결합상태			돌출부에 날카로움 등이 없어야 하며 모든 부분의 반경은 3mm 이상일 것		□합격 □불합격
충격흡수용 표면재			제7부 충격흡수용 표면재 요건에 따르는 것으로 갈음할 것(자유하강높이에서 측정)		□합격 □불합격
정기시설 검사	충격완화용 타이어		심한 손상이 없을 것	/	□합격 □불합격
	연결부		지지대와 시소의 연결부는 원활하게 회전할 것	/	□합격 □불합격
	몸체, 손잡이		좌우로 심하게 흔들리지 않을 것	/	□합격 □불합격
	보존상태		심한 녹이 없어야 하며 금이 간 곳이 없을 것	/	□합격 □불합격
	금속부의 도료		심한 벗겨짐이 없을 것	/	□합격 □불합격
	좌우변형 편차		140mm를 넘지 않을 것	/	□합격 □불합격
	스프링부		심한 마모 및 손가락 얽매임이 없을 것	/	□합격 □불합격
	부품		탈락 및 심한 마모가 없을 것	/	□합격 □불합격
비 고			흔들놀이기구 시소-(1형)		

<table>
<tr><th colspan="3" rowspan="2">검 사 항 목</th><th rowspan="2">기 준 치</th><th>검사결과</th><th rowspan="2">합 부 판 정</th></tr>
<tr><th>S1</th></tr>
<tr><td colspan="3">최소공간 유지</td><td>최소 1,000mm일 것</td><td></td><td>□합격 □불합격</td></tr>
<tr><td colspan="3">구성부품</td><td>구동체, 지지구성체, 기구 고정물 등은 견고할 것</td><td></td><td>□합격 □불합격</td></tr>
<tr><td rowspan="4">기초물의 구조 및 설치</td><td colspan="2">스프링</td><td>좌석 최대슬로프가 20°(1형, 4형) 또는 30°(2형, 3형)를 넘지 않을 것(움직이는 방향으로 70kg 하중 적용)</td><td></td><td>□합격 □불합격</td></tr>
<tr><td rowspan="3">좌석, 스탠드 높이</td><td>1형, 4형</td><td>1,000mm 이하일 것</td><td></td><td>□합격 □불합격</td></tr>
<tr><td>2A형, 3A형</td><td>550mm 이하일 것</td><td></td><td>□합격 □불합격</td></tr>
<tr><td>2B형, 3B형</td><td>780mm 이하일 것</td><td></td><td>□합격 □불합격</td></tr>
<tr><td colspan="3">제동장치</td><td>적절한 지면간격을 유지하도록 제동효과를 얻는 장치로 설치해야 하고, 기구는 지면간격의 확보를 위하여 충격흡수용 표면재의 종류와 규격을 고려하여 기초를 해야 하며, 지면에 타이어를 설치하여 지면간격을 유지하는 등의 방법으로 지면과의 간격이 230mm 이상을 유지할 것</td><td></td><td>□합격 □불합격</td></tr>
<tr><td rowspan="10">구성부품의 구조 및 설치</td><td colspan="2">움직이는 부분</td><td>지름 12mm 이상 유지할 것</td><td></td><td>□합격 □불합격</td></tr>
<tr><td colspan="2">스프링 하부 고정부분(판)</td><td>진동운동을 하는 부분인 스프링 하부를 고정하는 부분(판)은 스프링 강도나 내구성이 저하되지 않도록 고정할 것</td><td></td><td>□합격 □불합격</td></tr>
<tr><td colspan="2">시소의 받침부</td><td>충분한 강도를 가지며 쉽게 마모되지 않는 축 또는 베어링으로 설치될 것</td><td></td><td>□합격 □불합격</td></tr>
<tr><td colspan="2">가로대부</td><td>지면 사이에 얽매임이 일어나지 않는 구조일 것</td><td></td><td>□합격 □불합격</td></tr>
<tr><td colspan="2">움직임</td><td>최대기울기에 가까워질수록 움직임이 적어질 것</td><td></td><td>□합격 □불합격</td></tr>
<tr><td colspan="2">안정성</td><td>받침부를 스프링 구조로 설계하거나 좌면에 신체를 지지해줄 구조물이 있을 것</td><td></td><td>□합격 □불합격</td></tr>
<tr><td colspan="2">손지지대</td><td>지름이 16mm~45mm(유아용은 16mm~30mm)일 것</td><td></td><td>□합격 □불합격</td></tr>
<tr><td colspan="2">얽매임</td><td>지면간격 230mm 이상일 것</td><td></td><td>□합격 □불합격</td></tr>
<tr><td rowspan="2">측면 편차</td><td>1형</td><td>140mm 이하일 것</td><td></td><td>□합격 □불합격</td></tr>
<tr><td>3A형</td><td>5° 이하일 것</td><td></td><td>□합격 □불합격</td></tr>
<tr><td colspan="3">연결부 결합상태</td><td>돌출부에 날카로움 등이 없어야 하며 모든 부분의 반경은 3mm 이상일 것</td><td></td><td>□합격 □불합격</td></tr>
<tr><td colspan="3">충격흡수용 표면재</td><td>제7부 충격흡수용 표면재 요건에 따르는 것으로 갈음할 것(자유하강높이에서 측정)</td><td></td><td>□합격 □불합격</td></tr>
<tr><td rowspan="8">정기시설 검사</td><td colspan="2">충격완화용 타이어</td><td>심한 손상이 없을 것</td><td></td><td>□합격 □불합격</td></tr>
<tr><td colspan="2">연결부</td><td>지지대와 시소의 연결부는 원활하게 회전할 것</td><td></td><td>□합격 □불합격</td></tr>
<tr><td colspan="2">몸체, 손잡이</td><td>좌우로 심하게 흔들리지 않을 것</td><td></td><td>□합격 □불합격</td></tr>
<tr><td colspan="2">보존상태</td><td>심한 녹이 없어야 하며 금이 간 곳이 없을 것</td><td></td><td>□합격 □불합격</td></tr>
<tr><td colspan="2">금속부의 도료</td><td>심한 벗겨짐이 없을 것</td><td></td><td>□합격 □불합격</td></tr>
<tr><td colspan="2">좌우변형 편차</td><td>140mm를 넘지 않을 것</td><td></td><td>□합격 □불합격</td></tr>
<tr><td colspan="2">스프링부</td><td>심한 마모 및 손가락 얽매임이 없을 것</td><td></td><td>□합격 □불합격</td></tr>
<tr><td colspan="2">부품</td><td>탈락 및 심한 마모가 없을 것</td><td></td><td>□합격 □불합격</td></tr>
<tr><td colspan="3">비 고</td><td colspan="3">흔들놀이기구 2A형</td></tr>
</table>

<table>
<tr><th colspan="3" rowspan="2">검 사 항 목</th><th rowspan="2">기 준 치</th><th>검사결과</th><th rowspan="2">합 부 판 정</th></tr>
<tr><th>S1</th></tr>
<tr><td colspan="3">최소공간 유지</td><td>최소 1,000mm일 것</td><td></td><td>□합격 □불합격</td></tr>
<tr><td colspan="3">구성부품</td><td>구동체, 지지구성체, 기구 고정물 등은 견고할 것</td><td></td><td>□합격 □불합격</td></tr>
<tr><td rowspan="4">기초물의 구조 및 설치</td><td colspan="2">스프링</td><td>좌석 최대슬로프가 20°(1형, 4형) 또는 30°(2형, 3형)를 넘지 않을 것(움직이는 방향으로 70kg 하중 적용)</td><td></td><td>□합격 □불합격</td></tr>
<tr><td rowspan="3">좌석, 스탠드 높이</td><td>1형, 4형</td><td>1,000mm 이하일 것</td><td></td><td>□합격 □불합격</td></tr>
<tr><td>2A형, 3A형</td><td>550mm 이하일 것</td><td></td><td>□합격 □불합격</td></tr>
<tr><td>2B형, 3B형</td><td>780mm 이하일 것</td><td></td><td>□합격 □불합격</td></tr>
<tr><td colspan="3">제동장치</td><td>적절한 지면간격을 유지하도록 제동효과를 얻는 장치로 설치해야 하고, 기구는 지면간격의 확보를 위하여 충격흡수용 표면재의 종류와 규격을 고려하여 기초를 해야 하며, 지면에 타이어를 설치하여 지면간격을 유지하는 등의 방법으로 지면과의 간격이 230mm 이상을 유지할 것</td><td></td><td>□합격 □불합격</td></tr>
<tr><td rowspan="11">구성부품의 구조 및 설치</td><td colspan="2">움직이는 부분</td><td>지름 12mm 이상 유지할 것</td><td></td><td>□합격 □불합격</td></tr>
<tr><td colspan="2">스프링 하부 고정부분(판)</td><td>진동운동을 하는 부분인 스프링 하부를 고정하는 부분(판)은 스프링 강도나 내구성이 저하되지 않도록 고정할 것</td><td></td><td>□합격 □불합격</td></tr>
<tr><td colspan="2">시소의 받침부</td><td>충분한 강도를 가지며 쉽게 마모되지 않는 축 또는 베어링으로 설치될 것</td><td></td><td>□합격 □불합격</td></tr>
<tr><td colspan="2">가로대부</td><td>지면 사이에 얽매임이 일어나지 않는 구조일 것</td><td></td><td>□합격 □불합격</td></tr>
<tr><td colspan="2">움직임</td><td>최대기울기에 가까워질수록 움직임이 적어질 것</td><td></td><td>□합격 □불합격</td></tr>
<tr><td colspan="2">안정성</td><td>받침부를 스프링 구조로 설계하거나 좌면에 신체를 지지해줄 구조물이 있을 것</td><td></td><td>□합격 □불합격</td></tr>
<tr><td colspan="2">손지지대</td><td>지름이 16mm~45mm(유아용은 16mm~30mm)일 것</td><td></td><td>□합격 □불합격</td></tr>
<tr><td colspan="2">얽매임</td><td>지면간격 230mm 이상일 것</td><td></td><td>□합격 □불합격</td></tr>
<tr><td rowspan="2">측면 편차</td><td>1형</td><td>140mm 이하일 것</td><td></td><td>□합격 □불합격</td></tr>
<tr><td>3A형</td><td>5° 이하일 것</td><td></td><td>□합격 □불합격</td></tr>
<tr><td colspan="2"></td><td></td><td></td><td></td></tr>
<tr><td colspan="3">연결부 결합상태</td><td>돌출부에 날카로움 등이 없어야 하며 모든 부분의 반경은 3mm 이상일 것</td><td></td><td>□합격 □불합격</td></tr>
<tr><td colspan="3">충격흡수용 표면재</td><td>제7부 충격흡수용 표면재 요건에 따르는 것으로 갈음할 것(자유하강높이에서 측정)</td><td></td><td>□합격 □불합격</td></tr>
<tr><td rowspan="8">정기시설 검사</td><td colspan="2">충격완화용 타이어</td><td>심한 손상이 없을 것</td><td></td><td>□합격 □불합격</td></tr>
<tr><td colspan="2">연결부</td><td>지지대와 시소의 연결부는 원활하게 회전할 것</td><td></td><td>□합격 □불합격</td></tr>
<tr><td colspan="2">몸체, 손잡이</td><td>좌우로 심하게 흔들리지 않을 것</td><td></td><td>□합격 □불합격</td></tr>
<tr><td colspan="2">보존상태</td><td>심한 녹이 없어야 하며 금이 간 곳이 없을 것</td><td></td><td>□합격 □불합격</td></tr>
<tr><td colspan="2">금속부의 도료</td><td>심한 벗겨짐이 없을 것</td><td></td><td>□합격 □불합격</td></tr>
<tr><td colspan="2">좌우변형 편차</td><td>140mm를 넘지 않을 것</td><td></td><td>□합격 □불합격</td></tr>
<tr><td colspan="2">스프링부</td><td>심한 마모 및 손가락 얽매임이 없을 것</td><td></td><td>□합격 □불합격</td></tr>
<tr><td colspan="2">부품</td><td>탈락 및 심한 마모가 없을 것</td><td></td><td>□합격 □불합격</td></tr>
<tr><td colspan="3">비 고</td><td colspan="3">흔들놀이기구 2B형</td></tr>
</table>

검 사 항 목			기 준 치	검사결과 S1	합 부 판 정
최소공간 유지			최소 1,000mm일 것		□합격 □불합격
구성부품			구동체, 지지구성체, 기구 고정물 등은 견고할 것		□합격 □불합격
기초물의 구조 및 설치	스프링		좌석 최대슬로프가 20°(1형, 4형) 또는 30°(2형, 3형)를 넘지 않을 것(움직이는 방향으로 70kg 하중 적용)		□합격 □불합격
	좌석, 스탠드 높이	1형, 4형	1,000mm 이하일 것		□합격 □불합격
		2A형, 3A형	550mm 이하일 것		□합격 □불합격
		2B형, 3B형	780mm 이하일 것		□합격 □불합격
제동장치			적절한 지면간격을 유지하도록 제동효과를 얻는 장치로 설치해야 하고, 기구는 지면간격의 확보를 위해 충격흡수용 표면재의 종류와 규격을 고려하여 기초를 해야 하며, 지면에 타이어를 설치하여 지면간격을 유지하는 등의 방법으로 지면과의 간격이 230mm 이상을 유지할 것		□합격 □불합격
구성부품의 구조 및 설치	움직이는 부분		지름 12mm 이상 유지할 것		□합격 □불합격
	스프링 하부 고정부분(판)		진동운동을 하는 부분인 스프링 하부를 고정하는 부분(판)은 스프링 강도나 내구성이 저하되지 않도록 고정할 것		□합격 □불합격
	시소의 받침부		충분한 강도를 가지며 쉽게 마모되지 않는 축 또는 베어링으로 설치될 것		□합격 □불합격
	가로대부		지면 사이에 얽매임이 일어나지 않는 구조일 것		□합격 □불합격
	움직임		최대기울기에 가까워질수록 움직임이 적어질 것		□합격 □불합격
	안정성		받침부를 스프링 구조로 설계하거나 좌면에 신체를 지지해줄 구조물이 있을 것		□합격 □불합격
	손지지대		지름이 16mm~45mm(유아용은 16mm~30mm)일 것		□합격 □불합격
	얽매임		지면간격 230mm 이상일 것		□합격 □불합격
	측면 편차	1형	140mm 이하일 것		□합격 □불합격
		3A형	5° 이하일 것		□합격 □불합격
연결부 결합상태			돌출부에 날카로움 등이 없어야 하며 모든 부분의 반경은 3mm 이상일 것		□합격 □불합격
충격흡수용 표면재			제7부 충격흡수용 표면재 요건에 따르는 것으로 갈음할 것(자유하강높이에서 측정)		□합격 □불합격
정기시설 검사	충격완화용 타이어		심한 손상이 없을 것		□합격 □불합격
	연결부		지지대와 시소의 연결부는 원활하게 회전할 것		□합격 □불합격
	몸체, 손잡이		좌우로 심하게 흔들리지 않을 것		□합격 □불합격
	보존상태		심한 녹이 없어야 하며 금이 간 곳이 없을 것		□합격 □불합격
	금속부의 도료		심한 벗겨짐이 없을 것		□합격 □불합격
	좌우변형 편차		140mm를 넘지 않을 것		□합격 □불합격
	스프링부		심한 마모 및 손가락 얽매임이 없을 것		□합격 □불합격
	부품		탈락 및 심한 마모가 없을 것		□합격 □불합격
비 고			흔들놀이기구 3A형		

<table>
<tr><th colspan="3" rowspan="2">검 사 항 목</th><th rowspan="2">기 준 치</th><th>검사결과</th><th rowspan="2">합 부 판 정</th></tr>
<tr><th>S1</th></tr>
<tr><td colspan="3">최소공간 유지</td><td>최소 1,000mm일 것</td><td></td><td>□합격 □불합격</td></tr>
<tr><td colspan="3">구성부품</td><td>구동체, 지지구성체, 기구 고정물 등은 견고할 것</td><td></td><td>□합격 □불합격</td></tr>
<tr><td rowspan="4">기초물의 구조 및 설치</td><td colspan="2">스프링</td><td>좌석 최대슬로프가 20°(1형, 4형) 또는 30°(2형, 3형)를 넘지 않을 것(움직이는 방향으로 70kg 하중 적용)</td><td></td><td>□합격 □불합격</td></tr>
<tr><td rowspan="3">좌석 스탠드 높이</td><td>1형, 4형</td><td>1,000mm 이하일 것</td><td></td><td>□합격 □불합격</td></tr>
<tr><td>2A형, 3A형</td><td>550mm 이하일 것</td><td></td><td>□합격 □불합격</td></tr>
<tr><td>2B형, 3B형</td><td>780mm 이하일 것</td><td></td><td>□합격 □불합격</td></tr>
<tr><td colspan="3">제동장치</td><td>적절한 지면간격을 유지하도록 제동효과를 얻는 장치로 설치해야 하고, 기구는 지면간격의 확보를 위해 충격흡수용 표면재의 종류와 규격을 고려하여 기초를 해야 하며, 지면에 타이어를 설치하여 지면간격을 유지하는 등의 방법으로 지면과의 간격이 230mm 이상을 유지할 것</td><td></td><td>□합격 □불합격</td></tr>
<tr><td rowspan="11">구성부품의 구조 및 설치</td><td colspan="2">움직이는 부분</td><td>지름 12mm 이상 유지할 것</td><td></td><td>□합격 □불합격</td></tr>
<tr><td colspan="2">스프링 하부 고정부분(판)</td><td>진동운동을 하는 부분인 스프링 하부를 고정하는 부분(판)은 스프링 강도나 내구성이 저하되지 않도록 고정할 것</td><td></td><td>□합격 □불합격</td></tr>
<tr><td colspan="2">시소의 받침부</td><td>충분한 강도를 가지며 쉽게 마모되지 않는 축 또는 베어링으로 설치될 것</td><td></td><td>□합격 □불합격</td></tr>
<tr><td colspan="2">가로대부</td><td>지면 사이에 얽매임이 일어나지 않는 구조일 것</td><td></td><td>□합격 □불합격</td></tr>
<tr><td colspan="2">움직임</td><td>최대기울기에 가까워질수록 움직임이 적어질 것</td><td></td><td>□합격 □불합격</td></tr>
<tr><td colspan="2">안정성</td><td>받침부를 스프링 구조로 설계하거나 좌면에 신체를 지지해줄 구조물이 있을 것</td><td></td><td>□합격 □불합격</td></tr>
<tr><td colspan="2">손지지대</td><td>지름이 16mm~45mm(유아용은 16mm~30mm)일 것</td><td></td><td>□합격 □불합격</td></tr>
<tr><td colspan="2">얽매임</td><td>지면간격 230mm 이상일 것</td><td></td><td>□합격 □불합격</td></tr>
<tr><td rowspan="2">측면 편차</td><td>1형</td><td>140mm 이하일 것</td><td></td><td>□합격 □불합격</td></tr>
<tr><td>3A형</td><td>5° 이하일 것</td><td></td><td>□합격 □불합격</td></tr>
<tr><td colspan="2">연결부 결합상태</td><td>돌출부에 날카로움 등이 없어야 하며 모든 부분의 반경은 3mm 이상일 것</td><td></td><td>□합격 □불합격</td></tr>
<tr><td colspan="3">충격흡수용 표면재</td><td>제7부 충격흡수용 표면재 요건에 따르는 것으로 갈음할 것(자유하강높이에서 측정)</td><td></td><td>□합격 □불합격</td></tr>
<tr><td rowspan="8">정기시설 검사</td><td colspan="2">충격완화용 타이어</td><td>심한 손상이 없을 것</td><td></td><td>□합격 □불합격</td></tr>
<tr><td colspan="2">연결부</td><td>지지대와 시소의 연결부는 원활하게 회전할 것</td><td></td><td>□합격 □불합격</td></tr>
<tr><td colspan="2">몸체, 손잡이</td><td>좌우로 심하게 흔들리지 않을 것</td><td></td><td>□합격 □불합격</td></tr>
<tr><td colspan="2">보존상태</td><td>심한 녹이 없어야 하며 금이 간 곳이 없을 것</td><td></td><td>□합격 □불합격</td></tr>
<tr><td colspan="2">금속부의 도료</td><td>심한 벗겨짐이 없을 것</td><td></td><td>□합격 □불합격</td></tr>
<tr><td colspan="2">좌우변형 편차</td><td>140mm를 넘지 않을 것</td><td></td><td>□합격 □불합격</td></tr>
<tr><td colspan="2">스프링부</td><td>심한 마모 및 손가락 얽매임이 없을 것</td><td></td><td>□합격 □불합격</td></tr>
<tr><td colspan="2">부품</td><td>탈락 및 심한 마모가 없을 것</td><td></td><td>□합격 □불합격</td></tr>
<tr><td colspan="3">비 고</td><td colspan="3">흔들놀이기구 4형</td></tr>
</table>

검 사 항 목		기 준 치	검사결과 S1	합 부 판 정
최소공간 유지	최소공간	0.867×줄길이(mm)+1,750mm(합성재질) 또는 2,250mm(모래) 이상일 것		□합격 □불합격
	충격흡수용 표면재	제7부 충격흡수용 표면재 요건에 따르는 것으로 갈음할 것 (자유하강높이에서 측정)		□합격 □불합격
구성 부품의 요건	구성체	그네 구성체, 그네 좌석의 연결상태 및 구동부품의 작동상태 등을 정밀하게 확인할 것		□합격 □불합격
	체인	개구부는 8.6mm 이하일 것	/	□합격 □불합격
기초물	목재로 된 기둥	직접적으로 콘크리트 기초를 할 경우 방부처리한 목재 위에 캡 등을 씌워 직접적인 접촉을 막고 목재가 1/3이상 박힐 것	/	□합격 □불합격
	철재기둥	철재는 이음매 없이 사용하고, 부득이하게 이음할 경우 응력이 가장 적게 발생하는 부위에 이음될 것		□합격 □불합격
	고정철물, 연결고리	헐렁거리거나 빠지지 않도록 고정하고 녹, 부식방지를 위하여 도장 및 도금처리하며 용접부위는 매끈하게 연마할 것		□합격 □불합격
	기초부위	콘크리트가 충분히 양생될 때까지 구성체를 비롯한 좌석을 연결하지 않고 직접 볼트를 이용하여 고정하는 경우, 콘크리트의 두께를 확인하고 고정할 것	/	□합격 □불합격
설치	지면간격	어린이가 타고 있는 조건으로 측정시 일반좌석의 경우 최소 350mm 이상이고 타이어 그네의 경우 400mm 이상일 것(어린이가 타고 있는 조건이란 어린이 사용자 수 1명 : 69.5kg, 2명 : 130kg의 무게를 가한 상태를 의미한다.)		□합격 □불합격
	기구구성	유아용과 아동용 그네가 동일 기둥 내 설치되지 않을 것		□합격 □불합격
	하강공간의 범위	요구되는 최소공간과 길이방향은 같고 폭은 좌석너비가 500mm 미만일 때, 최소 1,750mm, 500mm 초과시 1,750mm +초과된 수치(mm)를 확보할 것		□합격 □불합격
울타리	설치	담이나 울타리를 최소공간 밖에 설치하며, 중심부에서 비교적 가까운 부분에 구석부분에 한 개 이상의 출입구를 설치할 것		□합격 □불합격
	출입구	출입속도를 제한할 수 있는 형태로 설치할 것		□합격 □불합격
그네 베어링		정밀하게 조립, 시공하여 쉽게 풀리지 않도록 할 것		□합격 □불합격
정기시설 검사	그네 고리, 좌석판	풀리거나 파손되지 않을 것	/	□합격 □불합격
	그네 연결 베어링	회전은 원활할 것	/	□합격 □불합격
	그네 줄	꼬여있지 않으며 좌우균형이 맞을 것	/	□합격 □불합격
	보존상태	심한 녹이 없어야 하며 금이 간 곳이 없을 것	/	□합격 □불합격
	금속부의 도료	심한 벗겨짐이 없을 것	/	□합격 □불합격
	부품	탈락 및 심한 마모가 없을 것	/	□합격 □불합격
	그네 바닥면	심한 패임 현상이 없을 것	/	□합격 □불합격
비 고		그네		

<table>
<tr><th colspan="3" rowspan="2">검 사 항 목</th><th rowspan="2">기 준 치</th><th>검사결과</th><th rowspan="2">합 부 판 정</th></tr>
<tr><th>S1</th></tr>
<tr><td rowspan="2">최소 공간 유지</td><td colspan="2">공간 확보</td><td>움직임에 문제가 없도록 충분한 공간을 확보해야 하며 또한 다른 놀이기구와의 하강공간의 겹침이 없도록 설치되어야 할 것</td><td></td><td>□합격 □불합격</td></tr>
<tr><td colspan="2">최소공간</td><td>중심 케이블을 중심으로 좌우 2,000mm 이상, 주행이 끝나는 지점으로부터 2,000mm+매달림 케이블이 45°를 이룰 때의 거리(mm) 이상을 확보할 것</td><td></td><td>□합격 □불합격</td></tr>
<tr><td rowspan="3">구성 부품</td><td colspan="2">주행기, 좌석, 손잡이, 멈춤장치</td><td>이상이 없으며 기준에 적합할 것</td><td></td><td>□합격 □불합격</td></tr>
<tr><td colspan="2">기둥 및 케이블 경첩</td><td>충분한 강도와 안전성을 고려한 소재일 것</td><td></td><td>□합격 □불합격</td></tr>
<tr><td colspan="2">도착부</td><td>쉽게 조절, 교환이 가능한 충격흡수장치를 설치할 것, 매달림 케이블의 최대진동각도가 45° 이하일 것</td><td></td><td>□합격 □불합격</td></tr>
<tr><td rowspan="8">기초물</td><td colspan="2">중심케이블</td><td>중심케이블의 고정점과 하부구조 기초는 하중에 견딜 수 있을 것</td><td></td><td>□합격 □불합격</td></tr>
<tr><td rowspan="5">활차부 (주행기)</td><td>형태</td><td>활차 이외 부분이 케이블에 접촉하거나 케이블을 파손시키지 않는 형태일 것</td><td></td><td>□합격 □불합격</td></tr>
<tr><td>설계</td><td>충격이나 진동에 쉽게 케이블에서 벗어나지 않도록 설계될 것</td><td></td><td>□합격 □불합격</td></tr>
<tr><td>틈</td><td>활차와 케이블 사이에 손가락 등이 쉽게 들어갈 수 없을 것</td><td></td><td>□합격 □불합격</td></tr>
<tr><td>구조</td><td>활차나 베어링 등 부품교환이 가능한 구조일 것</td><td></td><td>□합격 □불합격</td></tr>
<tr><td>설치</td><td>활차나 케이블은 이용자가 쉽게 손댈 수 없는 구조로 설치될 것</td><td></td><td>□합격 □불합격</td></tr>
<tr><td colspan="2">손잡이</td><td>폐쇄된 형태가 아니며 비회전 구조와 손등이 끼지 않고 쉽게 잡을 수 있는 형태이며, 이용자에게 감기거나 조이는 부분이 없으며, 질량이 가벼운 충격흡수재를 사용 중 충돌시 안전을 고려한 것일 것</td><td></td><td>□합격 □불합격</td></tr>
<tr><td colspan="2">좌석</td><td>언제든지 내릴 수 있는 구조이고, 고리나 띠가 설치되지 않아야하며 최대가속도는 50g(50×9.8㎨)를 초과해서는 안 되며, 평균 표면압축이 90N/㎠를 초과하지 않을 것</td><td></td><td>□합격 □불합격</td></tr>
<tr><td rowspan="4">구성 품부 품의 요건</td><td colspan="2">일반</td><td>출발지점의 지면간격에 맞도록 플랫폼을 설치하고 주행 중에도 지면간격을 만족하도록 중심 케이블과 매달림 케이블의 길이를 조절할 수 있도록 함</td><td></td><td>□합격 □불합격</td></tr>
<tr><td colspan="2">주행기</td><td>동일한 케이블에는 한 개의 주행기만 설치할 것</td><td></td><td>□합격 □불합격</td></tr>
<tr><td rowspan="2">지면 간격</td><td>매달림형</td><td>무하중 측정시 출발지점에서 최소 1,500mm, 주행 중 위치에서는 최대 3,000mm, 정지상태에서는 최소 2,000mm일 것</td><td>/</td><td>□합격 □불합격</td></tr>
<tr><td>좌석형</td><td>130kg의 하중을 가했을 시 400mm 이상이어야 하며 자유하강높이는 무하중 측정시 2,000mm 이하일 것</td><td></td><td>□합격 □불합격</td></tr>
<tr><td colspan="3">연결부 결합상태</td><td>돌출한 못, 튀어나온 와이어로프 끝 부위, 날카로운 모서리나 끝이 있는 부품이 없어야 하며, 끝처리된 부분의 최소반경 3mm로 끝처리될 것</td><td></td><td>□합격 □불합격</td></tr>
<tr><td colspan="3">충격흡수용 표면재</td><td>제7부 충격흡수용 표면재 요건에 따르는 것으로 갈음할 것(자유하강높이에서 측정)</td><td></td><td>□합격 □불합격</td></tr>
<tr><td rowspan="5">정기 시설 검사</td><td colspan="2">손잡이 또는 링</td><td>심한 손상이 없을 것</td><td>/</td><td>□합격 □불합격</td></tr>
<tr><td colspan="2">작동상태</td><td>활차와 연결부는 원활하게 작동될 것</td><td>/</td><td>□합격 □불합격</td></tr>
<tr><td colspan="2">보존상태</td><td>심한 녹이 없어야 하며 파손된 곳이 없을 것</td><td>/</td><td>□합격 □불합격</td></tr>
<tr><td colspan="2">금속부의 도료</td><td>심한 벗겨짐이 없을 것</td><td>/</td><td>□합격 □불합격</td></tr>
<tr><td colspan="2">부품</td><td>탈락 및 심한 마모가 없을 것</td><td>/</td><td>□합격 □불합격</td></tr>
<tr><td colspan="3">비 고</td><td colspan="3">공중놀이기구</td></tr>
</table>

검 사 항 목			기 준 치	검사결과 S1	합 부 판 정
최소 공간 유지	공간 확보		2,000mm이 상일 것		□합격 □불합격
	하강공간		다른 기구와 하강공간이 겹치지 않을 것		□합격 □불합격
구성 부품	표면처리		사용자 스테이션(판)이 용접 및 금속부의 부착은 신체 일부나 옷 등이 걸리는 위험이 없도록 표면처리가 되어 있을 것		□합격 □불합격
	속도		외주부분의 속도는 회전속도를 감안하여 5m/s 이하가 되도록 설치될 것		□합격 □불합격
기초물	회전축		5° 이상 기울어지지 않을 것		□합격 □불합격
	지탱부품		(500±10) N의 힘에 이탈되지 않을 것		□합격 □불합격
	지면간격	얽매임	각 유형에 적합한 지면간격을 유지할 것		□합격 □불합격
		사이공간	손, 발, 머리가 얽매이지 않을 것		□합격 □불합격
지면의 마감처리			플랫폼 아래 지면의 마감처리는 측면에 위치한 자유공간 내 충격흡수 표면과 동일한 수준일 것		□합격 □불합격
스테이션의 부착	스테이션(판)		지지구조물에 견고하게 부착될 것		□합격 □불합격
	기둥부의 축 및 베어링		충분한 강도가 있어야 하고 쉽게 마모되지 않고 충격에 달견디는 구조일 것		□합격 □불합격
	기둥부		회전부의 회전속도가 과도하게 가속되지 않는 구조일 것		□합격 □불합격
	접합부		풀림방지 처리를 하고 견고할 것		□합격 □불합격
회전부 최대속도			최대속도는 5㎧ 이하일 것(RPM 측정기로 측정)		□합격 □불합격
연결부분	축		5° 이상 기울어지지 않을 것		□합격 □불합격
	손잡이		지름 16mm~45mm일 것		□합격 □불합격
	끝처리		날카로운 모서리나 끝이 있는 부품이 없고 모든 부분의 최소 반경은 3mm 이상일 것		□합격 □불합격
충격흡수용 표면재	바닥재		기구 전체공간에 걸쳐 같은 재질 같은 높이 등 동일한 수준으로 시공하고 제7부 충격흡수용 표면재 요건에 따르는 것으로 갈음할 것(자유하강높이에서 측정)		□합격 □불합격
	모래		300mm 이상으로 도포할 것		□합격 □불합격
정기시설 검사	베어링		회전상태는 원활할 것		□합격 □불합격
	회전판, 회전축		5° 이상 기울어지거나 흔들거리지 않을 것		□합격 □불합격
	보존상태		회전체에는 심한 녹이 없어야 하며 금이 간 곳이 없을 것		□합격 □불합격
	금속부의 도료		심한 벗겨짐이 없을 것		□합격 □불합격
	부품		탈락 및 심한 마모가 없을 것		□합격 □불합격
비 고			회전놀이기구		

검사항목			기준치	검사결과 S1	합부판정
사전상태 파악			설치하기 전 각 기구들의 설치상태를 파악하고 주변의 배수시설에 이상이 없어야 하며 기초물과 결합부분의 연결상태 등이 이상이 없으며, 설치된 놀이시설의 한계하강높이를 측정 이를 통해서 적절한 바닥재의 재료와 두께, 시공방법을 결정한 후 시공하고 자유하강높이가 맞는지 확인한다.		□합격 □불합격
지반정리 및 배합	기층용 골재		입경이 50mm 이하인 부순 돌 및 자갈 등을 사용하며 유기물 등 불순물을 함유하지 않을 것		□합격 □불합격
지반정리 및 배합	콘크리트 혼합물, 시멘트		1회 사용할 수 있는 양 만큼만 배합하여 사용하며, 시멘트는 KS L 5201의 1종 보통 포틀랜드시멘트 또는 동등 이상의 것을 사용할 것		□합격 □불합격
충격흡수용 표면재	모래	일반	입도는 1mm~3mm 사이의 불순물이 포함되지 않은 모래를 사용하며, 한계하강높이에 견딜 수 있도록 충분한 두께(최소 300mm)로 깔 것(조개껍질 등 해로운 물질이 없어야 함)		□합격 □불합격
충격흡수용 표면재	모래	중금속 납(Pb)	90mg/kg 이하일 것		□합격 □불합격
충격흡수용 표면재	모래	중금속 카드뮴(Cd)	75mg/kg 이하일 것		□합격 □불합격
충격흡수용 표면재	모래	중금속 크롬(Cr)	60mg/kg 이하일 것		□합격 □불합격
충격흡수용 표면재	모래	중금속 바륨(Ba)	1,000mg/kg 이하일 것		□합격 □불합격
충격흡수용 표면재	모래	중금속 안티몬(Sb)	60mg/kg 이하일 것		□합격 □불합격
충격흡수용 표면재	모래	중금속 수은(Hg)	60mg/kg 이하일 것		□합격 □불합격
충격흡수용 표면재	모래	중금속 비소(As)	25mg/kg 이하일 것		□합격 □불합격
충격흡수용 표면재	모래	중금속 세레늄(Se)	500mg/kg 이하일 것		□합격 □불합격
충격흡수용 표면재	고무바닥재	일반	뒤틀림, 분리, 빈 공간이 발생되지 않도록 시공해야 하며, 사용된 합성고무조각의 입도는 0.5mm~2mm 사이이고 한계하강높이는 자유하강높이 이상일 것		□합격 □불합격
충격흡수용 표면재	고무바닥재	중금속 납(Pb)	90mg/kg 이하일 것		□합격 □불합격
충격흡수용 표면재	고무바닥재	중금속 카드뮴(Cd)	75mg/kg 이하일 것		□합격 □불합격
충격흡수용 표면재	고무바닥재	중금속 크롬(Cr)	60mg/kg 이하일 것		□합격 □불합격
충격흡수용 표면재	고무바닥재	중금속 바륨(Ba)	1,000mg/kg 이하일 것		□합격 □불합격
충격흡수용 표면재	고무바닥재	중금속 안티몬(Sb)	60mg/kg 이하일 것		□합격 □불합격
충격흡수용 표면재	고무바닥재	중금속 수은(Hg)	60mg/kg 이하일 것		□합격 □불합격
충격흡수용 표면재	고무바닥재	중금속 비소(As)	25mg/kg 이하일 것		□합격 □불합격
충격흡수용 표면재	고무바닥재	중금속 세레늄(Se)	500mg/kg 이하일 것		□합격 □불합격
충격흡수용 표면재	고무바닥재	포름알데히드	포름알데히드 방산량이 75mg/kg 이하일 것		□합격 □불합격

검 사 항 목				기 준 치	검사결과 S1	합 부 판 정
충격흡수용표면재	포설도포바닥재	일반		중량비가 고무중량의 16~20%인 폴리우레탄 접착제로 입자 전체를 코팅한 후 포설할 것		□합격 □불합격
		중금속	납(Pb)	90mg/kg 이하일 것		□합격 □불합격
			카드뮴(Cd)	75mg/kg 이하일 것		□합격 □불합격
			크롬(Cr)	60mg/kg 이하일 것		□합격 □불합격
			바륨(Ba)	1,000mg/kg 이하일 것		□합격 □불합격
			안티몬(Sb)	60mg/kg 이하일 것		□합격 □불합격
			수은(Hg)	60mg/kg 이하일 것		□합격 □불합격
			비소(As)	25mg/kg 이하일 것		□합격 □불합격
			세레늄(Se)	500mg/kg 이하일 것		□합격 □불합격
		포름알데히드		포름알데히드 방산량이 75mg/kg 이하일 것		□합격 □불합격
	기타 바닥재	한계하강높이		한계하강높이에 적합하도록 시공할 것		□합격 □불합격
		중금속	납(Pb)	90mg/kg 이하일 것		□합격 □불합격
			카드뮴(Cd)	75mg/kg 이하일 것		□합격 □불합격
			크롬(Cr)	60mg/kg 이하일 것		□합격 □불합격
			바륨(Ba)	1,000mg/kg 이하일 것		□합격 □불합격
			안티몬(Sb)	60mg/kg 이하일 것		□합격 □불합격
			수은(Hg)	60mg/kg 이하일 것		□합격 □불합격
			비소(As)	25mg/kg 이하일 것		□합격 □불합격
			세레늄(Se)	500mg/kg 이하일 것		□합격 □불합격
		포름알데히드		포름알데히드 방산량이 75mg/kg 이하일 것. 단, 기타 바닥재 중 잔디, 나무껍질, 자갈 등의 천연재료로 된 바닥재는 중금속 오염 및 포름알데히드 방산량 시험을 제외한다.		□합격 □불합격
비 고						

<table>
<tr><th colspan="2" rowspan="2">검 사 항 목</th><th rowspan="2">기 준 치</th><th>검사결과</th><th rowspan="2">합 부 판 정</th></tr>
<tr><th>S1</th></tr>
<tr><td colspan="2">놀이터설치 시 일반준수사항</td><td>쉽게 접근할 수 있고 항상 이용이 가능하도록 설치한다. 주변시설(녹지공간, 부대시설)과 연계하여 안전하고 이용이 편리하게 설치되어야 한다. 후미진 곳에 설치하지 말고 쉽게 눈에 띄는 위치에 설치하여 유사시 빠르게 대처할 수 있도록 한다. 조경시설, 울타리 등을 설치할 때에는 장애물에 의한 시선차단이 발생하지 않도록 하고 애완동물 등이 쉽게 들어가지 못하도록 설치한다. 놀이터 출입구는 휠체어, 유모차 등의 출입이 가능하도록 설치한다. 놀이터 진입로와 바닥은 이용자가 미끄러지지 않도록 설치한다. 놀이터 진입로는 도로나 주차장을 가로질러 진입하도록 설치되어서는 안 된다.</td><td></td><td>□합격 □불합격</td></tr>
<tr><td colspan="2">부대시설에 대한 확인사항
비고) 부대시설의 범주 : 놀이터가 설치된 범위로부터 약 3~5m 이내에 설치된 보조시설물을 의미하며 정자(파고라), 의자, 쓰레기통, 음용수 시설 등을 말한다.</td><td>놀이터 안의 부대시설은 어린이가 사용하기에 안전하며 청결하고 이용에 편리하게 설치되어야 한다. 놀이터 안의 부대시설 설치시에는 다음 사항을 준수한다.
a) 보행을 위한 통로에는 설치를 금한다.
b) 도료칠은 청결하게 하고 중금속의 오염이 없어야 한다.
c) 얽매임을 방지하도록 설치한다.</td><td></td><td>□합격 □불합격</td></tr>
<tr><td rowspan="3">각 놀이 기구와 최소 공간</td><td>하강공간</td><td>기구가 차지하는 공간으로부터 최소 1,500mm 둘레에는 장애물이나 놀이기구가 없을 것</td><td></td><td>□합격 □불합격</td></tr>
<tr><td>자유공간</td><td>자유공간에는 장애물이 없을 것</td><td></td><td>□합격 □불합격</td></tr>
<tr><td>충격구역</td><td>서 있을 수 있는 곳의 높이가 지면으로부터 1,500mm 미만일 경우 최소 1,500mm, 높이가 1,500mm 이상일 경우 최소한 2/3 × (지면으로부터 높이(mm)) + 500mm의 충격구역을 확보할 것</td><td></td><td>□합격 □불합격</td></tr>
<tr><td rowspan="4">실내 놀이 기구의 구성 부품</td><td>딱딱한 자재 속이 빈 볼풀 공</td><td>두께가 3mm 미만인 경우 타는 속도가 1.25mm/s 이하이어야 하고 두께가 3mm 이상, 13mm 이하인 경우 타는 속도가 0.67mm/s 이하일 것(현장에서 sample 채취 후 별도시험)</td><td></td><td>□합격 □불합격</td></tr>
<tr><td>발포된 볼풀 공 파이프 스펀지 패딩</td><td>타는 속도가 0.67mm/s 이하이고 시험편의 손상길이가 125mm 이하일 것(현장에서 샘플 채취 후 별도시험)</td><td></td><td>□합격 □불합격</td></tr>
<tr><td>스펀지 패딩</td><td>타는 속도가 0.67mm/s 이하이고 시험편의 손상길이가 125mm 이하일 것(현장에서 샘플 채취 후 별도시험)</td><td></td><td>□합격 □불합격</td></tr>
<tr><td>직물</td><td>타는 속도가 30mm/s 이하일 것(현장에서 샘플 채취 후 별도시험)</td><td></td><td>□합격 □불합격</td></tr>
<tr><td colspan="2">프레임 기초</td><td>놀이형태 및 기타 움직임에 의해서 잘 풀어지지 않도록 견고할 것</td><td></td><td>□합격 □불합격</td></tr>
<tr><td rowspan="3">구성 부품의 요건</td><td>출입구</td><td>2,000mm 이상 둘러싸인 부분은 다른 면에 위치한 지름 500mm 이상의 출입구가 2개 이상일 것</td><td></td><td>□합격 □불합격</td></tr>
<tr><td>끝처리</td><td>모든 부분은 안전 폼으로 감싸고 적절한 마감처리를 할 것</td><td></td><td>□합격 □불합격</td></tr>
<tr><td>전기장치</td><td>어린이의 신체가 닿을 수 없어야 하며 공기작용에 의한 기구 밑을 지나지 않도록 할 것</td><td></td><td>□합격 □불합격</td></tr>
</table>

<table>
<tr><th colspan="3" rowspan="2">검 사 항 목</th><th rowspan="2">기 준 치</th><th>검사결과</th><th rowspan="2">합 부 판 정</th></tr>
<tr><th>S1</th></tr>
<tr><td rowspan="7">연결부 결합상태</td><td colspan="2">끝처리</td><td>돌출한 못, 튀어나온 와이어로프 끝 부위, 날카로운 모서리나 끝이 있는 부품이 없고 끝처리된 모든 부분은 반경 3mm 이상이어야 하고 결합부위는 안전 폼으로 감싸져 있을 것</td><td></td><td>□합격 □불합격</td></tr>
<tr><td colspan="2">네트</td><td>풀어지지 않도록 견고하게 고정되어 있을 것</td><td></td><td>□합격 □불합격</td></tr>
<tr><td rowspan="5">얽매임</td><td>머리,
목 얽매임</td><td>단단한 원형 개구부는 내부지름이 130mm 미만이거나 230mm 이상일 것</td><td></td><td>□합격 □불합격</td></tr>
<tr><td>몸 얽매임</td><td>몸 전체가 들어가 기어갈 수 있는 곳, 공중에 매달린 부분이나 딱딱한 버팀대 부위에 89mm 이상, 230mm 미만인 개구부가 없을 것</td><td></td><td>□합격 □불합격</td></tr>
<tr><td>옷 얽매임</td><td>묶임 또는 움직임으로 인한 얽매임이 없을 것</td><td></td><td>□합격 □불합격</td></tr>
<tr><td>발 및
다리 얽매임</td><td>발판, 손잡이판, 걷고 뛰는 데 이용되는 수평면에는 30mm 이상의 틈이 없을 것</td><td></td><td>□합격 □불합격</td></tr>
<tr><td>손가락
얽매임</td><td>서 있는 표면으로부터 1,200mm 이상의 높이에는 8mm 이상 25mm 이하의 개구부가 없을 것</td><td></td><td>□합격 □불합격</td></tr>
<tr><td colspan="3">구동부의 작동</td><td>모노레일(타잔) 등의 손잡이 봉은 회전하지 않아야 하며 충돌시 충격을 완화할 수 있는 소재를 사용할 것</td><td></td><td>□합격 □불합격</td></tr>
<tr><td colspan="3">충격흡수용 표면재</td><td>부드러운 재질로 최대 자유하강높이를 만족할 것</td><td></td><td>□합격 □불합격</td></tr>
<tr><td rowspan="6">방화안전장치</td><td colspan="2">일반</td><td>자동연기감지시스템이 설치되어 있을 것</td><td></td><td>□합격 □불합격</td></tr>
<tr><td colspan="2">출구</td><td>대피를 유도하는 화살표가 부착되어 있고 출구방향으로 향할 것</td><td></td><td>□합격 □불합격</td></tr>
<tr><td colspan="2">조명</td><td>출입구 지점에는 비상조명이 설치되어 있을 것</td><td></td><td>□합격 □불합격</td></tr>
<tr><td colspan="2">전기장치</td><td>전기용품안전관리법에서 정한 부품을 사용할 것</td><td></td><td>□합격 □불합격</td></tr>
<tr><td colspan="2">대피로</td><td>출구나 비상출입구로의 가장 근접한 출구길이는 1,200mm를 넘지 않아야 하며 비상출입로는 지름 990mm가 넘을 것</td><td></td><td>□합격 □불합격</td></tr>
<tr><td colspan="2">비상구</td><td>입구지점으로부터 2,000mm 이상의 둘러싸인 공간에는 다른 면에 위치한 지름 500mm 이상의 출입구가 2개 이상일 것</td><td></td><td>□합격 □불합격</td></tr>
<tr><td colspan="3">비 고</td><td colspan="3">실내놀이기구</td></tr>
</table>

7 놀이터시설 조사목록표

구분	놀이터 이름 (위치 구분)	조사일자	조사자	확인
내용				

일반	수량 및 재료	놀이시설	수량 및 재료
경계		조합놀이대	
울타리		미끄럼틀	
출입구		그네	
안내판		시소	
나무		흔들놀이기구	
		회전놀이기구	
		기타 움직이는 시설	
바닥		오름대(타입별)	
딱딱한 바닥		균형대	
모래		기타	
탄성고무 바닥			
잔디			
물놀이			
부대시설		별도의 활동공간	
벤치		공놀이 바닥	
탁자		독립 모래놀이시설	
쓰레기통		독립 놀이집	
음수대		물놀이시설	
배수구		감각놀이시설	
기타 움직이는 시설 등		창고	
체육시설 등			
기타 사항 (위치 및 배치사진 등)			

8 일상 점검표 (일반)

<table>
<tr><td>일시</td><td></td><td colspan="2">작성자</td><td></td></tr>
<tr><td rowspan="2">점검항목</td><td rowspan="2">점검내용</td><td colspan="2">확인</td><td rowspan="2">필요한 설명 및 조치</td></tr>
<tr><td>네</td><td>아니오</td></tr>
<tr><td rowspan="5">일반</td><td>부대시설(의자, 울타리) 등의 안전상태</td><td></td><td></td><td></td></tr>
<tr><td>바닥과 아동의 이동동선에 방해물 여부
(밧줄, 끈, 쓰레기, 유리, 나무 등)</td><td></td><td></td><td></td></tr>
<tr><td>놀이터 바닥에 걸려 넘어질 염려가 있는 튀어 오른 곳 또는 패인 곳이 없다.</td><td></td><td></td><td></td></tr>
<tr><td>모래의 깊이는 적당하며 담배꽁초 또는 음식물 찌꺼기 같은 이물질이 없다.</td><td></td><td></td><td></td></tr>
<tr><td>쓰레기통의 쓰레기는 잘 관리되고 있다.
(청결여부)</td><td></td><td></td><td></td></tr>
<tr><td rowspan="4">그네</td><td>기둥은 안정적이다.</td><td></td><td></td><td></td></tr>
<tr><td>체인이 잘 고정되었는지와 상태</td><td></td><td></td><td></td></tr>
<tr><td>고리볼트 등이 잘 연결되고 파손이 없다.</td><td></td><td></td><td></td></tr>
<tr><td>좌석이 잘 고정되어 있고 파손이 없다.</td><td></td><td></td><td></td></tr>
<tr><td rowspan="3">미끄럼틀</td><td>미끄럼틀과 가로대가 잘 고정되어 있다.</td><td></td><td></td><td></td></tr>
<tr><td>미끄럼대는 안전하고 장애물이 없다.</td><td></td><td></td><td></td></tr>
<tr><td>미끄럼대 바닥과 손잡이는 안전하다.</td><td></td><td></td><td></td></tr>
<tr><td rowspan="3">회전놀이 기구</td><td>기구 아래에 잔해, 쓰레기 등이 없다.</td><td></td><td></td><td></td></tr>
<tr><td>잘 회전되며 파손된 부분이 없다.</td><td></td><td></td><td></td></tr>
<tr><td>움직이는 구성품에 접근할 수 없다.</td><td></td><td></td><td></td></tr>
<tr><td rowspan="5">시소</td><td>시소는 부드럽게 작동한다.</td><td></td><td></td><td></td></tr>
<tr><td>모든 손잡이와 발걸이가 부착되어 있다.</td><td></td><td></td><td></td></tr>
<tr><td>기구는 착지면에 부드럽게 안착한다.</td><td></td><td></td><td></td></tr>
<tr><td>기구 아래와 착지부분에 잔해, 쓰레기 등이 없다.</td><td></td><td></td><td></td></tr>
<tr><td>착지부분의 상태가 안전하다.</td><td></td><td></td><td></td></tr>
<tr><td>오름대</td><td>손발로 잡거나 디딜 수 있는 모든 부분은 제위치에 단단히 고정되어 있다.</td><td></td><td></td><td></td></tr>
<tr><td rowspan="2">밧줄</td><td>밧줄이 고정되어 있고 손상되지 않았다.</td><td></td><td></td><td></td></tr>
<tr><td>튀어나오거나 날카로운 부분이 없다.</td><td></td><td></td><td></td></tr>
<tr><td rowspan="4">조합 놀이대</td><td>분실 및 파손된 부분이 없다.</td><td></td><td></td><td></td></tr>
<tr><td>난간에 이상이 없고 손상을 줄 수 있는 부분이 없다.</td><td></td><td></td><td></td></tr>
<tr><td>플랫폼과 발판(막대 포함)의 장애물(미끄럼 포함) 여부</td><td></td><td></td><td></td></tr>
<tr><td>기구 아래와 주변 바닥의 상태가 안전하다.</td><td></td><td></td><td></td></tr>
<tr><td>기타</td><td></td><td></td><td></td><td></td></tr>
</table>

* 상기 표를 기준으로 "일상적 육안점검 4단계"의 방법과 내용을 참고하여 해당 지역별 여건에 맞게 추가하여 일상점검을 실시하도록 합니다.
키즈캠프 플레이케어센터 서울특별시 금천구 가산동 371-8 TEL : 02-6267-1811, FAX : 02-6267-1712

9 연간 일상점검 확인표

놀이터명														관리자																
일시	1	2	3	4	5	7	8	9	10	11	12	13	14	15	16	17	18	19	20	21	22	23	24	25	26	27	28	29	30	31
1월																														
2월																														
3월																														
4월																														
5월																														
6월																														
7월																														
8월																														
9월																														
10월																														
11월																														
12월																														

* 주의 : 놀이터의 모든 위험요인은 제거되거나 위험한 부분은 반드시 접근 또는 사용할 수 없어야 한다.

10 정기점검표 (조치사항 포함)

구분	놀이터 이름 (아파트 동호수)	점검일자	점검자	점검자 확인
내용작성				

점검 대상 시설		
	1. 바닥	5.
	2. 조합놀이대	6.
	3.	7.
	4.	8.

점검항목	점검내용	확인			필요한 설명 및 조치
		네	아니오	비고	
구조물	움직임, 갈라짐, 파손, 틀어짐, 헐거워짐				
표면마감	표면코팅의 벗겨짐, 부식, 갈라짐, 쪼개짐				
소모성 구성요소 (로프, 체인 등)	분실, 휘어짐, 끊어짐, 헐거워짐, 마모, 연결고리				
기구의 끝	돌출부분과 날카로운 끝부분				
조여지는 부분	드러난 기계, 연결 또는 움직이는 구성품				
움직이는 부분	정상적인 작동 여부, 마모, 부족한 윤활유, 헐거워짐				
보호 난간과 그네 울타리	분실, 휘어짐, 파손, 헐거워짐				
입구	계단 또는 발을 딛는 부분의 분실 또는 파손 등 기타				
충격흡수 바닥	적절한 설치상태 유지 및 배치, 변경된 기구의 배치로 인한 바닥의 적정성 등				
기초토대	갈라짐, 헐거워짐, 지면 위로 튀어나온 부분 등				
해당 놀이터에 필요한 또 다른 점검사항					

참고문헌

1. 가정보육시설에서의 실외놀이 운영현황에 관한 연구, 정은주, 2009.
2. 공동주택단지 놀이시설의 사용자 이용특성을 고려한 계획에 관한 연구, 박인희, 2009.
3. 시각적 사고를 적용한 창의력 향상 놀이시설에 관한 연구, 김진희, 2010.
4. 상업시설 내 어린이 실내놀이공간계획에 관한 연구, 이윤홍, 2003.
5. 아동놀이시설의 개선에 관한 연구, 김상호, 2008.
6. 어린이놀이시설 안전성 평가 연구, 김종호, 2009.
7. 옥외 놀이시설에 관한 연구, 김수옥, 1986.
8. 유아교육기관 실외놀이 시설의 안전실태에 관한 연구, 나옥인, 2000.
9. 유아교육기관 실외놀이시설의 안전관리 실태와 교사의 인식 연구, 2009, 박주연
10. 유아교육기관의 실외놀이 시설물 안전에 관한 연구, 최인수, 2007.
11. 유아의 놀이유형에 따른 실외놀이시설 색채 연구, 김유빈, 2010.
12. 유치원 실외놀이의 시설 및 운영 실태, 김정수, 2002.
13. 지체장애 아동의 놀이환경 기본계획에 관한 연구, 한국의료복지시설학회지 9권2호, 2003.
14. 직장보육시설의 영아용 실외놀이시설 실태와 인식, 안미경, 2006.
15. 한국 어린이놀이터 위험 실태조사와 국제 안전규정 시스템을 통한 비교분석, 윤강호, 2006.
16. 신체표현 놀이를 통한 유아의 사회성 발달 교육내용에 관한 연구, 김신자/김해성, 한국무용교육학회지, 2003.
17. 학령기 아동의 놀이 가치와 놀이선택과의 상관관계, 대한작업치료학회지 제17권 제2호, 2009.
18. An Essential Guide to BS EN 1176 And BS EN 1177, 2005.
19. PLAYGROUND MANUAL, OFFICE FOR RECREATION AND SPORT, 2007 (2nd Edition)
20. CHILDREN' S OUTDOOR PLAY AREAS,DEPARTMENT OF THE ARMY AND THE AIR FORCE, 1997.
21. PLAY SPACE STRATEGY, City of Swan, 2006.
22. CHILD DEVELOPMENT CENTER PLAY AREA INSPECTION AND MAINTENANCE PROGRAM, DEPARTMENT OF THE ARMY, 1997.
23. Safety First Checklist : Audit & Inspection Program for Children's Play Areas by Sally McIntyre and Susan M. Goltsman (Jul 1997)
24. Spielraume, Manfred Engel, 2011.
25. Spielraume, Manfred Engel, Bern 2007.
26. PRUFBEFUNDE uber die Beurteilung von Spielgeraten und Spielanlagen, 2010.
27. Fachtagung Spielplatz, Spielplatzmobil GmbH
28. Private Spielflachen in Innenstadtquartieren, Freie und Hansestadt HamburgBehorde fur Stadtentwicklung und UmweltAmt fur Landes- und Landschaftsplanung, 2009.
29. Internationales fachmagazin fur Spiel-, Sport- und Freitanlagen, 2009.
30. Sicherheit von Spielplatzgeraten auf offentlichen Spielplatzen, Anja Schulz/Dieter Kruger, 2002.
31. DIN EN 1176-1, 2008.
32. Auβenspielflachen und Spielplatzgerate, Gesetzliche Unfallversicherung, 2005.

놀이시설 안전관리 이론과 실무

2012년 1월 30일 1판 1쇄 발행
2014년 3월 15일 1판 3쇄 발행

저 자 대표저자 송창영
(재)한국재난안전기술원
발 행 인 강 해 작
발 행 처 기 문 당
주 소 서울시 성동구 무학봉 28길 4-1
전 화 02)2295-6171(代)~5
팩 스 02)2296-8188
출판등록 1976. 10. 7(1976-2)
홈페이지 http://기문당
http://www.kimoondang.com
I S B N 978-89-6225-381-8 93540

정 가 32,000원